Handbook of Advanced Aluminum Surface Finishing Technology

铝表面功能化总集

[日] 铃木清隆 著
史宏伟 朱福庆 吴军 朱水明 余泉和 译

カロス出版株式会社 天津大学出版社 TIANJIN UNIVERSITY PRESS

Handbook of Advanced Aluminum Surface Finishing Technology
ISBN 978-4-87432-034-1

天津市版权局著作权合同登记号：02-2024-058

图书在版编目（CIP）数据
铝表面功能化总集 / （日）铃木清隆著 ； 史宏伟等译. -- 天津 ： 天津大学出版社, 2025. 3. -- ISBN 978-7-5618-7949-8
Ⅰ. TG178
中国国家版本馆CIP数据核字第2025BW0482号

LÜ BIAOMIAN GONGNENGHUA ZONGJI

出版发行　天津大学出版社
地　　址　天津市卫津路92号天津大学内（邮编：300072）
电　　话　发行部：022-27403647
网　　址　www.tjupress.com.cn
印　　刷　北京盛通印刷股份有限公司
经　　销　全国各地新华书店
开　　本　787mm×1092mm　1/16
印　　张　24
字　　数　676千
版　　次　2025年3月第1版
印　　次　2025年3月第1次
定　　价　140.00元

《铝表面功能化总集》编辑委员会

编辑委员长 铃木清隆（EOC-KS技术师事务所）

编 辑 委 员 金子秀昭（金子技术师事务所）
平山良夫（平山技术师事务所）
前岛正受（前岛技术师事务所）
山田盛雄（Kallos 出版社）

执笔人

井坂裕二 [（株）铝表面技术研究所]
板花正（板花技术师事务所）
印部俊雄 [日本涂料（株）]
上原洋一 [上原铭牌工业（株）]
内山智晴（内山 R&D 事务所）
大久保敬吾（大久保表面技术研究所）
大泽伸夫 [住友轻金属工业（株）]
大出雅章 [昭和电工（株）]
岗村康弘（岗村技术师事务所）
金子秀昭（金子技术师事务所）
菊池哲（轻金属制品协会）
清谷明弘 [住友轻金属工业（株）]
栗田洋敬 [雅马哈发动机（株）]
黑田孝一（黑田表面技术事务所）
驹井义时 [武内压机工业（株）]
清水秋雄 [日本渗碳（株）]
菅原博好 [（株）电装]
铃木清隆（EOC-KS 技术师事务所）
须田新 [日本渗碳（株）]
高谷松文（千叶工业大学）
田中义朗（田中技术师事务所）
中岛祐司 [（株）日本铝]
西直美 [（社）日本压铸协会]
服部伸郎 [（株）神户制钢所]
平山良夫（平山技术师事务所）
福岛敏郎（福岛技术材料研究所）
星野重夫（武藏工业大学名誉教授）
前岛正受（前岛技术师事务所）
松林宏 [东洋制罐（株）]
水木一成（石神井中学校）
箕田正 [住友轻金属工业（株）]
森辉雄（森技术师事务所）
山口贤之 [本田发动机（株）]
山口裕 [Corona 工业（株）]
山田盛雄（Kallos 出版社）

序一（日文）

史宏伟先生との付き合いは二十年も近く、彼は中国天津大学に卒業して専門は電気化学生産工程である。我々は良くアルミ合金表面処理の技術を交流して来たが、彼は表面処理技術を良くしている方で業界の専門家でもある。本書を中国語に翻訳と出版することを聞いて素晴らしいことであると思い、双方の技術発展を大きく貢献していくと信じている。本書で対象としているアルミニウムの表面処理は、陽極酸化皮膜、陽極酸化塗装複合皮膜、化成皮膜、塗膜であるが、それぞれの膜の特性によって、期待される、または得られる機能・特性は異なる。すべての表面処理皮（被）膜はそれぞれの機能を有している。しかしそれらをすべて機能性皮膜というかと言うと一般には言わない。一般にこれまで表面処理に求められていた特性・機能は「表面を保護する機能（耐食性、耐擦傷性、耐摩耗性など）」と「美しい外観を演出する機能（着色、光沢、表面模様など）」である。陽極酸化皮膜は他の表面処理と異なり、セラミックの特殊なナノポーラス構造を有し、しかも厚膜に出来る特異な膜である。陽極酸化皮膜は 1923 年に日本などで発明され、2023 年で 100 年の歴史を迎える。日本における歴史を顧みれば、陽極酸化皮膜は頭初理化学研究所で耐熱性電気絶縁性皮膜として発明されたが、工業製品としては 1930 年代から 1970 年頃までは鍋やケトルなどの家庭用器物、1955 年頃から家庭電気製品やネームプレート、1965 年頃から建築用品と機械部品、1975 年頃から自動車部品への利用が盛んになった。

アルミニウム陽極酸化皮膜は、その特異な膜の特性に着目して、一般的な表面処理に留まらず様々な機能性皮膜が開発されてきた。電解コンデンサーやオフセット印刷用のＰＳ版のような機能性表面処理といえる技術がその良い例である。更に 1970 年以降アルミニウムの用途が多様化する中で、潤滑性、高絶縁性、抗菌性、高疲労強度、可撓性、導電性、熱線吸収性、遠赤外放射性など様々な特殊な機能を持つ陽極酸化皮膜が研究され、そのいくつかは工業製品として開発されてきた歴史がある。

ここで「機能」について考える。本来「機能」とは、「ある物が本来備えている働き」、「全体を構成する個々の部分が果たしている固有の役割、また、そうした働きをなすこと」と定義されている。また、｛機能的｝とは、「使いやすい」、「有用な」、「便利な」、「合理的な」、「効率的な」など、ものの働きをポジティブに表す言葉である。

では、表面処理の機能性付与とは何を表すのか。高名な陽極酸化の研究者である星野重夫氏、増子昇氏らが表面処理に関する特許約 1 万件を機能性に着目して分類すると共に、表面処理の技術者や研究者を対象にしたアンケートを纏めた結果、次のように纏めている。

A　機械的機能：耐摩耗性、耐擦傷性、機械加工性、耐衝撃性、耐疲労性など

B　物理的機能：撥水・撥油性、非粘着性、粘着・接着、滑性、バリアー性など

C　熱的機能：耐炎性、耐熱性、難燃性、耐熱衝撃性、断熱性など

D　電気的機能：導電性、絶縁性、帯電防止、磁性、半導体特性など

E　光的機能：色調・光沢性、透光性、発光性、光不均一性、耐光性など

F　化学的機能：耐薬品性、センサー性、耐溶剤性、催化剤担体、印刷・染色特性など

G　生体的機能付加：感覚機能性、薬効性、生体適正、生化学反応性、生態性など

F　機能維持：劣化防止、汚染防止、腐食防止、剥離防止、亀裂防止など

本書は日本のアルミニウム表面処理の技術士（コンサルタント）の組織である「アルコン会」が中心になって、こうした多彩な機能を持つアルミニウム表面処理について、機能性に着目して分類し、総合的に纏めたものである。表面処理の機能性研究は近年急速に進められており、本書発刊以後更に進歩している部分もあるが、基本的にはアルミニウムの機能性表面処理の解説として本書は現在も十分有用であり、このたび世界一のアルミニウム大国となった中国において中国語版の刊行は誠に喜ばしい。

菊池哲

（元日本・軽金属製品協会専務理事、元 ISOTC79/SC2 議長）

2023 年 5 月

序一（中文）

我与史宏伟先生相识已有近二十载，他毕业于中国天津大学，主修电化学生产工艺专业，我们经常探讨铝合金表面处理技术，他对表面处理技术造诣颇深，也是这方面的专家。欣闻其将本书翻译成中文并出版，深感恰逢其时，对推动中日双方技术进步定会发挥巨大作用。本书的研究对象是与表面处理有关的阳极氧化膜、阳极氧化涂装复合膜、转化膜、涂膜，对各种膜特性的介绍值得期待。其所获得的功能与特性有差异。所有的表面处理膜都有各自的功能，但一般不是所有表面处理膜都称为功能性膜。表面处理所追求的特性与功能分为“保护表面的功能（耐腐蚀性、耐划痕性、耐磨耗性等）”和“显示漂亮外观的功能（着色、光泽、表面花纹）”。阳极氧化膜与其他表面处理膜不同，有陶瓷独特的纳米微孔且具有独特的厚膜。阳极氧化膜1923年在日本发明以来，2023年将迎来100周年。对日本阳极氧化膜的历史进行回顾，最初由理化学研究所发明耐热电绝缘膜，1930—1970年用于作为工业产品的锅与水壶等家用器具，1955年用于家用电器产品与铭牌、1965年用于建筑用品和机械零部件，1975年因在汽车零部件中的应用而盛行。

充分利用铝阳极氧化独有的特性，开发出了不仅仅停留于表面处理的各种功能性膜。电解电容器与胶印用PS版的功能性表面处理可以说是良好的技术应用。自1970年起在铝多用途化浪潮中，研究开发出具有润滑性、高绝缘性、抗菌性、高疲劳强度、柔韧性、导电性、热线吸收性、远红外放射性等各种各样特殊功能的阳极氧化膜，随后开发成功许多工业产品。

思考一下所谓“功能”。原本“功能”的定义是“事物本来具有的动作”，“构成全体的个体部分所发挥的固有作用或完成的动作”。另外，“功能的”是指“容易使用的”“便利的”“合理的”“有效率的”等表示积极意义的词语。

那么赋予表面处理功能性表示什么呢？非常有名的阳极氧化研究学者星野重夫先生、增子升先生对约1万件表面处理专利进行分类，同时对表面处理技术人员与研究者进行调查，其结果总结如下。

①机械的功能：耐磨耗性、耐划痕性、机械加工性、耐冲击性、耐疲劳性等。

②物理的功能：防水/防油性、非黏着性、黏着/黏合性、润滑性、阻挡性等。

③热的功能：耐火性、耐热性、难燃性、耐热冲击性、隔热性等。

④电的功能：导电性、绝缘性、防止带电、磁性、半导体特性等。

⑤光的功能：色调/光泽性、透光性、发光性、光不均匀性、耐光性等。

⑥化学的功能：耐药性、传感性、耐溶剂性、催化剂载体、印刷/染色特性等。

⑦生命体功能附加：感觉功能性、药效性、生命体适应性、生命体化学反应性、生态性等。

⑧功能维持：防止劣化、防止污染、防止腐蚀、防止剥离、防止龟裂等。

本书以日本铝表面处理技术（顾问）组织（ALCON会）为中心，对铝表面处理所具有的丰富多彩的功能进行综合性分类及总结。近年来表面处理功能性研究急速发展，本书出版发行以后技术还在不断进步中，书中关于铝功能性表面处理的论述即便现在也发挥着巨大的作用，作为世界首屈一指的铝大国——中国，能出版发行本书的中文版，我本人备受鼓舞。

菊池哲

（原日本轻金属制品协会专务理事、原ISO/TC79/SC2议长）

2023年5月

序二

我与史宏伟先生相识多年，他幽默风趣，学识渊博，对国内外铝行业非常熟悉，在业界有一定的影响力。

史宏伟先生毕业于天津大学，主修电化学生产工艺专业，自工作以来的二十多年里，专注于铝表面处理技术的研究与开发。长期担任中国有色金属加工工业协会专家委员会委员、国际 QUASCAP（铝型材复合涂层质量认证体系）认证中国认证委员会副秘书长兼日本 QUASCAP 执行委员会监事、全联房地产商会节能门窗分会执行监事长、香港表面处理学会委员等职务，多次代表中国参加 ISO（国际标准化组织）会议，是中国在 ISO 协会中唯一在所有铝表面处理标准工作组都担任委员的专家，参与撰写多个 ISO、GB（中国国家标准）、JIS（日本工业标准）标准。精通多国语言以及专业知识，先后翻译并出版了《铝阳极氧化理论》《日本铝产业——铝冶炼产业的兴衰》《功能性阳极氧化》《铝表面转化膜》等技术性书籍。

本书主要围绕板带、箔、棒、线、挤、铸、锻铝材等与表面处理相关的化学转化膜、阳极氧化膜、电泳复合膜等展开，对各种表面处理膜的特性进行介绍。这些表面处理膜的功能与特性各有差异、丰富多彩。对此，本书很好地进行了综合性分类以及总结。本书对铝表面处理朝着新方向发展可发挥有效的参考作用。

2022—2023 年，史宏伟先生把本书翻译成中文，更加方便阅读。因此，我欣然接受他的邀请，为其译作作序，同时也推荐给大家看一看，希望从中得到启发，为今后中国铝行业发展贡献力量。

中国有色金属加工工业协会

秘书长　靳海明

2023 年 5 月 12 日于北京

原著前言

铝表面处理是制造产品时不可或缺的技术，对促进各领域产品功能、性能、品质技术进步做出了巨大贡献。例如硬质、着色/装饰性、电绝缘性/导电性/磁性、润滑性/耐磨耗性/柔韧性、抗菌性、黏结性/附着性、催化剂载体、分离/控制等铝表面氧化膜的技术特性得到广泛利用。

到目前为止大都是按各自功能性分别发表研究论文，还没有出版过类似《铝表面功能化总集》这样集所有业内专家学者研究于一体的书，同时国内（日本）希望出版此类著作的呼声也从未间断。

本总集以 ARUKO（铝表面技术研究小组）为中心，以为在各行业从事产品、零部件的技术开发、设计、生产、加工、试验、品质管理等的人员服务为宗旨，以指导实际应用为目的，我认为出版本总集对铝表面处理行业发展具有重大而深远的意义。对铝材料方面的内容本书也多有探讨，对“铝表面的功能特性”有详细论述，提出了有关铝的很多优秀功能特性，主要目的是提升“产品的功能”，我坚信定能给各行业的从业者以帮助。

本总集由铝表面技术行业专家执笔，由“第Ⅰ篇　赋予功能性”和“第Ⅱ篇　功能化技术的应用产品”组成。第Ⅰ篇论述了赋予阳极氧化膜、转化膜、涂膜各种功能性，不同功能按①原理、方法，②特征、性能值，③设备、装置管理，④试验方法、评价判定，⑤适用、应用领域等进行展开。第Ⅱ篇是功能化技术的产品在产业应用方面的内容。

我认为本书不仅适用于从事铝表面技术研究的人员，对各行各业从事开发设计制造的人员以及所有读者朋友都是有益的。

本书为世界第一本铝表面的功能化总集著作，我希望它能在未来新的产品、零部件开发研究中起到抛砖引玉的作用。

最后，对在本书出版过程中的策划人员、各位执笔者、编辑以及为出版做出巨大贡献的编辑委员会同人致以诚挚的谢意。

《铝表面功能化总集》编辑委员会

编辑委员长　铃木清隆

2008 年 10 月

目　录

第Ⅰ篇　赋予功能性

第Ⅱ篇 功能化技术应用产品

第I篇 赋予功能性

Chapter 1

第1章　阳极氧化膜与功能性

1.1　阳极氧化膜基础

1.1.1　关于阳极氧化的应用历史

1.1.1.1　发明阳极氧化

关于阳极氧化膜的历史，在1976年轻金属制品协会出版的《铝阳极氧化五十年》(P281)里有如下描述。

理化学研究所(1917年成立)鲸井恒太郎研究室有一个名为“耐热电绝缘材料的研究”的研究课题，涉及铝阳极氧化膜的研究和应用，项目负责人是鲸井和植木荣。在理化学研究所第1号研究报告里对选题目的是这么说的：“目前正在使用的电气机械绝缘材料最大的缺点是不耐高温。现在该类绝缘材料耐热温度是105 ℃。如果能找到耐热150 ℃且安全的材料，对电气机械发展将会有划时代的革命性意义。”即便是在2007年的今天(译者注：本书原著于2008年出版)，市场上销售的铝电解电容器产品的耐热温度也只有85 ℃、105 ℃和125 ℃等。

1923年12月20日植木荣就“铝电绝缘性膜生成方法(电解质溶液加草酸或者盐类)”申请了专利(专利号：62278)，1923年12月28日鲸井和植木荣联合申请了“铝及铝合金防腐方法(电解质里适当添加酸、碱、盐类)”专利(专利号：61920)。

随后，由宫田聪先生将其命名为阳极氧化。当时理化学研究所正在积极研究开发阳极氧化产品，宫田研究室科研人员积极走访客户，掌握他们的需求，经过艰苦努力，在阳极氧化发展初期就在很多领域取得了惊人进步。

1.1.1.2　电解电容器用铝元件的出现

关于电容器的发明时间，没有准确的定论，该名称的初次使用者是沃尔塔(Volta，1782年)。惠特斯通(Wheatstone)在1854年提出使用各种电解液可在金属表面生成绝缘膜，这个可以说是电解电容器的萌芽。随后，金属阳极氧化膜开始用于湿式电解电容器。

进入20世纪，人们对电解电容器的需求急速增加，同时与之相关的研究也变得活跃起来。1908年在硼酸铵中加入甘油制成的糊料出现，成为今天半干式电解电容器的先驱，由G.E.公司开发应用并实现量产。

冈瑟·舒尔策(Guenther Schulze)等人在1910—1930年，除铝外还使用钽(Ta)、锆(Zr)、铌(Nb)、铋(Bi)、钨(W)、锑(Sb)等很多金属与转化液组合进行转化，对击穿电压、最大电压等进行规定。他们考察了转化速度对转化特性以及氧化膜成长的影响，以及离子电流对电场特性、介电常数、分子转化的影响，发表了诸如剖析整流机理等内容的很多研究报告，贡献颇大，完全超出业界期待。

据佐藤敏雄先生介绍，我国(编辑注：这里指日本，下同)早在1931年就已经实现了工业化制造。1935年《马自达研究时报》说，应用理研专利生产制造的电解电容器有低压(15~25 V、5 000 μF)和高压(1 450 V、8 μF)2种。

理研在电解电容器开发应用上一马当先，不仅是在通信器材方面，而且在电气工业应用上投入力量并结出累累硕果，如焊接机器、电磁式成形机、磁感机器、家电用微功率马达以及全能小型马达等。

社团法人电子信息技术产业协会（JEITA）电解蓄电器研究会经常召开研讨会，内容刊登在 2007 年 9 月第 120 号第 58 卷第 1 期的《电解蓄电器评论》上。

1.1.2　阳极反应和膜生成

1.1.2.1　阳极用语起源——什么是离子

有报道说，阳极（anode）和阴极（cathode）是迈克尔·法拉第（Michael Faraday）听取专家意见，经过深思熟虑后命名的[1]，在希腊语里分别是彼方和此方的意思。他命名的离子在希腊语中表示“去”的意思，将去向阴极的离子称为阳离子，去向阳极的离子称为阴离子[2]。

日本工业标准（JIS）里“阳极”定义在 C 7102、H 0201 以及 K 0213 里。对阳极的解释是：阳极是在由一对电极组成的系统中，从外部电路向溶液流入正电的电极，同时也是阴离子放电、阳离子生成以及进行其他氧化反应的电极。另外，JIS C 5602、C 8500、K 0213 里有对“阳极”的规定，也可以参考。

1.1.2.2　适合阳极氧化的电解质

阳极氧化用电解质有酸、碱以及盐，多孔阳极氧化主要使用酸，所以下面就酸性电解液进行论述。

过去使用的电解质主要有草酸、硫酸、铬酸以及混合酸，这些都是二元酸，其实一元酸（甲酸）和三元酸（磷酸、二元及三元有机酸）在电解液中也可以进行阳极氧化。

在阳极氧化开发初期，因在草酸电解液中直流电解时局部发生腐蚀，所以用交流叠加来防止发生腐蚀。同时，草酸浓度在 8% 以上时即便直流电解也不会发生腐蚀。

除上述酸以外，在 $pK_a < 4$ 的几种有机酸电解液中可正常进行阳极氧化，有可能进行了高温硬质阳极氧化作用[3]。此处 K_a 是酸的离解平衡常数，该数值大表示酸性强，pK_a 值越大表示酸性越弱。从试验结果来看，在 $pK_a>4$ 的 30 种弱酸电解液中进行电解时，初期就会发生局部腐蚀。原因是弱酸的膜溶解作用小，阻挡层电压下降幅度较大会破坏阻挡层的薄弱点，此时电流集中通过这个点形成点腐蚀。

1.1.2.3　铝阳极氧化反应

铝阳极氧化反应公式如下。因公式中的 H^+ 游离，所以容易产生质子水合反应。

$$Al \rightarrow Al^{3+}+3e^-$$

$$2Al^{3+}+3H_2O \rightarrow Al_2O_3+6H^+$$

$$\searrow 2Al(OH)_3+3H^+$$

$$2Al^{3+}+3HSO_4^- \rightarrow Al_2(SO_4)_3+3H^+$$

上述反应进行的同时，氧化膜按照下述反应式溶解。

$$Al_2O_3+3HSO_4^-+6H^+ \rightarrow 2Al(HSO_4)_3+3H_2O$$

在硫酸电解液中，存在 H_2O 分子、H_3O^+ 以及 HSO_4^-，草酸电解液中除 H_2O 分子外，还存在 $H_2C_2O_4$ 分子以及 $HC_2O_4^-$。对此类电解液，存在比率计算结果，如**图 1.1.1** 及**图 1.1.2** 所示。

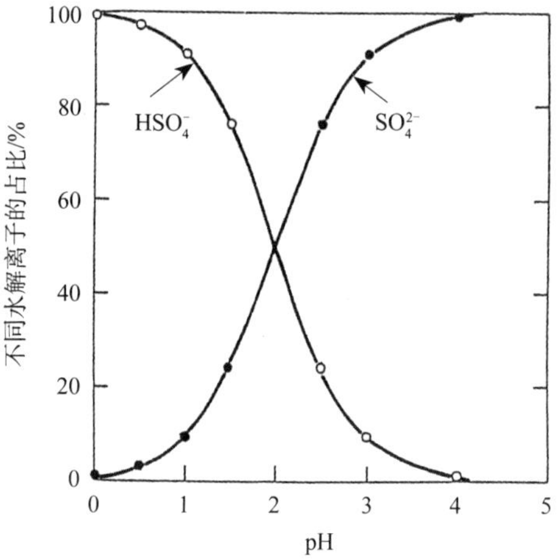

图 1.1.1　硫酸水溶液中存在的阴离子比率

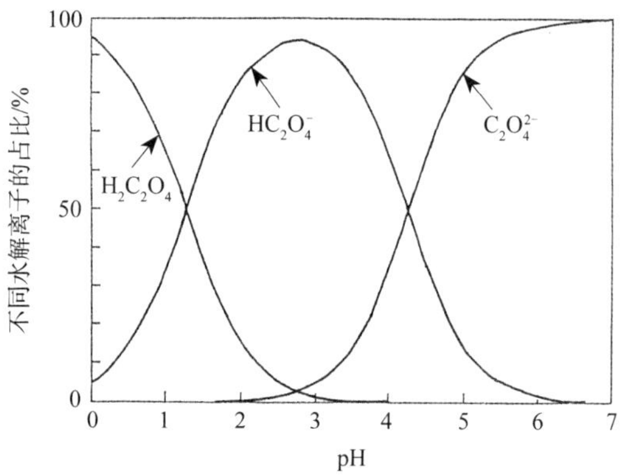

图 1.1.2　草酸水溶液中阴离子的比率

1.1.2.4　膜生成和溶解

电解初期膜生成状况与电解结束后膜表面状态有关，实际应用时对膜的黏结性和润滑性有重要影响。

恒电流电解最开始在 1 A/dm^2 时，1 s 后膜厚度变为 5 nm。此时在铝表面生成均匀膜，虽然对是否形成阻挡层进行了研究，但是目前没有得出明确结论。

电解初期用透射电子显微镜（TEM）对随时间变化的细孔直径和数量进行观察，见**照片 1.1.1**[4]。经过 10 s 后，推测铝氧化物微细粒子以无数点状形式存在。

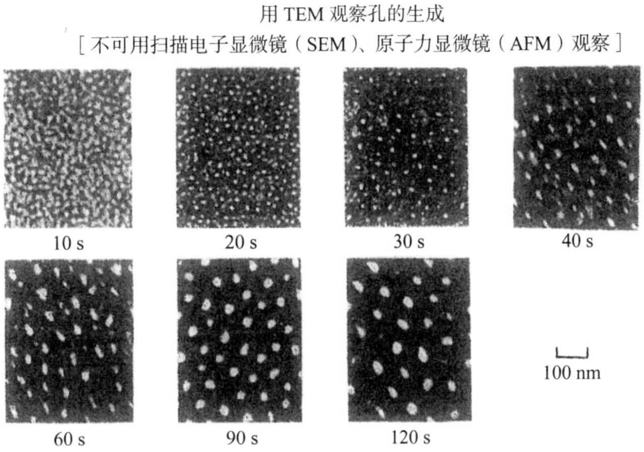

照片 1.1.1　电解初期，随时间增长细孔发生的变化
（草酸 0.2 mol/L、9.4 mA/cm^2、25 ℃）

首先，铝氧化物的胶体凝聚形成微粒，表面不存在微粒的部分不久变成细孔。随着电解进行，微粒变大，数量减少。最终，微粒在氧化膜中呈格状分布，同时细孔大小和数量变得恒定，即完成所谓的贯通。

紧接着电解继续进行，电流通过细孔底部，阻挡层发生阳极反应。此时各个离子输送率大家都已知晓，在此不做讨论。

铝的溶解几乎都选择在细孔底部进行，其速度与电解质种类、浓度和温度无关，都按照 Faraday 法则由电流密度决定，具体说明如下。

与铝阳极溶解相比微不足道，由电解液进行的膜化学溶解在应用层面上很重要。纯度为 99.99%的铝板用 100 g/L 游离硫酸或 70 g/L 草酸电解液，在 25 ℃、1 A/dm^2、30 min 条件下生成的膜用 20 种以上的酸进行溶解，得到结果如下，即酸性越强，氧化膜的溶解速度越快。溶解速率的对数与温度的倒数关系按照阿伦尼乌斯（Arrhenius）公式是条直线，从直线的斜率可求得表观活化能数值，溶解液为硫酸时活化能是 18.3 cal/mol，为草酸时是 19.4 cal/mol（编辑注：1 cal=4.2 J，下同）。从这两个数值可以看出，膜的溶解反应不是由扩散支配，而是由表面反应支配。基于此，溶解的铝在孔隙中迅速扩散并进入电解液中，这与永山等人得出的结果是相同的。

如**图 1.1.3** 所示，整个膜完全溶解的时间几乎是相同的，与膜薄厚无关。原因是膜细孔壁的厚度几乎没什么差异。

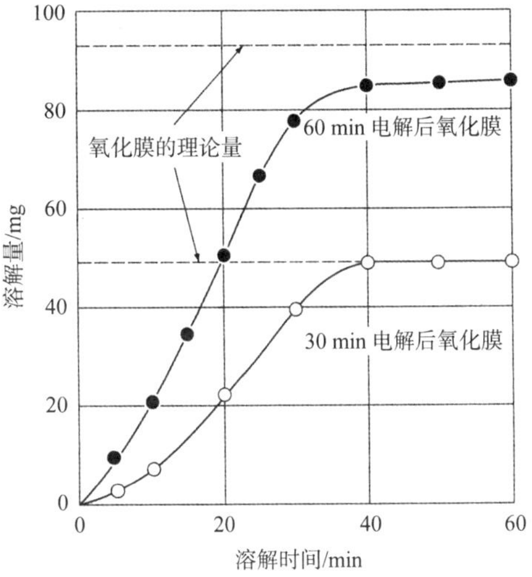

图 1.1.3　不同厚度氧化膜随时间变化的溶解量
电解液从氧化膜孔壁产生的溶解

用电子显微镜对阳极氧化后溶解 30%、70% 至全部溶解的表面进行观察。结果发现随着溶解，细孔变大，完全溶解后呈不明显单元格结构。由此可知，溶解是从细孔内壁，即从侧面均匀发生的。

顺便提一下，用上述条件电解生成的硫酸膜和草酸膜的化学溶解速度分别是 0.92 Å/min 及 0.56 Å/min，与膜成长速度相比可以忽略。

另外，阳极氧化工厂产生的废液、废水中的铝部分以硫酸铝形式在造纸和净水等行业进行再循环利用。

1.1.2.5　阳极及其环境热传导——流体环境中膜的生成和烧灼现象

在实际应用中，高速、硬质氧化时生成的氧化膜阳极表面局部由于电流集中发生烧灼，局部温度上升又加剧电流集中使得烧灼扩大，产生致命不良。烧灼在电流密度高、溶液温度（简称液温）低时容易发生，或电解质酸性越小时越易发生。这是硬质、高速氧化所遇到的问题点。

阳极氧化产生的热主要是阻挡层焦耳热。此外，有少量的金属氧化物生成热和极其少量的氧化物溶解热，各自的热量值均已算出。

此前，研究人员预测，阳极可能达到 100 ℃以上的高温。无法直接测量阻挡层温度，后面有介绍；星野重夫和前岛正受二人对铝阳极以及近处温度进行测量，其结果也有报告。

永山和田村 [5)] 对热传导进行精密计算，结论是阻挡层的温度与电解液的温度几乎相同。即在 27 ℃、10 % 硫酸水溶液、11 V、0.94 A/dm^2、膜厚 5 μm 的条件下，阻挡层和细孔外部与接近膜表面的电解液的温差是 0.1 ℃，在 16.5 V、1.88 A/dm^2 的条件下温差也仅仅是 0.26 ℃。

据黑泽和福岛等人 [6)] 的实验，将厚 0.1 mm 的铝箔折叠用黏结剂粘贴，中间夹着厚 0.15 mm 的铬镍康铜（chromel-constantan）热电偶，用于测量铝阳极的温度。同时用热敏电阻（温度感应部为 1.5 mm × 0.7 mm 的椭圆形）测量阳极附近的温度。

电解液分别用 8 L 100 g/L 的硫酸和 1 mol/L 的丙二酸溶液，电流密度分别是 1、5、10 A/dm^2。

几乎在电解开始的同时，阳极及附近的温度开始升高，电流密度越高，溶液电压越高的丙二酸溶液的温度上升幅度要比硫酸溶液大。丙二酸溶液在 10 A/dm^2 时通电 1 min 后阳极温度是 104 ℃、阳极近旁的温度是 80 ℃。

阳极温度随时间的变化如**图 1.1.4** 所示。对电解液进行搅拌或切断电流，电流通过时升高的温度会迅速下降，降至与电解液峰值温度几乎同等水平。

根据上述计算和实验结果，对烧灼现象的考察结果如下。首先，热传递可分成传导和对流。阻挡层产生的热向铝基材和膜两个方向传导，在膜中主要通过细孔内的电解液而不是膜中的氧化物传导到膜表面附近的电解液。随后，被加热的电解液因自然对流而上升。如果不进行强制对流（搅拌），因加热上升的溶液会到达电解液表面，此时因为无法再上升，所以导致液温升高。另外，对流的界面层厚度因阳极形状等有部分差异，进而导致阳极表面产生温差。

实际操作中，对电解液使用吹入空气、加入液体、机械振动等搅拌手段可使界面层变薄，希望电解液均匀流动是不现实的。因此，不同阳极表面会产生温差，高温的地方电流会选择性通过，这就导致局部电流集中而产生烧灼。可以猜测阳极通过负电流而产生氢气，这样就可以减小温差，但是实验结果尚不清楚。

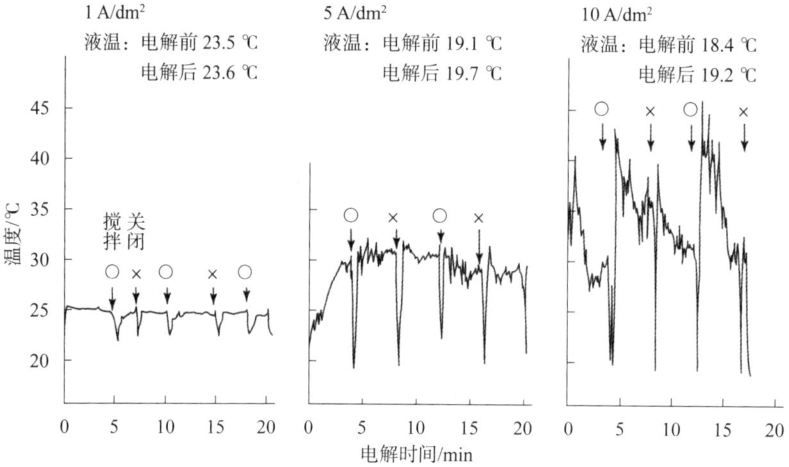

图 1.1.4　电解中铝箔阳极的温度变化——烧灼的原因

阳极表面有氢气产生，我们认为它是伴随阳极反应而产生的。此氢气会还原硫酸等电解液，导致 SO_2 的产生。

1.1.2.6　有关氧化铝——非晶体复合膜说明

大多数氧化铝研究人员认为，氧化铝用 X 射线衍射有 α、η、γ、δ、θ、κ、ρ、χ 和无定形（非晶）共计 9 种变体。还有人认为除 α 型氧化铝外，其余均属于 γ 型氧化铝。这是氢氧化铝受热分解而来，η 或 γ 型氧化铝含水率是 1%~2%、α 型氧化铝的含水率大约是 0.2%。正常氧化铝用 $Al_2O_3(H_2O)_n$ 表示，其中 $0<n<0.6$。

多孔阳极氧化膜在无定形氧化铝中含有电解质负离子，其含量以及在膜内的分布情况已被分析，但详细结构目前尚不清楚。

1.1.2.7　微细孔产生过程以及膜外表面构造

讲一下电解初期细孔产生状况与经过时间变化后的情况。用透射电子显微镜（TEM）观察（照片 1.1.1）发现，定电流电解时，*E-t* 曲线的临界点前，存在无数的微细孔（直径 1~3 nm）。细孔的产生和扩大随时间的变化是恒定的，具体如下。

电解初期产生无数大大小小的细孔，这类细孔当中比较大的随着直径扩大（pore widening），数量反而减少，膜不断成长。电解结束后细孔留在的膜的最外面，成为支配膜表面形状的重要因素。这是膜表面形成纳米级微孔的原因，它影响到阳极氧化膜附着性、摩擦特性、封孔后的挂灰现象等。

要了解细孔的性质，有必要对各种着色、阳极氧化导电、光催化剂、磁性膜、红外线选择吸收膜、润滑/耐磨耗性、催化剂效果等进行深入的研究。

1.1.3　应用层面上的膜性质

1.1.3.1　耐腐蚀性

1. 室外空气腐蚀——微气候

阳极氧化后的铝腐蚀问题，是因室外空气中发生局部湿腐蚀（wet corrosion）造成的。形态呈点腐蚀（pitting），铝材的夹杂物是膜缺陷的起因。

主要腐蚀性因素是水分和来自海盐的氯化物，此外造成空气污染的酸性物质与含有水分的泥灰等污染物也影响腐蚀性。另外，影响腐蚀性的因素还有特殊的化学物质、来自混凝土的碱性成分、微生物等。

大气环境按气象区分有大气候（整个国家的范围）、中气候（城市）、小气候（村镇），防腐蚀专家则将大气环境分为海岸、城市、工业地带和山区 4 种类型。可是微气候（micro climate）也很重要。也就是说，上述分类中即便是相同地域，由于位置不同，其腐蚀性也有差异。有时同样位置的建筑物，由于方位、地上高度、构造部位等差异，与腐蚀性物质的接触状态也不同[7)]。机动车排出的废气、海风主要通道的平均风速、造成漆膜劣化的阳光及酸雨（对于有 10 μm 厚漆膜的型材，反应时常会发生在氧化膜与漆膜之间的界面）也应予以考虑。表面吸附的污染物能被雨水冲洗干净的部位不易腐蚀，而雨水冲洗不到的部位易被腐蚀。（**图 1.1.5**）

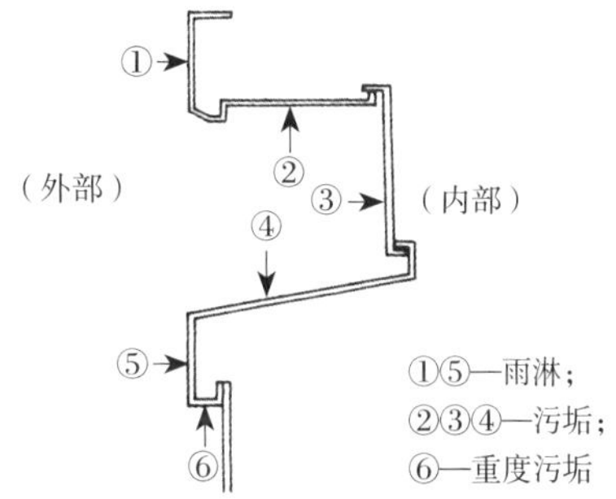

图 1.1.5　幕墙不同位置的腐蚀差异
——表面污垢和雨淋效果

2. 滴碱试验——简易试验

滴碱试验是简易定性分析方法的一种，类似于染斑分析（spot analysis）的手法。以前，将盐酸和重铬酸盐混合液（经过一定时间变成绿色）滴到阳极氧化膜试验材料上，研究膜的耐腐蚀性。宫田先生指出，使用各种药液进行滴斑试验时，硫酸、盐酸、醋酸侵入膜的时间较长，其间液体大部分蒸发掉了。我很偶然地使用了实验室里分析用的 10% 氢氧化钠溶液，在短时间内得出了结果，其后经过研究讨论形成了 JIS。当时高压水蒸气封孔处理已经实用化，是用于判断阳极氧化产品的膜厚和封孔是否良好的一种简捷的试验方法。技术上，适用于整体腐蚀的耐腐蚀性试验，同时也适用于局部腐蚀。

1.1.3.2　粗糙度

近年，电子显微镜、原子间显微镜、辉光放电光发射谱仪（GDOES）等很多分析仪器及相关设备取得飞速发展。比如，非接触三维表面测量仪横向分辨能力是 0.36 μm，纵向分辨能力是 0.1 Å（0.01 nm），精度提高至纳米级以下的皮米水平，还有滤镜处理、分析项目，表面性状参数的种类合计增加至 150 多个。人们由纳米技术时代开始向皮米技术时代迈进。

在此有个事情要顺便提一下，JIS B 0601 规定的表面粗糙度参数的数量也随时间不断增加。1982 年只有 R_{max}、*Ra* 和 *Rz* 3 个参数，1994 年追加了 *Sm* 和 *tp* 2 个参数，至 2001 年合计变成 15 个参数，同时波纹度参数追加到 14 个。

取得如此多的参数得益于信息技术的应用，它使我们清楚地了解到参数与表面状态、表面处理条件及性能之间的因果关系，今后应继续加以利用。

1.1.3.3　膜表面轻微粗糙度和黏结性

岸先生[8)]有如下非常重要的研究报告。他将乙酰纤维素膜用乙酸乙酯浸渍后粘贴在试验材料上。另外，将溶解在乙酸戊酯中的硝酸纤维素涂料作为黏结剂，将两个试验材料黏合在一起后在 60 ℃干燥炉内干燥 3 h。

用 99.9% 铝板作为试验材料，在 3% 草酸、10% 硫酸或 30% 磷酸的电解液中进行阳极氧化。试验结果显示，在磷酸液中生成的膜（简称磷酸膜，依此类推）比草酸膜或硫酸膜附着力强 2~10 倍。该研究表明，磷酸膜表面粗糙度如**图 1.1.6** 所示那样是极其微细的。大家都知道在磷酸液中进行阳极氧化能得到有效的黏结性，对此继续追踪研究下去有极高的价值，对今后的发展也非常关键。

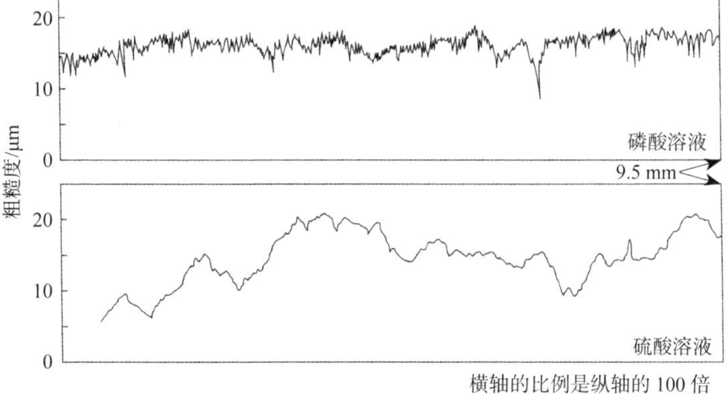

图 1.1.6　氧化膜超微观表面粗糙度差异——有助于黏结性

1.1.3.4　评价膜裂纹的标准方法——测量渗入裂纹的电解液的电导率

一般来说，评价防腐涂膜的劣化程度使用的非破坏性手法称为阻抗法。该方法是将羧甲基纤维素（CMC）添加至食盐水中做成糊糊状涂到涂膜表面，两极使用铝箔来测量交流电阻。可是，溶解 CMC 需要时间，同时测量时金属基材在食盐水中有被腐蚀的风险，所以笔者改用 K_2SO_4 溶液。在此，将 2 g K_2SO_4、8 g 淀粉、200 mL 纯水混合成糨糊状，在阳极氧化过的试验片表面开个直径为 6 mm 的凹坑并用胶布粘上，在 1 kHz 频率下测量铂金电极与铝基材之间的交流电阻。由于膜细孔吸附水分会导致不稳定，所以事先在 95 ℃纯水中进行 30 min 封孔处理，待稳定后将其作为试验用材。根据这个方法，总裂缝面积由下列公式求出。但是，使用这个计算式的前提是裂缝垂直于膜表面，并且假设膜内的宽度也相同，实际上没有反映出裂缝的三维形状。因此，我们在此使用“准定量”的说法。

$$S=\rho t/R$$

式中：S 为总裂缝面积；ρ 为 1% K_2SO_4 溶液的电阻比；t 为膜厚；R 为交流电阻测量值。

由膜厚得到的交流电阻值和测量面上总裂缝面积的关系见**图 1.1.7**。

1.1.4　阳极氧化新技术动向

1.1.4.1　收集网络信息

佐藤敏彦先生对用新的方式和手法收集国内外文献/专利等科学技术信息有具体说明。比如，他对国家图书馆藏书检索体系 NDL-OPAC（国立国会图书馆联机公共检索目录）的杂志记事检索和 30 年间 Altobia 期刊登载论文搜索要点等都有记述[9)]。

1.1.4.2　参加外国技术协会/展览会

除外国学会活动和研究报告外，还要用以下方法收集新的技术信息以及新的技术开发，以适应全球化时代的要求。

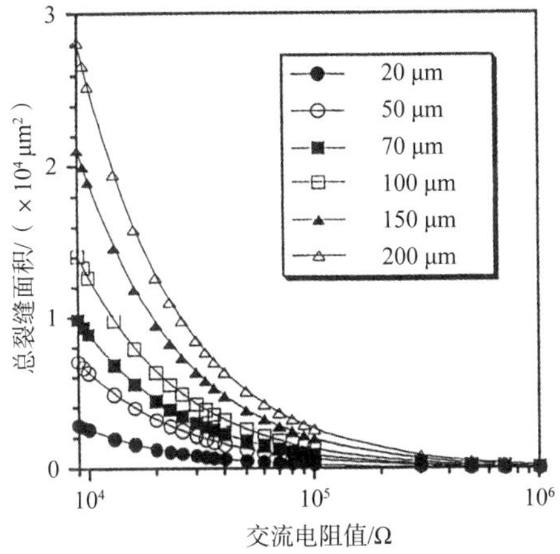

图 1.1.7　不同氧化膜厚度下交流电阻值和总裂缝面积的关系

①在世界各国中，尤其要选择加入美国和德国的技术协会，把握活动状态和收集资料。希望与日本公司有关团体共同推进。

②收集美国表面处理公司的产品样本及网站信息并整理。

③事先认真研究国外举办展会的规模及内容，对有益的展示要听取讲解说明并进行讨论。

1.1.4.3　新技术工业化可能性的探索实验

如何在实际生活中应用研究开发出来的新技术是非常重要的。因此，在进行大规模实验之前，首先进行最小规模实验非常重要。

①把握好要进行表面处理的对象的品种以及处理目的。要明确处理对象的材料、形状、尺寸、数量、表面形状。

②由最小规模精密实验判断结果是否良好。液量在 50~500 mL、试验片的表面积在 1~10 cm^2 最理想。

③一旦得到良好的实验结果，要进行重复性实验加以验证，并研究处理液储存期（pot life）。

④研究补充/添加溶液对表面处理效果的影响。

⑤表面形状均匀性，比如，就泳透力进行实验。

⑥研讨基材的种类对表面处理效果的影响。

根据以上实验结果来扩大实验规模以及判断商业化是否可行。

1.1.4.4　最近的国际活动

ISO/TC 79/SC2 铝及铝合金阳极氧化分技术委员会选定日本为干事，轻金属制品协会的菊池哲专务理事被选为议长[10]。

日本和中国就铝表面处理标准举行会议，对制定“铝阳极氧化复合膜”国际标准进行了协商[11]。（译者注：此标准——ISO 28340：2013 已经颁布。）

1.1.4.5　今后研究课题

①研究测量极化曲线等电化学结果与实际环境中腐蚀的关系。

②将阳极氧化铝的耐磨性与固态润滑膜、涂层、镀层等的耐磨性进行比较。

③验证相关铝合金阳极氧化后疲劳情况的条件，作成 NS 曲线以及裂纹产生和传播状况实验。

④在德国市场销售的便携式无线记录测膜仪，无线技术革新方面探索。

参考文献

1）山本洋一：日本と世界における防錆防食の歴史（第一巻），成田俊勇編，表面処理ジャーナル社（1973），p.155.
2）田島栄：電気化学通論 改訂版，共立出版（1969），p.21.
3）Yosio Fukuda，Toshiro Fukusima：Bull. Chem. Soc. Japan，Vol.53，No.2（1980），p.366.
4）福田芳雄：日本化学会誌（1974），p .1868.
5）永山政一，田村紘基：電気化学，36 巻，7 号（1968），p.499.
6）福島敏郎，黒沢勝登志，伊藤伍郎，荻井修明：軽金属協会第 37 回秋季大会予稿集（昭 44），p.71.
7）大須賀正憲：防錆管理，24 巻，3 号（1980），p.33.
福島敏郎：さびを防ぐ事典，産業調査会（昭 56），p.439.
8）岸松平：金属表面技術，10 巻，4 号（1959），p.139.
9）佐藤敏彦：アルトピア，38 巻，1 号（2008），p.57.
10）アルミプロダクツ，20 巻，4 号，No.126（2007），p.9.
11）アルミプロダクツ，19 巻，3 号，No.121（2006），p.15.

1.2　机械特性

1.2.1　硬质特性（机械）

1.2.1.1　定义和要求膜的特性

1. 硬质阳极氧化膜

硬质阳极氧化膜的标准有《铝及铝合金硬质阳极氧化膜》（JIS H 8603）[1]。定义是“使用低温电解液或添加各种有机酸特殊电解液进行处理的铝材阳极氧化膜”。与通常方法处理过的膜相比，硬质阳极氧化膜的特点是坚硬、耐磨性好，可抑制膜的溶解，提高膜的耐久性。

2. 要求膜的特性

与以往利用的耐腐蚀性材料或着色后用于装饰目的的材料有很大不同，硬质氧化膜要求具有厚度大、硬度高、耐磨性好等优异特性。膜的硬度和耐磨性等特性因处理基材不同，存在很大的差异，膜的种类和特性因基材的材质不同也有差异。**表 1.2.1** 所示是材质种类，**表 1.2.2** 所示是各种材质的膜硬度标准数值。

种类 1 材质的膜硬度在 HV400 以上，种类 2（a）以及 3（a）材质的膜硬度在 HV250 以上。因此，即使是硬质膜，由材质得到的膜硬度也有极限。根据所要处理的材质，有时硬度为 HV250 的膜也被称为硬质膜。所以，在产品实际生产中，选择材料、阳极氧化处理方法以及处理条件是极其重要的。

1.2.1.2　硬质膜的现状和问题点

1. 硬质膜氧化法

硬质阳极氧化膜转化法的初期研究，是以硫酸液和草酸液为主生成转化膜，并得到了实际应用。随后，伴随氧化技术不断进步，人们开始研究各种溶液组成及氧化条件，除了硫酸法、草酸法、硫酸-草酸混合法外，添加各种有机酸、无机酸等的方法也相继开发成功[2-4]。

这类方法有一个共同点，如**表 1.2.3** 所示，与传统的膜转化条件相比，必须满足高电流密度、低温、强力搅拌三个条件，即电流密度是普通膜转化时电流密度的 2~5 倍，膜氧化要在短时间内完成，在电解液中浸渍的时间要尽可能短。此外，为在电解液中抑制膜的溶解，液温要低，伴随电解产生的热要用搅拌的方式使其扩散，这点很重要。为抑制膜溶解，在硫酸液中添加草酸等有机酸效果明显，可在比较高的温度下进行膜氧化。

另外，氧化硬质膜时，改变一直沿用的直流电，使用特殊电流波形，膜性能可得到提高。使用的特殊电流方法有交直流叠加法[6]、电流恢复法[7]、电流反转法[8]等。

2. 各种氧化液的氧化膜特性

（1）硬度

阳极氧化膜的硬度取决于对基材进行氧化时生成的膜，所以受到液温、槽液组成、浓度、电流密

表 1.2.1　材质种类

种类	材质
1	JIS H 4000、JIS H 4040、JIS H 4080、JIS H 4100 以及 JIS H 4140 中规定的变形铝合金中除 2 和 3 两种变形铝合金外的其他合金材料
2（a）	2000 系变形铝合金
2（b）	7000 系变形铝合金及含镁 2% 以上的 5000 系变形铝合金
3（a）	JIS H 5202 及 JIS H 5302 规定的铸造铝合金中含铜不满 2% 或含硅不满 8% 的合金
3（b）	除了 3（a）外的其他铸造铝合金

表 1.2.2　膜硬度标准数值

种类	显微硬度（HV0.05）
1	400 以上
2（a）	250 以上
2（b）	300 以上
3（a）	250 以上
3（b）	当事者之间商量

表 1.2.3　硬质阳极氧化膜转化条件示例

电解液组成	浓度/%	温度/℃	电流密度/（A/dm²）	备注
硫酸	10~20	0~10	2~5	
硫酸+草酸	硫酸：10~20 草酸：10~20 （g/L）	0~15	2~5	
草酸	3~8	5~20	1~10	直流或交直流叠加

度等电解条件的影响。特别是液温对硬度影响较大，由**图 1.2.1** 可见，无论何种溶液，液温越低，硬度越大。可是，硬度变大的趋势因溶液种类不同有差异，硫酸液在 0~5 ℃时电解液不进行冷却无法生成硬质膜。硫酸液一定要保持最低温，其次是硫酸-草酸混合液、草酸液、硫酸-草酸-柠檬酸混合液。用硫酸-草酸-柠檬酸混合液时，即便在 15~20 ℃的常温下也可生成硬质阳极氧化膜。

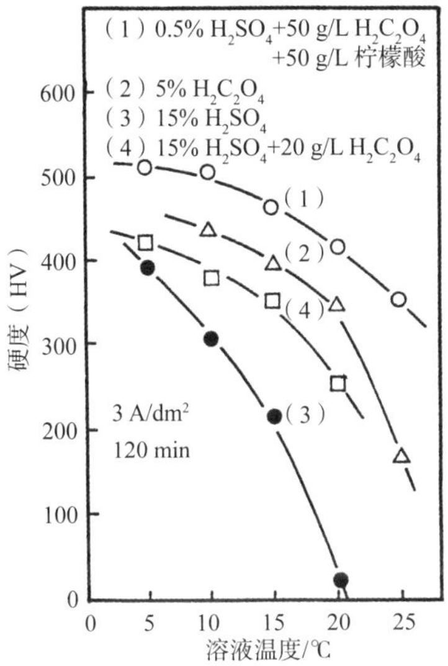

图 1.2.1　各转化溶液的氧化膜硬度

表 1.2.4 所示是改变硫酸-草酸混合液中硫酸和草酸浓度后氧化膜的硬度。硬度随硫酸以及草酸的混合浓度变化而变化，在 40 g/L 以下低浓度硫酸溶液中生成的膜不均匀且不能使用，在硫酸与草酸的混合液可生成均匀膜，该膜比纯草酸液时生成膜的硬度更高。硫酸液及草酸液都是浓度低时生成膜的硬度大，浓度提高时硬度逐渐变小，因此生成均匀膜的浓度范围变广。

氧化时间长，在电解液中的浸渍时间也变长，促进了膜的溶解，同时导致膜性能变差，所以有必要在短时间内生成厚膜。提高电流密度是必要条件，但是也要研究在高电流密度时不降低硬度的方法。还有，进行高电流密度氧化时要考虑能够承受高电流的夹具，在接触点上也要下功夫。**图 1.2.2** 所示是在硫酸液中不同电流密度下膜硬度随氧化时间的变化关系。在不同溶液温度下，随着电流密度变大，膜硬度降低，这个倾向在溶液温度高时更加明显。电流密度变大时，膜的表面易于溶解，导致孔隙率增大，因此表面硬度下降。

在不同电流密度下，随着氧化时间变长，膜变厚并且硬度下降，电流密度越大这个倾向越明显。可是，将电流密度基准设定为 1.5 A/dm^2 时，3 A/dm^2 时的氧化速度变成 2 倍，4.5 A/dm^2 时的氧化速度变成 3 倍，同等厚度膜的硬度几乎相同。

阳极氧化膜的成长过程是最开始产生阻挡层，阻挡层达到极限后，形成多孔氧化物结构，紧接着生成厚的多孔膜。因此，膜的形成伴随氧化物的生成和膜的化学溶解。因为厚膜最初生成膜的表面接触电解液的时间较长，膜的表层比内层呈多孔性。从**图 1.2.3** 以及**照片 1.2.1** 可明显看出，膜的硬度是不均匀的，表层和内层有很大的差异，即表层硬度较低，越往内层硬度越高。

(2) 耐磨性

硬质阳极氧化膜机械性能中重要的一项是耐磨性，从实际应用来看，产品的耐磨性比硬度重要，

表 1.2.4　硫酸-草酸液的膜硬度（20 ℃、2 A/dm^2、30 min）

H_2SO_4 浓度 /（g/L） $H_2C_2O_4$ 浓度 /（g/L）	0	20	50	80	120
0	—	431	423	415	410
2	—	482	471	465	442
4	—	437	460	458	431
6	—	—	441	457	428
8	—	—	—	449	431
10	—	—	—	440	439
12	—	—	—	423	—
14	—	—	—	407	—
16	—	—	—	421	—
20	—	—	—	410	—
40	—	—	371	441	—
60	415	430	425	420	—
100	407	401	411	410	—
200	364	382	393	386	—

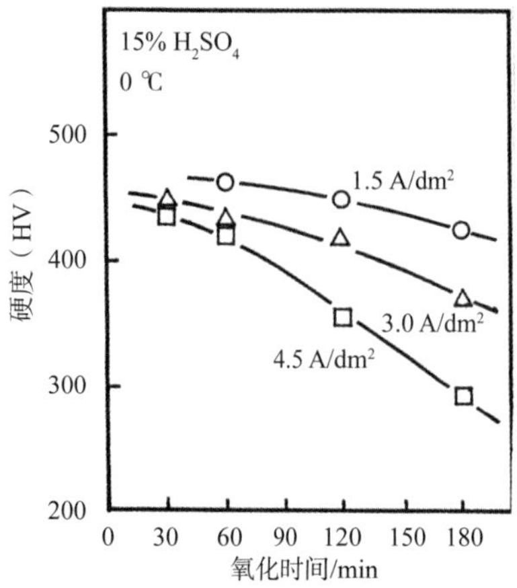

图 1.2.2　不同电流密度下氧化时间和硬度的关系

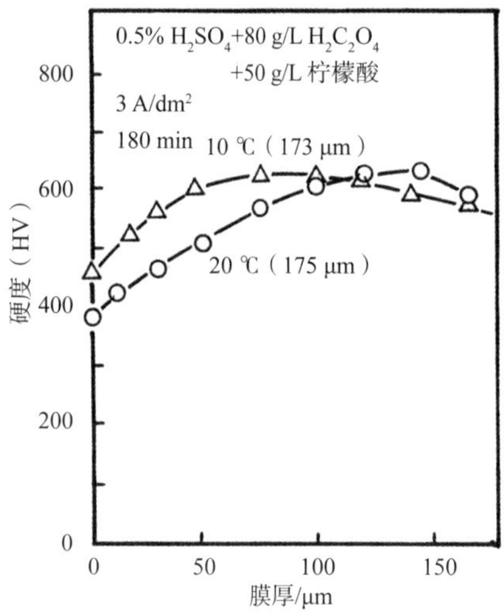

图 1.2.3　氧化膜截面硬度

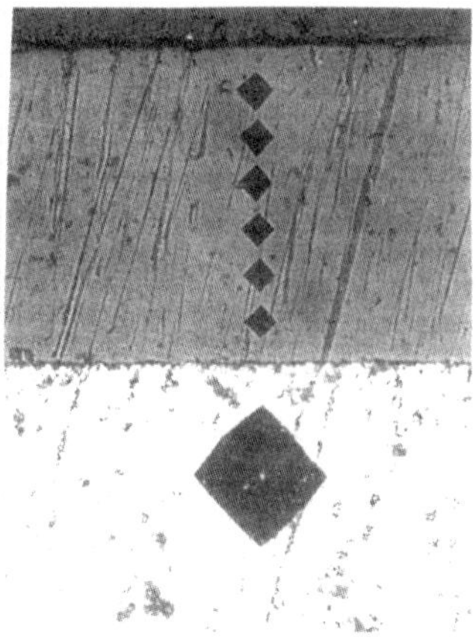

照片 1.2.1　氧化膜截面压痕

因此很多情况下判断基准不是硬度而是耐磨性。硬质膜耐磨性试验方法有泰伯尔（Taber）法[9]、轮磨法[10]、喷磨法[11]等，因为试验所需时间都比较长，为了缩短测量时间可用大越式快速磨耗试验机进行干磨试验。**图 1.2.4** 及**图 1.2.5** 所示是 1080、5052 两种材料的膜的耐磨性。磨耗试验使用 Rotor SK3（HRC63），摩擦距离为 200 m，摩擦速度是 2.92 m/s。

一般来说，随着液温降低，耐磨性变好，硬度大的膜，其耐磨性优异。1080 及 5052 基材在硫酸-草酸-柠檬酸混合液中生成的膜的耐磨性最好，其次是在硫酸-草酸混合液、硫酸液中生成的膜。特别是在硫酸-草酸-柠檬酸混合液中生成的膜，液温对耐磨

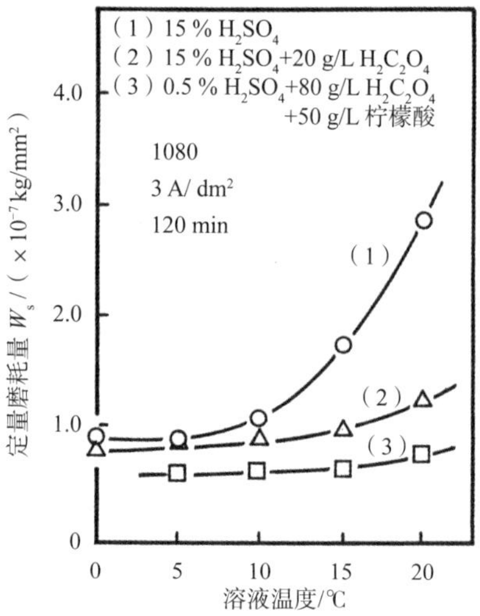

图 1.2.4　溶液温度和耐磨性的关系（1080）

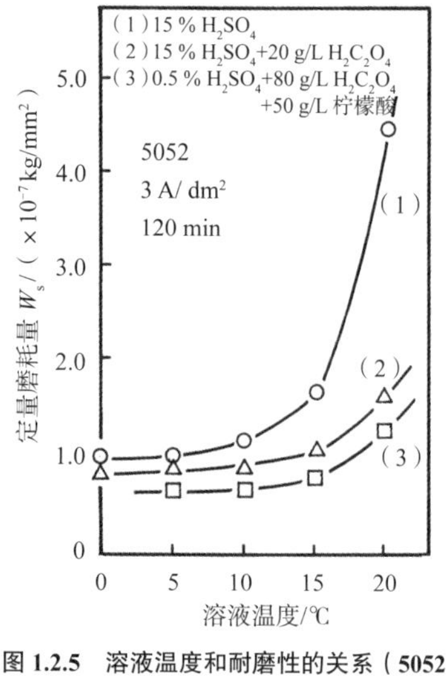

图 1.2.5　溶液温度和耐磨性的关系（5052）

性的影响较小，在 15~20 ℃常温状态，可得到耐磨性优异的硬质膜。另外，不同种类基材的膜，其特性也有差异：铝基材纯度越高，膜硬度越大，耐磨性越优异；高强度铝合金因含有易于溶解于电解液的合金成分，其膜的性能反而会更差。

将硬质阳极氧化膜的耐磨性与镀硬铬（HV933）及模具钢（热处理、HV839）进行比较，如**图 1.2.6** 所示。一般要求耐磨性时大都使用镀硬铬，但镀硬铬高速摩擦时性能会变差，低速摩擦时性能更优异。硬质阳极氧化膜与用于模具的模具钢比较，耐磨性要优异得多。

表 1.2.5 所示是与上述相同试验材料及铝基材，用与大越式快速磨耗试验机不同的 Taber 磨耗试验机进行试验的结果。可以看出硬质阳极氧化膜的耐磨性是铝基材的 32 倍以上，比热处理过的模具钢以及硬质镀铬的耐磨性都优秀。类似这样又轻又软的铝基材能获得硬质阳极氧化膜，得益于技术的进步，它的硬度和耐磨性得到大幅度提高。

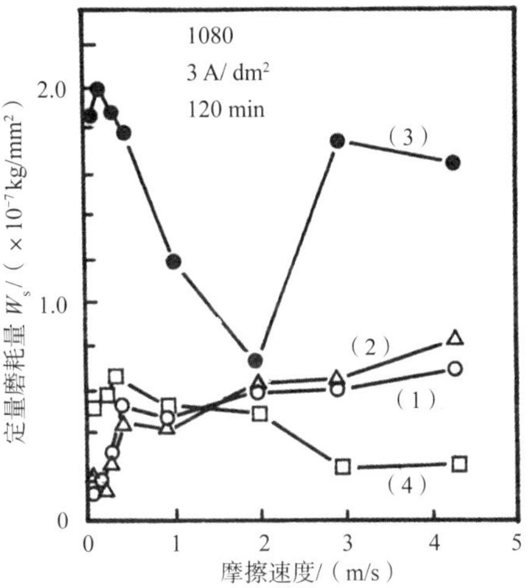

（1）0.3% H_2SO_4+50 g/L $H_2C_2O_4$ +50 g/L 柠檬酸
（2）0.5% H_2SO_4+50 g/L $H_2C_2O_4$ +50 g/L 柠檬酸
（3）模具钢
（4）镀硬铬

图 1.2.6　各种材料的耐磨性

表 1.2.5　各种材料的耐磨性比较

（20 000 转的磨耗减量、磨耗轮 CS-17、负载 1 kg）

材料	磨耗量/mg
铝（1080）	632.0
铝（1100）	540.8
铝（5052）	388.6
硬质阳极氧化膜	12.3
SK4 钢	100.4
SK4 钢（热处理）	18.6
硬质镀铬（HV947）	45.6
硬质镀铬（HV1003）	29.1

（3）膜厚

由于硬质阳极氧化膜被要求在条件苛刻的情况下可使用，所以比普通氧化膜要厚。不同电流密度下氧化时间和膜厚的关系如**图 1.2.7** 所示，抑制膜层的溶解是生成硬质阳极氧化膜的前提条件，膜厚与电流密度及氧化时间几乎成正比。膜的绝缘性随着氧化的进行而增加，所以低温、高电流密度氧化时必须在短时间内提高氧化电压。

另外，氧化膜的厚度因基材种类不同有差异，含有在电解液里易溶解的铜的高强度铝合金、易切削铝合金、含有大量不易氧化且阻止电流作用的硅元素的压铸铝合金、铸造铝合金等因不能顺利进行氧化，所以为得到一定厚度的膜要进行长时间氧化，同时如**照片 1.2.2** 所示，膜厚经常会不均匀。

在铝基材上氧化厚膜时尺寸会产生很大的偏差，有精度要求时要重视这个问题。对铝基材进行氧化时，普通膜体积约增加 30%，硬质膜体积约增加 50%。尺寸偏差与氧化时使用的材质有关，一般膜厚度增加 1/3~1/2。所以，要将这个增加的尺寸计算在内对基材进行加工，对氧化膜进行抛光加工或抛光精加工等。

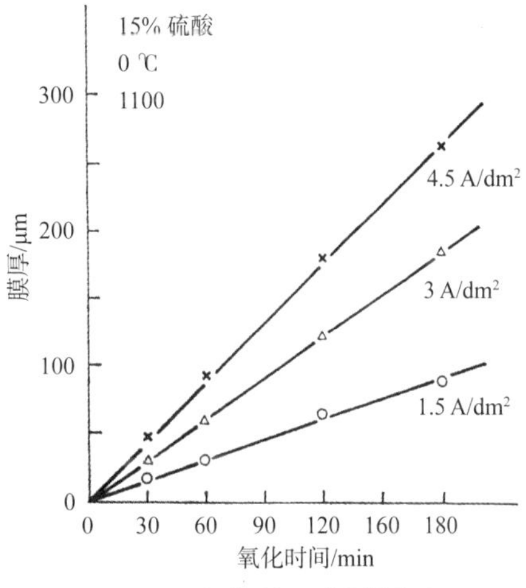

图 1.2.7　氧化时间和膜厚的关系

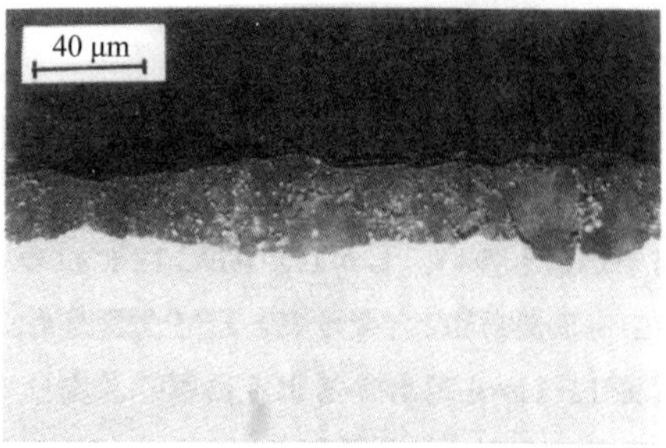

照片 1.2.2　ADC12 上的阳极氧化膜截面

（20% H_2SO_4、10 ℃、13.3 Hz、占空比 95%、2.5 A/dm²、45 min）

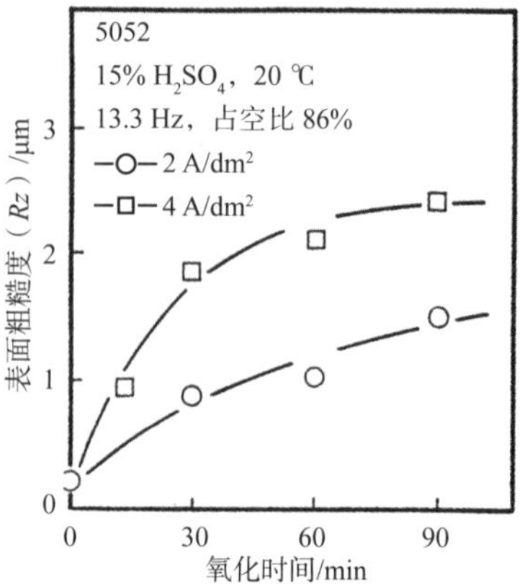

图 1.2.8　氧化时间和表面粗糙度的关系

（4）表面粗糙度

正常来说，阳极氧化后的表面粗糙度比一般基材的粗糙度要大。氧化膜的表面粗糙度如**图 1.2.8** 所示，电流密度越大，氧化时间越长，膜越厚，越易形成粗糙面。还有，随着液温以及浓度降低，表面粗糙度变大。从中可以得出结论：为保证一定的基材加工面得到氧化精度高的平滑膜，最佳选择是在高浓度、高温、低电流密度的条件进行氧化。可是，这个条件与得到硬质阳极氧化膜的条件相反，硬质阳极氧化膜容易变成粗糙面。为得到硬质且表面粗糙度小的膜，与其选择必须在低温下进行氧化的硫酸液，不如选择在高温下进行氧化的草酸液或混合液更能得到平滑膜。另外，与直流电相比，采用低电流交流电氧化可得到粗糙度较小的膜。因此，要求硬质氧化膜硬度高且表面平滑时，要对电解液组成、电流波形、电解条件等与材质的关系进行充分研讨后再决定氧化条件。

3. 电流反转法氧化膜

（1）硫酸液高温、高速阳极氧化

利用**图 1.2.9** 所示的电流波形周期性改变极性，进行交流电解，各种材质均可在 10~20 Hz 频率范围内得到膜生成率和膜硬度高的膜。与直流电解法相比较，交流电解法在高温、低氧化电压、高速条件下均可形成性能优异的氧化膜。

如**图 1.2.10** 所示，1080 纯铝及 5052 耐腐蚀铝合金，用负向少的占空比 95% 的电流可以得到硬度以及生成率大的氧化膜。占空比 100%，即用正向直流法氧化后的膜，比用交流法氧化后的膜性能要差。如**图 1.2.11** 所示，直流法的氧化电压最高，所需的氧化电压为 18~20 V，其次是脉冲法，交流法最低，可以用低至 12.5 V 的稳定氧化电压来形成膜。仅此就可节约能源以及抑制由焦耳热引起的液温上升。膜氧化时电压随着电流密度增加而升高。随着时间延长，电流密度越高，电压升高越明显。可是，电流密度在 2~6 A/dm² 时氧化电压上升幅度减小并变得稳定。

膜氧化后的表面粗糙度如**图 1.2.12** 所示，氧化时温度越低表面越易变粗糙。这是阳极氧化膜共有的现象，由于要在保持基材加工面粗糙度不受损的

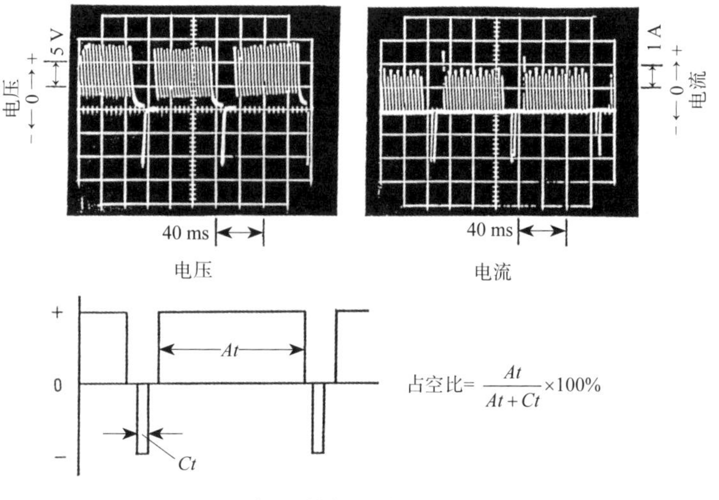

图 1.2.9　电流反转电压、电流波形及占空比

（6 相半波晶闸管控制、13.3 Hz、15% H_2SO_4）

同时生成氧化膜，所以要尽量在高温的状态下进行氧化。所以说，相比于直流法，我们用交流法可以在高温状态下进行氧化并能得到平滑的表面。

如**图 1.2.13** 所示是在 20 ℃的硫酸液中生成的氧化膜的表面硬度，随着氧化时间变长，膜变厚的能力减弱，电流密度越大，这个趋势越明显。即氧化时间相同时，用低电流密度下氧化的膜薄，表面硬度大，因用高电流密度可在短时间内氧化厚膜，所以膜厚相同时用高电流密度短时间内氧化的膜硬度大。如**图 1.2.14** 所示，膜厚与电流密度及氧化时间是同比例增长，但用 8 A/dm² 以上高电流密度氧化时，随着电流密度升高，膜厚增长率大幅减小。

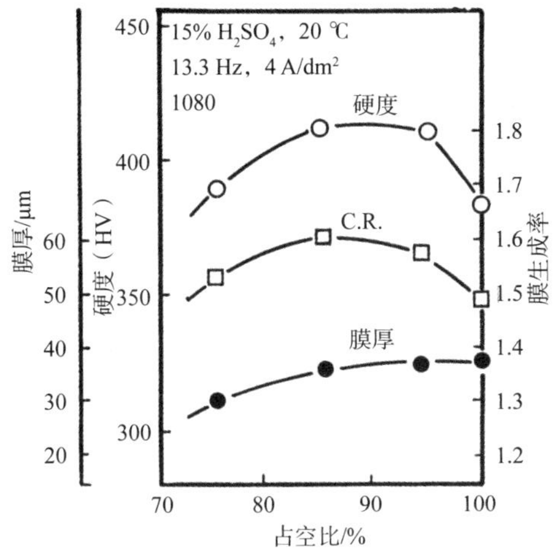

图 1.2.10　占空比与膜硬度、膜生成率和膜厚的关系

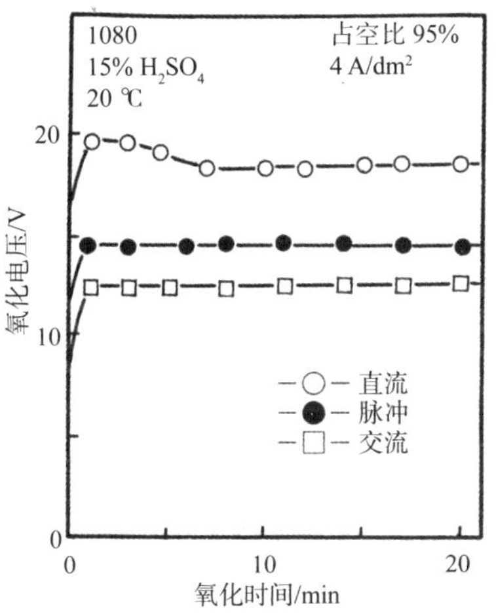

图 1.2.11　氧化时间和氧化电压的关系

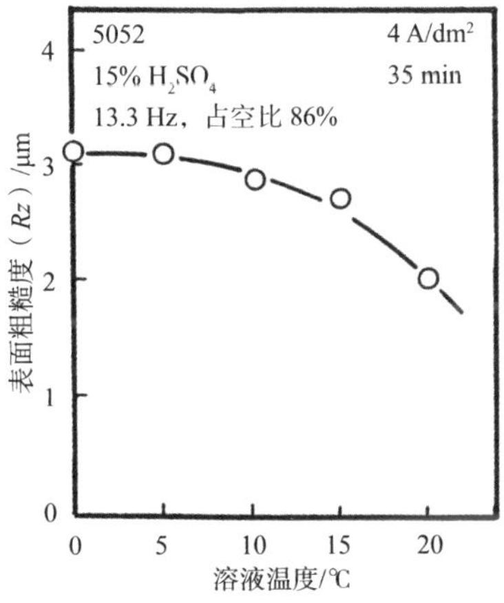

图 1.2.12　溶液温度和表面粗糙度的关系

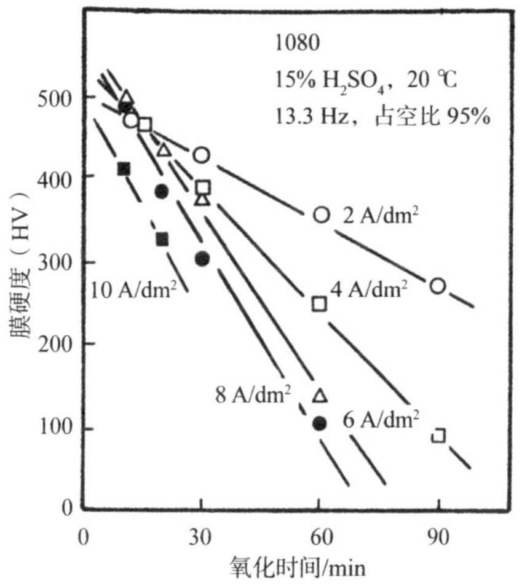

图 1.2.13　氧化时间和膜硬度的关系

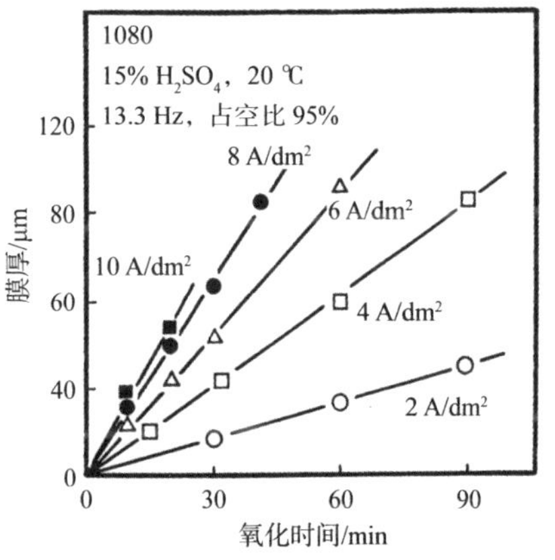

图 1.2.14　氧化时间和膜厚的关系

（2）草酸液氧化膜

1080 纯铝在 5%草酸液里用 4 A/dm² 恒电流密度氧化时，伴随时间的变化氧化电压以及负电流密度的变化如**图 1.2.15** 所示。为保持 4 A/dm² 恒定，氧化电压在短时间内升高，占空比为 95%时在 7 min 达到最高电压 63 V；占空比为 90%时在 2 min 达到 63 V。随着占空比降低，负电流密度变大，短时间的氧化电压升高无法氧化厚膜。

如**图 1.2.16** 所示是控制负电压为正电压的 59%，以抑制负电流作为条件，让占空比发生改变时的氧化电压及负电流密度的变化。控制负电压，氧化电压没有因抑制了负电流而急剧升高，用长时间稳定的氧化电压可生成厚膜。

液温影响是随着温度降低，孔隙率减小，氧化电压升高，在 0 ℃低温下经过 40 min 后电压急剧上升。在高电流密度 4 A/dm²、负电压控制为 59%、0 ℃低温条件下，即便抑制了负电流，氧化电压也会在开始氧化后立即上升且无法生成厚膜。

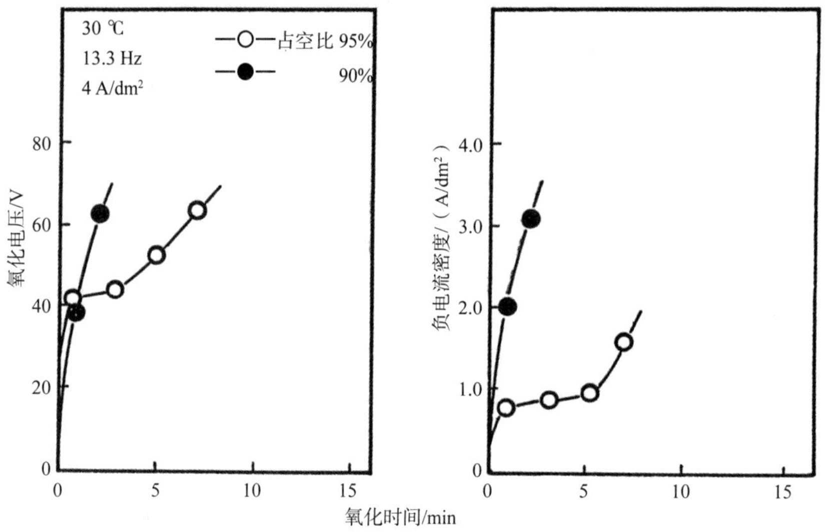

图 1.2.15　氧化时间与氧化电压以及负电流密度的关系

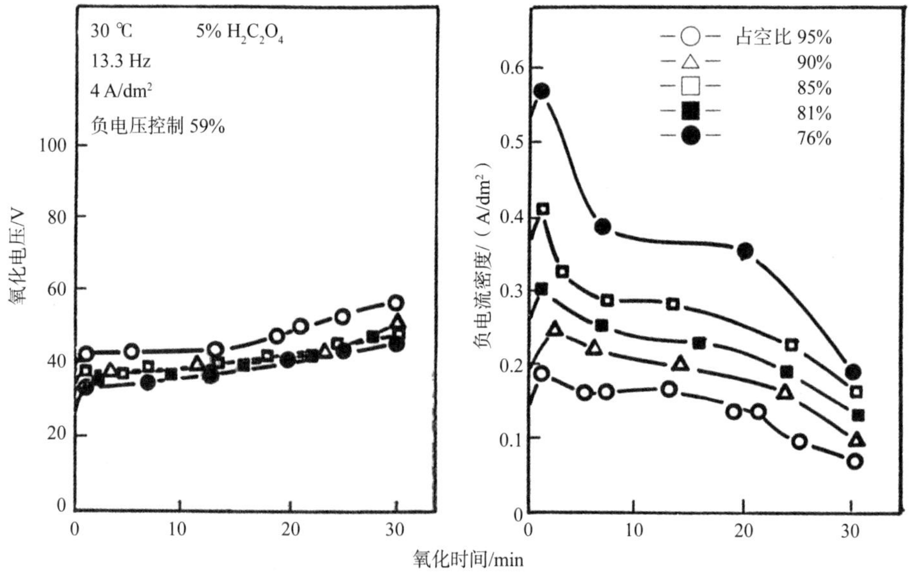

图 1.2.16　氧化时间与氧化电压以及负电流密度的关系

如图 **1.2.17** 所示，膜硬度随着液温降低而变大，硫酸液与其他溶液均存在这一相同趋势。短时间内高电流密度 4 A/dm² 比 2 A/dm² 氧化的膜硬度要大，在液温为 10 ℃时可以获得 HV600 以上超硬质氧化膜，30 ℃时可以获得 HV400 以上硬质氧化膜，高温 40 ℃时也可以得到 HV200~250 普通硬质氧化膜。膜厚随着液温降低而逐渐变大，相同电量时，高电流密度 4 A/dm² 比 2 A/dm² 氧化的膜要厚。

（3）硫酸-草酸混合液氧化膜

在硫酸液中用交流法进行氧化时，与直流法相比可用更低电压生成氧化膜，在高温、高速下也可获得性能优异的膜。另外，在草酸液中控制负电压、抑制负电流也可以得到 HV600 以上超硬质氧化膜。灵活运用交流法在这两种溶液中的特点，将溶液换成硫酸-草酸混合液时，得到的结果介于在硫酸液和草酸液中得到的结果之间。

改变液温时氧化电压及负电流密度如图 **1.2.18**

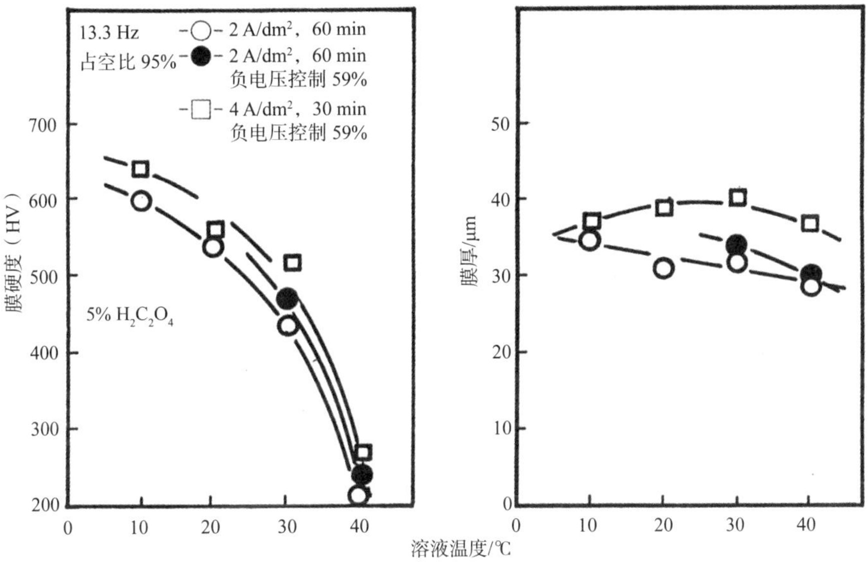

图 1.2.17　溶液温度与膜硬度以及膜厚的关系

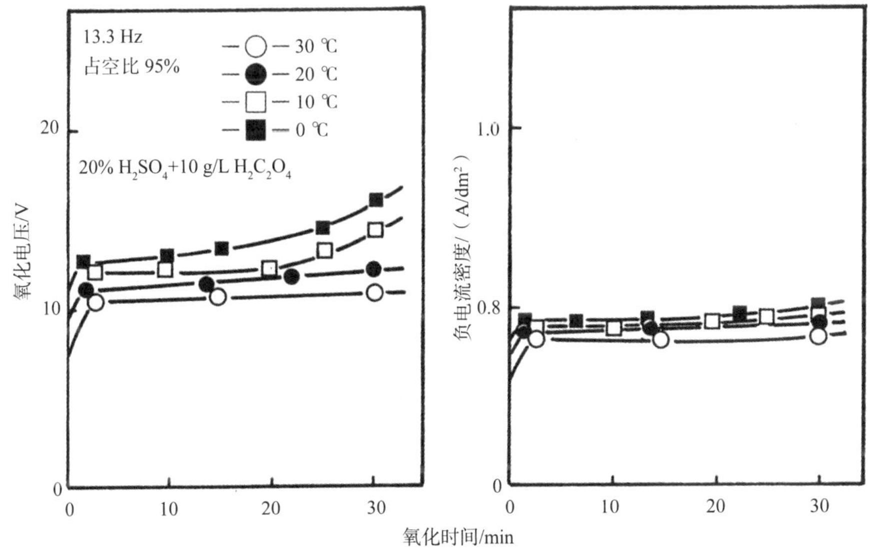

图 1.2.18　溶液温度与氧化电压以及负电流密度的关系

所示。氧化电压随着液温下降而升高，液温在 10 ℃以下时随着氧化时间推移电压逐渐升高（原文图标识有误）。但是，氧化电压不会像草酸液在 4 A/dm² 下短时间进行氧化时急剧上升。负电流密度随着液温下降、氧化电压升高而逐渐增大，但其增幅不大。

图 1.2.19 所示是直流法氧化电压。与交流法相比直流法氧化电压较高，且随着液温下降而上升。例如，在液温 0 ℃时氧化硬质膜，直流法需高电流，氧化电压是交流法的约 2 倍。从这点可以明确，交流法比直流法能在更低的氧化电压下生成氧化膜。

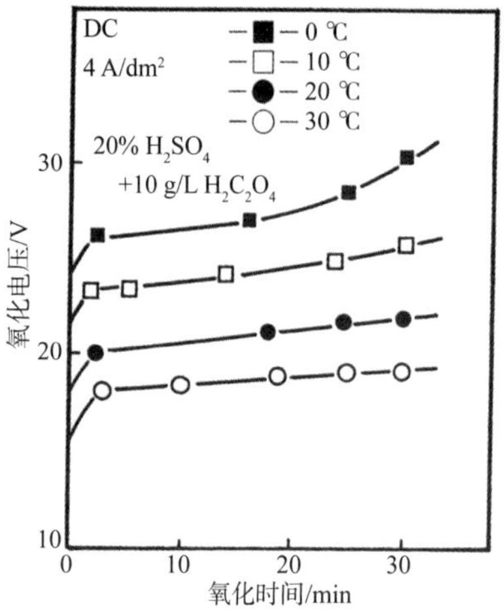

图 1.2.19　溶液温度和氧化电压的关系

图 1.2.20 所示是在电流密度为 2 A/dm² 及 4 A/dm² 时氧化时间与氧化电压及负电流密度的关系。在较小的负电流密度 2 A/dm² 下，可在长时间稳定的氧化电压下生成氧化膜。可是，经过 105 min 后氧化温度急剧上升，继续生成氧化膜变得很困难。此时的膜厚是 75 μm，在相同条件下生成的氧化膜比在硫酸液中生成的氧化膜薄，比在草酸液中生成的氧化膜厚。另外，电流密度为 4 A/dm² 时，经过 40 min 后氧化电压及负电流密度急剧上升，生成的膜厚是 70 μm，这已是极限。

图 1.2.21 所示是氧化时间与膜厚及膜硬度的关系。在 0 ℃低温时高电流密度 4 A/dm² 与低电流密度 2 A/dm² 下均可氧化生成硬度大的膜且二者对应的膜没什么差异。另外，与硫酸液氧化所获得的膜相比，虽然氧化时间长，但所获得的厚膜硬度降低较小。膜厚与电流密度及氧化时间几乎同比例增长。但是，越是低温、高电流密度，氧化电压越在短时间内上升，所得到的氧化膜越薄。

4. 硬质氧化膜的问题点

（1）夹具

由于硬质氧化膜是在高电流密度下生成的，夹具必须导电良好，让电流均匀通过所有产品。生成高质量氧化膜的关键点是夹具是否良好。尤其是原本膜就容易不均匀、氧化时需要高电压的铸造铝合金及压铸铝合金，选择夹具材料时要特别注意。

最近，磨耗小并可半永久性使用的钛夹具应用越来越多，但是要特别注意钛材导电性差的缺点。

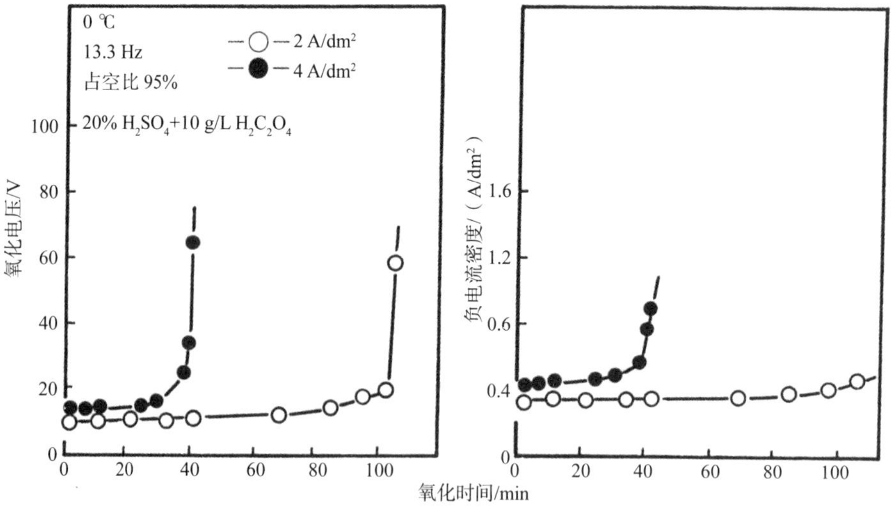

图 1.2.20　电流密度和氧化电压以及负电流密度的关系

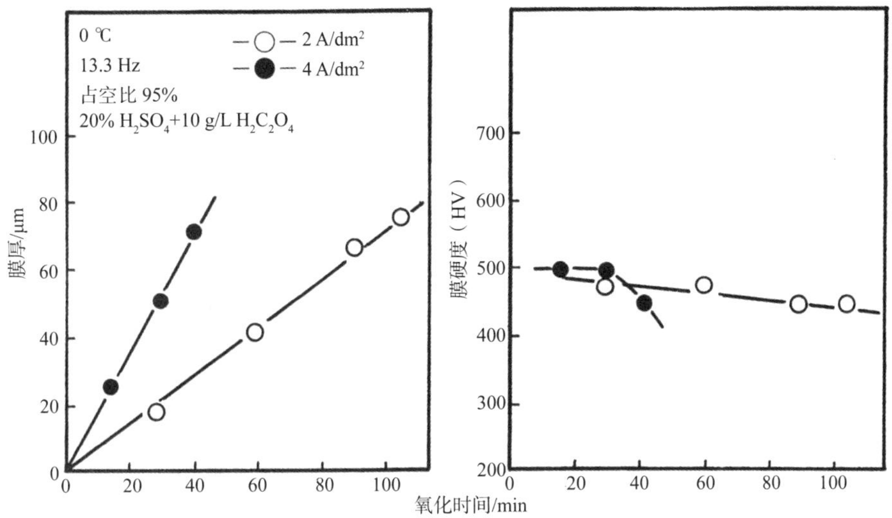

图 1.2.21　氧化时间与膜厚以及膜硬度的关系

（2）材质

氧化膜是铝基材及其合金用电化学方法中的阳极氧化而得来的，所以膜的特性受基材的影响很大。适合阳极氧化的材料有纯铝，其后依次是 Al-Mg-Si 合金、Al-Mg 合金、Al-Zn-Mg 变形合金、Al-Cu 高强度合金及铸造合金，但压铸合金难以得到优质膜。ADC12 含 Cu、Si 较多，铸造时表层急冷形成细晶层，组织变得不均匀，如果变形合金含 Cu 多，要得到均匀的硬质氧化膜也极其困难。对于这类材料，在电解时通过加入脉冲、改变电流波形使其氧化电压降低、抑制膜溶解等手段可以改善膜性能。

我们还研究了给电解液添加各种添加剂的方法，可使氧化膜性能有很大改善。降低氧化电压也有效果，但并不是对所有材料都有效，与改变电流波形相比，溶液管理是个难点。氧化膜有适合各自材质的溶液组成，明确氧化条件极其重要。

5. 开发适用的阳极氧化材料

溶液组成以及电流波形等氧化条件对改善膜性能有局限。研究开发适合氧化的材料极其重要。对于在氧化过程中那些会产生不好的影响的那材料要放弃，对于那些有效果的材料要积极探索。希望大家积极研究开发新的材料。

压铸铝合金 ADC12 的铸造性、生产性较好，尺寸精度较高，且可降低成型成本，因此使用行业范围不断扩大。对于材料特性首要考虑的因素是强度、成型性、加工性等，但与表面处理及材料供给方合作对今后的发展也是不可或缺的。轻金属制品协会和日本压铸协会就有关于铝合金压铸（ADC12）表面处理的研究[12)]的合作先例。

6. 硬质阳极氧化膜标准

硬质阳极氧化膜标准有《铝及铝合金硬质阳极氧化膜》（JIS H 8603）。这个标准第 1 版是 1994 年出版发行的（译者注：该标准已于 1999 年修订），是以 ISO 10074 为基准，在技术内容不变的基础上制定的日本工业标准，增加了国际标准没有规定的部分内容。

前面已经介绍过硬质阳极氧化膜的特点，其与用常规方法处理得到的膜相比更硬且耐磨耗性更好。膜种类按基材分为 5 种。阳极氧化处理与电镀及涂装不同，是通过阳极氧化获得膜层的，所以铝基材的材质对膜特性的影响非常明显。工业产品使用材料有铸造产品、挤压型材、板材，合金成分范围很广，合金的结晶状态多样化，这些对膜质量也影响甚大。所以膜性能范围变宽。对膜质量的规定有外观、膜厚、膜硬度、耐磨性、单位面积膜质量、耐腐蚀性及绝缘性。

对膜外观的规定是表面要均匀，不得有影响使用的剥离、鼓泡、擦粉起粉等缺陷。但是，因基材和膜的热膨胀系数不同导致膜层有细微裂纹可不视为缺陷。

对膜厚及均匀性没有规定，由供需双方协商确定。平均膜厚是指测量若干处膜厚取得的平均值。膜厚测量可用显微镜截面测定法或涡流式测定法，测量点及测量次数由供需双方协商确定。

膜硬度用维氏硬度试验机测量膜截面。试验负载是 0.490 N，较薄或较软的膜也可使用 0.245 N 的试验负载。厚膜可测量膜截面中央或靠近基材侧。试验通常重复 3 次，取 3 次测量值的平均值。膜如前面表 1.2.2 所示分为 5 种，各自硬度有差异。

膜耐磨性试验有轮磨试验、喷磨试验、Taber 试验、分别见**表 1.2.6**、**表 1.2.7** 以及**表 1.2.8**。选择哪种试验由供需双方协商确定。

1.2.1.3 测量方法

1. 膜厚

在硬质阳极氧化膜的性能中，膜厚是最基本也是最重要的。测量膜厚有很多种方法，JIS 标准规定使用显微镜截面测定法或涡流式测定法。

显微镜截面测定法直接观察膜的截面，被认为是精度最可靠的测量方法，但要切断、破坏产品，其操作复杂且耗时间，也有用别的方法鉴定膜厚基准板、校正测量值的，很多时候利用其他方法处理难度大的产品。

试验片取样点为产品的有效面，截面尺寸为 5~30 mm。将样品观察面垂直埋入树脂或低熔点合金后，用砂纸、研磨材料旋转研磨后用 200~600 倍显微镜测 5 个点以上。

涡流式测定法是将被测面与流过高频电流的线圈接触，此时铝中流过涡电流，引起高频电流变化，测量这个变化，绝缘性膜越厚，涡电流越小。实际操作时将事先用显微镜测量过的膜厚标准板作为测量仪辅助工具使用，用标准板比照涡电流的相对变化量，来测量未知膜厚的试验片。

要注意该测量方法对基材材质、表面粗糙度及平整度测量值有影响。膜厚标准板有管理用标准板和校正用标准板。管理用标准板用于测量仪功能鉴定，制作校正用标准板是为了对测量仪进行校正，所以校正用标准板是生产管理以及产品试验等测量仪用标准板。

表 1.2.6 轮磨试验

种类	相对耐磨耗性基准试验片的比率
1	80% 以上
2（a）	30% 以上
2（b）	55% 以上
3（a）	由供需双方协商
3（b）	

注：相对耐磨耗性基准试验片的比率用下列公式计算。

$$WR_WC = \frac{WR_Wt}{WR_WS} \times 100\%$$

式中：WR_WC 为相对耐磨耗性基准试验片的比率（%）；WR_Wt 为试验片的耐磨耗性（ds/μm）；WR_WS 为耐磨耗性基准试验片的耐磨耗性（ds/μm）。

表 1.2.7 喷磨试验

种类	相对耐磨耗性基准试验片的比率
1	80% 以上
2（a）	30% 以上
2（b）	55% 以上
3（a）	由供需双方协商
3（b）	

注：相对耐磨耗性基准试验片的比率用下列公式计算。

$$WR_JC = \frac{WR_Jt}{WR_JS} \times 100\%$$

式中：WR_JC 为相对耐磨耗性基准试验片的比率（%）；WR_Jt 为试验片的耐磨耗性（s/μm）；WR_JS 为耐磨耗性基准试验片的耐磨耗性（s/μm）。

表 1.2.8 Taber 试验

种类	最大质量减小量
1	15.0 mg 以下
2（a）	35.0 mg 以下
2（b）	25.0 mg 以下
3（a）	由供需双方协商
3（b）	

2. 膜硬度试验

评价阳极膜硬度的最佳方法是维氏硬度法。对膜表面或截面用一定负载压下，用压痕大小来判断膜厚。膜内外层的硬度有差异，外层硬度比内层低，膜表面有微小凹凸，所以为测量精度，最好将测量面研磨成镜面。

在 JIS 标准里膜硬度试验采用维氏硬度仪，规定要测量膜截面。测量膜截面与测量膜厚的显微镜截面测量法相同，将试验片埋入树脂或低熔点合金，膜截面用砂纸、研磨材料旋转打磨平滑后，用维氏硬度仪测量其表面。

3. 耐磨耗性试验

硬质阳极氧化膜的耐磨耗性试验是极其重要的，很多时候需要进行长时间的试验，实际上是通过测量膜硬度来推测氧化膜的耐磨耗性。但是，除了硬度以外，还有很多因素会影响氧化膜耐磨耗性，一定要注意的是并不是硬度越大耐磨耗性就越强。

磨耗状态根据材料组合、使用状态等多种多样。因此，磨耗试验机也根据不同磨耗状态来研制，进行试验时应考虑实际磨耗状态，选择适合的试验方法非常重要。在 JIS 标准里有往复运动平面磨耗（轮磨）试验、喷射磨耗（喷磨）试验和平面回转磨耗（平磨或 Taber）试验的规定。

轮磨试验是磨耗轮在圆周外缘面上贴附研磨纸，施加一定负荷，使研磨轮与试验片之间进行往复运动，通过测量膜厚减小的量来计算磨耗量的方法。试验装置由试验片组装台、研磨轮自动研磨纸装取装置、摩擦运动机构、负载安装装置、摩擦次数读取器等构成。用涡流测厚仪来测量膜厚。

研磨纸有 CP320（一般膜用）或 CP240（硬质膜用），背面裁成 12 mm × 158 mm 并用黏结剂粘贴。

喷磨试验是用压缩空气将磨料加速向试验片喷射，测量膜被磨削到露出基材为止的时间（s），进而计算耐磨耗性的方法。装置由磨料斗、开闭板、导管、喷嘴、试验片安装台、水银压差仪、压力调节阀、空气压缩机等构成。检测裸露基材时选择可显示 500 Ω 的测量仪器。磨料使用 C100 号碳化硅。

轮磨试验是在转盘上安装试样，试样上放置 2 个施加一定负载的磨轮，用一定的速度旋转试样，随着旋转进行滑动磨耗。耐磨耗性试验将旋转一定次数后膜被磨去后露出铝基材的点作为终点，试验至终点的旋转次数就是耐磨耗性。该试样直径要在 100 mm 以上，且磨轮要整体接触，所以必须非常平坦。该试验法不适用于小且复杂形状的产品。

JIS 规定试验场所原则上应保持常温，湿度在 65% 以下。采用减重法来求磨耗量时，要注意膜在空气中会吸附水分并引起质量变化。

磨轮采用粒度为 150 号的绿色碳化硅。对试验面施加的试验负载是摩擦面 2 个点各 9.8 N，预备磨耗旋转次数 1 000 次，真正试验摩擦次数为 1 万次，因此事先要对磨轮表面进行修磨，确保其在本试验结束之前能一直使用。测量试验前后的试验片质量，用质量差（磨耗量）来求耐磨耗性。

参考文献

1）JIS ハンドブック，金属表面処理，日本規格協会（2007），851.

2）大久保敬吾：金属表面技術，15（1964），8.

3）大久保敬吾：金属表面技術，19（1968），445.

4）大久保敬吾：実務表面技術，4（1975），1.

5）石禾和夫：実務表面技術，4（1980），29.

6）アルミニウム表面技術便覧，軽金属出版（1980），160.

7）6），163.

8）大久保敬吾，鳥羽正司，佐倉康男：金属表面技術，39（1988），312.

9）S. Wernic，R. Pinner：The surface treatment and finishing aluminum and its alloys（1959），413.

10）JIS ハンドブック，金属表面処理，日本規格協会（2007），878.

11）10），884.

12）アルミニウムダイスト表面処理研究会：アルミニウム合金ダイカスト（ADC12），表面処理に関する研究成果報告書.

1.2.2　硬质特性（建材）

1.2.2.1　要求特性和电解条件

以有机酸为主的电解质进行电解生色时生成的阳极氧化膜，不仅耐腐蚀性、耐候性优异，不易变色、褪色，一般膜的硬度比硫酸阳极氧化膜明显要大，还具有优异的耐磨性。充分利用这些特性，硬质膜被用在长年累月暴露在外的大厦外装上。一般来说，形成硬质膜需要使用低浓度硫酸，适当添加二羧酸时，即便高温也可生成硬且耐磨性优异的膜，而且膜层生成率也不会下降。添加二羧酸作用是抑制生成膜的溶解，减少硫酸根离子的活动，减少膜中 SO_3 等不纯物的含量，提高膜均匀性（电解电压上升，孔壁变厚）。

这个处理方法的特征列举如下。

①向硫酸电解液里添加草酸，温度越高效果越明显。

②添加二羧酸有效果，特别是添加丙二酸效果明显。

③添加柠檬酸膜，溶解量减小，液温的影响小。

④向有机酸里添加硫酸时，应选择与电解电压相近的浓度。

⑤用脉冲电压电解进行阳极氧化时，可提高成膜速度。

表 1.2.9 所示是各种表面处理膜的硬度和阳极氧化膜的位置关系。电解发色的硬质膜比一般硫酸膜耐腐蚀性优异，硬度较高，在 HV400 以上（**表 1.2.10**），可以作为耐磨性优异的硬质膜使用。

电解发色法使得铝建材正式进入工业化，20 世纪 60 年代彩色法、Duranodick 300 法等兴起。1950 年日本引进美国凯撒（Kaiser）公司开发的彩色法，介绍了很多芳香族磺酸实际案例。其后兴起技术开发高潮，人们开发了很多方法，详见**表 1.2.11**。

为提高有机酸电解液中溶液电导率，通常做法是向电解液中添加少量硫酸。该方法几乎是进行高

表 1.2.9　各种表面处理膜的硬度

维氏硬度（HV）	湿式镀层	复合镀层	陶瓷熔射 阳极氧化	气相镀层 表面硬化
3 000				↑ ← DLC TiC、VC
2 500				TiCN TiAlN
2 000	Cr-C 镀层（热处理） Cr-C-O 镀层（热处理） Cr-C 镀层（热处理）			TiN CrN
1 500	Pd-Ni-P（热处理） Fe-W 镀层（热处理） Ni-W 镀层（热处理） Cr-C-N 镀层（热处理） Ni-Mo 镀层（热处理） Cr-C-N 镀层 Cr-C 镀层	Ni-P-Dia 镀层（热处理） Ni-W-SiC 镀层（热处理） Ni-B-SiC 镀层（热处理） Ni-P-SiC 镀层（热处理）		气体氮化（SUS304）
1 000	无电解 Ni-P、Ni-B 镀层（热处理） Rb 镀层 一般硬质 Cr、Fe-W 镀层 Fe-C、Ni-W-Fe 镀层 无电解 Ni-P-B 镀层 无电解 Ni-B 镀层 Ni-W 镀层	Ni-B-SiC 镀层 Ni-W-SiC 镀层 Ni-P-Dia 镀层 Ni-P-SiC 镀层 Ni-SiC 镀层	WC-Co 熔射膜 （红宝石膜） Al-Cr 熔射膜	高浓度浸碳 气体氮化（SACM-604） 浸碳淬火 激光淬火（S45C） 软氮化（S45C）
500	无电解 Ni-P 镀层 光泽 Ni 镀层 Au-Ni 镀层 Au-Cu 镀层 Cu、Au-Co 镀层 光泽 Ag 镀层 无光泽 Ni、Au-Ag 镀层 Au、Ag 镀层	无电解 Ni-P-PTFE 镀层 Ni-PTFE 镀层	Al 非水硬质阳极氧化膜 Al 硬质阳极氧化膜 Al 阳极氧化膜	软氮化（SPC） 调室（S45C）
0				

表 1.2.10　各种铝合金的物理特性

铝合金	硬质膜种类	维氏硬度（HV）	Taber 试验
A1050	硫酸系	420~500	10 mg 以下
A5052	硫酸系	420~500	10 mg 以下
A6061	硫酸系	400~480	10 mg 以下
A2024	硫酸系	250~300	20 mg 以下
A7075	硫酸系	350~400	15 mg 以下

表 1.2.11　电解液自然生色膜

方法名称	电解液系统	液温/℃	电流密度/（A/dm^2）	电压/V	膜厚/μm	膜基调色	发明人
Alcanodox	浓草酸	约 20	DC 1.5~2	50~80	25~35	黄褐色	Alcan Lab.
Kalcolor	添加磺酸（6%~10%）、硫酸等	15~25	DC 2~3	45~80	20~35	琥珀—棕色—黑色	Kaiser
Duranodic 100	硫酸	约 0	DC 2.5~5.2	20~75	20~100	深灰色—褐色	Alcoa
Duranodic 300	添加磺酸（约 10%）、硫酸等	约 20	DC 2.5 前后	30~70	30~60	茶色—棕色	Alcoa
Veroxal	添加磺酸（约 5%）、亚麻酸等	约 20		30~80	20~35	暗褐色	V.A.W

电压（100 V 左右）电解，所以膜的硬度、耐磨耗性优异，而且建筑物上所需的耐候性非常优秀。彩色法有代表性的氧化条件是磺基水杨酸 60~100 g/L、硫酸 5 g/L 的电解液，25 ℃，2~3 A/dm^2。电压要在 70 V 以上。深色（黑青铜等）膜厚要在 30 μm 以上。溶存铝浓度控制在窄范围（±0.25 g/L）内以 1.5~3 g/L 进行操作。通过离子交换树脂塔进行管控。

此类通用处理条件如下。

①组成电解液主要成分的电解质应使用在水中溶解度高、离解度比较大、易生成多孔型阳极氧化膜的有机酸。

②此类电解质通常会添加适量硫酸。添加硫酸目的是提高溶液电导率，降低电解电压。添加硫酸有助于多孔化，形成均匀膜。

③使用较高电流密度可短时间发色，使膜厚变大。最终电压大小与膜发色深浅有关。不同种类有机酸有不同的发色电压，要在这个电压以上进行阳极氧化处理。

④获得膜的色调随电解液组成不同稍有差异，可生成钨金色、青铜色、琥珀色、棕黑色等。

⑤低温电解发色生成硬质阳极氧化膜，Alcoa 公司的 Duranodick 100 也是用高电流密度生成的厚膜。

⑥马来酸-硫酸法得到的膜硬度在 HV500~550，很优异，该方法可作为常温硬质膜生产方法利用[1]。

1.2.2.2　介绍硬质阳极氧化铝建材实例和课题

1. 硬质电解发色精加工[2]

新阪急酒店（位于大阪市北区）装修时（1982 年），担心来自 JR 线（译者注：JR 全称是 Japan Railways，即日本铁路）铁轨上铁粉等产生腐蚀，考虑采用耐腐蚀性和耐候性优异，还能表现铝材质感的阳极氧化材料，所以使用有机酸电解液（磺基水杨酸、甲基磺酸）电解发色阳极氧化膜［通称萨米托思（Sumitone）法］进行施工。Sumitone 法得到的阳极氧化膜的孔隙率不到一般阳极氧化膜的 1/3，极致密，所以：(a）硬度、耐磨耗性比一般阳极氧化膜高约 3 倍，外观上难以被划痕，抗铁粉及沙尘能力强；(b）铜盐加速醋酸盐雾（CASS）耐腐蚀性、耐污染性也很强，可以充分抗衡城市环境污染；(c）膜厚在 20 μm 以上，耐候性也令人期待。（**表 1.2.12**）

表 1.2.12　一次电解发色膜和二次电解着色膜之间性能比较

性能项目	JIS 标准值（JIS H 8601）	一次电解发色膜（Sumitone 法）	二次电解着色膜（硫酸阳极氧化处理）
皮膜结构		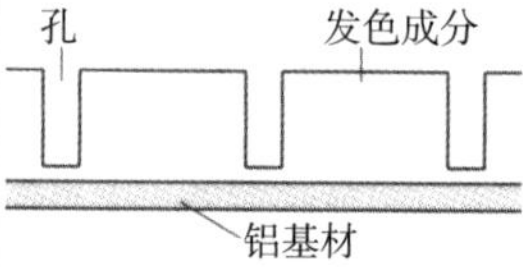	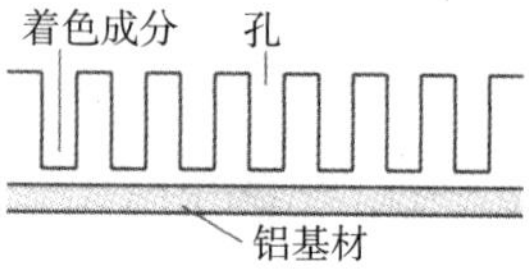
膜厚	AA20	20 μm	20 μm
膜硬度（维氏硬度）	一般膜：HV200 硬质膜：HV350 以上 超硬质膜：HV450 以上	HV450 以上 （超硬质膜）	HV200 以上 （一般膜）
耐磨耗性（落砂）	1 000 s 以上 （50 s/μm 以上）	3 500 s 以上（破坏） （175 s/μm 以上）	1200 s 以上（破坏） （61 s/μm 以上）
耐碱腐蚀性（耐腐蚀性比）	100 s 以上 （5 s/μm 以上）	225 s 以上 （11.3 s/μm 以上）	110 s 以上 （5.5 s/μm 以上）
CASS 耐腐蚀性	56 h R.N.9 以上	R.N.10	R.N.9.5

注：根据所使用的铝材，性能多少有差异。

2. 不锈钢发色处理 [3-4]

大厦外装由于不锈钢（SUS）鲜亮而广受好评。可是 SUS 有遇到沿岸海风和汽车尾气等易生锈的弱点，且很难加工成复杂形状。

日本桥三井塔（位于东京都中央区，2005 年竣工，地上 39 层）用铝型材进行不锈钢着色处理。为得到与 6063S 相同的物理性能值，对不纯物 Fe 含量降至最低后的铝合金进行电解抛光，而后生成硬质阳极氧化膜。型材长度是 6.5 m。

电解抛光可使铝均匀溶解，所以可以得到美丽的干涉条纹（**图 1.2.22**）。用电解抛光法得到的光亮面的光泽是透明阳极氧化膜底部发出的，所以不管到什么时候都不会变得暗淡。

3. 硬质阳极氧化膜的技术难题 [5]

电解条件影响膜性能、膜厚、色调，所以管理工作很重要。要点如下。

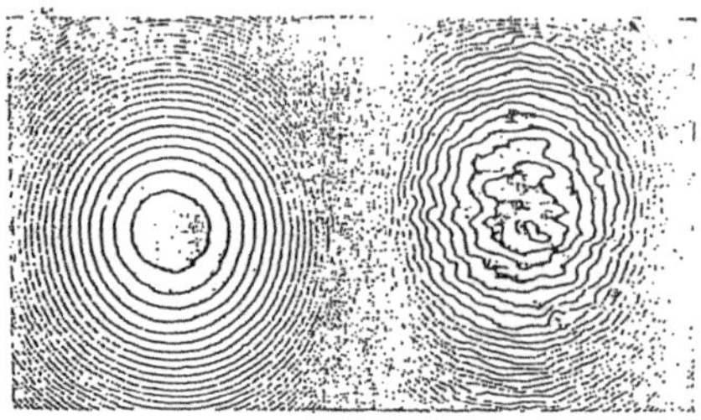

图 1.2.22　干涉条纹

①材料：合金成分、不纯物、热处理等基材管理。

②电解液：主要电解质的种类与浓度、添加电解质的种类与浓度、溶存铝的浓度。

③电解条件：电解波形（波纹、交流的叠加、不完全整流）、液温、电流密度、时间、恒定电压方式等。

溶存铝的增加会导致游离硫酸的消耗增加，使电解电压升高，膜颜色变深。还有，容易发生膜烧灼、膜深浅不均等现象，膜硬度和膜耐磨耗性也会降低。离子交换树脂塔内浓度要控制在比较小的范围内。

电解波形对膜的影响也很明显，若波幅变大，曲率变大，则膜色调变深，膜生成率也升高。

其他电解条件对膜色调的影响如下。

①硫酸增加时，膜颜色变浅。

②液温上升时，膜颜色变浅。

③电流密度增加时，膜颜色变深。

④电压上升时，膜颜色变深。

无机酸有硫酸、氨基磺酸，往有机酸里添加的无机酸的浓度是用 *V-I* 曲线确定的，对无机酸的浓度进行管理是非常重要的 [6]。

1.2.2.3　特性和膜性能

电解发色法利用硬质阳极氧化膜的特性，成功开发出优异的建材产品。铝建材用各种着色方法和性能

表 1.2.13　铝表面处理着色方法比较

着色方法	处理方法	示意图	铝合金	阳极氧化膜厚	色调	耐腐蚀性	耐候性	硬度	配色	成本	生产工厂	交货期	使用建材
自然发色（合金发色）	使用铝合金进行阳极氧化发色	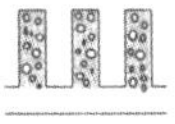	AL-Fe AL-Si AL-Mn	15~25	灰色	◎	◎	◎	□	△	○ （□）	△	◎ 20 世纪 60 年代
电解发色	由阳极氧化电解液进行阳极氧化工艺发色	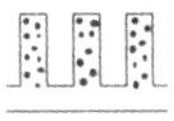	无特定	15~25	琥珀色	◎	◎	◎	○	□	特定 （△）	□	◎ 20 世纪 60 年代
电解着色（二次）	阳极氧化后，在金属盐液体中电解，阳极氧化孔中金属盐析出、着色	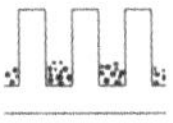	无特定	≥9	棕色/黑色	◎	◎	○ ~ ◎	◎	◎	◎ （◎）	◎	◎ 1965 年
电解着色（三次）	阳极氧化后，中间电解扩大多孔层，孔中金属盐出、着色	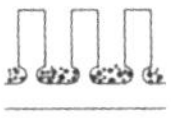	无特定	≥9	灰色/蓝色/绿色	○	○	□	△	△	特定 （□）	□	△ 1985 年以后
阳极氧化染色	阳极氧化孔中用有机染料或无机染料进行染色	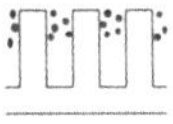	无特定	≥15	自由	◎	△ ~ □	○ ~ ◎	□	□	特定 （△）	○	△ 1970 年

注：◎表示特优；○表示优；□表示良；△表示可；× 表示不可。

比较见**表 1.2.13**。与阳极氧化膜相比，硬质阳极氧化膜的耐磨性、硬度等物理性能优秀，发色源是 S/C 无机物，所以抗强光性、耐变色性或耐褪色性、耐候性也很优秀。由于膜更厚，其在正常环境下耐腐蚀性也良好。

阳极氧化膜的硬度容易受到液温、液相组成/浓度、电流密度等电解条件的影响。特别是液温对硬度的影响大，降低液温时硬度升高。在纯硫酸液中难以生成硬质膜，在草酸和柠檬酸的混合液中 20 ℃下可生成硬质膜。电解液浓度过高，会促进氧化膜溶解，导致硬质膜难以生成。但是，溶液浓度太低，会导致导电性减弱，电流集中在局部，使得膜厚不均匀。

硬质阳极氧化膜的耐磨性也很突出，低摩擦速度下显示出比镀硬铬膜更高的耐磨性。

表 1.2.14 所示是欧美各国铝建材用阳极氧化膜的标准。

表 1.2.14　欧美各国铝建材用阳极氧化膜厚的标准

国名	技术要求	膜厚指定条件
美国	ASTM 及 AA	2.5~10 μm：内装用 10 μm：用于维护用外装 18 μm：用于非维护用外装
英国	BS1615 及 Draft Architectual St'（1964）	5~15 μm：内装用 25 μm 以上：外装用
德国	DIN17611（1963）	8 μm：屋内 12 μm：窗框
意大利	UIN4522（1961）	7 μm：内装用 12 μm：普通外装用 20 μm 以上：严酷条件外装用
瑞士	标准草案（Draft Standard）VSM 37 271	7 μm：田园地区 12 μm：工业区维护 20 μm 以上：非工业区维护

参考文献

1）阿部隆，内山利光，大塚達雄：金属表面技術，26，（1975），273.

2）倉知英吉，倉知亮吉：一次電解発色仕上げ，建築技術，（2005.10）.

3）千葉信賢，伊藤俊司：ステンレス調光輝合金処理，建築技術，（2005.10）.

4）アルミ建材における表面処理技術の現状について，（株）日本電気化学工業所技術資料.

5）アルミニウム表面処理の理論と実務（第4版），軽金属製品協会（2007）.

6）黒田孝一：電解液による発色，アルミニウム表面技術便覧，軽金属出版（1980）.

1.2.3　微弧氧化膜的耐磨性和硬质特性

以轻金属铝、镁、钛为对象的表面处理技术——等离子体电解氧化（plasma electrolytic oxidation，PEO）（又称为微弧氧化）受到广泛关注[1)]。PEO处理是在水溶液中进行的阳极氧化处理的一种，因在几百伏高电压下进行阳极氧化处理时，被处理材料表面产生弧光放电而得名。PEO技术原理早在19世纪80年代由Sluginov[2)]等人发现，20世纪60年代开始实际应用[3)]。

PEO的特点：（a）可生成比硬质阳极氧化膜硬度更高的膜层；（b）含Si量多的铝铸材及各种特殊材料铝合金，在正常阳极氧化时难以持续生成氧化膜，但是该方法可以持续生成氧化膜；（c）生成膜的化学性稳定。最新的PEO技术极大地克服了表面原有凹凸形状的缺陷，根据不同条件可以生成与阳极氧化膜同等甚至更平滑的膜。这个平滑性高的PEO处理，赋予轻金属零部件良好的滑动特性和耐腐蚀性，使滑动零部件的应用得到快速发展。

本节将介绍最近开发的PEO技术，即由ZrO_2-Al_2O_3系膜组成帕克陶瓷涂层（Parker ceramics coating，PCC）处理技术。就PEO的耐磨耗/硬质特性与原有PEO膜以及硬质阳极氧化膜进行比较。

1.2.3.1　微弧氧化处理以及PCC的特点

PEO表面处理技术与原来各种电镀层和阳极氧化膜等的电解条件相比，在电解液中用较大电压进行脉冲电解处理，在被处理物表面生成硬度高的陶瓷（金属氧化物）膜。

PEO技术利用电解液中弧光放电现象，在金属表面生成膜，产生气体、散热、辉光放电等多种现象[4)]。

对电解液中被处理物施加一定电压/电流时，伴随辉光放电，在金属表面产生阳极氧化溶解现象。由脉冲控制电解条件，金属表面连续进行溶解—氧化—凝固的过程，结果在等离子状态下产生化学反应而生成陶瓷膜。

进行此处理时被处理材料最外表温度[4)]超过1 000 ℃，因瞬间使其冷却凝固，所以不易使母材受热影响而变形。

过去一般PEO膜大多是铝系、石英系以及两者的混合物，具有硬（最高约HV2 000）、脆、粗糙度高等性质，最新开发的PCC膜的标准膜的在HV800~1200。该膜的耐磨性降低了，比一般PEO膜硬度低。

照片1.2.3所示是从20世纪60年代至最近开发的PCC膜到PEO膜的截面结构、表面形态的变迁。从照片可以看出，PCC处理ADC12材没有阳极氧化膜的多孔结构，空孔也少，而且有平滑连续膜构造。

各个公司商业化的旧型微弧氧化技术的来源是苏联开发的技术，最新的PCC等离子氧化处理技术是日本创新技术。

PCC处理是用含有锆盐的电解液进行处理，使锆与金属母材的复合氧化物生成陶瓷膜的技术。该技术最大的特点膜可以得到是耐磨性好、有2~10 μm均匀滑动性的平滑薄膜。

PCC膜与其他硬质表面处理膜的硬度比较如**图1.2.23**所示。原有PEO膜在铝材上的膜硬度是HV1 000~2 000，与基材的合金种类相对应，其数值范围广，硬度是硬质阳极氧化膜的数倍。与此对应，PCC膜在铝材上的标准膜硬度是HV800~1 200，比PEO膜硬度低，另外PCC处理技术可以生成材质相同而硬度不同的PCC膜。

1.2.3.2　耐磨性

PCC膜的滑动特性用无润滑下的摩擦齿轮（tribo gear）进行磨耗试验来进行评价，结果如**图1.2.24**所示。试验片使用1000系铝材，原有PEO膜及PCC膜的厚度均约为10 μm。

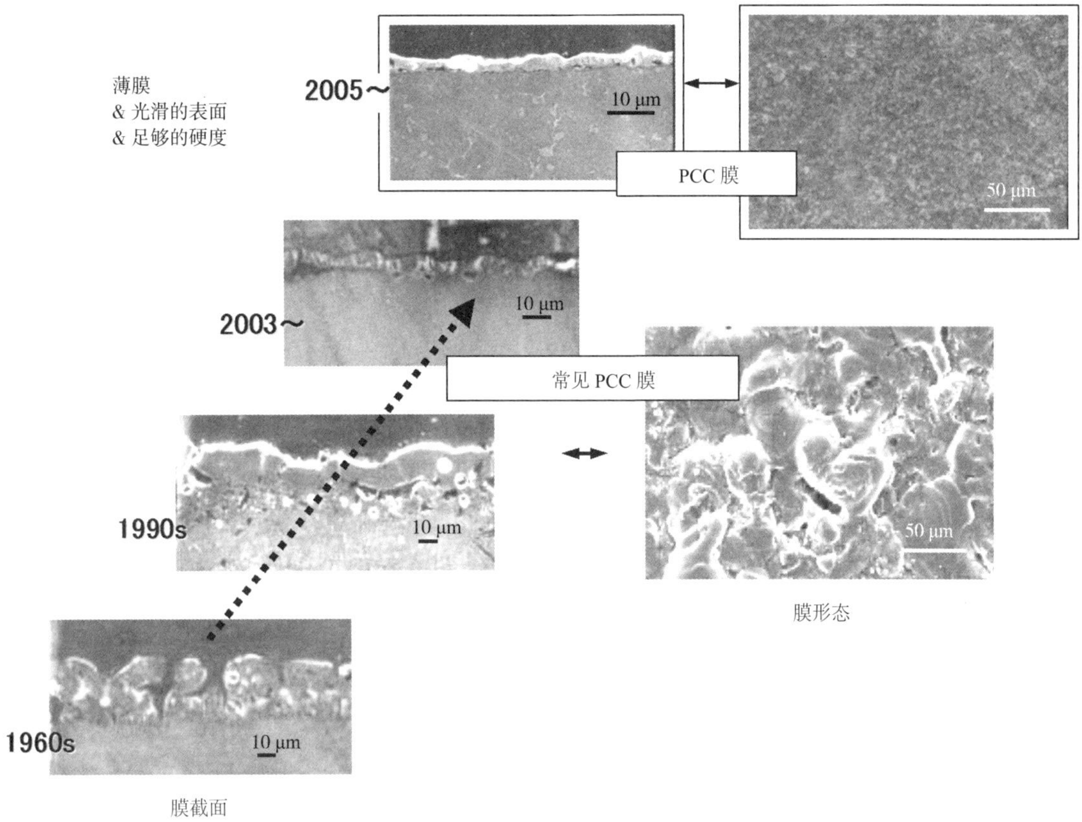

照片 1.2.3　从 PEO 膜截面及膜表面观察的 PEO 膜进展情况

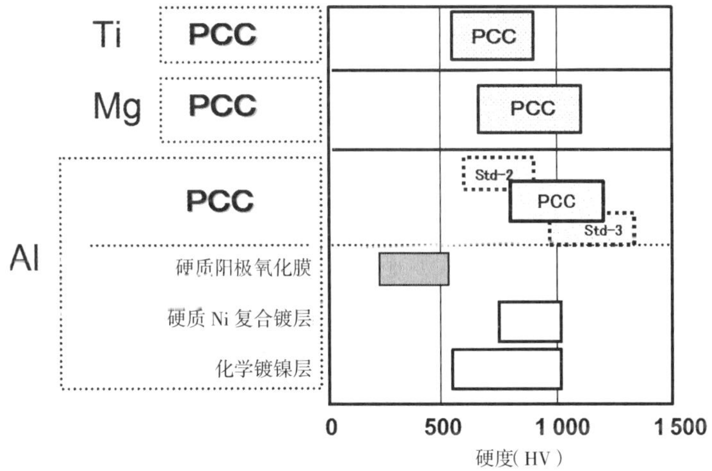

图 1.2.23　PCC 膜及各种表面处理膜的硬度

从结果来看，原有 PEO 膜滑动 50 次以上，其摩擦系数约为 0.31，而 PCC 膜的摩擦系数要低，约为 0.21。此膜试验结束后 PEO 膜侧的磨耗没有得到确认，对其试验后滑动对象材料 SUJ2 钢球的磨耗面积进行测量，发现原有 PEO 材料的磨耗面积是 3.6 mm²，而 PCC 材料的磨耗面积是 1.2 mm²，不到其一半，可明显得出 PCC 材料对摩擦对象的攻击性比较低。另外，对相同膜厚的硬质阳极氧化膜进行

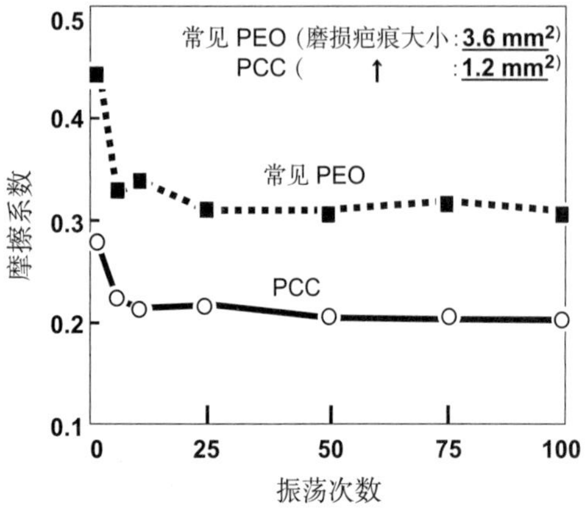

（配合金属：SUJ2 球，负载：500 g，
振荡速度：1 500 mm/min，无润滑剂）

图 1.2.24 从摩擦齿轮试验观察原有 PEO 及 PCC-Zr 膜的磨耗试验结果

了同样的试验后发现，阳极氧化膜的滑动磨耗明显减损，与原有 PEO 材料相比滑动特性明显处于劣势。

随后进行更加严酷的磨耗试验，如**图 1.2.25** 所示是球盘型磨耗试验的评价结果。本试验使用 JIS 2000 系铝材制作膜厚为 9 μm 的 PCC 膜和膜厚为 12 μm 的硬质氧化膜试验片。测量条件是试验负载 10 N，试验材料使用未经处理的 SUJ2 钢球（硬度为 HRC63），用润滑油在 500 r/min 滑动旋转速度条件下实施。

试验结果显示，硬质阳极氧化膜处理材料磨耗部位的膜被破坏，产生基材的黏着磨耗及 10 μm 以上的屈服现象，另一边 PCC 处理材料即便在同等的磨耗条件下，也仅仅吸附了对方材料的摩擦粉，PCC 膜与基材都未产生磨耗。也就是说，即便在这样严酷的磨耗环境下，经 PCC 处理过的基材也可能具有很好的耐磨性。

以上论述表明 PCC 膜具有优异的磨耗滑动特性，膜硬度适中且平滑性也高，这主要归因于 ZrO_2-Al_2O_3 形成的叠加膜[1]。

大家都知道有韧性的陶瓷发动机[5]是含 Zr 的陶瓷，我们认为含有该元素的 PCC 膜，能克服陶瓷的脆性并耐变形，具有优秀的耐磨性和滑动性能。

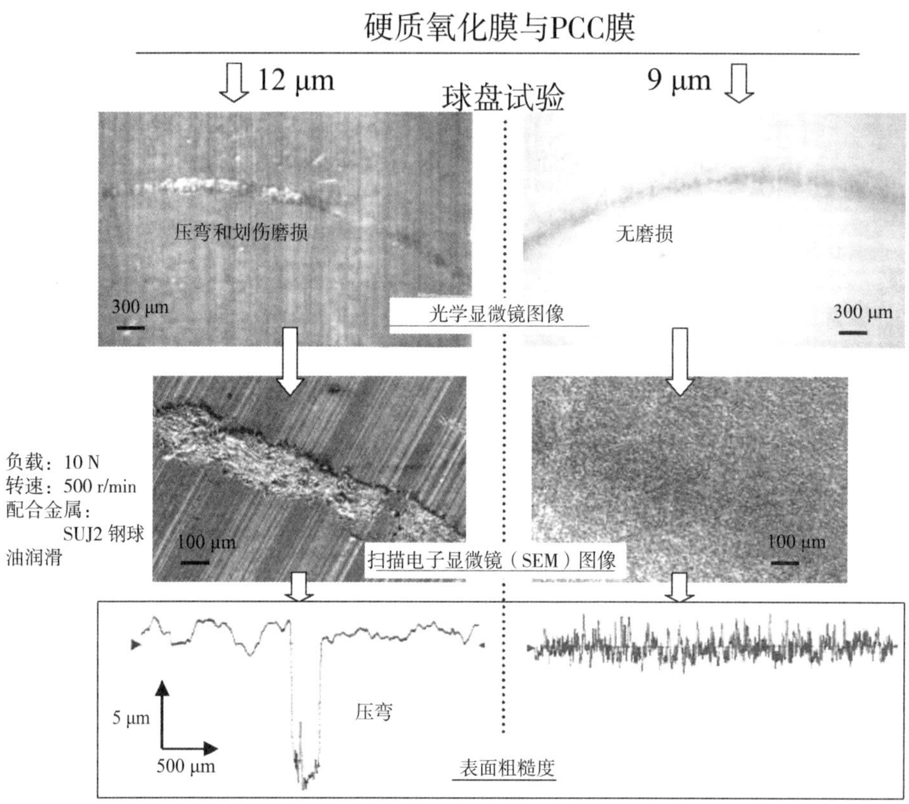

图 1.2.25 从球盘试验观察硬质氧化膜及 PCC-Zr 膜的磨耗试验结果

1.2.3.3　总结

用最新的 PEO 技术生成的膜，其的硬度可适当控制且有韧性，表面平滑度很高。膜孔隙率低，与几年前原有的 PEO 技术是完全不同的表面处理。

PCC 膜具有耐热性、耐磨性、滑动性、耐腐蚀性等优点，汽车用零部件等各种机械零部件、产业机械零部件开始广泛使用。PCC 处理的电解液中不含有污染环境的物质，可以说是充分考虑到环保的表面处理方法。

参考文献

1）須田新，小西知義：表面技術，58（2007），24 / 小西知義，須田新：フルードパワーシステム，38（2007），91.

2）N. P. Sluginov：J. Russ. Phys. Soc.，12（1880），1.

3）W. McNiell，L. L. Gruss：US Patent 3293158（1966）.

4）A. L. Yerokhin，X. Nie，A. Leyland，A. Matthews，S. J. Dowey：Surf. Coating Tech.，122（1999），73.

5）F. F. Lang：J. Mater. Sci，17（1982），247.

1.2.4　润滑性

1.2.4.1　概要

一般提到润滑性就会联想到使用润滑油获得的流体润滑，如**图 1.2.26** 是流体润滑（fluid lubrication）、弹性流体动力润滑（elastohydrodynamic lubrication）、混合润滑（mixed lubrication）、边界润滑（boundary lubrication）领域的斯特里贝克曲线（Stribeck curve）[1]。

使用流体润滑的目的是防止滑动面与固体之间直接接触而产生大量摩擦，固体表面之间置入黏流体既可减少摩擦力，又可减少摩擦产生的热[2]。

润滑剂要适应实际的使用环境：（a）液体润滑剂是流体润滑的代表；（b）在液体润滑剂容易泄漏或飞散造成污染的场合，可以使用半固态的润滑脂；（c）在承受高载荷、冲击载荷等的严苛润滑条件下，在极低温或极高温且要求润滑的地方，当使用液体润滑剂与润滑脂比较困难时，可以使用固体润滑剂。

图 1.2.27 所示是润滑剂的形态分类[2]。

图 1.2.28 所示是固体润滑剂生成软质金属薄膜时的滑动摩擦力情况[3-4]。

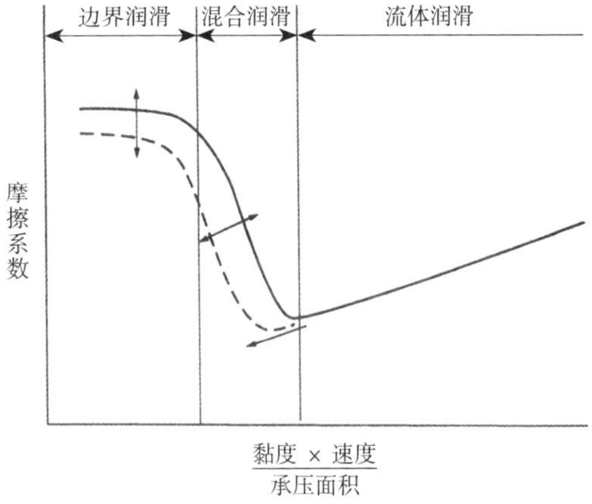

图 1.2.26　斯特里贝克曲线

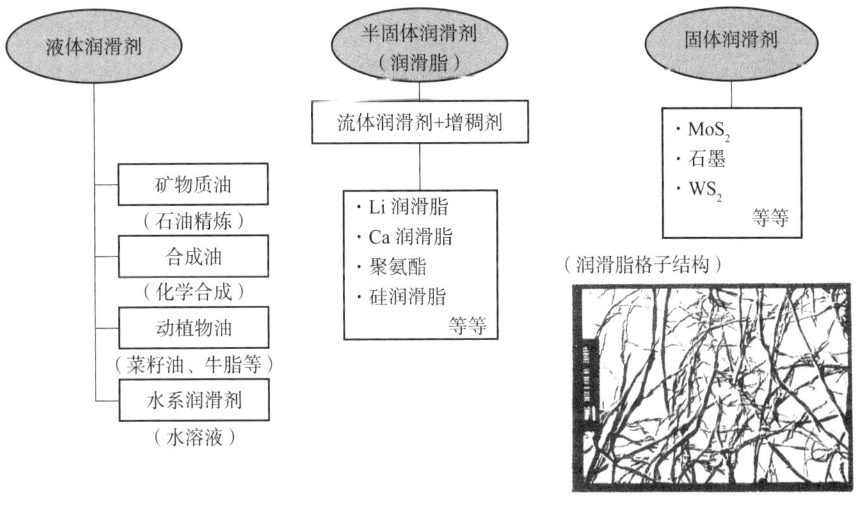

图 1.2.27　润滑剂形态分类、润滑油化合物分类

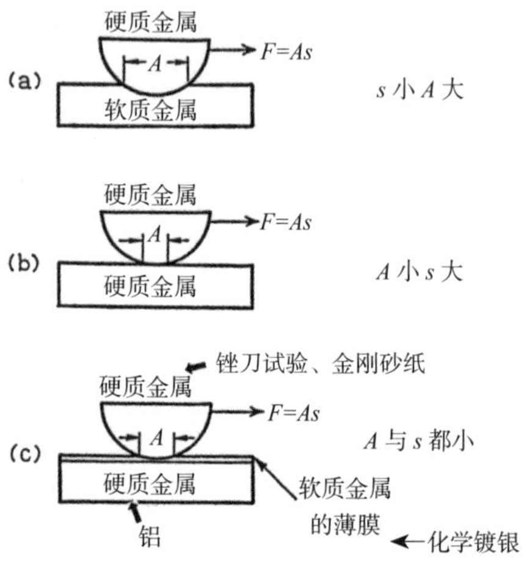

图 1.2.28 金属薄膜的润滑特性

（金属摩擦=犁沟+剪切；摩擦力 $F=As$
其中 A 为接触面积，s 为剪切力）

此处重点介绍阳极氧化膜的润滑性，特别是阳极氧化膜使用固体润滑剂的润滑性。

1.2.4.2 润滑性和摩擦系数

两个物体接触点的互动摩擦力 F 与对两个面施加的垂直推力 P 的比 $F/P=\mu$ 称为摩擦系数，摩擦形态如**图 1.2.29** 所示，由此摩擦系数分成三类[5]。

①滑动摩擦力为 F，物体 A、B 接触平面垂直力用 N 表示时，这个摩擦系数 F/N 称为滑动摩擦系数。

② A、B 用一点接触时，加入扭矩 C 产生运动，此时的摩擦系数 C/N 称为旋转摩擦系数。

③ A、B 的接触点或接触线瞬间成为旋转点时，将力 N 的位置平行移动 H 距离产生运动时的摩擦系数 H/R 称为滚动摩擦系数。

在**图 1.2.30** 所示的各种磨耗形态中[6]，经阳极氧化膜处理的产品根据摩擦形式分类大多是滑动磨耗（sliding wear），根据磨耗形式分类大多属于黏着磨耗（adhesive wear）、磨料磨耗（abrasive wear）。

按照磨耗程度进行分类，阳极氧化膜厚度也就几十微米，由于基材是铝合金，所以在轻磨耗（mild wear）领域使用。按照摩擦面状态磨耗分为黏着磨耗、淬火（scuffing/seizure）、擦伤（galling）、划痕磨耗（磨料磨耗，scratching，scoring）等。

类似这样的摩擦/磨耗形态，润滑剂的目的是降低摩擦系数。润滑剂的主要作用有[7]：

①防止淬火；

②降低凹凸间的金属接触频率；

③释放摩擦热；

④排出摩擦产生的摩擦粉末；

⑤提高机械密封性（发动机等）。

图 1.2.31 所示为金属间相互溶解性[8]。从相互溶解性可以定性地推测金属间滑动特性、磨耗量。

虽然没有提及铝阳极氧化膜，但据推测，各种金属都具有与铝相同的倾向。

1.2.4.3 表面处理提高润滑性

如图 1.2.31 所示，铝与很多金属的相互溶解度都很高，易黏合，进行阳极氧化处理使得软质铝基材上生成硬质阳极氧化膜，可减少黏着磨耗和磨料磨耗。

照片 1.2.4 所示是铝基材上生成 1 μm 以及 3 μm 厚的阳极氧化膜，用半径为 0.2 mm 的蓝宝石针头施加 0.98 N 负荷，进行摩擦时产生划痕损伤的情况。

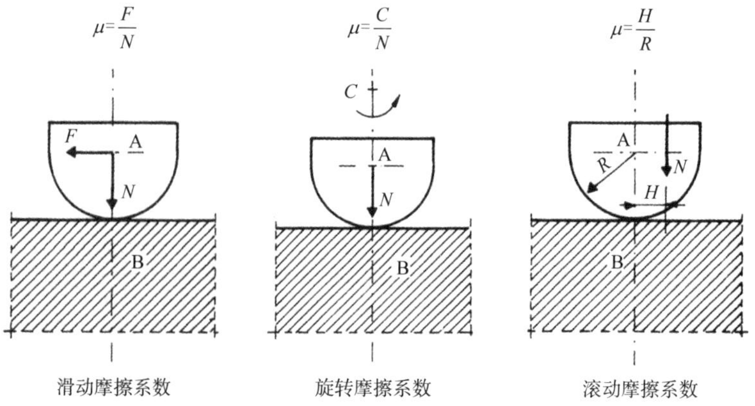

图 1.2.29 摩擦系数种类

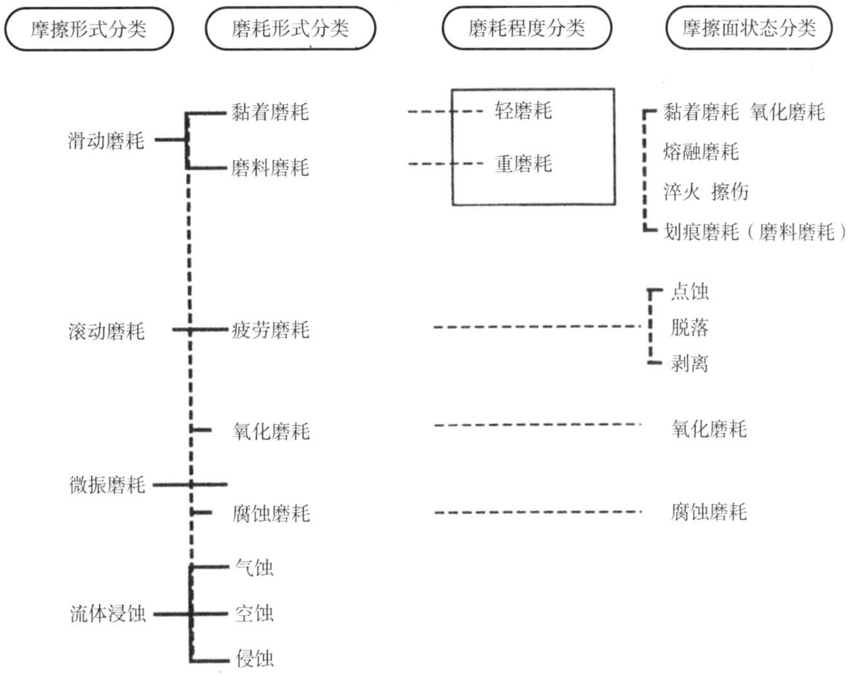

图 1.2.30　各种磨耗形式

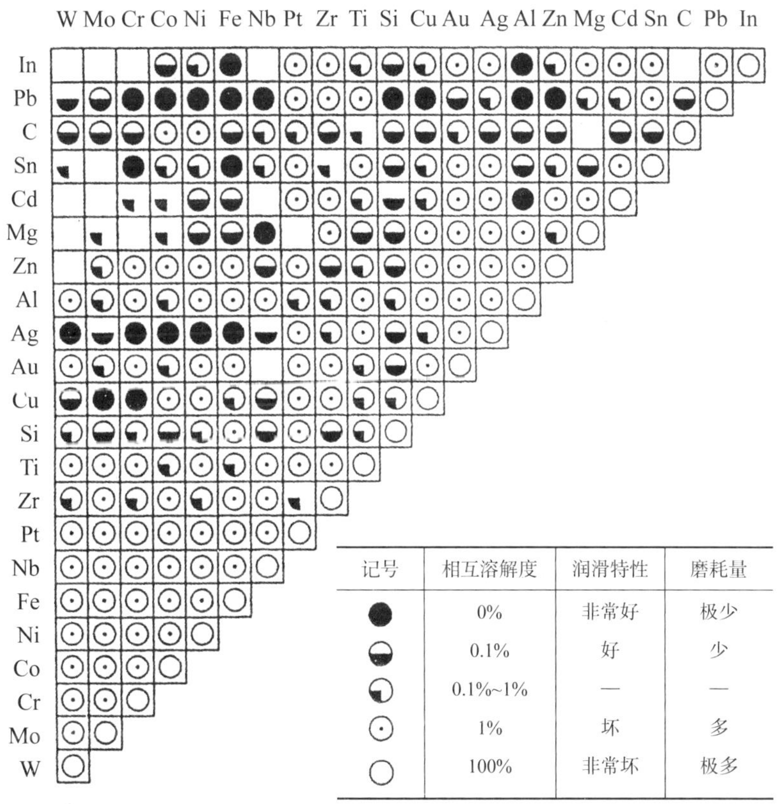

图 1.2.31　金属间相互溶解性

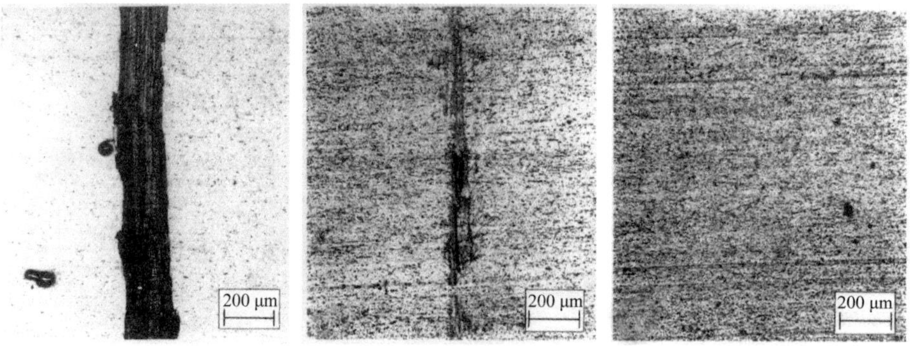

（a）　　（b）　　（c）

照片 1.2.4　蓝宝石针头表面划痕测试结果

（a）铝面　（b）1 μm 厚阳极氧化面　（c）3 μm 厚阳极氧化面

仅仅有 1 μm 厚的阳极氧化膜，划痕损伤也大幅度减少；如果是 3 μm 厚的阳极氧化膜划痕损伤用肉眼几乎看不出来。原因是膜的难黏合性和硬质化产生叠加效果。

1.2.4.4　赋予阳极氧化膜润滑性

1．表面处理的三层原则[9)]

这个想法对阳极氧化膜来说很难实施，灵活运用润滑性的表面处理，与钢铁材料进行的润滑复合镀层、润滑复合涂装相当，未来可用于改变阳极氧化膜的性质，概要见**图 1.2.32** 说明。

理想的三层构造是从表面层开始的。

①第 1 层（A 层）是 1 至数微米厚、具有高热导率、由六方晶体组成的软质金属。

② 第 2 层（B 层）是即便在硬质、高负载时也没有塑性变形且有韧性的层，厚度应大于或等于最大剪应力 C 点的深度。即使有残余应力，那也是压缩应力。

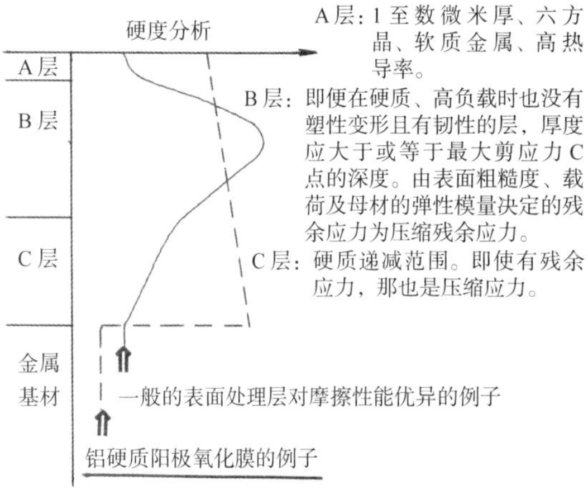

图 1.2.32　三层原则与提高摩擦性能的关系

③第 3 层（C 层）是为了接近第 2 层硬质层的渐进层，即使有残余应力也是压缩应力。

以这个思路对润滑阳极氧化膜进行对比。A 层覆盖由特氟龙（PTFE，即四氟乙烯）、二硫化钼、石墨等固体润滑剂和黏合剂组成的复合层，或用机械、化学或电化学手段让此类固体润滑剂填充在阳极氧化膜的微细孔中，或覆盖锡等软质金属薄膜，或将液体润滑油与润滑脂加至微细孔内使其吸附存在。

通常，阳极氧化膜的 B 层构造难以控制，对电解液、电解波形、液温、添加剂、搅拌方式、铝合金材质等因素都要加以研究。此外，B 层构造还与阳极氧化膜的厚度有关系如果表面层质地稍软，铝基材质地稍硬，具有线性的倾斜硬度，C 层则无法形成渐近线式硬度变化。

现有铝合金材料是硬度等力学性质优异的材料，但是为向三层结构靠近，直接进行硬质阳极氧化膜处理比较困难，要对基材进行改良。

阳极氧化膜三层结构的第 B 层以及 C 层难以形成连续性结构，不设置第 3 层则直接到达软质铝基材，如**照片 1.2.5** 所示是直径为 4.8 mm 的全铝线材表面生成的 30 μm 厚阳极氧化膜，如**照片 1.2.6** 所示是覆盖在 250 μm 厚铝基材上的同一直径软钢线材表面生成的 200 μm 厚阳极氧化膜，由照片可知，用 4.9 kN 的载荷压缩表面后对阳极氧化膜截面的破坏状况。

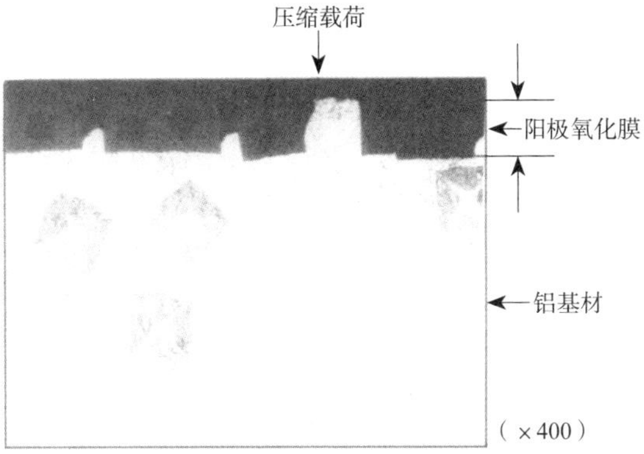

照片 1.2.5　用 4.9 kN 压缩后 30 μm 厚阳极氧化膜的变形情况

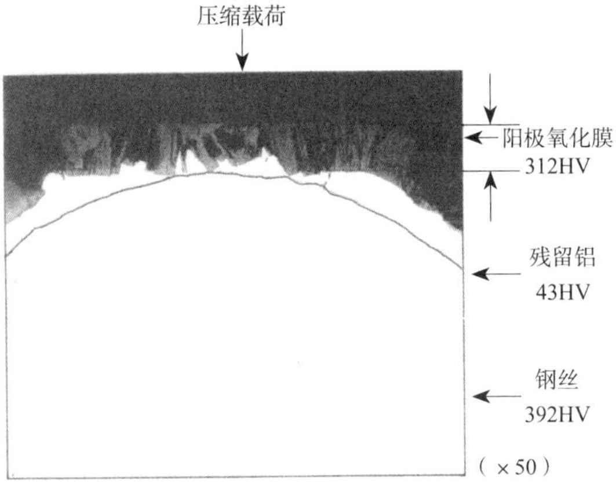

照片 1.2.6　用 4.9 kN 压缩后包覆在钢丝上的 200 μm 厚阳极氧化膜的变形情况

全铝线材在载荷达到 1.98 kN 膜开始被破坏，达到 3.9 kN 时膜被破碎埋入铝基材，同时铝基材从膜未被破坏的地方逐渐露出。另一边，覆盖铝的钢丝阳极氧化膜在载荷达到 2.5 kN 时产生裂纹，载荷达到 4.9 kN 时铝的表面没有看到露出。

基于此，如果可以控制阳极氧化膜基材硬度和 C 层平衡的话，有可能形成耐磨性更强的材料。

2. 从润滑性看阳极氧化膜的结构分析

阳极氧化膜的结构要素主要是破坏强度、膜表面摩擦系数、剪切强度、膜硬度等，它们的定性关系见式中：式（1）~（8）[10]。

（1）格里菲思（Griffith）公式：

$$\sigma=\sqrt{2E\gamma_S/\pi C} \tag{1}$$

式中：σ 为破坏强度；E 为弹性模量；γ_S 为表面张力；C 为裂纹长度。

（2）斯普林斯（Springs）公式：

$$E=E_0\exp(-bP) \tag{2}$$

式中：E_0 为孔隙率为 0 时的弹性模量；b 为常数；P 为孔隙率。

（3）阳极氧化膜破坏强度推定式：

$$\sigma=\sqrt{2E_0\exp(-bP)\gamma_S/\pi C} \tag{3}$$

从中可以看出，裂纹（C）越短，孔隙率（P）越小，且表面张力越大（越有润滑性）阳极氧化膜的破坏强度越大，膜越坚固。

另一方面，阳极氧化膜的摩擦/磨耗主要是滑动磨耗、黏着磨耗和划痕磨耗共存的情况较多，摩擦阻力 F 与垂直载荷 W 之比 $F/W=\mu$ 为摩擦系数。

（4）$F=\mu W$　（4）

式中：F 为摩擦阻力；μ 为摩擦系数；W 为垂直载荷。

（5）摩擦阻力 F 等于剪切阻力 S，即

$$F=S \tag{5}$$

$$S=As \tag{6}$$

式中：A 为接触面积；s 为剪切应力。

（6）垂直载荷 W 与膜硬度 H 以及与剪切面的接触面积 A 的关系为

$$W=AH \tag{7}$$

（7）综合式（4）~（7），可求得摩擦系数 μ 和膜硬度 H 的关系：

$$\mu=F/W=As/W=As/AH=s/H \tag{8}$$

所以，从式（8）来看，重要的是要使阳极氧化膜表面的剪切应力变小，即赋予其润滑性使其易滑动。

3. 润滑阳极氧化膜的实例

迄今为止研究过的制备润滑阳极氧化膜的方法有：经过广泛的实践证明的喷粉处理和特氟隆微粒分散溶液浸泡，使阳极氧化膜获得初期适应性和耐磨性的混合浸渍法；或者在硫代钼酸铵的水溶液中进行二次阳极电解，使硫化钼从膜孔底析出的硅涂层法；等等。另外，最近将 PTFE 的微粒加入硅烷偶联剂分散，电泳使阳极侧膜浸渍在 Al-LUB 中以及卤素类润滑剂碘的有机化合物水溶液中，使其从膜孔底析出得到 TFM 涂层，或者将锡和镍电解析出到膜中后，在表面设置 PTFE 微粒的吸附层得到 CV 涂层，并且，开发出硫化钼和锌化合物复合作用产生的优质混合固体润滑剂等。其有效性正在稳步得到证实。

下面就电泳硫化钼浸渍结果和碘化合物浸渍结

果概要进行说明。

（1）制作与评价硫化钼浸渍阳极氧化膜

固体润滑剂二硫化钼是最常见的，它的粒径最小也在 0.2 μm 以上，是阳极氧化膜孔径的 10 倍以上。氧化膜的多孔层是即便通过电泳、毛细管现象或抽真空，也不能浸渍固体润滑剂的微细孔。

用含有硫化钼离子的硫化钼盐制作四硫代钼酸铵［$(NH_4)_2MoS_4$］，其水溶性优异，在水溶液中将阳极氧化膜作为阳极进行几分钟恒定电流电解时，从微细孔的孔底产生的氢离子 H^+ 与从孔入口向孔底移动的 MoS_4^{2-} 相互放电生成三硫化钼、二硫化钼填充在阳极氧化膜孔内。

图 1.2.33 所示是用 A1080 制作 30 μm 厚的硫酸阳极氧化膜，在 0.1%（质量分数）四硫代钼酸铵［$(NH_4)_2MoS_4$］水溶液中将阳极氧化膜作为阳极、碳板作为阴极、用 50 mA/dm² 电流密度进行 16 min 电泳的时间-电压曲线。至 8 min 时电压仍然上升，至 10 min 后，电压几乎恒定。

图 1.2.34 所示是用 XMA（X 光微分析仪）分析 A1080 30 μm 厚和 ADC12 15 μm 厚硫酸阳极氧化膜截面方向的 Al、S、Mo 元素分布状况。

A1080 阳极氧化膜内的 Mo 几乎是平行分布的；ADC12 因受含量大的 Si 残留在膜内的影响，导致 Mo 分布变化较大。

照片 1.2.7 所示是 A108030 μm 厚膜未浸渍和浸渍硫化钼时膜截面多孔层外观变化。从照片中可以明显看出，浸渍后膜截面的硫化钼呈现非常纤细的电泳后的状态。**图 1.2.35** 所示是轮磨试验装置，**图 1.2.36** 所示是用此试验装置，在齿轮油中用 51 N 载荷对浸

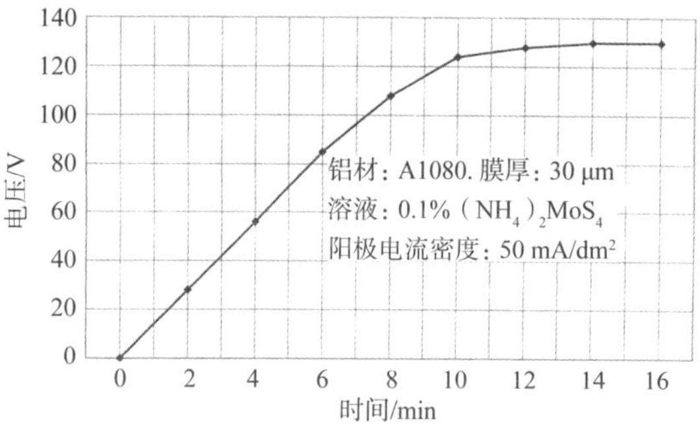

图 1.2.33　电解液中的铝阳极氧化膜时间-电压曲线

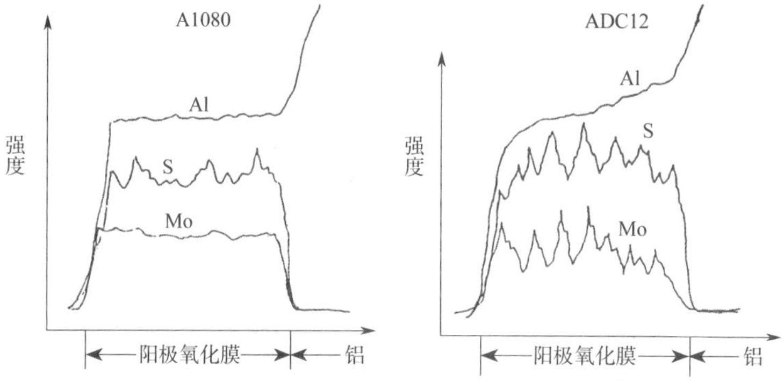

图 1.2.34　浸渍硫化钼后阳极氧化膜的 Mo、S 及 Al 分析结果

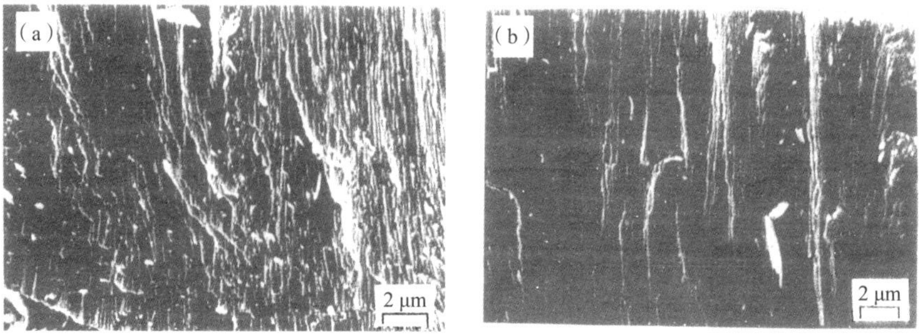

照片 1.2.7　不浸渍、浸渍硫化钼的阳极氧化膜截面 SEM 照片比较

（a）未浸渍阳极氧化膜　（b）浸渍阳极氧化膜

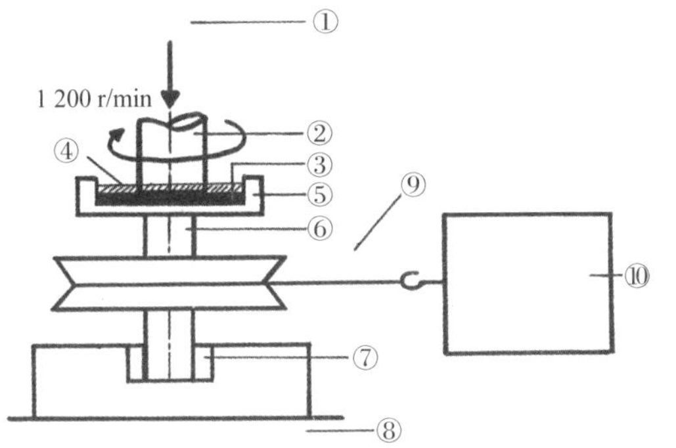

①—负载；②—销；③—试样；④—油；⑤—支架；⑥—轴；⑦—轴承；⑧—台面；⑨—旋转扭矩；⑩—应变计

图 1.2.35　圆盘型摩擦磨耗试验装置

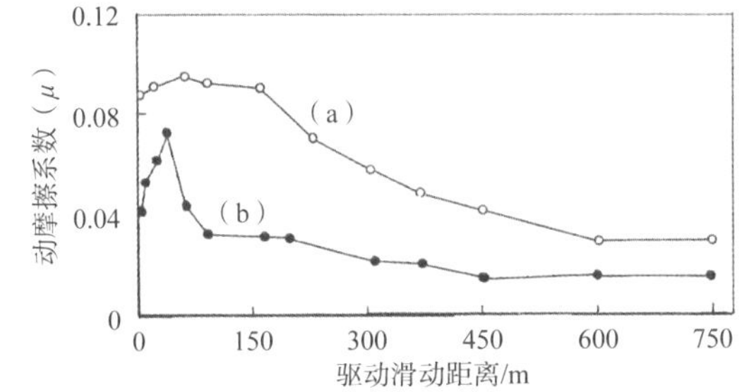

图 1.2.36　圆盘型旋转摩擦试验测量结果

（a）未浸渍阳极氧化膜

（b）浸渍阳极氧化膜

渍、未浸渍硫化钼的 30 μm 厚硬质阳极氧化膜和 HV650、表面粗糙度 *Ra* 为 0.1 μm 的热处理钢环施加 1 200 r/min 旋转速度，摩擦 750 m 距离后的摩擦系数变化。**图 1.2.37** 所示是市场销售的用来分析阳极氧化膜摩擦系数的轮磨试验浸渍，**图 1.2.38** 所示是用此试验浸渍，在无润滑油的干式状态下，以 Φ5mm 的 SUJ2 轴承钢球为磨头，对浸渍、未浸渍硫化钼的 30 μm 厚硬质阳极氧化膜施加 1.47 N 载荷，摩擦 125 m 距离后的摩擦系数变化。从图 1.2.36 和图 1.2.38 都可以看出，浸渍硫化钼的样品相对于未浸渍硫化钼的样品，其摩擦系数降低为不到原来的 1/2。

（2）制造与评价浸渍碘化合物

图 1.2.39[11] 是有无金属碘化合物时对不锈钢的微动磨耗，结果显示同比磨耗量减小 3 个数量级，过去金属碘化合物作为层状固体润滑剂，根据使用环境可匹敌石墨和 PTFE 的润滑性能。此处将研究如**图 1.2.40** 所示既有环保型构造又有充分润滑性的有机碘化合物聚乙烯吡咯烷酮碘（polyvinyl

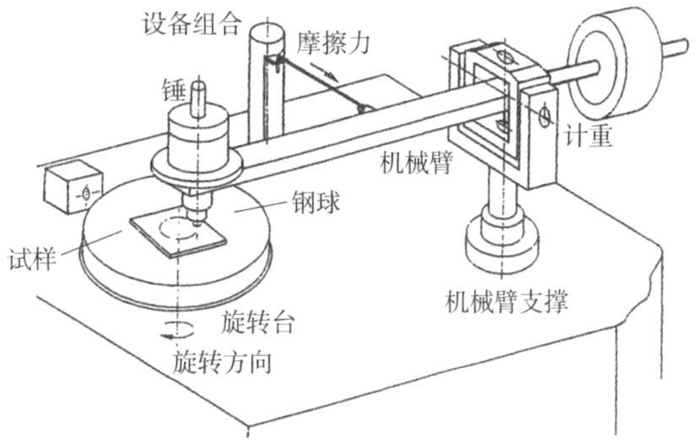

图 1.2.37　球盘型摩擦磨耗试验机

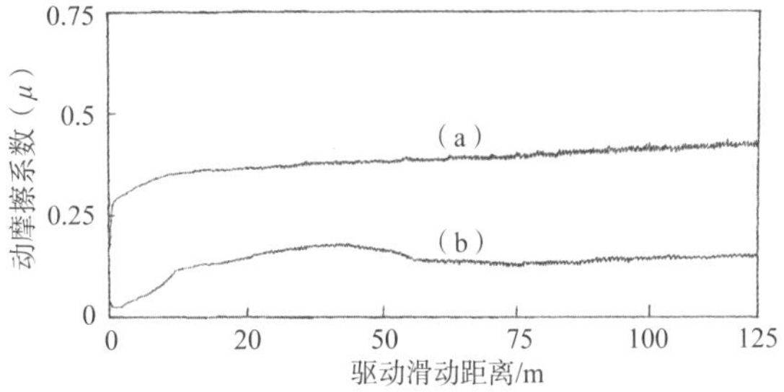

图 1.2.38　圆盘型旋转摩擦试验测量结果

（a）未浸渍阳极氧化膜

（b）浸渍阳极氧化膜

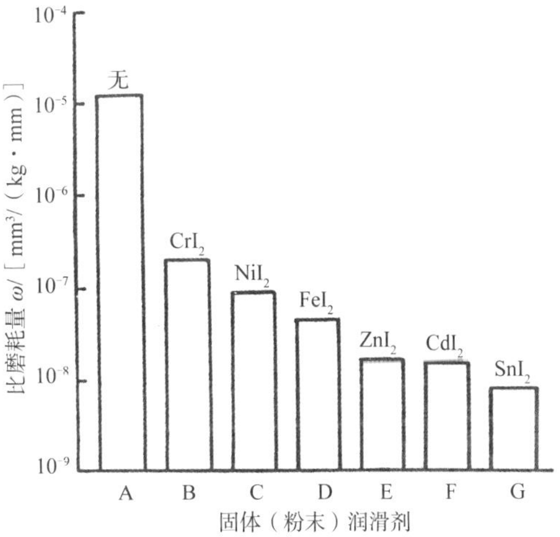

图 1.2.39　不锈钢微动磨耗时的比磨耗量

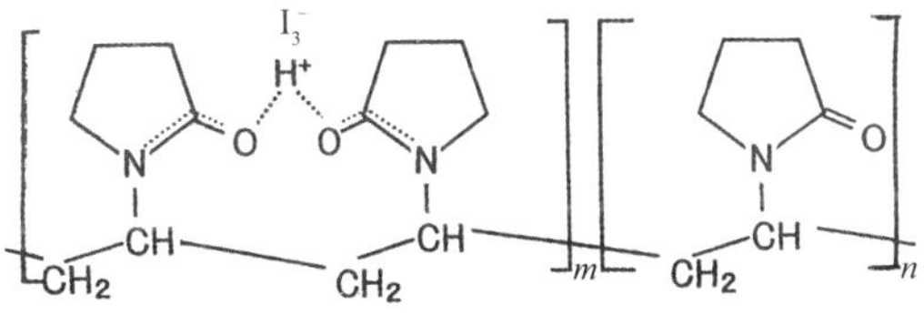

图 1.2.40　PVPI 结构式

pyrrolidone-iodine，PVPI）的结构式。用 30 μm 厚的硬质阳极氧化膜在 PVPI 的水溶液中进行阳极二次电解，通过电泳使微细孔浸渍此碘化合物，制作测量摩擦系数用试验材料。**图 1.2.41** 是此浸渍试验材料的膜截面元素分析结果，可以看出碘元素 I 在膜厚度的各个方向的分布。**图 1.2.42** 是使用图 1.2.37 所示轮磨试验机，用载荷 1.96 N 摩擦 1 000 m 距离时的结果，可以看出从 500 m 左右开始出现若干黏滑（stick-slip）现象，800 m 左右时开始呈现润滑性能。

1.2.4.5　后记

前面对阳极氧化膜的润滑性进行了论述，当然，这是生成耐磨性优异的阳极氧化膜的必备条件。改善铝合金基材和阳极氧化膜技术固然很关键，探索适合阳极氧化膜的固体润滑剂，开发润滑性赋予技术或对实际情况的特性进行评价的技术以及与这些技术对应的实验设备，也很重要。

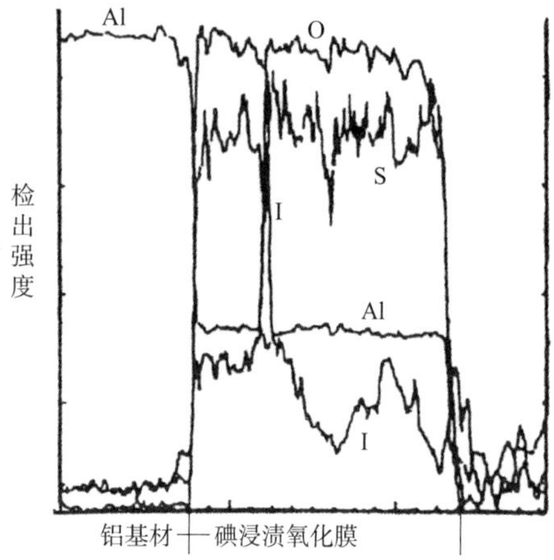

图 1.2.41　含碘化合物浸渍氧化膜截面的元素分析

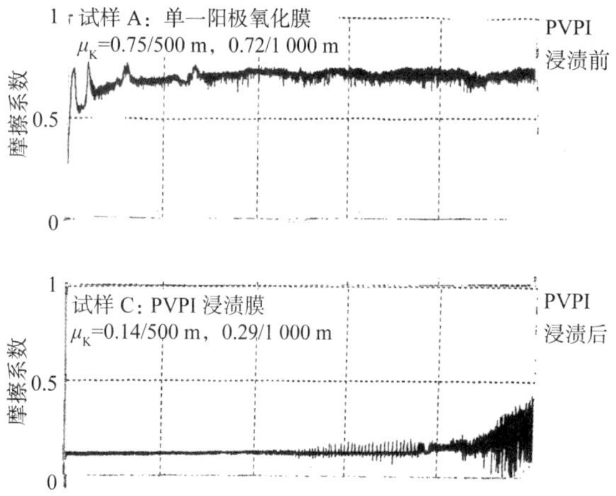

图 1.2.42　PVPI 浸渍前后试样用载荷 1.96 N 摩擦 1 000 m 距离时的摩擦系数变化

参考文献

1）京極啓史：講習会「新役に立つトライボロジー—基礎から応用まで—」.（社）日本機会学会（2000.1.19-20），p.7.

2）畑一志：講習会「新役に立つトライボロジー—基礎から応用まで—」.（社）日本機会学会（2000.1.19-20），p.97-98.

3）三宅正二郎：講習会「新役に立つトライボロジー—基礎から応用まで—」，（社）日本機会学会（2000.1.19-20），p.65.

4）F. P. Bowden and D. Tabor 著（曽田範宗訳）：固体の摩擦と潤滑，丸善（1965），p.90.

5）桑山昇訳：摩擦と摩耗のマニュアル，泰山堂（1999），p.165.

6）水谷嘉之：講習会「新役に立つトライボロジー—基礎から応用まで—」.（社）日本機会学会（2000.1.19-20），p.87.

7）桑山昇訳：摩擦と摩耗のマニュアル，泰山堂（1999），p.78.

8）岩井善郎：講習会「新役に立つトライボロジー—基礎から応用まで—」（2000.1.19-20），p.46.

9）桑山昇訳：摩擦と摩耗のマニュアル，泰山堂（1999），p.9.

10）窯業協会編：セラミックスの機械的性質，技報堂（1979），p.25-34.

11）佐藤準一，佐藤宗男：潤滑，Vol.1（1964），p.53.

1.2.5　铝阳极氧化膜的抗拉强度、弹性模量、延伸率和疲劳强度

1.2.5.1　抗拉强度和弹性模量[1)]

我们在设计/制造产品时了解使用材料的特性是非常重要的。各种铝材的特性在很多技术资料上都有登载，但是关于铝阳极氧化膜的抗拉强度与弹性模量等机械特性却少为人知。这是因为阳极氧化膜相当薄，对整个材料的影响较小，大家感觉没有必要知道吧。可是，将膜作为过滤器和纳米结构体使用的时候，与基材厚度相比膜比较厚时，了解膜强度是很有必要的。

铝阳极氧化膜主要用于装饰与提高耐腐蚀性和表面硬度等，对膜的抗拉强度及弹性模量等机械特

性的测量方法没有规定。

（1）测量阳极氧化膜抗拉强度和弹性模量

阳极氧化膜的抗拉强度和弹性模量通常可以通过测量材料强度时所使用的抗拉试验机来测量。

图 1.2.43 为只有铝试验片的抗拉试验数据，**图 1.2.44** 是生成硫酸阳极氧化膜后的铝试验片的抗拉试验结果。从图 1.2.43 可知铝材延伸性非常好，生成膜后试验片仅少许延伸即断裂（图 1.2.44）。难以延伸的膜最先断裂，原因是基材与膜的黏结性强，膜裂纹形成切口并使铝基材开裂。从开裂时的抗拉强度可以求出阳极氧化膜的弹性模量和抗拉强度。

（2）从抗拉试验结果计算抗拉强度和弹性模量

阳极氧化后铝试验片如**图 1.2.45** 用载荷（P）拉拽，基材和膜如式（1）所示，分别施加 P_1 和 P_2 载荷。P_1 和 P_2 用材料力学公式表示，分别是式（2）和（3）。

$$P=P_1+P_2 \tag{1}$$

$$P_1=A_1E_1\varepsilon_1 \tag{2}$$

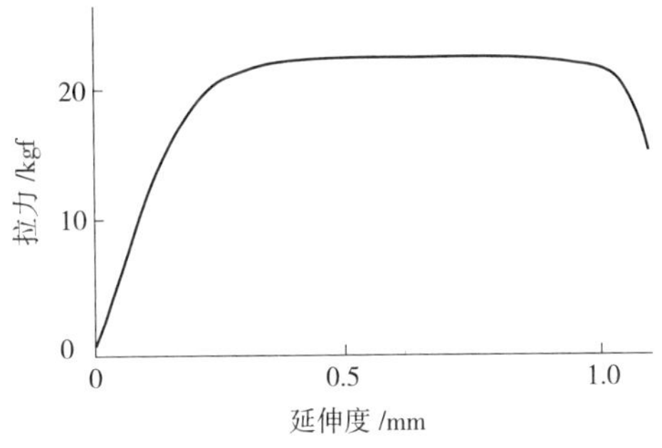

图 1.2.43　铝基材的抗拉试验结果

（编辑注：1 kgf ≈ 9.8 N，下同）

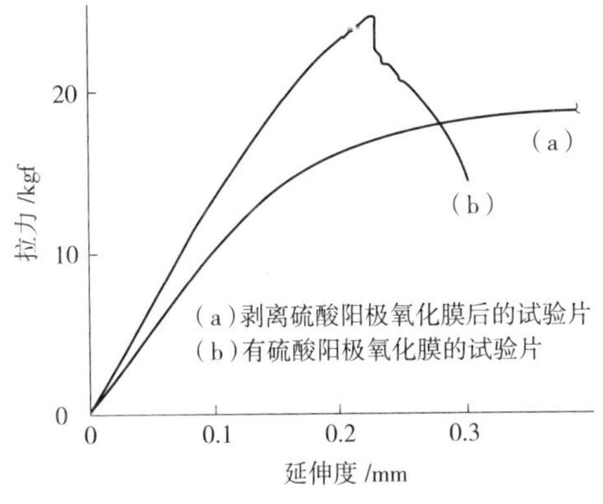

图 1.2.44　硫酸阳极氧化膜的抗拉试验结果

$$P_2=A_2E_2\varepsilon_2 \tag{3}$$

式中：A_1、A_2 分别是基材与膜的截面积；E_1、E_2 分别是基材与膜的弹性模量；ε_1、ε_2 分别是基材与膜的变形系数（**表 1.2.15**）。对基材和膜是同时拉伸的，所以式（2）、（3）的变形度相等，如下公式成立。

$$\varepsilon=\varepsilon_1=\varepsilon_2 \tag{4}$$

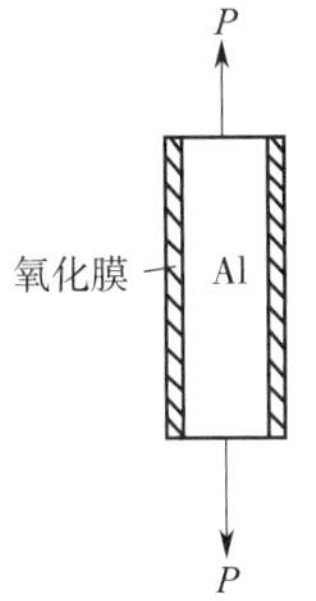

图 1.2.45　铝阳极氧化膜试验片的负载分布

表 1.2.15　符号说明

	铝	氧化膜
截面积	A_1	A_2
负载	P_1	P_2
应力	σ_1	σ_2
变形系数	ε_1	ε_2
弹性模量	E_1	E_2

将式（2）、（3）、（4）代入式（1）得到下述公式。

$$P=(A_1E_1+A_2E_2)\varepsilon \tag{5}$$

阳极氧化膜的弹性模量用式（5）变形后得到，即

$$E_2=(P/\varepsilon-A_1E_1)/A_2 \tag{6}$$

因此，膜的弹性模量 E_2 只要知道式（6）中的 P、ε、A_1、E_1 及 A_2 就可以计算出来。另外，阳极氧化膜的抗拉强度由式（6）中弹性模量（E_2）和开裂时变形度（ε'）通过如下公式求出。

$$\sigma=E_2\varepsilon' \tag{7}$$

（3）各种溶液中膜的抗拉强度和弹性模量

图 1.2.46 是试验片在草酸液、硫酸液以及铬酸液中阳极氧化后的抗拉试验结果，计算求出的各膜的弹性模量和抗拉强度见**表 1.2.16**。各种阳极氧化膜中草酸膜的抗拉强度最强，硫酸膜次之，铬酸膜最弱。弹性模量也是按草酸膜、硫酸膜、铬酸膜顺序

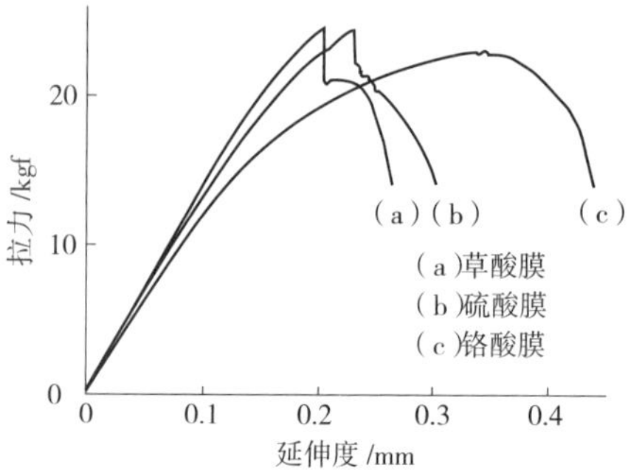

图 1.2.46　各种电解液中铝阳极氧化膜试验片的抗拉试验结果

表 1.2.16　各种阳极氧化膜的弹性模量和抗拉强度

	草酸膜	硫酸膜	铬酸膜
弹性模量	3 670 kgf/mm²	2 820 kgf/mm²	1 544 kgf/mm²
破坏强度	20.6 kgf/mm²	18.5 kgf/mm²	15.5 kgf/mm²

编辑注：1 kgf/mm²≈9.8 MPa，下同。

减小，其他值差异不大。

表 1.2.17 是生成硫酸膜后放置一定时间后测定的膜强度和弹性模量，两个数据都是随着放置时间变长而变大，因此阳极氧化膜的性能是随着时间变化的，而且弹性模量的变化比率比膜强度稍大。

表 1.2.17　硫酸阳极氧化膜机械强度随时间的变化

	氧化后	1 周后	2 周后	3 周后	封孔处理后
弹性模量 E_2	2 821	3 175	3 234	3 396	3 288
破坏强度 σ_2	18.7	20.1	19.8	21.4	22.5

1.2.5.2　阳极氧化膜的延伸率

铝阳极氧化膜比基材硬度高、耐磨性优秀，但延伸性不强，所以氧化处理后进行塑性加工、机械加工时膜会产生裂纹致使其耐腐蚀性下降。另外，在高温使用时，氧化膜与基材的延伸率有差异，所以会产生裂纹。基于此，业界热切期盼开发出在塑性加工、机械加工、高温使用时不产生缺陷的膜，即延伸率高的阳极氧化膜。

1. 测量延伸率的方法和标准

测量阳极氧化膜延伸率的方法很多，JIS 标准[2]和 ISO[3]标准里使用耐裂纹试验机测量各种电解液中生成的阳极氧化膜的延伸率。

2. 耐裂纹试验设备和延伸率

试验片主要使用工业纯铝（2S），用耐裂纹试验机测量阳极氧化膜延伸率如**图 1.2.47** 所示。测量步骤是将各种条件下阳极氧化处理过的长 250 mm、宽 20 mm、厚 1 mm 的试验片，按照图 1.2.47 所示放置，沿着试验机弯曲面压下使其变形后，注意观察膜的表面并记录开始产生裂纹点的刻度，将这个刻度数值代入图 1.2.47 中的计算式并计算出延伸率（A）。

延伸率测量原理如**图 1.2.48** 所示。试验片的厚度为 a、试验机曲率半径为 R，试验片外侧的膜从中心部仅延伸 ΔL。角度 θ 对应试验片上的膜中心部的弧长为 L、膜表面的弧长为 L'，公式如下。

$$L=(R+a/2)\theta \tag{8}$$

$$L'=(R+a)\theta \tag{9}$$

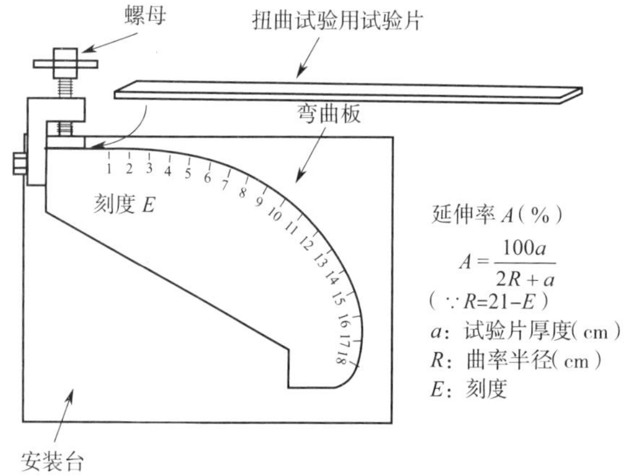

图 1.2.47　JIS 及 ISO 标准中规定的耐裂纹试验机概略图和延伸率计算公式

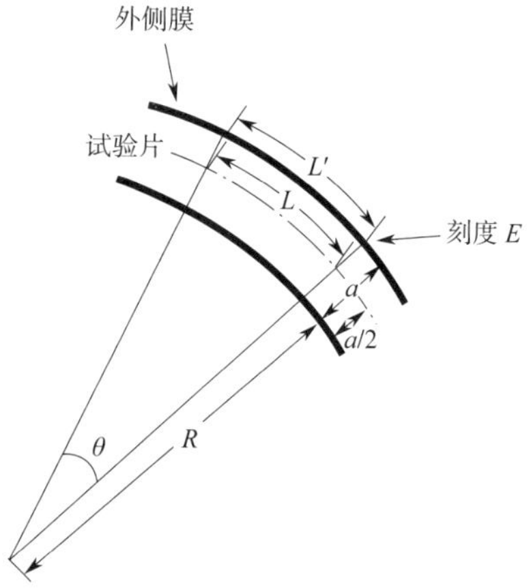

图 1.2.48　铝阳极氧化膜延伸率测量原理

$\Delta L=L'-L$，那么延伸率 A（$=\Delta L/L$）用百分比表示如下式所示。

$$A=100a/(2R+a) \tag{10}$$

这里曲率半径 R 和试验机刻度的关系是 $R=21-E$。

3. 各种阳极氧化膜的延伸率

用图 1.2.47 中的设备对硫酸、草酸、铬酸、磷酸液等各种电解液中生成的阳极氧化膜的延伸率进行测量，各种阳极氧化膜的膜厚和延伸率的关系如**图 1.2.49** 所示。从图 1.2.49 看出，除铬酸膜外，其他膜的延伸率随膜厚增加呈下降趋势，不同电解液中生成的阳极氧化膜的延伸率则是按硫酸、草酸、磷酸、铬酸的顺序上升。这个结果与目前通常趋势是一致的。

随后，在硫酸液改变电流密度、液温、硫酸浓度、试验片厚度时延伸率变化如**图 1.2.50**、**图 1.2.51**、**图 1.2.52** 所示。如图 1.2.52 所示，试验片厚度对延伸率没有影响，有意思的是如图 1.2.50 和图 1.2.51 所示电流密度、液温及浓度对延伸率的影响很小。特别是低温生成的阳极氧化膜硬度高，但有细小裂纹，原以为延伸率会降低，从试验结果（图 1.2.51）来看没有特别大的变化，仅在薄膜区域出现延伸率略微上升的倾向。

改善阳极氧化膜延伸性的办法是如**图 1.2.53** 所

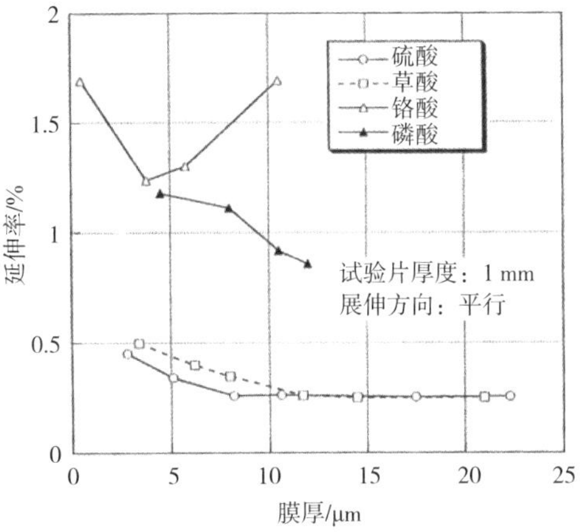

图 1.2.49　各种电解液中生成的阳极氧化膜的延伸率测定结果

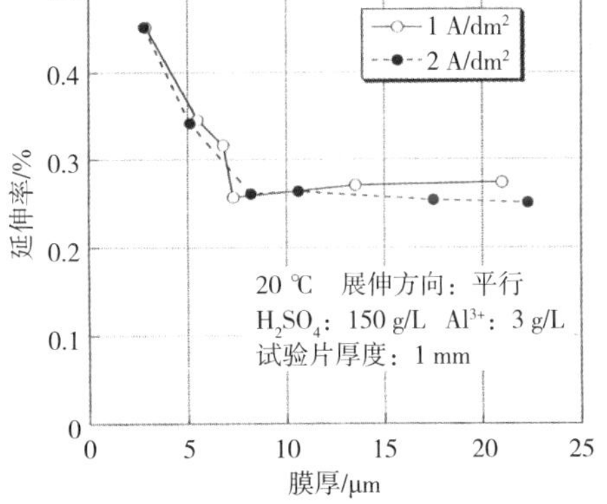

图 1.2.50　硫酸液中改变电流密度后生成的膜的延伸率变化

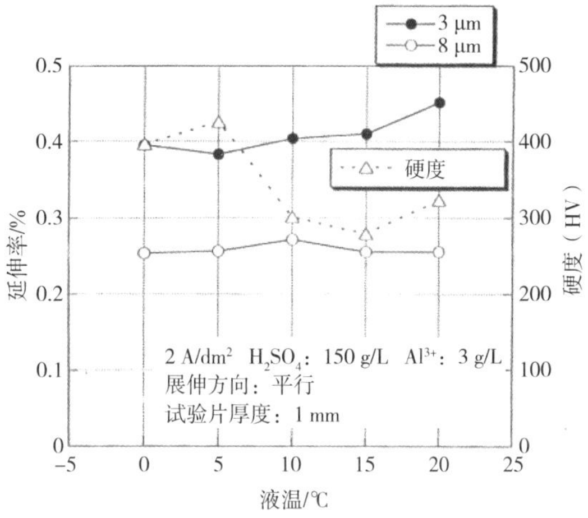

图 1.2.51　硫酸液温度和相应生成膜的延伸率变化

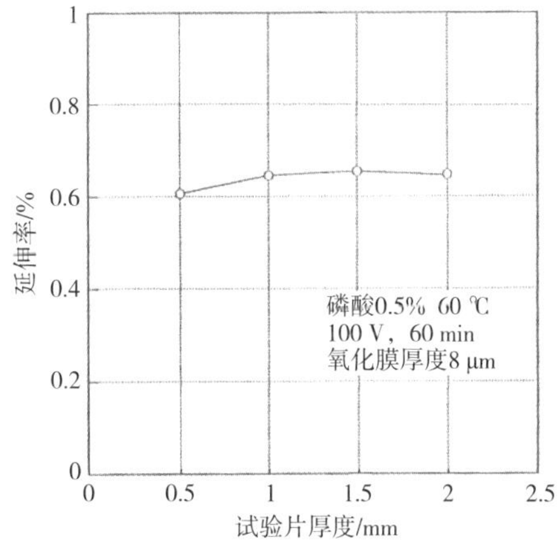

图 1.2.52　试验片厚度对阳极氧化膜延伸率测量的影响

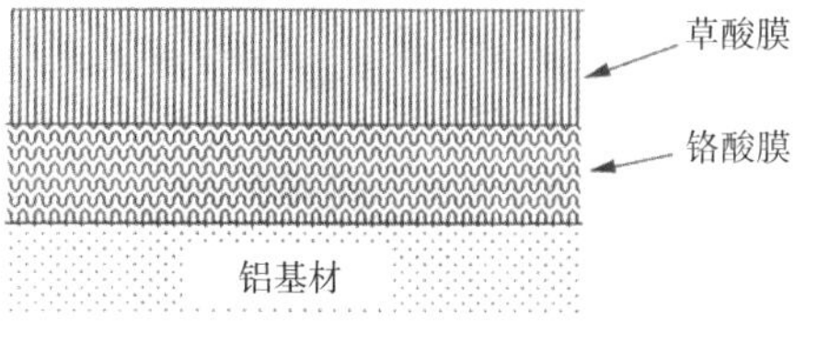

图 1.2.53　草酸-铬酸复合膜的模型图

示采用复合阳极氧化膜，让下层生成富有延伸性的膜。如**图 1.2.54** 所示生成 3~21 μm 厚草酸膜后，在铬酸液中按照不同电解时间生成的复合阳极氧化膜的延伸率。在铬酸中电解时间短，其延伸率没有大的变化，但经过 40 min 电解后延伸率明显改善。

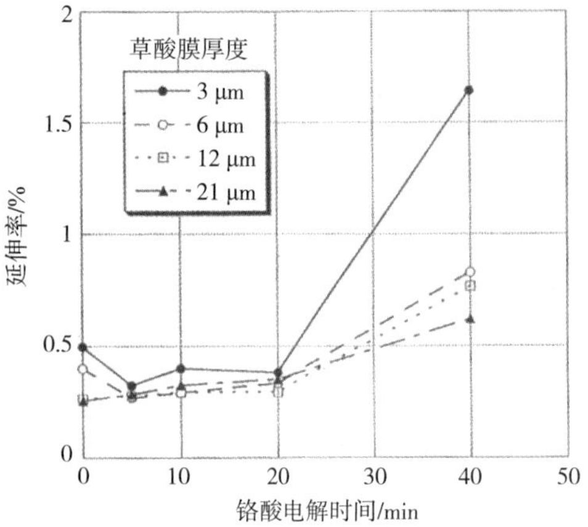

图 1.2.54　草酸-铬酸复合膜生成条件对延伸率的影响

综上所述，相较于电解条件，电解液种类对阳极氧化膜延伸率的影响较大，膜厚在较薄区域时延伸率变化较大。有观点认为膜延伸率变化不是膜结构导致的，而与膜中分布的阴离子量有关。但是，将生成的阳极氧化膜浸渍在电解液中扩大孔径后，延伸率有飞跃性的提高，由此可知孔径结构也对延伸率有很大的影响。

1.2.5.3　阳极氧化后铝基材疲劳强度

金属疲劳是指对金属反复施加负载，以低负载破坏金属强度，这个能破坏金属强度的最小负载就是疲劳强度。

金属破坏性疲劳被认为是导致各种大型喷气式飞机坠毁事故的起因，机械类破坏原因 80%以上与金属疲劳有关。因其多为突发情况，所以容易引起重大突发事故，是重点研究对象。铝材广泛用于各种机械零部件，表面处理也大多使用阳极氧化。研究表明，表面经过阳极氧化处理的铝材，比未进行处理的材料的疲劳强度要低很多，使用这种结构的材料时要多加注意。

1. 疲劳试验设备及试验片

疲劳试验方法有循环旋转弯曲法、循环抗拉压缩法、循环扭曲法、循环冲击法等。在此使用属于循环抗拉压缩法的液压式伺服脉冲发生器（岛津制作所制造），就阳极氧化对铝材疲劳的影响进行介绍[1)]。

试验片使用 JIS A2024-T4（Al-Cu 系）及 A6061-T6（Al-Mg-Si 系）两种铝合金板材。阳极氧化处理条件分别是 200 g/L 硫酸液、液温 0℃、恒定电流 3 A/dm2 和 5% 铬酸液、50℃、恒定电压 40 V。负载形式为部分摆动，始终给予拉伸负载，以防止弯曲，最小最大应力比是 0.05，振动数是 33.3 Hz，波形是正弦波。疲劳特性用 *S-N*（载荷应力-循环数）曲线表示，疲劳极限取经 10^7 次而不破裂时应力值的平均数。

2. 疲劳试验方法

疲劳试验最初设定载荷，从未处理试验片抗拉强度的 45%~55% 开始试验。随后，根据破裂应力的循环数，应力以 2%~20% 比例减小。如此循环往复，只要不发生破裂使用相同载荷再次进行试验，直至破裂。

3. 比较有无氧化膜时的疲劳强度

图 1.2.55、**图 1.2.56** 是铝材 A2024 和 A6061 在硫酸液中经过阳极氧化处理过的试验片的 *S-N* 曲线

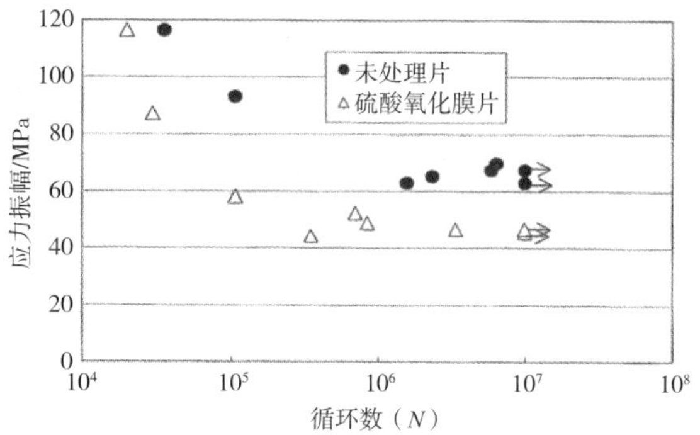

图 1.2.55　铝材 A2024 有无阳极氧化膜的疲劳强度变化

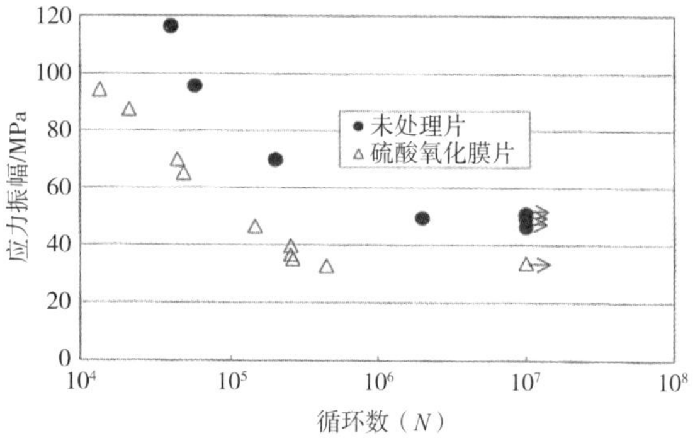

图 1.2.56　铝材 A6061 有无阳极氧化膜的疲劳强度变化

示例。如图所示两种材料因实施阳极氧化处理，其疲劳强度明显降低。**图 1.2.57**、**图 1.2.58** 所示是相同材料用铬酸液生成薄阳极氧化膜时疲劳强度的变化，可以看出与硫酸液相比前者疲劳强度下降幅度较小。

图 1.2.59、**图 1.2.60** 对各种疲劳试验结果的总结，疲劳强度经喷丸加工改善效果很有限，经阳极氧化处理的都较低。

随后，改变试片阳极氧化处理面积，此试片（**图 1.2.61**）疲劳试验结果如**图 1.2.62** 所示。从图中可以看出，即便仅对试片的一小部分进行阳极氧化，

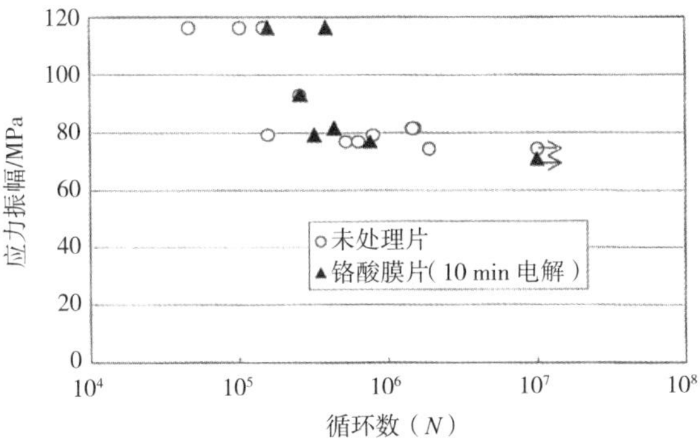

图 1.2.57　铝材 A2024 薄铬酸膜对疲劳强度的影响

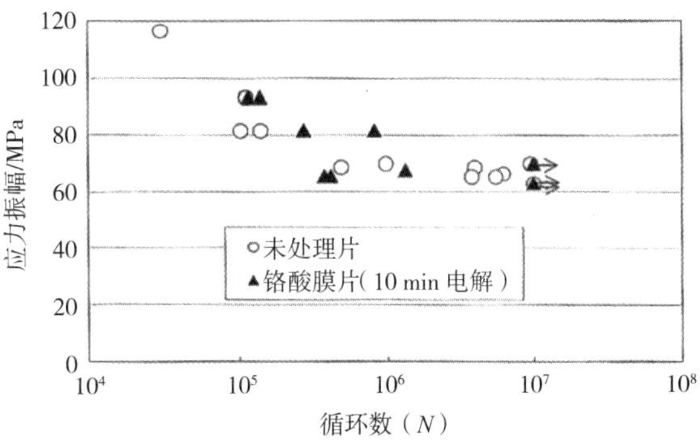

图 1.2.58　铝材 A6061 薄铬酸膜对疲劳强度的影响

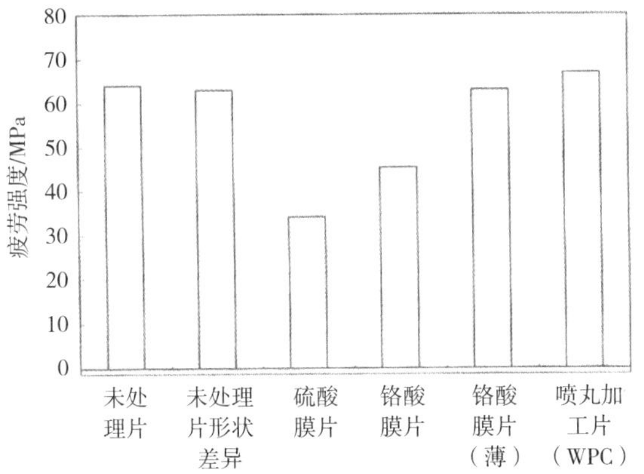

图 1.2.59　基于 A2024 的各种表面处理对疲劳强度的影响

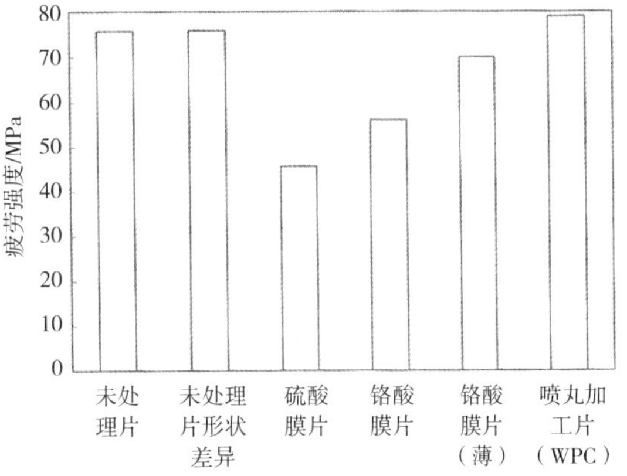

图 1.2.60　基于 A6061 的各种表面处理对疲劳强度的影响

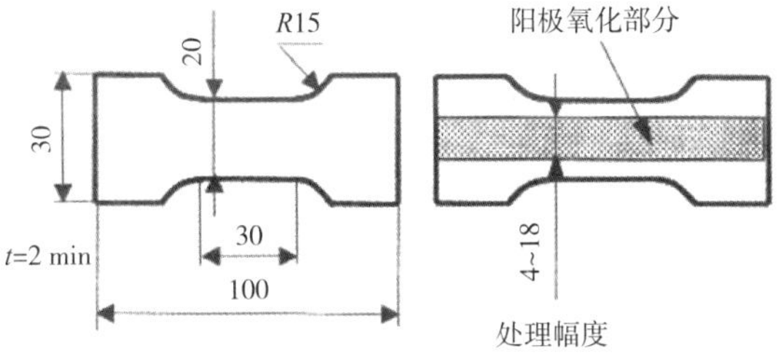

图 1.2.61　部分阳极氧化后铝试验片（单位：mm）

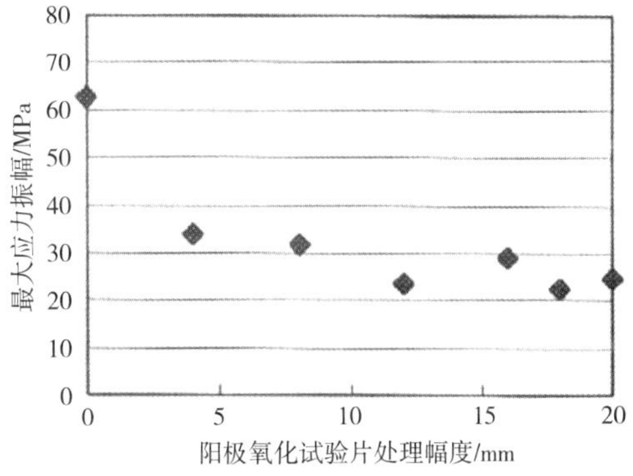

图 1.2.62　实施阳极氧化后试验片的疲劳强度变化

其疲劳强度也明显降低。由此可以得出阳极氧化膜是铝基材疲劳破裂的起始点。

照片 1.2.8 是用 SEM 观察破裂面的结果，结果显示破裂都是从阳极氧化膜端部开始产生的。仔细观察会看到由循环载荷造成疲劳破坏的痕迹，疲劳破坏痕迹从照片右上方开始向左下方扩散。此外，疑似破裂的起始点在其他地方也被观察到。我们认为，对于阳极氧化过的铝材，疲劳破坏的起点就是阳极氧化膜的开裂部。

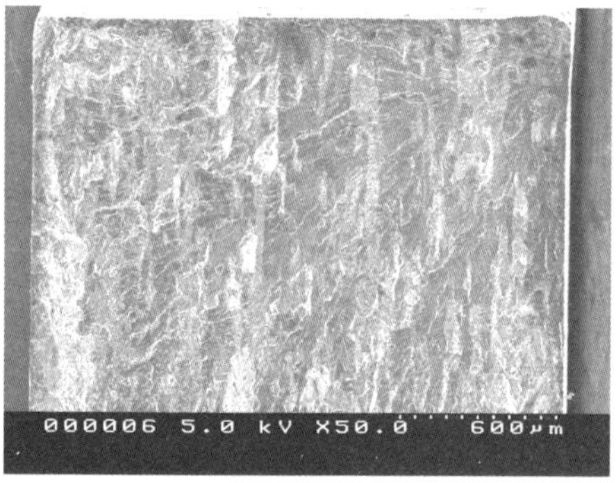

照片 1.2.8 阳极氧化 A2024 疲劳试验后截面 SEM 照片

参考文献

1）眞保，市川，星野，杉山：表面技術，54（2003），89.

2）ISO-H 8684（1997）：アルミニウム及びアルミニウム合金の陽極酸化皮膜の変形による耐ひび割れ性試験方法.

3）ISO-3211（1997）：Anodizing of Aluminium and its alloy—Assessment of resistance of anodic oxide coating to cracking by deformation.

1.2.6 柔韧性和裂纹特性

1.2.6.1 概要

多孔型铝阳极氧化膜，就是在软质铝合金基材上，用电化学方法获得的一种质硬而脆的氧化铝陶瓷层，所以膜易产生缺陷与损伤。因此，阳极氧化处理要慎重进行，充分发挥氧化膜所具有的各种优异性能很重要。

下面将考察阳极氧化膜的成长过程，介绍其柔韧性和裂纹特性。

1.2.6.2 划痕导致阳极氧化膜裂纹的情况

据伊文思（A. G. Evans）等的描述[1]，如**图 1.2.63** 所示，用硬质粒子刮划陶瓷时，陶瓷相对于刮划方向形成垂直中间裂纹，并在水平方向产生横向裂纹，刮划力大时，伴随横向裂纹的行进产生切屑，氧化膜被脆性破坏。

类似由刮划产生裂纹的情况，因阳极氧化膜厚度不同而有差异。**照片 1.2.9** 及**照片 1.2.10** 是 1050P 材在 10 ℃、20%（质量分数）硫酸液中，用 2.5 A/dm^2 电流密度分别生成的 3 μm、5 μm、10 μm、15 μm、25 μm、30 μm、60 μm 及 90 μm 厚阳极氧化膜试验材料，在 50 ℃ 热水中浸渍 5 min 后保存，如**图 1.2.64** 所示用尖端半径为 0.2 mm 的蓝宝石针，对各个阳极氧化膜表面垂直施加 9.8 N 载荷，以 50 mm/min 的速度刮划 25 mm 长的距离时，观察截面和表面产生的裂纹状态。

由此可观察到，由于有膜的存在，划痕宽度变窄。膜厚达到 60 μm 时膜明显变形、破坏、出现横向裂纹；达到 90 μm 时会看到横向裂纹、中间裂纹等初期裂纹，但产生的横向裂纹明显增多。

图 1.2.65 所示是引脚载荷 9.8 N 除以试验片划痕深度、宽度的变形面积值看出的比值。类试验片划痕深度、宽度的变形面积值，比率是除以针尖 9.8 N 载荷算出。可以看出，与纯铝基材相比，膜 15 μm、60 μm 及 90 μm 厚的氧化膜，其抗划伤比分别是纯铝基材的约 1.2 倍、约 2.3 倍及约 2.7 倍。

图 1.2.66 所示为各膜划痕宽度和划伤部分最大粗糙度的关系，两者间有关联性，氧化膜越厚，划痕宽度越小。

刮划氧化膜产生裂纹的状态，与图 1.2.63 刮划陶瓷时产生的划痕类似。

总体来说，阳极氧化膜是脆性陶瓷膜，容易被机械性外力破坏。

1.2.6.3 阳极氧化膜发生的内应力

大家都知道进行表面处理会产生内应力。

图 1.2.67 所示是进行表面淬火后残留应力在深度方向的分布[2]。

另外，膜层也会产生残留应力，其大多会影响膜层机械性能。**表 1.2.18** 所示是各种镀层的内应力值[3]。

图 1.2.68 所示是存在内应力时的变形模式。存在抗拉应力时镀层面呈凹状，存在抗压缩应力时镀层面呈凸状[4]。

有关阳极氧化膜内应力，阿罗史密斯（D. J.

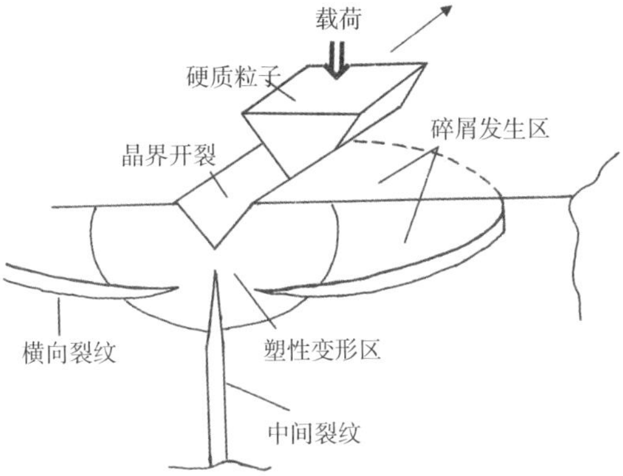

图 1.2.63　陶瓷发生刮擦产生的裂痕

表 1.2.18　镀层内应力

镀层种类	内应力
焦磷酸铜液	8.3 MPa　抗拉应力
硫酸铜液　无添加剂	0.7~10 MPa　抗拉应力
有添加剂	-27~100 MPa 压缩-抗拉应力
镍液	150 MPa　抗拉应力
磺胺酸	14 MPa　抗拉应力
酸性化学镀 Ni-P 合金溶液	压缩应力 pH 变高时抗拉应力

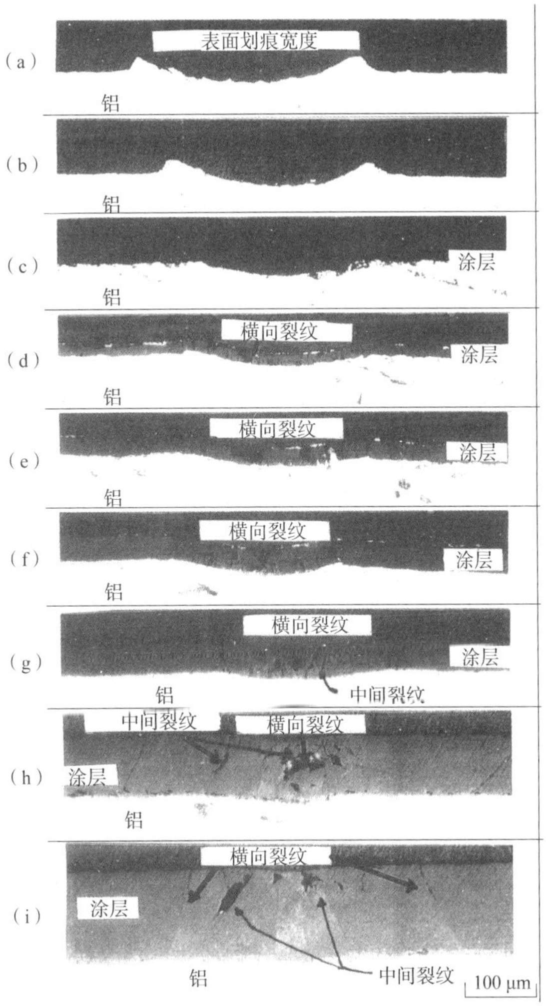

照片 1.2.9　从试验截面看阳极氧化膜厚度和划痕的产生状况

（a）铝（b）氧化膜厚 3 μm （c）氧化膜厚 5 μm （d）氧化膜厚 10 μm （e）氧化膜厚 15 μm
（f）氧化膜厚 25 μm （g）氧化膜厚 30 μm （h）氧化膜厚 60 μm （i）氧化膜厚 90 μm

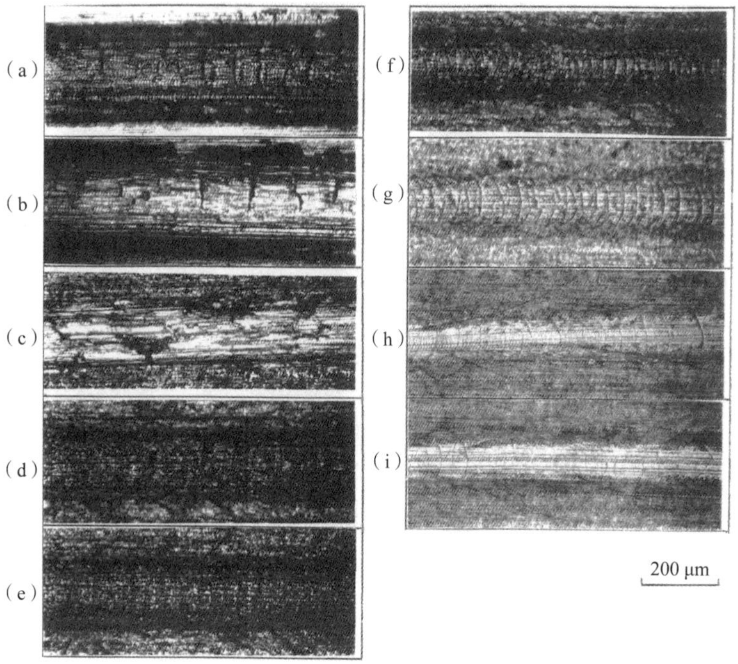

照片 1.2.10　由试样表面看阳极氧化膜的厚度和划痕的产生状况

（a）铝　（b）膜厚 3 μm　（c）膜厚 5 μm（d）膜厚 10 μm　（e）膜厚 15 μm　（f）膜厚 25 μm　（g）膜厚 30 μm　（h）膜厚 60 μm　（i）膜厚 90 μm

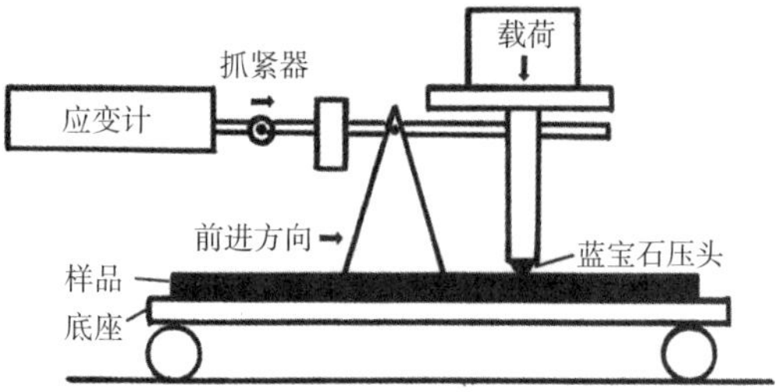

图 1.2.64　划痕试验机示意图

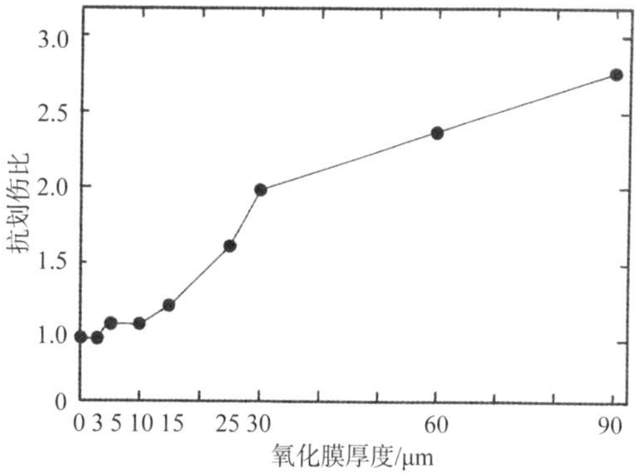

图 1.2.65　阳极氧化膜厚度和抗划伤比（引脚载荷/试验片变形面积）的关系

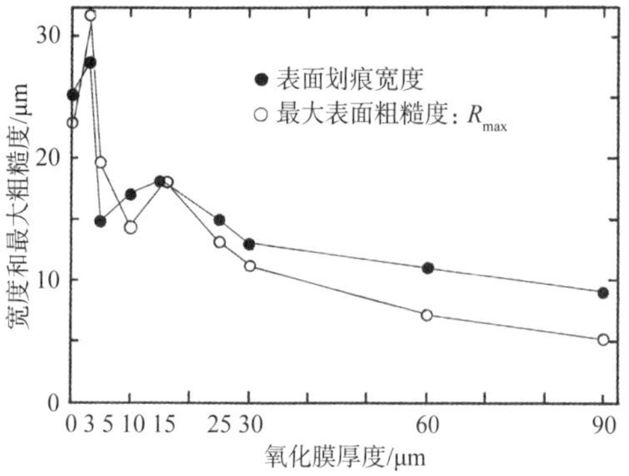

图 1.2.66　阳极氧化膜厚度和划痕损伤幅度及划伤部位最大粗糙度的关系

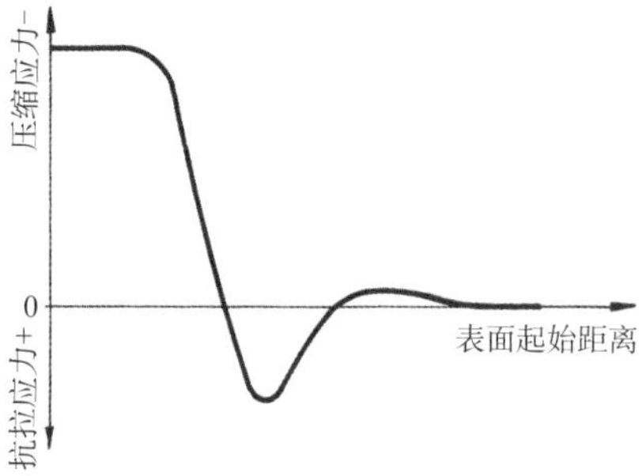

图 1.2.67　表面处理引起的残余应力在深度方向的分布

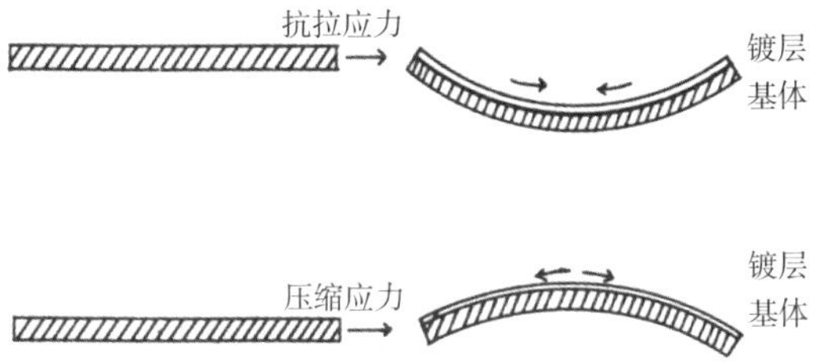

图 1.2.68　存在内应力时的变形模式

Arrowsmith）、库尔潘（E. A. Culpan）及史密斯（R. J. Smith）测量了阳极氧化时的内应力，得到的结论如下[5-9]。

①多孔膜产生的扭曲最初是压缩应力。

②继续进行低电流密度电解时压缩应力减小，在高电流密度（约 4.4 A/dm²）时变成抗拉应力。

③氧化膜的应变基于膜的生长点，由于氧化物比铝基材有更大的晶格间隔，因此当膜在低电流密度下在金属与氧化物界面生长时会产生压缩应力。

测量表面处理材料生长的内应力一般使用螺旋形应力测量仪，还有 X 射线应力测量方法，但不管用哪种方法测量铝阳极氧化膜都是困难的[10-13]。

本节利用对铝箔进行单面阳极氧化处理时产生翘曲变形和翘曲变形量，将相关参数代入内应力巴克利-戴维斯（Barklie & Davies）计算公式进行分析。

$$\sigma=h^2E/6rd\,(1-d/h)$$

式中：σ 为内应力（kgf/mm²），膜存在压缩应力时用+值来表示；h 为铝箔厚度（mm）；d：阳极氧化膜厚度（mm）；E：铝箔弹性模量（7 000 kgf/mm²）；r 为翘曲变形的曲率半径（mm），它的中心在基材一侧时，表明阳极氧化膜存在压缩应力，显示凸面状态，曲面半径表示为正值。测量曲率半径的方法是在翘曲变形后的试验材料长度方向两端涂红色墨汁，将墨汁印到纸面上并实际测量印下的痕迹。

照片 1.2.11 所示是试验材料的翘曲变形情况。这是厚度为 5 μm、10 μm、15 μm 以及 20 μm 的 15%（体积分数）硫酸阳极氧化膜分别在电解液温度为 5 ℃、15 ℃以及 22 ℃ 时的试验结果。可以看出，随着膜变厚翘曲变形增大，从凹面形状翘起，这是拉伸应力支配的结果。

图 1.2.69 是照片 1.2.11 中各种试验材料由公式 Barklie & Davies 计算出的内应力结果，均为抗拉应力。膜变厚，即使翘曲量变大，内应力也不一定增加。其中一个原因是多孔膜内部吸附了较多电解质。

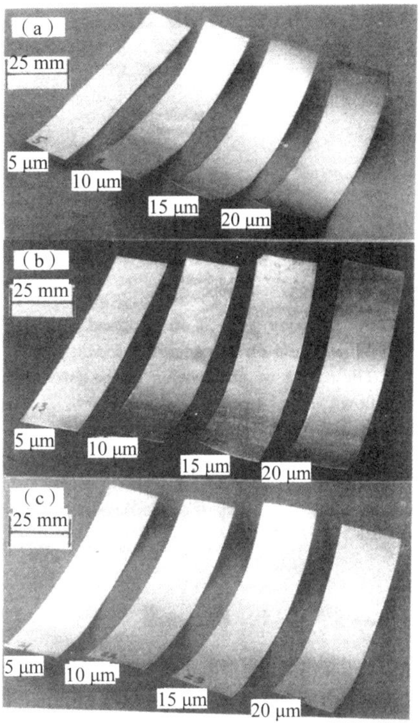

照片 1.2.11　翘曲变形情况

（a）电解液温度为 5 ℃　（b）电解液温度为 15 ℃

（c）电解液温度为 22 ℃

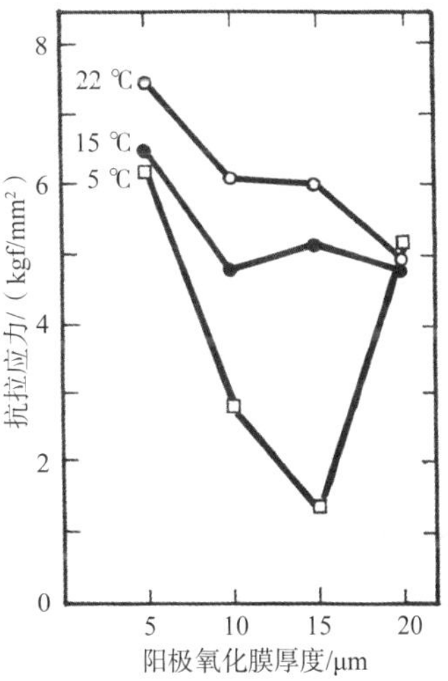

图 1.2.69　氧化膜厚度和内应力的变化

膜厚在 5 μm 左右时也存在拉伸应力。在别的试验中膜厚为 3 μm 时内应力是 0，膜厚为 8 μm 时内应力显示为拉伸应力的最大值。

对膜翘曲变形现象进行分析，随着膜的成长有关内应力变化据以往的经验总结见**图 1.2.70**。

3 μm 以下超薄膜被压缩应力支配，随着膜的成长和化学溶解、电化学溶解的进行，多孔化膜开始被拉伸应力支配。

阳极氧化膜的内应力一般处于中立状态 0，稍微偏向压缩应力侧时难以发生可视的、有碍功能的裂纹，反之，拉伸应力大时易产生裂纹。

照片 1.2.12 是厚度为 0.1 mm、长度为 150 mm 的软质铝箔事先成型为曲率半径为 16.3 mm 的凹面（存在压缩应力面）和凸面（存在拉伸应力面）后，在液温 5 ℃下生成 15 μm 厚的阳极氧化膜，对两者的膜面用针尖半径为 0.2 mm 的蓝宝石针施加 500 kgf 载荷进行刮划试验，观察裂纹产生情况。

结果显示，存在压缩应力的凹面材料产生的阳极氧化膜裂纹，比存在拉伸应力的凸面材料数量要少，观察到的裂纹也稍小。

综上，氧化膜存在的内应力、产生的裂纹、有代表性的膜硬度参数总结如**图 1.2.71** 所示。

1.2.6.4　损害膜功能裂纹的控制对策

阳极氧化膜具有很多优秀性能，存在裂纹会使其功能下降。由于裂纹不能完全杜绝，所以只能控制裂纹产生，将其影响降低到最小限度。

裂纹的产生受到铝基材、基材预处理、电解液和电解条件、生成阳极氧化膜的后处理、处理品的形状、使用环境、使用条件等众多因素的影响，如何控制裂纹不影响使用和不降低实用性是个研究课题。

阳极氧化膜是一种由铝基材直接成长的氧化铝陶瓷膜，不管是机械变形还是热变形，常常在金属和陶瓷层同时发生，因此控制有一定厚度和硬度的氧化膜的裂纹是困难的。

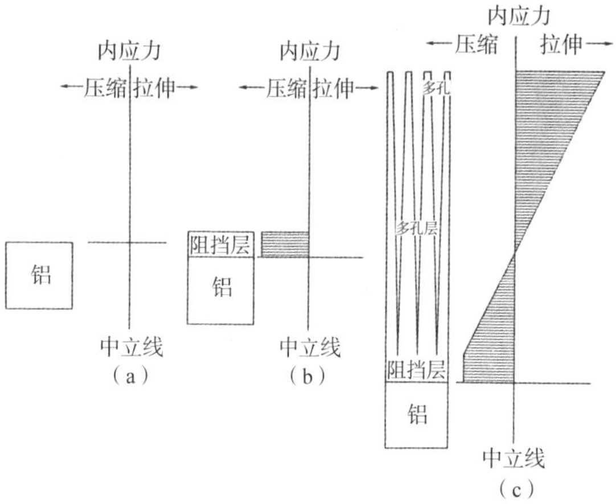

图 1.2.70　伴随氧化膜成长所产生的内应力的变化

（a）阳极氧化前　（b）极薄阳极氧化膜　（c）厚阳极氧化膜

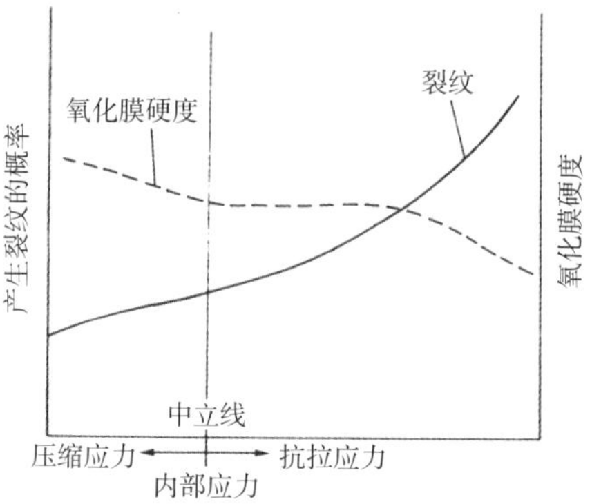

图 1.2.71　氧化膜内应力和硬度以及产生裂纹的概率关系

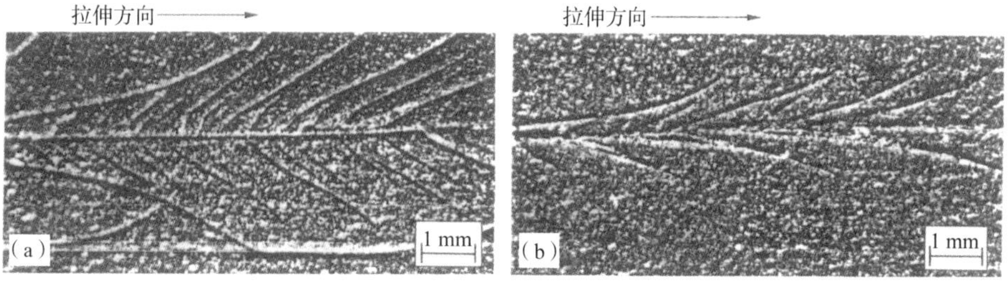

照片 1.2.12　内应力和产生裂纹状态

（a）拉伸侧内应力面的裂纹　（b）压缩侧内应力面的裂纹

因此，优秀的膜的性能因为产生裂纹而显著下降。装饰产品外观、机械零部件、耐腐蚀零部件、电绝缘零部件等产生裂纹时影响很大。

照片 1.2.13 所示是电绝缘性及耐腐蚀性试验时裂纹的影响。可以看出绝缘被破坏和腐蚀都是从幅度宽、深度大的裂纹近处开始的。

照片 1.2.14、**照片 1.2.15** 是厚度为 1 mm 的铝板在硫酸液中交流电解成 3 μm 厚的阳极氧化膜和直流电解为 15 μm 厚的阳极氧化膜，卷入直径为 50 mm 的镀铬金属卷轴后的外观。阳极氧化膜的性质、膜厚当然有差异，就产生裂纹的情况来看，差异的程度见照片。

如照片 1.2.14 所示根数多、幅度窄、深度小的裂纹称为不明显裂纹，如照片 1.2.15 那样根数非常少、幅度宽、深度大的裂纹称为明显裂纹。

不明显裂纹在实际使用中导致各种功能下降的幅度不那么大，明显裂纹如照片 1.2.13 所示能肉眼看到，引起功能下降的幅度就较大。不明显裂纹功能下降少的实际例子，如**图 1.2.72** 所示阳极氧化膜电线的弯曲特性。将 10 μm 厚阳极氧化膜处理板，卷入各直径金属卷轴后的破坏电绝缘耐压试验结果。从结果可知，卷入直径至少在 20 mm 以上的卷轴时由变形产生的裂纹会使绝缘功能有所降低，但不影响性能。

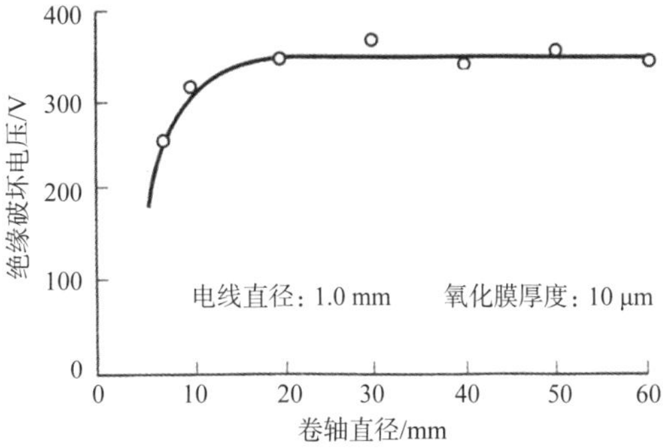

图 1.2.72　阳极氧化电线的弯曲特性

1.2.6.5　产生不明显裂纹的条件

正常来说，再小的裂纹都不应该在产品表面出现，多孔阳极氧化膜的膨胀系数仅是基材铝线的 1/5 左右，阳极氧化膜产品即便发生极微量的机械/热变形，也会产生不明显裂纹。

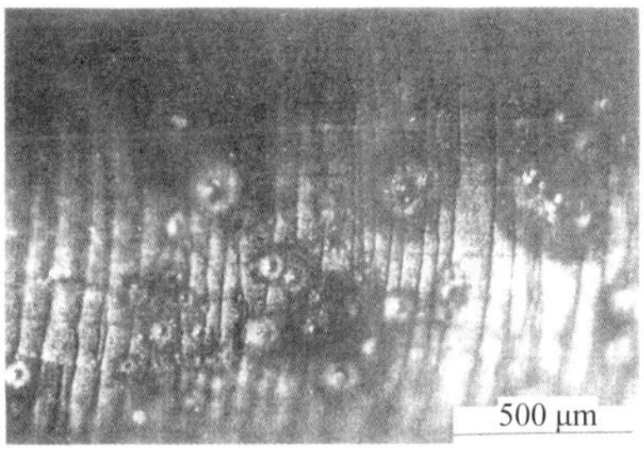

（a）

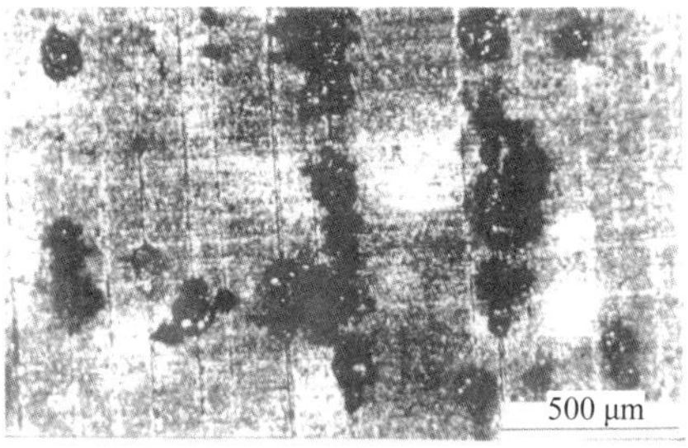

（b）

照片 1.2.13　裂纹起点功能下降

（a）裂纹与破坏痕迹　（b）裂纹与产生腐蚀点

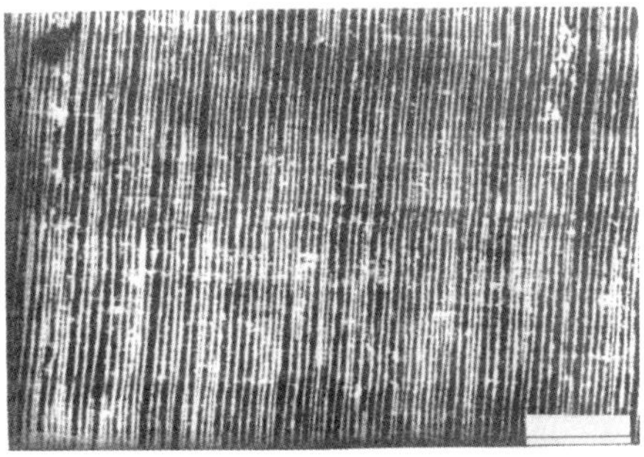

直流电解 3 μm 厚膜

照片 1.2.14　不明显裂纹

直流电解 15 μm 厚膜

照片 1.2.15　明显裂纹

表 1.2.19 所示是产生不明显裂纹时的阳极氧化膜延伸率极限值。硫酸直流常温阳极氧化膜，即便是厚度在 3 μm 以下的极薄膜，其极限延伸率也在 0.2%以下，18 μm 厚的膜在 0.1% 以下，因此表面实质上极易产生裂纹。

本书研究的立足点就是，对感觉明显的裂纹，在什么条件下进行处理，膜变形时即便裂纹产生根数多，但是否可以让幅度变窄、深度变小，以至于能够做到裂纹不那么明显？

1. 弯曲产生裂纹试验条件

试验主要受到以下因素的影响：

①铝材材质与热处理；

②预处理和化学抛光及化学砂面处理；

③硫酸电解液浓度；

④溶液溶存铝量；

⑤电解液温度；

⑥电流波形以及电流密度；

⑦阳极氧化膜厚度；

⑧有无沸水封孔处理；

⑨后加热；

⑩为进行评价弯曲时使用卷轴的直径。

裂纹评价方法：将按上述①到⑨各因素进行处理后的厚 1 mm、宽 25 mm、长 250 mm 的试验板材以纵向卷入按⑩选择的进行过镜面处理的硬质镀铬卷轴，用 20 倍放大镜观察卷入时弯曲长度间隔 10 mm 的情况，测量可目视裂纹的根数，按各处理条件进行比较分析。

2. 观察结果概要

（1）铝材质与热处理的影响

没有看到 1000 系和 5000 系合金有差异，2000 系合金几乎没有观察到裂纹。很有可能是由于金属间化合物（$CuAl_2$）溶解，表面产生了无数的坑。

调质的影响对氧化膜薄的软质材是有效的，见**图 1.2.73**、**图 1.2.74**。

（2）阳极氧化预处理的影响

如**图 1.2.75** 所示是进行化学抛光预处理时因基材光泽、反射原因，裂纹变得看不出来，产生裂纹根数与无抛光时没有大的差异。砂面处理也相同。

表 1.2.19　阳极氧化膜无裂纹加工试验时相关延伸率的极限值

膜厚	1 μm	3 μm	7 μm	18 μm
延伸率极限值	0.5% 以下	0.2% 以下	0.15% 以下	0.1% 以下

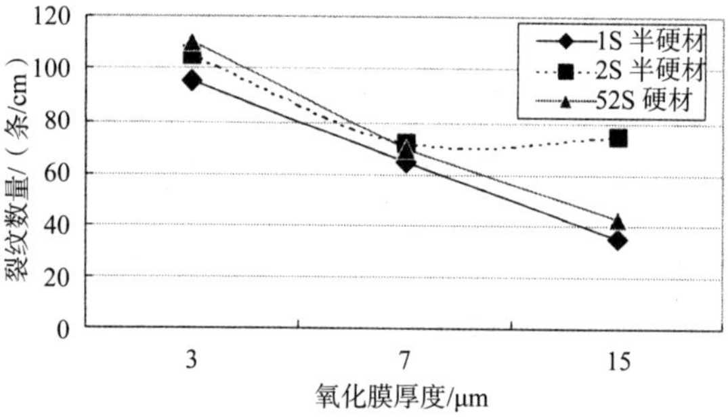

图 1.2.73　铝材的影响

［15% 硫酸溶液、20 ℃、直流 2 A/dm²
（17S 硬材无法测定裂纹数）］

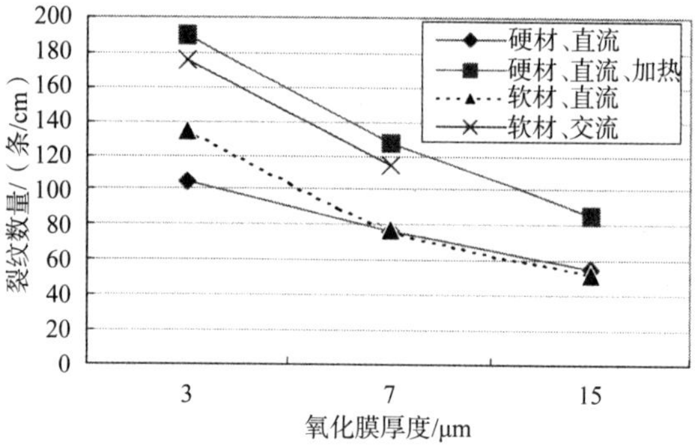

图 1.2.74　基材热处理的影响

（15% 硫酸溶液、20 ℃、2S 材、直流 2 A/dm²、交流 0.8 A/dm²、弯折倍径[①]50 倍）

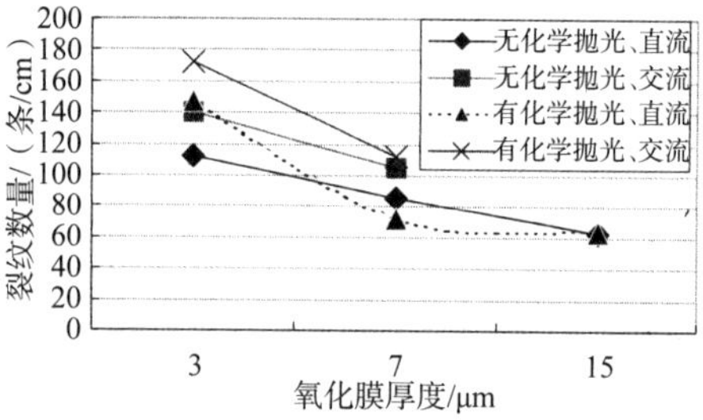

图 1.2.75　化学抛光的影响

（磷酸+硝酸系研磨液、2S 硬材、15% 硫酸溶液、30 ℃、直流 2 A/dm²、交流 0.8 A/dm²、弯折倍径 50 倍）

① 弯折倍径=卷轴直径/试验片厚度。

（3）硫酸浓度和溶存铝含量关系

如**图 1.2.76** 所示硫酸浓度越高，铝可溶性越高，铝离子含量约为 10 g/L 时，裂纹的数量最多。

（4）电解液温度的影响

如**图 1.2.77** 所示液温稍高时，裂纹数量会增加少许，但是不明显。

（5）电流波形的影响

如**图 1.2.78** 所示交流与直流叠加电解时，交流占比与柔韧性成正比例关系。

另外进行的各种波形影响试验结果是：按柔韧性排序，交流>交直流叠加>PR（循环反转波形）>断续>直流。

（6）电流密度的影响

如**图 1.2.79** 所示是电流密度的影响。电流密度低时，进行弯曲加工会产生很多细小裂纹，容易保持柔韧性。

（7）膜厚度的影响

如照片 1.2.14、照片 1.2.15 所示，阳极氧化膜越薄，裂纹越不显眼。从外观看，产生的明显裂纹的根数也少，但裂纹幅度宽且深。

（8）封孔处理的影响

将阳极氧化膜放入 100 ℃去离子水中进行 30 min 沸水封孔处理，然后进行比较，发现经封孔处理后阳极氧化膜产生很多细小裂纹，容易保持柔韧性。结果如**图 1.2.80** 所示。

（9）阳极氧化膜后加热的影响

研究保持柔韧性方法是对膜生成后进行加热。膜厚达到 7 μm 左右时，基材和膜保持黏结性，热膨胀可同步，接近 15 μm 时热膨胀平衡被打破，弯曲的结果是裂纹方向变成断续细丝状。这个结果与对基材热处理后进行阳极氧化处理的膜几乎是相同的。

（10）弯曲卷轴直径的影响

不管基材种类和性质如何调整，卷轴直径与试验片厚度比在 50 倍以下时进行弯曲，外观上自不必说了，因裂纹导致基材观感不佳也是得不偿失。弯曲比变为 20 倍以下时，宽度大的裂纹数量急剧上升，并引起基材脆裂。具体参考**图 1.2.81**、**图 1.2.82**。

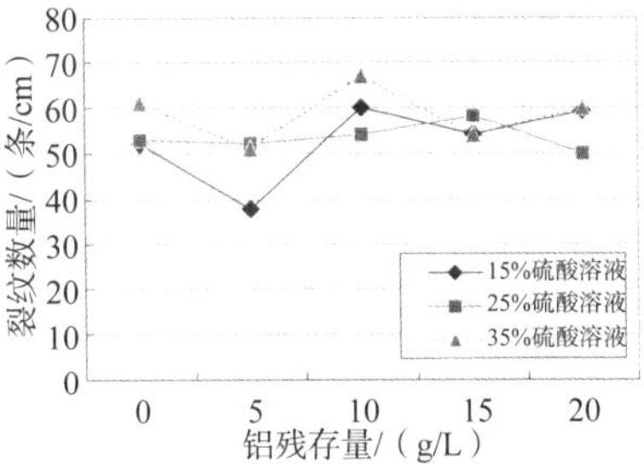

图 1.2.76　硫酸浓度和残存铝的影响

（2S 硬材、交直电解电流比 1/1、电流密度 3 A/dm²、弯折倍径 50 倍）

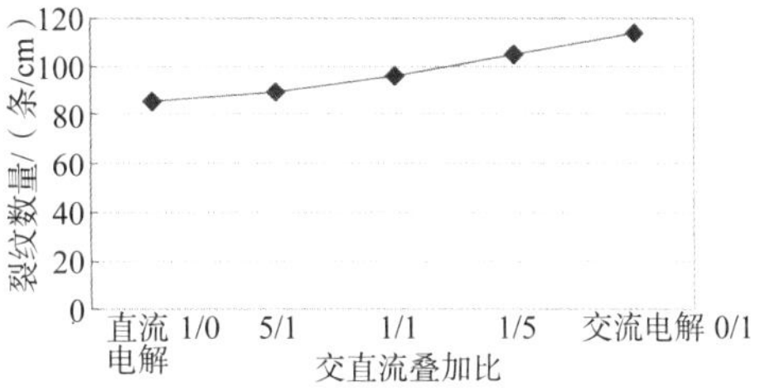

图 1.2.78　电解波形交流成分叠加的影响

（2S 硬材、15% 硫酸溶液、30 ℃、7 μm 厚氧化膜、有效电流密度 2 A/dm²）

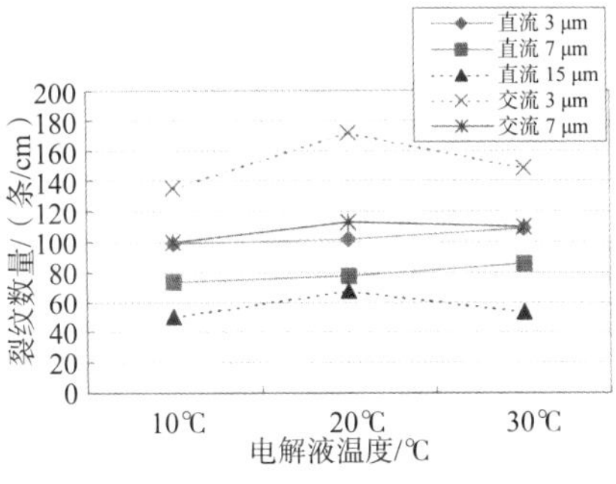

图 1.2.77　电解液温度的影响

（2S 硬材、15% 硫酸溶液、直流 2 A/dm²、交流 0.8 A/dm²、弯折倍径 50 倍）

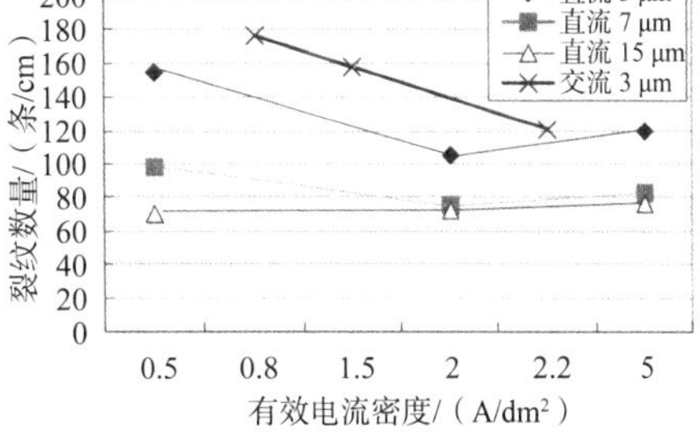

图 1.2.79　电流密度的影响

（2S 硬材、15% 硫酸溶液、20 ℃、弯折倍径 50 倍）

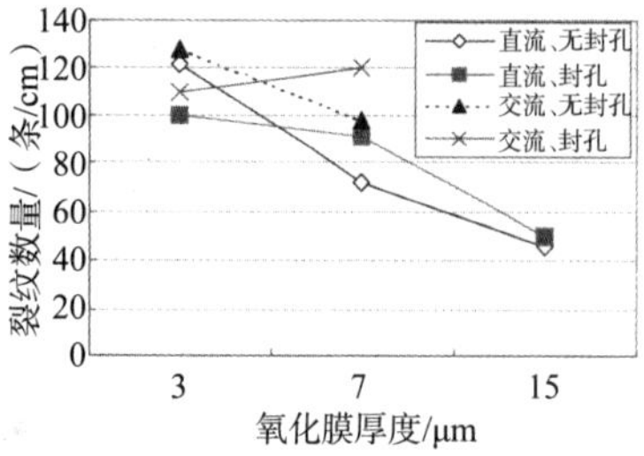

图 1.2.80　沸水封孔的影响

（2S 硬材、15% 硫酸溶液、10 ℃、直流 2 A/dm^2、交流 0.8 A/dm^2、封孔时间 30 min、弯折倍径 50 倍）

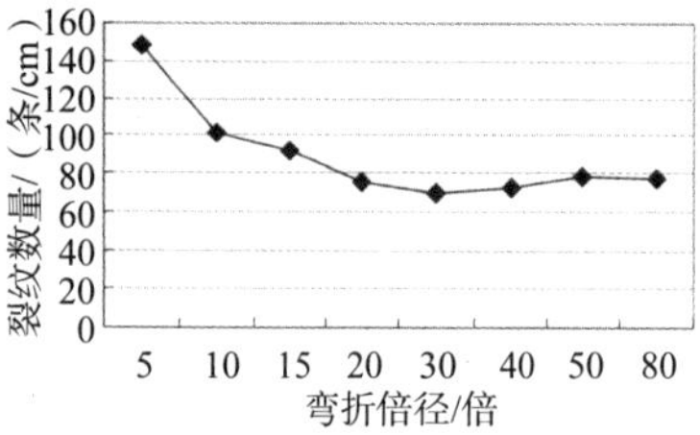

图 1.2.81　卷轴弯折倍径的影响

（2S 硬材、15% 硫酸溶液、20 ℃、直流 2 A/dm^2、氧化膜厚 7 μm，5 倍径以下时基材多断裂）

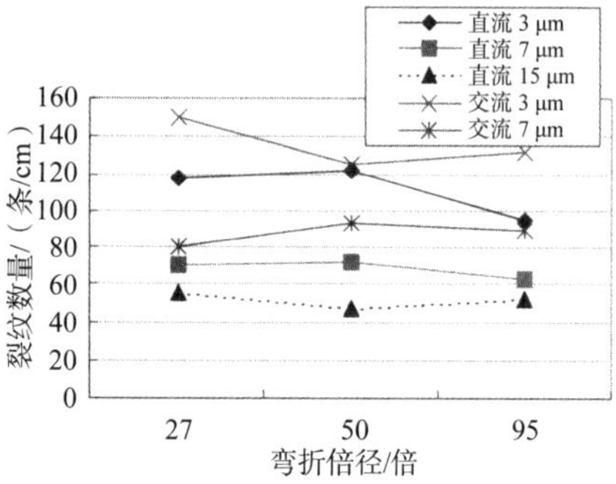

图 1.2.82　卷轴弯折倍径的影响

（2S 硬材、15% 硫酸溶液、10 ℃、直流 2 A/dm^2、交流 0.8 A/dm^2）

1.2.6.6　后记

本书对阳极氧化膜的柔韧性和裂纹特性进行了论述。

特别是裂纹会影响膜的功能，要引起足够重视。不单是裂纹的形态、产生原因及对策问题，即便无法避免产生裂纹，必须保证裂纹不影响膜的功能，也要考虑实际加工时因变形产生裂纹的情况，不应仅停留在对裂纹产生根数的比较，还要对裂纹宽度、深度、表面粗糙度等进行充分考察。

目前评价裂纹产生程度的方法有如图 1.2.47（前面有介绍）所示设备，并参照 JIS H 8684 标准制定了《铝及铝合金的阳极氧化 阳极氧化膜变形破裂性的评定》（ISO 3211），对柔韧性、抗变形破裂性的评定应予以关注。

参考文献

1）A. G. Evans，D. B. Marshall：ASM（1981），p.439-452.

2）桑山昇訳：摩擦と摩耗のマニュアル，泰山堂（1999），p.200.

3）めっき技術ガイドブック 改訂版，日本めっき技術協同組合（2004），p.249，292.

4）めっき技術ガイドブック 改訂版，日本めっき技術共同組合（2004），p.97.

5）中山孝康：アルミニウムの表面処理，日刊工業新聞社（1969），p.305.

6）三田郁夫：実務表面技術 33，（11），22，（社）金属表面技術協会，（1986）.

7）D. J. Arrowsmith，E. A. Culpun & R. J. Smith：Plating & Surface Finishing，August，48（1993）.

8）D. A. Vernilyea：J. Electrochem. Soc.，110，345（1963）.

9）T. P. Hoar & D. J. Arrowsmith：Trans. Inst. Met. Finishing，34，354（1957）.

10）金原粲，藤原英夫：薄膜，裳華房（1974），p.127.

11）米谷茂：残留応力の発生と対策，養賢堂（1975），p.127.

12）金尾嘉徳：表面技術，43，（7），667，（社）表面技術協会（1992）.

13）日本材料科学会 9 編：X 線測定法，養賢堂（1981），P.54.

14）R. J. Barklie & J. D. Davies：Institute of Mechanical Engineering（1930），p.731.

15）アルミニウム表面処理ノート 第 6 版，軽金属製品協会試験研究センター，p.250.

1.2.7　尺寸精度

1.2.7.1　阳极氧化产品的尺寸精度

关于阳极氧化产品的尺寸精度有两点必须考虑。一个是进行表面处理前铝材的尺寸精度，另一个是阳极氧化膜表面处理的尺寸精度。

生产阳极氧化产品时，首先需要考虑铝材的加工精度。加工精度有尺寸精度、形状精度、表面精度。精度是指产品值与设计值之间的差，差越小精度越高。

尺寸精度是指产品各个部分长度精度。

形状精度是指加工物的形状几何学正确度，意思是垂直度、平面度、圆度等与产品形状相关的精度。常用板材的精度用平坦度来表示。形状精度好意味着板材尺寸精度良好。

表面精度是指表面粗糙度，因加工方法不同有差异。

下面就相关生成阳极氧化膜后铝材尺寸精度和形状精度进行研究讨论。

1.2.7.2 铝加工精度

近年，人们对磁盘、复印机硒鼓、多边形反射镜等这类表面精度要求高的铝产品的需求在增加，这类产品需要超高精度加工。机械加工的尺寸精度一般是1/10 mm，高精度加工的尺寸精度在1/100 mm，随着研磨等加工技术的进步，超精密加工的尺寸精度可以达到0.1 μm左右。另外，形状精度可达到0.1 μm/100 mm左右，表面精度（表面粗糙度）最大高度（*Ry*）加工可达到0.01 μm。

1.2.7.3 表面处理的尺寸精度

表面处理的尺寸变化根据技术要求来定，一般在几微米到几十微米，与机械加工精度相比数值小1到2个数量级。可是，进行了高精度加工的表面，表面处理氧化膜的厚度对产品整体的尺寸精度有影响。特别是硬质阳极氧化厚膜等要求高性能的场合，表面处理膜的尺寸精度超过基材加工精度，对产品尺寸精度的影响很大。

1.2.7.4 阳极氧化处理后的尺寸变化

阳极氧化处理的预处理工艺有碱刻蚀溶解铝工艺。其溶解量相当于每分钟几微米。溶解量随时间的变化如**图1.2.83**所示[1)]。随后铝进行阳极氧化时，铝基材发生氧化变成阳极氧化膜。铝因氧化体积膨胀，由铝基材表面向外生长，产品尺寸增大。通常电解条件使膜厚向外增大1/3，像硬质阳极氧化的高电流密度的电解条件，会使膜厚向外增大1/2，从而导致产品尺寸发生变化。其关系见**图1.2.84**。**图1.2.85**[1)]、**图1.2.86**[1)]所示是硫酸硬质阳极氧化膜增大部分的实测数据和铬酸膜尺寸实测数据。铬酸膜在阳极氧化后产品尺寸没有增加。

1.2.7.5 阳极氧化处理条件对膜厚分布的影响

下面具体分析影响阳极氧化膜厚度的因素。

对阳极氧化膜厚度偏差可以从一个部件内、批量内、批量之间三个层面考虑。阳极氧化膜与镀层相比不易产生集中电流，一个部件内膜厚比较均匀，相对好处理。大部分电压由阳极氧化膜阻挡层承担，电解液中的电流分布影响很小。可是，要在目前基础上进一步提高膜厚均匀性，要有更深层的研究。重要因素列举如下。

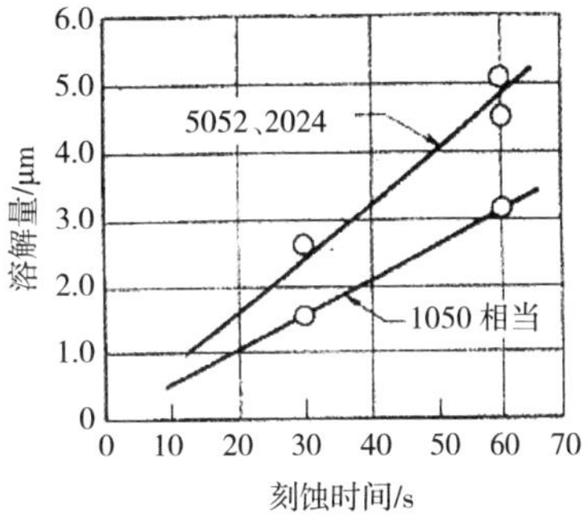

[氢氧化钠：100 g/L；温度：（53±1）℃]

图1.2.83 碱刻蚀时尺寸变化

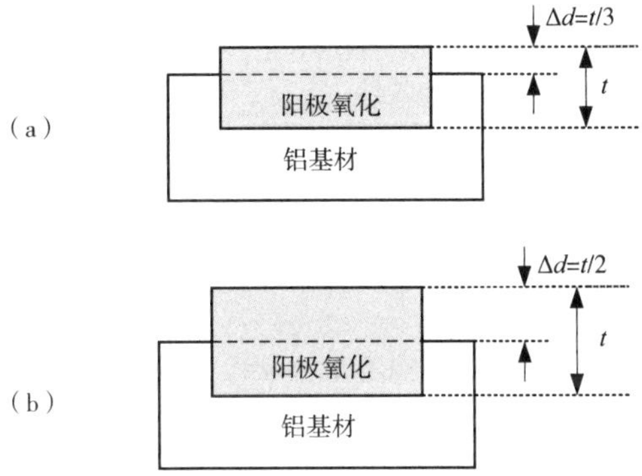

图1.2.84 阳极氧化膜厚度与尺寸的关系

（a）普通膜 （b）硬质膜

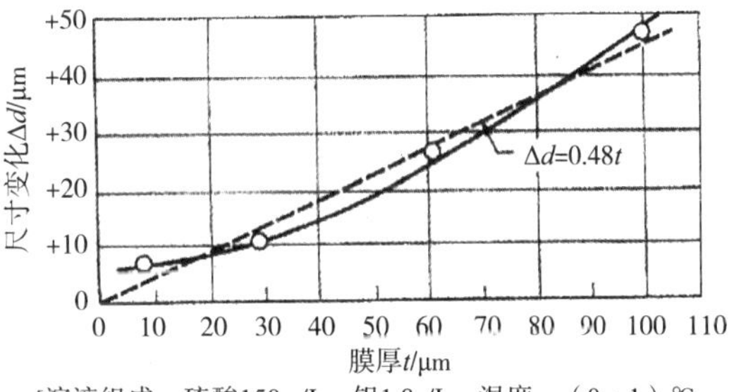

[溶液组成：硫酸150 g/L、铝1.8g/L；温度：（0±1）℃；电流密度：3.0 A/dm²]

图1.2.85 硫酸硬质膜的尺寸关系

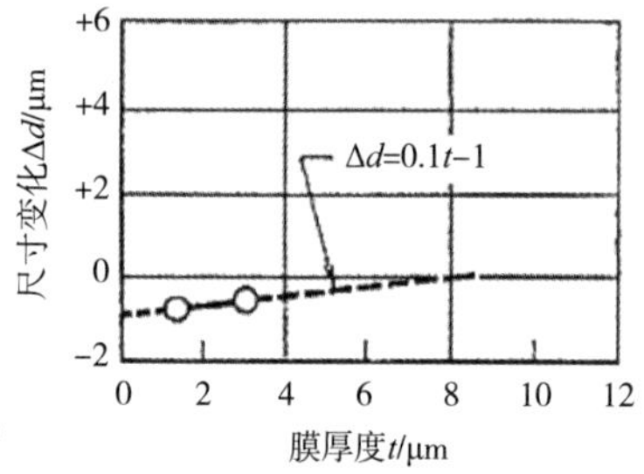

[溶液组成：无水铬酸70 g/L；温度：（32 ± 35）℃；电压：38~42 V]

图 1.2.86　铬酸膜的尺寸关系

1. 材料本身均匀性

①两极配置和电流分布。

②电解液流动与搅拌。

2. 批量内的均匀性

①被处理材料与两极的配置。

②电解液流动与搅拌。

③确认是否所有材料通过恒定电流。

④接触点的电阻。

3. 批量之间的均匀性

①液温。

②溶液成分浓度。

③溶液中不纯物的浓度。

④电流值。

⑤电解时间。

对以上各项管理到位非常重要。

1.2.7.6　液温和槽液搅拌

液温和电流分布管理很重要，需引起重视并管理到位。

为保持液温均匀，要对电解液进行搅拌。搅拌方法有空气搅拌（air bubbling）、槽液循环。膜厚误差允许在 1~3 μm 时这两种搅拌方法足够了。可是，膜厚均匀性要求高的时候，使用这两种搅拌方法就难以达到目的。

阳极氧化过程的电解电能大部分被转换成热能，热能由被处理材料的表面向电解液释放。槽液静止时被处理材料周边温度开始上升。在硫酸液中进行恒电流电解时，液温差 0.5 ℃，电压会变化 0.1~0.3 V。电压差异引起电流密度分布差异，这是膜厚产生偏差的最大原因。举例说明，将直径 30 mm、长 1 m 的圆棒水平放置进行阳极氧化处理，用原有搅拌方法对材料上面和下面搅拌，液流顺畅与否等会使膜厚产生差异，微米级形状管理时达不到技术要求。

用高电流密度电解硬质阳极氧化膜时，对尺寸均匀性的影响更加明显。

搅拌最大目的是阳极氧化时被处理材料各处温度能够相同。大多使用空气搅拌、槽液循环这两种搅拌方法进行充分搅拌，使被处理材料周边温度能够达到均匀，膜厚均匀性效果也很明显。近来开发出效果更加突出的搅拌方法，介绍如下。

1. 微爆气搅拌

原有空气搅拌由于气泡的大小、分布有偏差，所以难以得到均匀搅拌的效果。微爆气搅拌像给热带鱼水缸补充空气，使细小气泡包围整个被处理材料，这样能充分搅拌被处理材料周边的电解液。即便如此，溶液上下层若存在温差，膜厚还可能会产生差异。

2. 液体内喷射

电解液中设置喷嘴喷射电解液，用激烈的搅拌方法对着被处理材料喷射。以前是因为电解电压高，发热量大，为追求膜厚均匀性而采用该阳极氧化处理。随着喷嘴更新换代，开始使用系统化高速阳极氧化法[2)]。为提高搅拌效果开始按照被处理材料形状合理设置喷嘴位置。

1.2.7.7　电解槽和槽内配置

为确保膜厚均匀还有一个条件，就是电流分布均匀性问题。这由电解槽内对极（阴极与阳极）与被处理材料的位置关系决定，所以被处理材料在槽内如何放置很关键。

阳极氧化处理槽内要放置各种尺寸的产品，所以大多是大型槽。阳极氧化与电镀相比电解液成本低，因此槽容量相对较大。

电解槽最好与被处理产品的尺寸大小匹配，但实际上用大槽处理小尺寸产品的情况非常多。另外，被处理材料大时，被处理材料与对极间距离有时明显有差异。此时会产生电流分布差异，膜厚也同样产生差异。被处理材料表面积明显超出对极时，膜厚也会不均匀。有时为平衡处理材料与对极面积比，对对极进行屏蔽（masking）是有效的。这些已经实用化并取得了成果。准备大小适宜的槽是很困难的，必须下功夫应对大槽带来的各种技术上的考验。

1.2.7.8　合金导致阳极氧化膜厚度差异

即便用同等条件进行阳极氧化处理，因铝合金不同其膜厚也有差异。阳极氧化膜厚度与电量成比例关系，对大部分合金电解条件可进行充分管理，如**图 1.2.87** 所示[3]，但是含铜 2000 系合金和 7000 系合金，随着电解时间的延长，膜的溶解越发明显。如此导致成膜量不同，电流分布对膜厚的影响变大，膜厚偏差也变大，所以尺寸精度要求高的话要引起足够重视。

不同合金同时进行处理时，由于各自的电压和电流密度关系不同，生成的膜厚不同。从**图 1.2.88**[3]可明显看出，合金都是 1.2 A/dm² 的电流密度时电压不同。同时处理时，为统一各合金之间的电压，结果就是用不同电流密度进行电解，生成不同膜厚。由此可以得出这样的结论：不同合金组成的零部件，最好不要用阳极氧化处理。

1.2.7.9　嵌合部件的注意事项

尺寸精度上最重要的是嵌合部件。特别是生成几十微米厚的硬质膜，事先要将膜的成长部分考虑在内，如果不能确保必要的精准度，部件组装就会很困难。因此设计人员和表面处理者事先要充分进行沟通。有关嵌合部的表面处理，黑田先生[4]有详

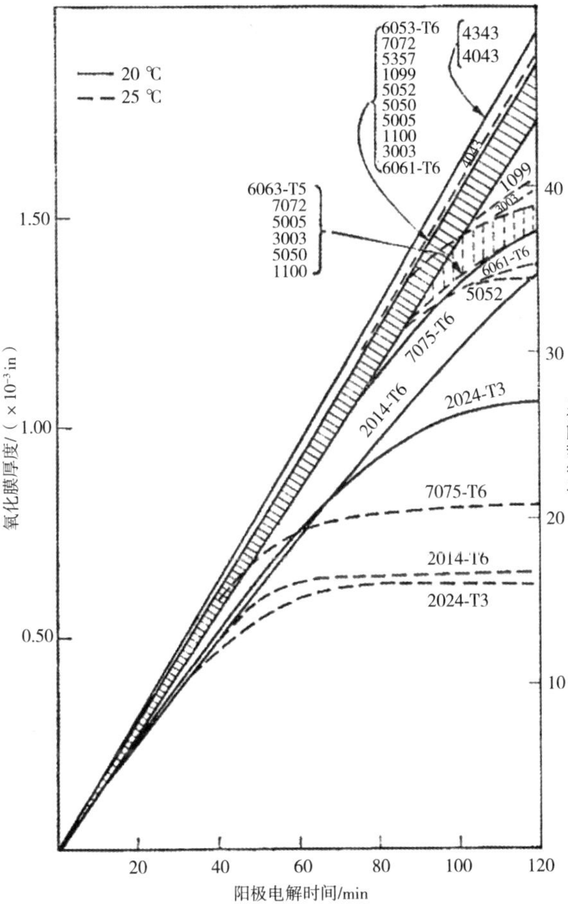

图 1.2.87　各种铝合金电解时间和氧化膜厚度关系
（处理条件：15% 硫酸溶液、1.2 A/dm²、0~120 min）

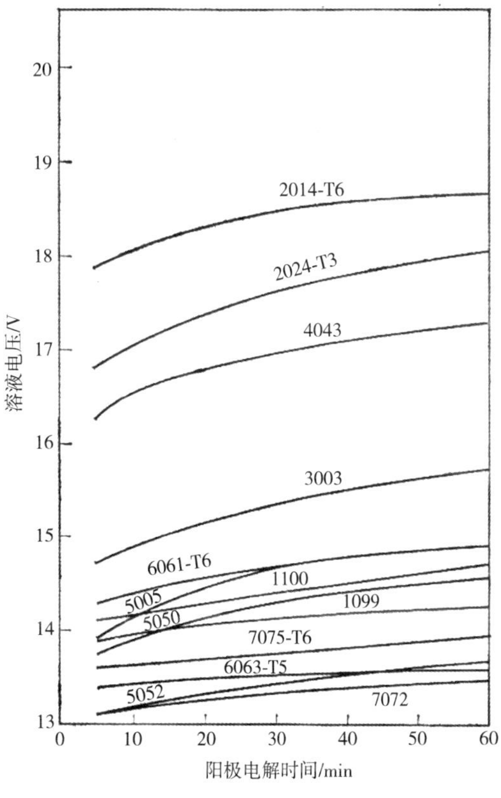

图 1.2.88　各种铝合金电解时间与溶液电压的关系
（处理条件：15% 硫酸溶液、1.2 A/dm²、25 ℃）

细论述。

1.2.7.10　补救方法

机械加工时，过度加工有时会得不到想要的尺寸。这类零部件进行阳极氧化处理时增大到所需尺寸是可能的。补救是极为稀有的例子，阳极氧化处理产品对此可以适用。

参考文献

1）岡村：金属表面技術，22，4，186（1971）.
2）中小企業事業団：高速陽極酸化処理システムの開発公開説明会資料（1998）.
3）G. H. Kissin：The finishing of aluminium，19-20.
4）黒田：機械技術，33，13，58（1985）.

1.3　电特性

1.3.1　铝阳极氧化和介电特性

本节就电特性中最基本的介电现象以及介电体进行论述，引用文献、技术资料，以介电体中应用最广泛的电容器为基础进行介绍。

1.3.1.1　什么是介电体[1)]

日语词典对介电体的解释是电场内产生介电极化，其两端的表面出现正负电荷的物质，即电绝缘体。日英字典将介电体写作 a　dielectric。维基百科里说，介电体是介电性高于导电性的物质。介电体有宽广的能带间隙，对直流电压有不让电通过的绝缘体举动。身边的介电体例子有塑料、陶瓷、云母、油等。

介电体用作电子设备的绝缘材料、电容器电极之间的插入材料、半导体元件栅极绝缘膜等，对光学材料来说高介电常数很重要。介电体也用于光纤、透镜的光学涂层、非线性光学元件等领域。

介电性的来源是在介电体内部产生电偶极子，也称为介电极化，按电子极化、离子极化、分配极化、空间电荷极化等进行分类。在介电体内部电子不能自由移动，因此从外部进行电解时，介电体中原子、分子分成偏向正电荷的部分与偏向负电荷的部分。这个现象称为电子极化。离子极化是像 NaCl 那样的离子结晶，外部给予电场时，Na^+与 Cl^+相对变位产生双极子，称为离子极化（原子极化）。分配极化是介电体持有极性时产生的。不给予电场时，分子面向随机方向，所以整体没有电双极子，给予电场时分子开始分配并产生双极子。分配极化中双极子力矩比电子极化和离子极化要大。另外，电场持续时间长时，电荷单体移动至介电体中产生双极子。这个称为空间电荷极化。

介电常数与电场的频率相关，称为介电分散，空间电荷极化和分配极化是缓和型介电分散，离子极化和电子极化是共鸣型介电分散。

1.3.1.2　介电体分类[1)]

介电体分成常介电体、压电体、热电体及强介电体。强介电体兼备所有特征，热电体也显示压电体和常介电体的性质，具体如下。

1. 常介电体

常介电体指除压电体、热电体、强介电体以外的所有介电体。

2. 压电体

施加压力产生极化（以及电压）的介电体称为压电体。

3. 热电体

从外部不给予电场也能自行极化的压电体称为热电体。热电体响应微小温度变化产生介电极化（及其电动势），应用在远红外线感应器等领域。

4. 强介电体

从外部电场可使方向反转的热电体称为强介电体。强介电体的特征是极化对外部电场有滞后特性。

1.3.1.3　高介电常数材料和低介电常数材料

为了使半导体元件微型化，降低其消耗电量，将晶体管的栅极绝缘膜进行薄膜化，加大静电容量来保持高性能化，由于量子动力学的隧道效应导致漏电流增大，设备可靠性明显下降。替代薄膜化增大静电容量、将栅极绝缘膜从原来介电常数低的 SiO_2 系材料换成高介电常数绝缘材料的要求日益增长。高介电常数绝缘材料最有优势的是 HfO_2 系材料（一种新型铁电材料）等。

同时由于半导体元件的微型化，在多层配线之间形成电容器，这会导致配线延迟现象。为降低其容量，有必要将层间绝缘膜换成低介电常数绝缘膜。有优势的低介电常数绝缘膜有给氧化硅添加氟元素得到的 SiOF 绝缘膜、给氧化硅添加碳元素得到的 SiOC 绝缘膜或有机聚合物系材料绝缘膜等。

1.3.1.4 介电体和电容器

1. 电容器的历史 [1)]

1745 年 10 月普鲁士波美拉尼亚的埃瓦尔德·乔治·冯·克莱斯特（Ewald Georg von Kleist）发明了电容器。他把玻璃瓶子内壁和外壁镀金属层，顶盖上插金属棒，上端连接一个金属球，下段通过金属链与内壁相连。克莱斯特（von Kleist）发现，通过在两块板子之间设置一层薄薄的绝缘体（介电体），能量密度比没有绝缘体的情况显著增加。1746 年 1 月，在克莱斯特的发明广为人知之前，由荷兰物理学家马森布洛克（Pieter von Musschenbrock）独自发明了非常类似的电容器。由于他隶属于莱顿大学，所以他将该电容器命名为莱顿瓶。丹尼尔·格拉拉斯（Daniel Gralath）最初为了增加电容器的电荷并列连接很多瓶子。初期电容器的单位是 jar（瓶），电容大概为 1nF。

2. 物理上的电容器 [1)]

电容器是由分离的两块电极或电极板组成的介电体。

电容器的原理图和等效电路见**图 1.3.1**[2)] 以及**图 1.3.2**[3)]。蓄电器是通过静电容量存储释放电荷的元件，静电容量单位是 F。通常电容器是几皮法到几万微法，对两端的端子可施加电压（耐压）6.3 V~10 kV。电容器静电容量（C）用积蓄的电荷（Q）和电极之间电压来定义。

$$C=Q/V \tag{1}$$

静电容量与电极面积成正比、与电极距离成反比，同时与介电体的介电常数 ε 也成正比。平行配置电极之间电容器的静电容量是

$$C=\varepsilon A/d \tag{2}$$

这里 $A>d^2$。

表 1.3.1[2)] 所示是电容器介电体的相对介电常数。

3. 电容器用途 [1)]

（1）在模拟电子回路上的用途

由于直流电无法通过电容器，所以电容器被用于耦合电路、平滑电路、共振电路等。实际上电子回路上电子元件电阻与线圈等也多有使用，电阻多用 R、线圈多用 L 表示。以前按用途不同对电容器进行分类使用，现在的主流电容器是贴片陶瓷电容器。

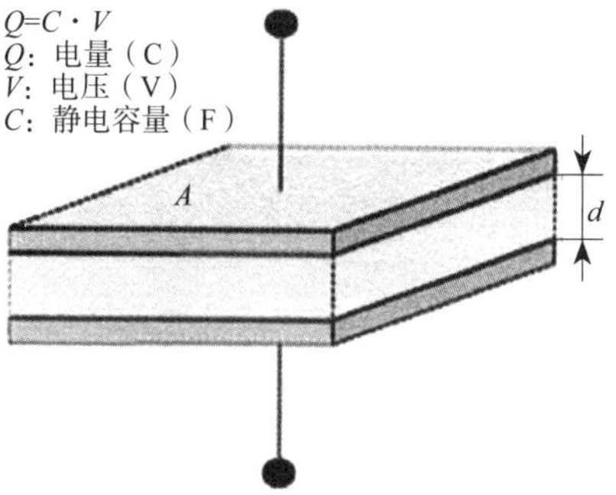

图 1.3.1 电容器的原理图

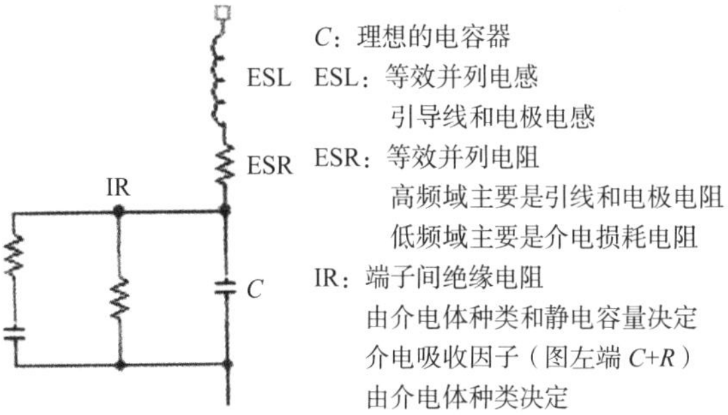

图 1.3.2 电容器的等效回路

表 1.3.1 介电体的相对介电常数

介电体	相对介电常数	介电体	相对介电常数
铝阳极氧化膜	7~8	陶瓷	10~120
麦拉（一种聚酯薄膜）	3.2	聚乙烯	2.5
云母	6~8	钽氧化膜	10~20

（2）在数字电子回路上的用途

最常作为旁路电容器使用，也有少量用于晶体发信器和时序电路。主要使用贴片陶瓷电容器。

（3）在电源回路上的用途

以铝电解电容器为中心，此外还使用陶瓷电容器、钽电容器。

（4）在电力系统上的用途

在电力系统上为了提高功率而将电容器作为电抗来使用。用于改变相位的电容器称为进相电容器。

（5）电源本身的用途

近些年以双电层电容器为主的1 F以上的大容量产品被开发，在蓄电装置（比如笔记本电脑的电源，油电混合车、电动汽车的启动电源）上的应用越来越广泛。最近正在研究开发用于电动汽车电源的电容器。

4. 构造 [1)]

构造就是2张电传导板夹着介电体（绝缘体），对其施加直流电压，可积蓄电荷（电能）。**图1.3.3**[2)]所示是结构图，**照片1.3.1**[1)]所示是外观。实际产品如下。

（1）单板型电容器

因为单板型电容器由2张平板组成，介电体种类选项有限且多为大型电容器。

（2）卷绕型（卷取型）电容器

该类电容器由2张电传导体箔和介电体膜相互重叠卷取，卷绕成型，自身因是电感形状，所以高频特性不是太好。卷取方向与引线在无介电化上要下功夫。

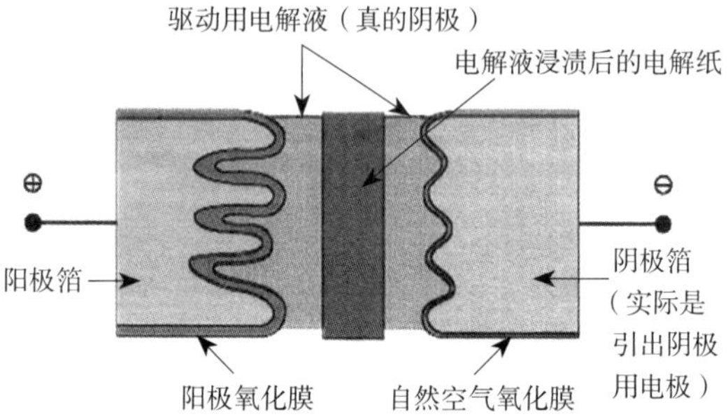

图1.3.3 铝电解电容器的构造

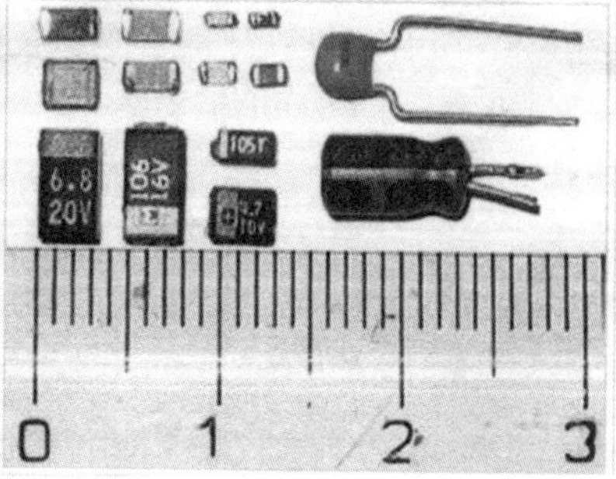

照片1.3.1 铝电解电容器的外观

（3）贯通型电容器

该类电容器电传导体的轴周边形成介电体的管，其外侧再套一层电传导体的管，与轴同心，从防护罩引出的线可被高频回路利用。

（4）积层型电容器

该类电容器由电传导体和介电体相互叠加而成。

（5）电解型电容器

该类电容器电传导体的表面用氧化膜生成介电体层并浸渍电解液，介电体层非常薄且相对介电常数大，所以可获得大容量。

（6）电双层型电容器

该类电容器让活性炭电极表面吸附有机分子的介电体，介电体的厚度可以做到分子水平，所以可获得极大的容量。

5. 按电容器用途分类 [1)]

（1）高电压电力回路用电容器

1）纸电容器

该类电容器的介电体使用加工过的木材纸浆。

2）油电容器

该类电容器的介电体为浸渍了绝缘油的纸。

3）真空电容器

该类电容器的内部为真空状态。

4）气封电容器

该类电容器的内部封入了六氟化硫（SF_6）等。

（2）电子回路用电容器

1）塑料薄膜电容器

该类电容器主要用于模拟回路，有苯乙烯电容器、聚酯电容器、聚丙烯电容器、特氟龙电容器、聚苯硫醚电容器等。

2）陶瓷电容器

一般容量从0.5 pF至0.1 μF，用于数字回路的旁路控制（高介电常数及半导体），以及用于保证模拟回路温度（低介电常数）。高频特性良好，内部是物理的并联连接，容量在10 μF以上。

Ⅰ. 低介电常数型陶瓷电容器

使用氧化钛、氧化铝瓷体的介电体，其容量温度系数低，为直线型。通过导入微量元素，可设定任意温度系数。

Ⅱ. 高介电常数型陶瓷电容器

使用钛酸钡介电体，可以获得无极性、大容量的电容器。但是，容量温度系数大，为非直线型，施加电压时容量会有波动。

Ⅲ. 半导体陶瓷电容器

给钛酸钡导入金属化合物，赋予其导电性，进行化学处理可生成很薄的介电体层，烧结过的介电体可获得比高介电常数系陶瓷电容器更大的容量，容量变动会导致诸特性的恶化。

3）云母电容器

云母作为介电体，静电容量范围在 1~5 000 pF。云母电容器性能良好，温度特性也良好，品质最高。主要用于高频区域或者同调回路等，一般在稳定性要求高的回路上使用。

4）电解电容器

电极表面经过化学处理形成绝缘体或半导体薄膜介电体，可获得非常大的容量（0.1 pF~10 万 μF），除了部分具有极性外其他特性非常不好。用于电源系与低频系。要注意耐压性和频率，超过耐压极限，电解电容器不仅不能正常工作，而且可能发热冒烟、电解液外漏，在极端的情况下还会破裂，非常危险。

一般固体电场电容器使用电荷转移络合物与导电性高分子固体，与以往使用电解液的电容器相比，等效串联电阻小，频率特性优异，问题是价高且自我修复性差。

引线方式是黑线连接负极，一般新的产品负极引线被切得很短。

Ⅰ. 铝电解电容器

该类电容器也称为电解电容器或化学电容器。可获得大容量，用于平滑电源回路、定时回路。作为介电体，铝电极（通常是铝箔）表面是阳极氧化膜。因为介电体层非常薄，所以可得到大容量。通常在生成氧化膜前进行刻蚀处理，表面制作成粗糙的微细凹凸状。由于难以形成无缝隙的氧化膜表面，所以用浸渍电解液的纸填充空隙。如让形成氧化膜侧的电极电压低于其他的电极，则电化学反应可能会破坏介电体膜而无法使用，元件也会被破坏，有时可能冒烟。

照片 1.3.2[2)]所示是经过刻蚀处理后的高压用铝箔表面、**照片 1.3.3** 所示是经过转化处理（阳极氧化处理）后的表面照片。

①固体铝电解电容器。固体铝电解电容器使用 TCNQ 等电荷转移络合物或聚噻吩等高分子化合物替代电解液。

②非固体铝电解电容器。电解液有水、乙二醇、乙二醇甲醚、甘油、γ-丁二醇或 N-甲酰胺等，电解质有硼酸、己二酸、马来酸、苯甲酸、邻苯二甲酸、水杨酸、氨、三乙酰胺、羟基化四甲基铵等。对因反向极性连接引起的介电体膜的破坏，可以短时间内施加反向电压进行修复，但不推荐使用该方法。故障时处于 open（断开）模式是其特点（电极间的电阻变高），因此请注意，由于元件的破裂可能会产生二次伤害。

③非极性电解电容器。因为是对双向两个电极形成的氧化膜，所以并列接续电容器，其单位体积容量减半，无极性易于处理。但是，无法利用高速极性反转时的条件（交流回路）。

Ⅱ. 钽电解电容器

比铝电解电容器要小，性能特别良好，常被用

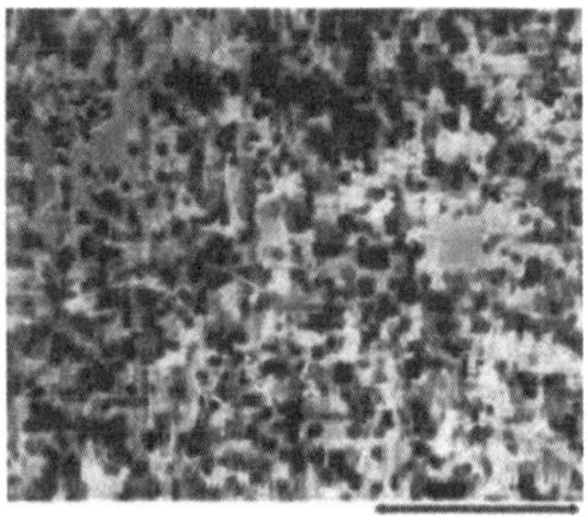

照片 1.3.2　刻蚀处理后的高压用铝箔表面

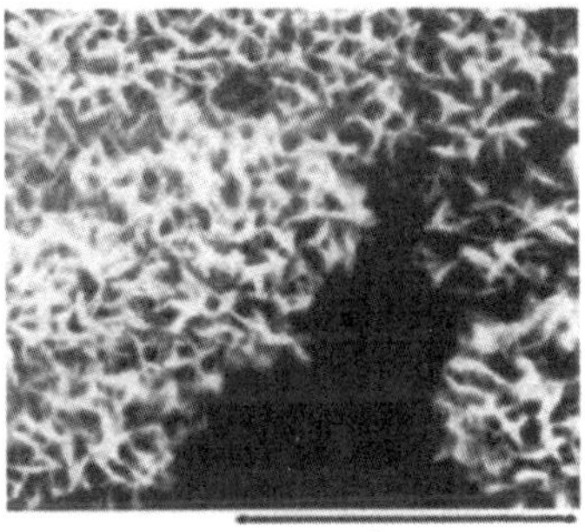

照片 1.3.3　高压用铝箔刻蚀后的转化表面

于卸载回路。获得大容量的原理与铝电解电容器类似。烧结金属钽粉末，用阳极氧化成氧化钽薄膜。对逆电压较弱。

①固体钽电解电容器。在高温条件下，介电体表面析出二氧化锰填埋空隙，在烧结体表面喷石墨后，用银钯等引出电极，也称为钽电容。

②湿式钽电解电容器。在金属壳里充填电解液作为阴极，浸渍烧结体为阳极。

Ⅲ. 铌电容器

将金属铌粉体烧结作为固体电解电容器阳极。与钽相比，铌储藏量比较丰富，价格低廉，可长期稳定供应。比钽电容器耐电压性高且可实现大容量，将来完全可以替代钽电容器。

▽氧化铌电容器

使用氧化铌代替作为烧结体的金属铌。

Ⅳ. 电叠加层电容器

在电解液-电极界面上，离子及电极中的电荷单体（电子等）相互吸引列队形成电叠加层电容器，在纳米级距离的离子和电荷单体相隔处形成介电体。实际应用的电容器用比表面积极大的活性炭作为电极的情况较多，可以获得 F/cm^3 级别静电容量的电容器。使用水系电解液时电压约为 1 V，使用非水系电解液电压约为 3 V，均较低，多以数个并联以获得所需电压。

主要用作电子设备的遥控器、钟表回路的备份电源，也开始用于储存电力。另外，作为混合汽车和电动汽车的电源也引起人们关注。高速铁路用电源开发也在进行中，小型化和大容量化的研究开发在各个领域推进。

Ⅴ. 可变电容器

可变电容器调节回转轴可改变静电容量，用于发送与接收同步的回路等。还有频繁调节频率和调整回路半固定的可变电容器。

①空气可变电容器。空气可变电容器是用空气作为介电体的可变电容器，固定的电极和回转轴安装的电极夹着空气，可改变静电容量。1970 年被用于真空管式收音机、接收器和手摇无线电设备，现在已经没有生产。

②聚乙烯可变电容器。聚乙烯可变电容器是用薄聚乙烯膜作为介电体的可变电容器，主要用于调节小型便携式收音机的频率。

Ⅵ. 陶瓷电容器

陶瓷电容器是用陶瓷作为介电体的可变电容器，在回路无法补偿整个精度特性时，安装后回路设置可微调整，产品出厂前进行微调整。

6. 与电容器有同样性能[1)]

1）打印基板

在相同地方多层基板相邻层之间通过打印配线时，两个配线间形成比较大的稳定容量。

2）可变容量二极管

对直流电压重叠交流信号，二极管显示出小容量电容器的特征。二极管随电压变化变成可进行电子控制的可变电容器，也称为可变容量二极管。

3）人体

根据静电研究，人体模型由 10 pF 电容器和 1 MΩ 电阻并联连接而成。

4）电容式话筒

电容器电极中一极作为振动板。

7. 电解电容器的稳定性[2)]

1）经过时间变化

铝电解电容器是元件中驱动电解液慢慢扩散，具有寿命的电子部件，其特征是经过时间变化：①静电容量慢慢减小（初始静电容量变化超过规定范围 ±20%~±30%时）；②损耗角正切慢慢增加（规定范围超过初始值的 1.5~3.0 倍时）；③漏电电流减小（超过标准数值时被认为发生故障）。

2）寿命

铝电解电容的寿命有以下五个定义：

①保证寿命（维持规定性能的时间）；

②设计寿命（设计阶段目标寿命）；

③实力寿命（开始进入磨耗故障期的时间段）；

④有效寿命（电容器偶发故障期结束，进入磨耗故障期，规定的故障率以下时间段）；

⑤平均寿命（达到磨耗故障的时间）。

3）故障模式与原因分析

图 1.3.4[2)] 所示是故障模式与原因分析。

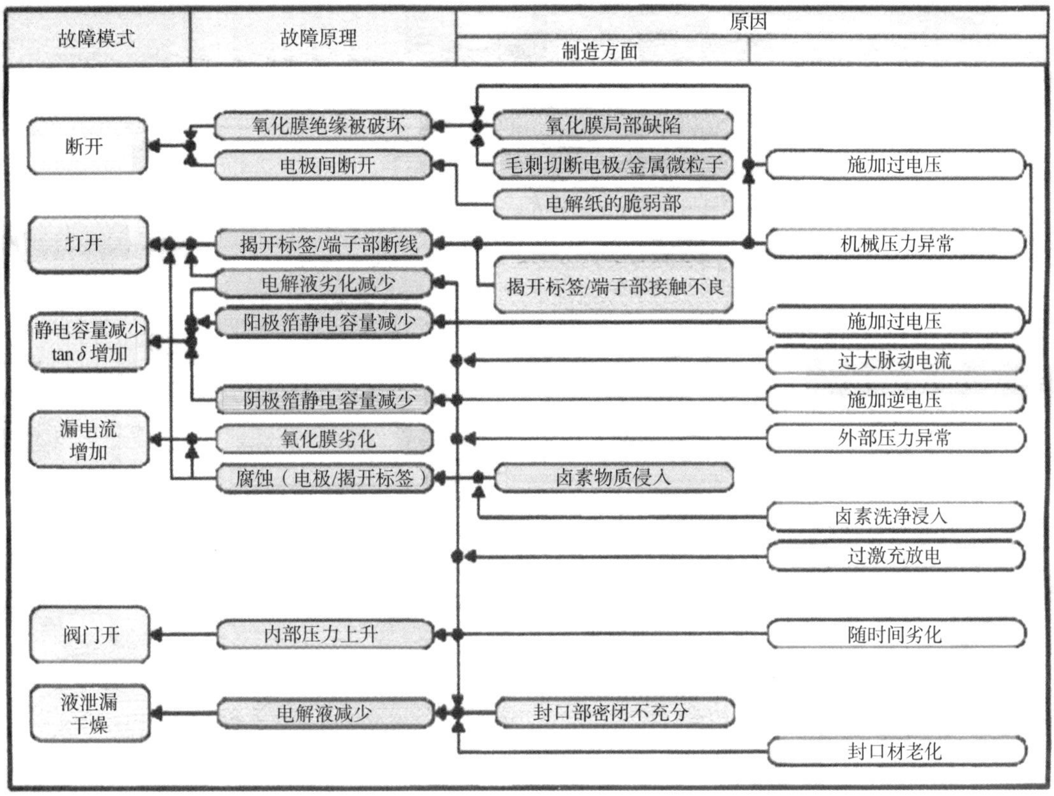

图 1.3.4　铝电解电容器故障模式与原因分析

8. 各种稳定性数据

必备主要特征：（a）有持久耐高温性；（b）有高温及低温特性；（c）有频率特性。**图 1.3.5**[2)] 所示是某公司生产的保证 125 ℃下工作的竖型芯片铝电解电容器 RVK 系列 35 V、47 μF 电容器，125 ℃时经过 2 000 h 的静电容量变化、损耗角正切及漏电电流变化。**图 1.3.6**[2)] 所示是同一型号电解电容器从-60 ℃到 125 ℃的静电电容变化和损耗角正切变化。**图 1.3.7**[2)] 所示是同一型号电解电容器在 20 ℃时的频率特性、电阻和 ESR（等效并列电阻）的变化。

1.3.1.5　后记

电容器在当今及将来社会发展中是必不可少的，在高压电力回路或电子回路上会持续存在。今后从节省资源和保护环境角度出发，期待研究改善电容器特性，进一步提升介电体的介电特性。

参考文献、技术资料

1）http://ja.wikipedia.org/wiki.

2）http://www.elna.co.jp/capacitor/alumi/ manufacture.htm.

3）http://www.fr-radio.com/capacitor.htm.

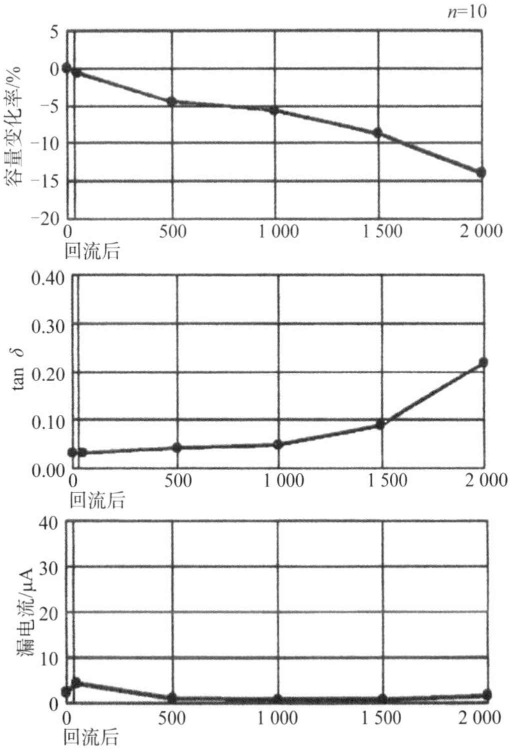

图 1.3.5　铝电解电容器在 125 ℃时的耐久性

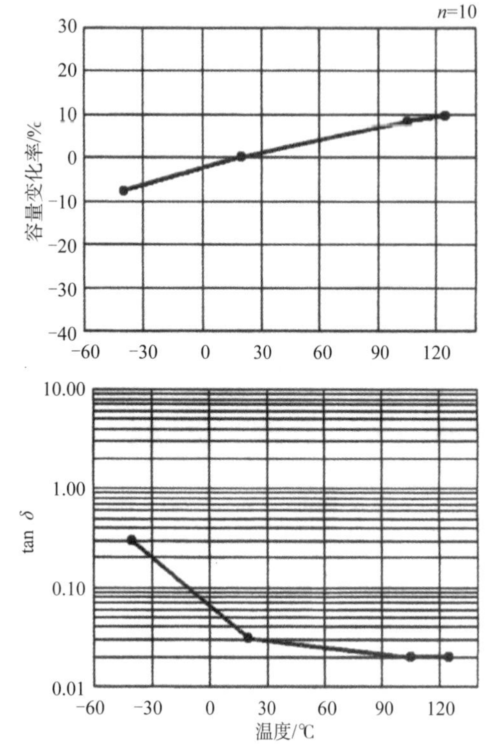

图 1.3.6 铝电解电容器的高温及低温特性

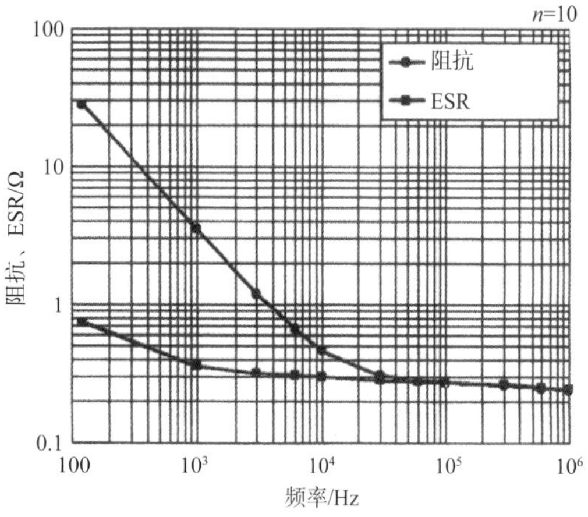

图 1.3.7 铝电解电容器的频率特性

1.3.2 绝缘特性

铝软且电传导性优异，进行氧化会变硬，形成绝缘性能高的氧化铝陶瓷，是难得的材料。阳极氧化膜的电特性从研发阶段就引起人们的广泛关注，耐热性绝缘体更是令人期待。

目前有机系绝缘物、陶瓷系涂装材料由于成本低廉等被广泛使用，在耐热性、耐久性、耐候性、耐放射性、环保等方面有诸多优点，也被用于特殊用途。

利用阳极氧化膜电特性的产品领域有利用阻挡层型膜介电常数的电解电容器、利用多孔膜绝缘特性的阳极氧化膜电线、金属制打印基板、IC（集成电路）基板绝缘膜等。

1.3.2.1 阳极氧化膜生成电压

有报告说阳极氧化膜阻挡层生成的电压是 14 V[1)]，多孔膜的生成电压因不同电解液而有差异，有报告认为数值在 10~13 V[2)]，具体见**表 1.3.2**。生成电压是在电解液中伴随膜生成过程的离子移动电压，不是基于阻挡层欧姆电阻产生的电压。另外，它与成膜后的击穿电压数值不同。

一般阻挡层型膜，当电解电压超过 500 V 时产生击穿。

1.3.2.2 击穿电压

氧化铝陶瓷的电绝缘性、耐磨耗性、化学稳定性优异，精细陶瓷实用化进展最快。氧化铝击穿电压是 10~16 kV/mm，阳极氧化膜具有同等水平的数值。氧化铝与其他绝缘材料的击穿电压见**表 1.3.3**。

击穿试验方法，规定如下。

JIS C2110-1994：固体电绝缘材料的绝缘耐力测量试验方法

JIS C2141-1992：电绝缘用陶瓷材料试验方法

给铝基材接上电极，在阳极氧化膜表面放上质量为 500 g 左右的探针，施加交流或者直流电使电压逐渐上升，设定的电流值（比如 0.5 mA）流过节点作为击穿点，此时电压就是击穿电压。根据不同目

表 1.3.2 各种阳极氧化膜的阻挡层电压

膜种类	电解液	电解条件（酸浓度、液温）	阻挡层电压/V
阻挡层型	—	—	14.0
多孔型	磷酸	4%、24 ℃	11.9
	草酸	2%、24 ℃	11.8
	铬酸	3%、38 ℃	12.5
	硫酸	15%、10 ℃	10.0

表 1.3.3　绝缘材料的击穿电压

物质	击穿电压/（kV/mm）	备注
石英玻璃	20~40	板厚 1~3 mm、商用交流 3）
云母	5~15	4）
硅胶	2~25	板厚 1~3 mm、商用交流 3）
环氧树脂	16~22	同上
特氟龙树脂	20	同上
氧化铝	10~16	同上
A 公司 96% 氧化铝	14	A 公司产品样本
B 公司 99.6% 氧化铝	13.0	商用电流、B 公司产品样本
空气（1 个大气压）	3.55	4）

注：备注栏内括号内的数字见参考文献。

的设定电流值有所差异，严格时在 0.1~0.05 mA 之间。探针的前端形状要符合标准规定。

根据宫田[5]先生的报告，电解后的草酸阳极氧化膜的商用交流（50 Hz）击穿电压是 10.3 kV/m，蒸汽封孔后的是 14.5 kV/mm。另外，据弗兰肯斯坦（Franckenstein）、佐斯切尔（Zauscher）的报告，膜厚度在 55 μm 以上时，空气通路不直通，外部加水后孔变窄，突然显示出空气层 2 倍左右的电压。

笔者[6]用 60 Hz 交流电测量的数据见**表 1.3.4**。膜是在草酸+甲酸混酸液中生成的，铝材是 5052 合金机械加工面。即便是未封孔，阳极氧化膜的击穿电压也比空气单体的绝缘破坏电压大 2 个数量级。另外，膜越薄，每单位厚度绝缘破坏电压数值越大。

表 1.3.4　阳极氧化膜的击穿电压　单位：kV/mm

膜厚/μm	无封孔	沸水封孔 30 min	沸水封孔+石蜡贴纸	蒸汽封孔（5 kgf/cm²）
20	37	109	119	73
50	30	74	73	58
100	22	43	38	36
150	22	30	26	21

注：各数据是 5 点测量后的平均值。
译者注：1 kgf/cm²≈98.1 kPa。

相同试验片用直流电进行测量时，击穿电压均变高，膜厚在 100 μm 以上时超过测量装置上限电压 5 000 V。对压延面进行相同试验时，测量结果偏差很大。

阳极氧化膜的绝缘破坏原理没有详细说明。绝缘击穿电压试验对评价阳极氧化膜的电特性很重要，根据合金种类、制造批次、表面精度、阳极氧化膜处理条件等有所不同，把握各项特性有一定难度。

1.3.2.3　其他绝缘特性和测量

1. 固有电阻

固有电阻包括体积电阻率和面积电阻率。通常用贯穿材料的电来求电阻，体积电阻率为其特性值。对于电阻率高的绝缘物，部分电流会流过物体表面，称之为表面电流，表面电流的电阻特性用表面电阻率表示。在实际环境中，空气中的水分会吸附在物质表面，环境污染物比如有机物与浮游碳化物等也会附着在物质表面，表面容易形成电流流动的状态。体积电阻和表面电阻要根据绝缘材料各自使用条件来选择。

测量固有电阻的试验规定如下。

JIS C2141-1992：电绝缘用陶瓷材料试验方法

测量体积电阻率、表面电阻率时要下功夫排除误差，如**图 1.3.8** 所示在试验材料表面形成电极。使用导电性油漆、气相沉积膜、喷雾等方法来增强电极。膜的材质可使用金、银、白金、石墨等。必须选择测量温度稳定的材质。测量时配线根据体积电阻率和表面电阻率有所差异。如**图 1.3.9** 所示连接测量仪器。体积电阻测量的是表面中心电极和背面电极间的电阻，计算公式如下。

体积电阻率（Ω・m）：ρ_v

$$\rho_v=\pi/4\times(D_1+g)^2\times \text{体积电阻测量值}$$

$$g=(D_2-D_1)/2$$

式中：D_1 为主电极的直径（m）；D_2 为保护电极直径（m）；g 为主电极和保护电极的间隙。

表面电阻是测量的是表面的中心电极和其外围之间的电阻。背面电极作为保护电极，排除流过绝缘体内部产生的误差。计算公式如下。

表面电阻率（Ω）：ρ_s

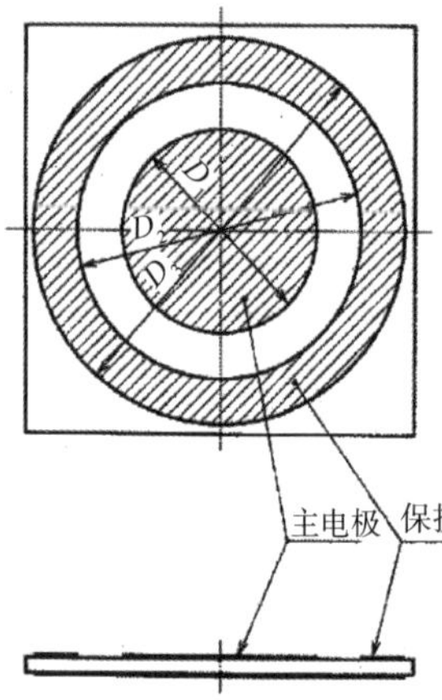

图 1.3.8 用电极形状测量体积电阻率及表面电阻率

（D_1≈28 cm，D_2≈38 cm，D_3≈48 cm）

$\rho_s=D_m\pi/g\times$ 表面电阻测量值

$D_m=(D_2+D_1)/2$

式中：D_1 为主电极的直径（m）；D_2 为保护电极的直径（m）；D_m 为主电极和环形电极的平均值。

根据宫田先生的报告，在 300~1 100 V 下测量干燥后的草酸膜，膜固有电阻在 16.7 ℃时为（6.0~7.5）$\times 10^{10}$ Ω · m。

前岛先生[7]等根据 Franckenstein 的研究测量温度和固有电阻的关系，结果是在 20 ℃时固有电阻为 4×10^{13} Ω · m，100 ℃时固有电阻为 8×10^{12} Ω · m，200 ℃时固有电阻为 7.7×10^{12} Ω · m，300 ℃时固有电阻为 9×10^{10} Ω · m。

2. 介电常数、介电损耗角正切值（tan δ）

当电容器极间使用绝缘体时，介电常数是决定电容器容量的特性值，介电损耗角正切值是表示电容器中所含电阻成分大小的特性值。介电常数越大，介电损耗角正切值越小，表示电容器的性能越优异。介电特性前述已有讨论在此省略。

1.3.2.4 阳极氧化膜在电子行业上的应用

1. 在金属印刷基板上的应用 1

电子机器小型轻量化的重要技术支撑是印刷电路板。以半导体为主的电子零部件实现了高度集约化。零部件可以高密度安装，当然单位面积散热量也增加了，散热成为重要课题。解决该问题的方法是，对铝绝缘膜-金属芯印刷线路板进行阳极氧化处理[8]。

与固有玻璃环氧树脂基板相比，金属印刷线路

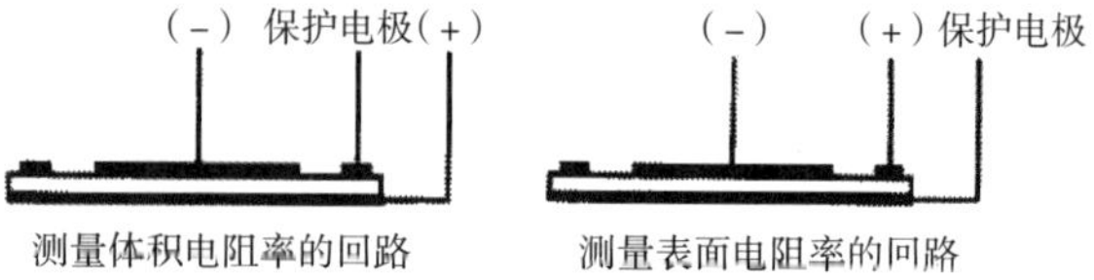

图 1.3.9 测量体积电阻率和表面电阻率的回路

板有如下特点。

①散热性能优异。由于使用的是导热性能优异的铝芯，零部件产生的热扩散到芯内，热量易于向外传导。

②机械强度高。核心为金属，所以变形小。

③有电磁屏蔽性。核心为金属，所以有电磁屏蔽性。

【金属芯印刷基板的散热路径】

零部件产生的热量通过热传导传递到材料核心。金属芯部的热容易向材料核心扩散，从印刷线路板表面或外形区截面向外部辐射散热。**表 1.3.5** 所示是构成印刷基板的材料的热导率。从中可以看出金属芯材的热比其他印刷基板材料热导率优异。

【试验模板示例】

分别在金属芯线路板和玻璃环氧树脂线路板的中央夹上 3 Ω、10 W 的石膏电阻，在室内温度（22 ± 0.5）℃、湿度（55 ± 3）%、风速 0.03 m/s 的条件下，测量线路板的上升温度。结果显示，玻璃环氧树脂线路板用石膏电阻温度上升至 167 ℃，而金属芯线路板用石膏电阻温度上升至 125 ℃。另外，玻璃环氧树脂线路板周围温度与试验环境温度是相同的，而金属芯线路板周围温度上升了 13 ℃，可以肯定零部件产生的热通过线路板向外部释放了。

表 1.3.5 构成印刷基板的材料的热导率

分类	材料名称	热导率［kcal/（m · h · ℃）］
芯材	铝	203.8
	铜	342.3
绝缘材料	玻璃/环氧树脂	0.300
	玻璃/聚酰亚胺	0.310
	玻璃/特氟龙	0.350

编辑注：1 kcal/（m · h · ℃）=1.163 W/（m · K）。

2. 在金属印刷基板上的的应用 2

用环氧树脂给铝贴铜箔也可制成印刷基板。用这个基板形成配线回路以后，通过冲压加工使印刷基板成型，由此印刷基板可以直接用作电子设备的外壳。这个构想来自日本轻金属[9]。铝基板和配线用铜箔由环氧树脂来黏结，其绝缘性能不如阳极氧化膜，环氧树脂是主体。由于这个基板是形成回路后进行压力加工成型的，铝基板和环氧树脂的黏结力度是个问题。进行压力加工时环氧树脂有可能从铝基板上脱落。

为解决这个问题，尝试对铝基板进行磷酸阳极氧化处理。磷酸阳极氧化膜的SEM照片见**照片1.3.4**。电解结束后，在电解液中放置时磷酸阳极氧化膜溶解，仅留下柱状蜂窝结构。这个结构作为表面保护膜虽然不充分，但确保与树脂的黏结性是没问题的。利用该膜在回路成型后就进行压力加工。

3. 在铝混合IC基上的应用

东京三洋开发的绝缘金属基板技术（insulated metal substrate technology，IMST）基板使用的就是对铝基板进行阳极氧化处理，在上面用环氧树脂贴铜箔形成电子回路的混合IC基板制造技术。铝基板产生的热向整个基板扩散形成全面散热。阳极氧化膜具有绝缘性，但是缺点是有产生裂纹和膜缺陷的可能，100%指望其绝缘是危险的。

在此，绝缘性通过阳极氧化膜黏结铜箔，形成与环氧树脂的组合来解决。阳极氧化膜是热传导性优异的无机材料，经过一段时间几乎不会劣化。为适应用途变化，由阳极氧化基板代替陶瓷基板，阳极氧化基板散热效果也比陶瓷基板要好。除此之外，整个IC在装配上也有优势，进行阳极氧化处理后，铝基板在混合IC应用上的研究开发，促进了从简单至高性能混合IC的快速发展[10]。

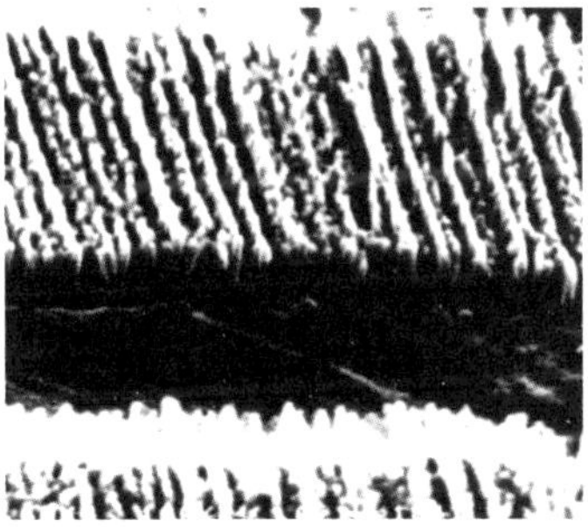

照片1.3.4 提高与环氧树脂黏结性的磷酸阳极氧化膜

上述举例介绍了阳极氧化膜在电子产品上的应用。除此之外在各种功率IC上，利用阳极氧化基板散热的例子也很多。但在此必须指出问题点，那就是阳极氧化膜的绝缘特性有偏差。这个绝缘特性偏差会对电子零部件稳定性产生不良影响。希望未来对阳极氧化后处理技术进行深入研究，诞生新的稳定的技术。

参考文献

1）F. Keller，M. S. Hunter，D. L. Robinson：J. Electrochem. Soc.，100，9，411（1953）.

2）海老原健，高橋英明，永山政一：金属表面技術，33，4，156（1982）.

3）理科年表平成18年版.

4）http://www4.ocn.ne.jp/~katonet/kagaku/taiden.htm.

5）宮田聡：陽極酸化，日刊工業新聞社，141（1954）.

6）冨田節夫，田島栄，平山良夫：AESF SUR/FIN '88 Technical Conference Proceedings，A-5.

7）前嶋正受，高谷松文：アルトピア，37，2，37（2007）.

8）花森優：ARSコンファレンス講演予稿集，57（1992）.

9）宮下輝雄：エレクトロニクス実装技術，12月（1986）.

10）風見明：アルトピア，14，8-9，77（1984）.

1.3.3 磁性特性

铝及氧化铝都是非磁性体，每单位质量磁化率用CGS作为电磁单位，如下述非磁性体[1]。

铝：0.6×10^{-6}

氧化铝：-0.34×10^{-6}

从**表1.3.6**的元素分析结果[2]来看，不管是在硫酸液、铬酸液或其他溶液中生成的阳极氧化膜同样也是非磁性体。比如在硫酸液中生成的阳极氧化膜

表1.3.6 阳极氧化膜元素分析 单位：%

	Al	S	O	Fe	Cr	Ti
硫酸液	46	5.36	48.94	0.08		
草酸液	48.97		41.31	0.11		
铬酸液	52.15		46.35		≤0.01	
磺胺水杨酸液	47.6	3.98	48.28	0.15		
乙醛酸液	53.42		47.37	0.05		0.37

包含 5% 左右的硫，主要成分是 Al、O，即氧化铝。

可是，多孔氧化膜为高密度微孔，向微孔中填充高磁性体金属，使其变成强磁性体膜也是有可能的。

孔径、晶格直径与生成电压的关系举例见**图 1.3.10**[3]。

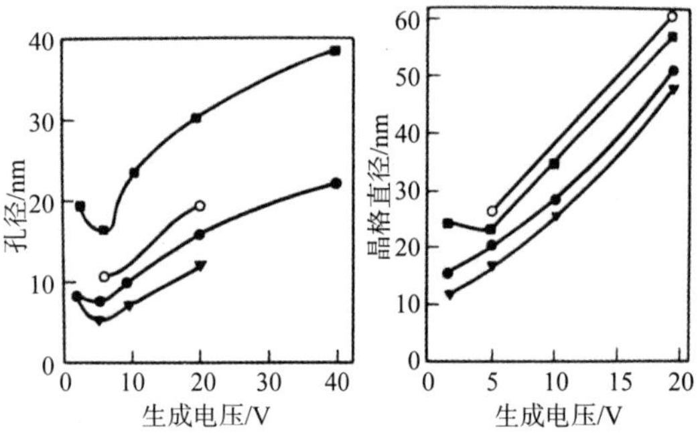

图 1.3.10　用 4 种电解液生成的氧化膜孔径以及晶格直径与生成电压的关系

（▼：硫酸　○：铬酸　●：草酸　■：磷酸）

生成电压达到 5 V 以后，电压越高孔径越大，在 4 种溶液中，磷酸液氧化孔径比其他溶液大几倍。另外，硫酸液氧化孔径最小为 5 nm，孔径也随生成电压升高而变大，在此可看出硫酸液氧化的晶格直径最小。

以硫酸液氧化、磷酸液氧化为例利用图中数据计算孔隙率如下。

【硫酸液氧化】

15 V 时:（孔径/晶格直径）^{2}=（8/35）^{2}=0.05 即 5%。

【磷酸液氧化】

15 V:（孔径/晶格直径）^{2}=（28/50）^{2}=0.3 即 30%。

孔隙率定义是微孔体积/膜体积。将膜作为零散材料功能膜使用时，如何使其接近 1 是个课题。

磁性应用关系如下：

输出 ∝ 磁性特性（剩余磁通密度 B_r）× 强磁性膜体积

微孔中的强磁性体如**图 1.3.11** 所示。

1.3.3.1　赋予磁性技术

电解着色法的先驱浅田法[4]（1963 年），就是成功让各种金属在微孔析出着色的。用硫酸液、草酸液生成的阳极氧化膜在含特定金属离子的溶液中交流电解，沉积金属离子成功着色。在 Ni、Co、Cu、Sn 等的盐的酸性溶液中，在 20~50 V 的条件下，两极使用碳、铝等可以得到灰色、青铜色、黑色等。在交流负半波，金属离子经过电沉积变成金属胶体。

对微孔中析出物进行分析，Cu 系检出 Cu、Cu_2O，Ni 系检出了 Ni、NiO。无论哪种方式，都不会单纯地只析出金属。本专利公开后出现了很多类似的研究方法。

其后，1973 年川合、石黑等研究人员首次就磁性膜应用的可能性进行了探讨[5]。首先，微孔中的金属是如何析出的？其磁性特性到底怎么看[6]？概要介绍如下。

强磁性膜的工艺概要如下。

（1）一次阳极氧化处理

15% H_2SO_4 溶液、0.1% Al、1.3 A/dm^2、20 ℃、40~50 min

（2）二次交流电解处理（3 种）

・Co：$CoSO_4$・$7H_2O$ 50 g/L、40~50 min

・Ni：$NiSO_4$・$7H_2O$ 50 g/L、15~120 min

・CoNi: $NiSO_4$・$7H_2O$　70 g/L、$CoSO_4$・$7H_2O$　30 g/L、20~120 min

不管哪一电解液都含 25 g/L H_3BO_3、20 g/L 甘油，在 pH=6、15 V（50 Hz）、20 ℃ 的条件下按照各自的时间进行电解。

（3）用 1% 醋酸镍液进行封孔处理

试验用 7 种试片的膜厚是 13~22 μm，色调是灰色~黑色。

用原子吸收光谱法测定膜单位面积金属（Co、Ni）量，金属成分几乎随电解时间同比例增加。

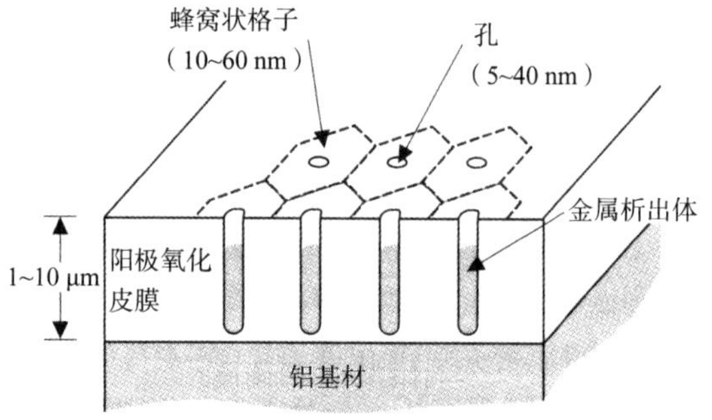

图 1.3.11　孔中强磁性金属的图像

对膜截面用 XMA 的 2 μm 光束扫描来测量元素分布。

接下来，用试料振动型 BH 测量仪测量 BH 特性。根据膜的研磨进度测量膜厚和 BH 特性，具体见**图 1.3.12**。剩余磁通密度（*Br*）在接近基材 2 μm 处迅速变大，其他材料 *Br* 也大致相同。从观察 XMA 和测量 BH 特性可以看出，越接近基材部分析出金属密度越高，由此可以认为金属是由底部开始析出的。同时，计算出的体积率是 11%~13%。

紧接着，看一下各微孔中析出针状物的尺寸分布，见**图 1.3.13**。

用电子显微镜观察晶体尺寸，确认其为 100~500 nm 长的针状结晶。

下面来看看磁性异向性和存储特性 [7)]。

在此，新加入 Fe、NiFe、CoFe 溶液进行二次交流电解处理。

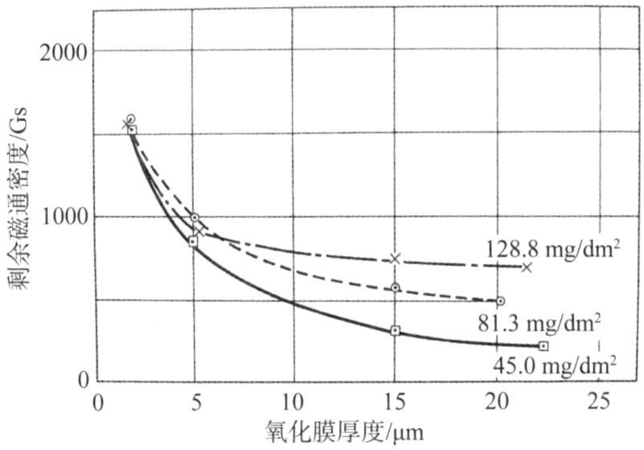

图 1.3.12　氧化膜厚度和残留磁通密度

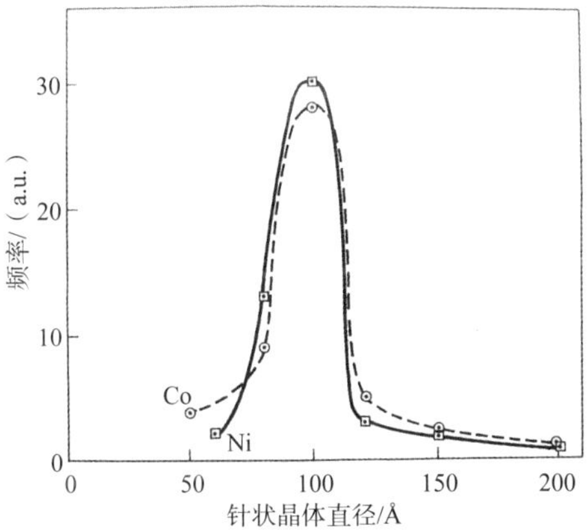

图 1.3.13　针状析出物尺寸（直径分布）

（编辑注：a.u. 表示任意单位，下同）

· Fe：$FeSO_4 \cdot 7H_2O$ 50 g/L

· NiFe：$NiSO_4 \cdot 7H_2O$ 250 g/L

$FeSO_4 \cdot 7H_2O$ 25 g/L

· CoFe：$CoSO_4 \cdot 7H_2O$ 30 g/L

$FeSO_4 \cdot 7H_2O$ 30 g/L

结果发现它们垂直（对膜面来说）磁性异向性强，Fe 合金系统显示出高抗磁力（*Hc*）。具体见**图 1.3.14** 和**图 1.3.15**。这个特性就是由定向针状结晶而来，即所谓结晶磁性异向性。

还有，基材合金与膜的剩余磁通密度的关系是：材料纯度越高，密度越大。具体见**图 1.3.16**。材料纯度越高，微孔存在越明显。

为考察存储特性，测量头部输出至 5 MHz 为止。

如上所述，笔者认为磁性氧化膜有如下特性。

①抗磁力（*Hc*）一般比较高，范围跨度广（0.6~

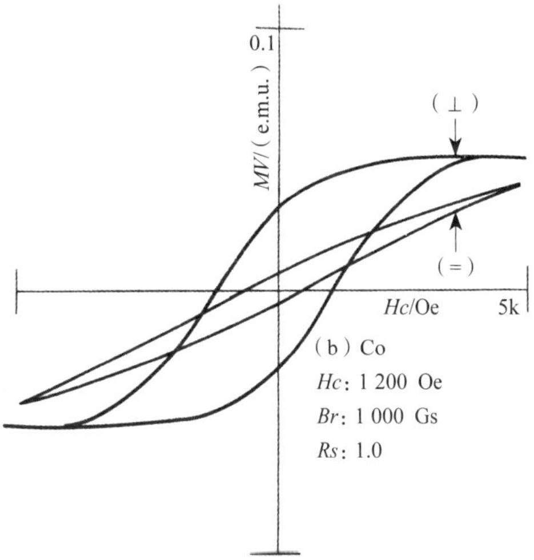

图 1.3.14　Co 填充膜的 BH 曲线

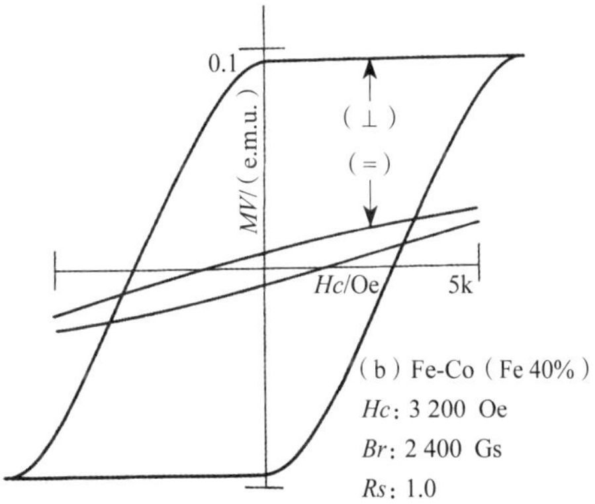

图 1.3.15　Co、Fe 填充膜的 BH 曲线

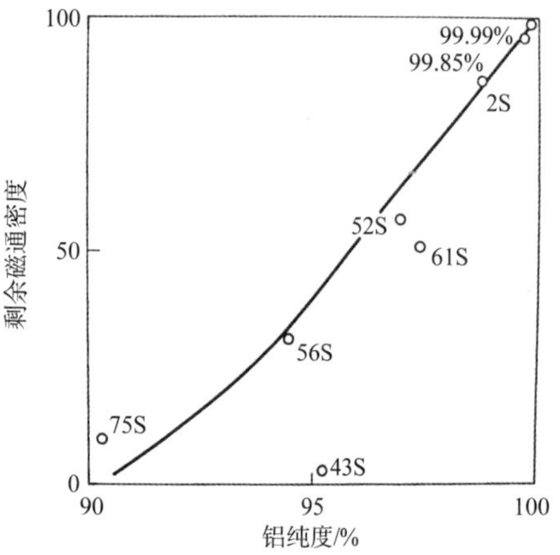

图 1.3.16　基材合金种类和膜剩余磁通密度

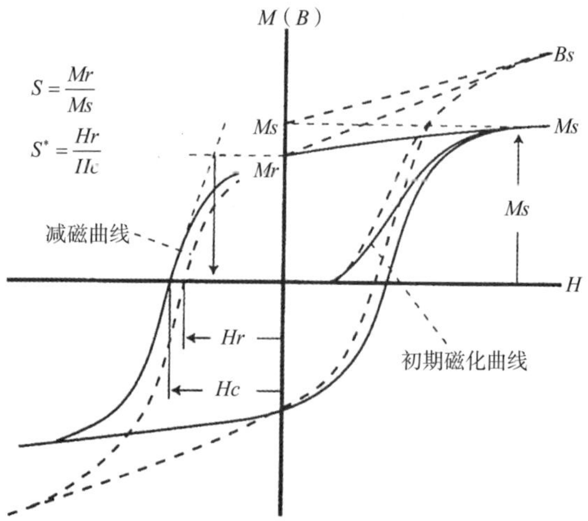

图 1.3.17　磁化曲线

3 kOe）。

②剩余磁通密度比较低，在微孔底部高，可以得到 1~2 kGs。

③垂直磁性异向性强。

④金属微粒子被填充到膜的分离独立微孔中，解决了原来连续膜的迁移噪声问题，对 S/N 有利。

从历史角度来看本方法如下。

磁性存储媒介应用的最大市场是硬盘（HDD），20 世纪 80 年代金属薄膜媒介兴起的时候，从竞争角度来看得到一定好评，但未能实现商业化，最大的原因是与 S/N 相比败给了金属薄膜。其后即使经过扩孔工艺，但体积率低的弱点是致命的。同样的缺点 γ-铁氧体媒介也有。虽媒介有噪声绝对值极低的特征，但输出功率较低，总体还是不行。

但是，在部分市场，如文具类（电子白板）被商业化了。

可是，HDD 存储密度在 30%~60% 时达到极限，如今进入垂直磁性存储时代，HDD 的实用化再遇到新的挑战。

该媒介如同文字一样，有垂直异向性的独立媒介。

单位晶格推移，代表性例子在第Ⅱ编第 8 章（铝制磁盘基板——变迁和未来）有介绍。在所谓的位图媒介[8)]中，将与其他方法（如光刻法等）进行竞争。

1.3.3.2　磁性测量法

强磁体如**图 1.3.17** 所示显示磁化曲线[9)]特征，磁性测量从测量这个磁化曲线开始。

横轴是磁界（H），纵轴是磁化（M），强磁体进行磁化时，在极弱的范围内磁化是可逆的，进行强化时，磁化达到一定值后会饱和。这个点称为饱和磁化点（Ms）。此 Ms 曲线叫初期磁化曲线。

从这个点开始减去磁界返回原点操作时，即便将磁界归零，磁化也不会变成零，有剩余量。这个状态的磁化称为残留磁化（Mr）。进一步将磁界变成负数，终于磁化归零。此时的磁界称为抗磁力（Hc）。进一步将磁界拉至负数至磁化饱和。这次从这个点，将磁界向正向回转时磁化达到 Ms。这个非可逆的曲线称为磁化曲线，也称为无磁滞曲线。以磁通密度（B）代替纵轴的磁化（M），该曲线同样称为磁化曲线，也称为 BH 曲线。对应 Ms、Mr 有 Bs、Br。

$$B=4\pi(M/V)$$

式中：M 为磁界（emu）；B 为磁通密度（Gs）；V 为强磁体的体积（cm^3）。

初期磁化范围内 B 和 H 的关系是 $B=\mu_i H$，其中 μ_i 称为初透磁率。

简单的测量方法是用直流电源扫描励磁线圈，用 X-Y 磁录机存储电流-电压关系。

还常用灵敏度更高的振动样品磁强计（vibrating sample magnetometer，VSM）。用大的磁石制作成均一磁界，在磁界中插入样品进行磁化，使样品在磁界方向和垂直方向以一定的频率振动，用功率放大器测量由振动产生的励磁电流，得出磁化量。主要测量部分的框图见**图 1.3.18**。

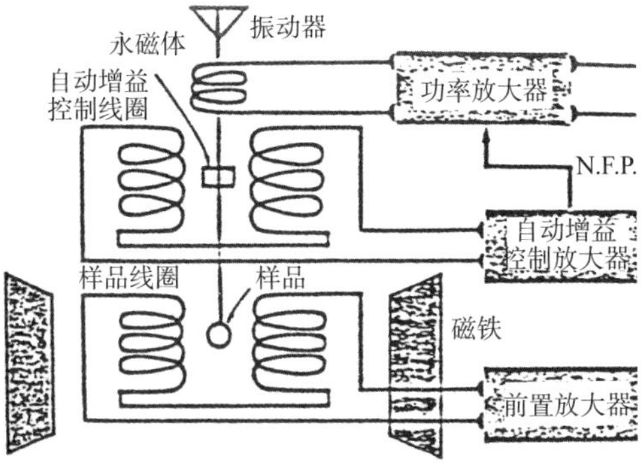

图 1.3.18　VSM 励磁、检出部分框图

对磁界大小和方向进行扫描，通过绘制无磁滞曲线得到 Mr、Ms、Hc、μ_i。随后，由样品的体积计算出 Br、Bs 的材料特性。

参考文献

1）理科年表，531（1987）.

2）高橋他：金属表面技術，22，490（1971）.

3）表面技術便覧，日刊工業新聞社，503（1998）.

4）浅田：日本特許，昭 38-1715.

5）川合，石黒，上田：軽金属，25-5，159（1975）.

6）S. Ishiguro，I. Ishiguro：J. of the Electrochemical Society，123-7，1047（1976）.

7）川合，石黒，吉本：軽金属，27-9，428（1977）.

8）益田：表面技術，53-12，871（2002）.

9）ストレージ用語辞典，日経 BP（2000），p113.

10）ストレージ用語辞典，日経 BP（2000），p237.

1.4　光学特性

1.4.1　色彩与色调

1.4.1.1　定义和处理工艺

铝以及铝合金表面可以生成铬酸盐等化学转化膜，因为转化膜有优秀的附着性，所以多被当作涂装底膜来使用。还有，为防腐目的生成的电化学阳极氧化膜用于装饰用途时可进行着色。铝板完成涂装后可用颜料进行上色得到彩色铝板，因此可以选择各种色彩和表面光泽度。

电解着色法可生成具有优秀耐腐蚀性、耐磨耗性、耐候性等的阳极氧化膜，优点是从预处理到成品处理为止可进行一体化生产，已在以建材为主的很多领域实用化了。因为一般硫酸电解液进行阳极氧化得到的膜是半透明的，所以看起来铝金属光泽是无色美丽耀眼的。无色半透明的阳极氧化膜利用多孔膜的微孔可进行多种方法着色（**图 1.4.1**）。这些都是工业上已被广泛应用的处理方法。利用铝阳极氧化膜微孔进行着色，在其他金属基材上是很难看到的。

电解着色法是 20 世纪 60 年代面向铝建筑材料商业化的，最近这些年被当作重要的工业技术广泛推广，除用于彩色目的以外，功能性阳极氧化膜还被赋予抗菌性、润滑性、导电性等新的附加价值[1]。另外，同样利用微孔的染色法，作为应对颜色多样化的手法，不仅用于装饰品，还用于移动电子设备、容器和机械部件等。

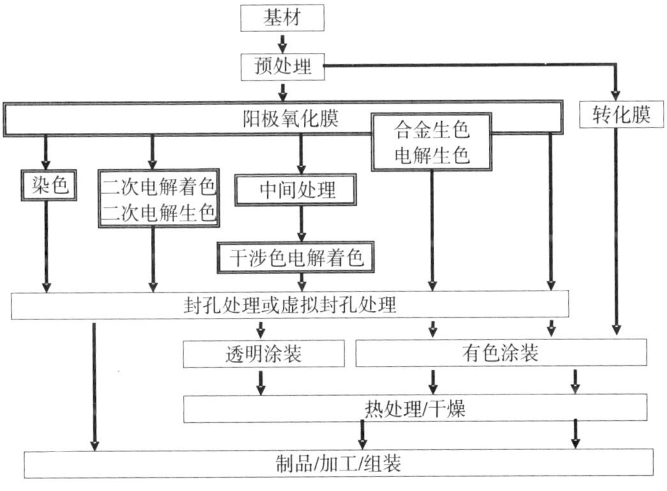

图 1.4.1　铝着色法体系

在室外使用的着色膜要求耐候性、耐磨耗性、耐腐蚀性及耐光性（太阳光强度）等性能，还要面临紫外线和空气所导致的脱色、褪色、变色等。

由于涂装着色对颜色选择的自由度较大，耐久性氟涂料与无机涂料被商业化并在室外建材上被广泛使用。作为涂料预处理必备的铬酸盐转化膜，铬所引起的环境问题是大的缺点，阳极氧化转化膜可作为涂装底膜来使用。所以，阳极氧化膜可赋予铝基材新功能，其应用范围不断扩大。

图 1.4.2 是图 1.4.1 所示阳极氧化膜着色工艺流程，各工艺之间的水洗标识只显示一次，根据需要可设置二次、三次水洗，对洗净和减少下一工序不纯物是有效的。

1.4.1.2　阳极氧用化膜着色的光学原理

图 1.4.3 是阳极氧化膜呈现颜色和光泽的示意图。阳极氧化膜原则上是半透明状，所以阳极氧化膜中有粒子存在时，可吸收部分波长的入射光，反射出其他部分。入射光被这类粒子多次反射从表面射出。如果入射光是包含全部波长区域的均等白色光，反射光根据粒子吸收波段进行分布。这是视觉产生的颜色。使阳极氧化膜中存在粒子物质的方法很多。

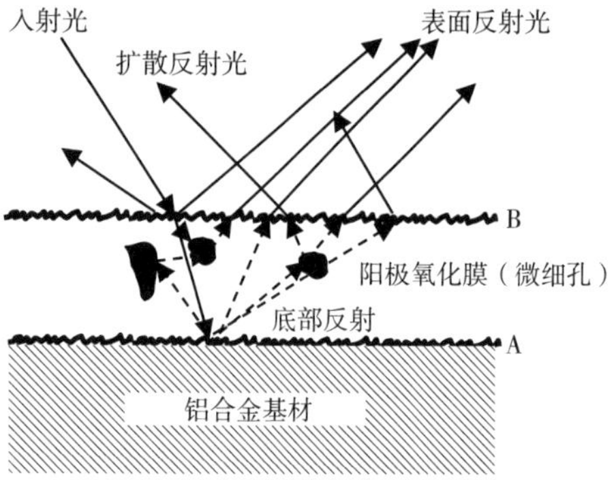

图 1.4.3　阳极氧化膜入射光和反射光

基于此，入射光不只是到达与阳极氧化膜与空气的界面（B），也可到达铝合金基材与阳极氧化膜的界面（A），产生反射及散射。A 界面粗糙度由基材表面精加工度和预处理来决定，B 表面粗糙度由预处理及与阳极氧化处理后的精加工来决定。因此，A 面和 B 面的反射和散射程度有差异。两面合并从光泽视角来看，A 面和 B 面都是在平滑时光泽度最高，两面粗糙度大时光泽度最低。所以，对阳极氧化膜着色，“颜色”和“光泽”两个方面对表面品质至关重要。

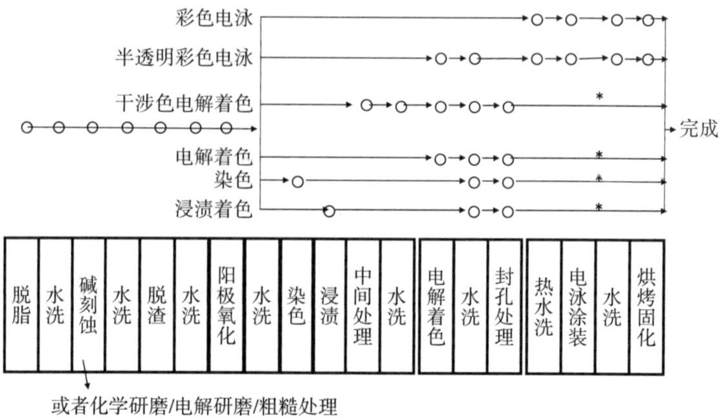

*：电泳涂装替代封孔处理或者吹净涂装

图 1.4.2　阳极氧化膜着色工艺图

1.4.1.3　微孔性质

了解微孔性质对阳极氧化膜着色非常重要。**图 1.4.4** 是凯勒（Keller）多孔氧化膜的结构模型图[2)]。阳极氧化膜由无孔型阻挡层、有微孔的多孔层及晶格壁组成。

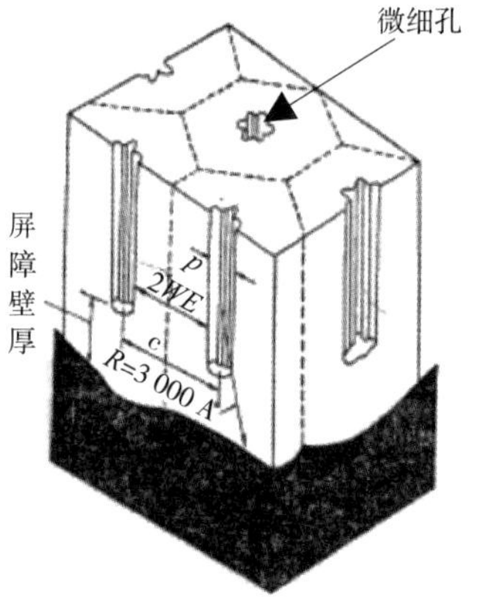

图 1.4.4　多孔氧化膜的结构

（120 V、磷酸电解液）

图 1.4.5 是多孔膜上部和截面的示意图。阻挡层厚度 W 由转化电压决定，1 V 相当于约 10 Å。晶格壁由两个孔壁组成，壁厚为 2 W。晶格体积［$L\pi(C/2)^2$］与微细孔体积［$L\pi(P/2)^2$］比称为孔隙率，用 $(P/C)^2$ 来表示（C 为晶格尺寸，P 为微孔直径，L 为膜厚）。孔隙率越大，微孔吸附染料面积越大，因此吸附量变多，变得易于染色。

决定 W 的电解电压因电解液不同有差异，各种电解液产生氧化膜的孔径和壁厚见**表 1.4.1**[3)]。

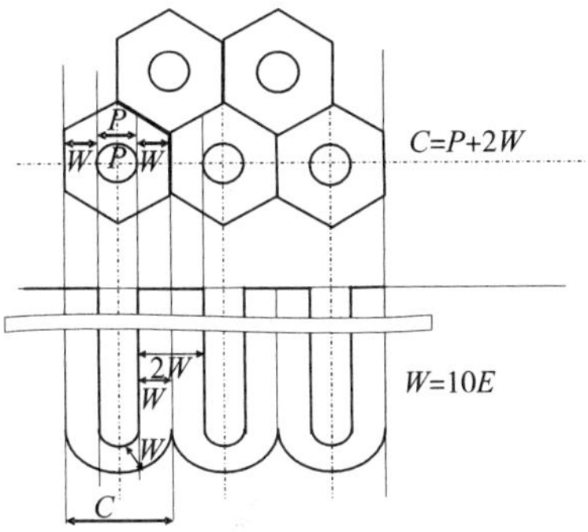

C：格子尺寸　P：微细孔直径　W：阻挡层厚度

图 1.4.5　微细孔示意图（上为平面，下为截面）

表 1.4.1　电解液种类和氧化膜孔径及壁厚

电解质	孔径/Å	壁厚/（Å/V）
4% 磷酸（24 ℃）	330	10.0
2% 草酸（24 ℃）	170	9.7
3% 铬酸（38 ℃）	240	10.9
15% 硫酸（10 ℃）	120	8.0

图 1.4.6 所示曲线表示电解液种类与相应微孔直径和孔数的关系。在 4 种电解液中，15% 硫酸阳极氧化膜单位面积孔数最多、孔径最小；4% 磷酸阳极氧化膜正好相反。

其次，即便是相同的电解液，在不同电压下得到的阳极氧化膜单位面积微细孔的数量及单位体积微细孔的体积也会发生变化，并影响着色。**图 1.4.7** 所示是硫酸阳极氧化电压与晶格尺寸及孔径的关系[4]。可以看出，电压变高时晶格壁厚变大，因此晶格尺寸变大，但微孔的直径变化却很小。比如，15 V 时生成的硫酸阳极氧化膜，不管是电解液温度还是硫酸浓度，都没有对其晶格尺寸和孔径产生大的影响。

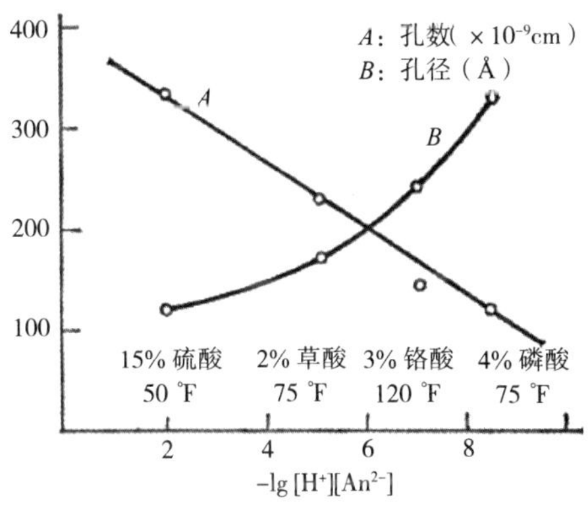

图 1.4.6　电解液种类（氢离子浓度和二价阴离子浓度的乘积）和孔径及孔数的关系

图 1.4.8 所示硫酸阳极氧化膜单位面积孔数仅由转化电压决定，不受电解液温度和硫酸浓度的影响。

图 1.4.9~图 1.4.11 是孔径和壁厚不同时进行染色和电解着色时的示意图。图 1.4.9 中（a）电压变高，阻挡层及壁变厚，（a）→（b）电压变低，同时壁厚

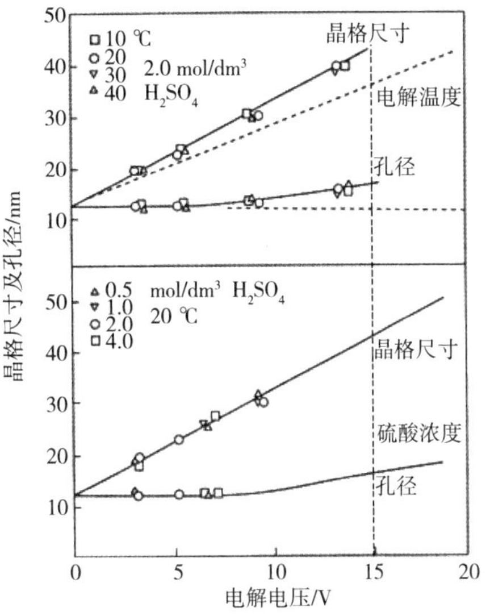

图 1.4.7　硫酸阳极氧化电压和晶格尺寸及孔径的关系

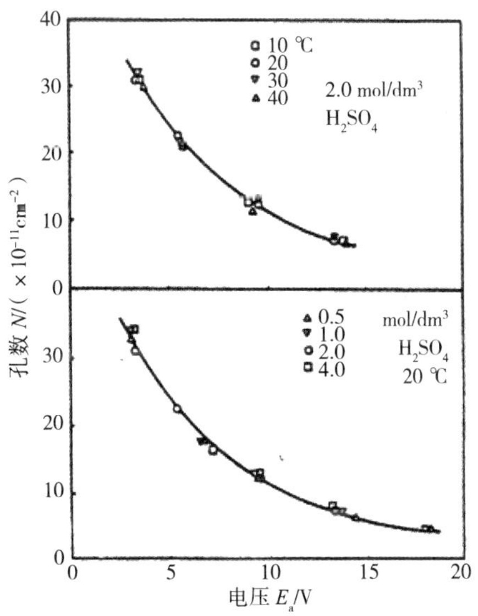

图 1.4.8　硫酸阳极氧化电压和每单位面积孔数的关系

也变薄。进一步，用透射电镜发现孔径变大的是（c）。该微孔染色后的示意图见**图 1.4.10**，电解着色示意图见**图 1.4.11**。染料的染色性按照（a）→（b）→（c）的顺序提升。电解着色析出量即便相同，析出高度（h）和色调也不同。

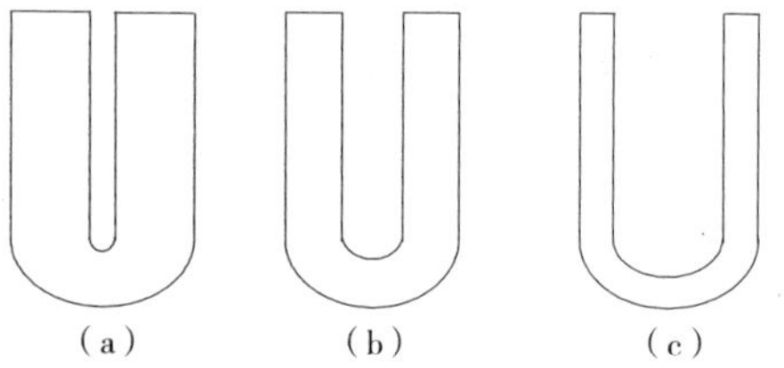

图 1.4.9　转化电压和孔径扩大引起的微细孔与壁厚的示意图［孔径（a）>（b）>（c）①］

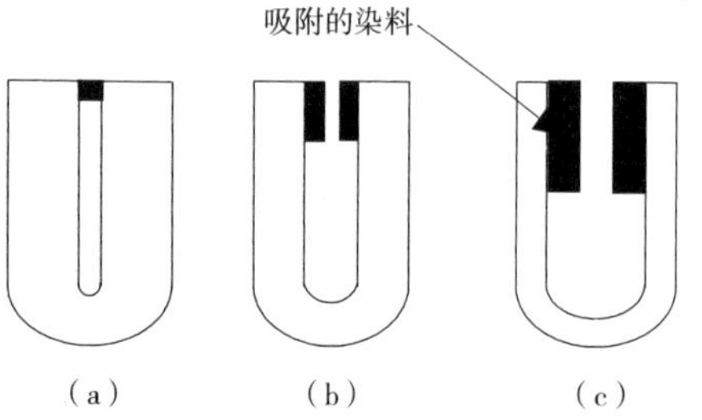

图 1.4.10　图 1.4.9 的微细孔染色示意图

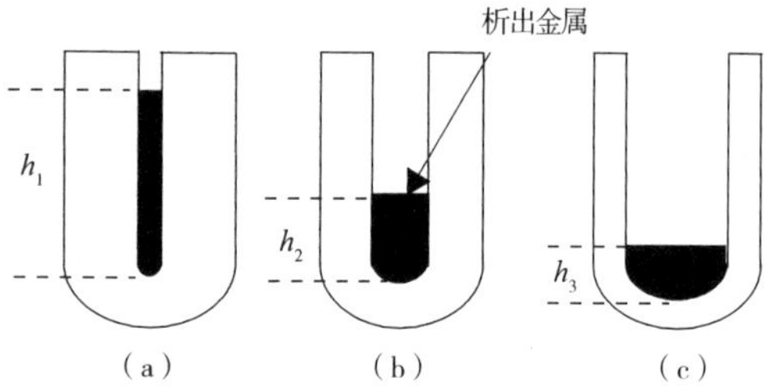

图 1.4.11　电解着色示意图

1.4.1.4　染色法

阳极氧化膜的圆筒状微孔直径为 5~30 nm，可吸附染料并进行染色。一般染料都是吸收特定波长的光。吸收可视光时，随着被吸收光的波长变长，物体颜色变成黄色、橘色、红色、蓝色和绿色。染料分为有机染料和无机化合物染料。有机染料又分为水溶性有机染料和油性有机染料。

1. 水溶性有机染料

有机化合物中，共轭双键数越多，吸收越多长波长的光。像氨基与羟基这样有非共用电子对的置换基团，也对吸收长波长的光有帮助作用。

染料有可使其生成基本颜色的基团，即生色基团，有使其形成染色能力的基团，即赋予其深度或浓度的助色基团。带有生色基团的化合物也称色原体，色原体本身即便没有颜色，但只要附着助色基团，就会呈现出可作为染料使用的颜色。

生色基团：>C=C<、>C=O、>C=S、—N=O、—N=N—等。

助色基团：$—CH_3$、—OH、—OR、$—NH_2$、—NHR、$—NR_2$、—Cl、—Br、—COOH 等。

2. 水溶性有机偶氮染料

从分子结构看，偶氮染料是芳香族化合物通过强力生色基团偶氮基（—N=N—）互相结合而成的。偶氮染料有酸性染料、金属络合酸性染料、酸性媒染染料等[5]。与$—SO_3Na$（磺酸基）的结合可赋予其水可溶性。如**图 1.4.12** 所示是主要偶氮染料的化学结构和颜色。

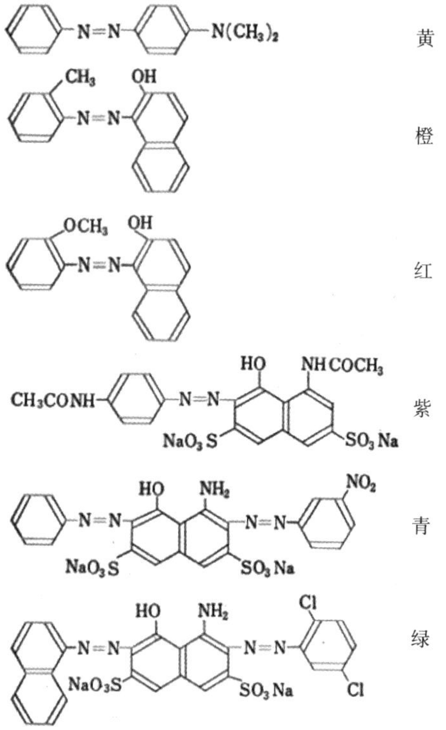

图 1.4.12　主要偶氮染料的化学结构和颜色

① 译者注：从图 1.4.9 看，应该是孔径（c）>（b）>（a）（原文错误）。

3. 金属络合酸性染料

让偶氮染料与铬等金属离子进行络合，可以抑制褪色或脱色。该类染料因为有良好的耐紫外线和耐热性，所以可作为阳极氧化膜用染料使用。强化偶氮染料和金属离子的结合，非极性范德瓦尔斯力抑制偶氮基分解。另外，芳香族环、烷基、氨基、羧基与金属离子牢固的配位结合可抑制褪色分解 [6)]。

图 1.4.13 及**图 1.4.14** 所示是铬络合酸性染料的例子。其耐光性和耐热性试验结果见**表 1.4.2**[6)]。

表 1.4.2　有机染料的耐光性和耐热性试验结果

染料系			1：1 型铬络合酸性染料			1：2 型铬络合酸性染料		
膜厚/μm			10	15	20	10	15	20
吸附量/（mg/dm²）			12	19	25	15	26	33
耐光性试验	照射时间	100 h	5>4	5	5	5	5	5
		200 h	5~4	5	5	5>4	5>4	5
		300 h	5~4	5>4	5	4~3	5~4	5
		400 h	3~2	5~4	5	3~2	4	5>4
		500 h	2	4	5>4	2	5>4	5~4
耐热性试验	200℃	3 h	4~3	4	5	5~4	5>4	5
	200℃	6 h	3	4~3	5	4	5~4	5
	250℃	3 h	2	3	4	4~3	4	5>4
	250℃	6 h	1	2	3	2	1	5~4
	300℃	3 h	脱色	脱色	脱色	脱色	脱色	2

等级判断　5 优秀←——→1 差

4. 染色实务

几乎所有水溶性有机染料 的 pH 值都在 5~7，合适的染色温度在 50~60 ℃，比这个温度高的话，染色过程中因封孔作用会导致染色性下降。染色槽要求采用耐酸性、耐热性材质。不锈钢或纤维增强复合塑料（FRP 等）是合适的材料。pH 值下降时染料呈巨大的胶状体，附着在微孔表面。染色时间在 5~20 min，染色液变差时要相应延长时间。

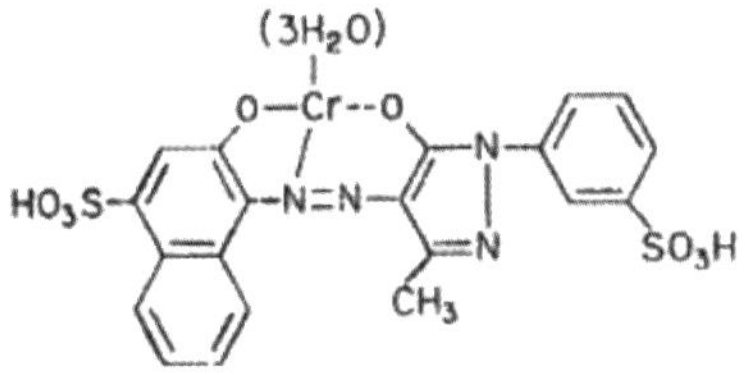

图 1.4.13　铬络合酸性染料——酸性红 186

（C. I. Acid Red 186）

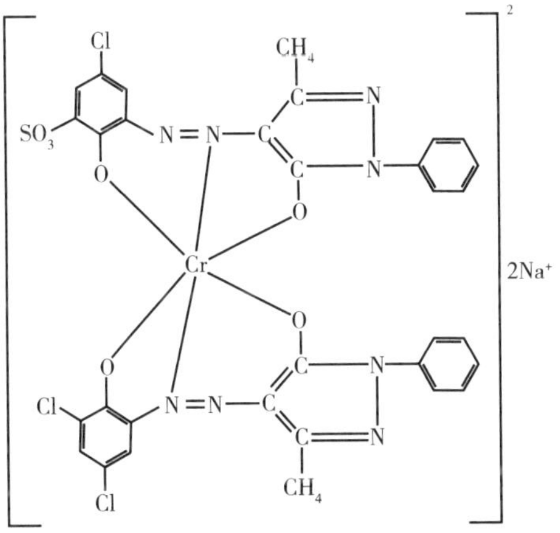

图 1.4.14　铬络合酸性染料——酸性红 399

（C. I. Acid Red 399）

染色液变差几乎都由不纯物积累造成，所以开槽、洗槽或配槽都应使用去离子水。阻碍染色的主要不纯物有硅酸、磷酸、铝、硫酸等离子与化合物。不纯物不仅由水质、化学抛光或刻蚀等预处理或电解液或通过工具带入，从蒸汽配管等也有流入。补充染料、延长染色时间均不能得到理想颜色时，请更换溶液。

5. 油性有机染料的染色

甲醇、汽油、二甲苯、丙酮、芸香油、苯、丁醇、环已烷等溶剂溶入油性有机染料，用常温进行浸渍，这是阳极氧化膜染色方法。也可以进行印刷。有油黄 3G（Oil Yellow 3G）、油红 OG（Oil Red OG）等。

6. 无机化合物的染色

方法是阳极氧化膜浸渍无机金属盐水溶液，让金属氧化物附着在微孔上部内壁附近。有单液浸渍法和双液相互浸渍法。

（1）单液浸渍法

使用铬酸铵、铬酸钙法，但使用铬在环保层面不实用。草酸铁铵法可以得到极其类似黄金的草酸阳极氧化膜。铁盐在微孔内析出微粒子四氧化三铁。

草酸铁铵：$(NH_4)_3 \cdot Fe(C_2O_4)_3 \cdot 3H_2O$

浓度：5~30 g/L

pH：5~6

温度：40~60 ℃

时间：2~15 min

色调：金色

（2）双液相互浸渍法

第一种溶液和第二种溶液相互浸渍使颜色慢慢变深。第一种溶液的金属由第二种溶液以金属氧化物或金属盐的形式沉淀。

【例 1】

第一种溶液：醋酸钴 $Co(CH_3COO)_2 \cdot 4H_2O$

第二种溶液：高锰酸钾 $KMnO_4$

浓度：5~10 g/L

温度：40~60 ℃

时间：3 s~15 min

色调：青铜色

【例 2】这个方法是在微孔中生成化合物，按照以下反应得到稳定铁氰化铁。

$$2Fe_2(SO_4)_3+3K[Fe(CN)_6] \rightarrow [Fe(CN)_6]_3Fe_4+6K_2SO_4$$

第一种溶液：黄血盐 $K_4[Fe(CN)_6] \cdot 3H_2O$（译者注：原文化学公式错误，$K[Fe(CN)_6]$ 应为 $K_4[Fe(CN)_6]$）

浓度：10~20 g/L

pH：4~5

温度：20~30 ℃

时间：10~15 min

第二种溶液：硫酸铁 $Fe_2(SO_4)_3 \cdot 9H_2O$

浓度：10~20 g/L

pH：2~3

温度：20~30 ℃

时间：1~2 min

色调：蓝色

双液相互浸渍方法举例如下。

· 醋酸钴+重铬酸…黄色~褐色

· 硝酸银+重铬酸…黄色~橙色

· 硫酸铜+硫化铵…绿色

· 硝酸银+硫化铵…黄色

1.4.1.5 自然发色

进行阳极氧化处理时，随着阳极氧化膜成长的同时显色的方法叫自然发色。不是微孔而是阳极氧化膜本身吸收可见光中特定波长，形成特定颜色。因阳极氧化膜非染料或颜料，所以其耐光性/耐候性能优秀。

阳极氧化膜的厚度与颜色深浅正相关，所以浅色膜薄，深色膜厚。出于耐腐蚀性考虑要求厚膜时，为得到浅色就必须对电解条件进行研究。

发色原理有以下三点：（a）迁移金属被合金吸收，产生易跃迁电子的可见光；（b）结晶晶格有缺陷或微析出；（c）松散结合的电子有缺陷，吸收长波长的可见光有偏差。膜的色调因基材组成、制造条件、热处理条件、阳极氧化条件有差异，所以开发新的颜色时对色差、匹配颜色的品质管理也会有影响。自然发色分为合金发色、电解发色及相应的组合。

1. 合金发色

给铝添加合金元素和改变热处理条件进行发色叫合金发色。有代表性的商业化产品有 A4000 系（Al-Si）系合金，由硫酸电解液生成的阳极氧化膜呈灰色[3)]。合金发色时通过铝合金热处理使色调发生变化。基于此，改变热处理条件可进行新颜色开发，从生产要求稳定性的角度来看，热处理时的偏差很可能引起色调偏差。合金成分的固溶、结晶或析出状态也有影响。**图 1.4.15** 所示是在 570 ℃将 1% Si 合金冷轧板进行 1 h 的退火处理后，在 250~450 ℃之间进行热处理，析出 Si 尺寸和分布不同的阳极氧化膜的色调。与**表 1.4.3** 合起来看，可以得出析出 Si 尺寸和分布与色调是有关联的。主要合金成分状态和发色过程见**表 1.4.4**[9)]。

2. 电解发色

基于不同阳极氧化电解液种类，阳极氧化膜自身发色的方法叫电解发色。适用的电解质在电解氧化的同时，有帮助诱发阳极氧化膜的成分发色的作用。在磺酸基及羧酸基电解质的水溶液中都可生成溶解度及分解度大的多孔阳极氧化膜。

①磺酸基（$—SO_3H$）类型：磺基水杨酸、磺酸、

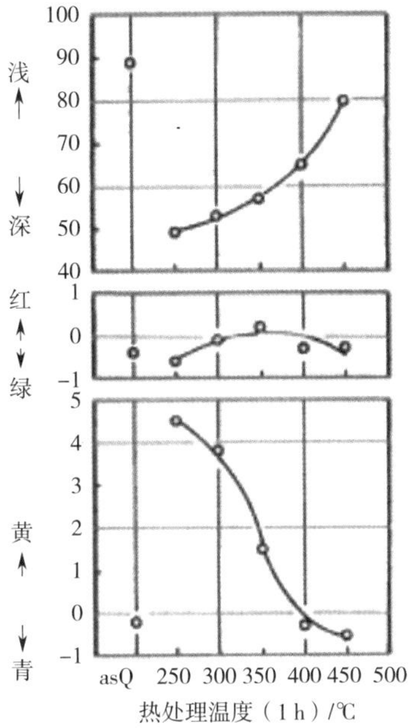

图 1.4.15　热处理条件与阳极氧化膜的色调

表 1.4.3　热处理条件下改变析出 Si 的分布状况后的阳极氧化膜的色调和膜 [8]

粒子的尺寸和分布数　单位：个/（$9\times10^3\ \mu m^2$）

粒径/μm	热处理温度（150 h）/℃					
	asQ	250	300	350	400	450
0.2 以下	5	279	255	122	59	5
（0.2）~0.4	7	708	69	402	190	10
（0.4）~0.6	3	533	496	437	287	10
（0.6）~0.8	4	279	265	269	171	10
（0.8）~1.0	6	179	116	189	75	13
（1.0）~1.2	4	90	48	118	28	11
（1.2）~1.4	6	52	18	54	13	4
（1.4）~1.6	4	34	7	44	5	0
（1.6）~1.8	2	20	6	21	2	0
（1.8）~2.0	3	13	2	11	0	2
（2.0）~3.0	10	22	1	12	0	1
（3.0）~4.0	5	3	0	0	0	0

萘磺酸、苯酚磺酸、磺胺酸、琥珀酸等。

②羧酸基（—COOH）类型：草酸、马来酸、酒石酸、柠檬酸、琥珀酸、亚麻酸等。

以此类有机酸为主，占比 5%~30%，为提高电导率、适当促进生成的阳极氧化膜的溶解，可添

表 1.4.4　主要合金成分生色情况 [9]

合金成分	固溶状态的膜颜色	晶体析出状态		
		主要晶体析出物	膜颜色	阳极氧化状况
Au	红紫色~红褐色	η′~η	红褐色~暗紫色	—
Ag	青铜色	GP~γ′	灰色~灰黑色	
Cr	鲜黄色	CrA_2	灰色~灰黑色	氧化、快速溶解
Cu	无色	CuA_2	灰黄色~灰色	氧化、快速溶解
Fe	—	FeA_2	面色	氧化、不溶解
		FeA_2	灰色~灰黑色	不氧化
Ge	青色	单体	灰黄色~灰色	不氧化
Mn	红褐色	MnA_2	灰色~灰黑色	不氧化
Mb	黄色	—	—	—
Se	粉色	—	—	—
Si	—	单体	灰色~灰黑色	不氧化
Sn	—	单体	灰色	不氧化
Ti	—	TiA_2	灰色	不氧化
W	—	单体	灰色	不氧化

加 1~10 g/L 硫酸（H_2SO_4）溶液。电流密度在 1.5~3 A/dm^2 时，电压设定在 30~100 V，可获得深浅青铜色、琥珀色、棕色阳极氧化膜。电压用直流、交直流叠加、脉冲、占空比等。生成阳极氧化膜的特点是硬质，适用于要求有耐磨耗性的滑动部件，用途广泛。电解电压高时，电解效率高，容易获得硬质膜、深色膜。**表 1.4.5** 建材用着色膜使用的是 1960 年前后实现商业化的电解发色技术，就是目前该技术也在广泛应用。选择氧化条件要看优先“色调”还是“物理性质”。

电解发色长期应用的重要方法是草酸阳极氧化处理。身边常用的日常用品有金色的锅、烧水壶、水洗用桶等。

优先选择金色的色调，其标准电解条件如下。

游离草酸（$H_2C_2O_4$ 无水物）:（30 ± 1）g/L

残存铝：20 g/L 以下

氯离子（NaCl）：0.1 g/L 以下

表 1.4.5　海外有代表性的电解发色技术 [3]

名称	Alcanodox	Kalcolor	Duranodic 300	Veroxal
电解液主要成分	浓草酸	磺基水杨酸、硫酸	磺酸、硫酸	磺基水杨酸、亚麻酸
液温/ ℃	约 20	20~35	约 20	约 20
电流密度/（A/dm²）	DC 1.5~2	DC 2~3	DC 2.5	DC 2~3
电压/ V	50~80	45~80	30~70	30~80
膜厚/μm	25~35	20~30	30~60	20~35
膜色调	黄褐色	琥珀色	茶褐色	暗褐色

液温:（28 ± 2）℃

▽交直流叠加（定电流）

电流密度：交流 100 A/dm²（实际值）

直流 100 A/dm²

槽电压：由基材材质、电解液组成、液温、电流密度来决定（例如：直流 25 V、交流 80 V）。

时间：由所需膜厚和电流密度关系来决定（例如：25 min 为 6 μm、38 min 为 9 μm）。

色调：金色

优选硬质膜时，上述条件中电解液温度用低温（0~15 ℃），采用正负转换法（例如：占空比、PR、脉冲矩形波）施加电压波形。

3. 合金和电解液组合发色

几乎所有合金和电解液组合均可自然发色，其形式也很广泛。**表 1.4.6** 所示是各种变形铝合金和硫酸、草酸、磺酸电解液进行组合的自然发色 [3]。前面提到的 A4000 系（Al-Si）合金在硫酸阳极氧化时膜是灰色、草酸阳极氧化时膜呈灰绿色。

表 1.4.7 是利用表 1.4.5 中的电解发色技术，用 Kalcolor 电解液对各种合金进行阳极氧化后的膜色调。

1.4.1.6　电解着色

1. 着色理论

阳极氧化（一次）以后，在金属盐水溶液中进行（二次）电解，微孔中析出金属或金属氧化物微粒子，可以得到特有的金属色调。因为进行了二次电解，所以称之为二次电解着色。金属从接近铝基材微孔的底部析出。组成电解液所使用的实用性金属盐有 Ni、Sn、Co、Cu、Ag、Se 等的盐。得到的色调不是这类金属本身的颜色。在透明的阳极氧化膜微孔中还原析出，由分散的金属粒子进行入射光吸收、散射、反射，不同粒子分布呈青铜色、琥珀色、金色、黄色等。

析出电解反应：$M^{n+}+ne^- \rightarrow M$

（M^{n+}：n 价的金属离子）

析出的金属边填充微孔边向高处延伸。高度在 10 nm 以上时逐渐出现金属特有的色调。析出量同时随着色浓度增加，同一色系的颜色，比如从浅青铜

表 1.4.6　各种变形铝合金与各种电解液组合后的自然发色

合金	膜颜色		
	硫酸液	草酸液	磺酸系
1100-H	银白色	暗黄色	淡茶色
3003-H	淡米色	桃灰色	黑色
4043-F	灰黑色	灰绿色	黑灰色
5052-O	淡绿色	黄色	明茶灰色
5356-O	炭灰色	暗黄色	茶灰色
5083-O	暗灰色	淡灰色	黑色
6061-T6	淡黄色	浅灰色	暗黄色
6063-F	银白色	暗黄色	明茶灰色

表 1.4.7　各种合金与 Kalcolor 电解发色的色调 [3]

合金		形状	膜颜色
KAIZER	A.A		
52	5052	板	金色、琥珀色
86	5086	板	黑色
32	1100	板	棕黄色、橄榄色
55	5005	板	琥珀色、灰色、深棕色
33	3003	板	鸽子灰、炭灰
63	6063	挤压材	金色、浅琥珀色、琥珀色
51	6351	挤压材	黑色

色可变成黑色。Ni 或 Sn 析出量范围在 50~200 mg/dm^2 之间。在相同电解液中仅仅改变施加电压和时间，就可得到不同色泽，对设备布置很有利。除金属盐外，羟基酸盐也可进行电解着色，此时的羟基酸离子从微孔壁细细析出。

电解着色的两大特征是：(a) 颜色深浅与阳极氧化膜的厚度无关；(b) 析出金属因是无机物，所以光泽感很强。

在硫酸阳极氧化膜底部析出镍的照片如**照片 1.4.1** 所示。硫酸膜析出 Ni 后电子探针显微分析（EPMA）线分析结果见**图 1.4.16**。从中可以看出靠基材底部的微孔存在析出的金属。色调的深浅即明度与析出的金属量不是正比例关系，**图 1.4.17** 所示是 9 μm 厚硫酸膜 Ni 析出量与明度的关系[10]。

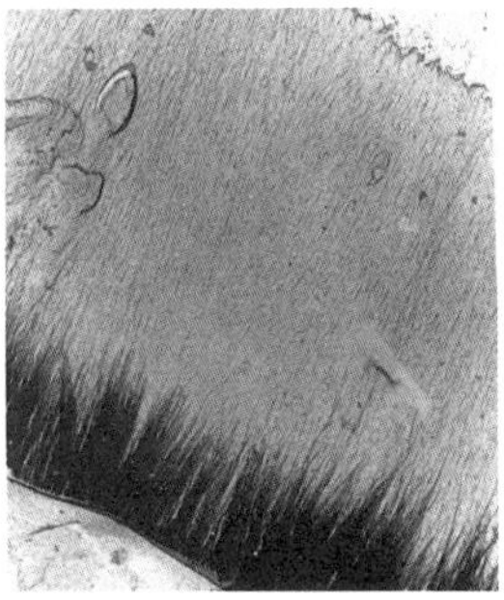

照片 1.4.1　硫酸膜析出 Ni 后截面[10]（×12 500）

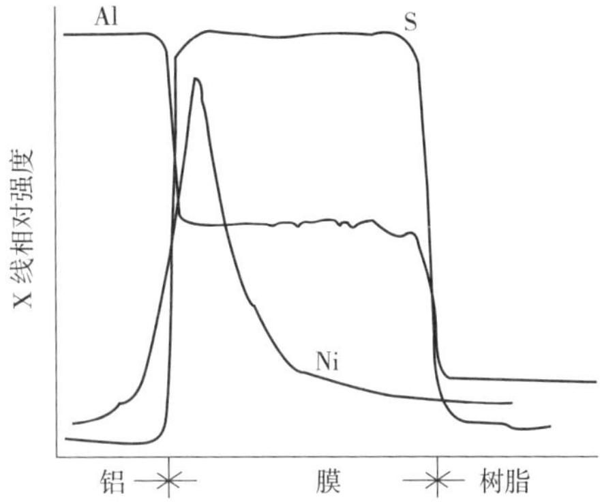

图 1.4.16　硫酸膜析出 Ni 后 EPMA 线分析结果

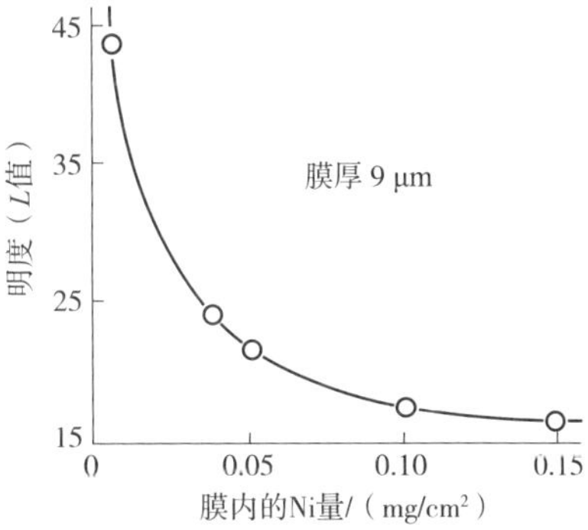

图 1.4.17　膜内的 Ni 量和膜的亮度关系

2. 电解着色的历史

电解着色 1936 年由意大利发明，面向建材的开发和改良始于 1960 年浅田太平先生的发明专利。镍盐、锡盐、钴盐被广泛使用。

① C. CaboNi（意大利）	1936 年发明
② G. Els Sner（德国）	1940 年专利
③浅田太平（日本）	1960 年专利
④ Alcan（加拿大）	1965 年 ANOLOK Ⅰ
⑤ PILOT（日本）	1966 年 Sn 盐专利
⑥ E.Keller 等（德国）	1969 年 Sn 盐专利
⑦各公司（日本）	1965 年起波形开发占多数
⑧ Alcan（加拿大）	1975 年 ANOLOK Ⅱ
⑨各公司（日本）	1980 年起干涉色膜占多数
⑩ Alcan（加拿大）	1985 年 ANOLOK Ⅲ

3. 电解硫酸膜析出的各种金属和色调

用于电解着色的金属和用于电解液的盐，以及得到的着色膜的色调如下。

▽ Ni（硫酸镍：$NiSO_4 \cdot 6H_2O$）
浅青铜色~青铜色~黑色

▽ Sn（硫酸亚锡：$SnSO_4$）
浅琥珀色~橄榄色~黑色

▽ Co（硫酸钴：$CoSO_4 \cdot 6H_2O$）
浅琥珀色~青铜色~黑色

▽ Fe（硫酸亚铁：$FeSO_4 \cdot 7H_2O$）
浅青铜色~青铜色~黑色

▽ Cu（硫酸铜：$CuSO_4 \cdot 5H_2O$）
赤小豆色（译者注：国内叫红铜色）~褐色~黑色

▽ Ag（硝酸银：$AgNO_4$）（译者注：原文错误，应为 $AgNO_3$）
黄色~金黄色~黄褐色（注：国内叫绿金色）

▽ Au（氯金酸：$HAuCl_4 \cdot 4H_2O$）
浅紫色~红紫色

4. 电解羟基酸析出的各种羟基盐和色调

▽亚硒酸盐（亚硒酸钠：$NaSeO_3$）

金黄色

▽亚碲酸盐（亚碲酸钠：$NaTeO_3$）

浅青铜色

▽高锰酸盐（高锰酸钾：$KMnO_4$）

浅金色

如**图 1.4.18** 所示是 Mn 从底部析出时 EPMA 线分析结果。

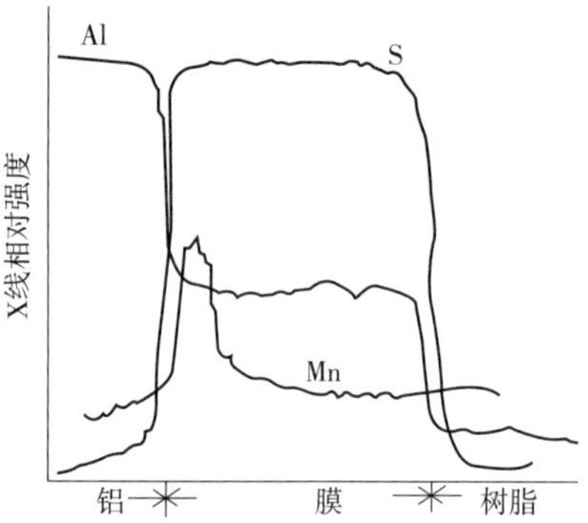

图 1.4.18　硫酸膜析出 Mn 后的 EPMA 线分析结果

5. 电解液组成

着色电解液除了金属盐以外，还可以调整电导率、稳定 pH 值、组合防止氧化用添加剂。从 pH-电位曲线找出最适合金属析出的 pH 值。着色溶液是酸性时，着色结束后产品长时间浸渍会脱色，所以要求将产品迅速取出。具体标准条件列举如下 [12]。

（1）锡液

锡液有酸性液和中性液。Sn（Ⅱ）在溶液中氧化分解，变成锡氧化物沉积在槽底。所以添加防止氧化的添加剂（硫酸肼等）。酒石酸在溶液中形成酒石酸锡络合物，维持溶液的稳定性。二氧化锡没有着色性能，可作为亚锡的补充剂。

1）酸性锡液组成

硫酸亚锡（$SnSO_4$）2~15 g/L

硫酸镍（$NiSO_4 \cdot 6H_2O$）18~25 g/L

硫酸（H_2SO_4）15~20 g/L

酒石酸 8~12 g/L

抗氧化剂

2）电解条件

液温 25 ℃、交流波形，30 s 内电压从 0 V 升到 20 V。此时电流从 0 A/dm² → 0.8 A/dm²。随后，维持恒定电压至目标颜色为止。这个方法称为软启动定电压法。随着着色进行电流下降。要得到不锈钢色大约需要 1 min、青铜色大约需要 5 min、黑色大约需要 10 min。

（2）镍液

镍液是 pH=4.2~4.7 的弱酸性溶液。pH 稳定剂是硼酸。

1）镍液组成

硫酸镍（$NiSO_4 \cdot 6H_2O$）30~45 g/L

硼酸（H_3BO_3）20~30 g/L

硫酸镁（$MgSO_4 \cdot 7H_2O$）15~25 g/L

硫酸铵［$(NH_4)_2SO_4$］45~55 g/L

酒石酸 8~12 g/L

抗氧化剂

2）电解条件

液温 25 ℃、交流波形，将 0 V 升到 15 V 用时 30 s。此时电流从 0 A/dm² → 0.7 A/dm²。随后，维持恒定电压至目标颜色为止。要得到不锈钢色大约需要 1 min，青铜色大约需要 5 min，黑色大约需要 15 min。

6. 电解波形

电解着色所使用的电源是交流、直流或两者的组合。在电解着色研究开发初期一般使用正弦波交流电流，如下文所说，为了提高工业生产性能，在非对称交流、交流矩形波、直流后交流、直流后直流、直流后极性反转矩形波等方面下了很大功夫。从电化学反应来看，交流正成分与负成分比率或频率可控制在适当数值，金属析出管理很重要。此外也有使用矩形波（脉冲波形）的。被着色物作为阴极时，与电镀一样发生金属析出反应，作为阳极时修补阻挡层。为避免着色过程中发生膜破裂，对一定负波比率必须有相应的正波。

7. 工业生产时的必要性能

在电解着色工业生产阶段，着色性、泳透力、操作稳定性等与生产有关的三点非常重要。

①着色性：也可称着色速度，即得到目标色调需要的时间。时间越短生产性越高。不仅电解液组成很重要，选择析出效率高的波形也很重要。

②泳透力（throwing power）：被处理物每一部

分的目标色调是相同的。还有，电解范围内每一部分是相同的。由此可见电流均匀分布很重要。

③操作稳定性：不管在何时生产均为同一条件得到同一色调，即良好的再现性很关键。

8. 电解着色的电化学

阳极氧化膜阻挡层有整流作用和蓄积电荷的性质。交流电解着色的电路是由电阻、电容及二极管组合转化的等效回路。**图 1.4.19** 所示是相应电解槽。

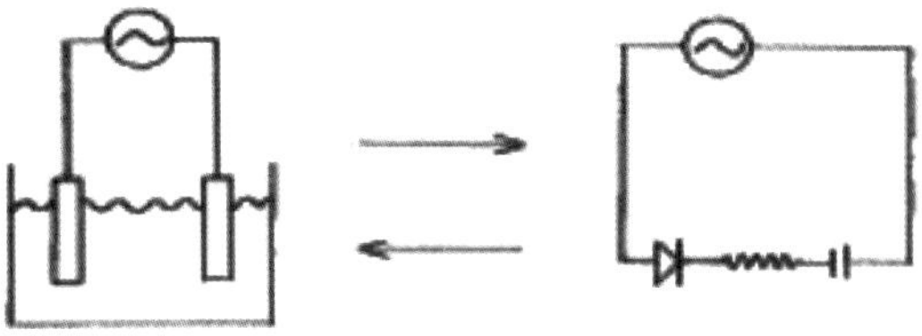

图 1.4.19　二次电解着色的等效回路

如**图 1.4.20** 所示交流电解着色中的电流-时间曲线，电流由对阻挡层充放电的电容电流（i_{cap}）和发生电化学反应的反应电流（i_F）组成。用电流表测量的电流值由二者合成，因此得到的色调和电流并不一定有关联[11)]。

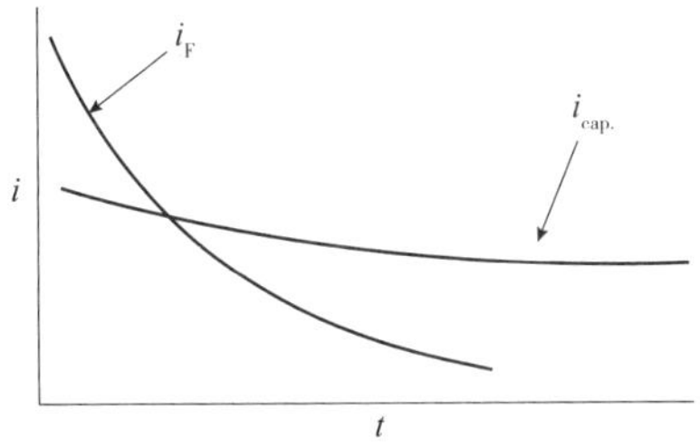

图 1.4.20　电容电流与反应电流随时间的变化

1.4.1.7　三次电解

如前所述在一次电解和二次电解之间进行中间电解处理，这被称为三次电解。在中间电解处理环节，一次电解生成的微孔底部形成扩孔或变成分支结构。目的是在硫酸或磷酸水溶液中进行微电流交流电解，以生成 0.5~1 μm 厚的膜。随后进行第三次电解，即在上一项里的锡液或镍液中进行电解着色。

在中间电解处理环节微孔底部析出的改变形状后的金属薄膜层，对入射光发生干涉作用。根据金属薄膜层厚度不同呈紫色、蓝色、灰色、绿色、黄色、黄红等颜色。因为在一个电解槽中可进行多种颜色处理，所以这种方法也称为多色电解法。最初开发的目的是将其用于室外建材，但在电子机器、零部件、装饰品等领域也值得期待。

中间电解处理使用硫酸时，也可用与阳极氧化相同的溶液施加直流或交流电压。代替中间电解处理，采用浸渍高温硫酸水溶液等方法也可以扩大微细孔的底部。

【例 1】

①一次电解：由硫酸电解液生成直流阳极氧化膜[13)]。

②中间电解：由硫酸电解液生成交流低电压阳极氧化膜[13)]。

硫酸：160~180 g/L

交流：45 V

时间：2~6 min

③三次电解：由锡液交流电解着色（15 V、120 s）能生成绿色膜。Sn 析出量是 1.02 mg/dm^2。色调变化由中间电解电压和时间等条件控制。在中间电解环节生成的交流膜厚是蓝色 90~100 nm、绿色 120~130 nm、金色 140~150 nm[12)]。

【例 2】

①一次电解：由硫酸电解液生成直流阳极氧化膜。

②中间电解：由磷酸电解液生成交流阳极氧化膜[16)]。

磷酸：H_3PO_4 80 g/L+硫酸 10 g/L

交流：10 V

时间：2 min

③三次电解：镍液或锡液进行交流电解着色。

交流：15 V　时间：30 s…金黄色

　　　15 V　时间：90 s…青色

如**图 1.4.21** 所示为瓶状磷酸交流膜（直径约为 30 nm，孔隙率约为 15%，阻挡层厚度约为 5 nm），膜厚 0.5~1.0 μm[12)]。

三次电解原理如下。

光线照到极薄膜时发生干涉现象。看**图 1.4.22**，来自相同光源的光线 A、B，部分在膜的表面反射，部分进入膜的内部在内部反射后与 c 合流形成 a→b→c 路径，因此会经过多余的距离。该距离是

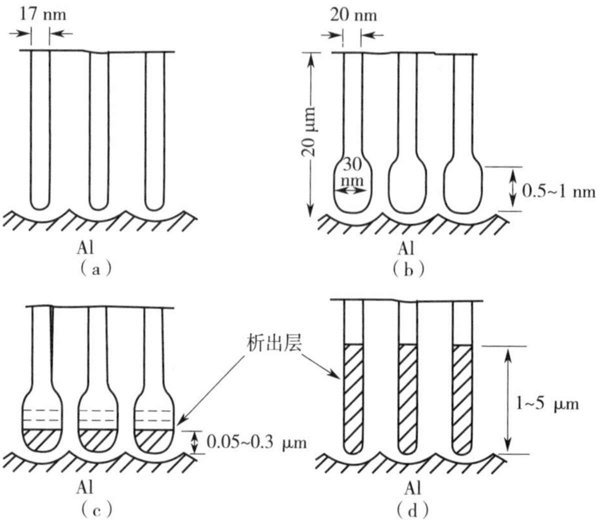

图 1.4.21　三次电解微细孔示意图

（a）硫酸阳极氧化膜 （b）硫酸-磷酸双重氧化膜

（c）金属析出层 （d）通常的金属析出

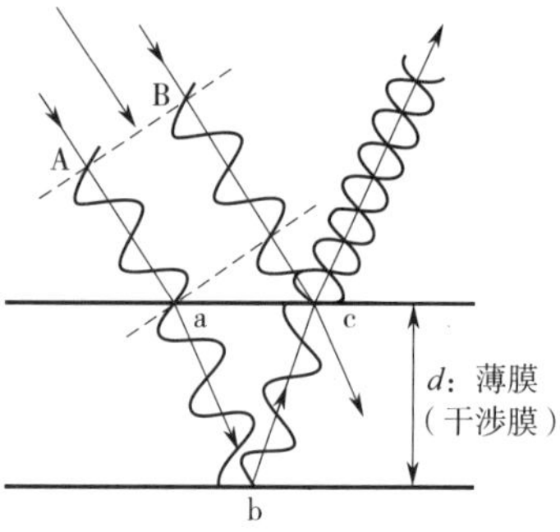

图 1.4.22　对薄膜的光干涉

波长 1/2 的整数倍，如果光的相位数正好相反的话，干涉被抵消。即便某波长的光被抵消，其他波长的波峰也会偏移，不会被抵消，导致时弱时强。该原理用于阳极氧化膜如**图 1.4.23** 所示。在中间处理时，微孔底部被扩大的瓶状膜处析出金属。在该金属析出层上的反射光与阻挡层界面的反射光的光路差，满足下列公式的关系时干涉作用变强，相应膜厚 *d* 生成干涉色。

$$2d\cos\theta=n\lambda$$

式中：d 为薄膜厚度；θ 为入射角；λ 为波长；n 为整数。

照片 1.4.2 所示是在 30 ℃硫酸液中浸渍 15 h 并进行中间处理后、进行镍电解着色后膜的截面电子显微镜照片。微孔底部析出的镍由粒径为 50~60 nm、均匀分布[15]的微粒子构成。这就是干涉膜，呈鲜艳的干涉色。

1.4.1.8　四次电解

前面介绍过三次电解以后，进一步阳极氧化处理（四次电解）时颜色会显得更加明亮和鲜艳。增厚与铝基材之间的透明层，反射率更高了[16]。商业化颜色有粉红、绿色和蓝色。**图 1.4.24** 所示是示意图。

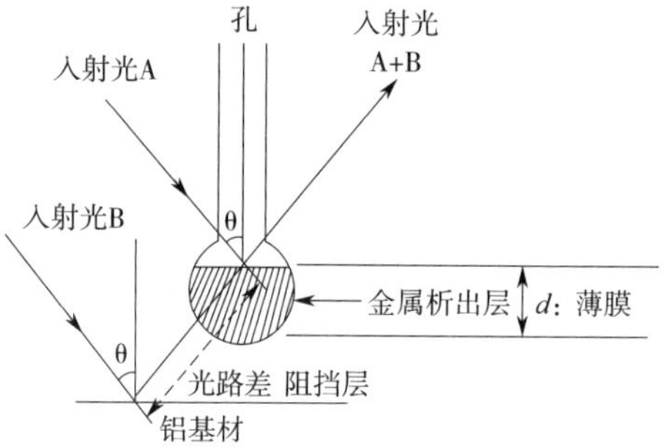

图 1.4.23　析出金属后阳极氧化膜时的干涉

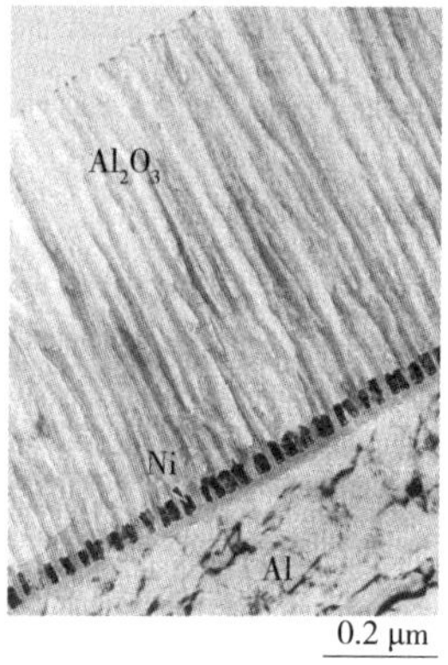

照片 1.4.2　析出金属后的阳极氧化膜底部[15]

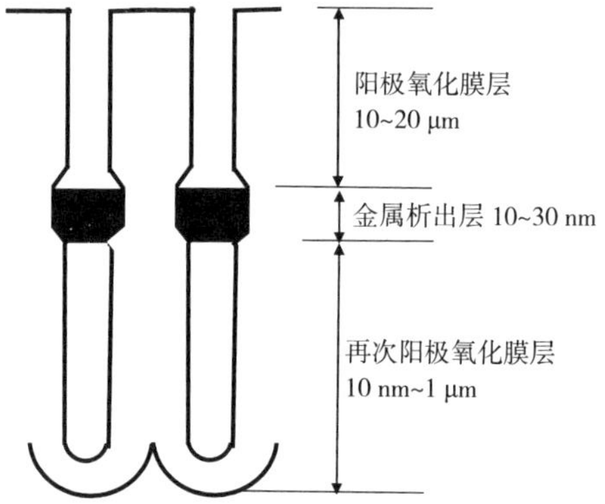

图 1.4.24　四次电解微细孔示意图

①一次电解：由硫酸电解液生成直流阳极氧化膜。

②中间电解：由磷酸电解液生成直流阳极氧化膜[16]。

磷酸：H_3PO_4 100 g/L

直流：8 V

时间：5 min

③三次电解：镍液或锡液进行交流电解着色。

交流：7 V

时间：60 s…金黄色

随后在 400 ppm（编辑注：ppm 即百万分之一，1 ppm=10^{-6}）硫酸钯溶液中浸渍 5 min。

④四次电解：硫酸电解液短时间直流电解再生成阳极氧化膜[16]。

直流：10 V

时间：40 s…灰色、70 s…黄色、90 s…紫色、100 s…紫罗兰、135 s…绿色、155 s…粉红色

1.4.1.9　彩色电泳涂装

向电泳液中添加颜料可使电泳涂装获得有色涂膜。根据用途可选颜料的颜色众多，生产上根据不同颜色准备所需的电泳槽。

1.4.1.10　其他阳极氧化膜着色法

（1）电解着色和染色的组合

电解着色后再进行染色时，可以得到双重颜色。从浅色电解着色到深色，与各种颜料组合是可能的，所得到的色调应用广泛。另外，用电解着色无法使特殊合金、压铸体、铸造体等实现纯黑色，但与黑色颜料进行组合可以获得两方均有的特性。

（2）电解着色与电解着色的组合

对同一阳极氧化膜反复多次用不同金属电解着色，可以得到新的色调。比如，用金（四氯金酸：$HAuCl_4$）进行紫色电解着色后，再用镍（硫酸镍：$NiSO_4$）进行青铜色电解着色，可以得到接近米色的紫色。

（3）染色和彩色电泳涂装或浸渍涂装的组合

用染料进行阳极氧化膜染色后，用水溶性彩色涂料浸渍涂装或进行彩色电泳涂装时可以得到两种颜色的复合颜色。浸渍涂装使边缘部位的涂膜厚度变薄，底板的染色可看透，利用这个优点可调成带两种彩色的装饰品，其应用很广。

（4）电解着色和彩色电泳涂装的组合

青铜色电解着色后叠加彩色电泳涂装可以得到复合颜色。利用各种不同组合可扩展应用范围。以下的例子均可得到灰色。

【例 1】

用电解着色浅青铜色+黑色颜料进行电泳涂装得到灰色。

【例 2】

用电解着色深青铜色+白色颜料进行电泳涂装得到灰色。

此时，例 2 工艺的电泳涂装使用的颜料粒径为 0.01~0.5 μm、浓度是 0.01%~0.5%（质量分数）。例 1 工艺中如何使电解着色过的青铜色不被覆盖，管理好涂膜厚度至关重要。

1.4.1.11　有色涂装

相关铝着色涂膜，轻金属制品协会有相应的规定[17]。

（1）底材处理

· 铬酸盐转化处理
· 阳极氧化处理
· 其他

▽涂料种类和干燥方法

· 丙烯酸树脂系：中温
· 聚酯树脂系：中温
· 聚氨酯树脂系：低温、中温
· 丙烯酸硅树脂系：低温、中温
· 氟树脂系：低温、中温、高温

（2）涂装方法

· 空气辅助涂装
· 静电涂装
· 粉体涂装
· 电泳涂装
· 浸泳涂装

1.4.1.12　品质管理和评价

着色产品品质保证如下。

· 膜厚：膜厚仪（JIS H 8601/ JIS H 8602）
· 目视外观：JIS H 8601/ JIS H 8602
· 色调：测色仪（ΔE、色板）
· 光泽：光泽仪

· 封孔度：JIS H 8601

· 耐腐蚀性：CASS 等（JIS H 8601/ JIS H 8602）

· 耐候性：SWOM（耐候性试验）（JIS H 8601/ JIS H 8602）

其他，适应目的要求有表面硬度、耐磨耗性等。

1.4.1.13　颜色测量方法

工业生产中追求产品的外观品质相同，但是实际生产中，避免颜色差异或色调不一等不良品发生是重要课题。为测量和管理色调，对颜色数字化及其意义必须充分理解。国际上有 CIE（国际照明委员会）的 XYZ（Yxy）表色系（1931 年）、L*a*b*表色系（1976 年），JIS Z 8701、JIS Z 8729 与此相对应。JIS Z 8705（相关颜色用语）是相关用语和对应外国用语的规定。

1. 颜色的表示方法（JIS 规定）

JIS 基本标准关于颜色表示方法制定了如下四种方法。

（1）颜色名称表示方法

JIS Z 8102：物体颜色名称

JIS Z 8110：光源颜色名称

（2）三属性表示方法

· JIS Z 8721：颜色表示方法——三属性表示方法

（3）颜色测量值表示方法

· JIS Z 8701：XYZ 表色系及 $X_{10}Y_{10}Z_{10}$ 表色系的颜色表示方法

· JIS Z 8729：颜色的表示方法——L*a*b*表色系、L*u*v*表色系

· JIS Z 8730：颜色表示方法——物体颜色的色差

2. 色彩三属性

颜色具有色度、明度、彩度三个属性（**图 1.4.25**）。JIS Z 8721（颜色表示方法——三属性表示方法）规定如下。色度尺度化后色度 H、明度及彩度，以一定色度环几乎平均分割并用数值表示。理想的明度 V 以黑色为 0、白色为 10 进行平均分割。彩度 C 以无色彩为 0，随着彩度增加按 1、2、3、4……顺序表示。

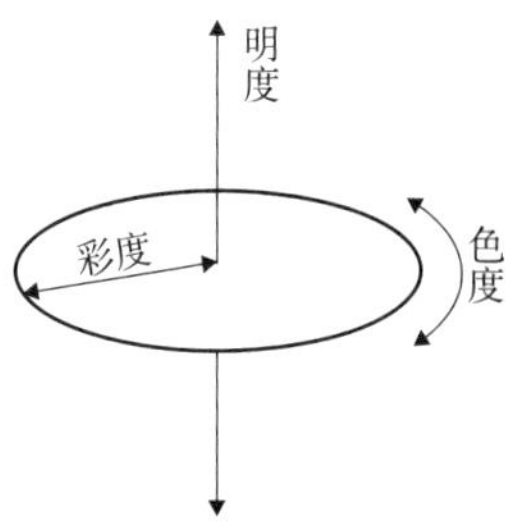

图 1.4.25　色彩三属性

（1）色度

H（hue）表示色调，如红色的、黄色的、蓝色的、绿色的、紫色的等。

（2）明度

V（value）表示明度色调，如明、暗等。

（3）彩度

C（chroma）表示配色程度，如鲜艳、发灰、沉闷等。

（4）有色彩和无色彩

颜色分有色彩和无色彩，有色彩是有三个属性（色度、明度、彩度），无色彩仅有亮度。

（5）颜色名称

在 JIS Z 8102（物体颜色名称）里规定有基础色差名称和颜色的修饰用语。

· 有色彩基础色：红色、黄红色、黄色、黄绿色、绿色、蓝绿色、蓝色、蓝紫色、紫色、红紫色

· 无色彩基础色：白色、灰色、黑色

物体颜色名称色板在日本标准协会颁布的《JIS 颜色名单》中有总结，可用眼睛观察实物进行名称确认。

3. 孟塞尔（Munsell）表色系

颜色三属性色度、明度、彩度按各自编号或记号被分类使用，物体颜色和色度环进行比较来表现颜色，用 HV/C 来表示。比如，色度（H）=2.5R、明度（V）=4、彩度（C）=12 用孟塞尔表色系（HV/C）来表示就是 2.5R4/12。**图 1.4.26** 和**图 1.4.27** 是表示孟塞尔表色系立体色和色度环的概念图。

4. XYZ（Yxz）表色系

XYZ 表色系是 CIE 标准表色系各色系的基础。Y 是反射率对应明度，xy 是色度（**图 1.4.28**）。无色彩是色度图中心，彩度越往周边越高。

5. 重要的 JIS 标准

· JIS Z 8719：物体颜色条件等色度评价方法

· JIS Z 8720：测色用标准彩灯（标准光）及标准光源

· JIS Z 8722：颜色的测定方法——反射及透射

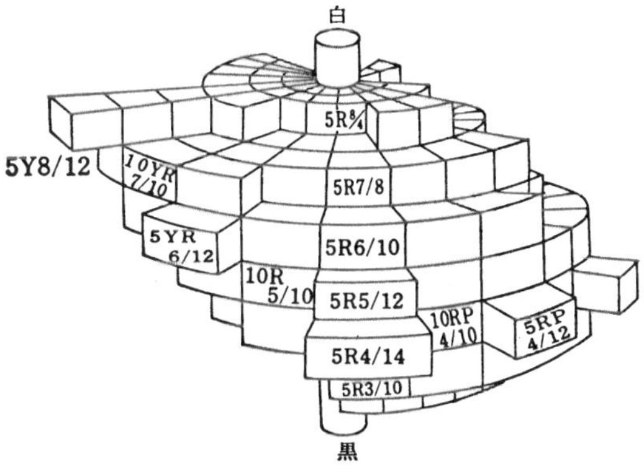

图 1.4.26　孟塞尔表色系立体色

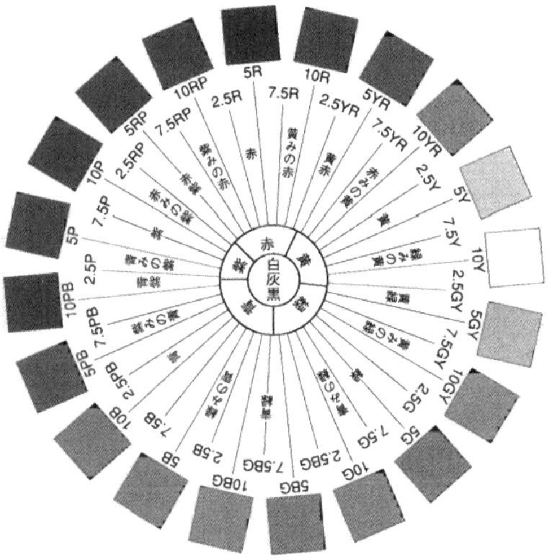

图 1.4.27　孟塞尔表色系色度环

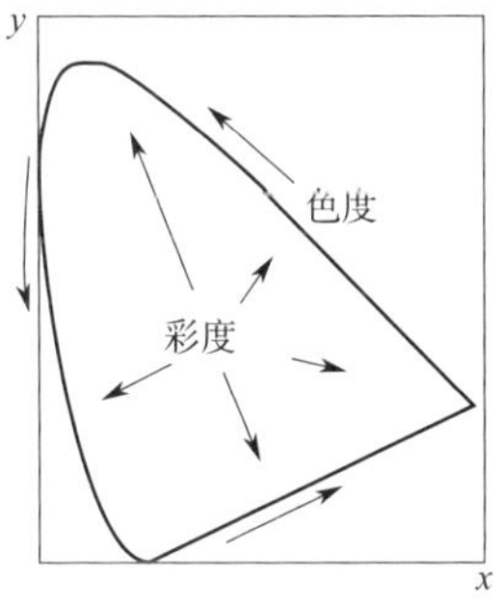

图 1.4.28　XYZ 表色系色度图

物体的颜色

- JIS Z 8726：光源显色性评价方法
- JIS Z 9112：荧光灯光源色及显色性区分
- JIS Z 8741：镜面表面光泽度——测量方法
- JIS Z 8113：照明术语
- JIS Z 8120：光学术语
- JIS Z 8105：相关颜色术语
- JIS Z 8713：回复反射器——光学特性术语
- JIS L 0804：用于评估颜色变化的灰度标

1.4.1.14　颜色测量

1. 三刺激值

由于每个人的色感差异，很难做到将微妙的不同色调用共通概念的语言进行描述。在此，定量化色差仪是产品开发、生产管理、质量保证不可或缺的。颜色表示的共通标准如下。

XYZ 表色系作为 CIE 标准表示色，是权重表示基础。**图 1.4.29** 表示对应人眼的分光响应度（颜色分三个响应度）。$\bar{x}_\lambda$ 是红色的波长区域，$\bar{y}_\lambda$ 是绿色的波长区域，$\bar{z}_\lambda$ 是蓝色的波长区域。这个也叫等色函数，对表面色进行分光测色，据此算出三个刺激值 X、Y、Z。

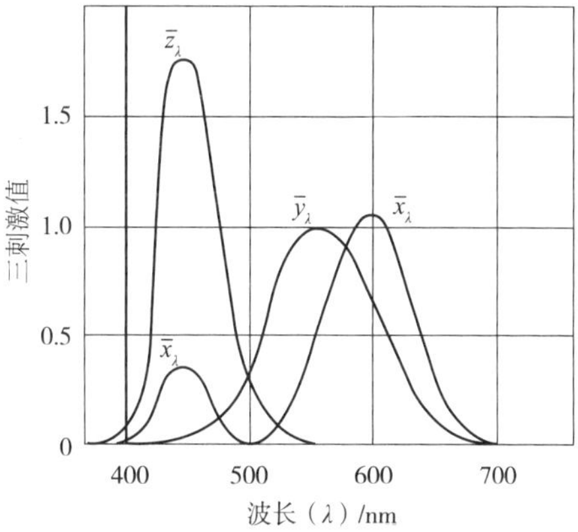

图 1.4.29　CIE 表色系的等色关系

由反射物体色的三刺激值可用下述公式求出近似值。

$$X = K\sum_{380}^{780} S_\lambda \bar{x}_\lambda R_\lambda \Delta_\lambda$$

$$Y = K\sum_{380}^{780} S_\lambda \bar{y}_\lambda R_\lambda \Delta_\lambda$$

$$Z = K\sum_{380}^{780} S_\lambda \bar{z}_\lambda R_\lambda \Delta_\lambda$$

式中：S_λ 为波长为 λ 时，测色用发光物质的分光分布；R_λ 为试验用料分光立体角反射率；$\Delta\lambda$ 为三个刺激值的波长间隔；$\bar{x}_\lambda$、$\bar{y}_\lambda$、$\bar{z}_\lambda$ 为 XYZ 表色系等

色函数值；$K=100/\sum_{380}^{780}S_{\lambda}\bar{y}_{\lambda}R_{\lambda}\Delta_{\lambda}$。

2. XYZ 表色系

JIS Z 8722 测量颜色方法、JIS Z 8701 里 XYZ 表色系。

从得到三个原色的刺激值 X、Y、Z，用下述公式计算出三个色度坐标 x、y、z。

$$x=\frac{X}{X+Y+Z}$$

$$y=\frac{Y}{X+Y+Z}$$

$$z=\frac{Z}{X+Y+Z}$$

因 $x+y+z=1$，如果知道 x、y 那么就可得到 z。以 x、y 分别为横、纵轴，得到直角坐标色度图。

3. L*a*b 表色系

JIS Z 8729 的 L*a*b*表色系是使用前述 X、Y、Z 用下述公式进行计算得出的。

$Y/Y_n>0.008\ 856$ 时，

$L^*=116(Y/Y_n)^{1/3}-16$

$Y/Y_n\leqslant 0.008\ 856$ 时，

$L^*=903.29(Y/Y_n)$

$a^*=500[f(X/X_n)-f(Y/Y_n)]$

$b^*=200[f(Y/Y_n)-f(Z/Z_n)]$

4. 单向照明方式

单向入射方式概念图见**图 1.4.30**。在 45–n（45/0）对试验材料面法线从 45° ± 2° 进行照明，法线方向 0° ± 10° 受光。在 n–45（0/45）从试验材料面法线方向 0° ± 10° 照明，对法线 45° ± 2° 的角度受光。由方向性可测量不同表面的差。

5. 扩散照明（积分球）方式

使用积分球等向试验材料面各方向均等照明的方法。在 d–n、D–n（d/0），向试验材料面各方向均匀照明，在试验材料面法线方向（0° ± 10°）受光。在 n–d、n–D（0/d），从试验材料面法线方向（0° ± 10°）照明试验材料，集结所有方向反射光并受光。将受光角稍微倾斜，可避开正反射光仅对散射光进行受光。即根据表面粗糙度可无视光泽仅评价颜色。（**图 1.4.31**、**图 1.4.32**、**照片 1.4.3**）

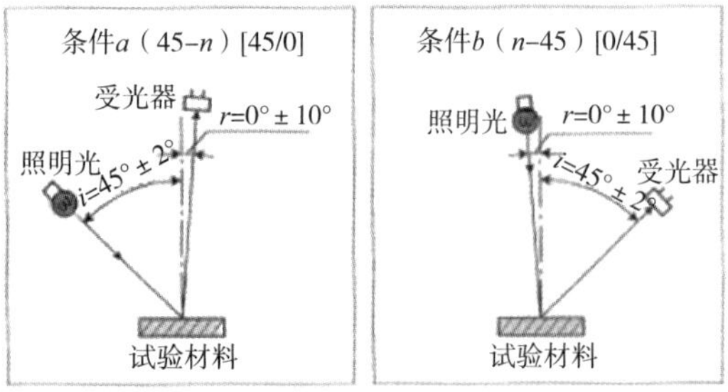

图 1.4.30　单向照明方式

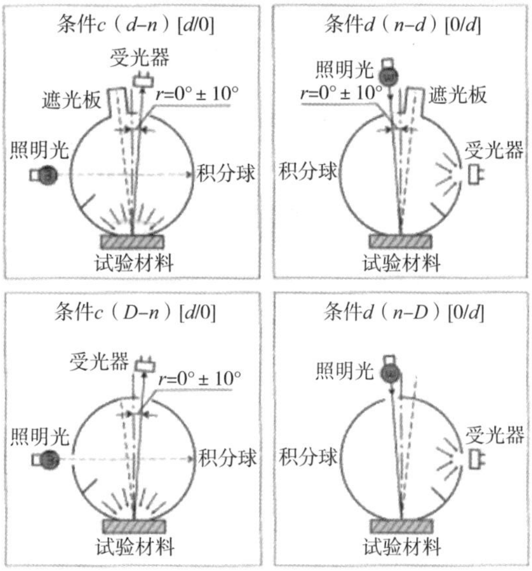

图 1.4.31　扩散照明（积分球）方式

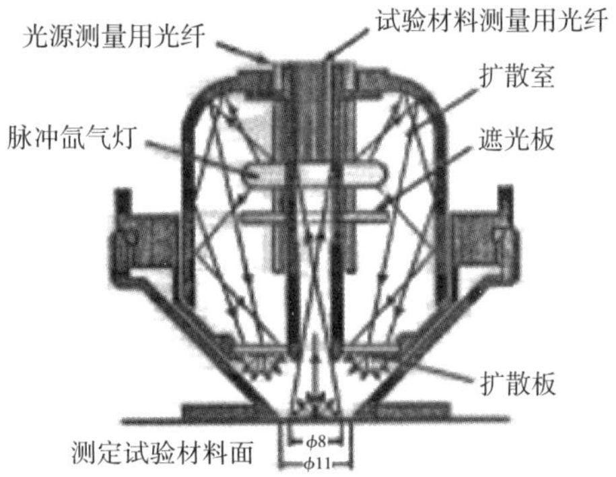

图 1.4.32　垂直扩散照明受光方式 [18)]

照片 1.4.3　手持式测色仪 [33)]

1.4.1.15　比较颜色方法

多种颜色比较时可用以下两个标准。

· JIS H 8730：颜色表示方法——物体色的色差

· JIS H 8723：表面颜色视觉比较方法

颜色三属性的数字即便相等，目视也会感到有差异。这是因为有其他因素即光泽、透明度、纹理支配外观。纹理指微米等级上的结晶构造与取向集合、手感、肌肤感、表面粗糙度、深度感、艳度等感觉上的材料感。

另外，进行比色的前提条件是照明、观察角度、背景等要在同一条件下。因此，设计人员与制作人员之间正确传达技术要求，尽量对评价的环境条件以及质量评价结果进行量化是很重要的。很多时候用口头和目视来判断，那么交换标准色板及测量数值是很有必要的。检验用的色板在现场使用频率很高，会被污损、弄坏、老化，所以制作相同色板互相交换保管非常重要。

1. 比色的视觉环境

（1）设置比色台面的情况

目标物体比较小的时候，在比色台面可以将多个物体并排摆放进行比较。平滑的金属面明亮光鲜，比较完全近似于镜面颜色时，是否有例外的条件一定要注意。必要条件是观察者和可再现的照明及其他观察条件。比色台面需遮蔽外光，用规定的照明光分布，尽可能是作业的小间，内装是亮度 L^*为 45~55 的无光泽、无色彩背景。照明有自然光和人工光源，比色台面的人工光源需要保持稳定且再现性良好。该人工光源是相当于 CIE 标准的光 D_{65}[34]。作业面照明度是 1 000~4 000 lx，均匀度在 80 % 以上。物体颜色比较暗时，接近 4 000 lx 较好。

（2）比较自然光下的颜色

条件是避免太阳直射，用北纬空中漫射的日光，周围有颜色的物品不能有反射，光线需比试验材料的颜色范围更广、更均匀，至少 2 000 lx 的亮度。光泽差保持小角度，也就是镜面反射光不要刺激眼睛，从接近法线方向开始观察。北纬日光是用于表面色组合的自然光线，即从日出 3 h 后至日落 3 h 前，避开直射阳光，从北窗透进的天空光。

（3）观察方向

如果辐照方向是 45° 角，则从正上方开始观察，或从正上方以 45° 角观察。或者说，从所有方向均匀辐照，最好从正上方或 45° 角方向开始观察。

（4）配置

将进行比较的颜色并排摆放，颜色的面在同一平面并排摆放。眼睛离开 500 mm。

（5）调整背景

整理周围颜色，使用标记将不同颜色区分。标记的表面无光泽或无荧光、品质均匀无色彩。无色的亮度接近比较色的亮度较好。

（6）颜色的大小

比较颜色的观察角度在视角 2° 或 10° 。

（7）观察者

观察者是具有微妙色差判断能力、有正常色觉的人。希望用色觉检查表进行检查。观察者使用视力矫正眼镜时，其眼镜镜片在可视光谱区域要有均匀分光透过率。为避免眼睛疲劳，检查完深色后，需立即看一看彩色粉笔的颜色或辅助颜色。

2. 色差的视感评价

色差的视感评价见**表 1.4.8**，用等级号来评价[35]。

表 1.4.8　色差成分等级表

评价等级	色差大小程度
0 号	无法感知程度差别
1 号	稍微，终于可以感知差别
2 号	稍微，清楚感知差别
3 号	很大，清楚感知差别
4 号	差别相当明显
5 号	有极端差别

3. L*a*b*表示方式

现在各领域 L*a*b*表示方法被广泛使用。CIE 将其标准化，JIS Z 8729 也已采用。明亮与色度关系如下。

明度=L^*

彩度=$[(a^*)^2+(b^*)^2]^{1/2}$

色度=b^*/a^*

其中，a^*的正方向是红、负方向是绿，b^*的正方向是黄、负方向是蓝，数值大时鲜艳，变成 0 时颜色暗淡。

$L^*a^*b^*$表示方式和 ΔE 的概念图见**图 1.4.33**。色差 ΔE^*ab 是 2 点之间比较的直线距离，用如下公式表示。

$$\Delta E^*ab=[(\Delta L^*)^2+(\Delta a^*)^2+(\Delta b^*)^2]^{1/2}$$

4. Hunter Lab（亨特立）表色系

它是用刺激值直读法使用均等颜色空间的表色系。X、Y、Z 关系如下。

$$L=10Y^{1/2}$$

$$a=17.5(1.02X-Y)/Y^{1/2}$$

$$b=7.0(Y-0.847Z)/Y^{1/2}$$

Hunter（亨特）色差 ΔE_H 是比较 2 点之间的直线距离，用公式表示如下。

$$\Delta E_H=[(\Delta L)^2+(\Delta a)^2+(\Delta b)^2]^{1/2}$$

5. 色差评价方法

ΔE^*ab 或 ΔE_H 根据色差数值（**表 1.4.9**）进行评价。

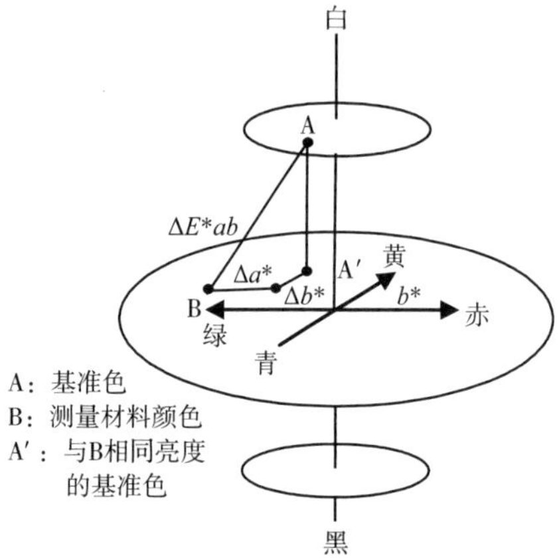

图 1.4.33　L*a*b*表达方式和 ΔE 的概念图

表 1.4.9　色差 ΔE 评价

ΔE	评价色差程度
0~0.5	极其微小的差异
0.5~1.5	稍微小的差异
1.5~3.0	可感知程度差异
3.0~6.0	明显的差异
6.0~12.0	极其明显的差异
12.0 以上	变成别的色系

参考文献

1）前嶋正受：機能性アルマイトシリーズ（第 1 回~第 10 回），アルトピア，カロス出版（2006-2007）.
2）F. Keller：J. of Electrochem. Soc.，100，411（1953）.
3）中山孝廉：アルミニウムの表面処理，日刊工業新聞社（1969）.
4）海老原健，高橋英明，永山政一：金属表面技術，34，548（1983）.
5）アルミニウム表面技術便覧編集委員会：アルミニウム表面技術便覧，軽金属出版（1980）.
6）坂口雅章：TOP TECHNO FOCUS，奥野製薬工業（2003）.
7）軽金属学会：アルミニウムの製品と製造技術，軽金属学会（2001）.
8）森山勉，宮地和博，土田信：軽金属学会第 81 回春期大会講演概要（1991），27.
9）アルミニウム陽極酸化処理の作業要領とポイント，中間法人軽金属製品協会試験研究センター（2005）.
10）平山良夫：総研ジャーナル，日本軽金属（1978）.
11）佐藤敏彦，神長京子：新アルマイト理論，カロス出版（1997）.
12）川合慧：Al の機能的アノード処理，槙書店（2005）.
13）特開昭 51-1337.
14）政誠一：アルミニウム，5（1998），61.
15）表面技術協会：目で見るアルミ表面技術の最前線，表面技術協会（2000）.
16）特開平 6-116789.
17）軽金属製品協会：建材用アルミニウム及びアルミニウム合金の着色塗膜，軽金属製品協会.
18）色を読む話，コニカミノルタ.
19）軽金属製品協会：アルミニウム表面処理ハンドブック，軽金属出版（1970）.
20）金属表面技術協会：金属表面処理技術便覧，日刊工業新聞社（1976）.
21）アルミニウム表面処理の理論と実務（第四版），中間法人軽金属製品協会試験研究センター（2007）.
22）アルミニウム表面技術便覧編集委員会：アルミニウム表面技術便覧，軽金属出版（1980）.
23）金属表面技術協会：金属表面技術講座「陽極酸化」，朝倉書店（1969）.
24）軽金属協会：アルミニウムハンドブック（1979）.
25）川上元郎：新版　色の常識，日本規格協会（1990）.
26）三浦寛三：色彩学概論，創文社（1980）.
27）平井敏夫：色をはかる，日本規格協会（1989）.
28）中原勝儼：色の科学，培風館（1999）.
29）光陽社技術部編：光と色，光陽社（1975）.
30）稲村耕雄：色彩論，岩波新書（1987）.

31）マルセル・ボル，ジャン・デュルニョン（稲村耕雄・中原勝儼共訳）：色彩の秘密，白水社（1986）.
32）特開平 4-362197.
33）コニカミノルタ HP カタログ（2007）.
34）JIS Z 8716「表面色の比較に用いる常用光源蛍光ランプ D65—形式及び性能」.
35）JIS Z 8723「表面色の視感比較方法」.

1.4.2　光泽与反射

1.4.2.1　定义和要求膜的特性

1. 定义

铝表面用化学抛光、电解抛光、布轮抛光、钻石切削等化学、机械的方法可以做成镜面光泽。用粗糙化、刻蚀、抛丸、机械研磨可以得到光泽度低的粗糙表面，还可进行广泛的创意延伸。关于光泽与反射，相关参数及用语定义如下。

①光泽：由反射光感觉到的物体表面属性，根据镜面反射光的大小来决定光泽大小。

②光泽度：镜面反射光占比或漫反射光的方向分布等，用一次元表示物体表面光泽程度的指标。

③反射率：对入射光来讲，反射光的强度占比，用百分比（%）表示。量化记号为 ρ。

④镜面反射：也叫正反射。入射光在其表面进行镜像反射的现象，镜面反射光按照反射法则进行反射。

⑤镜面反射率：镜面反射时，反射光（或反射光率）占入射放射光的比。

⑥漫反射：入射光在其表面未按照镜像原理向各个方向进行反射的现象，即除镜面反射外的光反射。

⑦漫反射率：对漫散光来讲，漫反射光占入射光（或入射光束）的比。

⑧全反射率：镜面反射率和漫反射率的和。

⑨镜面光泽：主要由镜面反射光强度决定的视觉的属性。

⑩镜面光泽度：测定镜面光泽程度，用数字表示，来自物体表面的镜面反射光与来自基准面的镜面反射光的比。镜面光泽度基准是入射角处的镜面光泽度，该入射角在整个可见波长范围内具有一定值 1.567，这个数值用 100% 来表示。

镜面光泽度 $G_s(\theta)$ 用如下公式计算。

$$G_S(\theta)=\frac{\varphi_S}{\varphi_{OS}}\cdot G_{OS}(\theta) \qquad (1)$$

式中：φ_S 为对规定的入射角 θ，来自试验材料面的镜面反射光；φ_{OS} 为对规定的入射角 θ，来自标准面的镜面反射光；$G_S(\theta)$ 为使用的标准面光泽度（%）。

⑪ 受光角：受光系光轴和试验材料面法线组成的角。

⑫ 亮度：镜面反射光的表面特性。

⑬ 灰度：评价颜色变化与色差时使用。染色后不同深浅的灰色国际色卡。

⑭ 亮度：在发光面、受光面或放射传播路径截面上，用如下公式定义的量。用 L 表示，单位是坎德拉（candela）每平方米每球面度（steradian），即 lm/（m² · sr）。

$$L=\frac{\mathrm{d}\Phi}{\mathrm{d}A}\cdot\cos\theta\cdot\mathrm{d}\Omega$$

式中：$\mathrm{d}\Phi$ 为给定方向的立体角 $\mathrm{d}\Omega$ 内传播的光束；$\mathrm{d}A$ 为含发光点的光束横截面的面积；θ 为横截面的法线与光束形成的角。

2. 要求物体表面的特性

如**图 1.4.34** 所示光入射物体后，被反射的光有正反射光和漫反射光，评价表面光泽是测量正反射光。漫反射光越少而正反射光越多，则越有光泽。漫反射光受表面粗糙度的影响，所以有必要测量表面粗糙度并进行评价。另外，光泽不同，物体反射程度有变化。这个评价是映像性。除了在制造工艺要考虑一定的光泽、映像性、表面粗糙度以外，在使用环境下，在保证期间保持初期的这些性能也很重要。

1.4.2.2　赋予光泽/反射的方法

在阳极氧化处理前进行的铝表面抛光处理方法分为机械抛光（布轮抛光）方法、基于化学反应的化学抛光方法和基于电化学反应的电解抛光方法，

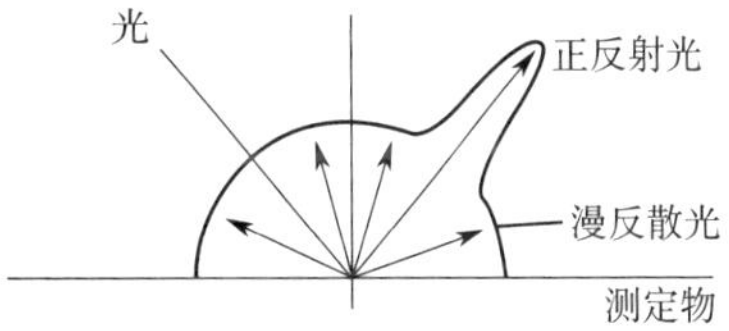

图 1.4.34　物体表面正反射光和漫反散光

实际应用中布轮抛光和电解抛光组合使用。进行阳极氧化处理时阳极氧化膜自身是半透明状的，所以进行阳极氧化处理后其光泽度下降。光泽度下降程度因铝基材合金组成、纯度、组织、热处理及阳极氧化处理条件而不同。基材合金成分中影响大的元素有 Fe、Mg、Cu、Si 等。这些也是均匀光泽表面产品生产质量管理的重要因素。市场上在售高光泽度铝材是基材厂家对纯铝添加了微量 Mg 制得的。使用这些材料可减小阳极氧化膜光泽度下降程度。也有用喷丸等将基材表面凸凹程度变大后，进行化学抛光或电解抛光，使得微光变成漫散射光的方法。阳极氧化处理后，为赋予氧化膜光泽可使用布轮抛光[2]。

1. 布轮抛光

机械抛光精加工的特征是指，通过抛光使流动的表面物质形成非晶质层拜耳（Beilby）（译者注：原文错误，应为 Bayerite）层。布轮抛光通过镜面加工、上光加工可以获得金属光泽，所以在铝材界被广泛使用。布轮分为由平纹细布做成的零散布轮、由大小圆片相互重叠做成的间隔布轮、用零散布轮缝制的缝合布轮、由棉及剑麻等类似斜褶着制成的褶皱布轮、由褶着缝合而成的袋式布轮等。

布轮抛光材料有以无水硅酸为基材的松软硅质岩，以氧化铁为主研磨材料的辉光毛条，以白云石与酸橙等烘烤物为基材的石灰剂，用氧化铬制成的蓝色抛光条，化学抛光脂肪酸与硬化剂、乳化剂组成的“液体研磨剂”等[2]。精加工的关键点是对布轮旋转次数、直径、圆周速度进行管理。要使得表面没有偏差，保持良好，其关键点是用阳极氧化处理预处理进行充分的脱脂。

2. 电解抛光

电解抛光是将被处理物当作阳极进行直流电解以增加光泽的方法。有代表性的电解抛光例子是使用 50%~84%的高浓度磷酸。也有将磷酸浓度降至 50%，混合 20%~40%（体积分数）硫酸的做法。其特点是，(a) 黏度高，(b) 可在 50~70 ℃高温进行处理，(c) 可以振动被处理物。电解条件是用高电流密度（5~80 A/dm²）电解 3~30 min，**图 1.4.35** 是其概念图，电流集中在铝金属表面凸部，并促进其溶解，凹部被抑制平滑化，由此获得有光泽的表面。为了消除部分阳极面电流密度不均匀，要对被处理物进行振动。电解抛光反应是生成阳极氧化膜和反复进行溶解后得到光泽的，所以生成和溶解平衡是关键点。因为电解抛光结束以后残留下了薄的阻挡层，所以要浸渍磷酸铬水溶液将其除去。在良好的条件下，阳极氧化处理前可以得到 96% 以上的反射率[3]。

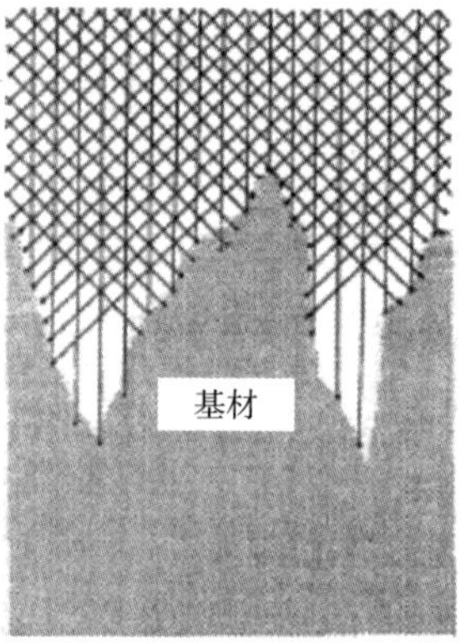

图 1.4.35　电解抛光过程中凹凸面的电流分布状态（电流集中于凸部）

电解质：$H_3PO_4 \rightarrow 3H^+ + PO_4^{3-}$

阳极：$Al \rightarrow Al^{3+} + 3e^-$

阴极：$2H^+ + 2e^- \rightarrow H_2$

$$2Al + 2H_3PO_4 \rightarrow 2AlPO_4 \downarrow + 3H_2 \uparrow$$

在阴极产生氢气，$AlPO_4$ 沉淀至槽底。

3. 化学抛光

化学抛光得不到与电解抛光同等的镜面。使用最多的有代表性的化学抛光例子是使用高浓度磷酸和硝酸混合液。也有磷酸+硝酸+醋酸法、磷酸+醋酸+氯化铜法。与电解抛光共通的是浓磷酸（40%~80%）黏度高、用 80~100 ℃高温进行处理、振动被处理物，按下述反应式分解硝酸（2%~60%）并产生黄色的氮氧化物气体（NO_x）。

$$7Al + 7H_3PO_4 + 5HNO_3 \rightarrow 7AlPO_4 \downarrow + 2N_2 + NO_2 \uparrow + 13H_2O$$

现在为了避免产生 NO_x（NO、NO_2、NO_3 等）气体污染环境，多使用硫酸代替硝酸。添加少量尿素（碳酰胺）也可抑制 NO_x 气体的产生。铝金属表面凸部被优先溶解，凹部积存溶解的铝与磷酸反应生成高黏性磷酸铝，连续溶解被抑制。化学抛光后生成薄膜。反应时形成局部电池（local cell），与电解抛光样在阳极生成多孔膜，在阴极产生氢气[3)]。

阳极部：$Al \rightarrow Al^{3+}+3e^-$

阴极部：$2H^++2e^- \rightarrow H_2 \uparrow$

4. 加工研磨的光泽

将阳极氧化膜在流动水中进行充分洗净后，实施封孔处理。其后加热干燥，接着使用零散布轮抛光，对最表面柔软层边脱落边研磨，完成平滑精加工的高光泽。干燥条件以 60~100 ℃为宜。温度过高时阳极氧化膜会产生裂纹。

1.4.2.3　镜面光泽数值化

1. 镜面光泽测量

在 JIS Z 8741 规定了测量工矿及制造工业产品平滑表面镜面光泽度的方法[4)]。测量方法根据入射角度（θ）和受光角度（θ'），分为方法①（85°）、方法②（75°）、方法③（60°）、方法④（45°）、方法⑤（20°）共 5 种。其中除方法②外，其他测量方法都适用于涂装膜与铝阳极氧化膜表面，方法③的 60° 和方法④的 45° 对铝阳极氧化处理最适用。一般光泽度低时角度大（方法①的 85°），光泽度高的表面用方法⑤的 20° 进行测量。

镜面光泽度测量装置见**图 1.4.36**，测量条件见**表 1.4.10**。

镜面光泽度用公式 $G_S(\theta)=(\varphi_S/\varphi_{OS})\cdot G_{OS}(\theta)$ 计算[4)]。

2. 光泽保持率

在耐久试验与性能试验等前后，对试验片光泽度变化比例用百分比表示的数值称为光泽保持率。基材的影响有方向性时，在相同位置从直角方向进

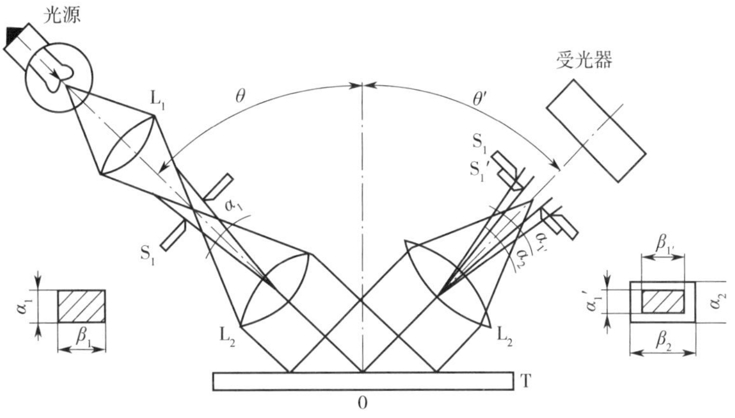

图 1.4.36　镜面光泽度测量装置

表 1.4.10　测量条件

几何条件		测量方法种类				
		方法①	方法②	方法③	方法④	方法⑤
入射角（θ）		85° ±0.1°	75° ±0.1°	60° ±0.2°	45° ±0.2°	20° ±0.5°
受光角（θ'）		θ±0.1°	θ±0.1°	θ±0.1°	θ±0.1°	θ±0.1°
光源像开角	入射面内（α_1'）	0.75° ±0.10°	2.85° ±0.30°	0.75° ±0.10°	0.75° ±0.10°	0.75° ±0.10°
	垂直面内（β_1'）	2.5° ±0.1°	5.7° ±0.30°	2.5° ±0.1°	2.5° ±0.1°	2.5° ±0.1°
受光器开角	入射面内（α_2）	4.0° ±0.3°	11.50° ±0.05°	4.4° ±0.1°	4.4° ±0.1°	1.80° ±0.05°
	垂直面内（β_2）	6.0° ±0.3°	圆形	11.7° ±0.2°	11.7° ±0.2°	3.6° ±0.1°

行测量，每个数值平均后就是该处镜面光泽度。

$$G = \frac{G_1}{G_2} \times 100$$

式中：G 为光泽保持率（%）；G_1 为试验前 60° 镜面光泽度；G_2 为试验后 60° 镜面光泽度。

照片 1.4.4 所示是便携式光泽仪 [5]。可用单手测量读取液晶显示数字。可在现场直接测量产品并进行质量管理。

1.4.2.4　有方向性条纹数值评价

铝挤压型材或压延板材在挤压方向或压延方向有平行条纹。为测量条纹强度可进行直角测量［（**图 1.4.37（a）**］或平行测量［**图 1.4.37（b）**］其测量值是不同的。直角时的测量值是 L_v，平行时的测量值是 L_p，L_v 和 L_p 的比 L_p/L_v=1.0 表示没有方向性。也可测量顶部 90° 回转，如**图 1.4.38** 和**照片 1.4.5** 所示是便携式 45° 双方向

照片 1.4.4　便捷式光泽仪

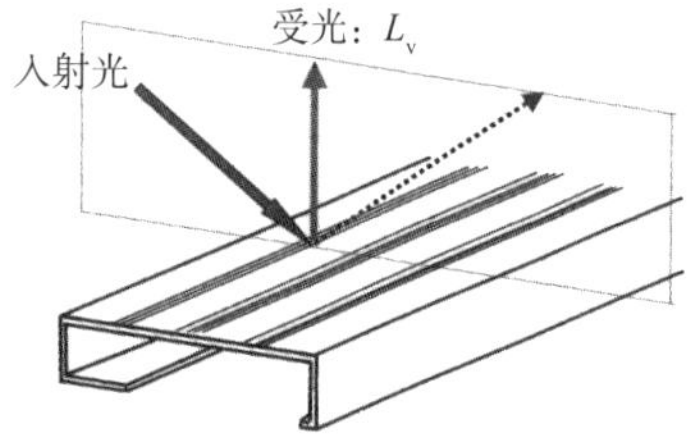

（a）

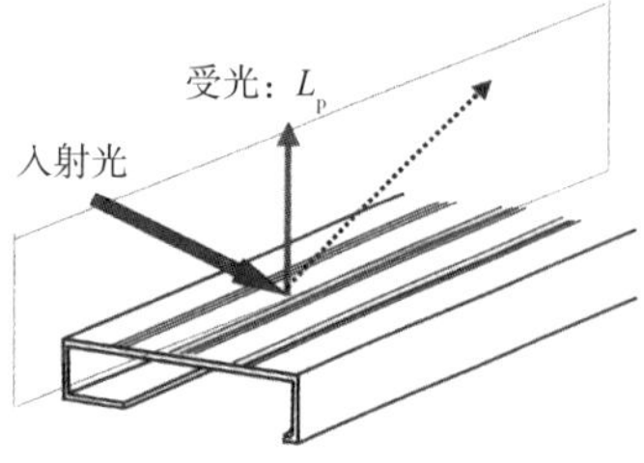

（b）

图 1.4.37　对条纹进行直角测量和平行测量
（a）直角测量　（b）平行测量

照明垂直受光式测量仪。

1.4.2.5　清晰度

对表面照相时相片的鲜艳程度，或表面扭曲程度叫清晰度。有用目视法观察被照物体与面图比例形态的视感测量法、用机器从物体面分开表示正发射光和漫反射光清晰度的机器测量法两种。

1. 视感测量法

图 1.4.39 所示是视感测量法 [7] 测量装置。该测量装置由光源、图表刻度、明度刻度、观察窗组成，观察以 45° 角照到试验面上的图表刻度的反射像形态。

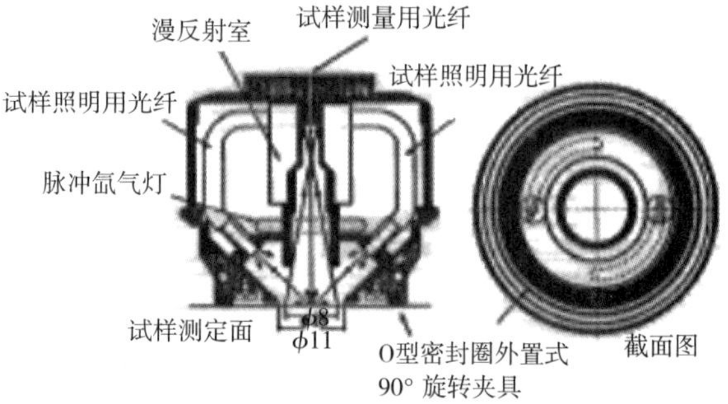

图 1.4.38　45° 双向照明垂直受光方式

照片 1.4.5　便捷式 45° 双向照明垂直受光式测量仪

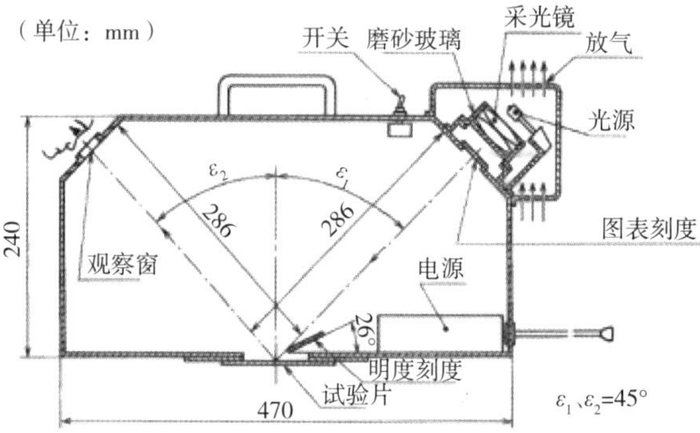

图 1.4.39　视感测量法测量装置

在装置上放上标准尺寸为 150 mm × 70 mm 的平板试验片，让**图 1.4.40** 的图表刻度移动并观察其图像，检查白线可识别的界线等级。

清晰度用如下公式进行计算。数值越大，清晰度越高。最大值是 22。

$$C_v=\left(\frac{C_L+C_P}{2}+\frac{D_L+D_P}{2}\right)\times\frac{1}{V}$$

式中：C_v 为由视感测量法得到的清晰度；C_L 为纵向识别界线的等级；C_p 为横向识别界线的等级；D_L 为纵向的扭曲度；D_p 为横向的扭曲度；V 为亮度等级。

2. 机器测量法

移动**图 1.4.41** 所示的光栅将来自试验面的反射光分成正发射光和漫反射光，测量其光亮，用全反射光与正反射光的比来求出清晰度。膜表面有条纹（有方向性凹凸）时，对于该条纹从直角方向和平行方向测量的清晰度是不同的，测量两个方向的清晰度并进行评价。机器测量法[8)]装置如**图 1.4.42** 所示。**图 1.4.43** 及**图 1.4.44** 所示是受光波形例子。

清晰度用该受光波形按下述公式算出。数值越大，清晰度越高。

$$C_1(n)=\frac{M-m}{M+m}\times100$$

式中：C_1（n）为光栅宽度为 n（mm）时的清晰度（%）；M 为光栅宽度 n（mm）时的最高波高；m 为光栅宽度 n（mm）时的最低波高。

计算出的结果用**表 1.4.11** 等级来表示。

1.4.2.6　表面粗糙度评价

表面光泽与表面粗糙度间关系是开发商品或改进质量的关键。表面粗糙度是物质表面微小凹凸的程度，其作用很大。JIS 标准有关表面粗糙度用强弱（光滑和粗糙）参数表示。

1. 评价表面粗糙度的简单手法

评价表面粗糙度的简单手法如 JIS B 0633-2001 附录 A[11)] 所记述。它是与完整评价手法比较，相对近似的方法。

1）视觉评价

可明确判断表面粗糙度比标板表面大还是小时，或影响表面功能的缺陷可明显看出时，或不需要进行高精度评价时，可采用视觉评价。使用比较用表面粗糙度标准样片进行比较评价。

2）测量评价

测量表面粗糙度的仪器有接触式和非接触式两类。用接触式表面粗糙度仪可精确测量微细形状或粗糙度，触针前端半径 R 要尽量小，接触压也要尽量小。触针材质使用蓝宝石或钻石。触针前端半径通常在 10 μm 以下。理想触针形状是有球状前端的圆锥。**图 1.4.45** 所示为接触式表面粗糙度仪结构图[10)]。

图 1.4.40　图表刻度

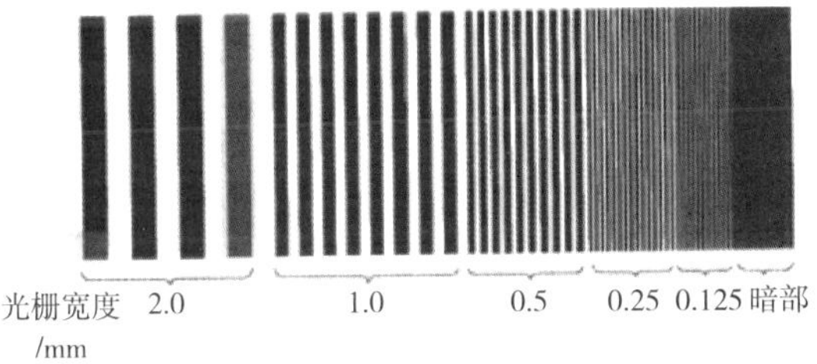

图 1.4.41　光栅

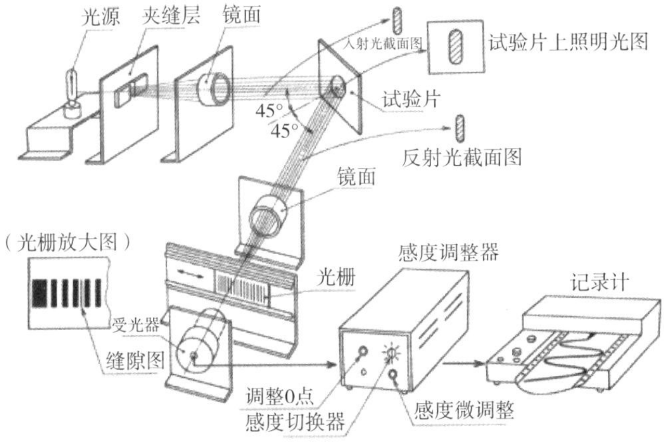

图 1.4.42　机器测量法装置

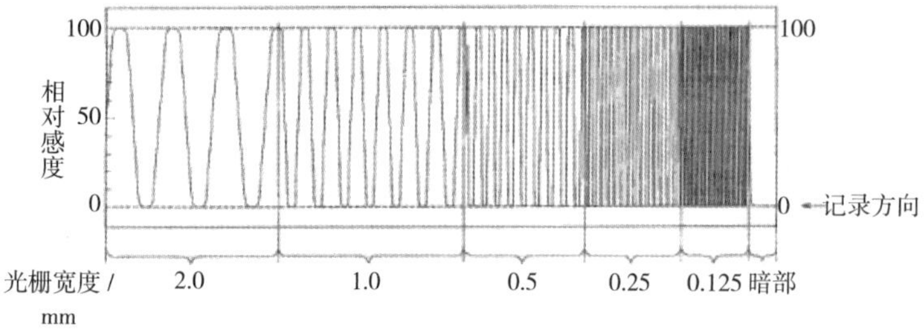

图 1.4.43　来自镜面光泽一次标准面的受光波形

表 1.4.11　清晰度等级

等级	清晰度
S	90% 以上
A	70% 以上，且小于 90%
B	30% 以上，且小于 70%
C	小于 30%

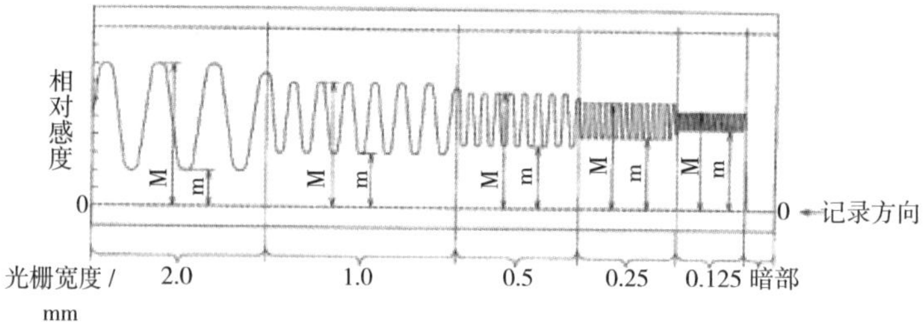

图 1.4.44　来自试验片的受光波形示例

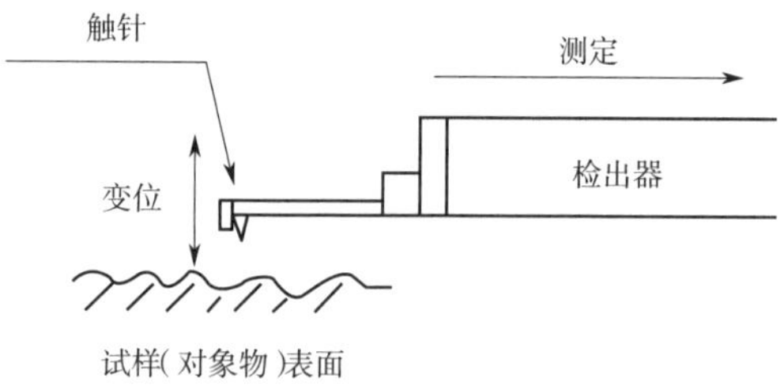

图 1.4.45　接触式表面粗糙度仪结构图

非接触式表面粗糙度用光代替接触式触针，共用焦点方式或白色干涉方式等，原理不同方式多样。

2. 评价参数

国际标准 ISO 导入了新的表面粗糙度参数，JIS 标准也有必要与国际标准整合，2001 年，JIS 标准 JIS B 0601-2001 导入 ISO 表面粗糙度标准，翻译后并实施。各参数按照各自截面曲线（*P*）、粗糙度曲线（*R*）、弯曲曲线（*W*）进行区分，根据各自曲线评价、管理[9]。

参数符号没有添加“max”的，满足以下条件为合格[11]。

①起始测量值不超过指定值的 70%。

②起始 3 个测量值不超过指定值。

③起始 6 个测量值中的 2 个以上不超过指定值。

④起始 12 个测量值中的 3 个以上不超过指定值。

3. 测量数值的评价方法

以下表示用测量仪测量时的符号和定义，单位都是微米。

1）算术平均粗糙度 *Ra*

基准长度 *Z*（*x*）的平均绝对值。

$$Ra = \frac{1}{L}\int_0^l |Z(x)|\,dx$$

轮廓曲线是粗糙度曲线时，*Ra* 称为算术平均粗糙度，轮廓曲线是弯曲曲线时，W_a 称为算术平均弯曲。（**图 1.4.46**）

2）最大高度粗糙度 *Rz*

基准长度内峰值 Z_p 的最大值和谷底深度 Z_v 的最大值相加。（**图 1.4.47~图 1.4.49**）

在 ISO 4287：1984 中最大高度粗糙度记号 *Rz* 用于表示“10 点平均粗糙度”。包括日本在内的一些国家，还在使用表面粗糙度测量仪测量旧标准的 *Rz*。新旧标准测量值的差不在能够忽视的范围内，所以在使用对相关信息时要予以留意。

3）10 点平均粗糙度 *Rz*

已从 ISO 4287 中删除，在日本却是被广泛普及使用的参数，所以 JIS 自有的参数符号被留在附录资料中作为参考。基准长度的粗糙度曲线，用从最高

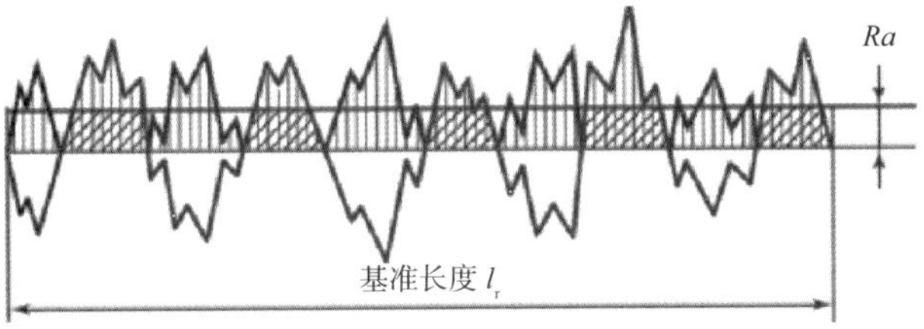

图 1.4.46　基准长度和 *Ra*

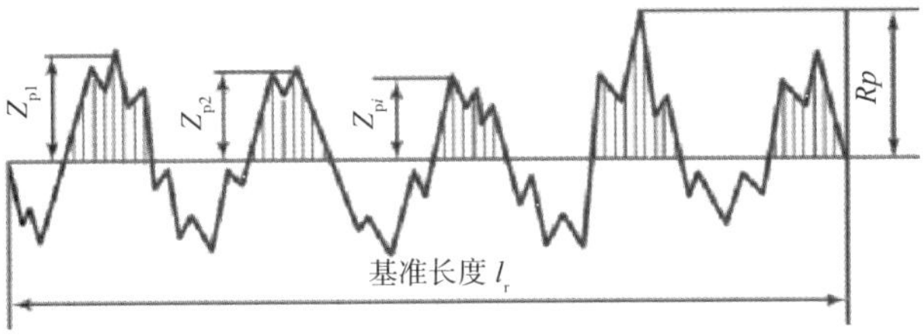

图 1.4.47　轮廓曲线最大峰值高 *Rp*

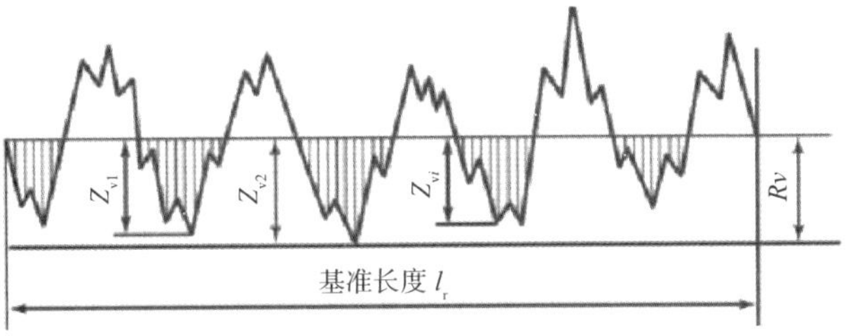

图 1.4.48　轮廓曲线最大谷深 *Rx*

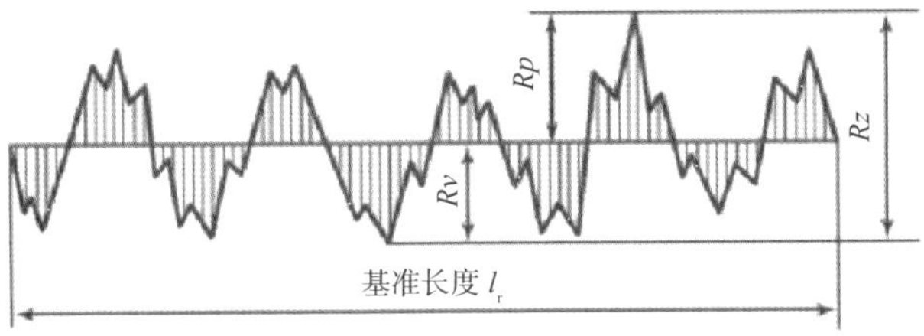

图 1.4.49　轮廓曲线最大高度粗糙度

Rz（*Rz*=*Rp*+*Rv*）

峰到第5个峰的高度平均值与从最深谷到第5个谷深度平均值的平均值来表示。这个定义与日本被广泛普及的JIS B 0601旧标准1982、1994、1998版都有微妙的差异，要特别注意与过去的技术资料数据进行整合或注意记述上的差异性[9]。

参考文献

1）JIS H 9122「めっき作業設備標準」.
2）アルミニウム表面処理の理論と実務（第四版）：中間法人軽金属製品協会試験研究センター（2007）.
3）中山孝廉：アルミニウムの表面処理，日刊工業新聞社（1969）.
4）JIS Z 8741「鏡面光沢度—測定方法」.
5）コニカミノルタHPカタログ（2007）.
6）野田秀和，山上宗二，米山能：アルトピア，No.8，Vol.25，カロス出版（1995）.
7）JIS H 8686-1「アルミニウム及びアルミニウム合金の陽極酸化皮膜の写像性試験方法—第1部：視感測定法」.
8）JIS H 8686-2「アルミニウム及びアルミニウム合金の陽極酸化皮膜の写像性試験方法—第2部：機器測定法」.
9）JIS B 0601-2001「製品の幾何特性仕様（GPS）—表面性状：輪郭曲線方式—用語、定義及び表面性状パラメータ」.
10）表面粗さ形状測定入門，キーエンスHP（2007）.
11）JIS B 0633-2001「製品の幾何特性仕様（GPS）—表面性状：輪郭曲線方式—表面性状評価の方式及び手順」.
12）JIS H 0201「アルミニウム表面処理用語」.
13）軽金属製品協会：アルミニウム表面処理ハンドブック，軽金属出版（1970）.
14）金属表面技術協会：金属表面処理技術便覧，日刊工業新聞社（1976）.
15）田島栄：電解研磨と化学研磨，産業図書（1960）.

1.4.3　创意与图案

如今根据设计要求，在铝表面上实施各种极具创意的花纹和加工，是提高产品和零件的附加值和差别化的重要技术。以下为相关技术的概要。

1.4.3.1　相关技术概要

有关创意与图案的技术见**图 1.4.50**。主要有涂膜处理和表面处理。

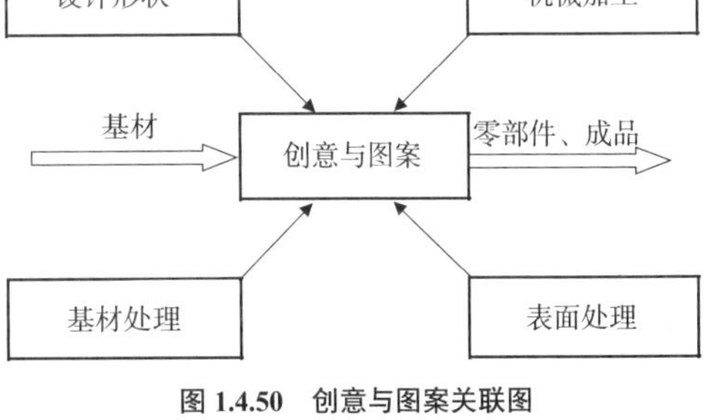

图 1.4.50　创意与图案关联图

铝基材（板材、型材）根据设计要求可进行机械加工，经过涂膜后实施表面处理，形成零部件、成品。有在开始机械加工阶段制作形状和在后面制作形状的情况。板材在涂膜与表面处理时要对每张板子进行处理，随后用压力机加工成型。因此，首先个别制作形状，后续进行涂膜处理与表面处理可降低成本。但是，首先加工成型的话，其自由度要大得多。

1. 涂膜处理

（1）拉丝

对铝表面实施机械的类似头发纹路的处理。有以下四种方法。

1）水纹

使用水作为抛光剂。20 根左右不锈钢毛刷并排，用夹具固定工件，用滚子供给输送。4~5 根一个区块，其间送入滚子控制工件。边确认成品边调整毛刷合适度。开始送入工件时，制作与板材或型材相应的木制夹具，用夹具边压工件边开始动作。随后，使用气体连续干燥机对表面进行干燥。装置和刷子见**照片 1.4.6** 和**照片 1.4.7**。不锈钢毛刷直径为 0.25~0.12 mm，可组合使用。

2）油纹

使用轻油作为研磨剂。结扣成三角形皮带往复通过工件。皮带网眼根据产品要求进行选择。工件固定木制框架内。原本是木工加工机械。用压件橡胶将皮带压在工件上。水纹是水平的，毛根长，油纹毛根短，有些粗糙，反复加工才能实现高反射度。因此，也称剪切发纹。机械见**照片 1.4.8**。

3）无纺布抛光

替代乙烯树脂等用无纺布镶嵌砂粒后进行使用。主要用于型材抛光。抛光用无纺布实例见**照片 1.4.9**。

4）布轮抛光

照片 1.4.6　水发纹机

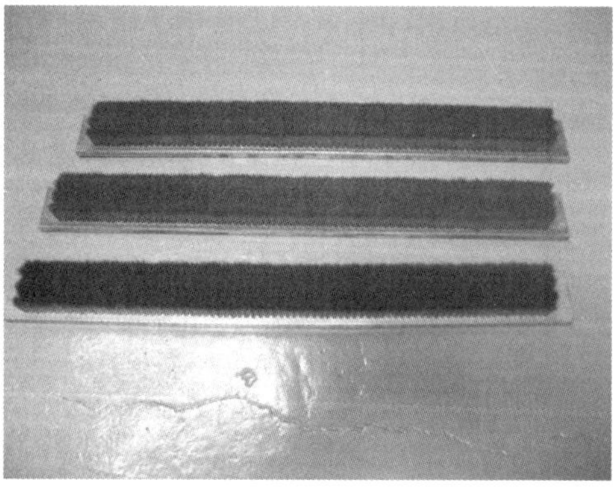

照片 1.4.7　水发纹机用 SUS（不锈钢）毛刷

照片 1.4.8　油发纹机

照片 1.4.9　抛光用无纺布

为铝表面增加光亮或去条纹等目的使用。布轮抛光机实例见**照片 1.4.10**。

（2）旋转加工

让砂石沿工件表面做同心圆状旋转发纹，也可在此状态下移动工件连续发纹。同时量产用的设备使用多轴球盘。设备见**照片 1.4.11**。另外，作为切削加工方法，将工件固定在桌上，车床从中心向外移动，可得到同心圆状的切削花纹。

（3）粗化处理

粗化处理可使铝表面降低光泽度。一般浸渍氢氧化钠水溶液，用化学药品进行处理。物理处理方法是用铁砂或玻璃球等击打铝表面形成粗糙面。机械设备根据方法不同有很多。目标物投送采用传输带形式，控制投送速度或皮带速度来进行粗化处理。

2. 表面处理

1）阳极氧化

进行铝阳极氧化处理，通常随着膜厚增加，其光泽度会下降。通常做法是阳极氧化处理前先脱脂，然后进行化学抛光处理。

也有采用电解抛光方法提高光泽度的，从易于量产的角度出发主流做法是选择化学抛光方法。为了不使光泽度降低，膜尽量薄。

2）刻蚀

用化学药品腐蚀铝表面可在铝表面构筑光刻胶膜。构筑光刻胶膜也有用丝网印刷机直接印刷的方法。为使画线部分快速显现，还有用干胶片热压铝表面，黏合叠加图案胶片于真空淬火框中，曝光后出现影像的方法。刻蚀设备见**照片 1.4.12**。

3）丝网印刷

丝网印刷版与复印版是相同的孔型版。使用烘烤型墨水，在表面印刷文字与图案。因是孔型版所以只供给工件与版厚相应的墨水，有墨水的膜变厚。也因此容易呈现高级感，但墨水的黏合确认试验很重要，采用划格试验等。干燥由干燥机完成，大多

照片 1.4.10　布轮抛光机

照片 1.4.11　旋转加工机

照片 1.4.12　刻蚀机

照片 1.4.13　丝网印刷机

采用分批处理。丝网印刷机见**照片 1.4.13**。

4）胶印

给铝 PS 版供给水和油墨，在水和油墨的作用下只有油墨移动至毛毡，随后陆续由毛毡移动至工件。这就是平板原理。因为印刷速度快可进行大量生产。逐张板子印刷处理后进行压力机加工，所以不太适用于深光圈形状的东西。可进行低成本生产。需连续运转时要有干燥机与印刷机联动工作。胶印机的例子见**照片 1.4.14**。

5）照片感光法

阳极氧化后贴合干膜光刻胶，在真空淬火框中处理，如果与过滤膜贴合还可漏光，进一步可选择进行染色处理，最后进行封孔处理。代替光刻胶也可用丝网印刷处理。**照片 1.4.15** 所示是曝光机示例。

6）钻石切割

有凸凹的工件表面用钻石车刀保持旋转进行高速移动，结果可以形成光亮铝表面。

一般用车刀的方法可构建连续波状的光亮面，为呈现光泽也常用铝冲床加工过的掩膜等表面加工

照片 1.4.14　胶印机

照片 1.4.15　曝光机

手法。数码相机等品牌标志用压花突出，再对表面进行切割让表面呈现光亮。也有在纵向旋转的支架上安装刀具，水平推送至需抛光面的手法。

7）涂装

涂料的种类、方法很多。因环保因素，最近取代铬处理的呼声不断。也有将阳极氧化处理变成涂装预处理的做法。为使铝有质感和光亮，多用清漆涂层处理。

8）金属照相

与照片感光法采用相同的处理方法，不是用染料而是曝光以后形成黑色银图像。给阳极氧化过的多孔层充填卤化银后的铝板，富山胶卷用 Al photo 的商品名称进行销售，2004 年 10 月停止生产销售。现在美国地平线（Horizon）公司生产同样的产品，日本东光化学工业公司也有销售。买入后进行照片烘烤处理，可以得到比较稳定的、高性能的铭牌。因已经过阳极氧化处理，所以不需额外添加设备。可适应少量多品种的生产，因产品耐光性良好，在室外也可使用。

1.4.3.2　赋予花纹的方法

将上述的各种手法进行组合可得到多样性表面。各种技术组合形式多样，下面是几个例子。

1）丝网印刷+发纹

丝网印刷花纹以后，实施发纹。可以制作花纹的光泽部分和发纹部分。遮挡用的印刷丝网在发纹后剥离。

2）丝网印刷+砂面

丝网印刷花纹以后，再制造砂面。可以制作纹的光泽部分和砂面部分。遮挡用的印刷丝网在发纹后剥离。

3）发纹+刻蚀

发纹以后，选择刻蚀。被刻蚀的部分加工成化学砂面。

4）掩膜涂装

制作掩膜凹部进行文字或设计涂装。对要求精度的制作电铸掩膜。掩膜应定期清洗。掩膜涂层见**照片 1.4.16**。

5）压花+钻石切割

用压力机等实施压花加工，凸部选择用钻石

照片 1.4.16　掩膜涂层

切割。

6）压印+涂装+钻石切割

用冷轧锻造，后进行涂装，凸部选择用钻石切割。

7）压印+注入涂料

压印后，向凹部注入涂料。量大时可选择以机械程序组合方式注入涂料。自动注入机见**照片 1.4.17**。

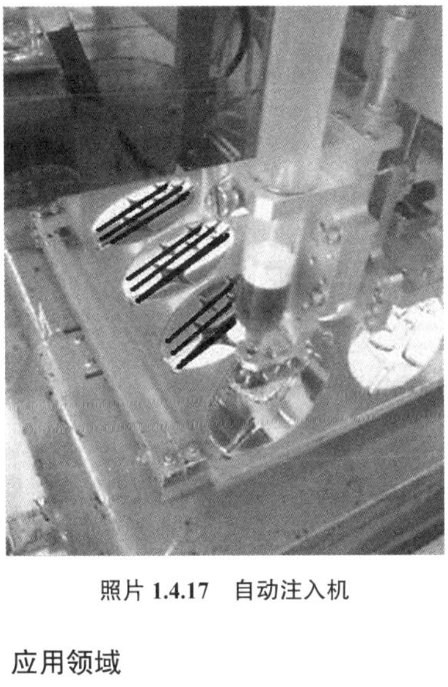

照片 1.4.17　自动注入机

1.4.3.3　应用领域

对铝表面进行各种处理以控制光泽，进行花纹处理以提高创意性的手法很多。上述花纹处理方法仅是部分例子，还有其他组合处理方式。从量产角度出发，要综合考虑处理的难易程度、成品率、成本、设备等。因此带有疑问的加工方法不会被采用，经过综合考虑后选择最适宜的方法非常关键。

采用上述加工技术处理的铝部件，在数码家电、电脑与手机等信息产品、数码相机等方面应用非常广泛。在汽车内装创意性部件也适用。此时，耐腐蚀性、耐光性等会被考虑，使用环境也很苛刻。

家电或汽车所使用的各种各样部件，在全球化的背景下，不仅产品质量，成本方面的竞争也越来越激烈。因此铝基材面临与其他材料的价格竞争。直追铝的质感和光泽、经过表面处理的树脂材料不容忽视。加快新的表面处理和加工方法的研究是我们面临的当务之急。

参考文献

1）軽金属協会編：アルミニウム技術便覧，軽金属出版（1985）.

2）新版スクリーン印刷ハンドブック，日本スクリーン印刷技術協会（1988）.

3）表面技術便覧，（社）表面技術協会（1998）.

4）上原洋一：ネームプレート作製プロセス—湿式エッチングの利用を含めて—，表面技術，第 49 巻，第 10 号（1998）.

1.4.4　发光

1.4.4.1　阳极氧化铝膜发光现象

漆黑环境下 Al 在溶液中进行交流阳极氧化时，可观察到 Al 电极发青白色。最初报告发光的是布劳恩（Braun[1]），至今 100 余年了。这个发光是众所周知的 EL（Electron luminescence，电场发光[2]）的始祖，要与 1879 年爱迪生（Edison）发明灯泡、冷发光（luminescence）区别开来。

随后 1935—1960 年东欧研究人员对发光进行调查，解释发光由阴极的氧气放电[3]、氧化铝膜的晶格缺陷造成[4]。当时处于固体物理学的黎明时期，除 Ge、Si 以外，氧化物、硫化物具有的半导体的敏感结构引起了人们的重视，此类研究和新的应用元素陆续登场。在这个大环境下，Ruziewicz[5-6] 发现对草酸膜进行紫外线照射发蓝色 PL（photoluminescence，荧光），再次提到了发光中心晶格缺陷论。Philips 的 van Geel 等人[7] 也在研究，认为阳极氧化膜是金属过剩型（n 型）半导体，因此 Al 电极有电解整流作用。

可是，至此的研究都是在电学、物理学者之间进行的，1968 年具有丰富阳极氧化理论基础的电化学研究人员——都立大学田岛教授研究团队揭开了发光的全貌[8-9]。根据研究结果，发光不是由晶格缺陷而是由被氧化膜吸收的电解质阴离子变质产生的发光中心引起的。同时，关于整流作用，美国薄膜研究学者 Vermilyea[10] 等人解释说，由于在被称为缺陷的部分周围，它与变薄了的氧化膜缺陷部分的 H^+活动相关。

20 世纪 70 年代，随着半导体产业中 IC（集成电路）、LSI（大规模集成电路）的发展，在其制造工艺中覆盖 Si 的 SiO_2、Al_2O_3 膜变得不可或缺，对薄膜的观察和解析方法取得明显进步。同时，伴随着电子部件的高性能化，结合对 Al、Ta 电解电容阻挡层膜的研究，开展了发光研究。研究结果表明，Al 电极发光与阳极氧化表面技术有很大的关联。下面以铝为中心，就发光包含怎样的信息进行论述。（照片 1.4.18）

1.4.4.2　阳极氧化中的 EL

1. 草酸阳极氧化中的蓝色 EL

在阳极氧化中草酸的蓝色 EL 最显著，发光强度随电压、电流增大而增强。清水健一等人[11]考察了草酸以外各种溶液的发光情况。结果表明，除草酸外，在酒石酸、丙二酸等有机酸中都发现了 EL，发射光谱也在 460~470 nm 有相同的宽峰。同时也发现硫酸、磷酸等无机酸不发光。从这点可以看出，发光与包含在阳极氧化膜中的电解质阴离子的羰基有关。

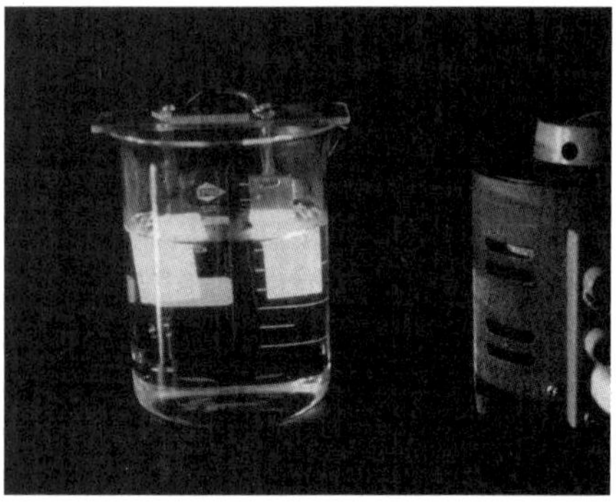

照片 1.4.18　Al-Mn（1.2%）合金的黄色 EL[48]
（两极都是相同合金、3% 草酸、50 Hz 交流 70 V）

2. 发光观察中产生的烧灼

使草酸阳极氧化中 EL 更加明亮的办法是提升电流与电压，但此时容易产生烧灼。发生烧灼的部分由草酸膜固有的淡黄色变成褐色且增厚。水木一成等人[12]在暗室对烧灼现象进行了观察，发光情况如**照片 1.4.19** 所示，从 Al 试验片的边上开始“燃烧”且扩大，可知电流集中到了前端的明亮部分。恒电流电解时，伴随烧灼的扩大，电流密度下降，扩散不久后就会停止。另外，在 Al 板（厚 0.5 mm）的正反面烧灼的花纹是相同的，所以发生烧灼和热传递有关。试验初期使用红外线温度计测温，烧灼严重的前端部分温度达到了 160 ℃以上。

随后，武藏工业大学星野重夫[13-14]、清水等人[15]将热电偶嵌入 Al 试验片中测量电极温度，确认在 Al 试验片上只要有微小温度不均就会引起烧灼。也就是说，伴随多孔膜的生成，其底部阴离子浓度下降，在试验片温度高的地方，草酸离解度和在底部的离子扩散速度与周围相比变大，结果电流集中至局部产生连锁反应导致烧灼。

星野等人利用产生烧灼理论，研究如何生成不易烧灼的膜，做法是在膜电解初期使用大电流，随后如**图 1.4.51** 所示，电流慢慢减小，生成硬质阳极氧化膜[16]。星野等人[17]进一步将通水的 Al 管作为阳极，保持阻挡层温度均匀，实际验证了草酸膜电压升至 300 V 时也未发生烧灼现象。近年，水木等人[18]也用这个方法将电压提升至 500 V 生成草酸膜，用 SEM 观察发现得到了 0.8 μm 巨大晶格尺寸膜。

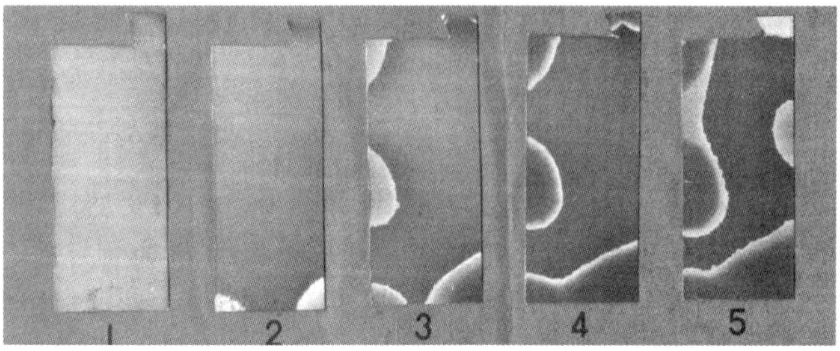

照片 1.4.19　伴随铝在草酸阳极氧化中发生烧灼发光扩大[12]

另外，小野等人[19]在包含草酸的 Ematar（译者注：阳极氧化方法之一）溶液中施加 120 V 电压进行电解，生成的阻挡层膜开始多孔化时，观察到在表面产生

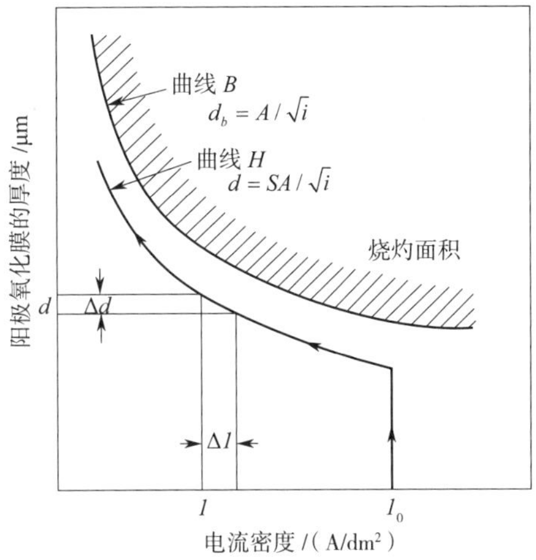

图 1.4.51　铝阳极氧化时的电流密度和氧化膜发生烧灼时的极限厚度的关系

移动的 EL。此时好像有无数微断点形成孔与枝杈。

3. 有机酸氧化膜共同的 PL

清水等人[20]用 EL 与各种溶液生成的氧化铝膜在紫外线照射下调查 PL，如**图 1.4.52** 所示，与 EL 一样，有机酸膜有相同的 460 nm 峰值蓝色 PL，硫酸或磷酸的无机酸膜完全没有显示 PL。

还有，草酸膜的 PL 有加热处理的效果[21]，在 600 ℃下加热 5 min 后 PL 增强约 3 倍，再升高温度时结果相反，膜开始褪色。马场等人[22]将没有显示 PL 的硫酸膜浸渍芳香族羧酸或磺基水杨酸后，加热至 300 ℃时可显示 PL。由此可以证明，发光中心不是晶格缺陷，而是有机酸运动分解过程中的中间体。

4. 有机酸膜的磷光

将生成的厚草酸膜在 600 ℃下加热 5 min 后，PL 强度增加，紫外线照射停止 1~2 min 后，仍可发现[23]黄绿色（560 nm）的磷光（残光）。

5. 有机酸氧化膜的 EL、PL 发光中心

EL、PL 与被吸收到膜中的有机酸阴离子有关，山本等人[24-25]用草酸膜的化学溶解法，分析膜中的有机酸阴离子和 PL 物质在深度方向的关系。结果发现有机酸阴离子是从膜表面分布至中央，PL 物质更接近溶液侧（如**图 1.4.53** 的 a、b 区域），且更接近溶液侧分布有磷光。由此可以明确，氧化膜中含有的有机酸羧基在通过高电场阻挡层的微量电子电流和强电场的作用下发生开裂、重组等性质变化，增强碳元素不饱和程度的成分变成 EL、PL 发光体，其中一部分显示出由黄色至茶色的自然生色变化。

这与白砂糖加热熔融后变成淡黄色的液体，然后分解产生气体和褐色物以及碳素，淡黄色糖状在紫外线照射下发出微弱 PL 类似。

6. 自然生色和 EL、PL

20 世纪 60—70 年以轻彩色为代表的氧化膜的琥珀色、褐色等由电解液引起的自然生色引起人们的注意。黑田[26]报告说，生成草酸膜时转化电压超过 40 V 会发生自然生色，这个电压被称为生色电压。清水等人[11]也对各种有机酸液的 EL 强度和转化电

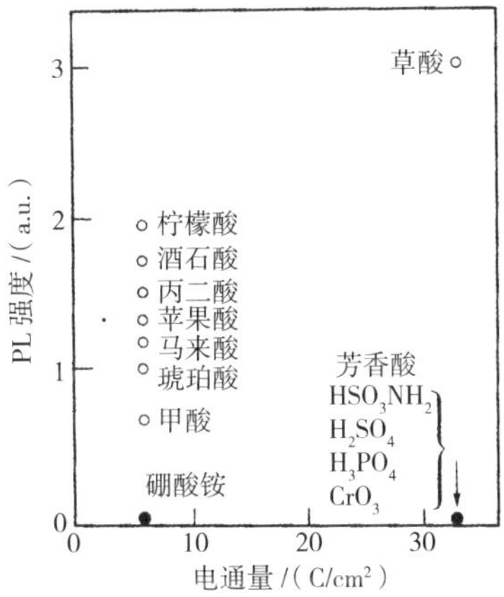

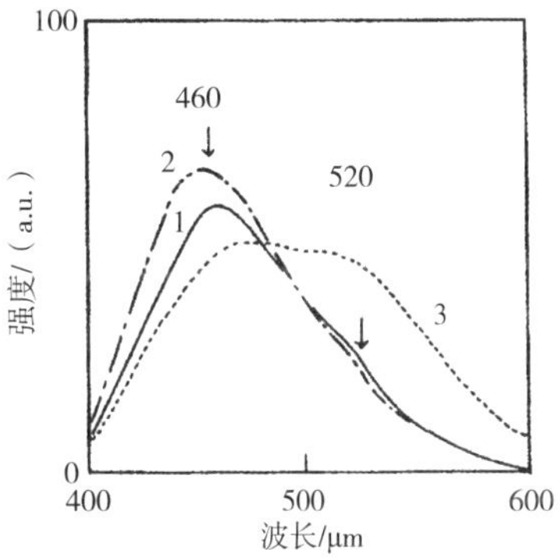

1—未处理；2—450 ℃热处理；3—550 ℃热处理

图 1.4.52　各种溶液中生成的氧化铝膜的 PL 强度（左）[20]和草酸膜的 PL 光谱（右）[21]

压的关系进行了研究，结果发现从 40 V 附近开始表面有 EL，开始自然生色，这和 EL 产生电压几乎相等，电压越高，EL 和生色浓度变得越强。（**图 1.4.54**）

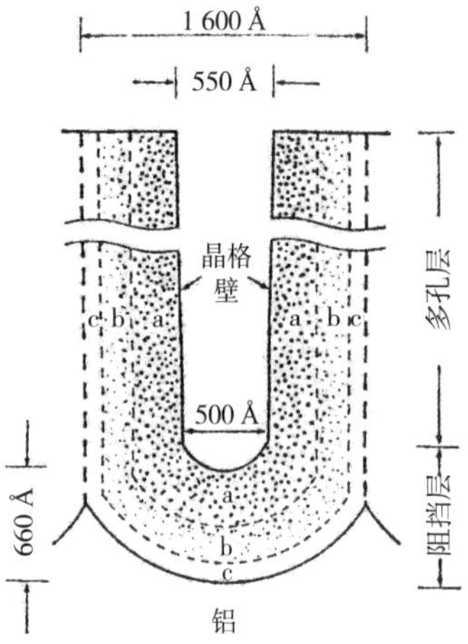

图 1.4.53　草酸膜晶格壁 PL 物质分布 [24]

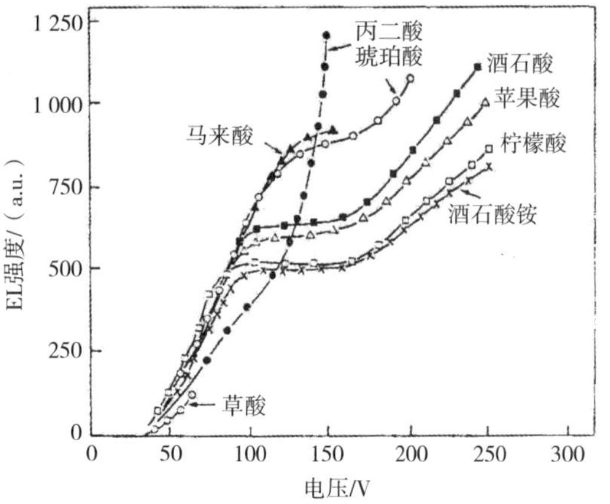

图 1.4.54　各种有机酸液在恒定电流阳极氧化时的电压-EL 强度关系 [37]

与直流相比，交流阳极氧化时，频率越高 EL 越明显，同时生色浓度也变大[27]。山本等人[28]基于这一点，认为阻挡层内的高电场导致羧基被毁坏，经 PL 过程最终变成碳化初期的褐色物质。因此，尝试用高效液相色谱法对 PL 物质和生色物质进行分离，发现了几十种物质[29]。

在此，山本等人[30]向氢氧化铝凝胶中添加各种有机酸，并在 300 ℃下烧结成氧化铝，发现带有浅茶色的 PL，其发光光谱与膜是一致的。这些相关研究都有著书[31]。

还有，硫酸直流阳极氧化膜是无色透明的，既没有 EL 也没有 PL。可是，大家都知道交流氧化会变成淡黄色膜。在此，水木等人[32]对交流氧化的频率和 EL 强度、生色浓度的关系进行研究。如**图 1.4.55** 所示，交流氧化时，EL 强度和生色浓度相对应。

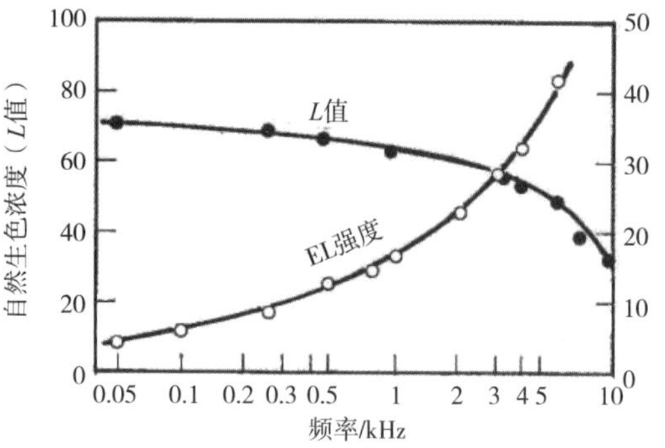

图 1.4.55　交流氧化时频率与硫酸膜自然生色浓度和 EL 强度的关系 [27]

硫黄粉末熔解后投入水中会变成褐色的胶状硫黄，熔融硫黄（S_8）的凝固物在紫外线激发下发出微弱的 PL，所以硫酸膜交流生色与阻挡层的硫酸离子还原为硫黄有关。

这几年中国研究小组的 Li 等人[33]也开展了孔隙高规则化排列膜和 PL 的组合研究，设想由部分氧空穴形成 F^+中心。

7. 电解着色和 EL

20 世纪 70 年铝建材着色的主流是电解着色。电解着色是一种孔隙沉积法，其电析的金属与化合物，除形成琥珀色、青铜色、褐色以外，还有黑、白、绿、金、蓝等很多色彩。可是金属为从孔隙中电析，电子电流必须流过阻挡层。

水木等人[34]用 EL 成功确认了流过阻挡层的电子电流。试验片是用微量的电子电流释放黄色 EL 的 Al-Mn（1.2%）合金。用硫酸铜系溶液交流电解着色该试验片的硫酸氧化膜时，其 EL 与着色的关系如**图 1.4.56** 所示。出现 EL（即电子电流开始）的同时也开始了着色，可以观察到，在更高的电压时发生氧化膜的剥离是强光发光点。

可是，草酸膜即便出现 EL 也不着色[35]，但是将

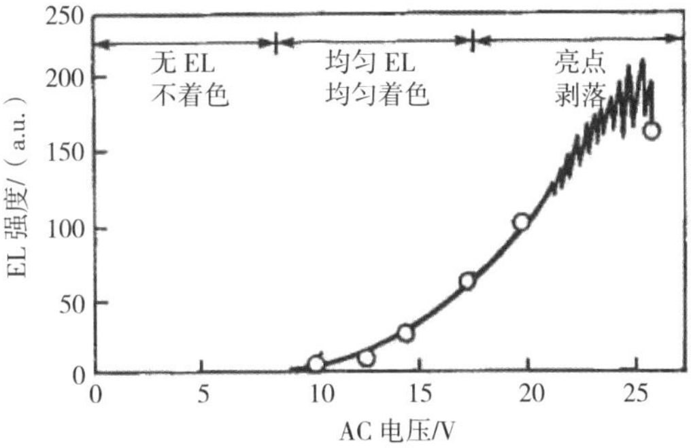

图 1.4.56　AC 电解着色 Al-Mn（1.2%）合金硫酸膜时发光 [34]（发光点发生破坏）

阻挡层调整 7~8 V 的厚度时，就会着色，所以着色不仅要考虑电子电流，还要考虑 pH 的变化等因素。

1.4.4.3　缘自阻挡层膜（也叫壁垒膜）的发光

到目前为止以多孔膜为主进行了论述，不过，用无机酸系的硼酸铵，有机酸系的柠檬酸铵、酒石酸铵等生成的薄阻挡层膜也可看到 EL。此时发光中心与草酸膜同样，都是被阻挡层膜吸收的有机酸阴离子变质物。可是，无机酸和有机酸的发光结构是不同的。

无机酸系硼酸铵溶液的 EL 不像有机酸那样均匀，清水等人 [36] 认为这是在缺陷部分产生的局部现象。从拍摄的照片上用肉眼能看到的均匀发光，也是如**图 1.4.57** 那样由发光点组成。EL 强度受试验片预处理的影响，未处理的 Al 试验片伴随少量气体的产生而电压上升，EL 也比较强。另外，缺陷部分比周围膜要薄，伴随电压上升变成结晶性 γ-Al_2O_3。该缺陷部分被施加高电压后发生电子注入并成发光点。因此，可以说该 EL 强度与阻挡层膜缺陷的密度有关。

可是，如果采用高纯度 Al 经电解抛光得到的试验片，生成的是厚度均匀的非晶结构的膜，则无法形成缺陷，没有 EL，也不产生气体，且膜厚会不断增加，很容易使绝缘发生破坏。

再有，酒石酸等有机酸系阻挡层膜成长中的 EL，如**图 1.4.58** 所示，即便烘烤 Al 基板结晶面，其亮度也不同 [37]。这是由结晶面方位上每单位电压膜厚差异导致的，EL 强度顺序是［111］>［011］>［001］面。

1.4.4.4　火花放电击穿时的发光和成膜结构

近年来，作为在严酷环境中被使用的铝材新表面处理方法，以 Keronite 为代表的火花放电阳极氧化（即陶瓷膜成膜法）[38] 受到海外广泛关注。在

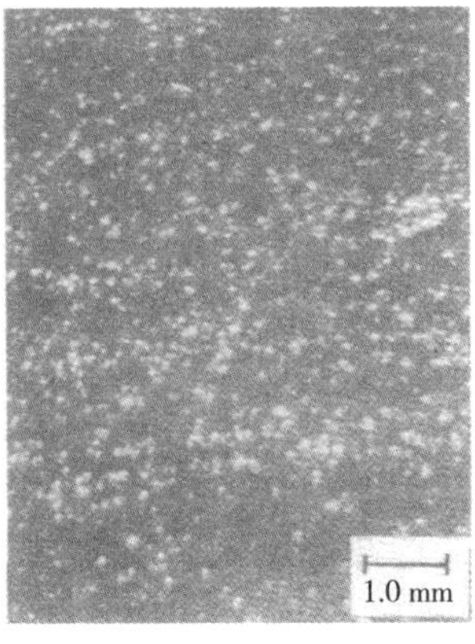

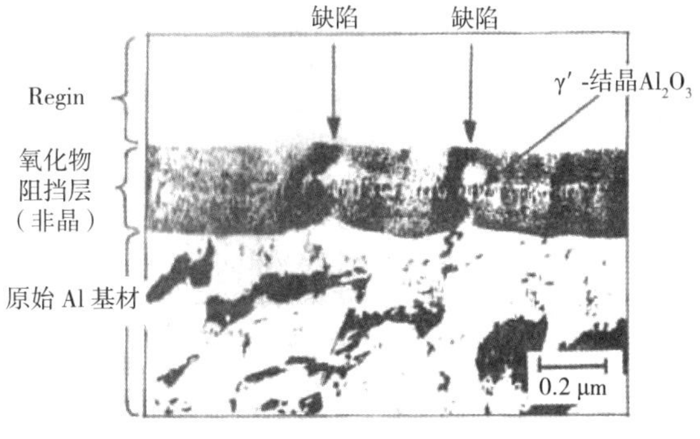

图 1.4.57　有缺陷时的无数发光点（左）[36] 与其截面结构（右）

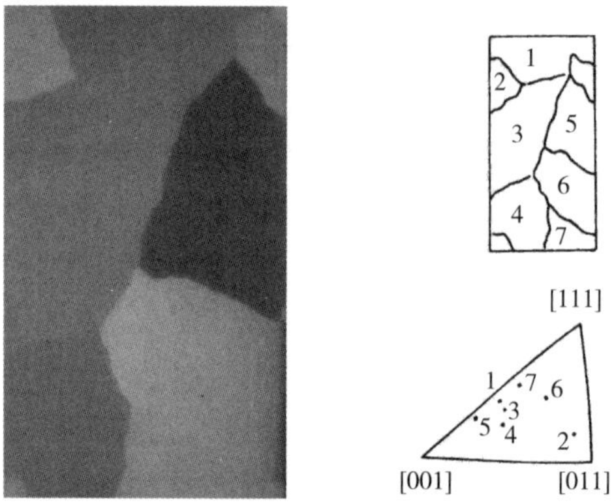

图 1.4.58　EL 强度对结晶方位的效果[37]
（0.1 mol/L 酒石酸水溶液、DC 160 V）

KOH、NaOH、硅酸盐、磷酸盐、铝酸盐等混合电解液中用高电压、高电流密度进行阳极处理伴随火花放电。可是，人们逐步发现硫酸和草酸成膜理论不成立。**图 1.4.59** 所示是 Henrion 等人[40]用电解液 Na_2SiO_3-KOH-H_2O 交流电解时的发光光谱。引人注意的是，Mg、Zn、Cu 弱的峰值来自 7075 铝合金材料，Na 和 K 存在于溶液中，气体是 H_2。高桥等人[41]用直流法，须田等人[43]、高桥等人[42]用交流法，一直在不断研究探索。

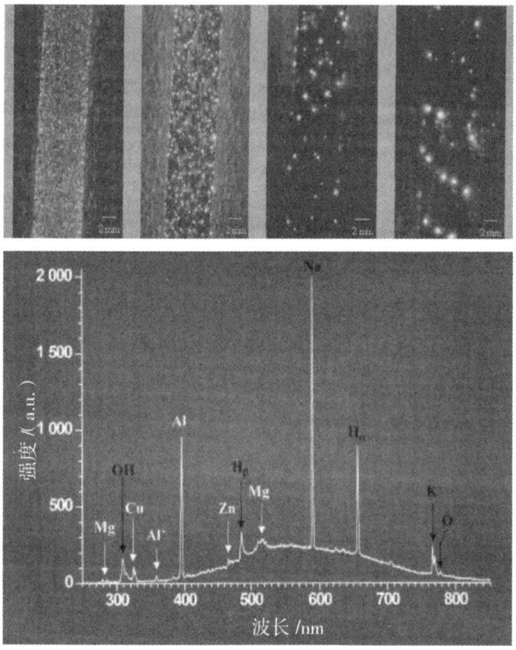

图 1.4.59　伴随氧化膜增厚向大的微弧移行（上）和发光光谱（下）[40]

水木等人[44]报告根据火花放电在暗室观察生成 α-Al_2O_3 膜过程时发光，火花放电膜的成长模式如**图 1.4.60** 所示。阻挡层膜达到一定厚度时，因在氧化膜/Al 界面产生气体造成膨胀和破裂往复循环，膜的破坏片堆积增厚。此时发光，膜薄的时候蓝白光围绕电极来回移动。膜层增厚的同时火花放电集中在一点，可以通过发光追踪到电火花慢慢移动的样子。另外，幅崎等人[45]也对 Ti 的火花放电膜进行了同样考察。

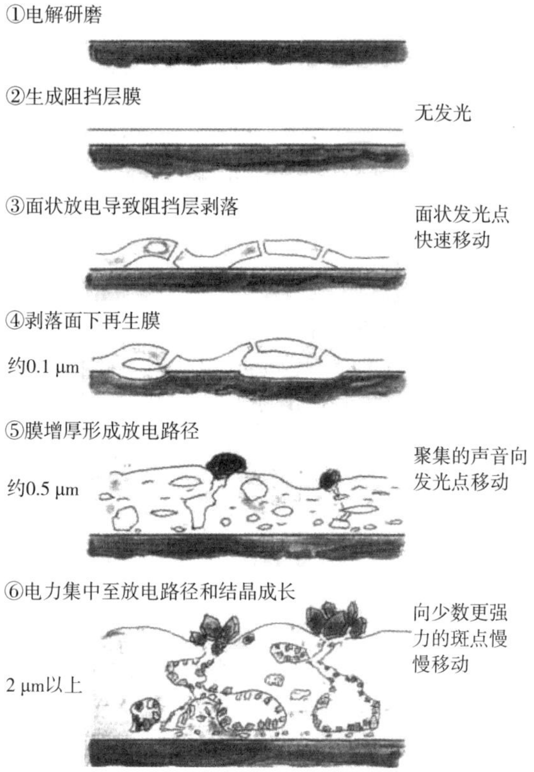

图 1.4.60　火花放电结晶性膜的成长模式[44]

1.4.4.5　Mn、Tb、Eu、Tm 等助活剂和 EL

阻挡层膜（阻挡层）除 Mn（橙色）外，含 Tb（绿色）、Eu（红色）等迁移金属与稀土类元素时，溶液侧注入的微量电子被激发，释放元素固有的 EL 色。类似这样的元素被称为 EL 助活剂。Mn 的橙色 EL 特别明显，1935 年 Betz[46]对其进行初次报道，Ganley 等人[47]也报告说用交流转化会发出更强的光。（**图 1.4.61**）

使用 Al-Mn 合金时很容易观察到黄色 EL。Mn 浓度以 1%~2% 为宜，EL 强度与电压成指数关系，与电流密度几乎成线性关系。不过它也取决于交流

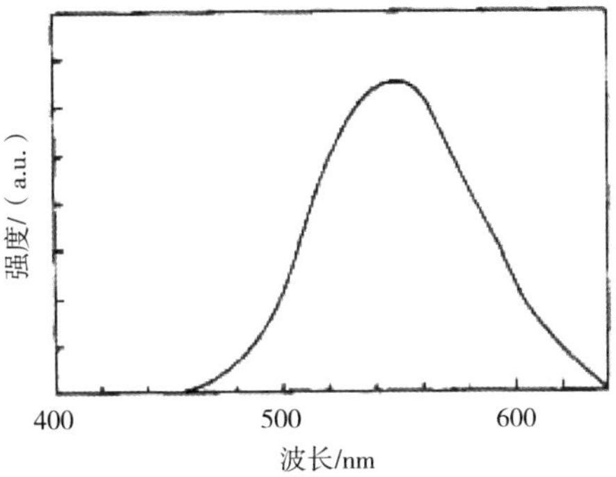

图 1.4.61　交流阳极氧化 Al-Mn（1.2%）合金的黄色 EL 光谱 [48]（5 mA/cm²、3% 硼酸氨）

频率，1 kHz 附近 EL 最明亮 [48]。樱井等人 [49] 用溅射 Al-Mn 合金测定 EL 并对结果进行报告，一般认为 Al-Mn 合金由 Al_6Mn 金属间化合物粒子组成，而溅射膜与固溶合金相比，Mn 分散更加均匀，同时放电亮度增强几倍。

除合金法外，还可以在溶液中使用电化学手法给氧化膜助活。在添加了微量 $KMnO_4$ 的硼酸铵溶液中全面引起火花放电产生绝缘破坏，Mn 介入阻挡层膜产生黄色 EL[50]。另外，在 $KMnO_4$ 水溶液中交流电解硫酸膜后，在填充阻挡层溶液时也发现了黄色 EL[51]。（**图 1.4.62**）

随后，胜野等人 [52] 对 Al 材直接注入 Eu^{2+}，前野等人 [53] 及谷川等人 [54] 也对阻挡层膜注入 Eu^{+}、Tb^{2+}、Tm^{2+}、Mn^{+}等离子，再进行阳极氧化来研究发光特点。

水木等人 [55] 用添加硫酸铵的硫酸、柠檬酸水溶液对 Al 进行交流氧化，发现了红色 EL，对其特性进行研究时发现，Al 作为阴极时 Eu^{3+}介入阻挡层并产生 EL。Haapakka 等人 [56] 尝试将该发光强度应用于 Eu^{3+}浓度测定。

1.4.4.6　Si、Ti、Ta、Y、Mg 等发光

到目前为止，以 Al 为主进行了论述，除了可生成被称为阀金属的高耐电压性阳极氧化膜的 Si、Ti、Ta、Y 外，在 Mg 的阳极氧化中也看到了发光。关于这类发光，Ivey[57] 及 Ikonopisov[58] 都有论述。可是，因为不像 Al 那样有稳定的发光，所以其机理还没有得到充分的研究。

1.4.4.7　各种发光功能应用研究

1. 固体 EL 元件的挑战

在水溶液中用 Al-Mn 固溶合金进行交流阳极氧化，EL 亮度可相当于电视画面 50 cd/m² [59]。可是，由于溶液中存在膜的生成、气体产生、散热等问题，因此挑战了固体元件的可能性。初期，将有导电性的玻璃氧化膜上观察发光。因亮度不足，需要将电压提高几百伏，伴随着剧烈的电火花，瞬间膜就被破坏了。如**图 1.4.63** 所示用 ITO 玻璃从两面夹持逆向电解草酸膜，检测其发光特性 [60]。进一步对各种膜进行了调查，发现铬酸膜最难被破坏。**照片 1.4.20** 所示是 Al-Mn（1.2%）进行铬酸阳极氧化后，对膜直接溅射 ITO（氧化铟锡）得到的固体元件与其 EL 发光情况 [61]。

另外，还有用干式法助活稀土类元素的相关报告。MaCarthy 等人 [62] 报告说用蒸镀生成 Al

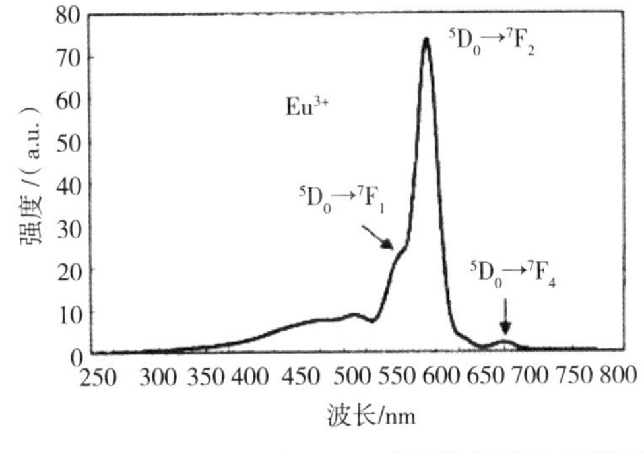

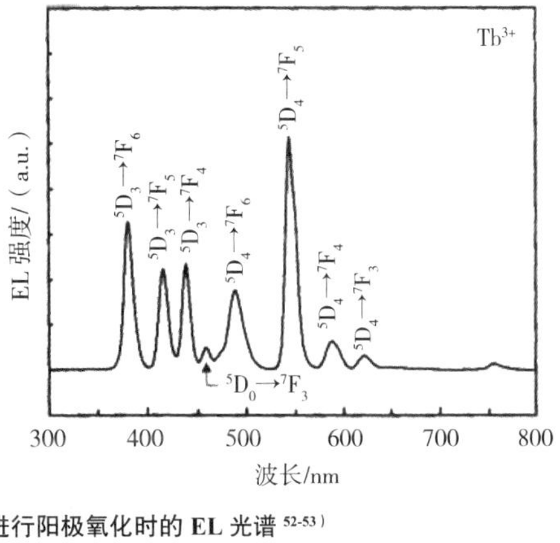

图 1.4.62　稀土类离子注入阻挡层膜后进行阳极氧化时的 EL 光谱 [52-53]

（左为 Eu^{3+}，右为 Tb^{3+}，3% 硼酸氨，320~330 V）

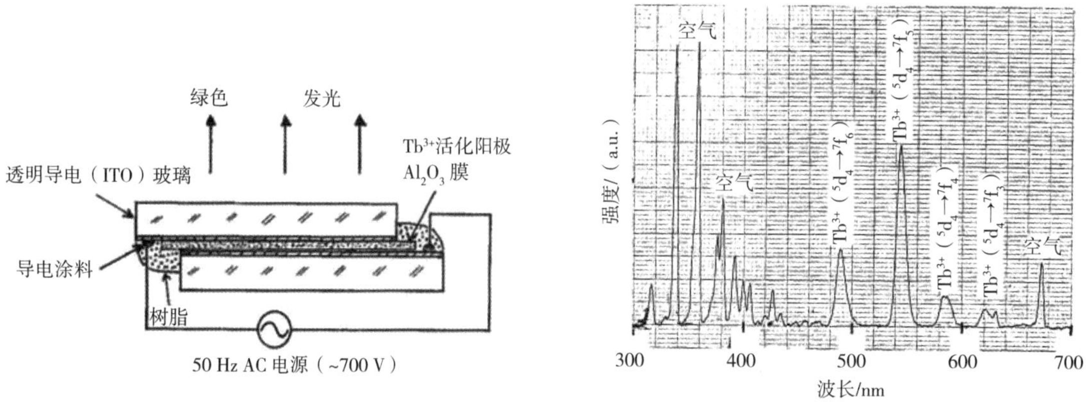

图 1.4.63 用 ITO 玻璃夹住 Tb^{3+} 助活逆电解剥离草酸膜时的发光元件结构和发光光谱 [60]

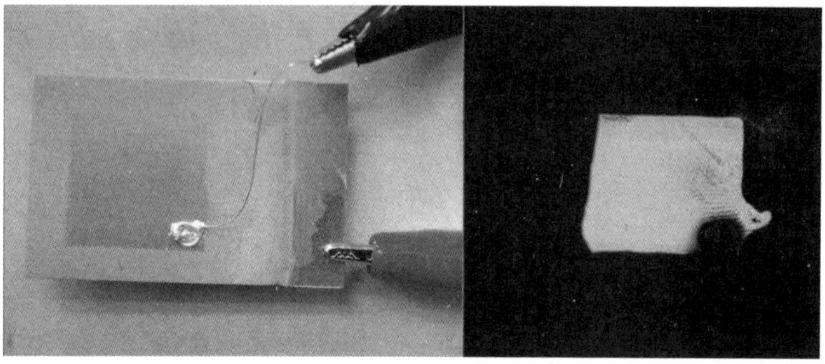

照片 1.4.20 由 Al-Mn（1.2%）固溶合金铬酸阳极氧化膜得到的固体 EL 元件 [61]（左）和黄色 EL（右）

（500 nm）/T（1 nm）/A（100 nm）积层膜，通过单面阳极氧化生成 Al_2O_3: Tb 薄膜，从而形成固体 EL 元件。成功获得 120 ftL 的绿色 EL，但在室温下会劣化，要得到稳定发光需要用液氮进行冷却，所以未能实现商业化。

2. 活用孔隙的等离子发光元件

前面介绍了用 ITO 玻璃逆电解剥离膜，其匹配元件的发光光谱是混入 Tb 助活剂并进行空气放电的绿色辉线。由此形成观察放电的膜孔隙和等离子发光元件[63]。最近，莲尾等人[64]在阳极氧化膜和 ITO 玻璃之间留出几百微米的间隙，往间隙里封入 Ne-Xe、He-Xe 气体，用几百伏的交流电获得 1 000 cd/m² 的高亮度。可是，由于散热不好和孔隙过小，发光效率成了问题。（**图 1.4.64**）

3. 红宝石氧化膜的生成和红色 PL

用 Al 阳极氧化给氧化铝膜注入 Cr，制造红宝石（α-Al_2O_3: Cr^{3+}）一直是梦想。可是，1980 年三田等人[65]成功了。首先，将硫酸膜浸渍在铬酸铵液中，干燥后，田岛等人[66]使用重硫酸氢钠和重硫酸铵等摩尔熔融盐（160~190 ℃）再阳极氧化。100 V 以上时发生火花放电破坏绝缘，该高热电火花使无定形氧化膜发生 α-氧化铝结晶化，同时将孔隙中的 Cr 注入结晶中变成了粉红色的红宝石氧化膜。如果用紫外线照射，则显示红宝石固有的 590 nm 处带有尖锐 R 线的红色 PL。（**图 1.4.65**）

近几年，水木[67]等人直接用熔融盐阳极氧化 Al-Cr（0.4%）固溶合金，生成了红宝石氧化膜。该

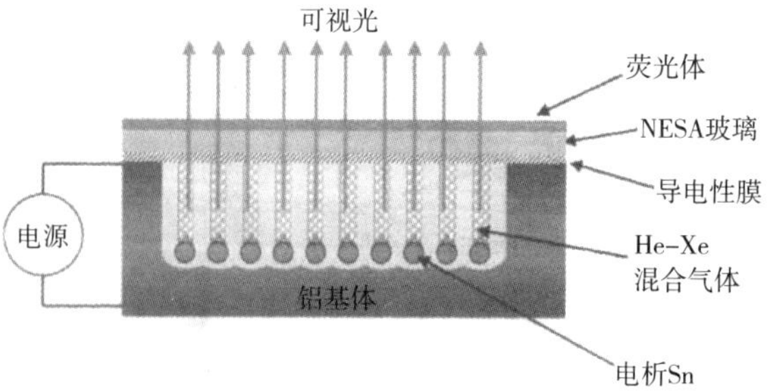

图 1.4.64 封入 He-Xe、Ne-Xe 气体后的等离子发光元件的结构 [64]

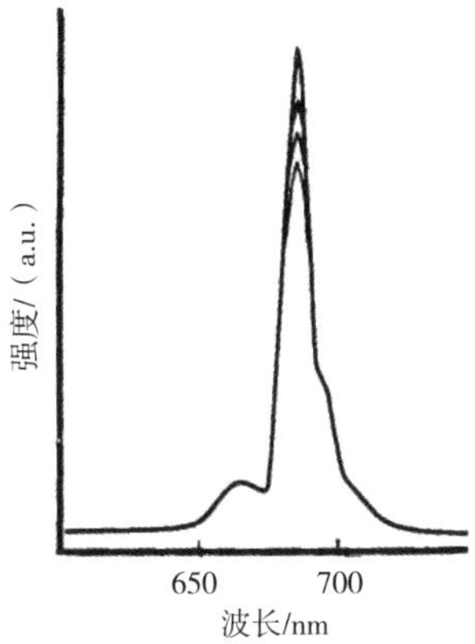

图 1.4.65 红宝石氧化膜的 PL 光谱[65]

红宝石氧化膜被考虑用于制作高能直线加速器的 BPM（beam profile monitor，波束轮廓显示器）板[68]。

4. 活用孔隙的激光发光

益田等人[69]报告说，给高度规则化排列草酸膜的孔隙填充 Pyrromethene 597 色素，用 YAG（钇铝石榴石晶体）激光（波长 532 nm）对此进行激发时，色素发出 547 nm 辉线激光信号。该高度规则化排列过的孔隙构造，使得空气和氧化铝的有序结构产生共晶效果[70-71]，使来自色素的荧光发生谐振，今后在新的光学元素领域的应用值得期待。

1.4.4.8 后记

自从报告铝阳极氧化膜发光以来，已经过去了 110 年。曾经有一段时期，伴随半导体的问世，人们对 EL 显示元件的前景充满期待。可是，早期各种研究由于亮度、效率等问题被淘汰，如今液晶、等离子、有机 EL 成为平板显示器的主流。

可是阳极的发光现象，如前所述，实际是阻挡层膜或阻挡层发出的各种各样的光信号。因此，解开这个发光机理，对开发更加优异的表面处理技术和光子晶体等纳米材料意义重大。

参考文献

1）F. Braun：Ann. Phys. Chem.，65，361（1898）.
2）和田正信，西沢潤一，宮下和雄共訳：エレクトロルミネッセンス，コロナ社（1963）.（原著 H. K. Henisch：ELECTROLUMINESCENCE，Pergamon Press（1962））.
3）R. T. Dufford：J. Opt. Soc. Am.，18，17（1929）.
4）Z. Ruziewicz：Bull. Acad. Polo. Sci.，8，667（1960）.
5）Z. Ruziewicz：Bull. Acad. Polo. Sci.，4，537（1956）.
6）Z. Ruziewicz：Bull. Acad. Polo. Sci.，8，661（1960）.
7）W. Ch. van Geel，C. A. Pistorius and B. C. Bouma：Philips Res. Rep.，12，465（1957）.
8）S. Tajima：Electrochim，Acta，22，995（1977）.
9）水木一成：第 87 回表協大会予稿集（1993），p.296.
10）D. A. Vermilyea：J. Electrochem. Soc.，110，250（1963）.
11）S. Tajima，K. Shimizu，N. Baba and S. Matsuzawa：Electrochim. Acta，22，845（1977）.
12）水木一成，馬場宣良，田島栄：金属表面技術，28，30（1977）.
13）今村武夫，星野重夫，松本誠臣：金属表面技術，28，22（1977）.
14）星野重夫，今村武夫，松本誠臣，小島薫：28，167（1977）.
15）G. C. Tu，I. T. Chen and K. Shimizu：軽金属，40，382（1990）.
16）星野重夫：軽金属，37，831（1987）.
17）多胡壮一郎，星野重夫，眞保良吉：第 107 表協大会予稿集（2003），p.172.
18）水木一成，西尾和之，益田秀樹：第 70 回 ARS 予稿集（2006），p.15.
19）S. Ono and T. Sato：Proc. Interfinish 80（1980），p.287.
20）S. Tajima，N. Baba，K. Shimizu and I. Mizuki：Electrocomp. Sci.& Tech.，3，91（1976）.
21）S. Tajima，K. Shimizu. N. Baba，and H. Sakai：Electrocomp. Sci.& Tech.，3，127（1976）.
22）馬場宣良，吉野隆子，辻史郎：応用物理，49，33（1980）.
23）水木一成，馬場宣良：第 71 回表協大会予稿集（1985），p.58.
24）Y. Yamamoto，N. Baba and S. Tajima：Nature，289，572（1981）.
25）Y. Yamamoto and N. Baba：Thin Solid Films，101，329（1983）.
26）黒田孝一：金属表面技術，26，329（1975）.
27）深沢秀樹，馬場宣良，吉野隆子，水木一成：金属表面技術，28，369（1977）.
28）山本裕三，馬場宣良，田島栄：日化誌（1982），p.1129.
29）山本裕三，増田健一，馬場宣良：第 67 回表協大会予稿集（1983），p.80.
30）山本裕三，高橋玲子，馬場宣良：金属表面技術，33，212（1982）.
31）山本裕三，水木一成，馬場宣良：洗浄設計，No.22，73（1984），No.23，33（1984）.
32）水木一成，馬場宣良，吉野隆子：金属表面技術，30，294（1979）.
33）Y. B. Li and M. J. Zheng：Appl. Phys. Lett.，91，073109

(2007) .
34) 水木一成，馬場宣良，吉野隆子：金属表面技術，31，75 (1980) .
35) 水木一成，馬場宣良：金属表面技術，32, 35 (1981) .
36) K. Shimizu，S. Tajima，N. Baba and S. Matsuzawa：Thin Solid Films，41 L35 (1977) .
37) S. Tajima，K. Shimizu，N. Baba and S. Matsuzawa：Electrochim. Acta，22，851 (1977) .
38) A. T. Kuhn：Metal Finish.，Nov. /Dec. (2002)，p.45.
39) A. L. Yerokhin，X. Nie，A. Leyland，A. Matthews and S. J. Dorwey：Surface and Coating Technology，122，73 (1999) .
40) G. Henrion，F. Mecuson-Jaspard，E. Tillous，T. Czerwiec，T. Belmonte，T. Toll-Duchanoy，E. Bauer-Grosse，L. Dujardin，and A. Viola：4th Int. Symp. Aluminium Surface Science and Technology (2006)，France.
41) 高橋宣光，船坂秀典，清水紀夫：J. Ceramic Soc. Jpn.，113，429 (2005) .
42) 高橋宣光，船坂秀典，清水紀夫：J. Ceramic Soc. Jpn.，113，616 (2005) .
43) 須田新，森和彦：表面技術，57，137 (2006) .
44) 水木一成，西尾和之，益田秀樹：第 109 回表協大会予稿集 (2004)，p.316.
45) H. Habazaki，T. Onodera，K. Fushimi，H. Konno and K. Toyotake：Surface and Coating Technology，201，8730 (2007) .
46) H. Betz：Z. Phys.，95，189 (1935) .
47) W. P. Ganly，P. M. Mooney and D. Huminik：Thin Solid Films，3，377 (1969) .
48) I. Mizuki，N. Baba and S. Tajima：Jpn. J. Appl. Phys.，16，971 (1977) .
49) S. Sakurai，Y. Nishi，S. Morinaga，K. Kato，M. Sakai：Surface Modification Technology Ⅵ (1993)，p.200.
50) 水木一成，馬場宣良：金属表面技術，33，258 (1982) .
51) 水木一成，山本祐三，吉野隆子，馬場宣良：金属表面技術，38，561 (1987) .
52) M. Katsuno，S. Morisaki，N. baba，M. Iwaki and K. Takahashi：Jpn. J. Appl. Phys.，25，1262 (1986) .
53) 前野智和，伊藤寿，谷崎良之，森崎重喜，水木一成：表面技術，47，1082 (1996) .
54) 谷川豪，水木一成，森崎重喜：表面技術，55，71 (2004) .
55) 水木一成，森崎重喜，馬場宣良：表面技術，43，221 (1992) .
56) K. Haapakka，J. Kankare and S. Kulmala：Analytica Chimica Acta，209，165 (1988) .
57) H. F. Ivey："Electroluminescence and Related Effects"，(Academic Press) (1963)，p.161.
58) S. Ikonopisov：Electrochim. Acta. 20，783 (1975) .
59) 水木一成，吉野隆子，益田秀樹：第 97 回表協大会予稿集 (1998)，p.269.
60) 水木一成，森崎重喜，馬場宣良；表面技術，40，1405 (1989) .
61) I. Mizuki，H. Masuda and N. Baba：Trans. Mat. Res. Soc. Jpn.，15A 381 (1994) .
62) S. L. MaCarthy and J. Lambe：Appl. Phys. Lett.，37，554 (1980) .
63) Y. Tokunaga，S. Morisaki，I. Mizuki and S. Hasuo：Proc. ISE 55th Annual Meet.，S12FP20 (2004) .
64) 久保田智史，竹内希，安岡康一，石井彰三，中井真澄，蓮尾俊治：電気学会プラズマ研究会資料，PST-05-7 (2005)，p.38.
65) I. Mita and M. Yamada：Chem. Lett. (1981)，p.123.
66) S. Tajima，M. Soda，T. Mori and N. Baba：Electrochim. Acta，1，205 (1959)，ibid. 6，127 (1962) .
67) 水木一成：第 17 回 ARS 松島コンファレンス予稿集 (2000)，p.52.
68) H. Kobayashi，I. Mizuki，T. Kurihara，H. Masuda and H. Shibata：Proc. 23rd Linear Accelerator Meet. Jpn. (1998)，p.46.
69) H. Masuda，M. Yamada，F. Matsumoto，S. Yokoyama，S. Mashiko，M. Nakao and K. Nishio：Adv. Mater. 18，353 (2006) .
70) 益田秀樹：応用物理，72，1280 (2003) .
71) 益田秀樹，西尾和之：まてりあ，45，172 (2006) .

1.4.5　感光特性

阳极氧化法被发明以来不足 90 年，算是新的表面处理技术，用该处理技术在铝表面生成阳极氧化膜并实际应用，至今还在进行各种研究探讨。

本节论述的赋予基材感光特性也是其中一环，被称为照片印版的铝基材，替代了过去在照片领域所用的照片印纸。

1.4.5.1　背景

印纸除打印照片以外还有极为广泛的用途，是我们现代生活中不可欠缺的材料，但这种材料的纸有致命的缺陷。比如，容易吸附湿气，强度低，容易起褶，不耐热，易燃，不易保存等。将纸改为金属，可以改善这类缺点，用轻金属铝替代的话，可以带来很多好处，基于此，铝板感光材料被开发和应用，新的用途也带来许多新的好处。

20 世纪 50 年代该感光材料，由美国 (Metalpho-

to）与瑞士（Alphoto）开发，60年代，美国已经有各种板厚、尺寸的未封孔感光材料经密封包装后在市场销售，用户根据自己需要购入所需尺寸的产品，用简易的显影组件自行生产。

1965年美国最大生产商Metalphoto和日本表面处理厂家签订了进口销售合同，日本从美国进口这些材料后以“Metalphoto”的商品名称在市场上销售。

日本国内铭牌制造者也将其作为经营产品，购入此类未封孔感光材料，根据各个行业用户要求将其加工成产品进行销售。随后，国内的大型胶卷生产商也开始生产基板，现在阳极氧化感光材料已经进入了进口半成品和国产化产品并行的阶段。

1.4.5.2　结构与处理

在草酸阳极氧化处理生成的多孔氧化膜中，填充感光性卤化银乳剂可使其具有印纸功能，放大的截面如**图1.4.66**所示。这类铝板和铝箔被实施消光、半光泽、微细发纹等表面加工预处理，根据用途可自行选择。使用与照片打印同样的手法，可以将画像再现在铝板上。即将希望显现的文字、图像的制版底片紧贴在感光铝板上，在暗室内用弧光灯等进行紫外线烘烤，用特定药水显影、固定、调色，使得卤化银被还原成金属银，在阳极氧化膜中再现黑色图像，在胶卷的遮光部分对紫外线未曝光的卤化银在定影时被洗掉，只留下透明的膜。

另外，对部分着色板，制版成准备好的着色用胶卷，将其作为密封胶卷使用，用局部对阳极氧化膜染色的方式使黑色显影的空白处彩色化。对背景进行目标染色，浸渍在指定染料液中可将黑色显影的背景染成目标颜色。

在制作拍摄对象的底片时，用150~200网目（1″×1″中的网点数）的网版进行分解深浅制版，用这个底片进行上述打印处理，从暗部到强光的色调，渐变忠实再现于照片上，同时也可再现在铝板上。

最后，进行封孔处理（阳极氧化处理的最后工序），感光材料处理工艺见**图1.4.67**。

1.4.5.3　特征

草酸阳极氧化膜具有优异的耐腐蚀性、耐磨性，如果图像部分用的不是染料而是金属银的黑色胶粒，那么金属银优异的耐紫外线性可使该氧化膜在室外长期使用而不褪色，且有很强的耐海水性。它经加工后能忠实再现原有格调，充满现代感、高价值感，是与印纸照片完全不同的产品，可永久使用，适合需要耐久性的存储媒介使用。

与传统照片印纸比较优势明显，具体特征列举如下：

①耐盐分、有机溶剂裂痕、油脂类；

②抗划伤、龟裂、裂痕、脱落能力强；

③有优异的耐光性；

④耐热、耐菌。

相关实验例子列举如下。（美国Metal photo公司的资料）

①耐磨性：锥形CS-17、1 000gr、7 000循环合格。

②耐候性：暴露室外20年以上合格。

③耐酸性：浸渍3%硝酸溶液24 h合格。

④耐热性：1 000 °F以下10 min无异常。

⑤喷雾：32 ℃下720 h、5%盐雾无异常。

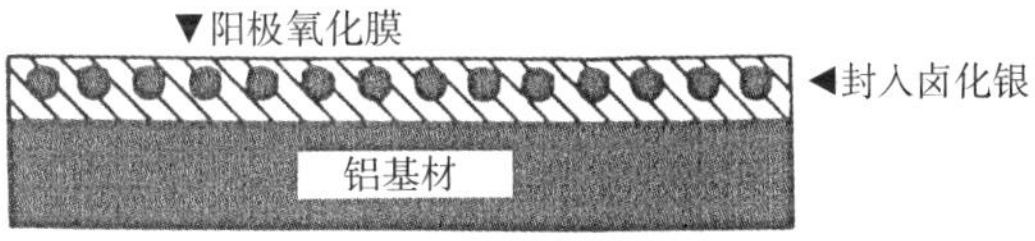

图1.4.66　感光材料的放大截面

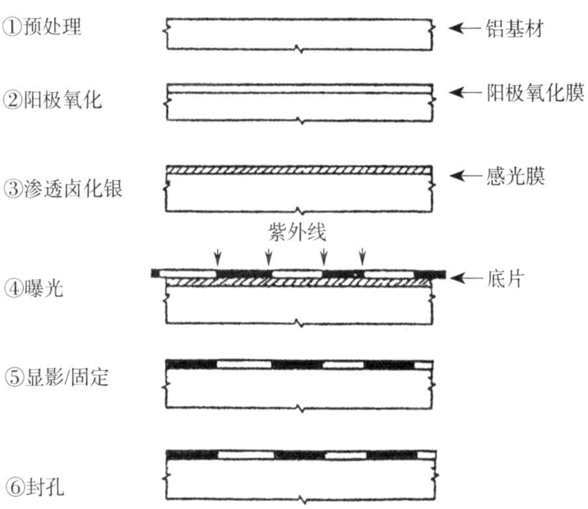

图1.4.67　感光材料处理工艺

⑥耐有机溶剂性：24 h 无异常。

1.4.5.4　用途

除了通常的签名板、铭牌等用途以外，阳极氧化膜还被用于制作显示面板、标签等，特别是根据述特征，开发了各种相应的用途，其耐海水性、耐光性也得到认可，被广泛用于制作船舶用铭牌。在美国作为 MIL 标准（美国军用标准）被造船厂和军舰标识板采用，在日本也被指定为海上保安厅的船舰用规格。

主要用途列举如下。

①动物园、植物园、公园等场所的室外标识牌、介绍牌。

②纪念匾、装饰匾、奖状、毕业证书类。

③结婚仪式、各种会议的纪念照片、肖像写真、绘画的复制品。

④各种证件、ID 卡、姓名标签、签字板。

⑤机械铭牌、设备标识牌、操作说明板、精制刻度盘、标尺、配线图例。

⑥各种铭牌、徽章、面板、标签类。

⑦飞机、铁道车辆、各种运输用交通工具的标识、座位表、车站名牌、导向显示牌类。

⑧各种船舶、游艇、汽艇、造船厂海洋设备的板子类。

⑨各种礼品、纪念品、奖品类。

1.5　化学特性

1.5.1　耐腐蚀性与耐化学性

1.5.1.1　定义和分类

1. 定义

一般对耐腐蚀性（corrosion resistance）的理解是耐腐蚀的性质、不易腐蚀的性质，日本工业标准防腐蚀术语（JIS Z 0103）中用的定义是“金属耐腐蚀的性质”，铝表面处理术语（JIS H 0201）中的定义是“金属在暴露于含有腐蚀性物质的环境中的抵抗性”。耐化学性（chemical resistance）在涂料术语（JIS K 5500）中的定义是“即便浸泡在酸、碱、盐等药品溶液中也不容易发生变化的性质”。根据铝表面处理术语，可以将其定义为“暴露于含有酸、碱、盐等腐蚀性物质的环境中的抵抗性”。通常实施的耐腐蚀性试验使用酸、碱、盐等物质作为腐蚀促进剂，耐化学性被认为包含在耐腐蚀性范畴内。

另外，腐蚀在铝表面处理术语中的定义是“金属与环境中诸物质反应发生消耗的现象”，在腐蚀术语中的定义是“金属被周围环境物质以化学或者电化学的方式侵蚀而导致材质劣化的现象”。腐蚀形态有均匀腐蚀、局部腐蚀、孔蚀、点蚀、丝状腐蚀、微生物腐蚀、异种金属接触腐蚀、缝隙腐蚀、杂散电流腐蚀、浓淡电池腐蚀、晶间腐蚀、剥离腐蚀、湿腐蚀、干腐蚀等。

2. 分类

1）阳极氧化膜的耐腐蚀性

《铝及铝合金阳极氧化膜》（JIS H 8601-1）的耐腐蚀性试验见**表 1.5.1**，耐腐蚀性分成四类，其中对耐腐蚀性规定了标准值的仅有耐碱腐蚀性、CASS（乙酸盐雾）耐腐蚀性。另外，《铝及铝合金硬质阳极氧化膜》（JIS H 8603）中对耐腐蚀性规定了标准值的是中性盐雾试验（表 1.5.1 里有追加）。

2）铝表面处理材料的耐腐蚀性

在铝表面处理术语“耐腐蚀性”的定义中，耐腐蚀性有耐碱腐蚀性、耐酸腐蚀性、耐盐水腐蚀性等，令人意外的是 JIS 标准中有关铝阳极氧化膜耐腐蚀性试验与其标准值的内容不多。在此，对包含铝阳极氧化膜、涂膜和复合膜的海外标准和相关团体标准记载的腐蚀性进行分类并列于**表 1.5.2** 中。封孔

表 1.5.1　铝阳极氧化膜的耐腐蚀性

耐腐蚀性方法	耐腐蚀性种类	耐腐蚀性标准值
a）滴碱试验（JIS H 8681-1）	耐碱腐蚀性	JIS H 8601
b）电动势耐碱性试验（JIS H 8681-1）		
c）CASS 试验（JIS H 8681-2）	CASS 耐腐蚀性	JIS H 8601
d）乙酸盐雾（AASS）试验（JIS Z 2371）	乙酸盐雾耐腐蚀性	
e）中性盐雾（NSS）试验（JIS Z 2371）	中性盐雾耐腐蚀性	JIS H 8603

表 1.5.2　铝表面处理品的耐腐蚀性等和试验法标准

耐腐性及其性能		试验方法标准	备注（对象、使用药剂示例）
a）耐碱性	①耐碱腐蚀性 ②耐碱腐蚀性 ③耐碱性 ④耐碱性 ⑤耐砂浆性	①滴碱试验（JIS H 8681-1） ②电动势耐碱性试验（JIS H 8681-1） ③耐碱性试验（JIS H 8602） ④耐碱性试验（JIS H 4001） ⑤耐砂浆性（ARS 2141、ASTM C207）	①阳极氧化膜、100 g/L NaOH 溶液 ②阳极氧化膜、100 g/L NaOH 溶液 ③涂装复合膜、5 g/L NaOH 溶液 ④涂膜、饱和石灰水 ⑤阳极氧化膜等、硅酸盐水泥
b）耐盐雾	① CASS 耐腐蚀性 ② AASS 耐腐蚀性 ③ NSS 耐腐蚀性 ④ SWAAT（海水加速测试）耐腐蚀性	①铜加速乙酸盐雾试验（JIS H 8681-2） ②乙酸盐雾试验（JIS Z 2371、H8502） ③中性盐雾试验（JIS Z 2371、H8502） ④酸性人工盐雾试验（ASTM G85-A3）	①阳极氧化膜等、50 g/L NaCl 溶液、氯化铜 ②阳极氧化膜等、5% NaCl 溶液 ③阳极氧化膜等、5% NaCl 溶液 ④阳极氧化膜等
c）耐化学性	①耐盐水性	①耐盐水性试验（JIS K 5600-6-1）	①复合膜、涂膜、5% NaCl 溶液
d）耐酸性	①耐酸性 ②耐盐酸性 ③耐硝酸性	①耐酸性试验（JIS K 5600-6-1、H4001） ②耐盐酸性试验（ARS 3102） ③耐硝酸性试验（ARS 3104）	①复合膜、涂膜、5% 硫酸溶液、2% 硫酸溶液 ②复合膜、涂膜、盐酸 ③复合膜、涂膜、硝酸
e）耐化学性	①耐溶剂性 ②耐 SO_2 气体性 耐亚硫酸气体腐蚀性 ③耐臭氧性 ④耐化学性	①耐溶剂性试验（JIS K 5600-6-1、ARS 3401） ② SO_2 气体试验（JIS H 8502 等） 亚硫酸气体腐蚀试验（BS1224、DIN 50018） ③加速耐臭氧性试验（JIS D 0205） ④耐液体性试验（JIS K 5600-6-1）	①复合膜、涂膜 ②复合膜、涂膜、SO_2 气体 ③复合膜、臭氧 ④复合膜、规定化学药品
f）耐室外暴露性	①耐大气暴露性	①大气暴露试验（JIS H 0521） 室外暴露试验（JIS Z 2381）	①阳极氧化膜、复合膜、涂膜
g）加速耐候（光）性	①加速耐候（光）性	①阳光碳弧灯式耐候性试验（JS H 8602） 紫外线碳弧灯式（JS H 8602） 氙气弧光灯式耐候性试验机（JIS K 5600-7-7 等） 氙气弧光灯式耐光性试验机（JIS H 8685-1、2）	①阳极氧化膜、复合膜、涂膜
h）耐湿（润）性	①耐湿性 ②耐湿润性	①耐湿性试验（JIS H 400、K 5600-7-2） ②湿润腐蚀试验（JIS K 2246）	①复合膜、涂膜 ②阳极氧化膜、复合膜、涂膜
i）耐水性	①耐水性	①耐水性试验（JIS H 5600-6-2）	①复合膜、涂膜
j）耐沸水性	①耐沸水性	①耐沸水性试验（JIS H 8602）	①复合膜、涂膜
k）耐油性	①耐油性	①耐油试验（JIS K 5600-6-1）	①复合膜、涂膜
l）涂膏耐蚀性	①涂膏耐蚀性	①涂膏耐蚀试验（JIS H 8502）	①阳极氧化膜、复合膜、涂膜、硝酸铜、氯化铁、氯化铵、
m）耐循环性	①耐循环试验性	①中性盐雾循环试验（JIS H 8502） 人工酸雨循环试验（JIS H 8502）	①阳极氧化膜、复合膜、涂膜、NaCl、硫酸
n）耐污染性	①封孔度	① -1 染料吸附试验（JIS H 8683-1） ① -2 磷酸-铬酸水溶液浸渍试验（H 8683-2） ① -3 导纳测量试验（H 8683-3）	① -1 阳极氧化膜、KF、硫酸等 ① -2 阳极氧化膜、硝酸、磷酸、铬酸 ① -3 阳极氧化膜、35 g/L 硫酸钾溶液、

处理对膜耐腐蚀性的影响较大，作为参考表 1.5.2 中也包含膜封孔度（耐污染性）。

1.5.1.2　行业对膜的需求现状

1. 铝的行业应用

铝有耐腐蚀性、轻量性、易加工性、可回收性等特点，在建筑、土木、化学工业、石油工业、汽车、发动机、船舶、铁道车辆、航空航天、电力、电气通信机器、家电产品、精密机械、罐、包装与容器、日用品、体育娱乐等领域以无处理、转化处理、阳极氧化处理、涂装处理等方式被广泛应用，实施铝阳极氧化等表面处理的最大目的是提高表面处理材料的耐腐蚀性，延长其使用年限。不同用途的铝制品，其耐腐蚀性种类和耐腐蚀性等级不同。随着铝表面处理技术不断提高，铝在要求有高度耐腐蚀性的领域也开始应用，未来铝的用途越来越广泛。

2. 按使用环境划分耐腐蚀性和标准

在 JIS H 8601 中铝阳极氧化膜的特性及品质由相应用途来决定，一般被广泛使用的重要特性和用途见**表 1.5.3**。耐腐蚀性有耐碱腐蚀性和 CASS 耐腐蚀性两种。在交易双方没有特别商议时，按表 1.5.3 使用环境试验和各品质项目规定执行。其他的品质项目有特殊要求时，由交易双方商定。JIS H 8601 耐碱腐蚀性、CASS 耐腐蚀性、耐磨性及封孔度的标准值分别按各自膜厚进行规定。**表 1.5.4** 所示是按膜厚等级列举膜用途和耐腐蚀性标准值。另外，硬质阳极氧化膜标准（JIS H 8603）根据 JIS Z 2371 中性盐雾试验制定。

3. 按行业要求分耐腐蚀性例

1）建筑和土木

从 1965 年开始，住宅、建筑用铝建材使用量持续快速增长，因耐腐蚀性引发许多纠纷。比如，建筑、住宅用建材与水泥和砂浆接触产生腐蚀，或因废气引发的酸雨而产生腐蚀等。因此，在住宅、建筑用建材领域，耐砂浆性、耐酸碱性等耐腐蚀性能很重要。这类性能在 JIS 耐碱腐蚀试验和 CASS 试验无法覆盖时，应有更严格的耐碱腐蚀性试验或耐砂浆性试验等。对阳极氧化膜涂装复合膜提出新的要求，主要有新的耐腐蚀性和耐久性评价试验，砂浆或 NaOH 溶液与试验材料接触的耐碱性试验，在硫酸、盐酸、硝酸的溶液中浸泡判断表面性能的耐酸性试验，有机溶剂或沸水浸泡试验等涉及的耐碱性、耐酸性、耐溶剂性、耐沸水性、耐潮湿性等。还有在浴室等用水场合使用的建材要有耐洗涤剂性，与农业、园艺相关的部件要有耐农药性，汽车排废气端口要有耐腐蚀性等。在室外使用的建筑构件也要求使用加速耐候性试验来代替长时间的室外暴露试

表 1.5.3　按使用环境分试验项目

使用环境	主要用途举例	外观、颜色	膜厚	耐腐蚀性		耐磨耗性	封孔度
				耐碱腐蚀性	CASS 耐腐蚀性	砂粒磨耗试验、喷射磨耗试验或往复平面运动磨耗试验	磷酸-铬酸水溶液浸渍试验、染料吸附试验、导纳测定试验
				滴碱试验或电动势耐碱试验	CASS 试验		
干湿、热冷	沸水锅等厨房用品（加热容器）	○	○	○	—	○	—
湿润、摩擦	洗手池等日用品	○	○	○	—	○	—
干燥、摩擦	建筑构件（室内）、车辆内饰、家具等	○	○	—	—	○	○
结露、大气暴露	建筑构件（室外）、车辆外饰、船舶用品	○	○	—	○	○	—
干燥	装饰品、反射板、家电用品等	○	○	—	○	—	○

表 1.5.4 按膜厚等级分用途举例和耐腐蚀性标准值

膜厚等级	平均膜厚/μm	主要用途举例	滴碱试验、电动势耐碱试验		CASS 试验	
			A 类/s	B 类/s	试验时间/ h	分级号码 RN
AA3	3.0 以上	反射板、家电用品	—	—	—	—
AA5	5.0 以上	厨房用品、日用品、家电用品、装饰品、家具、车辆内饰、建材（室内）等	—	—	—	—
AA6	6.0 以上		30 以上	90 以上	8	9 以上
AA10	10.0 以上		50 以上	150 以上	16	
AA15	15.0 以上	厨房用品、车辆外装、土木与建筑构件（室外）、船舶用品等	75 以上	225 以上	32	
AA20	20.0 以上		100 以上	300 以上	56	
AA25	25.0 以上		125 以上	375 以上	72	

注：封孔度在 AA3 中没有，但对于 AA5~AA25 来说，磷酸-铬酸水溶液浸渍试验结果应在 0.03 g/dm^2 以下，染料吸附试验测得的污染度应为 0~2，导纳测定试验结果必须小于 20 μS。

验来实现耐候性。

2）化学工业和石油工业

由于阳极氧化膜具有良好的耐化学性和耐久性，维护费用低，所以被用于室外使用的储槽、配管等，因暴露在室外，对其（加速）耐候性也有要求。对接触原料、中间产物、副产物以及制品的制造装置、设备也都有耐化学性的要求，而且由于工厂环境中废气较多，所以对其还有耐腐蚀性气体的要求。

3）汽车和摩托车

为防止地球变暖和保护地球环境，汽车等的轻量化、低能耗、再生利用等成为重要的课题，轻量铝材的使用率在不断增加。特别是在摩托车发动机活塞、车架等上面的使用比例在不断提高。汽车冷却系统、空调系统、进气系统、润滑系统的各种热交换器会被水中及润滑油中的氯离子和硫酸根离子等杂质，海洋区域的氯化物，融雪剂使用区域的氯化钙及氯化钠等腐蚀，因此都要求耐腐蚀性。使用部位不同，所要求的耐腐蚀性也有差异，暴露在外的部件要求具有耐腐蚀性、耐候性、耐盐（水）性、耐废气性、耐湿性等。

4）船舶

高速船舶要求使用强度、耐腐蚀性、加工性等更好的 Al-Mg 系、Al-Mg-Si 系铝合金。由于在海洋环境下使用，耐腐蚀性、耐海水性、耐盐水性、耐候性等是必需的。

5）铁道车辆

为减轻车身重量、节约能源，铝合金车辆正在快速增加。要求对隧道内碱性地下水、来自架线的铜粉、车轮与轨道的铁粉等具有耐腐蚀性。因为清洗频率高，所以耐洗涤剂性也是必要的。

6）航空航天

虽然使用了高强度铝合金，但因其耐腐蚀性不好，要对外板进行包层处理，对其他部件进行转化处理、铬酸或硫酸阳极氧化、涂装等表面处理。除耐腐蚀性、耐湿性外，防止应力腐蚀裂纹、粒界腐蚀剥离腐蚀、接触腐蚀等也非常重要。

7）日用品

锅、烧水器具等厨房用品在干燥、冷热的环境中使用，加之接触各种食品和调味料，所以要求其具有耐腐蚀性、耐湿性、耐洗涤剂性、耐水性、耐盐水性、耐油性、耐酒精性、耐乙酸性、耐烟性、耐汗性等。

其他的，如电力、电气通信机器、家电制品、精密机械、易拉罐、包装·容器、运动休闲等用途领域所要求的耐腐蚀性等因篇幅所限，不再详述。根据使用环境分相应用途整理的各种耐腐蚀性要求见铃木[1)]分类的**表 1.5.5**。

1.5.1.3 膜自身的性能

（1）基材（自然氧化膜）

1）耐大气性能

从铝的标准电极电位是-1.663 V vs SHE（相对于

表 1.5.5　根据使用环境区分相应用途所要求的耐腐蚀性

使用环境	用途举例	JIS 耐腐蚀性				耐候性			耐酸性			耐碱性		耐化学性						其他			
		耐碱腐蚀性	CASS 耐腐蚀性	AASS 耐腐蚀性	NSS 耐腐蚀性	耐阳光性	耐氙灯性	耐紫外灯性	耐酸性	耐盐酸性	耐硝酸性	耐碱性	耐砂浆性	耐有机溶剂性	耐洗涤剂性	耐 SO_2 气体性	耐硫酸铜性	耐废气性	耐农药性	耐湿（润）性	耐沸水性	耐水性	耐污染性
结露、暴露在大气中	**建筑构件（室外）**		**◎**	◎		◎	◎	○	○	○	○	◎	○	○		◎				◎			○
	建材		◎			◎				○	○	○	○	○									○
	住宅、建筑用建材用		◎			◎				○		○	○										○
	土木（栏杆）	◎	◎			◎	◎					◎		○									
	栅栏、扶手		◎			◎	◎			○			○										○
	农业、园艺用材		◎			○	○												◎				
	汽车港口		◎			◎	◎			○			○			○		○					○
	车辆、船舶外壳及道路用材	◎	**◎**	◎		◎	◎	◎	○	○	○	◎	◎	○		◎		○		◎			○
	卡车车身		○			○								○									
	履带式起重机		◎			◎	◎								○	○		○					○
干燥、热冷	**热水器、锅等厨房用品（加热容器）**	**◎**													○		○			○	○	○	
干燥、摩擦	**建筑构件（室外）、车辆内装、家具材料**							○															**◎**
	内装建材		○			○								○									
	建筑构件（室内）	○	◎					◎		○	○	○		○									◎
	百叶窗		○			○	○																
	把手（室内）		○												○								◎
湿润、摩擦	**洗手池等日用品**	**◎**																		◎			
	浴室周围	○																		◎			
	浴室材料		○																	◎			
	排水沟用盖		◎												○					◎			
	厨房用具、厨房设备														○					◎	○		◎
干燥	**装饰品、反射板、家电零件**		**◎**											○									**◎**
	家具、室内用品																						○
	OA 机器部件		○			○								○									

注：黑体◎按 JIS 规定是必备特性，◎按用途分是必备特性，○按用途分是要求特性。

标准氢电极）来看，铝属于活性金属，但实际上它有良好的耐腐蚀性。空气中，铝在表面生成致密的、附着性良好的约 1 nm 厚的自然氧化膜，而且这个膜受伤后会立即再生。除 Al-Cu 系、Al-Mg-Si-Cu 系合金以外，暴露在大气中的铝合金被侵蚀速度缓慢，不进行防腐蚀处理就可长期使用。

2）耐水性能

从**图 1.5.1** 铝的电位-pH 图[2]可以推测铝在 pH=4~8 的水中很稳定，如果水中含有氯离子和重金属离子等，铝易被腐蚀。氧化铝是两性化合物，如**图 1.5.2** 所示，当水中的酸或碱浓度增加时，铝会被腐蚀。pH<5 时氧化铝以铝离子形式溶解；pH>8 时氧化铝会转变为偏铝酸根（AlO_2^-），所以水中铝必须在 pH=5~8 的中性范围内使用。

3）耐化学药品性能

铝的自然氧化膜容易被类似盐酸、氢氟酸那样的

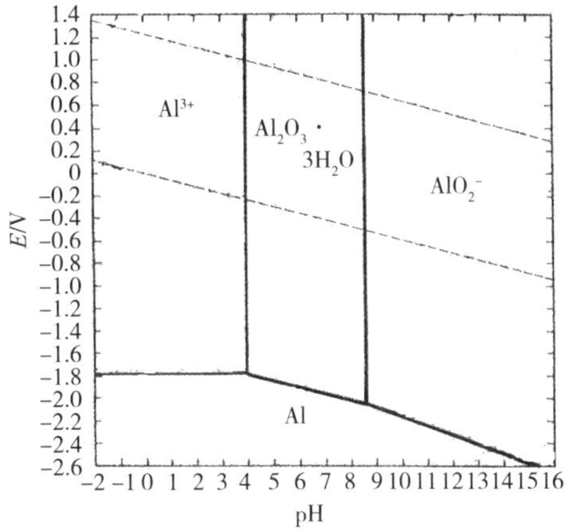

图 1.5.1　铝-水系电位-pH 图

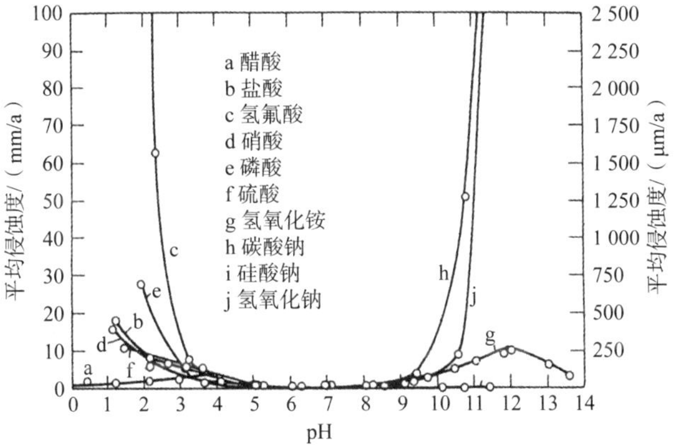

图 1.5.2　各种药品溶液中 pH 对 1100-H14 腐蚀的影响

强酸，氢氧化钠、碳酸钠那样的碱，稀硫酸、磷酸、草酸等那样没有氧化性的酸，重金属盐液及卤化物液等腐蚀。可是，像浓硝酸、过氧化氢、浓硫酸等氧化性酸会使铝生成钝化膜，从而很难被腐蚀。铝对很多有机化合物表现出耐腐蚀性，所以也被用于制造化工行业的储槽、配管、设备等。但是，对单一化学药品有耐腐蚀性，并不意味着对共同存在一起的物质也有耐腐蚀作用，所以事先要进行现场试验。

4）耐对食品性能

铝对大豆油、色拉油等食用油有耐腐蚀性，但遇到含有弱酸性有机酸、食盐、酒精等的食品和饮料容易发生孔蚀。有很多报告[4]涉及铝在化学工业和食品工业中的应用情况以及对化学药品和食品的耐腐蚀性数据。

（2）阳极氧化膜自身的性能

1）一般的耐腐蚀性

一般被使用的阳极氧化膜的厚度（3~30 μm）是基材自然氧化膜（1 μm 厚）的 3 000~30 000 倍，因此与基材相比有极高的耐腐蚀性。可是，氧化铝是两性化合物，所以对大气、水、化学药品等都有不同程度的反应。故铝在 pH=5~8 的范围内是稳定的，但遇到强酸、强碱与基材一样容易被腐蚀。**表 1.5.6** 所示[5]是阳极氧化膜的一般耐腐蚀性能。

2）耐碱腐蚀性

JIS H 8601 耐碱腐蚀性的标准值如表 1.5.4 所示，随着膜厚等级相应增加，对 6 μm 以上的膜如果是 A 类每 1 μm 看成 5 s 以上即可（B 类是 15 s 以上）。这意味着如果在适当的条件下实施阳极氧化处理，该铝阳极氧化膜的耐碱腐蚀性大于膜厚（μm）与 5 的乘积（s）。比如，膜厚是 10 μm 的时候，10 乘以 5=50，即有 50 s 以上的耐碱腐蚀性。通常，市场销售的无涂装阳极氧化膜的耐腐蚀性在这个数值以上。如果不能达到该标准，要对电解液、膜厚、封孔处理等进行调整，或使用各种涂装进行复合膜处理。

3）CASS 耐腐蚀性

JIS H 8601 的 CASS 耐腐蚀性标准值如表

表 1.5.6　阳极氧化膜的一般耐腐蚀性能

	硫酸膜	草酸膜	铬酸膜		硫酸膜	草酸膜	铬酸膜		硫酸膜	草酸膜	铬酸膜
水	A	A	A	调味料	C	C	C	甘油	A	A	A
井水	A	A	A	黄油	A	A	A	氰酸	A	A	A
自来水	A	A	A	牛奶	A	A	A	氮气	A	A	A
海水	A	A	A	香水	F	F	F	氧气	A	A	A
醋	A	A	A	乙醛	A	A	A	邻苯二甲酸	A	A	A
梅醋	C	C	C	丙酮	A	A	A	胆酸	A	A	A
醋酸、无水醋酸	A	A	A	无水氨	A	A	A	橡胶	A	A	A
盐酸	F	F	F	氨水	A	A	A	硬脂酸	A	A	A
硝酸	B	B	B	乙酸戊酯	A	A	A	肝油	A	A	A
硫酸	B	B	B	戊醇	A	A	A	食用油	A	A	A
NaOH	F	D	D	苯	A	A	A	矿油类	A	A	A
日本酒	A	A	A	苯甲醇	A	A	A	天然气	A	A	A
啤酒	A	A	A	铬酸	A	A	A	血液	A	A	A
威士忌	A	A	A	二氧化碳	A	A	A	肥皂	A	A	A
葡萄酒	B	B	B	一氧化碳	A	A	A	肥皂粉	B	A	A
酱油	C	C	C	福尔马林	A	A	A	无皂性	A	A	A

注：A—可以作为容器可；B—需要测试后使用；C—虽然不能当容器，但可以像盘子一样清洗后使用；D—使用时有被腐蚀的心理准备；E—腐蚀程度厉害；F—不能使用。

1.5.4 所示，6 μm 以上膜厚的氧化膜，对每个膜厚等级的喷雾时间，分级号码（RN）都要求在 9 以上。也就是说，如进行标准的阳极氧化的话，6 μm 以上的膜的 CASS 耐腐蚀性是 RN9 以上。实际工业生产的阳极氧化膜是 RN9 以上。如果不能达到该标准，要采取与耐碱腐蚀性同样的对策。

其他方面，J. M. Kape 等人[6]提出，对于 5 年室外暴露，氧化膜的厚度需要在 15 μm 以上，同时报告说铝表面处理技术研究小组实施了 5 年暴露试验，结果表明膜厚 9~20 μm 时腐蚀是轻微的。

（3）硫酸膜的性能

硫酸膜无色透明，其耐腐蚀性、耐磨性、硬度、染色性、电解着色性等性能优异，而且硫酸价格低廉，废水易处理，制造成本低，所以电解硫酸铝阳极氧化是全世界普及最广的。硫酸膜工业处理条件和作业标准[8]如 JIS H 9500-1979 所示，膜耐腐蚀性受硫酸浓度、电解温度、溶存铝浓度等的影响较大。对这些处理条件对硫酸膜耐腐蚀性的影响情况，铝建筑用品表面处理技术研究小组于 1962 年进行了详细研究[9]，现对其进行介绍。

1）硫酸浓度

如**图 1.5.3** 所示[10]，各种铝合金随硫酸浓度上升，膜的耐腐蚀性几乎直线降低。这是由多孔层和

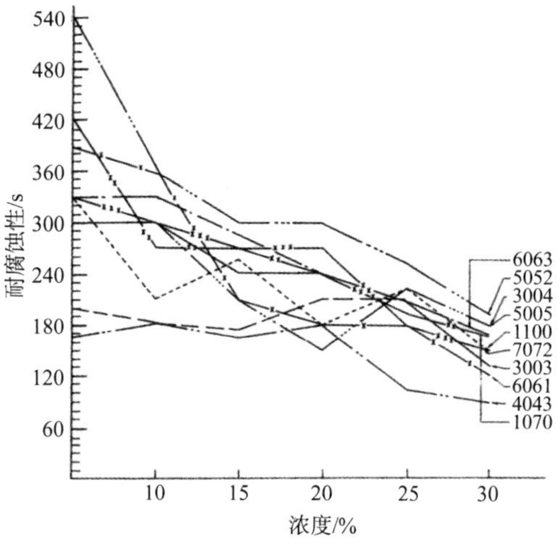

图 1.5.3　硫酸浓度（质量分数）与耐腐蚀性的关系

阻挡层组成阳极氧化膜与硫酸发生反应后溶解造成的。硫酸浓度升高促进了膜溶解，当然膜的耐腐蚀性、耐磨性、硬度也降低了。因此，从耐腐蚀性、耐磨性、硬度的角度出发，希望使用低浓度硫酸。但是电解电压上升，膜的明度降低，染色性变差。综合工业上膜性能和电解成本来看，硫酸浓度多为15%~20%（质量分数）。

2）电解温度

如**图 1.5.4** 所示[11]，膜的耐腐蚀性在 20 ℃ 时最佳，其次是 10 ℃，在 30 ℃时变差、40 ℃时最差。电流密度在 1~4 A/dm² 之间变化时趋势几乎相同，电解温度为 20 ℃时耐腐蚀性最高。耐磨耗性随着电解温度上升而降低。由于电解温度对膜性能的影响较大，阳极氧化槽内温度保持均匀是非常重要的。工业上考虑到膜性能和电解成本，多采用 20 ℃左右的电解温度较多。

3）溶存铝浓度

对各种铝合金，改变电解液中溶存铝的浓度进行试验，膜的耐腐蚀性无一例外在没有 Al^{3+}溶存时变差，Al^{3+}溶存量为 1~5 g/L（例外情况下可达 10 g/L）时最优，进一步增加则明显恶化。如**图 1.5.5** 所示[12]是 6063 T5 的 Al^{3+}溶存量与膜性质关系曲线。耐磨耗性也是伴随 Al^{3+}的增加呈现恶化倾向，因此

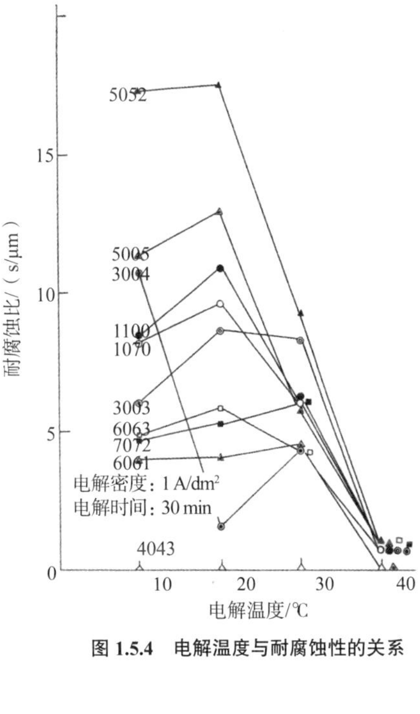

图 1.5.4　电解温度与耐腐蚀性的关系

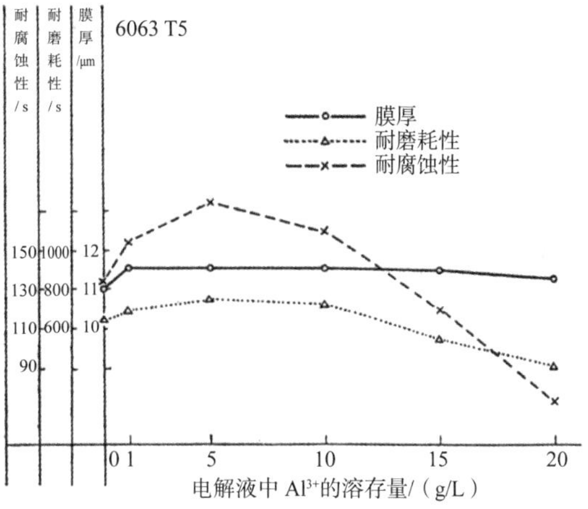

图 1.5.5　铝溶存量与膜性能的关系

最好将铝溶存量控制在 1~10 g/L（最大 20 g/L 以下）。另外，完全没有 Al^{3+}时膜性能不佳，所以调配电解液时往往用老化电解液进行混合等方法处理电解液，至少调整到铝溶存量在 0.1 g/L 以上。

4）电流密度和电解时间

以一定的电量（A-h），对高电流密度短时间处理和低电流密度长时间处理过的膜性能进行研究，对各种铝合金的厚膜和薄膜进行比较。1100 合金的试验结果见**表 1.5.7**[13]。

14 μm 左右厚膜的耐腐蚀性在 1 A/dm²、60 min，2 A/dm²、30 min 的范围内表现良好，在 0.5 A/dm²、120 min 时表现差。另外，8 μm 左右薄膜的耐腐蚀性倾向不明显。

（4）草酸膜的性能

日本发明的草酸膜是黄色透明膜，其耐腐蚀性、耐磨性、硬度比硫酸膜优秀，所以此种阳极氧化广泛用于家电产品。可是，由于高电压电解、草酸价格贵、废水处理复杂等原因，现在只有部分需要耐腐蚀性的家电产品和机械部件在使用。草酸膜的工业处理条件和作业标准[14]见 JIS H 9501-1979，与硫酸膜同样，膜的耐腐蚀性受到处理条件的影响。1962 年铝建筑用品表面处理技术研究小组的报告书[9]中有对直流电解膜的耐腐蚀性、耐磨耗性等膜性能[15]和草酸膜 CASS 试验、涂膏耐蚀试验、大气暴露试验等加速腐蚀试验性能[16]的介绍，此后关于草酸膜性能研究的报告很少。

表 1.5.7　电流密度、电流时间（通电量不变）与耐腐蚀性的关系（1100 合金）

膜类别	电解条件	1 耐腐蚀性/s	1 膜厚/μm	1 耐腐蚀比/（s/μm）	2 耐腐蚀性/s	2 膜厚/μm	2 耐腐蚀比/（s/μm）	3 耐腐蚀性/s	3 膜厚/μm	3 耐腐蚀比（s/μm）	平均耐腐蚀性/s	平均耐腐蚀比/（s/μm）
厚膜	0.5 A/dm^2 120 min	98	14.2	6.9	83	14.4	5.8	88	14.1	6.2	90	6.3
	1 A/dm^2 60 min	218	15.3	14.3	178	16.0	11.1	183	14.6	12.5	193	12.6
	2 A/dm^2 30 min	193	15.2	12.7	173	16.0	10.8	188	14.4	13.1	185	12.2
	4 A/dm^2 15 min	158	14.6	10.9	183	16.0	11.4	173	13.2	13.1	175	11.8
薄膜	0.5 A/dm^2 60 min	58	7.2	8.1	58	7.3	8.1	68	7.0	9.7	61	8.6
	1 A/dm^2 30 min	58	7.9	7.4	53	7.8	6.8	48	7.8	6.2	53	6.8
	2 A/dm^2 15 min	53	7.6	7.0	53	7.3	7.3	63	7.6	8.2	56	7.5
	4 A/dm^2 7.5 min	53	8.2	6.6	58	8.8	6.6	53	8.3	6.4	55	6.5

1）草酸浓度

如**图 1.5.6** 所示[17)]，随着草酸浓度变高，膜的耐腐蚀性降低。可草酸浓度低时电解电压变高，溶液中混入氯离子等杂质时，容易发生电解腐蚀等。无水草酸的浓度通常在 2%~5%（质量分数）之间。

2）交直流叠加电解的叠加比

草酸膜是由直流法、交流法、交直流叠加法等生成，日本通常使用交直流叠加法。用这个叠加法研究在正电流恒定的情况下改变负电流对膜性能的影响，结果见**表 1.5.8**[18)]。伴随负电流增加，膜生成率降低，耐磨性也下降。另外，耐碱腐蚀性有增强的倾向。

（5）其他阳极氧化膜的性能

其他阳极氧化膜有铬酸膜、磷酸膜、各种有机酸膜、碱电解膜、硼酸膜等。铬酸膜被用于航空特殊用途，其他像有机酸膜，现在几乎没有应用，或者工业应用很少，所以关于此类膜的性能省略。

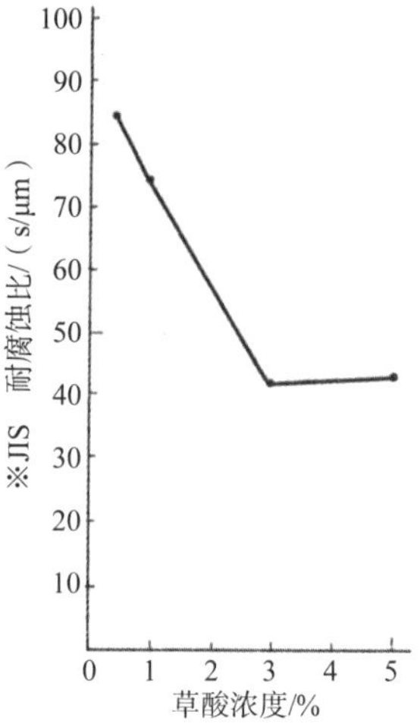

图 1.5.6　草酸浓度与耐腐蚀性的关系
（30 ℃、6.5 μm 交直流叠加膜）

表 1.5.8　交直流叠加电解时负电流对膜性能、色调的影响

电流密度构成 A1 正成分/（A/dm^2）	电流密度构成 A2 负成分/（A/dm^2）	膜厚/μm	滴碱试验耐腐蚀比/（s/μm）	JIS 比耐磨性/（s/μm）	膜色调的相对关系	
1.0	0	13.7	48	219	变浅	变浅
1.0	0.2	11.8	69	130	↑	↑
1.0	0.4	11.5	71	125	黄色	红色
1.0	0.6	10.4	86	87		
1.0	0.8	9.3	109	84	↓	↓
1.0	1.0	7.9	102	68	加深	加深

注：3% $C_2H_2O_4$ 溶液、30 ℃、电解时间 60 min（三相半波+三相交流）、试样材质 A 1100 P-H_{18}。

1.5.1.4　提高耐腐蚀性和耐化学性的方法

1. 基材（自然氧化膜）

防止铝腐蚀的方法有选择合适的合金、赋予有机涂膜、使用抑制因子、阴极防腐蚀、氧化膜厚膜化［勃姆体（Bohmite）处理、转化处理、阳极氧化处理］、设计装置等，现在就其中值得期待的提高膜耐腐蚀性和耐化学性以及阳极氧化进行论述。其他请参考本书其他章节的内容。另外，有关使用抑制因子、阴极防腐蚀的内容在此省略，勃姆体处理、转化处理、有机涂膜及陶瓷系涂料等在后续章节将会有介绍。

1）选择合金

JIS 1000 系的纯 Al 系列在铝合金中耐腐蚀性最强，但强度低。JIS 2000 系的 Al-Cu 系列和 JIS 7000 系的 Al-Zn-Mg 系列具有高强度，但耐腐蚀性差。JIS 3000 系的 Al-Mn 系列耐腐蚀性比较良好。JIS 5000 系 Al-Mg 系列成型性、加工性及耐腐蚀性均良好，特别是耐海水性优异。6000 系 Al-Mg-Si 系列耐腐蚀性和挤压性良好。此类铝合金按用途进行分类，只重视耐腐蚀性可选择纯 Al 系列。但是，大多数情况下根据机械特性选择 Al-Mg 系列、Al-Mg-Si 系列。

2）生成阳极氧化膜

空气中铝耐腐蚀性较好，并存在约 1 nm 厚的自然氧化膜。一般认为增大氧化膜的厚度可以提高耐腐蚀性，所以一直研究如何将氧化膜厚膜化。加厚的方法有转化处理、勃姆体处理、阳极氧化处理等。铝在硫酸、磷酸、铬酸、草酸等电解液中进行阳极氧化，该处理方法使得阻挡层和多孔层生成成长型氧化膜，根据所选铝合金、电解液、电解条件、封孔条件等可以得到更优秀的耐腐蚀性膜。工业上硫酸阳极氧化是主流，通常生成 3~30 μm 厚的膜、封孔处理后使用。该阳极氧化处理方法大幅度提高了铝的耐腐蚀性能，使铝的用途进一步扩大。

2. 提高阳极氧化膜的耐腐蚀性和耐化学性

提高阳极氧化膜的耐腐蚀性和耐化学性的方法有氧化膜厚膜化、选择合金、选择电解液及电解条件、选择封孔法、赋予有机涂膜、生成无机涂膜等。其中将膜加厚的方法确实提高了耐腐蚀性，但成本也高，在此省略；选择合金在前面进行了介绍，在此也省略。

（1）选择电解液及电解条件

能够生成成长型阳极氧化膜的电解液有硫酸、铬酸、磷酸等无机酸，草酸、磺基水杨酸等有机酸，氢氧化钠、碳酸钠等碱，工业上经常使用便宜且操作性好的硫酸。铬酸用于航空器材，草酸用于要求高耐腐蚀性的材料，绝大多数情况下都是采用硫酸电解液进行阳极氧化。但是，从耐腐蚀的角度来说，草酸等有机酸更优异。**表 1.5.9** 是硫酸膜[8]和草酸膜[14]的封孔处理示例，由此可见草酸膜的耐碱腐蚀性比硫酸膜更加优秀。但是，有机电解使用的有机酸价格高，且电解电压较高，还需要对有机酸进行废水处理，所以成本较高。电解条件对耐腐蚀性没有大的影响，但是电解液浓度和电解温度上升后耐腐蚀性下降，所以要尽量控制低一些。

（2）选择封孔法

铝阳极氧化膜是由无数微孔和阻挡层组成的富有吸附性的多孔氧化膜，容易电解着色，也可进行染色；它还会吸附腐蚀性物质和污物等，产生腐蚀、污染、变色，溶出染料等。封住这些微孔，减少吸

表 1.5.9　硫酸膜和草酸膜的封孔处理示例

封孔处理	处理条件				膜种类	膜厚/μm	耐腐蚀性	
	pH	压力/MPa	温度/℃	时间/min			滴碱试验/s	CASS 试验 RN
加压水蒸气		0.39		20	硫酸膜	6.1	64	9
						9.2	97	10
		0.39		20	草酸膜	6.4	515	10
						9.7	775	10
沸水	5.9		98 以上		硫酸膜	6.1	28	9
						9.2	40	9
	5.4		98 以上		草酸膜	6.6	180	9
						9.5	205	10

附性的处理叫封孔处理，最初的方法是由日本的濑藤、宫田两人发明的水蒸气加压处理，后来沸水处理、醋酸镍处理等各种封孔处理方法被开发和利用。经过封孔处理后，阳极氧化膜的耐腐蚀性大幅提高，可以说阳极氧化铝的实用化由此拉开了帷幕。**表 1.5.10** 所示是各种封孔处理方法的溶液组成、pH、处理时间等，JIS 所记载水合封孔处理的处理条件、耐腐蚀性等[8)]见**表 1.5.11**。

下面选择有代表性的封孔处理方法，就封孔条件与耐腐蚀性的关系，封孔条件如何提高耐腐蚀性进行介绍。

1）水蒸气加压处理

根据中山等人[19)]的报告，如**图 1.5.7** 所示，按比例升高水蒸气压力可以提高耐腐蚀性，但耐磨耗

表 1.5.10 有代表性的封孔处理方法

	溶液组成	pH	温度/℃	时间/min	备注
加压水蒸气	0.29~0.59 MPa（3~6 kgf/cm^2）		143~164	20~40	耐腐蚀性良好，有吹粉
沸水处理	离子交换水	5.5~9.0	95 以上	20 以上	可添加封孔助剂
醋酸镍处理	醋酸镍 5 g/L+缓冲剂+防止起粉剂	5.0~6.0	90 以上	20 以上	单色时 80 ℃以上、3 min 以上即可
氟化镍处理	氟化镍	5.0~6.0	25~30	5~20 以上	封孔后 1~3 天老化或 50~60 ℃、10~15 min 热水洗
铬酸盐/重铬酸盐	$K_2Cr_2O_7$ 15 g/L+Na_2CO_3 或 NaOH 3 g/L	6.5~7.5	90~95	2~10 以上	也有 $K_2Cr_2O_7$ 100 g/L 的高耐腐蚀性类型，还可黄色着色
硅酸处理	硅酸钠 5%（质量分数）		90 以上	20 以上	Na_2O : SiO_2=1 : 3~4 良好

表 1.5.11 各种水合封孔处理和耐腐蚀性的关系

处理方法		处理条件					膜厚/μm	耐腐蚀性	
		pH		浓度或压力	温度/℃	时间/min		滴碱试验/s	CASS 试验 RN
		前	后						
1	加压水蒸气	—	—	4 kgf/cm^2（0.39 MPa）	—	20	6.1	64	9
							9.2	97	10
2	沸水①	—	5.9	—	98 以上	60	6.1	28	9
							9.2	40	9
3	氨中和后沸水① 中和条件：20℃、3 min，氨水（25%） pH 前 11.2、后 10.5	—	7.7	—	98 以上	30	6.1	63	10
							9.2	94	10
4	沸水①+无水碳酸钠②	9.6	8.3	0.002%（W/V）	98 以上	30	5.9	47	9
							9.0	70	9
5	沸水①+氨水②	11.0	9.7	0.5%（体积分数）	98 以上	30	6.1	78	10
							9.1	101	10
6	沸水①+三乙醇胺②	10.3	9.4	0.5%（体积分数）	98 以上	30	6.1	92	10
							9.2	115	10

注：①仅用于离子交换脱盐水的情况；

②为添加的封孔助剂，根据种类不同封孔处理后要充分水洗。

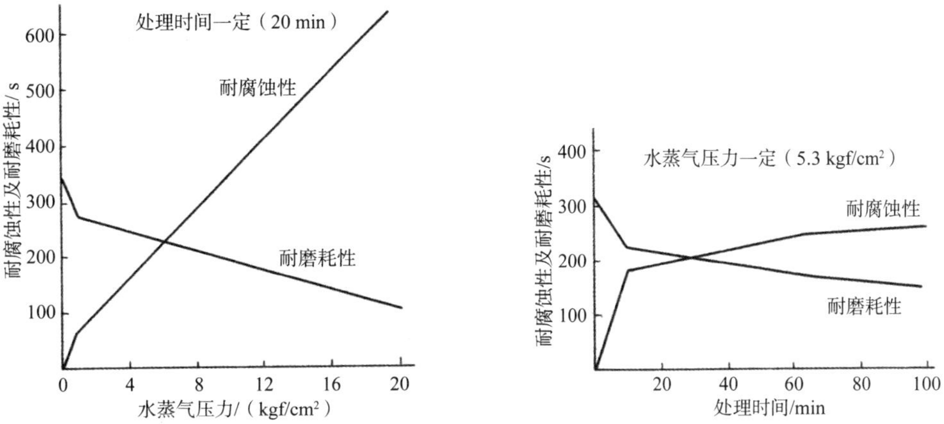

图 1.5.7　水蒸气压力与耐腐蚀性和耐磨耗性的关系（12.7% 硫酸溶液、8 μm 厚交直流叠加膜）

性降低。水蒸气压力一定时，耐腐蚀性在处理时间达到 10 min 前急速增加，随后逐渐增加。另一方面，耐磨性也是处理时间至 10 min 前急速减小，随后缓慢减小。加压水蒸气处理的耐碱腐蚀性、CASS 耐腐蚀性如表 1.5.9 和表 1.5.11 所示，比沸水处理要优异。在 1962 年铝建筑用品表面处理技术研究小组的报告 9) 里，对这类性能有详细论述。进一步提高水蒸气压力可以得到更强的耐腐蚀性能，但缺点是耐磨性降低、设备费用高等。

2）沸水封孔

有关封孔温度、封孔时间、封孔 pH 值对耐腐蚀性的影响可以参考 Sheasby 等人 20) 的报告。以勃姆体形成为主要反应的沸水封孔如**图 1.5.8** 所示，随着温度升高，耐腐蚀性增强，为得到良好的耐腐蚀性，温度要控制在 95 ℃以上。从**图 1.5.9**20) 可以看出，封孔时间越长，耐腐蚀性越好，为得到良好的耐腐蚀性，封孔时间要控制在 20 min 以上。从**图 1.5.10**20) 可以看出，封孔 pH 越高，耐腐蚀性越好，pH 至少在 5.0 以上，希望 pH 控制在 5.5 以上。沸水封孔的耐腐蚀性如表 1.5.9 和表 1.5.11 所示，比加压水蒸气处理的要差。沸水封孔容易受到水质的影响，特别是微量的 PO_4^{3-}、F^-、SiO_3^{2-}等会使耐酸性变差，优点是使用便宜的水进行连续作业，可以大量生产，以欧美为中心被普遍采用。用沸水封孔提高耐腐蚀性的方法，如表 1.5.11 所示，可添加无水碳酸钠、氨水、三乙醇胺，以及其他各种胺、螯合剂、表面活性剂、碱土金属的盐等。

3）醋酸镍处理

因属于水合封孔的范畴，所以封孔温度、封孔时间的影响与沸水处理是一样的，封孔温度越高、封孔时间越长，耐腐蚀性好。封孔 pH 高虽好，但 pH 在 6 以上时镍离子在水中形成氢氧化物变浑浊，所以 pH 应限定在 5.0~6.0（以 5.6 ± 0.2 为宜）。由水合作用形成勃姆体，孔中氢氧化镍沉淀或与染料生成稳定的络合体，耐腐蚀性能比不上加压水蒸气处理，但比沸水处理要优异。主要用于形状复杂的产品的染色与电泳涂装。与沸水处理相同，添加微量的表面活性剂、有机化合物、无机阴离子等可以提高耐腐蚀性。

4）氟化镍处理

1980 年意大利开始使用氟化镍、氟化物+镍盐等，以 F^-和 Ni^{2+}为主要成分，是耐腐蚀性良好的节能型低温（常温）封孔技术。膜的微孔被由 $Al(OH)F_2$、$Ni(OH)_2$、$Al(OH)_3$ 组成的复合氢氧化物填充。但在外观、封孔度、耐酸性等方面存在若干问题，封孔后经 1~3 天老化或经 50~60 ℃、10~15 min 热水洗后问题有所改善且耐腐蚀性得以提高。如**表 1.5.12**21) 所示低温封孔后，经过沸水处理或醋酸镍处理的两级封孔处理，得到了极高的耐碱性。有很多研究氟化镍处理的封孔机制 22)、最佳条件 23) 的报告。

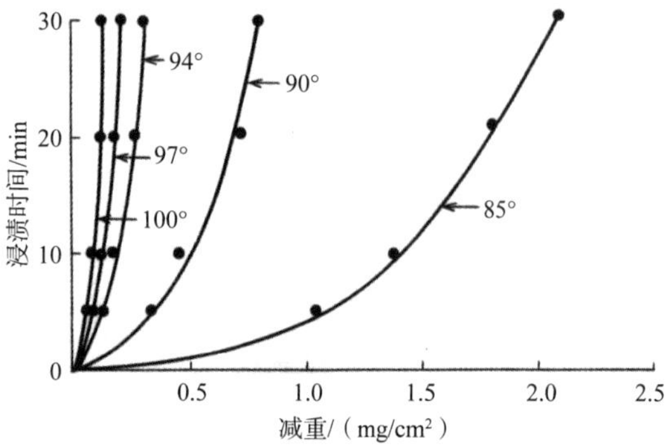

图 1.5.8　封孔温度和封孔性能的关系

（Na_2SO_3 浸渍试验时减重）

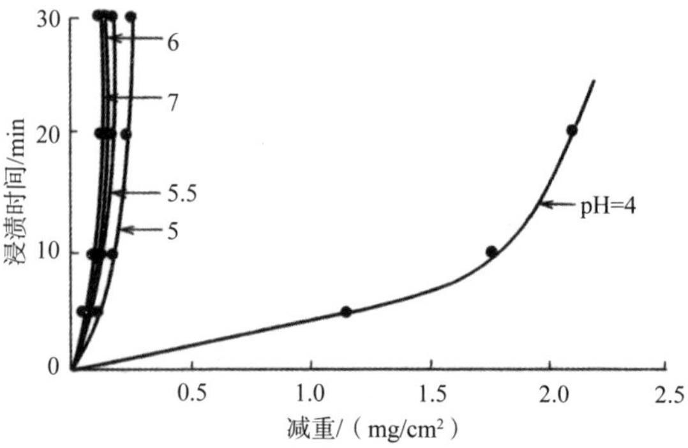

图 1.5.10　封孔 pH 和封孔性能的关系

（Na_2SO_3 浸渍试验时减重）

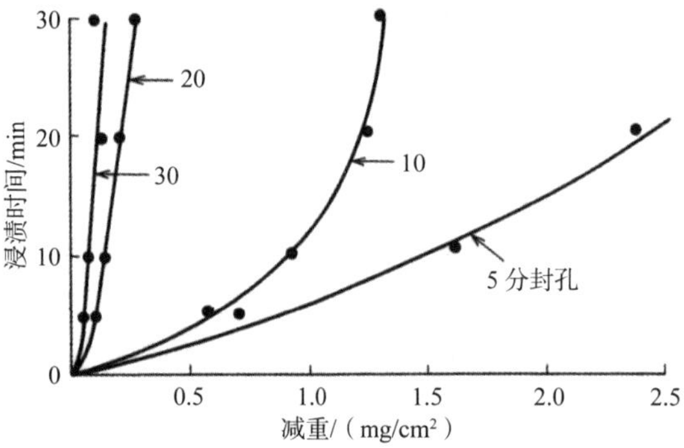

图 1.5.9　封孔时间和封孔性能的关系

（Na_2SO_3 浸渍试验时减重）

3）生成无机氧化膜

一般使用由金属醇盐引起的溶胶-凝胶往阳极氧化膜上涂覆无机涂层。利用溶胶-凝胶给阳极氧化膜的微细孔中填充 Si、Al、Ti 等的氧化物进行陶瓷化，但未能进入实用阶段。如能实现陶瓷化，可以获得具有极高耐腐蚀性的阳极氧化膜，但向孔径为 10~30 nm 微孔中填充金属氧化物进行陶瓷化并不容易，现在还在研究中。

1）溶胶-凝胶法

和田等人[24]将扩孔处理后的阳极氧化膜浸渍在由 Si、Ti、Al、Zr 的醇盐调制的溶胶液体中，然后干燥、烘烤，发明了在微细孔中填充无机涂层的方法，并尝试控制孔径。

草酸膜通过控制溶胶组成和烘烤时间使得孔径变窄。平井、和田等人[25]用 Zr 醇盐对磷酸膜反复进行浸渍、干燥、烘烤，获得了耐碱性优异的涂膜。这类溶胶-凝胶法的目的是浸渍、干燥、烘烤孔中的无机

表 1.5.12　各种封孔法的性能试验比较

封孔溶液种类	条件	滴碱/s	CASS 8 h RN	封孔度/（mg/dm²）	导纳值/μs
沸水	98 ℃、60 min	40	9.8	14.2	28.5
醋酸镍系（顶封 DX-500）	7 g/L、92 ℃、60 min	55	9.8	2.1	40
氟化物+镍系（顶封 L-100）	5 g/L、30 ℃、60 min 老化 1 天	60	9.5	12.1	60
醋酸镍系（DX-500）→沸水	7 g/L、70 ℃、10 min →98 ℃、30 min	50	9.8	4.2	32
氟化镍+镍系（L-100）→醋酸镍系（DX-500）	5 g/L、30 ℃、10 min→7 g/L、95 ℃、20 min	150	9.8	1.7	13

注：材质为 6063，膜厚为 9 μm，使用水为去离子水。

物使之陶瓷化。用高价锆的醇盐反复进行烦琐处理难以实用化，但令膜陶瓷化的方法还是值得重视的。

2）填充处理

鹿内、高桥等人[26)]将阳极氧化膜浸 Ti 溶液中进行加热处理，再将其放入中性硼酸液中阳极氧化，看到微孔中生成了 Al-Ti 复合氧化物。在孔填充前浸渍酸进行扩孔处理（pore-widening），或反复进行浸渍、加热处理时，Ti 氧化物析出量增加了。使用 Ta、Nb 溶液进行同样试验，获得了 Al-Ta 复合氧化物膜和 Al-Nb 复合氧化物膜。一般认为填充处理的目的是改善介电特性，不过，如能在孔中成功填充 Al 复合氧化物并实现陶瓷化，大幅度提高氧化膜的耐腐蚀性是值得期待的。

1.5.1.5　世界标准

国际认可标准有 ISO（国际标准化机构），欧洲区域标准是 EN（欧洲标准化委员会），国家标准有 ANCI（美国）、BS（英国）、DIN（德国）、GB（中国）、JIS（日本）、KS（韩国）、NF（法国）、UNI（意大利）等，团体标准有 ASTM（美国材料试验协会）、军队标准有 MIL（美国军用标准）等。一般来说，与铝阳极氧化膜相关的海外标准按照用途分，有膜厚和封孔度标准，却几乎没有与耐腐蚀性相关的标准。在日本比较熟悉的耐碱腐蚀性标准（JIS），除被中国标准（GB）部分使用以外，其他海外标准几乎没有使用。另外，虽然有 CASS 试验、AASS 试验及 NSS 试验的试验方法标准，但对标准值没有规定，通常在客户有要求的时候，按照指定的试验方法和试验时间进行盐雾试验。

今后从国际化角度来看，比较重要的海外标准有 ISO、EN、ASTM、GB。**表 1.5.13** 列出了这四个海外标准及 JIS 标准中有关铝表面处理，特别是阳极氧化膜的耐腐蚀性的标准。

（1）JIS（日本工业标准）

日本是铝表面处理的先进国家，制定了很多表面处理试验方法和表面处理基准，这些方法和基准根据需要也一直在修订。随着日本国际化进程的推进，有必要推动 JIS 国际标准化，为与 ISO 进行整合，1985 年开始对 JIS 进行了修订。《铝及铝合金阳极氧化膜》（JIS H 8601）规定了阳极氧化膜的耐腐蚀性试验，除了一般的 CASS 试验外，还有日本独有的耐碱腐蚀性试验，按阳极氧化膜的膜厚规定相应的耐腐蚀性值。《铝及铝合金阳极氧化涂装复合膜》（JIS H 8602）对与氧化膜底膜有关的 CASS 耐腐蚀性、与涂装复合氧化膜有关的各种耐候性试验进行了规定。与海外标准相比，JIS 标准中有关铝表面处理的标准更为详细。

（2）ISO 标准

《铝阳极氧化膜总则》（ISO 7599：1983）规定了膜厚和封孔度，关于耐腐蚀性，在客户有要求的情况下，可以用 AASS 试验（ISO 3769）或 CASS 试验（ISO 3770）测定耐腐蚀性，试验方法的选择和盐雾时间由交易双方协商确定。还有，AASS 试验标准和 CASS 试验标准被整合到包含 NSS 试验的 ISO 9227：2006 中。如表 1.5.13 所示，相关铝表面处理 ISO 标准修订进展缓慢，很少制定新的标准。比如，关于 SC2（铝阳极氧化），以轻金属制品协会为主，其在国际会议上提议将阳极氧化涂装复合膜的耐候性试验标准化为 ISO/TC79（轻金属），还未能形成标准。原因据说是欧洲成员重视 EN 标准而对 ISO 标准很少关心。（译者注：已经在 2013 年通过，即 ISO 28340：2013，为中日共同起草。）

（3）EN 标准

CEN（欧洲标准化委员会）制定的欧洲（EN）标准随着欧洲从欧共体（EC）向欧盟（EU）的统一和扩大，成为不可忽视的标准。RoHS 指令与 WEEE 指令在日本大受关注就可以看出。EN 标准是各加盟国承认的国家标准，如 BS（英国标准）发行的是 BS EN 标准。CEN 和 ISO 之间缔结《维也纳协定》，ISO 和 CEN 之间相互承认彼此标准变成 EN ISO 标准，如 BS 发行 BS EN ISO 标准。如果今后 CEN 先于 ISO 发行各种 EN 标准，成为 ISO 标准的可能性变大。

关于阳极氧化膜的耐腐蚀性，与 ISO 相同，在 BS EN 12373-1：2001 和 BS 3987-1991 里有膜厚和封孔度标准，但没有耐腐蚀性标准，基本上如果客户有要求就进行 BS EN ISO 9227 的 AASS 试验、CASS 试验或 NSS 试验。

（4）ASTM 标准

这是美国材料试验协会的团体标准，比 ANCI、

表 1.5.13　阳极氧化膜耐腐蚀性和耐化学性世界标准

		JIS	ISO	ASTM	BS	GB
耐碱性试验	滴碱试验	H 8681-1：1999（2004）				GB 5237-2：2004
	电动势耐碱试验	H 8681-1：1999（2004）				
盐雾试验	中性盐雾试验	Z 2371：2000（2005） H 8502：1999（2004）	9227：2006	B117-07	EN ISO 9227：2006	GB/T 10125：1997 GB/T 6461：2002
	乙酸盐雾试验	Z 2371：2000（2005） H 8502：1999（2004）	9227：2006	G85-A1-02 B287-74（1987 废止）	EN ISO 9227：2006	GB/T 10125：1997 GB/T 6461：2002
	CASS 试验	H 8681-2：1999（2005） H 8502：1999（2004）	9227：2006	B368-97（2003）	EN ISO 9227：2006	GB/T 10125：1997 GB/T 6461：2002
点腐蚀评价方法	图表法	H 8679-1：1999（2004）	8993：1989	*B537-70（2002）	EN 12373-18：2001 6161-16：1990	GB 6461：2002 GB 10289：1999
	格栅法	H 8679-2：1999（2004）	8994：1989		EN12373-19：2001 6161-17：1990	
室外暴露试验		H 0521：1996（2006） Z 2381：2001（2006	8565：1992 9223~9226：1992	G50-76（2003） *B537-70（2002）	EN ISO 8565：1995	GB/T 6464：1997
加速耐候（光）性试验		H 8685-1，2：1999（2004） H 8602：92（AMEN2006）	2135：1984， 6581：1980 *4892-2，3，4：2006-4， 11341：2004 等	*G155-04. G152-06， D822-86 等	*EN ISO 11341：2004 EN ISO 4892-2：2006 EN ISO 4892-3，4：2000	GB/T 12967-4：1991 GB/T 16259：1996
涂膏耐蚀试验		H 8502：1999（2004）	4541：1978	B380-97（2002）	EN ISO 4541：1995	GB/T 6465：1986
SO_2 气体试验		H 8502：1999（2004）	6988：1985 10062：2006	G87-02（2002）	EN ISO 6988：1986 *EN ISO 3231：1998	GB/T 9789：1988
封孔度试验	染斑试验	H 8683-1：1999（2004）	2413：1981	B136-84（2003）	EN 12373-4：1999	GB/T 8753-4：2005 GB/T 8753：1988（废止？）
	磷酸-铬酸失重试验	H 8683-2：1999（2004）	3210：1983	B680-80（2004）	EN 12373-6：1999 EN 12373-7：1999	GB/T 8753-1：2005 GB/T 14952-1：1994（废止？）
	导纳试验	H 8683-3：1999（2004）	2931：1983	B457-67（2003）	EN 12373-5：1999	GB/T 8753-5：2005 GB/T 11110：1989（废止？）
铝阳极氧化膜通则、总则等		H 8601：1999（2004）	7599：1983 10074：1994	B580-79（2004）	EN 12373-1：2001	GB/T 5237-1，2，3，6：2004 GB/T 8013：2007

注：xxxx，xx，-xx 表示该标准制定或修订年或年数的后 2 位数；（yyyy）是该标准确认或许可年；*表示参考标准。

MIL、AAMA（美国建筑制造商协会）标准更普及。ASTM B 580-79（2004）（铝阳极氧化膜标准）按照用途有指定膜厚，但没有耐腐蚀性标准。客户有要求的时候，进行 CASS 试验或 NSS 试验（不包含 AASS 试验）。

（5）GB 标准

近年来中国经济取得惊人发展，其在铝表面处理领域也高速成长，终将成为世界领跑者。中国标准（GB）由 GB（国家标准）、GB/T（国家推荐标准）、GB/Z（国家指导标准）组成，相关铝标准参考 ISO 和日本等标准制定而成。近年来逐渐从 GB 向 GB/T 转化，很多 GB 修订或废止，因此要时刻关注。在铝阳极氧化膜及着色型材的标准（GB 5237.2—2004）中，有按用途分的膜厚标准和参考 JIS H 8601 的耐碱性试验，其他的如耐腐蚀性，与海外同样，是与客户协商后决定试验方法和耐腐蚀性数值。关于中国铝建材涂装的现状和标准参考铃木[27]的报告内容。（译者注：现在中国执行的是 GB/T 5237—2017。）

1.5.1.6　测定方法

与铝表面处理的相关日本工业标准（JIS）与相应的 ISO 标准进行了整合，耐腐蚀性的测定方法是《铝及铝合金阳极氧化膜》（JIS H 8601）中规定的（a）滴碱试验、（b）电动势耐碱性试验、（c）CASS 试验、（d）AASS 试验、（e）NSS 试验，还有对相关耐腐蚀性测定方法的说明。

（1）耐碱腐蚀性试验

《铝及铝合金阳极氧化膜的耐腐蚀性试验方法　第 1 部分：耐碱性试验（JIS H 8681-1）是日本独有的，这部分在 ISO 等标准中没有涉及。它不适用于厚度的氧化膜 5 μm 以下，厚度在 20 μm 以上的氧化膜只进行电动势耐碱性试验。

1）滴碱试验

①概要：这个试验是用滴碱装置对试验片滴下氢氧化钠水溶液，通过测量溶解掉全部膜为止的时间来考察耐碱腐蚀性能。

②操作：（a）在恒温槽内对标准尺寸为 50 mm × 40 mm、保持（35 ± 1）℃的试验片，用滴碱装置将（35 ± 1）℃的 100 g/L NaOH 水溶液，对有内径 6 mm 的圆形标记试验片以间隔 5 s、每次约 16 mg 顺序滴下；（b）完成所需时间后，迅速放入干净水中，用海绵轻轻擦拭测量面后取出通风干燥，记录从最后滴下到投入干净水中的时间；（c）用回路仪测量各个圆形标记的电阻。对每个标记如**图 1.5.11** 所示垂直探测 3 次，只要有 1 次回路仪指针显示 5 000 Ω 以下时就表示导通，这表明标记部分的膜被溶解了。

③结果：用从导通后、滴下最后标记试验液开始，至投入水中为止的时间（s）表示耐碱性。

2）电动势耐碱性试验

①概要：该试验如**图 1.5.12** 所示，利用电动势测量试验装置，使试验片接触氢氧化钠，用电位判断氧化膜溶解终点来考察耐碱性。

②操作：（a）取出标准尺寸为 50 mm × 40 mm、保持（35 ± 0.5）℃的试验片放到操作台上，将装置上干燥过的铜座和测量槽与试验片连接，放置 1 min 以上；（b）用约 1 mL 滴管将 100 g/L NaOH 水溶液投入槽内，测量电位检出装置显示 1.0 mV 电位时的时间（s）；（c）用滴管将槽内的试验液吸离试验片；

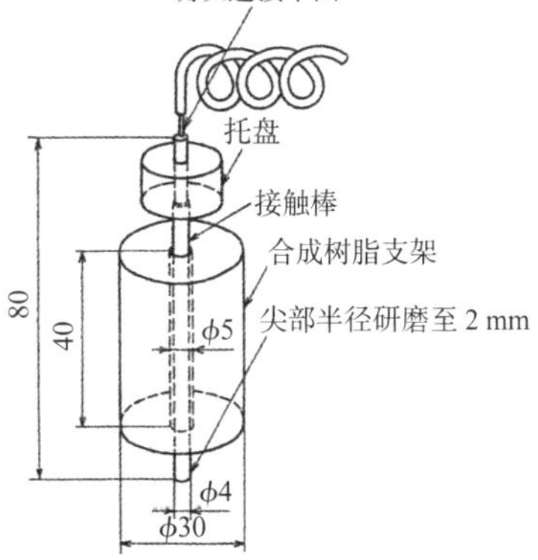

图 1.5.11　回路仪指针示例

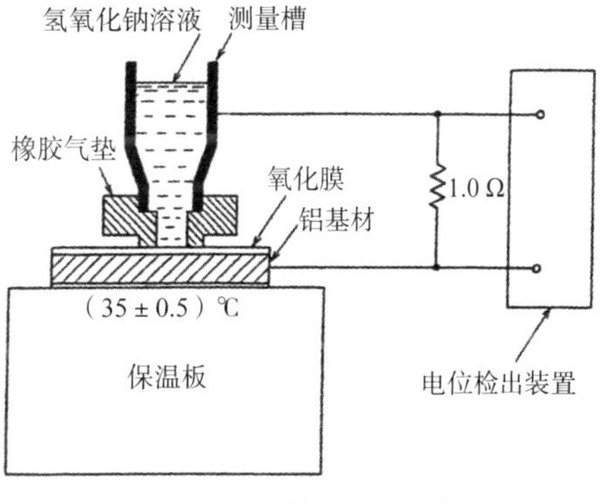

图 1.5.12　电动势测量试验装置

（d）使用新的试验液并改变试验位置，将（a）~（d）的操作反复做3次。

③结果：以上试验反复做3次，取其平均试验值就是耐碱性值。

（2）CASS试验

《铝及铝合金阳极氧化膜耐腐蚀性试验方法 第2部分：CASS试验》（JIS H 8681-2）与ISO 9227中CASS试验相对应。因为是含铜离子的酸性盐水，所以与酸性盐雾（AASS）试验、中性盐雾（NSS）试验相比腐蚀性变强。

①概要：使用CASS试验机，对试验材料按规定时间喷洒含铜盐的酸性盐水，根据腐蚀发生的状况来考察氧化膜的耐腐蚀性。

②操作：（a）将标准尺寸为150 mm × 70 mm的试验片在试验箱内以20° ± 5°的角度放置；（b）试验箱内温度为50 ℃，空气饱和机温度为63 ℃时，压缩空气压力保持在（98 ± 10）kPa，在50 g/L NaCl溶液中加入0.26 g/L的$CuCl_2 \cdot 2H_2O$ 用醋酸调整pH到3.0的溶液开始喷雾；（c）试验时间通常为4、8、16、24、32、40、48、56、64、72、96及120 h，具体由交易双方协商决定；（d）试验中每隔24 h测量喷雾量，喷雾液pH值、NaCl的浓度应控制在规定的范围内；（e）按规定时间结束喷雾后，用水洗试验片，并用浸泡（1+10）盐酸液的尼龙刷子刷净，再水洗后通风干燥。

③结果：目视或实测试验片中央部分100 mm × 50 mm范围内发生的孔腐蚀状况，按照JIS H 8679-1规定用分级号码（RN）表示。

（3）乙酸盐雾（AASS）试验

《盐雾试验方法》（JIS H 2371）是测定金属材料或镀有无机氧化膜或有机膜的金属材料的耐腐蚀性的试验方法，与ISO 9227中AASS试验相对应。

①概要：使用盐雾试验机，按规定时间对试验材料喷洒乙酸盐水溶液，根据腐蚀发生状况考察膜的耐腐蚀性。

②操作：程序与CASS试验几乎相同。与CASS的主要不同点是试验片可用60 mm × 80 mm × 1 mm平板，试验槽温度为（35 ± 2）℃，试验液是用乙酸调整pH到3.0~3.1的50 g/L NaCl溶液。

③结果：用面积法（用附录1规定的分级号码来判断）或质量法（通过考察试验片在试验前和去除试验后生成的腐蚀物后的质量变化来判断）。

（4）中性盐雾（NSS）试验

《盐雾试验方法》（JIS H 2371）是测定金属材料或镀有无机氧化膜或有机膜的金属材料的耐腐蚀性的试验方法，与ISO 9227中的NSS试验相对应。JIS H 8603规定的是铝及铝合金的硬质阳极氧化膜的耐腐蚀性试验。

①概要：试验盐雾试验机，按规定时间对试验材料喷雾中性的盐水溶液，根据腐蚀发生的状态考察膜的耐腐蚀性。

②操作：程序和醋酸盐雾试验几乎相同。与AASS的主要不同点是试验液是调整pH≈6.5后的50 g/L NaCl水溶液。

③结果：与AASS一样选择面积法或质量法。另外，对CASS、AASS及NSS的不同点进行了整理，对各种盐雾试验方法标准比较见**表1.5.14**。

（5）室外暴露试验

《铝及铝合金大气暴露试验方法》（JIS H 0521），引用《室外暴露试验方法通则》（JIS Z 2381），没有具体提及相对应的ISO标准。这个标准考察的是基材及表面处理材料在自然环境下，其化学、物理性质随时间变化的情况，规定了试验材料室外暴露试验方法。因室外使用的铝制品被永久暴露在外面，对客户来说该试验结果具有非常重要的参考意义。可是，受室外使用地点条件的影响很大，为得到试验结果要进行长时间跟踪。本标准关于暴露台设置是，暴露面向正南面，与水平面的夹角是30°或45°。暴露下端至地面高度是500 mm以上，地表散热对结果有影响时要进行调整。安装试验片时，使用螺栓等进行固定。暴露期限单位用年或月，判断内容有外观变化、质量变化、局部腐蚀、抗拉强度及延伸率变化、膜表面劣化。

（6）耐候性试验

JIS H 8602规定的是铝及铝合金阳极氧化涂装复合膜涂膜性能的试验，使用碳弧灯耐候性试验设备，在放电电压（50 ± 1）V、放电电流（60 ± 1.2）A、每照射60 min进行12 min水喷雾的条件下，试验250 h，在

表 1.5.14　各种盐雾试验比较

		CASS 试验	乙酸盐雾试验	中性盐雾试验
标准型号		JIS H 8681-2	JIS Z 2371	JIS Z 2371
试验片标准尺寸/（mm × mm）		150 × 70	150 × 70 或 80 × 60	150 × 70 或 80 × 60
调制喷雾液	浓度/（g/L）	NaCl 50 ± 5、氯化铜 0.26	NaCl 50 ± 5	NaCl 50 ± 5
	比重	1.029~1.036	1.029~1.036	1.029~1.036
	pH	用醋酸调整至 3.0	用醋酸调整至 3.0~3.1	用 NaOH、HCl 调整至 6.5
喷雾液取样	浓度/（g/L）	40~60	50 ± 5	50 ± 5
	pH	3.0 ± 0.2	3.1~3.3	6.5~7.2
	比重	1.026~1.040	1.029~1.036	1.029~1.036
喷雾量/［mL/（80 cm^2・h）］		1.0~2.0	1.5 ± 0.5	1.5 ± 0.5
压缩空气压力/kPa		98 ± 10	98 ± 10	98 ± 10
试验槽温度/℃		50 ± 2	35 ± 2	35 ± 2
试验时间/h		4~120	2~1 000	2~1 000

室内约放置 1 h 后测量光泽保持率及变色情况。

（7）涂膏耐腐蚀试验

JIS H 8502 规定的是镀层耐腐蚀试验方法，对试验片表面涂抹腐蚀膏待其干燥后放置到湿气槽内考察耐腐蚀性。腐蚀膏是 7 mL 的 5 g/L 硝酸铜水溶液、33 mL 的 5 g/L　$FeCl_3·6H_2O$ 水溶液及 10 mL 的 100 g/L 氯化铵水溶液进行混合，再加入 30 g 白陶土炼成。给试验片涂抹以后，在（20 ± 5）℃、湿度 50%以下的环境中放置 1 h 后干燥。随后将试验片立即放入（38 ± 2）℃、湿度 80%~90%的湿气槽中，每 16 h 1 个循环暴露。连续进行的时候，根据情况去除旧泥后涂抹新的泥。试验后试验片用水将泥洗净，干燥后按附录 4 进行判断。

（8）二氧化硫气体试验

JIS H 8502 规定的是镀层耐腐蚀试验方法，使用气体腐蚀试验装置，考察二氧化硫气体对试验片的腐蚀情况。将试验片放入温度为 40 ℃、湿度为（80 ± 5）%的试验槽中，按规定时间导入浓度为 0.5、10 或 25 ppm 二氧化硫气体。试验后，根据附录标准图表判断试验片表面分级号码（RN）。

（9）封孔度试验

在 JIS H 8601 中规定了阳极氧化膜封孔度试验，在 JIS H 8683（《铝及铝合金阳极氧化处理封孔度试验方法》）中规定了 3 种方法。封孔度将大大影响耐腐蚀性和耐污染性，适用于厚度在 5 μm 以上的膜。

①《染斑试验》（JIS H 8683-1）对应 ISO 试验方法，对膜实施了规定预处理后，给膜点滴染色液，让膜染色来考察封孔效果。厚度在 5 μm 以上的阳极氧化膜污染度要求在 0~2 之间。

②《磷酸-铬酸水溶液浸渍失重试验》（JIS H 8683-2）对应 ISO 试验方法，让膜浸渍在磷酸-铬酸水溶液中来测量被侵蚀后的质量损失，根据耐酸性程度可调查封孔度。厚度在 5 μm 以上的阳极氧化膜要求质量损失在 0.03 g/dm^2 以下。

③《导纳试验》（JIS H 8683-3）也对应 ISO 试验方法。测量膜的电特性导纳值，用这个值来调查封孔度的方法，特点是不会破坏膜。厚度在 5 μm 以上的阳极氧化膜要求导纳值在 20 μs 以下。

参考文献

1）鈴木清隆：塗装技術，3 月号（2006），p115.
2）E. Deltombe，C. Vanleugenhaghe and M. Pourbaix：Atlas of Electrochemical Equilibria in Aqueous Solutions，Pergamon Press（1966），p171.
3）J. E. Hatch，Ed：Aluminium：Properties and Physical Metallurgy，ASM（1996），p295.
4）日本アルミニウム協会編：アルミニウムハンドブック（第 6 版），日本アルミニウム協会（2001），p65.
5）中山孝廉：アルミニウムの表面処理，日刊工業（1971），p138.
6）J. M. Kape，J. A. Whittaker：Trans. Inst. Metal Finishing，43［3］（1965），p106.
7）アルミニウム表面処理技術研究組合：昭和 47・53 年度

研究報告書（1980）.
8）JIS H 9500-1979「アルミニウム及びアルミニウム合金の硫酸陽極酸化処理技術基準」.
9）アルミニウム建築用品表面処理委員会：建築用アルミニウム合金の陽極酸化処理の標準化に関する研究・昭和37年度報告書（1965）.
10）9）と同書，p53.
11）9）と同書，p31.
12）9）と同書，p59.
13）9）と同書，p40.
14）JIS H 9501-1979「アルミニウム及びアルミニウム合金のしゅう酸陽極酸化処理技術基準」.
15）9）と同書，p89.
16）9）と同書，p125.
17）阿部隆：アルミニウム表面処理ハンドブック，軽金属製品協会編，軽金属出版（現・カロス出版）（1971），p146.
18）17）と同書，p143.
19）中山考廉，山田巳知夫：軽金属，2（1950），p125.
20）P. G. Sheasby，R. D. Guminski，T. K. Castle：Trans. Inst. Metal. Finishing，44（1966），p50.
21）中岸豊，高市秀俊，佐藤弘之：表面技術協会，第81回講演大会要旨集（1990），p177.
22）E. P. Short，A. Morita：Plating. & Surf. Fin.，72（6）（1988），p102：Trans. IMF，67（1）（1989），p13.
23）M. R. Kalantary，D. R. Gabe，D. H. Ross：Trans. IMF，70（2）（1992），p159.
24）和田健二他2名：表面技術，40（1989），p1372.
25）平井，相沢，嶋影，和田：日本金属学会誌，59［5］（1995），p547.
26）鹿内，高橋，瀬尾：表面技術協会，第90回講演大会要旨集（1994），p218.
27）鈴木清隆：塗装技術，8月号（2005），p112.

1.5.2 抗菌性

1.5.2.1 概要

一个人的身体健康不能仅仅依靠医院，自我健康管理、预防疾病的概念正在快速普及。随着自我预防意识的增强，与保持健康相关的功能材料的开发将会掀起高潮，适应老龄化社会发展需求的保健用材料的开发也会日新月异。

类似医疗、健康和福利用功能性材料，有杀菌、抗菌、防臭、除臭功能，还有专门除臭材料、紫外线遮蔽材料、抗过敏材料、防虫防扁虱材料、医用材料等。

本节将叙述作为研究对象的微生物和细菌的分类、抗菌的定义、铝阳极氧化处理纳米级微细孔浸渍抗菌剂并和树脂一起涂布的抗菌阳极复合膜。

其中，特别论述日本在全世界引以为傲的特产资源——碘化物浸渍阳极氧化膜，对材料的调整方法及其抗菌性。

1.5.2.2 微生物和细菌的分类[1)]

日常生活中人们会接触大量细菌和微生物。比如霉菌、酿造酒精时使用的酵母、乳酸菌和大肠杆菌等细菌，还有感冒病毒。生活中这些细菌和微生物有的是有益的，有的是有害的，我们要对此进行甄别。

图 1.5.13 所示是微生物和细菌的分类。细菌按形态分有球菌和螺旋菌，除此之外还可以按细胞壁结构进行分类。

用革兰氏染色法对微生物染色状态进行分类，如**图 1.5.14** 所示，根据细胞壁的不同，有革兰氏阳性菌和革兰氏阴性菌。

有代表性的革兰氏阳性菌有黄色葡萄球菌、纳豆菌、乳酸菌和肉毒杆菌等[2)]。有代表性的革兰氏阴性菌有大肠杆菌、醋酸菌、霍乱菌和沙门氏菌等。因细胞壁不同，选择不同的杀菌剂。

有的杀菌剂对革兰氏阳性菌有作用，但对革兰氏阴性菌无作用。伴随微生物繁殖，细胞数量随着时间发生变化，**图 1.5.15** 所示为繁殖曲线[2)]。繁殖过程大致分为以下几个时期：（a）刚接触到新培养基的细胞处在分裂前状态，细胞数量处于几乎没有变化的诱导期；（b）细胞快速分裂的繁殖期；（c）经过一段时间以后营养源衰退，有害代谢物质也不断积累，细胞繁殖停止，进入恒定期；（d）细胞开始死亡，进入死亡期。因微生物繁殖状态各异，抗菌剂的杀菌性也有很大差异，评价抗菌性时，预先了解要杀灭的微生物的性质和繁殖状态很重要。

1.5.2.3 抗菌的定义

目前产业界、官方学者各有不同的抗菌定义，没有统一的见解。抗菌加工制品在市场大量销售，为打消消费者的顾虑，1998年12月当时的通产省（现在叫经济产业部）召开了“生活相关新功能加工产品座谈会”，经广泛征求意见，决定各产业各自准备与自己行业有关的抗菌产品指导大纲。

其中对抗菌产品的定义，是指该产品表面有抑

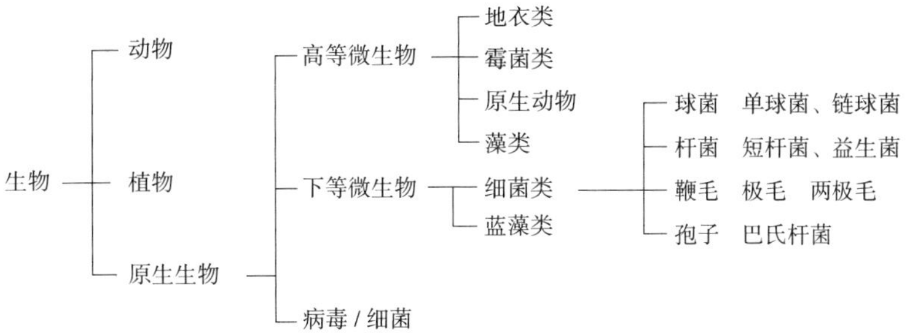

图 1.5.13　微生物和细菌的分类

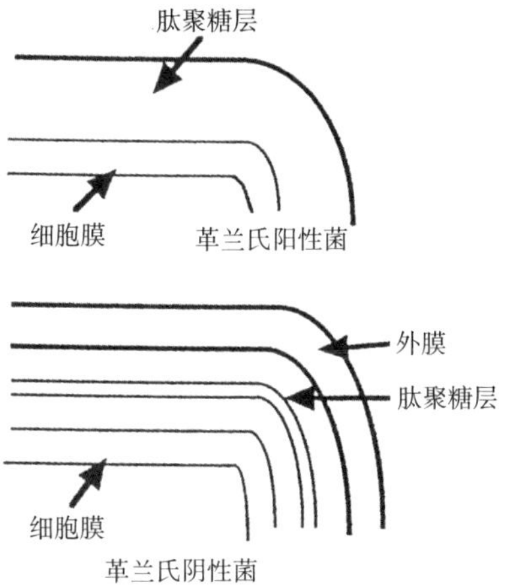

图 1.5.14　微生物的细胞壁

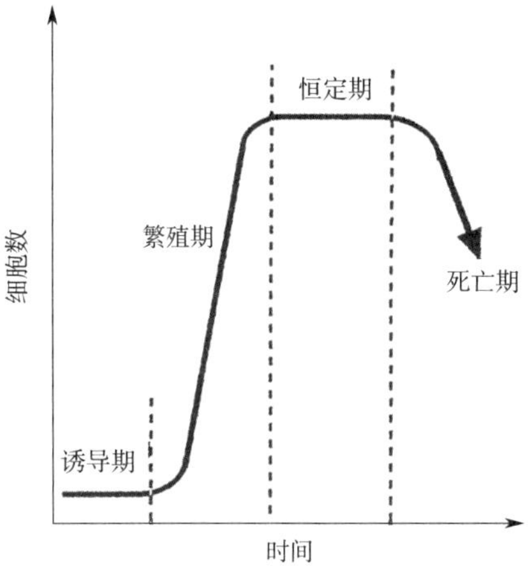

图 1.5.15　微生物的繁殖曲线

制细菌繁殖的功能。抗菌效果的试验方法，根据抗菌产品种类不同而不同，抗菌效果的评价方法选择日本工业标准（JIS）所规定的方法[3-4)]。**表 1.5.15** 所示是全国家用电器产品公正交易协会和日本住宅设备系统协会的相关定义一览表。

另外，根据日本《药局方》(《药事法》第 41 条，医药产品及制剂的公告)，抗菌是指使用抗生素药物，灭菌是指杀伤除去全部微生物，杀菌是指杀死微生

表 1.5.15　相关用语的定义

通产省抗菌报告书	（社）日本全国家用电器产品公正交易协会 出处:《相关抑制菌类用语使用基准》(1997-10-1)	（社）日本住宅设备系统协会 出处:《相关住宅设备的抗菌性能试验方法、表示和判断基准》(1998-6-12)
灭菌	完全杀死微生物	完全杀死或除去附着在物体上或物体含有的所有微生物，使其处于无菌状态
消毒	杀灭或除去所有病原性微生物	将物体或生物体附着和包含的病原体微生物杀死或除去，使其丧失感染能力
杀菌	杀死微生物	杀死目标物中生存的微生物
除菌	除去某种物质或限定空间的微生物	用过滤和清洗的手段，减少物体中所含微生物的数量，提高洁净度
抗菌	抑制微生物产生、发育、繁殖	抑制产品表面细菌繁殖
抗霉菌	抑制霉菌产生、发育、繁殖，对象仅为霉菌	
抗病毒	抑制病毒的活动，对象仅为病毒	抑制病毒活动，目标仅为病毒

物，消毒是指杀灭对人畜有害的微生物。

1.5.2.4 抗菌阳极氧化膜[5)]

（1）抗菌阳极氧化膜的定义

以生活环境中栖息的细菌为对象，具有长久且持续的杀菌效果，可保持生活环境的卫生。

（2）抗菌阳极氧化膜的特点

具有抗菌、杀菌、除臭、防污染的特点。

（3）抗菌阳极氧化膜的用途

①医疗部门：医疗器材，分析、检查、治疗仪器。

②建材、日用品：门把手，操作屏，隔板，扶手，厨房用品，医院、学校、办公楼、酒店、剧场、公寓等人群聚集地。

③食品：食品加工机械、食品容器、搬运容器、冷库。

④精密仪器：半导体制造装置、精密化学仪器。

具体的有微生物腐蚀铝部件引起飞机事故，电子产品部件因生锈导致故障，住宅内厕所等因细菌繁殖导致生活质量问题等。

（4）抗菌剂

①无机抗菌剂：一般价格较高。有银、铜、锡、锌。

②有机抗菌剂：耐久性不佳，安全性也有很多问题。

（5）银离子

1）特点

①广谱抗菌，没有耐菌性报告。

②无挥发性，在碱性条件下抗菌力强。

③微量即可发挥效果，对菌群可持续发挥作用。

2）安全性

自古以来对食品、首饰、装饰品的抗菌力、安全性就广为人知。现在被用于治疗牙齿，作为食品添加剂。

3）抗菌性原理

有银离子和活性氧理论。

4）稳定化技术

因为是银离子单体溶出，所以即使离子化也会立即被还原。由于银离子很不稳定，所以很难处理。

（6）抗菌处理技术

1）阳极氧化

①在阳极氧化膜的微孔中封入抗菌成分。

②耐磨耗性、黏结性优异，不会因氧化膜表面磨耗引起衰减。

③不会因为磨耗而消失，抗菌作用可长久维持。

④较少量的抗菌成分就可充分发挥作用。

2）抗菌涂膜

①让抗菌成分分散、浸渍于涂膜内。

②因磨耗等随时间变化衰减。

③因涂膜剥离、粉化而导致效果变差。

1.5.2.5 碘化合物浸渍阳极氧化膜

1. 选择碘元素作为无机抗菌剂的理由[1, 6)]

碘在地球上分布不均，属于具有不同特征的卤族元素。千叶县是世界闻名的碘产地。日本在开采天然气时，与天然气一起抽取的咸水中含有大量的碘（碘含量为 90~130 mg/dm^3）。

使用氯氧化升华吹除法和离子交换树脂吸附法对碘进行浓缩。据说，其成因是埋在地下的第三纪至第四纪动植物被细菌等分解成沼气和碘。

千叶县碘储藏量约为 400 万 t，占世界碘储藏量的 1/3，按现在每年的消耗量计算可用 700 年左右，对资源匮乏的日本来说，这是少有的储藏量丰富的矿产。

无机抗菌剂与有机抗菌剂相比，杀菌力不强，但具有持久性并且耐热性和耐候性优异。

无机抗菌剂的抗菌机制分为两种：（a）与光催化剂反应形成自由基杀菌；（b）将具有杀菌效果的药剂用无机质基材固定，在生物环境中放出微量药剂。

（a）类基于二氧化钛开发研究而成，（b）类以银系抗菌剂为主，更换不同基材，可形成多种组合。这两种类型中，（b）类由于可以适用于不同基材，所以可以对抗菌力、抗菌寿命、耐候性、耐热性等进行设计，同时也可改变抗菌剂的特性和用途。但是，必须指出（b）类大多为短期使用，因其中的银因被氯化而使抗菌性降低，抗霉菌性能减弱。

基于此，我们成功开发了杀菌力强的碘化物液体杀菌剂和医用抗菌剂，使碘化物中的碘保持 I_2 或者 I_3^- 的形态不变并固化的方法是用电化学方法在铝阳极氧化膜纳米微孔中沉积碘化物。

图 1.5.16 所示是陶瓷系抗菌剂的特定制备方法。

2. 制作浸渍碘化物阳极氧化膜[1, 7)]

用 A1100 铝材生成 30 μm 厚硫酸阳极氧化膜后，

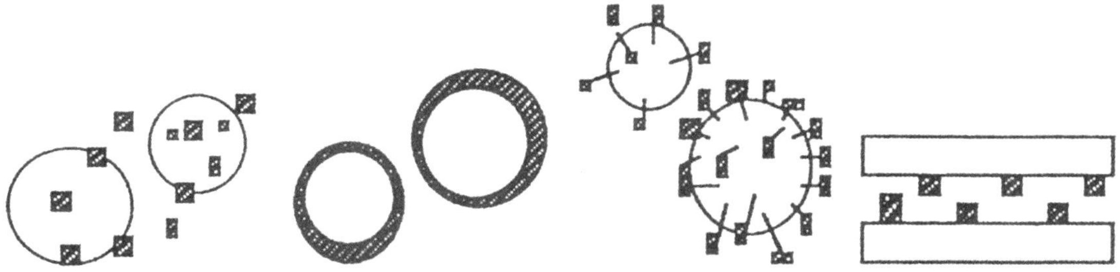

图 1.5.16　固化状态不同的陶瓷系抗菌剂

（a）物理吸附　（b）化学结合　（c）表面修饰　（d）扩展或离子交换

如**图 1.5.17** 所示在 1 000 ppm 聚乙烯吡咯烷酮碘（polyvinyl pyrrolidone-Iodine，PVPI）水溶液中，将具有阳极氧化膜的铝材当作阳极，在 150 V 恒定电压下进行 3 min 电沉积，让膜微孔沉积碘化物。

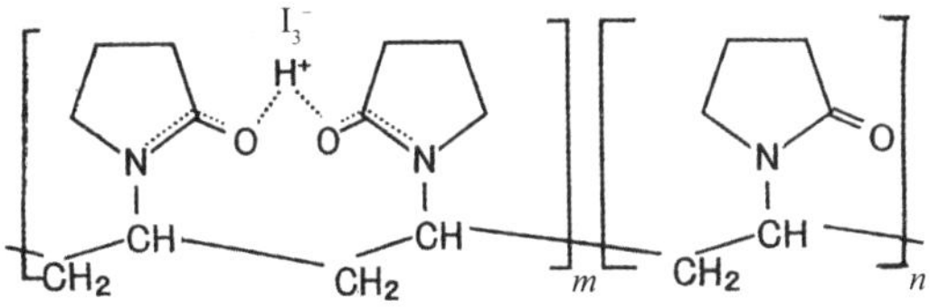

图 1.5.17　PVPI 结构式

随后用乙醇进行超声波清洗 3 min 后，在 100 ° C 下干燥，即可完成抗菌试验及抗霉菌试验材料的制作。获得的膜外观颜色随浸入碘含量增加呈现黄色、浅黄红色（茶色）、深黄红色。这是碘特有的颜色，我们推测此时碘的形态是 I_2 或者 I_3^-。

3. 评价碘化物浸渍阳极氧化膜

浸渍碘化物后的阳极氧化膜横截面用 XMA 分析 Al、S、O、I 各元素，结果如**图 1.5.18** 所示。可以得出碘元素 I 填充了膜的微孔。

图 1.5.19 所示是此膜的 FTIR［傅里叶变换红外光谱（仪）］扩散反射光谱。从图中点线可以观察到，浸入碘化物阳极氧化膜的光谱和原材料中 PVPI 的光谱重叠，由此判断微细孔中 PVPI 被固定下来了。

4. 评价碘化物浸渍阳极氧化膜的抗菌性及抗霉菌性

1）抗菌性试验方法

试验菌株使用大肠杆菌作为革兰氏阴性菌，使用黄色葡萄球菌作为革兰氏阳性菌，在 37 ℃下进行

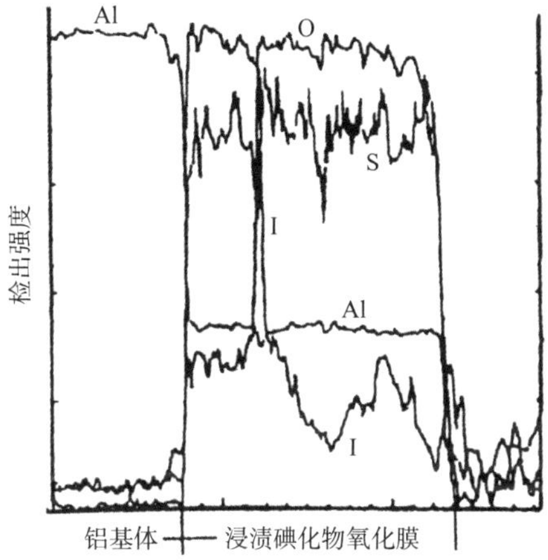

图 1.5.18　浸渍碘化物的阳极氧化膜横截面的元素分析

18 h 培养后用接触法、摇动法、哈罗（Harrow）试验法等进行检测。

2）接触法抗菌性评价结果

对抗菌材评价方法试验结果如**表 1.5.16** 所示。试验后两种菌的生菌数均在 10 以下，证明其有良好的抗菌性。

表 1.5.16　接触法检测浸渍碘化物氧化膜的抗菌性

菌种	菌数浓度/（CFU/cm³）	
	控制	试验材料
大肠杆菌（IF03972）	初始浓度 4.8×10^5	初始浓度 4.8×10^5
	24 h 后浓度 1.2×10^6	24 h 后浓度< 10
黄色葡萄球菌（IF012732）	初始浓度 4.0×10^6	初始浓度 4.0×10^5
	24 h 后浓度 1.6×10^6	24 h 后浓度<10

图 1.5.20 所示是接触法试验后，用平板稀释法求大肠杆菌的生菌数，计算生菌率，考察一段时间

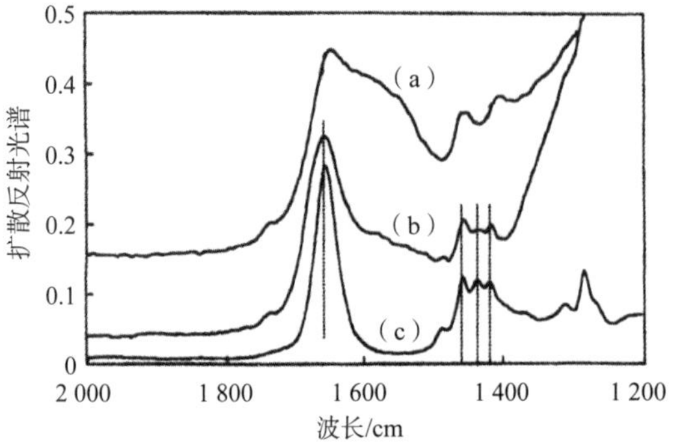

（a）—铝阳极氧化膜；（b）—浸渍 PVPI 铝阳极氧化膜；（c）—PVPI

图 1.5.19 浸渍碘化物的阳极氧化膜的 FT-IR 扩散反射光谱

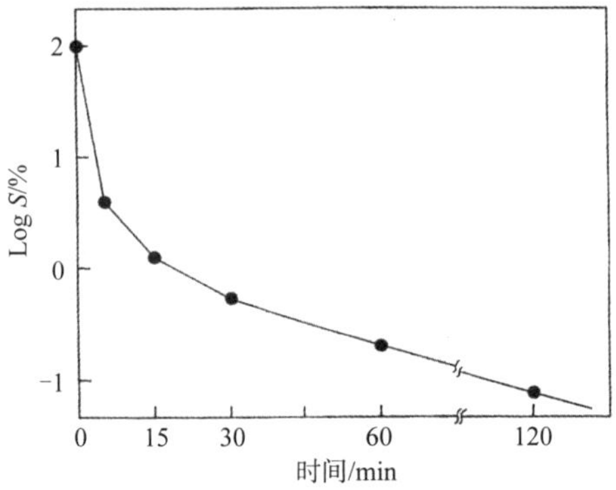

图 1.5.20 接触法中与大肠杆菌的接触时间和生菌率的关系

后膜的抗菌性变化情况。大肠杆菌初始菌数浓度是 1.0×10^5 CFU/cm³。从这个试验结果来看，膜与大肠杆菌接触后，15 min 左右大肠杆菌的初始菌数 99% 被杀死，由此可以看出碘杀菌时间非常短。

3）摇动法抗菌性评价结果

表 1.5.17 列出一定表面积的浸渍碘化物阳极氧化膜的杀菌能力。能杀灭大肠杆菌 1.0×10^7 个/cm³，黄色葡萄球菌 1.0×10^6 个/cm³，显示很强的杀菌力。据推测，碘对大肠杆菌（革兰氏阴性菌）的抗菌效果比黄色葡萄球菌（革兰氏阳性菌）要好一些。

4）Harrow 试验法抗菌性评价结果

照片 1.5.1 所示是用大肠杆菌进行的阻止菌群发育试验结果。在试验材料周围，形成了大量消灭大肠杆菌的菌发育阻止带。可以推断从阳极氧化膜微孔析出的碘分子 I_2 杀死了大肠杆菌。

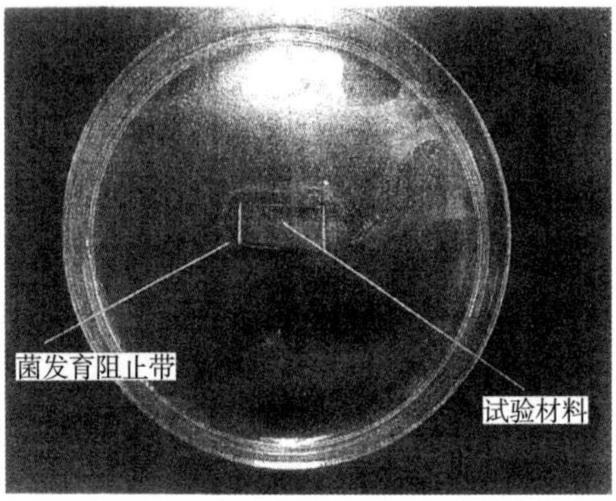

照片 1.5.1 用大肠杆菌进行的试验结果

5）抗霉菌性试验评价结果

本试验用 5 种试验菌株，按 JIS 标准要求进行评价。**照片 1.5.2** 是培养霉菌 28 天后试验材料的外观照片。没有沉积碘化物的阳极氧化膜试验材料上菌丝全面发育。沉积碘化物的阳极氧化膜试验材料上菌丝没有发育。因此，我们认为沉积碘化物的阳极氧化膜的抗霉菌性能极好。

1.5.2.6 总结

日本选择了世界上为数不多的地下资源碘化物作为功能性材料，通过电化学方法将其沉积在铝阳极氧化膜基板的微孔中，尝试研发出具有独创性的技术和产品。试验结果揭示，碘化物沉积后的铝阳极氧化膜，具备了很高的抗菌性和优秀的抗霉菌性。抗菌阳极氧化膜的技术开发成功并实现了商业化应用。

我们正在各领域继续进行抗菌、抗霉菌性评价试验，最终探索出最佳应用方向。

表 1.5.17 摇动法检测浸渍碘化物阳极氧化膜的抗菌性

菌种	菌数浓度/（CFU/cm³）					
	1.0×10^8	1.0×10^7	1.0×10^6	1.0×10^5	1.0×10^4	1.0×10^3
大肠杆菌	有菌	无菌	无菌	无菌	无菌	无菌
黄色葡萄球菌	有菌	有菌	无菌	无菌	无菌	无菌

注：菌液 10 cm³、25 ℃、1 h。

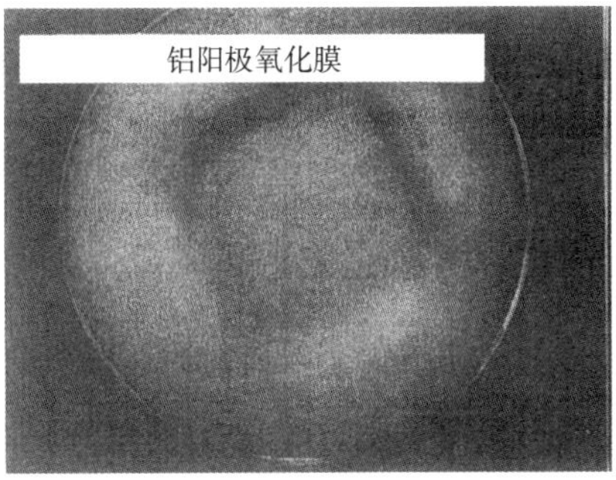

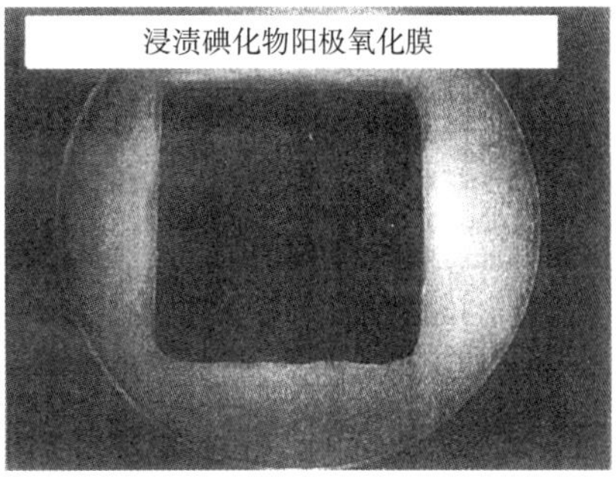

照片 1.5.2　抗霉菌性试验（培养 28 天后）

参考文献

1）橋本和明，戸田善朝，高谷松文：Journal of the Society of Inorganic Materials，Japan 11，125-133（2004）.

2）堀越弘毅，秋葉輝彦：絵とき　微生物学入門，オーム社（1981），p.31-33.

3）（社）日本消費生活アドバイザー・コンサルタント協会資料.

4）（有）クリーンアート　技術解説書.

5）鈴木清隆：抗菌アルマイト技術セミナーテキスト，アルミニウム表面技術士会主催（めっきセンター，平成17年6月24日），p.13.

6）千葉県天然ガス開発利用図，千葉県商工労働部工業課発行（1999）.

7）高谷松文：機械の研究，第56巻，第2号（2004），p.260-266.

1.5.3　黏结性

1.5.3.1　需求领域现状

1. 黏结的应用领域

黏结让人首先想到的是粘到一起了，是一种低强度黏结。其黏结力与焊接是没法比的，黏结面积大的地方强度相对较大。黏结基本都是面与面粘贴，可大幅提高抗疲劳强度。不能进行焊接或不同金属间黏结时可以使用黏结法，特点是黏结时不需要过高温度。

铝和树脂黏结系统的用途非常广泛。①为了家电、建材、铁道车辆等的美观和保护材料的涂装。②汽车、飞机、电器、建材、体育用品等的结构黏结。③包装材料用金属气相沉积、层压。④印刷行业 PS 的版树脂覆盖。⑤电子工业中 LSI（大规模集成电路）配线层间形成绝缘膜等的形成。多用于结构轻量化、提高黏结部分强度和可靠性、提高生产效率、降低成本等用途。

金属材料黏结方法的优缺点见**表 1.5.18**[1]，由于黏结能够满足轻量化、节能化、自动化、缩短工序及短时间内黏结等要求，其应用日益广泛。特别是为了通过轻量化提高绩效，铝合金黏结在飞机、汽车、铁道车辆等领域正变得必不可少。这些要求优异的黏结强度和能承受苛刻使用条件的黏结耐久性。铝的黏结耐久性取决于黏结界面的耐湿性，受被黏结材料表面的影响也很大，所以被黏结材料（铝）的表面处理是关键。特别是用铝涂装时，如果不进行表面前处理几乎所有的涂料都会产生问题。

2. 黏结原理

使用黏结剂有以下的好处。

①黏结部位应力分散，应力集中系数小，可以得到更长的抗疲劳寿命。

②膨胀率不同的金属黏结时，黏结剂能减小其界面产生的应力可变小。

表 1.5.18　金属材料黏结方法的优缺点

方法	优点	缺点
螺丝、螺栓	易操作；易取下；适用于不同材料的黏结	平坦性不好；必须开孔；不可用于薄板
铆钉、铆接	易操作；适用于不同材料的黏结	平坦性不好；必须开孔
焊接	黏结力大	需要高温；有发生扭曲的可能性
软钎焊	易操作；导电性好	需要高温、助焊剂
黏结	适用于不同材料的黏结；可低温作业；可分散应力；可保持良好外观；可确保气密性；绝缘性、隔热性	黏结强度有偏差；耐热性有限；取下很困难；耐久性不明；非破坏检查困难

③黏结剂可减小冲击、声音、振动的影响。

④黏结部位的气密性、水密性高。

⑤黏结部位有电绝缘性，不同金属间不会发生接触腐蚀。

⑥可以减轻黏结部位的重量，同时获得较高的剪切强度。

⑦可使黏结部位外表平滑、美观。

同时，使用黏结剂的缺点如下。

①大型构件的情况下，清洗、涂布、硬化的每一道工序都伴随着移动，而且需要特别的加工工具。

②抗撕裂、剥离强度低。

③不耐高温与极低温环境时。没有耐候性数据，无法预测使用年限，也无法明确保证寿命。

④一般来说，硬化时间长，包含洗净等预处理工序的活，黏结工艺所需的工厂面积变大。

黏结是如**图 1.5.21** 所示那样以极性化合物作为媒介，金属和非极性化合物或金属与金属黏结。即作为黏结剂的极性化合物将极性基团向金属排列，将非极性基团结合到聚合物上。黏结是两种材料间隔着界面发生相互作用，通过原子结合或机械作用黏结的状态，黏结力是剥离两者所需要的能量。

黏接力有以下两种：

①附着力（adhesion），即层间结合力；

②凝聚力（cohesion），即膜自身的强度。

分子间结合有一次结合（离子键、共有价键、金属键、氢键）和二次结合（分散、取向、诱导效果）。一次结合力比二次结合力要大得多，附着力由一次结合形成（**表 1.5.19**）。

二次结合力（也称范德瓦尔斯力、偶极间作用力）是附着分散力，所以结合力很小，但如果分子大的话，分子间的力就会非常大。范德瓦尔斯力的

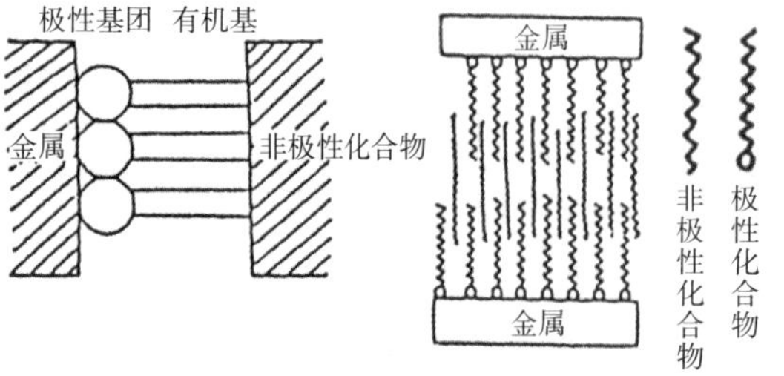

图 1.5.21 有机化合物在金属表面的取向

表 1.5.19 结合种类和结合力

结合种类	结合能/（kcal/mol）
一次键	
离子键	140~250
共价键	25~170
金属键	27~83
氢键	5~12
二次结合	
分散效果	0.2~2
取向效果	0~2
诱导效果	0~0.5

大小与分子间距离的 6 次方成反比，因此分子相互接近是黏结不可欠缺的条件。

黏结膜因劣化、强制应力有可能发生剥离。这种剥离包括附着破坏和凝聚破坏（**图 1.5.22**）。基材侧也可能发生凝聚破坏。由于湿的不均匀性，附着力产生偏差，所以附着破坏和凝聚破坏复杂地混合在一起（**图 1.5.23**）。

金属膜和树脂之间的作用力无法形成金属键，

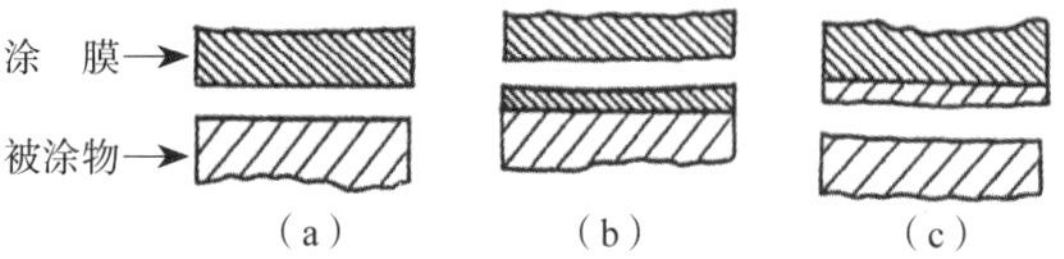

图 1.5.22 黏结破坏的位置

（a）附着破坏 （b）涂膜的凝聚破坏 （c）被涂物的凝聚破坏

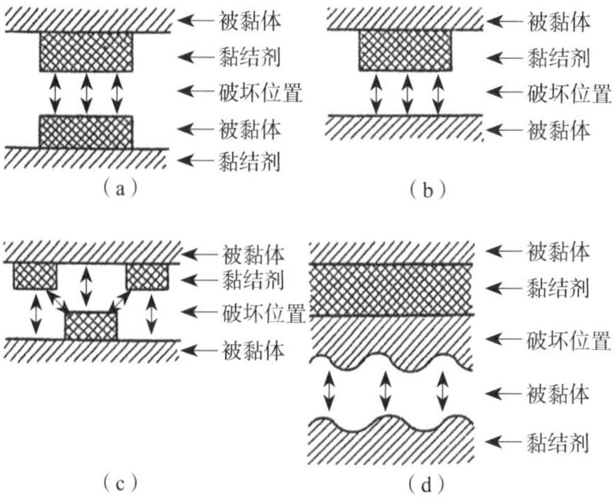

图 1.5.23 破坏场所模型

（a）黏结剂的破坏（凝聚破坏）（b）黏结剂和被黏体的黏结破坏

（c）凝聚破坏和附着破坏的混合 （d）被黏体的破坏

只能形成弱范德瓦尔斯力。因此，让基材的表面形成凸凹不平状，用锚定效应等来确保膜黏结性。特别是互锚存在的界面像打入楔子那样，基材无剥离也无塑性变形的话不会被简单拔走。如上所述，在被黏结材料的表面状态下，拉链效应、锚定效应、表面积增加，对附着力起着很大作用。

当金属表面存在吸附水时，有极性基团的有机基在氢键的能量范围内与水以氢键结合。一般树脂是憎水性，湿的表面导入亲水性的官能团（—COOH、—SO_3H）与金属离子配位，像铝那样的活性金属的钝化膜的厚度极薄，通过氧气偶极相互作用。由此，与结合力相关的因素有膜和基材的机械性质、厚度、内应力、界面的状态、界面近旁的机械性质。要改善黏结性，就要查明剥离原因，排除引起剥离的因素。分析剥离原因要圈定剥离点（界面、中间层、端部、异物等的影响评价），采取把握变形量、排除剥离起点、阻止局部变形等对策（**表 1.5.20**）。

1.5.3.2　黏结底材的表面处理

1. 表面处理的目的

为提高黏结性，需要对被黏结体进行表面处理，表面处理的方法多样。

①除去妨碍与黏结体接触的污物、灰、油、有机物、氧化物、加工变质层、不均匀的氧化膜、腐蚀生成物等。

②对表面进行刻蚀或粗化处理，扩大与黏结剂和表面的接触面积。（相反，也有将表面处理得更平滑，使其表面接触更紧密的情况）

③对表面进行化学处理，用氧化膜覆盖。

④进行加热等尽量除去吸附水分。

铝的表面活性高，被氧化物层覆盖。此类附着物质在黏结前要通过表面处理去除。

2. 铝表面处理 [2)]

关于铝材黏结，表面残存油脂会降低黏结力。为了去除油脂，pH 要在 8.3 以上 10 以下。铝表面覆盖有自然氧化膜，可用碱液除去。

铝合金表面组成因碱洗、酸刻蚀等发生很大的变化。

铝合金表面合金成分 Mg 的浓缩会给变形材料黏结性带来恶劣影响。Mg 以 MgO 形式存在，加热时 Al 被氧化性强的 Mg 还原成 Al_2O_3，结果 MgO 膜下生成尖晶石化合物 Al_2MgO_3（译者注：原文错误，应为 $MgAl_2O_4$）。表面 Mg 扩散至外表面生成 MgO，因膜发生凝聚破坏导致涂膜等黏结性降低。浓缩在基材表面的 Mg 不能用有机溶剂清洗去除，但可用碱洗、硝酸类酸洗去除，此时又变成 Cu 浓缩在表面。被刻蚀的表面残留金属间化合物等残屑，用硝酸浸渍去除。压铸时，如果 Si 含量高，可用添加百分之几氢氟酸的硝酸液浸渍后去除。

铝表面处理中，预处理的关键点如下。

表 1.5.20　材料方面黏结力的改善和维持的方法与效果

效果＼做法	具体的方法	材料改性			控制界面						
		黏附、黏合			表面处理				底漆		
		树脂改性	填料混合	黏合助剂	洗净	研磨	氧化、刻蚀	等离子、紫外线	合成树脂	偶联剂	其他活性物质
性质差异	改善亲和性	○	△	○			○	○	○	◎	○
	改善反应性	○		○			○	○	△	◎	○
	分散应力	○	○						◎		
劣化	阻断劣化因素								◎	○	
	材料保持性质	◎					○				
形状及其他	起始效果		△								
	表面平滑化				△	◎	○	△	○		
	表面清洁化				◎	○					

来源：日本焊接协会编《焊接手册》第 3 版（1996 年）。

①从表面处理开始至黏结前，不要用手接触被黏结体。表面处理后的保管时间及保管状态非常重要。

②从环境和卫生角度来说，对机加工油类等脱脂，主流做法是用碱脱脂。

③研磨和刻蚀的目的是使表面性状有利于增强黏结性。

④浸渍硫酸+重铬酸液后用冷水洗净，接着通风 15 min，再在 65 ℃暖风中干燥 10 min。

⑤浸渍硫酸+氢氟酸液后用冷水洗，然后移到含稀硝酸的冷水中 1 min，再在 50 ℃以下的清水中充分水洗。（**表 1.5.21**）

表 1.5.21　铝合金表面处理条件

	组成		液温/℃	时间/min
硫酸+重铬酸	水 浓硫酸 重铬酸钠	30 份 10 份 2 份	65~71	10
硫酸+氢氟酸	浓硫酸 氢氟酸	100 mL/L 15 mL/L	~50	—

表面粗糙度和黏结强度关系会受黏结剂湿润性的影响，黏结剂湿润性低时，被黏结体的表面粗糙度大，会导致表面未被充分润湿，结果是黏结强度降低。

3. 涂装底材的阳极氧化 [14-16]

铝涂装底材性能的关键在底膜。如**表 1.5.22** 所示，底膜的作用增强耐久性，提高涂膜黏结性，抑制其环境劣化・老化劣化和加工劣化。评价涂膜黏结性能时，主要是找到铝材上底膜和涂膜在黏结状态下的破坏点。在**图 1.5.24** 所示的破坏位置中，在阳极氧化膜底材中不会发生（c）底膜的凝聚破坏，也不会发生（d）底膜与金属的界面破坏。

有关涂装底材的阳极氧化膜的黏结性的报告要点如下。

图 1.5.25 所示是环氧苯酚系涂膜与底材阳极氧化的关系，由此可以看出硫酸阳极氧化膜剥离难度最大。**图 1.5.26** 所示是考察阳极经氧化处理、涂装后随时间变化的情况，从图中看出随时间变化因氧化膜通过涂膜吸收大气中水分，进行自然封孔，数日后膜的活性度和附着力均下降。**图 1.5.27** 是阳极氧化后水洗与阳极氧化后热水洗的剥离强度的比较，从图中可以看出，因热水洗发生水合反应，进行了封孔处理，附着能力降低，所以膜的黏结性降低。因此用 60 ℃的热水洗 5 min 干燥后应尽快涂上黏结剂。

关于阳极氧化（硫酸阳极氧化）与涂装线的关系，测量涂膜黏结性结果要记入阳极氧化至涂装止所需时间间隔，如**表 1.5.23** 所示生成阳极氧化膜后，15 h 左右可获得最佳剥离强度，至涂装止所需的时间间隔（放置时间）控制在 48 h 以内。

表 1.5.22　铝涂装产品举例和底膜的作用和性能

铝涂装制品举例	底膜	底膜的作用与性能
一般加工品涂装（防腐层）	铬酸膜、磷酸-铬酸膜等	黏结性、保持黏结性（环境恶化）、防腐性（阻挡层）
彩色铝（预涂层铝板）	铬酸膜	黏结性、保持黏结性（环境恶化）、防腐性（阻挡层）
铝罐	磷酸-铬酸膜 锆系膜	黏结性、保持黏结性（环境恶化、加工差） 防腐性（阻挡层）、食品安全性
铝门窗（复合膜）	阳极氧化膜（9L2 或 6KL1）	硬度（耐磨耗性）、防腐性、着色、黏结性、保持黏结性（环境恶化）
建材用彩色卷材	阳极氧化膜（薄材）	着色、黏结性、防腐性
氟树脂制品	（例）硬质阳极氧化膜	硬度（耐磨耗性）、防腐性、黏结性、保持黏结性（环境恶化）
氟树脂制品（预涂层板）	（例）阳极氧化膜 勃姆体系膜	黏结性、保持黏结性（环境恶化、加工差）、防腐性

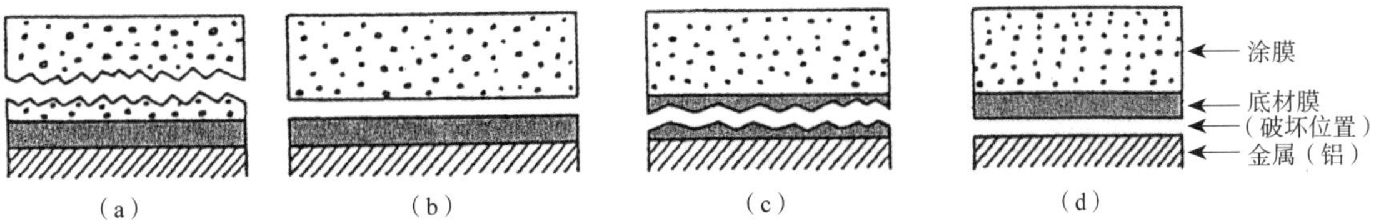

图 1.5.24　涂膜-底膜-金属中的破坏位置

（a）涂膜内的凝聚破坏 （b）涂膜-底膜界面的破坏 （c）底膜的凝聚破坏 （d）底膜-金属界面的破坏

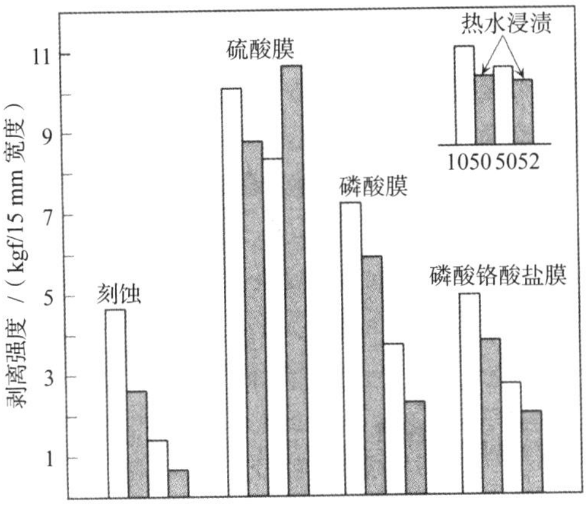

图 1.5.25　影响剥离强度的预处理

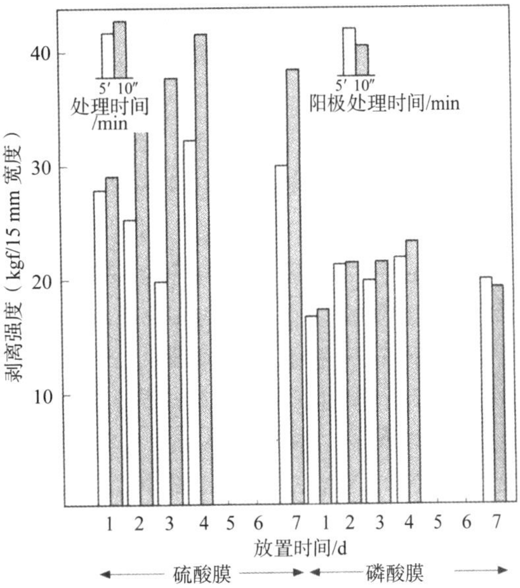

图 1.5.26　影响剥离强度的阳极氧化膜处理条件

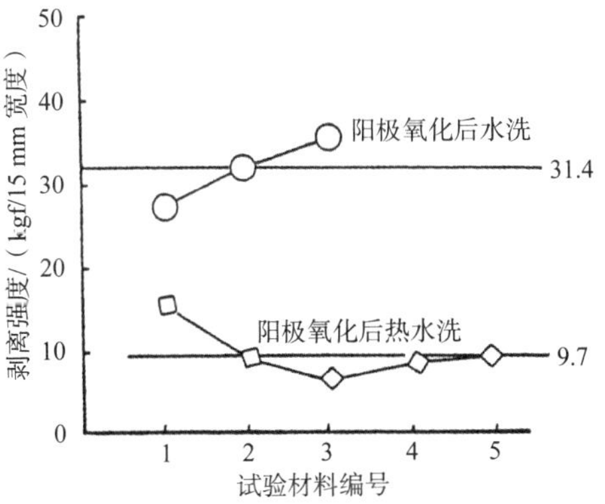

图 1.5.27　阳极氧化后温水洗的影响

4. 硫酸阳极氧化膜和各种合成树脂涂膜的黏结性

图 1.5.28 所示是埃里克森（Ericsen）试验结果，**图 1.5.29** 所示是杜邦冲击试验结果，**图 1.5.30** 所示是烘烤涂膜时产生裂纹状况。硫酸阳极氧化膜和各种涂膜的黏结性良好且得到了优异结果。厚度在 3 μm 以上的涂膜的黏结性稳定，从实际应用层面我们建议使用 5 μm 以上厚度的硫酸阳极氧化膜。

5. 各种阳极氧化膜

磷酸阳极氧化膜的特点是处理工艺易管理、易操作、生成膜的黏结性能偏差很小，非常有利于环保。

1）磷酸阳极氧化膜 1

Al-Mg 合金使用环氧苯系液体固化型结构黏结剂时的剪切黏结强度及 T 型剥离强度的表面处理差异如**图 1.5.31**、**图 1.5.32** 所示。**图 1.5.33** 是室外暴露试验后的抗拉剪切强度 [3]、**图 1.5.34** 是在高湿润性下的剥离黏结强度 [4]，磷酸阳极氧化膜随时间延长黏结强度下降幅度小，其耐久黏结性能优异。在膜结构 SEM 照片中发现阳极氧化膜存在微孔及突起部分，黏结成分嵌入该微孔，并对突起部分的机械结

表 1.5.23　放置时间、剥离强度和染色浸渍试验结果

放置时间	5 h	10 h	15 h	20 h	2 d	3 d	7 d
剥离强度/（kgf/15 mm 宽度）	2.8	3.5	3.8	3.1	2.2	1.6	0.9
染色浸渍试验	3	3	3	3	2	1	0~1

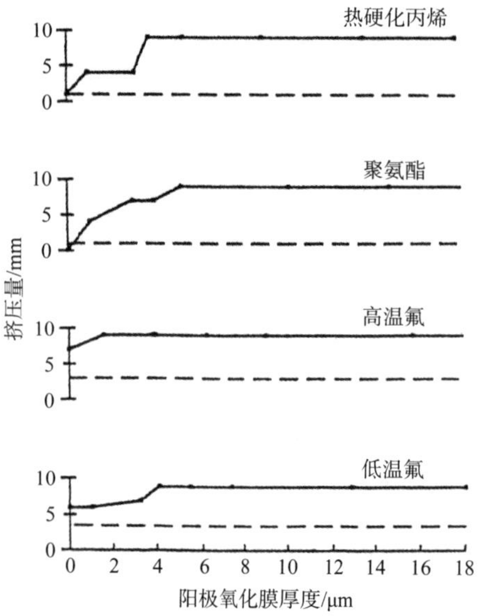

图 1.5.28　阳极氧化膜厚度与埃里克森试验值

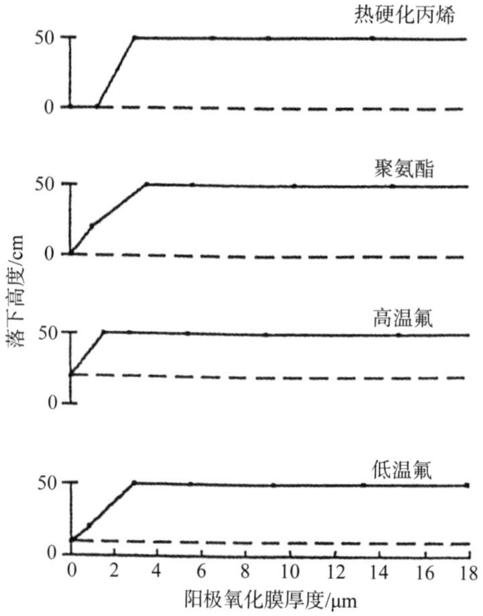

图 1.5.29　阳极氧化膜厚度与冲击试验值
（0 ℃冷水浸渍 2 h 后、凸面）

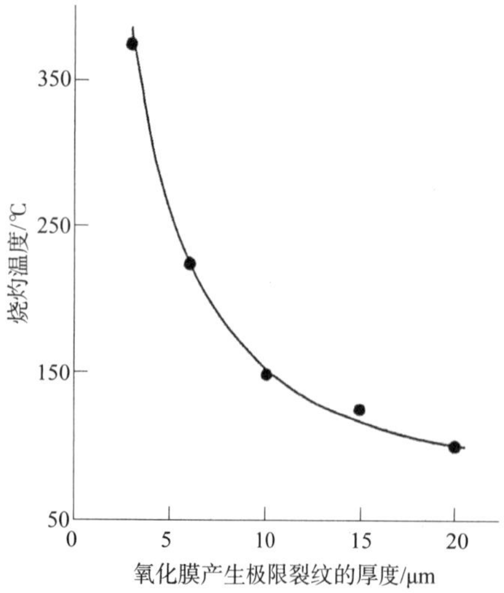

图 1.5.30　涂膜烧灼温度与氧化膜极限裂纹之间的关系

合起了作用。黏结部位表面积增大和锚定效应使得黏结强度增强。

表 1.5.24 所示是磷酸阳极氧化法流程。

表 1.5.24　磷酸阳极氧化处理（PAA 法）的流程

序号	操作	管理	温度/℃	时间/min
1	碱性水洗	Super Bee LF300：15%~25%（体积分数），pH>9	65~76	5~20
2	碱洗	Turco 4215-S：45~60 g/L	68.3 ± 5.5	10~15
3	水洗	含有固形分量：150 ppm 以下	室温	最低 5
4	脱氧	Amchem 6~16：4%~9%（体积分数） 硝酸：74.9~149.8 g/L	18.3~32.2	10~15
5	水洗	去离子水	室温	最低 5
6	氧化	磷酸：8%（质量分数） 电压：（10 ± 1）V	18.3~29.4	20~25
7	水洗	去离子水	室温	10~15
8	干燥	—	71.1 以下	—

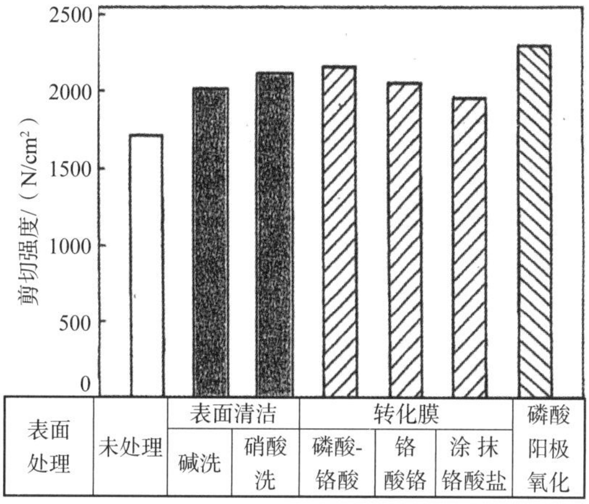

图 1.5.31　剪切黏结强度的铝合金表面处理效果

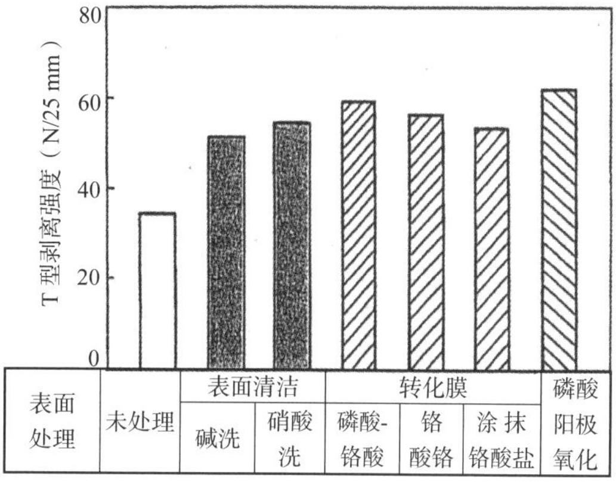

图 1.5.32　T 型剥离强度的铝合金表面处理效果

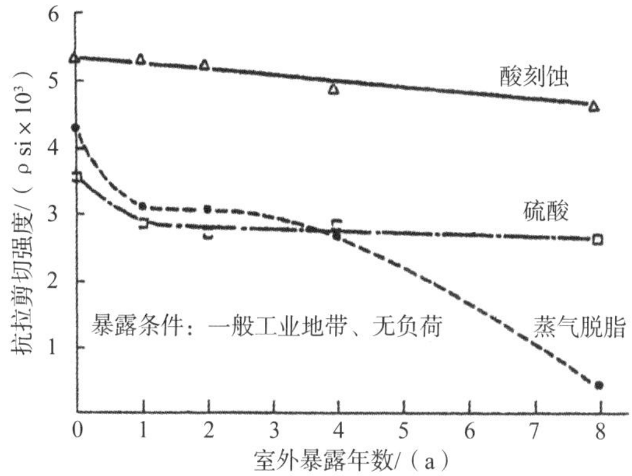

图 1.5.33　不同表面处理的室外暴露试验

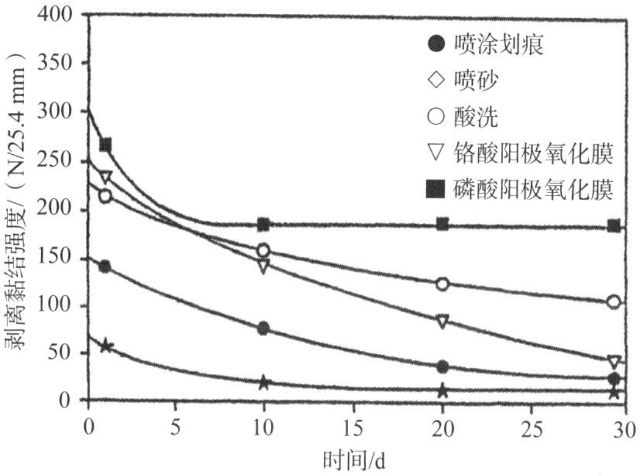

图 1.5.34　高湿润性（70 ℃、85% RH）下的表面处理效果
（无底漆、2024-T3）

2）磷酸阳极氧化膜 2

磷酸阳极氧化的电解条件没有差异，经化学抛光电解前预处理的涂膜抗剥离强度优异。耐候性顺序是磷酸阳极氧化膜>铬酸阳极氧化膜>刻蚀，在仅刻蚀、脱脂的二次黏结性明显降低。阳极氧化膜的黏结性降低没有那么大，保持耐久性没有问题。特别是用热水试验时抗剥离强度降低幅度更小，二次黏结也有效，随着膜厚增加抗剥离强度变大。微孔孔径大、阳极氧化前的表面状态粗化所得到的黏结性更好。J. D. Vernables 等人提出通过观察膜的微观表面形态模型（**图 1.5.35**）来考察阳极氧化膜黏结性的差别。构成突起胡须状的粗糙面提高了黏结强度。

3）磷酸阳极氧化膜 3[11]

波音公司磷酸阳极氧化处理标准是 BAC555 及 ASTM D3933。磷酸阳极氧化处理液组成和作业条件见 **表 1.5.25**。在纯磷酸水溶液中，用恒定电压（15 ± 1）V 进行 20~25 min 电解。电解液组成是浓度为 97.5~120 g/dm³ 的磷酸，用 1 mol/L NaOH 溶液滴至 pH 4.2（终点）进行滴定分析管理。

将经过磷酸阳极氧化处理后的部件在 2 min 内移至水洗槽，经过 5~15 min 充分水洗，以 70 ℃以下温度吹干。

用白色光照射磷酸阳极氧化膜，在 5° ~10° 角度

表 1.5.25　磷酸阳极氧化处理液组成和作业条件

H_3PO_4	97.5~120 g/dm³
液温	22.2~22.7 ℃
电压	（15 ± 1）V
电解时间	20~25 min

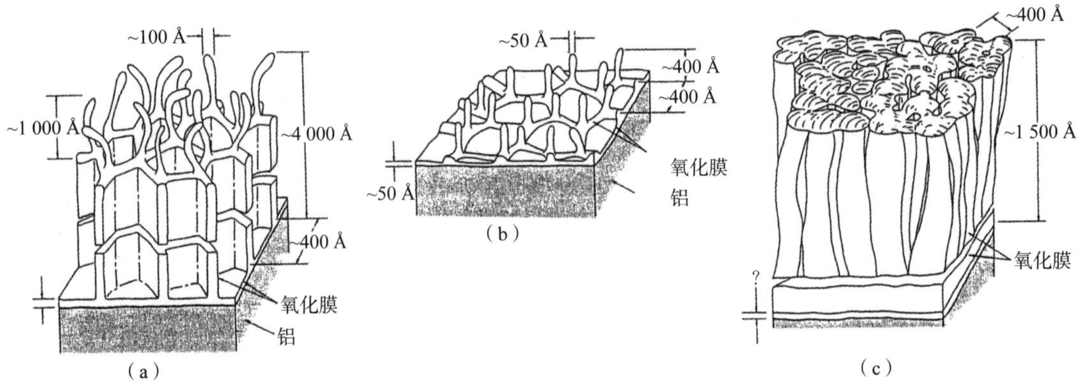

图 1.5.35 从各种氧化膜的 STEM 来看微细结构

(a)磷酸阳极氧化膜 (b)重铬酸-硫酸液转化膜 (c)铬酸阳极氧化膜

观察时即便是肉眼也可看到七彩的干涉色，透过偏光过滤膜一边看表面的干涉色，一边将偏光过滤膜转动 90° 时，观察到干涉色由绿、蓝、紫急速变成粉红色。由此可以证明磷酸阳极氧化膜确实存在，这也可以用于管理磷酸阳极氧化膜的质量。

4)碱性液电解处理[12)]

根据专利公告，用不含 pH=9~13 的硅酸盐的碱性溶液、磷酸钠类+表面活性剂在 pH=10.3、70 ℃、电流密度 8~16 A/dm^2(库仑量 40~400 C/dm^2)的条件下交流通电 15 s，膜多呈树枝结构，因膜层很薄(0.1 μm 厚)，即便加热到 300 ℃也没有产生裂纹，耐热性、热传导性、散热性优异。加上与黏结剂、涂膜的黏结力也优异，被用于铝基材的印刷配线基板等方面。

5)无孔阳极氧化膜[13)]

在膜溶解性低的电解液中进行阳极氧化处理。如，采用 10% 硫酸-2% 磷酸二氢铵混合液在 10 ℃下施加 20 V 电压，持续电解 5 s，可形成致密无孔膜。该氧化膜抑制水合反应，膜中的水分、电解质不纯物较少，含有易与树脂反应的成分，所以膜很难有裂纹。因其无孔，所以即便是流动性低的树脂层也可获得充足的接触面积，即使加热也不会从膜内释放出不纯物等，所以可以获得牢固的结合力。

6. 黏结性试验及评价

了解使用环境，即温度(冷、热)，水分、蒸汽、湿度，化学药品、溶剂，紫外线等，为获得优异的耐久黏结性，选择性能优及稳定性高的涂料和黏结剂的同时，确定采用何种铝表面处理工艺与确定工艺流程是很重要的。为使其在此环境中充分发挥效能，还需进行必要的评价试验。主要介绍如下。

①超声波附着试验：将试验材料浸泡在水中，在离开试验面一定距离的地方启动超声波振荡器，记录由振动开始至涂膜被剥离为止所需的振动强度。(空穴现象产生的破坏力)

②铅笔划伤法：用铅笔的硬度来表示剥离层间所需硬度。

③埃里克森试验：特性值指冲头从交点的基材侧推出至离开时的移动距离。

④冲击试验。

⑤弯曲试验：观察裂纹、翘起情况。

⑥划格试验：在涂膜上用刀子或钢针切割成 10×10 个棋盘格。在棋盘格上使劲压胶布，观察撕开胶布后方格被剥离的情况。切割间隔一般为 1 mm，膜厚在 60 μm 以上时为 2 mm，也有在这个间隔以上进行切割的情况。(译者注：现在国内一般用划格器。)

⑦绘画试验：将试验材料固定在绘画试验机上，用钢针画螺旋线。所画螺旋弧线内最小扇形部分最易剥离。

⑧磨耗试验。

⑨剥离试验：如**图 1.5.36** 所示，先将试验片暴露在设想的使用环境中，然后用抗拉试验机牵引剥离并测量剥离强度。观察剥离时所需应力和对剥离表面状态进行评价。

⑩实验室内加速劣化试验：设定与室外暴露高度相关的劣化条件，如冷热干湿、环境变化快慢、

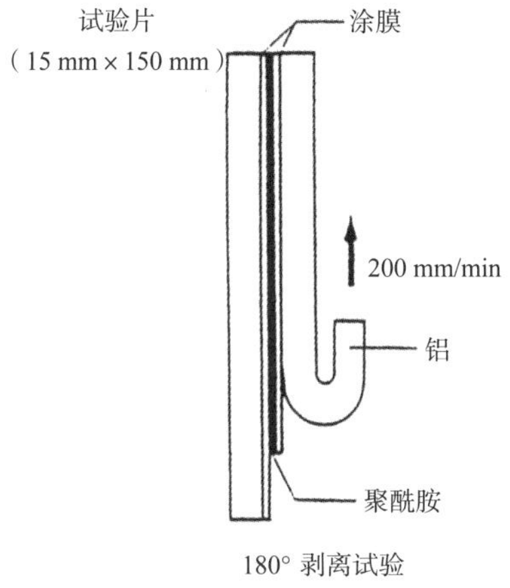

图 1.5.36 剥离试验方法

有无负载、有无盐雾等，并进行循环试验。

⑪ 剥离部位的评价：各种表面分析方法。

用各种表面分析方法通过剥离片来观察组成、表面形状。

用聚焦离子束（FIB）法、超微量分析法观察剥离部位截面，用透射电子显微镜（TEM）、辉光放电光谱仪（GDS）来观察组织。

还可利用 X 射线电子探针显微分析（EPMA），X 射线电子光谱（ESCA、XPS）、俄歇电子能谱（AES）、二次离子质谱分析（SIMS）、傅里叶变换红外光谱仪（FTIR）等。

1.5.3.3 黏结等实例

1）建材用黏结蜂窝面板

原本是为飞机开发的，50 年前被随后用于车辆以及建材领域。也有强度及耐腐蚀性进一步提高的铝蜂窝芯。在正面铝板、背面板、铝箔上用环氧树脂黏结剂涂覆铝蜂窝芯并进行热压接。

2）铝外装维护薄膜黏结工艺法

外装修用薄膜是层压氟树脂膜的背面，涂抹感压型黏结剂而成。在外装现场用此薄膜贴阳极氧化膜面板。

3）硬质树脂析出黏结技术

将铝合金浸渍特定胺系化合物水溶液后水洗干燥，让其析出聚对苯二甲酸丁二酯、聚苯乙烯磺胺系树脂，成为铝与树脂一体成型品。铝表面被超微细刻蚀，被直径为 20~100 mm、深度在该直径以上的微细凹部覆盖。胺系化合物深入凹部的底部。

4）飞机、航天火箭燃料罐与复合材料的黏结

磷酸阳极氧化处理后，底漆涂装黏结在 72 h 内进行（2.5~7.5 μm）。

参考文献

1）柳原荣一：接着技術，22（1），78（2002）.

2）高谷松文：軽金属の接着技術およびその表面処理，軽金属溶接，44，2006 年 9 月.

3）山本哲也：工業材料，53（11），29（2005）.

4）J. A. Bishopp et al：J. Adhesion，26，237（1988）.

5）菅原憲明：表面技術，49（2），138（1998）.

6）新井康男：軽金属用の接着剤，軽金属溶接，44，No. 9（2006）.

7）鶴野招弘，藤本日出男：アルミニウム合金の表面性状と接着特性，神戸製鋼技報，43，3（1993）.

8）A. J. Kinlock，J. Adehesion，10，193（1979）.

9）Laubenfeild，AL，51，534（1975）.

10）軽金属学会研究部会報告書，No. 8（1983）.

11）高田幸路：宇宙機器の表面技術，表面技術，52，No.1（2001）.

12）特許公報：特公平 7-11078，スカイアルミニウム.

13）特許公報：特開 2005-23411，三菱アルミニウム.

14）坂下満雄ほか：陽極酸化皮膜と各種樹脂塗膜の付着性，日本建築仕上学会（1992）.

15）坂下嘉宏：アルミ建材の塗装下地としての陽極酸化皮膜の活用，日本建築仕上学会，2005 年大会.

16）野村晶：塗装下地としてのアルマイトの活用（講演テキスト），軽金属製品協会，1988 年 10 月 19 日.

17）小泉宗栄：アルミニウムの塗装における下地処理と塗膜密着性，アルトピア，1990 年 6 月.

18）田中丈之：コーティング材料の物性と評価法，塗装技術，2004 年 7 月号.

19）安藤直樹：ルミ合金への硬質樹脂を射出接着する技術，アルトピア，2003 年 7 月.

20）田中丈之：コーティング膜の付着性と試験法（4），塗装技術，2004 年 10 月号.

1.5.4 催化剂载体

1.5.4.1 概要

催化剂分为溶入液体使用的均匀催化剂和以固体形式使用的不均匀催化剂两种。化学工业大多使用固体不均匀催化剂。其中大部分以活性金属或者金属氧化物为载体。

主要载体有石英、氧化铝以及活性炭等。以氧化铝为载体的有代表性的催化剂的用途、结构和目

的见**表 1.5.26**。此类催化剂所用氧化铝每年在几万吨。

表 1.5.26　催化剂用氧化铝的用途

用途	结构	目的
接触改性催化剂	Pt、Re/氧化铝	提高辛烷值
水蒸气改性催化剂	Ni/氧化铝	制氢
流动接触催化剂	硅/氧化铝	炼石
汽车专用催化剂	Pt、Rd、Rh/氧化铝	净化废气

研究将铝阳极氧化膜当作催化剂载体进行利用，其基本成分为氧化铝，因此可以期待用作催化剂载体期待。

铝阳极氧化膜的优点有热传导性好、热容量小、易于成型等，通常与氧化铝有不同的物理性质，所以我们要积极研究其在新的催化剂载体方面的应用。

1.5.4.2　利用铝阳极氧化膜催化剂的历史

铝阳极氧化膜当作催化剂载体进行利用的专利始于 1970 年至 1980 年，（株式会社）日本轻金属综合研究所[1)]和理研轻金属工业（株式会社）[2)]等许多企业提出申请，出发点都是利用铝阳极氧化膜研究催化剂技术。

1985 年以后，东京农工大学亀山研究室提出很多专利申请，发表了很多学术论文，系统地研究和开发了利用热传导性催化剂净化空气系统和去除甲醇等应用技术[3)]。亀山教授注意到铝阳极氧化生成的氧化铝具有优异的热传导性，对其进行了改良，使其具有作为催化剂载体的物理性质进[4)]。

1983 年德国学者 D. Hönicke[5)]开始研究阳极氧化铝催化剂的物理化学性质（BET 面积、细孔容积与表面积的关系）、表面基材特点和氧化催化剂的活性，但是未能实现商业化。

1.5.4.3　要求催化剂载体具有的物理性质

使用不均匀催化剂载体的主要理由和所需的物理性质如下。

（1）有效利用活性金属

一般活性金属或者金属氧化物的活性表面较小。可是，催化剂的活性与活性成分的表面积大多成正比。因此，为增大活性面，有必要让其以极细微的形式均匀且分散。为此需要的载体物理性质如下。

①单位容积的表面积大（一般在 10 m²/g 以上）。

②不能使活性成分的催化剂中毒。

（2）防止活性成分凝聚

金属或金属氧化物通常熔点高，在熔点以下不会流动。可是，使用这类催化剂活性成分时，为了激发活性有必要微细化原子和分子分布。类似微细金属、金属氧化物即便在比熔点低很低的温度下也易发生凝聚。凝聚会使催化剂活性降低。因此，让被微细化的金属分散到载体上，可有效防止凝聚。

防止活性降低（失去活性）所需的物理性质有：

①与活性成分保持适当的亲和性；

②载体自身具有良好的耐热性、热传导性。

除此之外，载体还有如下作用，选择时必须考虑以下几点：

①改变反应的选择性；

②耐催化剂毒性；

③提高或降低催化剂活性；

④实用化时装置易于实现；

⑤改变催化剂的寿命。

（3）催化剂载体的形状

催化剂载体有各种各样的形状和用途，见**表 1.5.27**。

表 1.5.27　催化剂载体的形状和用途

形状	用途
①粉末状	液相搅拌式反应、流动层反应（FCC 催化剂）
②颗粒状	一般固定相式反应
③蜂窝状	汽车排气处理

表中的③是指在陶瓷、金属结构体上放置粉末状催化剂，而不是载体，主要用于汽车尾气的处理。

（4）用作载体的主要物质

用作工业催化剂载体的主要物质有氧化铝、石英、沸石、活性炭等。

使用最多的氧化铝有 α、β、γ、η、θ 等结晶形状。结晶形状不同，其催化剂产生的作用是不同的，催化剂载体 γ 体使用最多。

1.5.4.4　铝阳极氧化膜用催化剂载体的制造方法

作为催化剂载体使用时，与建材等用途的阳极氧化条件是不同的。**表 1.5.28** 所示是载体的制造工艺。

表 1.5.28　一般载体制造工艺

工艺	制造内容
预处理	脱脂、刻蚀、除屑
阳极氧化	使用草酸、硫酸、铬酸、磷酸等电解液生成多孔氧化膜
扩孔处理	使用草酸、硫酸、铬酸、磷酸等溶解性酸液
水合处理	80 ℃以上
烘烤	400~550 ℃

预处理在一般条件下是没有问题的，阳极氧化如果用腐蚀性助焊剂焊接产品时，需要洗净除去助焊剂。

阳极氧化条件最重要。从生产性或催化剂载体来说，电解液最好使用硫酸或草酸。根据催化剂反应条件使用硫黄当作光催化剂时，需要使用草酸。请注意电流密度和液温对电解电压影响很大，微孔分布也不同。

用扩孔处理生成的阳极氧化膜的孔隙变大。铝合金种类不同，孔隙溶解性也不同。被带入膜中的合金成分因溶解有可能导致膜剥离，注意处理时间不宜太长。

为生成 γ-氧化铝结晶，表面要进行勃姆体化水合处理。因为在低温时会变成拜耳体，所以封孔液温要保持在 80 ℃以上。

烧结是为了使勃姆体化表面变成多孔 γ-氧化铝结晶。因是高温处理，所以要防止反应器变形。

1.5.4.5　作为催化剂载体的铝阳极氧化膜的特性

下面就粉末、粒状、小球状氧化铝之间的差异进行分析。

（1）氧化铝有极好的热传导性

正如本书其他部分所述，通过铝阳极氧化得到的氧化铝借助阻挡层与铝金属强力黏结。**图 1.5.37** 所示是龟山教授对热传导性良好的载体与粒状氧化铝的热传导性进行的比较[6]。可以看出，铝阳极氧化膜可以被用作大的散热反应或吸热反应的载体。

（2）有均匀大小的细孔且孔径大小容易控制

照片 1.5.3 所示是用扫描电子显微镜拍摄的载体用铝阳极氧化膜照片。**图 1.5.38** 所示是阳极氧化后及扩孔处理后细孔的分布图，**图 1.5.39** 所示是作为载体的膜的细孔分布图。

从图 1.5.39 可以看出经过处理后载体的膜孔变小，分布范围非常狭窄。这极有可能是载体在具有良好的热传导性的同时，还具有优异的选择性。细孔直径由电解条件、后处理条件决定。

（3）可以制作厚度可控的氧化铝膜

根据电解条件可以制作几微米到 200 μm 厚的氧化铝膜。根据作为对象的催化剂反应可选择使用适当厚度的膜。与球状载体不同，未被用于反应的颗粒内部没有活性金属载体（**图 1.5.40**）。

图 1.5.41 所示为可以有效利用的金属催化剂。

金属催化剂不仅可以载体均匀分布在氧化铝膜层中，如**图 1.5.42** 所示，仅仅分布在氧化铝膜的表层也是可能的。

（4）通过改变电解条件改变氧化铝的物理性质

氧化铝的物理性质取决于原料、制造方法、制造条件、后处理条件，进而对催化剂活性产生极大的影响，膜物理性质因电解条件、铝材、后处理条件而改变。因此，生产制造时要充分注意。具体如下。

①电解液种类：使用草酸、硫酸、铬酸、磷酸等，因生成的氧化铝表面的酸性不同，对催化剂活性会造成不同的影响[8]。

②电解电压：由于电解液种类、液温等电解条件不同，电解电压是不同的，生成的阳极氧化膜的

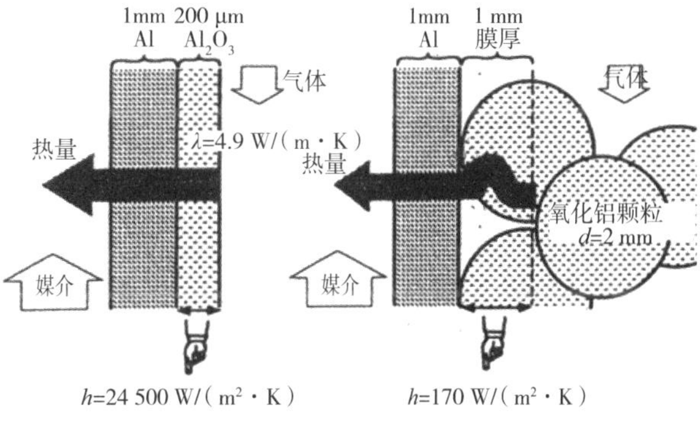

图 1.5.37　热传导性的比较

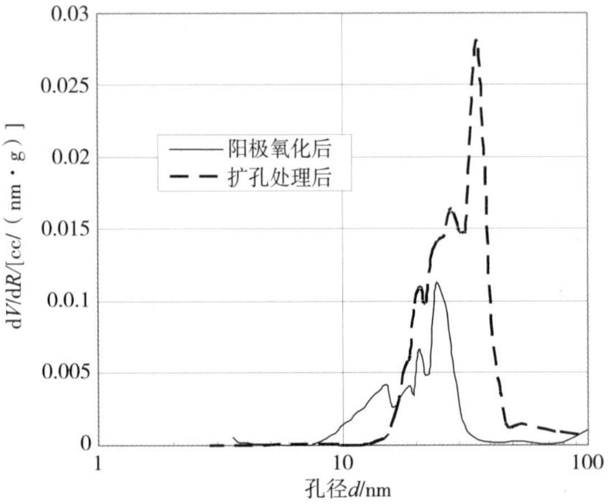

图 1.5.38　阳极氧化后细孔分布

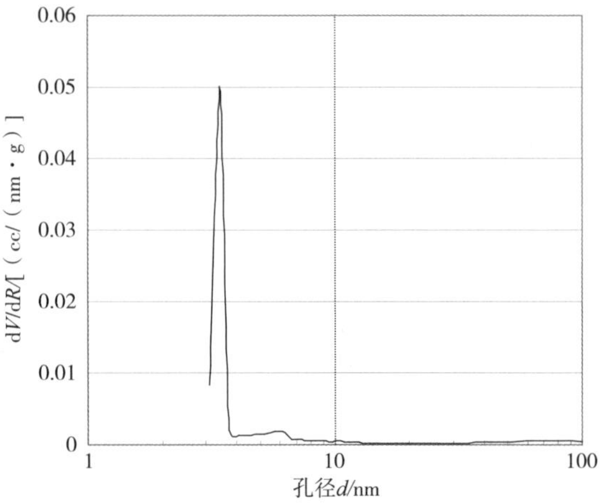

图 1.5.39　载体的细孔分布

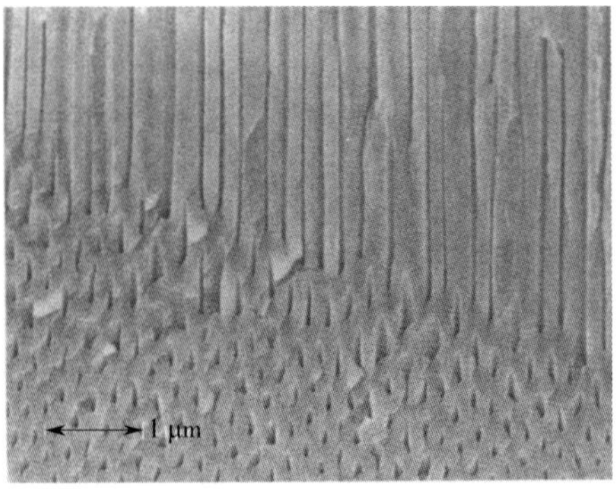

照片 1.5.3　阳极氧化膜 SEM 照片

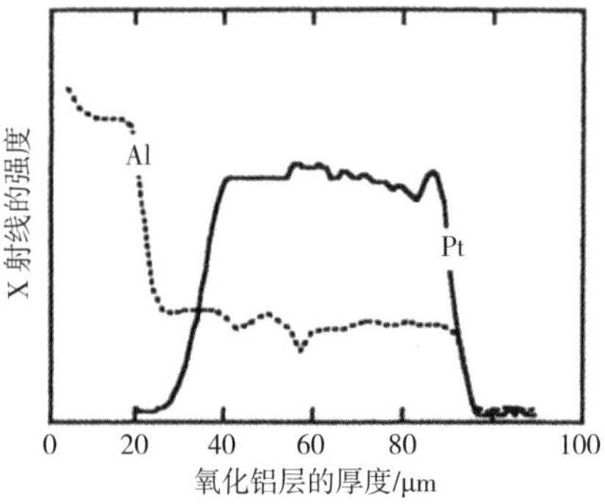

图 1.5.40　氧化铝层的 Pt 公布（EPMA）[7]

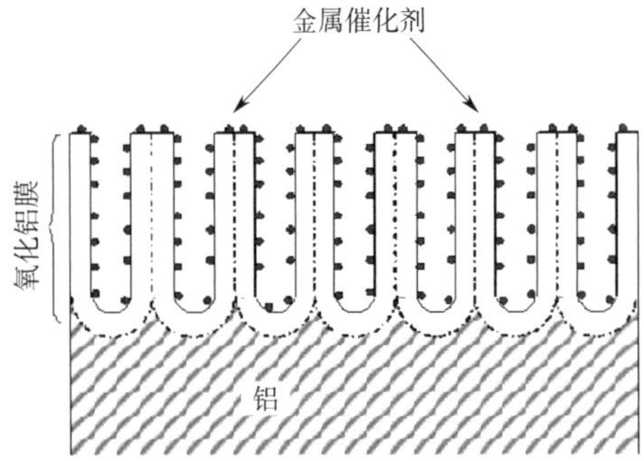

图 1.5.41　活性载体模式

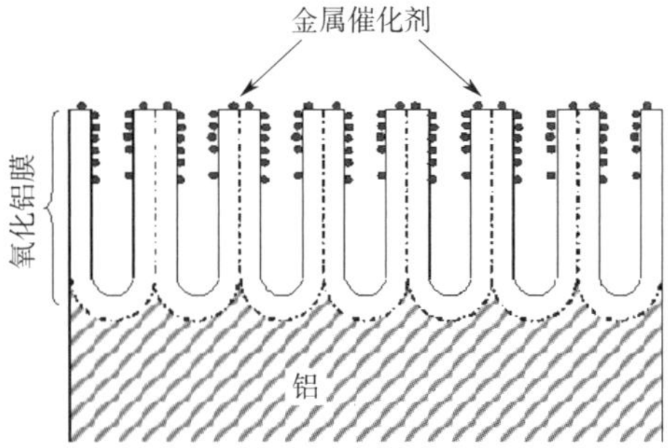

图 1.5.42　金属催化剂表面载体

孔隙率也发生变化。

③电解时搅拌：在处理波纹状翅片等高密度表面时，有必要尽早去除电解中产生的热。

④阴极面积：在阳极氧化槽阳极氧化高密度的溶胶波纹状翅片时，阴极面积有可能偏小，阴极面积最好保持在阳极面积的 1/2 以上。注意不同的反应器形状对应的阳极的面积与位置不同，可加入辅助阴极保持均匀性。

1.5.4.6　铝阳极氧化膜作为催化剂载体的应用

（1）热交换型反应器 1

热交换型反应器利用铝阳极氧化膜热传导性高的特点。将溶胶翅片、隔离翅片进行单面或双面阳极氧化后用来生产热交换型反应器。一体型热交换催化反应器见**照片 1.5.4**。照片 1.5.4 内部结构如**图 1.5.43** 所示，使用 VOC（挥发性有机化合物）接触燃烧处理用反应器。

照片 1.5.4　一体型热交换催化反应器

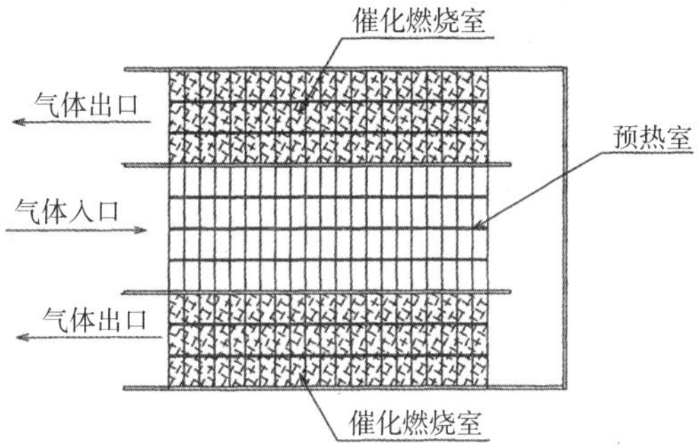

图 1.5.43　一体型热交换催化反应器的内部

往未实施阳极氧化的预热室导入需要处理的废气，随后废气进入对面的催化燃烧室，在催化燃烧室产生的热直接传导到预热室，与单纯热交换器和催化反应器的组合相比较，能充分利用热能。

照片 1.5.5 所示是照片 1.5.4 的催化燃烧室使用的溶胶波纹翅片被载体化后，携带 Pt 作为催化剂的例子。

照片 1.5.5　溶胶波纹翅片型催化剂

该结构使反应器内温度分布均匀，抑制催化剂上生成热点，起到防止活性金属凝聚的作用。具体见**图 1.5.44**。

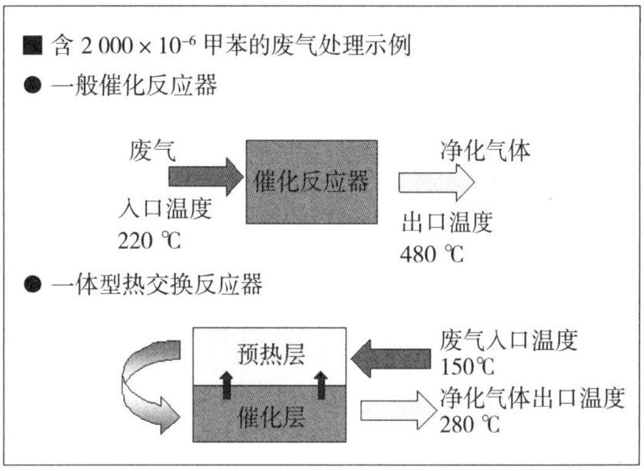

图 1.5.44　一体型热交换催化反应器特性示例

照片 1.5.6 所示是搭载一体型热交换反应器的 VOC 废气分解装置。每分钟可以处理 1 m^3 废气。

图 1.5.45 是使用照片 1.5.6 所示装置，根据废气中 VOC 浓度，应对预热所需热能源的例子。如图 1.5.45 所示，可以看出甲苯在浓度为① 1 000 ppm 和② 700 ppm 时不需要预热加热器。还可看出按从③ 400 ppm 至④ 200 ppm、⑤ 0 ppm 的顺序降低浓度，加热器的消耗电量增加了。因是一体型热交换型反应器，催化剂层的入口温度和出口温度的差别较小。

（2）热交换型反应器 2

照片 1.5.7 所示挤压型反应器，在应用于反应热比较大的燃烧反应、脱氢反应时使用效果明显，它是一侧进行散热反应而另一侧进行吸热反应的热交换型反应器 [9]。

特别是，有报告指出 [10]，在对供热速度有要求的吸热反应中，通过在一侧燃烧废气来供热，另一侧进行吸热反应，可以将反应速度提高几倍乃至几十倍。

图 1.5.46 所示是照片 1.5.7 反应器的截面图。内侧和外侧的挤压翅片进行了催化剂加工。实际应用例子是，吸热反应为环己烷脱氧反应，供热反应为苯燃烧反应。

（3）热交换型反应器 3

照片 1.5.8 是甲醇水蒸气改性用热交换型反应器。**图 1.5.47** 是照片 1.5.5 中的铝板双面翅片被焊接叠加使用。中央部分是吸热反应（甲烷水蒸气反应），外侧由燃烧反应（散热反应）供热。

照片 1.5.6 VOC 废气分解装置

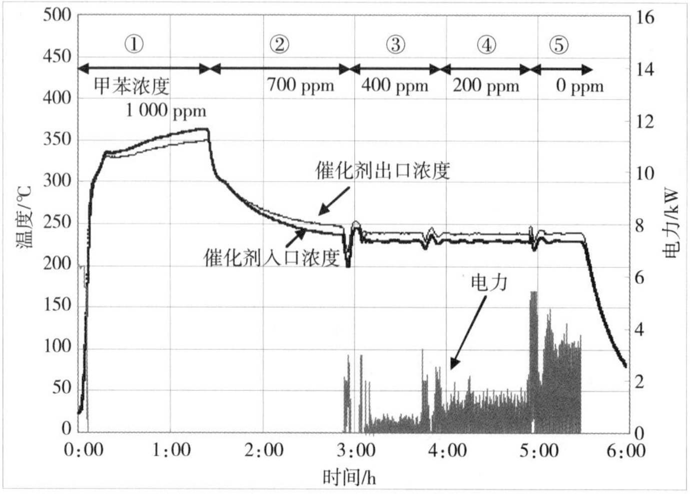

图 1.5.45 试验结果

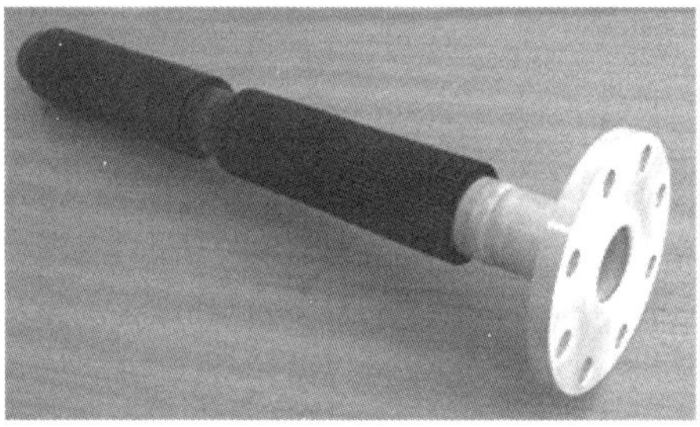

照片 1.5.7 挤压型反应器

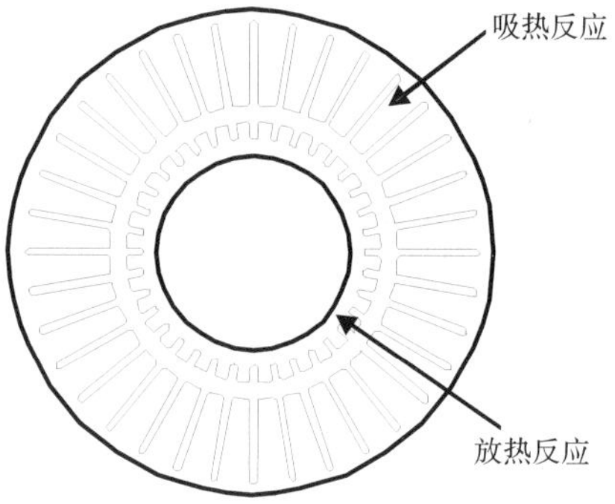

图 1.5.46 挤压型反应器截面图

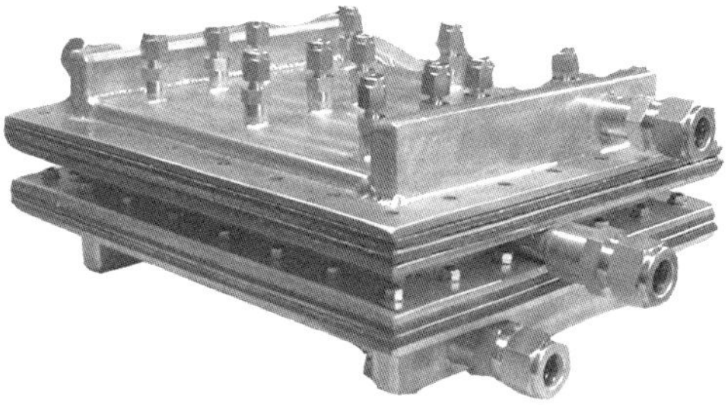

照片 1.5.8 甲醇水蒸气改性用热交换型反应器

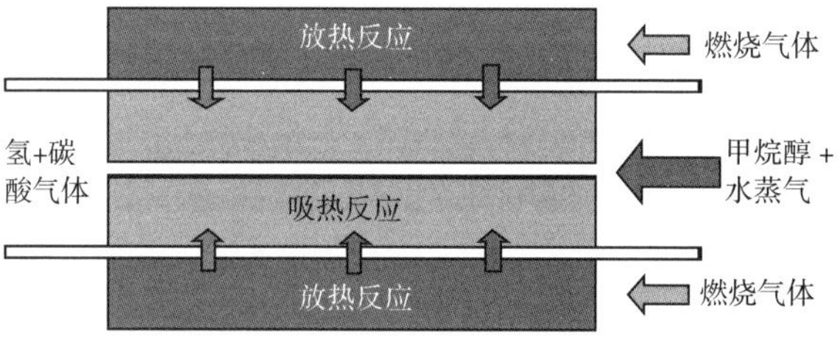

图 1.5.47 热交换型反应器内部

1.5.4.7 今后值得期待的阳极氧化铝载体

除了铝及铝合金单体本身的阳极氧化以外，如下结构体今后也是值得期待的。在耐热金属（不锈钢、钛等）上包覆铝，经过阳极氧化后，有可能形成具有高耐热性的单体载体。对这个基材使用电散热材料，可以制作成通电散热器。

参考文献

1）特公昭 50-35512，（株）日本軽金属・総合研究所.

2）特開昭 52-95589，理研軽金属（株）.

3）菊池哲：ARS 松島コンファレンス予稿集（2000），p76.

4）亀山秀雄：日本特許 2528701.

5）D. Hönicke：Applied Catalysis，5（1983），p179-198.

6）亀山秀雄，村田究，寺井聡，豊嶋勇作：表面技術，46 巻 5 号（1995），p425.

村田究，亀山秀雄：アルトピア，Vol. 23，No. 10（1993），p9.

7）亀山秀雄，村田究，寺井聡，豊嶋勇作：表面技術，46 巻

5 号（1995），p427.
8）植田賢治，五十嵐英行：軽金属学会第 106 回春季大会予稿集（2004 年 5 月），p337.
9）S. Shiizaki，M. Sakurai，H. Kameyama，I. Nagashima，K. Iwata：J. Chem. Eng. Japan，Vol. 34，11（2001），p1455. T. Take，T. Yachi，M. Tomura，H. Kameyama：J. Chem. Eng. Japan，Vol. 36，75（2003），p76.
10）市川勝ら：特開 2007-238341.

1.6　热特性

1.6.1　阳极氧化膜的吸热和散热特性

1.6.1.1　吸热

楼宇外装使用铝制幕墙，夏季黑色幕墙表面温度能达到 80 ℃。这表明阳极氧化膜可以吸收太阳光可见光区域的能量，作为热能进行利用。

20 世纪 80 年代日本在太阳能利用方面进行很多研究和开发。随后在该领域研究工作一度停滞，随着地球气候变暖，人们环保意识提高，煤炭价格高涨，这个课题再次引起重视。

（1）选择吸收性

为有效吸收及收集太阳能，可用热水器的热能收集方式等来吸收太阳能。太阳光的能量大部分来自可见光，为了有效储存这些能量，要有效地吸收 0.25~2.5 μm 波长范围内的可见光和近红外光同时为了防止吸收的热损失掉，要在 2.5 μm 以上波长范围，使之不能辐射远红外线。

图 1.6.1 所示是太阳光谱能量分布和理想的选择吸收特性示意图。大部分太阳光的能源在可见区域（大致 0.4~0.8 μm）的范围内。射入的太阳能在被射入体的内部转换成热能。该热再以红外线的形式被射入体辐射至外部。对包含光在内的电磁波具有高的吸收特性（吸收率高）的物体一定具有高的辐射性（辐射率高），而具有低吸收特性（吸收率低）的物体必然具有低辐射性（辐射率低）。因此，在包含大部分太阳能的短波长一侧，其能量的吸收率（α）高，在被转换成热能后的长波长区域能量的辐射率（ε）低，这也是储热

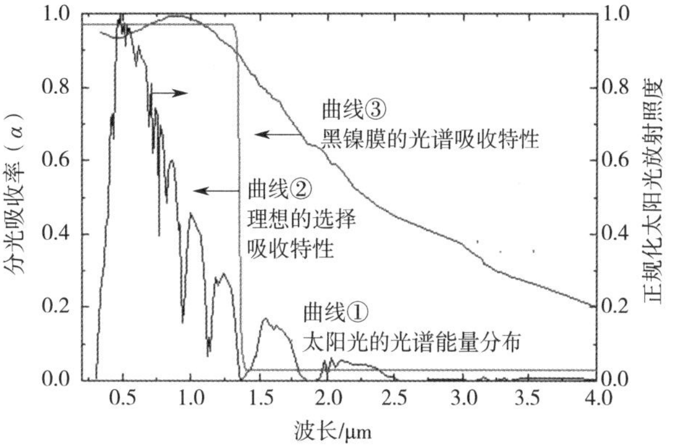

图 1.6.1　太阳光的光谱能量分布、黑镍膜的吸收特性及理想的选择吸收特性

所要求的特性。选择吸收特性用 α/ε 值来表示。

理想的选择性吸收膜如图 1.6.1 曲线②所示，太阳光谱在短波长侧吸收率高，在长波长侧吸收率低。吸收率变化的波长被称为截止波长，最佳截止波长随着使用温度变高移至短波长侧。如图 1.6.1 所示曲线③是具有代表性的选择性吸收膜——黑镍膜的光谱吸收特性。该特性与理想的吸收特性相比，吸收率变化缓慢。即便在低温时也能充分发挥选择性吸收膜的作用，但由于近红外线辐射率（吸收率）没有被充分抑制，随着温度上升热辐射会产生损失。

（2）阳极氧化膜的选择吸收性

以铝为基材的选择性吸收膜，主要用于涂装、转化处理、镀层、气相沉积、阳极氧化等。简便的涂膜被广泛使用，不过，涂膜在可见光~近红外区域吸收率高，即便在远红外区域吸收率也高，吸热多的同时散热也多，作为选择性吸收膜效果不佳。20 世纪 70 年代开始有很多将阳极氧化膜当作选择性吸收膜的研究报告。将阳极氧化膜当作选择性吸收膜的研究此起彼伏，电解着色的阳极氧化选择性吸收膜因具有优异特性而被商业化。

佐藤等人[1]改变阳极氧化电解波形生成磷酸膜，后用电解着色法析出镍，研究其作为选择性吸收膜的可行性，结果发现膜厚在 0.5 μm~0.7 μm 具有良好的选择吸收性。阳极氧化膜按复杂性由低到高排序为直流膜、交流膜、电流恢复膜（电解途中降电压，让电流恢复）、交流电压上升膜（电压逐渐上升），

结果显示膜结构越复杂，选择吸收特性越优秀。测得 0.35~2.15 μm 波长范围内的吸收率（α）在 0.9 以上，辐射波长范围在 3~15 μm。

Pavlovic 等人[2]用镍、锡、铜电解着色磷酸膜，对这些膜各自的选择吸收性、耐热性进行了研究。结果显示，选择吸收性由膜厚和金属析出量决定。得到的特性值是吸收率（α）为 0.90~0.95、辐射率（ε）为 0.1~0.3。通过加热对耐热性进行了研究，析出镍的膜至 400 ℃时依然稳定。

如**照片 1.6.1** 所示是电解着色阳极氧化选择性吸收膜的结构。被用于该选择性吸收膜的阳极氧化膜是由大致 0.3 μm 厚的磷酸膜沉积镍生成的。其吸收率（α）及发射率（ε）分别是 0.9~0.95、0.1~0.2，与其他有代表性的选择吸收膜相比，选择吸收性毫不逊色。

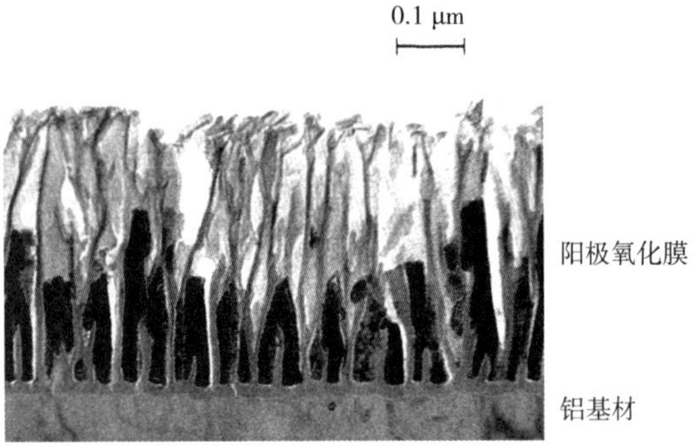

照片 1.6.1　阳极氧化选择性吸收膜的截面

（3）近几年的研究动向

近年（译者注：原著 2008 年出版），阳极氧化膜的微细结构开始被广泛认知对，对其结构的研究也在不断进行中，纳米结构被推广应用到各个领域[3]。

汤上等人[4-5]将阳极氧化膜的晶格结构用到钨金属基板上，制作成周期为 500 nm 的微细空腔结构进行光学特性评价。制作试验材料使用高速电子线刻蚀技术。处理工艺如**图 1.6.2** 所示，获得的多孔结构如**照片 1.6.2** 所示。

测量试验材料的吸收率，结果如**图 1.6.3** 所示。显示在可见~近红外线区域吸收强，在远红外区域辐射弱，选择性吸收性能优异。

与具有优异选择性吸收性能的黑镍膜相比，该微细结构的吸收特性变化非常陡峭，在近红外

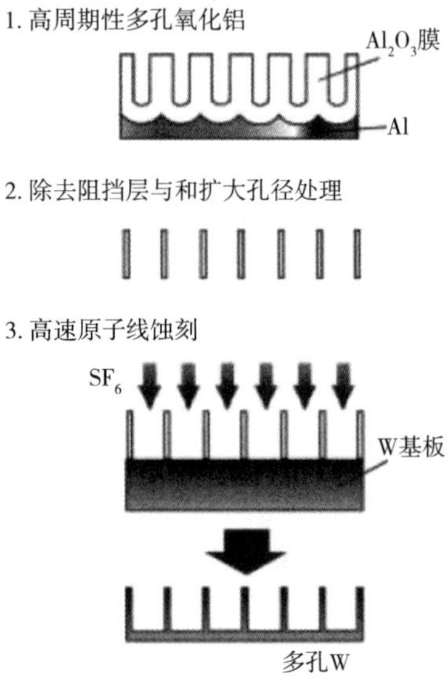

图 1.6.2　处理工艺

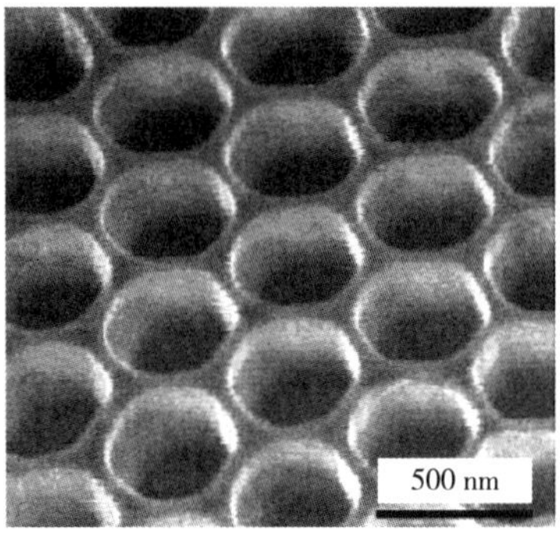

照片 1.6.2　利用阳极氧化构造的钨蜂窝形孔洞结构

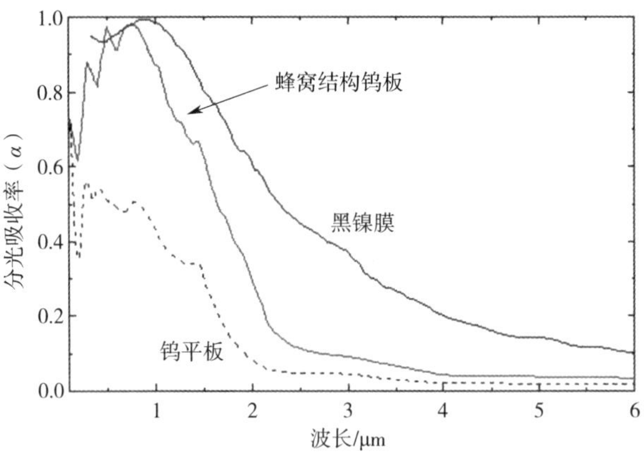

图 1.6.3　蜂窝结构钨板的吸收率特性

区域的吸收率（辐射率）被抑制得很低。这是适合作为高温用选择性吸收材料的特性。

类似这样利用阳极氧化膜的结构获得高性能的选择性吸收特性，在具有同样特性的铝基体阳极氧化膜上实现也是值得期待的。

1.6.1.2　辐射特性

既可利用辐射特性来散热，也可利用辐射特性来加热。前者的例子是散热器，在利用铝材广泛散热性能的同时，对其表面施加一层氧化膜，利用这层膜的效果进一步增强散热性能。在将铝材集成电路封装等树脂材料进行黏结时，氧化膜与树脂的黏结性也很重要。

后者广泛用于红外线黑体辐射加热。在红外线中波长长的远红外线对食品、树脂、生物等高分子物质的加热效果好，所以在食品烹饪和以人体为对象的健康器具等方面被广泛利用。

前岛等人[6]对产业领域如何利用远红外线加热有详细报告，参考**表 1.6.1**。

（1）远红外线辐射材料

以往，陶瓷被用作远红外线辐射材料。现在将氧化铝、二氧化碳、氧化锆等金属氧化物按最佳比例配合，开发并应用了能辐射与加热对象波长一致的远红外线的辐射材料。阳极氧化膜也是铝的氧化物（氧化铝），远红外线辐射技术的应用值得期待。

（2）对远红外线辐射特性的评价

测量远红外线使用 FTIR（傅里叶变换红外光谱仪），测量每个波长的强度。测量值是以全黑体（假定辐射全部输入能量的理想辐射体）的理论值为基准，将其与全黑体的理论值的比值按波长进行数值化（0~1 或%），用积分求出所需波长区域值即可。

（3）作为远红外线辐射体的阳极氧化膜

阳极氧化膜是铝的氧化物，辐射远红外线值得期待，20 世纪 80—90 年代人们对此进行了广泛研究。

铝几乎不辐射远红外线，生成阳极氧化膜后才具有陶瓷的性能，开始有远红外线辐射体的性能。具有良好热传导性及加工性的铝进行阳极氧化后，可以制作成任意形状的远红外线辐射体。

（4）阳极氧化膜的辐射特性：膜厚及铝合金种类的影响

金属铝辐射率非常微小（百分之几），但是生成阳极氧化膜后辐射率明显增大。**图 1.6.4** 所示是 1100 合金的积分辐射率。即便是无色透明的膜，其辐射率也很大。铝阳极氧化膜的光谱辐射率在低波长侧（4.5~7 μm）低，而在长波长侧几乎恒定在一个定值。在低波长侧受到膜厚的影响，随着膜厚增加积分辐射率也增大。

一般黑色的远红外线辐射大。**图 1.6.5** 所示是由阳极氧化生色成灰色的 Al-Si 系 4050 合金光谱辐射率。与 1100 合金的测量结果进行比较来看，在辐射率高的长波长侧没有大的变化，在短波长侧辐射率提高了。可是，膜厚超过 20 μm，辐射率就会达到极限。生成膜厚在 20~25 μm 的氧化膜，可以考虑将其作为远红外线辐射材料进行使用。

远红外线辐射特性受铝合金的影响很大，认真研究合金特点可开发出远红外线辐射用合金[7]。Al-Mn 系合金是经过改良后的，利用急冷凝固使第 2 相化合物细化分散后的材料。前岛等人[6]认为，作为远红外线辐射用合金，应优选经过阳极氧化后，

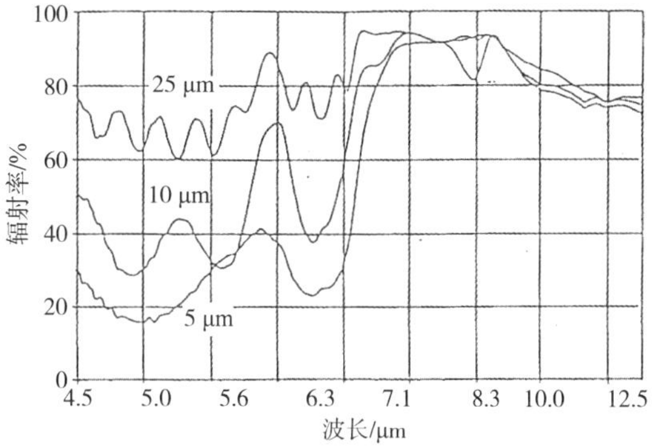

图 1.6.4　1100 合金上阳极氧化膜的光谱辐射率

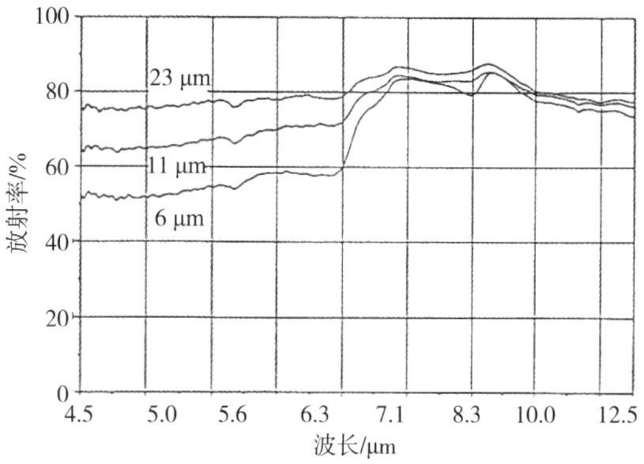

图 1.6.5　4045 合金上阳极氧化膜的光谱辐射率

表 1.6.1　远红外线应用领域

序号	产业领域	目的	实用化或实用例子
1	涂装	干燥 烘烤 印刷	金属表面：汽车、自行车、家电、机械、电机零部件 木工、建材：胶合板、家具类、瓦、板、各种面板 树脂面：薄膜、体育用品、各种成型品
2	树脂	加热 硬化 干燥	成型薄片、管道弯曲、压花加工、胶卷加工 注塑品的热硬化 原料粉末、颗粒的干燥
3	印刷	干燥 硬化	金属制品、矿物类、胶合板、纸类、布类表面印刷油墨 金属板印刷特殊油墨
4	电子	硬化 干燥 黏结	树脂密封件、表面印刷油墨、注塑品热硬化 印刷基板、陶瓷基板洗净、干燥 焊料回流
5	电机	烘烤 干燥	机器、部件类外部涂装、珐琅、云母 绝缘清漆、机器结冰、防止结露
6	化学	干燥 杀菌 加热	粉体、粒状、照片胶卷、画纸 安瓿 反应合成
7	食品	烘烤 干燥 加热 烘焙 保温 解冻 杀菌	鱼贝类、海藻、薯类、肉类、面糊、面包、饼干类、鸡蛋、蛋糕类、比萨 鱼贝类、蔬菜、果实、海藻、面类、肉类、茶烟草、速食食品 烹调介质（油）的加热 咖啡豆、茶叶、坚果 烹调食品 冷冻食品 包装食品
8	玻璃（陶瓷）	干燥 加热	烤漆、控水、印刷、涂装、表面处理、原料类 玻璃黏结
9	纤维、造纸、木材	加热 干燥	变形加工 特殊处理后、水分、涂装、黏结、胶合板等
10	橡胶、皮革	加热 干燥	加硫、黏结 皮革、涂装、化学处理后
11	黏结	加热	蜂窝状黏结、黏结剂焊接、硬化
12	生物	暖房 培育 健康	室内室外 植物栽培、畜舍保温 桑拿、温热治疗
13	其他	低温 加热	医疗、衣料 成熟

合金成分没有改变并与金属间化合物（Si、Al_6Mn、Al_3Fe、Al_7Cr 等）细化均匀分散形成的合金材料。理由有如下三点。

①未能氧化的合金成分与金属间化合物发生自然生色，膜由灰色变成黑色。

②表面粗糙化，实际辐射面积增大。

③氧化膜的晶格结构复杂化，抑制加热产生裂纹。

表 1.6.2 列举的是各种铝材阳极氧化后的远红外线积分辐射率数值。

表 1.6.2　各种铝合金的远红外线积分辐射率

合金名	积分辐射率/%（4.5~20 μm）
1200（纯铝系合金）	65.2
3003（Al-Mn 系合金）	74.9
4001（Al-Si 系合金）	78.4
4343（Al-Si 系合金）	86.7
远红外线高辐射率材料 A	84.5
远红外线高辐射率材料 B	80.0
远红外线高辐射率材料 C	85.3

（5）产品上的应用

热传导性及加工性优异的铝阳极氧化处理其远红外线线辐射优点特出，主要应用在电饭锅的内胆、室内暖风机、路面融雪辅助材料、各种 400 ℃以下加热管等[7]。

参考文献

1）佐藤忍，加賀清，佐藤栄一：軽金属，31，9，614（1981）.
2）T. Pavlovic，A. Ignatiev：Solar Energy Materials，16，319（1987）.
3）益田秀樹：アルミニウム研究会誌，No.8，3（2000）.
4）湯 上 浩 雄：http：//jstshingi.jp/2005/pdf/072705.pdf
5）特開 2003-332607，特許第 3472838 号.
6）前 嶋 正 受，猿 渡 光 一：アルトピア，Vol.36，No.5（2006），p20.
7）志田弘：JETI，43，2，70（1995）.

1.6.2　耐热特性

考察阳极氧化膜耐热性能时必须考虑铝材自身所能承受的耐热温度范围。基于此，本节将 400 ℃以下阳极氧化膜的物理、机械的特性作为研究对象。

近年来有很多关于阳极氧化膜剥离实例的报告[1]。一般研究对象仅限于阳极氧化膜的耐热特性，伴随结晶结构的变化，温度区域也变成研究对象。另外，在 400 ℃以下加热时阳极氧化膜的结晶结构没有变化。

1.6.2.1　加热导致阳极氧化膜变化

随着对阳极氧化膜加热，其质量逐渐减轻。如**图 1.6.6** 所示，硫酸膜的质量随着温度变化而变化。TG 曲线显示硫酸膜质量逐渐减轻。用红外线光谱分析观察硫酸膜随着加热所发生的变化（**图 1.6.7**），—OH 的吸收峰略微变宽，有弱耦合化的倾向，Al—OH 的收缩振动减少。加热硫酸膜时质量减轻的主要原因是水分脱离，红外线光谱分析结果也显示膜中的水分脱离。

1.6.2.2　加热导致排气

半导体制造设备等真空容器装置与零部件使用的材质是不锈钢、铝合金。装置内导入各种气体进行反应处理时，未经处理的金属铝会与导入的气体发生反应，所以要对铝材表面实施以提高耐腐蚀性为目的的处理，但在使用多孔型阳极氧化膜时，可以通过加热释放水蒸气。此类膜在真空槽内使用时真空泵的负荷显著增大。稻吉等人[2]开发了以中性有机酸为主要成分的壁垒型阳极氧化膜处理法。膜厚极薄，在 200~400 nm 之间[3]，产生的气体量为原来的千分之一乃至万分之一。测量升温以后从阳极氧化膜累计释放出的气体量，结果见**表 1.6.3**。与多孔型草酸膜明显不同。对气体种类也进行了调查，结果发现水最多，除此以外还检测出氧气、氢气、

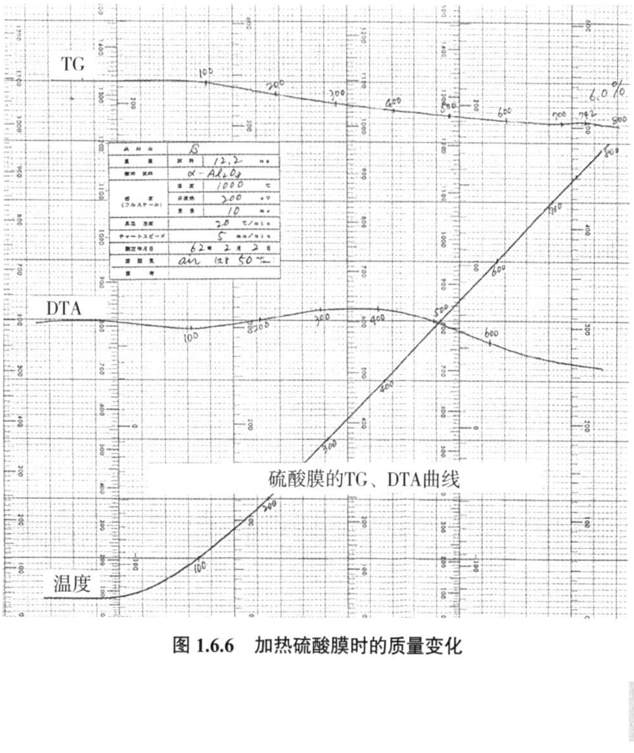

图 1.6.6　加热硫酸膜时的质量变化

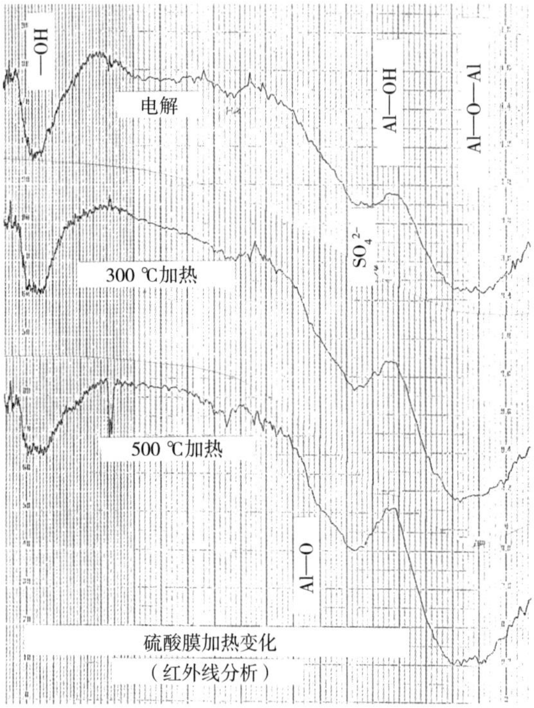

图 1.6.7　硫酸膜加热变化的红外线光谱分析

表 1.6.3　升温至 300 ℃时每单位面积气体释放量

试验材料	单位面积气体释放量/（Pa · m^3/m^2）
壁垒型特殊阳极氧化膜	0.64~0.66
草酸阳极氧化膜	230

一氧化碳、二氧化碳等气体。二氧化碳来自电解时使用的有机酸。在加热装置使用铝阳极氧化膜的情况下，如在真空中进行加热，要考虑释放气体的影响。

1.6.2.3　加热导致裂纹

对生成阳极氧化膜的铝材进行加热时，阳极氧化膜会产生裂纹。阳极氧化膜的线膨胀系数约为金属铝的 1/5。因为铝的线膨胀系数远远大于氧化膜，铝的延伸速度大于氧化膜，所以产生裂纹。

可以从与拉伸相关的物理性质来考虑抑制产生裂纹的办法。在弹性范围内表示伸缩行为的特性值是弹性模量和泊松比。表示由拉伸应力引起的拉伸幅度的值是弹性模量，用应力除以应变得到。表示截面横向应变与纵向应变的比值是泊松比。弹性模量越小、泊松比越大，表示越容易变形。**表 1.6.4** 所示是铝和阳极氧化膜的线膨胀系数、弹性模量、泊松比的各数值。对阳极氧化膜来说，将弹性模量变小、泊松比增大的话，可以扩大弹性范围。

表 1.6.4　铝和阳极氧化膜的伸长特性值

	铝	阳极氧化膜
线膨胀系数/（1/℃）[4]	25×10^6	5×10^6
弹性模量/（kg/mm^2）	7.0×10^3	1.0×10^4[5]
泊松比	0.345	0.25[5]

另外，裂纹与阳极氧化膜存在的残留应力有很大的关系。压缩应力越高，阳极氧化膜越不易产生裂纹。

即便加热也不易产生裂纹的阳极氧化膜的做法是将弹性模量变小、泊松比增大，生成有压缩残留应力的阳极氧化膜，该阳极氧化膜不易产生裂纹。具体如下：

①提高微孔的体积比率；

②生成如铬酸阳极氧化膜（**照片 1.6.3**）与磷酸阳极氧化膜那样的放射状微孔，在厚度方向也要赋予其柔软性结构；

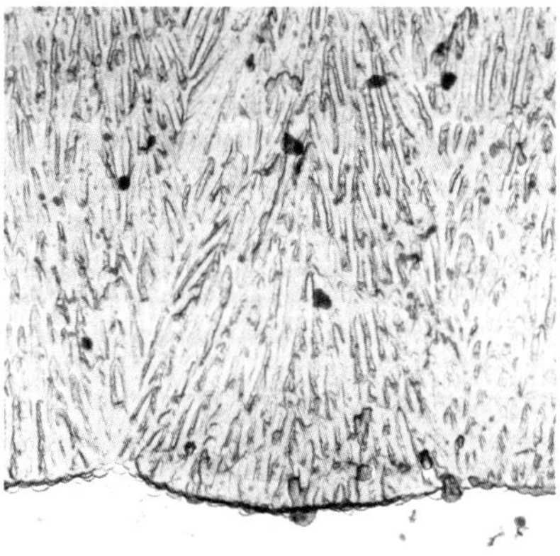

照片 1.6.3　铬酸阳极氧化膜的单元结构截面 SEM 照片

③为了保留压缩应力，可增厚阻挡层；

④使用可以分散膜内第 2 相成分的铝材。

1.6.2.4　加热导致膜剥离

阳极氧化膜与基材之间的黏结性优异。可是，发生电解中断等异常时，生成的氧化膜会发生剥离。温度升高会加快膜剥离速度。剥离的原因多与铝合金成分有关，与裂纹也有很大的关系。

（1）合金成分的影响导致剥离

阳极氧化处理时溶出 Mg、Cu 合金成分。比如，β-AlMg、Al_2Cu 在电解中溶解、形成空洞，Mg_2Si 仅溶解 Mg 残留 Si。另外，实施热处理的 Al-Mg 合金在材料表面附近发生 Mg 聚集并成为剥离的原因。

前岛等人[6]有相关 5056 合金剥离实际例子的报告。报告指出，用 5056 合金挤压棒材生成 50 μm 厚硫酸膜，随后进行热水封孔，阳极氧化膜发生剥离。对发生剥离的部分进行详细调查，发现剥离部分及周边有 Mg 聚集。电解时因 Mg 存在产生的气体发生残留，热水封孔时因加热导致气体膨胀和释放，铝与氧化膜之间因热膨胀差异导致裂纹、剥离。

川濑[7]等人的报告指出，含有 Pb、Bi、Sn 的 Al-Mg-Si 系快速切削合金发生过剥离现象。在铝基材与膜之间的界面存在薄的快速切削成分，阳极氧化后因加热在铝与快速切削粒子接触的面上有非常少量 Pb 和 Sn 固溶，形成更加薄的合金层。另外，在阳极氧化膜和快速切削成分的界面之间没有产生固溶，我们认为是快速切削粒子熔融再次凝固时与氧化膜的界面发生剥离。对此进行封孔等供给水分时，吸附在膜内的电解液成分溶解入水，到达快速切削粒子的近处形成局部电池并产生腐蚀。结论是：生成的腐蚀物和氢气滞留在膜与快速切削粒子的界面，其结果是发生剥离。可以采取的对策是加厚阻挡层，防止水通过来抑制腐蚀发生，用最终电解电压在 30 V 以上的电解液[8]、在硫酸电解后用草酸液等再进行高压电解[9]。

（2）裂纹导致剥离

我们知道 50 μm 的厚膜局部常产生裂纹，这是局部产生不均匀应力导致的膜裂纹。因此，其周边即便产生裂纹，应力仍然没有释放，反而集中在膜和铝基材之间的界面，这时加入热应变就会导致膜剥离。还有，厚膜即便是平面也会因产生不均匀应力而导致膨胀[10]。

综上所述，加热有阳极氧化膜的铝材时，存在各种各样的因素会导致膜缺陷。

参考文献

1）例えば，黒田孝一：表面技術，40，5，685（1989）.
2）稲吉さかえ，石樽文昭，石澤克修，野村健：アルトピア，Vol.37，No.5，29（2007）.
3）http://www.ulvac.co.jp/information/news/2006/20060822.html
4）S. Wernick，R. Pinner：Surface treatment of aluminum and its alloys，592（1972）.
5）柴崎安一，望月省吾：電気化学，35，853（1967）.
6）前嶋正受，高谷松文：アルトピア，Vol.31，No.5，22（2001）.
7）川瀬寛：アルミニウム研究会誌，No.11（1978）.
8）古河アルミニウム工業：特許公告 昭 54-28143.
9）古河アルミニウム工業：特許公告 昭 54-28144.
10）前嶋正受，高谷松文：アルミニウム研究会誌，No.8（2001）.

1.7　其他特性

1.7.1　分离特性

1.7.1.1　分离膜的种类[1]

铝阳极氧化膜制作的分离膜有以下五种：

①硫酸分离膜；

② Anodisc 分离膜；

③草酸分离膜；

④彩色分离膜［磺基水杨酸（SSA）、硫酸混合液］；

⑤新彩色分离膜（磺基水杨酸、硫酸铝混合液）。

由有机酸系电解液制作的③、④、⑤型分离膜，机械强度高、柔软性优异，不易产生裂纹。装置可多次使用。

强度顺序是新彩色分离膜>彩色分离膜>草酸分离膜。

1.7.1.2　分离膜的制作方法

制作铝阳极氧化膜分离膜的方法是，首先生成阳极氧化膜。厚度通常大致在几十至几百微米，根据使用目的增减厚度。将铝阳极氧化膜分成铝和氧化膜有下述两种方法。使用的铝材料最好是纯度在 99.9% 以上的纯铝。

1. 溶解铝法

有两种方法：一种是如图 **1.7.1** 所示用碘甲醇（给甲醇加入过饱和的碘）溶解阳极氧化后的底材铝的方法，另一种是用氢氧化钠或盐酸溶解后直接取出氧化膜的方法。此类方法会导致膜损伤、产生裂纹，所以无法制作稳定的分离膜。另外，铝溶解在溶液中会导致铝浓度变高，溶解速度变慢。如果底材铝很厚，溶解铝来取膜的时间变长。另外，为使溶解液再生利用，必须去除溶解的铝，该做法难度较大，所以无法大量制作分离膜。

2. 用电流恢复法降低电压后进行逆电剥离法

如**图 1.7.2** 所示用铝阳极氧化制作厚型多孔膜。膜中正中间的六角形柱状结构中，孔隙直接延伸至铝基材。该多孔膜和铝基材之间存在致密的无孔性阻挡层。膜从铝基材剥离时，形成多孔分离膜。后面对该分离法进行解释。

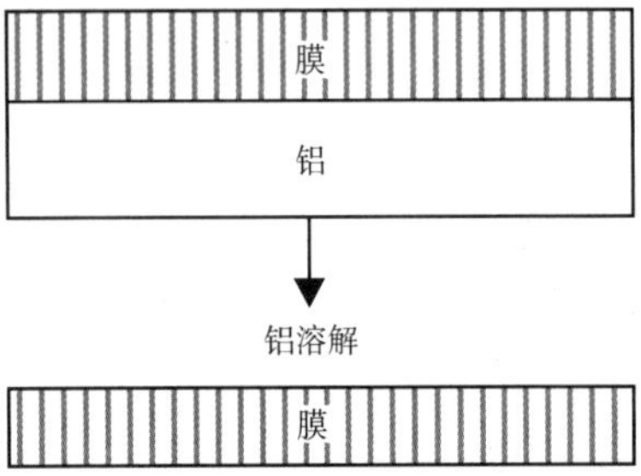

图 1.7.1　铝溶解法

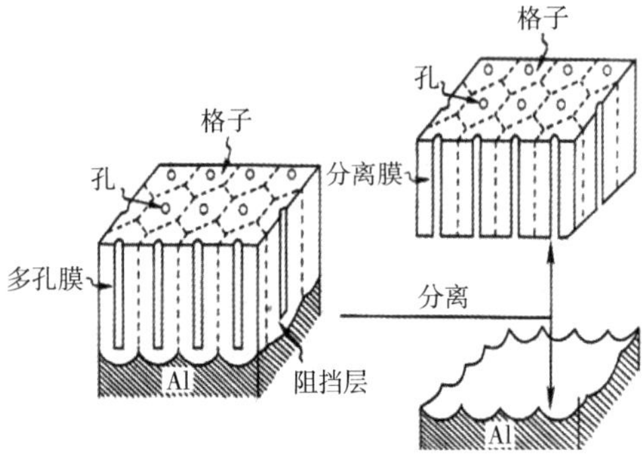

图 1.7.2　膜分离法

3. 分离膜的制作流程

制作分离膜流程有（a）阳极氧化、（b）用电流恢复法降低电压、（c）逆电剥离氢气三个工艺流程。工艺流程见**图 1.7.3**。

（1）阳极氧化

用纯度为 99.9% 的纯铝作为阳极，为得到恒定孔径，如图 1.7.3 所示，①阳极氧化要以恒定电压进行。电压用黑线、电流用点线来表示。硫酸分离膜的阳极氧化电压用 15~20 V、彩色分离膜的阳极氧化

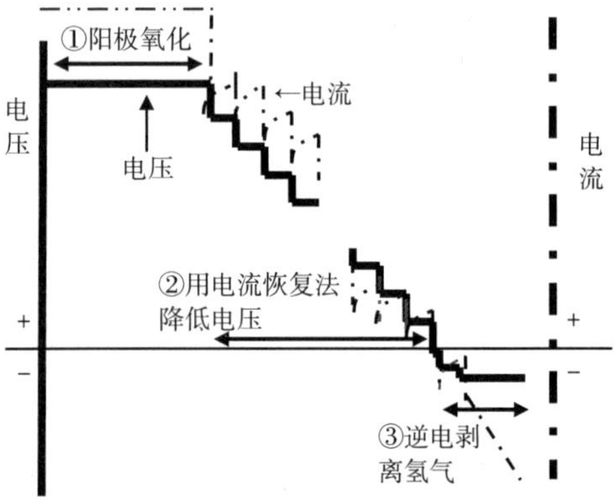

图 1.7.3　制作分离膜的电压和电流

氧化电压为 60 V。电流（点线）随电解液温度与搅拌力度而变化，不是一成不变的。

彩色分离膜的电解液温度在新建液初期要设定在低温，否则要达到 60 V 需要很长时间。如果达到 60 V 还处在低温区，电流会快速下降。电压恒定后槽液需要加热至 20~30 ℃。但是，分离膜的表面积不同，液温的情况也不同。制作厚度在 100 μm 以上的膜需要几个小时。

该工艺不复杂但是存在以下问题。因在彩色分离膜的电解液中进行阳极氧化可以使用高电流密度，所以硫酸电解液会产生烧灼，3 A/dm² 以上是有危险的。彩色电解液的新液要达到设定电压（60 V）所要时间较长。使用新槽液电压上升较快。这是因为阳极氧化会使铝离子溶入电解液中，导致电流流动性变差，从而电压上升，加快达到恒定电压。

因此，为了制作分离膜，使用用过的电解液比较好，但是如果溶入过多的铝离子，就会造成酸不足，难以生成膜，因此电解液的管理很重要。新建彩色分离膜液槽不会立即达到 60 V，采用将电流密度控制在 5 A/dm² 左右或降低液温等方法，否则电压上不去。

在此，像③（译者注：原文错误，应为⑤）那样的彩色分离膜（SSA、硫酸铝混合液），要先配好硫酸铝电解液。这一点后续详细介绍。

（2）用电流恢复法降低电压

这是制作分离膜最重要的工艺。分离膜种类不同，电压的下降速度是不同的。下面分别进行论述。

①硫酸分离膜。

从 20 V 开始按每 1 V 幅度降低电压，这个工艺流程很简单，恢复电流的时间从 20 V 至 15 V 大致需要 1 min 左右，随着电压降低所需时间稍微变长。该现象是硫酸电解液溶解阻挡层使其变薄的时间。①硫酸分离膜和② Anodisc 分离膜的机械强度较低，所以使用时要注意防止开裂。这两种分离膜多是一次性使用。

照片 1.7.1 所示是硫酸分离膜的 SEM 照片，**照片 1.7.2** 所示是 Anodisc 分离膜的 SEM 照片。照片的上部都是正面（电解液侧的面）、下部都是背面（阻挡层侧的面）的 SEM 照片。可以看到硫酸分离膜是 10 nm 左右的孔与孔相连。没有剥离的硫酸分离膜表面 SEM 照片中的孔是一个一个独立的，之所以出现孔横向连接的现象，我们认为是因为电流恢复导致电压下降，或是逆电剥离时膜溶解。背面孔连接的面积更大。离子能否分离由孔的大小决定，类似这样孔偏差大的分离膜无法使用。

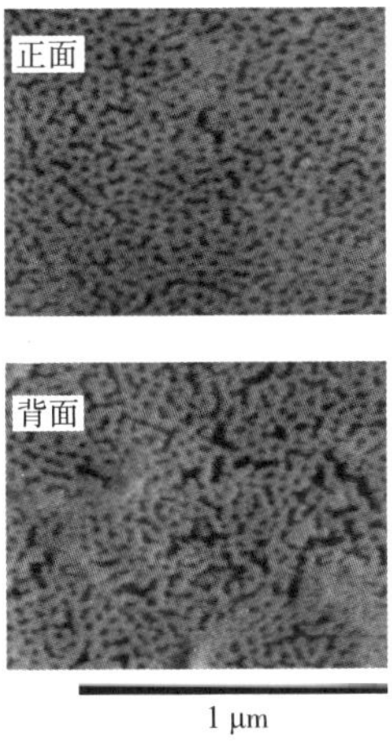

照片 1.7.1　硫酸分离膜

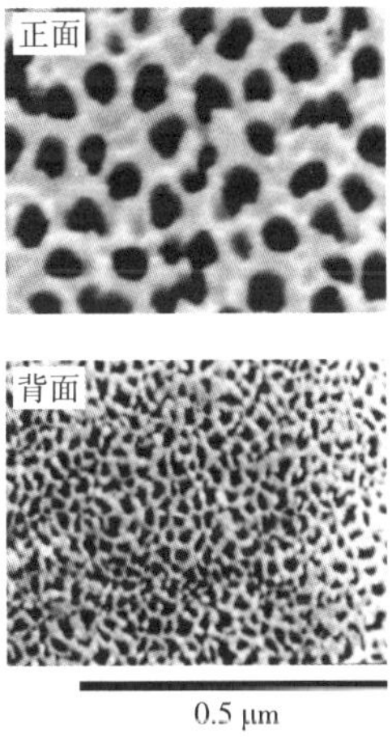

照片 1.7.2　Anodisc 分离膜（孔径为 0.1 μm）

② Anodisc 分离膜。

市场销售的 Anodisc 分离膜的孔径有 0.2、0.1、0.02 μm。表面孔径高达 3.8 μm 的分离膜用于固体和液体分离。孔径大的分离膜所有离子均可透过，所以无法分离离子。这种分离膜的孔径单位是微米，所以被用作通过吸收或过滤分离固体和液体的过滤膜。有些市场销售的分离膜的制作方法不明，可能是用磷酸系电解液在 150~200 V 附近阳极氧化后得到的孔径比较大的分离膜。

③草酸分离膜。

④彩色分离膜（SSA、硫酸混合液）[2]。

⑤新彩色分离膜（SSA、硫酸铝混合液）。

用电流恢复法降低电压（从 60 V → 1 V）经历以下三个阶段（A、B、C）。

A 阶段（从 60 V 到 50 V），每次下降 5 V 立即恢复电流，电流可恢复到接近 60 V 阳极氧化时的电流。

随后进入 B 阶段（从 50 V 到 10 V）。该阶段是工艺中最难的。在该阶段操作不当会导致膜无法从铝基材剥离。从 50 V 到 20 V 每次降压间隔为 2.5 V，在每个电压下保持 2 min，但 B 阶段从 40 V 到 30 V 电流恢复多少有些异常。在该电压区间保持 2 min 电流还是不能恢复，有时需要 4~6 min。如果使用老化的液体，电流恢复时间会更长。需要注意的是，如果在电流恢复以前让电压下降，随后的逆电剥离工艺中膜可能无法剥离。造成这种现象的原因不明。从 20 V 到 10 V 每次下降 1 V，保持 2 min，电流就会恢复。

C 阶段（从 10 V 到 1 V），每次下降 0.5 V。4 V 以下保持时间稍微长些，或是让电压下降少些，否则电流不能恢复、膜难以剥离。降至 1 V 以下保持时间要在 5~10 min，电流才上升并逐渐恢复。

（3）逆电剥离

改变试验材料的极性，使其作为负极负载电压，在−5 V~−10 V 时，阳极氧化膜会发出啪啦啪啦的响声。这个声音是膜从铝剥离时的响声，从当作阴极的阳极氧化膜边缘部位产生大的氢气气泡。此时，电流先升高后下降。膜还没彻底剥离。进一步提高电压时气泡变小，整个膜产生气泡。虽然响声变小，但电流大，剥离结束。此时的电压为−15 V~−20 V。

从溶液中取出试验材料，在水槽中来回摇晃分离膜时，膜从铝基材上分离散落至水中。对还未剥离的膜，将铝板稍微弯曲，然后把裁纸刀的刀片插入铝基材与膜之间小心地剥离。此时容易产生裂纹且不良品率高。硫酸分离膜的逆电剥离电压是−5 V 左右。

1.7.1.3　分离法

孔径大的分离膜可用于固液分离，即分开固体和液体。孔径小的分离膜可分离几种离子。分离法有自然扩散法和电渗析法。另外，还有气体分离法。

在此主要就离子分离法进行论述。

（1）离子分离

离子分离法有自然扩散法和电渗析法。

1）自然扩散法[3)]

如**图 1.7.4** 所示，在两个单元的正中间放置分离膜，两侧用螺丝拧紧。为防止漏液，两侧用硅封装，涂抹润滑脂。彩色分离膜有柔软性所以很少有裂纹。在一侧的单元放入离子（阴离子、阳离子），在另一侧放入水，放置后根据离子直径大小，分离出可以透过的离子和不可以透过的离子。两种离子都可以透过时，换成孔径小的分离膜，两种离子都不能透过时，换成孔径大的分离膜。准备若干孔径不同的分离膜会很方便。

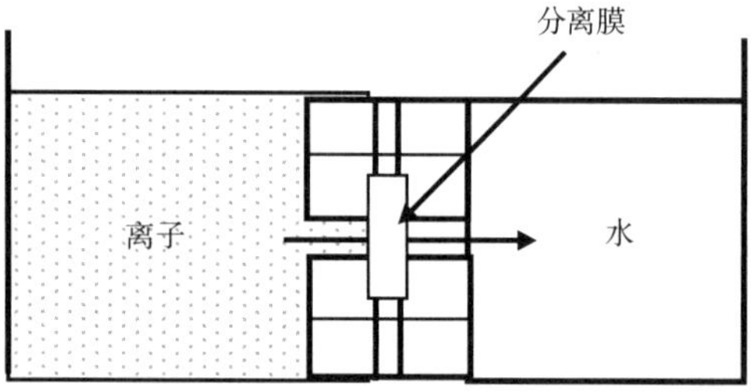

图 1.7.4　自然扩散法

在图 1.7.4 所示离子室放入染料（C. I. Acid Red 18，推测分子直径为 1.6 nm）和 CrO_3（0.5 nm）3 h，考察水室内的自然扩散情况，其结果见**表 1.7.1**。

表 1.7.1　各种分离膜引起的离子的自然扩散

离子 \ 时间/h	分离膜 SM	OM	KM	AM20	AM100
	1 2 3	1 2 3	1 2 3	1 2 3	1 2 3
染料	○◎◎	○○○	× × ×	◎☆☆	◎☆☆
CrO_3	○◎◎	○◎◎	× × ○	◎☆☆	◎☆☆

注：透过顺序为☆ ≫ ◎ ≫ ○ > △ > ×。

使用的分离膜种类如下。

① SM：硫酸分离膜。

② OM：草酸分离膜。

③ KM：彩色分离膜。

④ AM20：Anodisc 分离膜，孔径 20 nm。

⑤ AM100：Anodisc 分离膜，孔径 100 nm。

SM 和 AM 均能被染料和 CrO_3 透过，所以不能被当作离子分离膜来使用。KM 用 3 h 可分离离子。

2）电渗析法[3)]

电渗析用的装置是在自然扩散装置上附加装上电极室形成的。**图 1.7.5** 上图是分离阴离子的装置，在阴极室中放入几种阴离子，两极加负载电压时阴离子向阳极移动，通过分离膜的孔进入阳极室。也可以直接将电极放入液体中，透过的阴离子在阳极被氧化分解，因此要定量分析透过的阴离子，必须将阳极室和电极室分开。图 1.7.5 下图是阳离子分离装置，透过的阳离子在阴极被还原析出，无法进行定量分析。因此，在电渗析法的电极室安装阴离子交换膜（a）和阳离子交换膜（c），将透过的离子滞留在单元内。同时也有防止使电极室的电解液进入阳极室，使 pH 保持恒定的目的、阴极室。直径比分离膜的孔径小的阴离子向阳极室电渗析，直径比孔径大的阴离子无法向阳极室电渗析，从而滞留在阴极室。图 1.7.5 下图的阳离子分离也是一样的。由于阳离子多为无机离子，所以必须使用孔径小的分离膜。

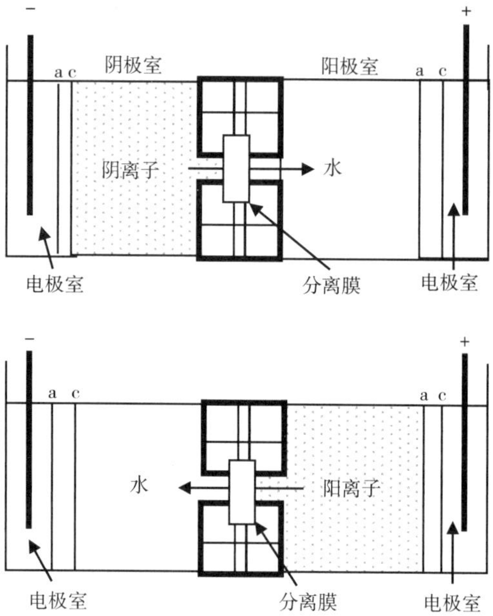

图 1.7.5　电渗析法

表 1.7.2 所示是电渗析的结果。可以进行离子分离的只有 KM 分离膜。SM 分离膜不管是染料还是 CrO_3 都是 1 h 即透过，所以离子无法分离。OM 分

离膜也很难透过，因为离子都透过了，所以无法分离。

表 1.7.2　离子电渗析

	分离膜		
	SM	OM	KM
时间	1 2 3	1 2 3	1 2 3
染料	○○○	△○○	× △△
CrO_3	○○○	△○○	△○○

注：透过顺序为 ○ > △ > ×。

在 1 h 内染料无法透过 KM 分离膜，但铬酸离子可以微量透过，所以二者可以分离。在 2 h 和 3 h 的电渗析中染料可微量透过，铬酸可以大量透过，所以二者可以分离。将透过的液体再次进行电渗析，接近完全分离。分离功能受阻挡层的微孔孔径支配，后面论述各种控制孔径的方法。

（2）细孔电解 [4)]

将金属盐溶液放入像毛细血管那样的细管或间隙中电解时，从细管或间隙中析出金属与金属盐，这被称为细孔电解或孔隙电解。细管有析出后，离子无法透过而失去了分离膜的性能。马场 [5)] 往阳极室注入硫酸铜溶液，往阴极室注入各种电解液，考察是否发生细孔电解。往阴极室注入草酸进行电渗析时，分离膜细孔析出铜、己二酸，而注入硼酸则析出铜的氧化物或氢氧化物。即发生细孔电解。但是，有报告指出，硝酸、丙二酸、马来酸进行细孔电解时孔内没有析出。

笔者研究了不发生细孔电解的条件，做法是往阴极室注入草酸（500 ppm）及硫酸钠（500 ppm），往阳极室注入硫酸镍（500 ppm），改变电解液 pH 值后进行电渗析，其结果如**表 1.7.3** 所示。pH 为 1~2 时没有发生细孔电解。pH 为 2~3、使用草酸时分离膜阳极侧局部析出了绿色镍化合物，使用硫酸钠时没有发生析出。pH 在 4 以上、使用草酸时分离膜阳极侧析出了镍化合物，硫酸钠时未发生细孔电解。为了不引起细孔电解而让离子得以透过，需要较强的酸性，但强酸会溶解掉分离膜，所以 pH 最好在 3 以上，但是时间太长也会溶解掉分离膜。pH 在 4~8 时，可以长时间使用。阴极室的硫酸钠可以在全 pH 值范围内使用。透过两极室的离子在孔内发生反应，沉积的化合物溶解度大时，也不发生细孔电解。可用硫酸和氢氧化钠调整 pH 值。一般使用有机酸变成弱酸性时容易发生细孔电解。

表 1.7.3　有无细孔电解

pH	草酸	硫酸钠
1~2	无细孔电解	无细孔电解
2~3	部分析出	无细孔电解
3~4	阳极侧析出	无细孔电解
4~5	阳极侧析出	无细孔电解

（3）水合封孔及防止措施 [6)]

制成后的分离膜在空气中放置时会自然封孔，膜发生水合反应后离子将无法透过。通常浸渍沸水进行封孔处理，如**图 1.7.6** 所示使用不同封孔时间（横轴）的分离膜，在阳极室内放入硫酸镍、阴极室内放入硫酸钠，施加 30 V 电压进行电渗析（30 V、30 min、pH=5），测量透过阴极室的镍离子（纵轴）的结果。硫酸分离膜在封孔时间达到 90 s 时镍离子开始无法透过，但彩色分离膜需要 10 min 左右。

照片 1.7.3 所示是经过 2 min 封孔处理的 20 V 硫酸分离膜和经过 10 min 封孔处理的 80 V 彩色分离膜

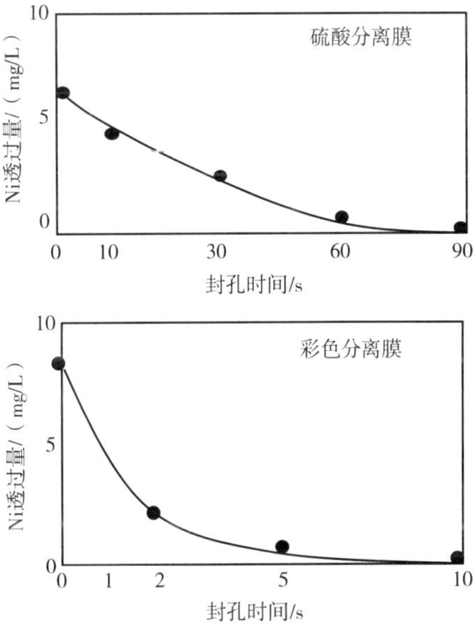

图 1.7.6　透过量和封孔时间

各自的表面 SEM 照片。20 V 硫酸分离膜封孔了，但 80 V 彩色分离膜仅孔变小未被封孔。这只是表面现象，其内部与阻挡层的情况不明，但是用高电压制作的大孔径分离膜很难封孔。可以通过封孔时间来控制孔径。

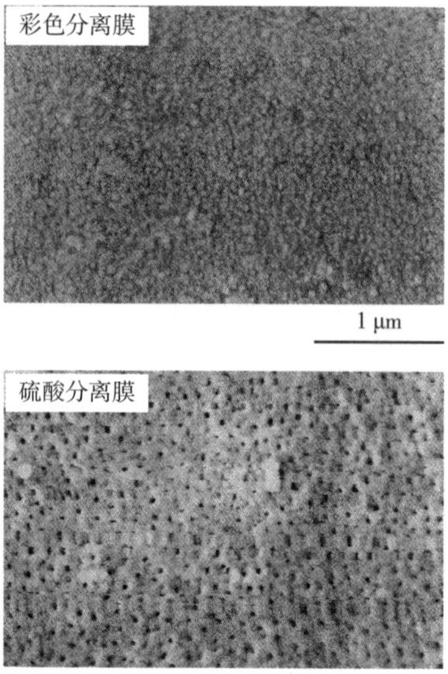

照片 1.7.3　封孔分离膜的表面 SEM 照片

下面介绍如何防止自然封孔。通常在分离膜制作完成后，将其放入保持干燥的干燥器中保存，以防止与空气接触发生水合封孔。如**图 1.7.7** 所示，测量将硫酸和草酸分离膜放入水中 10 天、30 天、60 天时电渗析酸性染料（C. I. Acid Red18，推测分子直径为 1.6 nm）后的透过量。分离膜在放入水中之前进行了如下预处理：

①在 5% 磷酸溶液中浸渍 5 min；

②在中性磷酸盐溶液中浸渍 2 min；

③在 5% 硝酸溶液中浸渍 5 min；

④无处理。

因磷酸及磷酸盐原本阻止发生水合，所以在阳极氧化工厂磷酸系的电解抛光与化学抛光槽侧不设置封孔处理槽。由此逆向思维得出，浸渍过磷酸、磷酸盐的分离膜很难发生封孔。用 5% 磷酸溶液浸渍 5 min 的分离膜不会发生溶解，所以磷酸及磷酸盐有防止水合封孔的效果。

1.7.1.4　酸溶解试验法 7-8)

如**图 1.7.8** 所示是检测分离膜的耐化学性的试验装置。图 1.7.8 中的 A 装置是在 2 个容器的中央放置分离膜（M），阴极浸渍在液体中，阳极放置在距离液体上部 2 mm 左右的地方，与液体不接触。给液位设置了落差。溶解液使用磷酸，磷酸浓度在 4%~10%。给两极施加 5 V 电压。当分离膜溶解时，如右图所示，阳极侧的液面上升，与阳极接触时电压下降，电路开始闭合，由此知晓溶解时间。

如**图 1.7.9** 所示是在 4% 磷酸溶液中的溶解时间。分离膜的阳极氧化条件如下。硫酸分离膜为 18~30 V，草酸分离膜为 30~80 V，彩色分离膜为 60~90 V，以恒电压制作而成。低阳极氧化电压制作的分离膜的溶解时间短，高电压制作的分离膜的溶解时间长。还有，厚分离膜的溶解时间长。图 1.7.9 下图是分离膜的晶格和孔示意图。晶格中央的孔沿箭头方向因药品扩孔发生膜的溶解，电压越高制作的分离膜的耐化学性越强，相同电压制作的草酸分离膜和彩色分离膜中，彩色分离膜更结实。

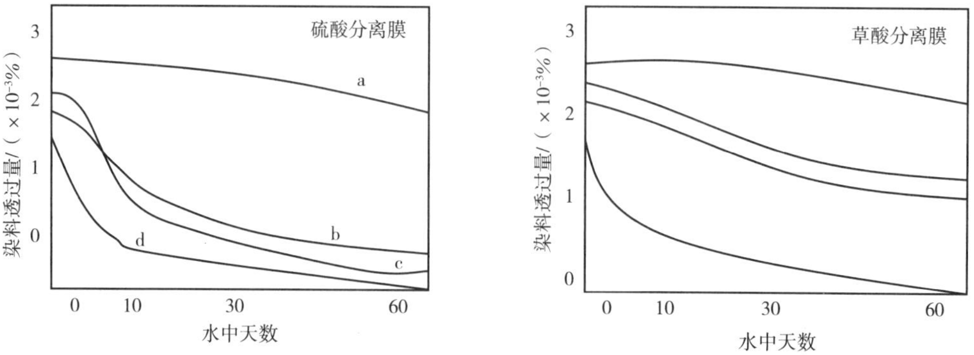

图 1.7.7　放置水中后的离子透过量

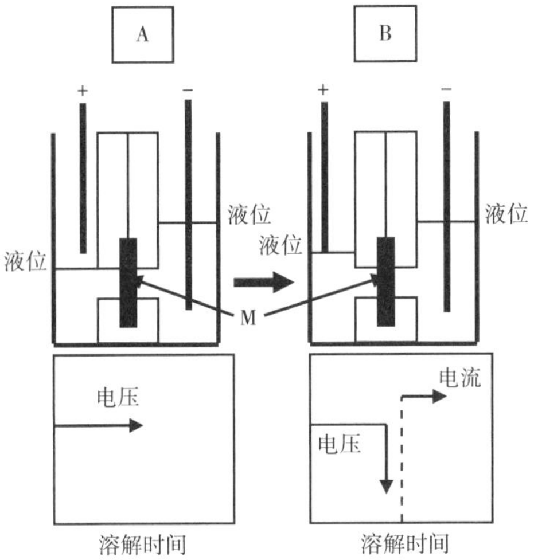

图 1.7.8　测量溶解时间的装置

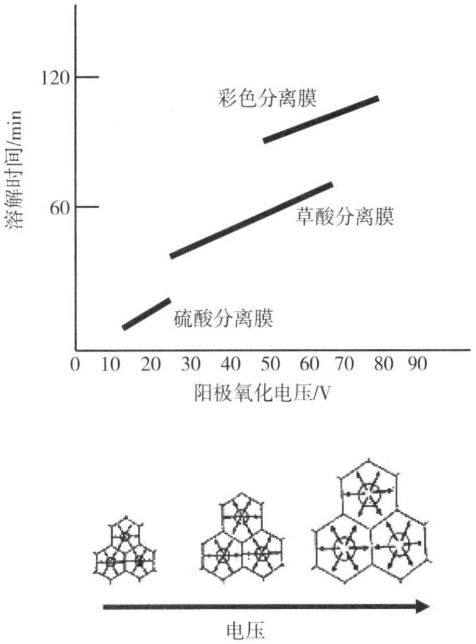

图 1.7.9　分离膜阳极氧化电压和溶解时间

1.7.1.5　溶胶-凝胶涂层 [9)]

为提高分离膜的机械强度、耐化学性，同时控制孔径，也可涂覆溶胶-凝胶涂层。涂层剂有二氧化硅（SiO_2）、二氧化钛、二氧化锆等。这里使用了由硅酸乙酯（TEOS）组成（摩尔比）的 SiO_2 溶胶。

<S-1>TEOS：水：乙醇：盐酸=1：4：40：0.03

<S-2> TEOS：水：乙醇：盐酸=1：4：80：0.03

图 1.7.10 所示电渗析装置的①室和②室之间安装了 AM，②室和③室之间安装了 KM。①室放入染料和 CrO_3 的混合离子，②室与③室放入 pH 调至 4~5 的 5% Na_2SO_4 溶液，两极间负载 10 V 电压，一定时间后，检测各室的浓度。**表 1.7.4** 显示了检测结果。从①室至②室，染料、CrO_3 离子均透过，从②室至③室，染料微量透过涂层为 S-1 的 KM，涂层为 S-2 的 KM 无法透过。另一方面，铬离子可以从②室透过至③室，可以推测其有分离能力。最能满足条件的是涂覆 1 次 S-2 涂层的 KM。不让染料透过只让 CrO_3 离子透过，可以分离直径不同的离子。

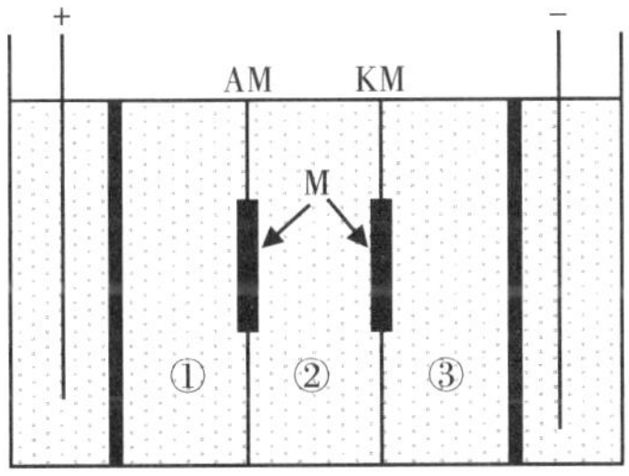

图 1.7.10　电渗析装置

1.7.1.6　用新建溶液和使用过的电解液来制作分离膜 [10)]

有报告指出，建材等使用的彩色氧化液组成是 10%SSA-1%硫酸混合液。用该液体在 20 ℃、3 A/dm^2 的条件下进行阳极氧化时，升压至 60 V 比较困难。进行几个小时到十几个小时空负载电解后升至 60 V 所需时间变短。其他升压方法有降低电解

表 1.7.4　KM 编号顺序和透过离子（10 V、3 h）

离子浓度顺序：◎ > ○ > △ > ×

配列顺序：① 室 ‖ AM ‖ ②室 ‖ KM ‖ ③室

透过离子			染料			铬		
溶胶-凝胶涂层			室号			室号		
种类	涂覆次数	硬化温度/℃	①	②	③	④	⑤	⑥
S-1	1 次	500 ℃	◎	○	△	◎	○	○~△
S-1	2 次	500 ℃	◎	○	△	◎	○	△
S-2	1 次	500 ℃	◎	○	×	◎	○	○
S-2	2 次	500 ℃	◎	○	×	◎	○	○~△

温度、强力搅拌，均可缩短升至 60 V 的时间。

因此，对以下四种新液和使用液来进行了研究：

Ⅰ.（新　液）2%　SSA-0.2% H_2SO_4 混合液；

Ⅱ.（使用液）2%　SSA-0.2% H_2SO_4 混合液；

Ⅲ.（新液）2% SSA-0.5% H_2SO_4 混合液；

Ⅳ.（使用液）2% SSA-0.5% H_2SO_4。

（1）电解液中铝离子和硫酸离子

图 1.7.11 所示是铝阳极氧化时电解液中的铝离子和硫酸离子的浓度关系。左图是硫酸浓度为 0.2%（Ⅰ、Ⅱ液）的电解液，右图是硫酸浓度为 0.5%（Ⅲ、Ⅳ液）的电解液。新液是指横轴时间为 0 时的液体，此时没有铝离子。左图中使用液（添加 0.2% 硫酸）总计阳极氧化时间为 20 h，右图中使用液（添加 0.5% 硫酸）总计阳极氧化时间为 16.2 h。随着阳极氧化的进行，铝离子溶入液体中，游离硫酸离子减少。添加 0.5% 硫酸的浓电解液中溶入铝离子量最多。因此使用液是溶存铝离子量多、硫酸离子量少的液体。

表 1.7.5 所示是分离膜的膜厚和良品率。浓电解液生成厚分离膜。恒定电流时间长也能获得厚膜。总阳极氧化时间是指膜成长所用的阳极氧化时间和电流恢复引起的电压下降时间的加和。使用液Ⅳ是最初阳极氧化时因异常只生成部分氧化膜时的电解液，其结果显示良品率较低，为 34%。膜较厚是因为电流集中在少数膜上。

表 1.7.5　电解条件与膜厚、良品率

阳极氧化时间/h	0	5	6.5	6.5	0	4	4	4
电压下降时间/h	—	2	2	2	—	1.4	1.4	1.4
平均膜厚/μm	—	125	115	130	—	200	200	210
良品率/%	—	70	75	93	—	86	96	34

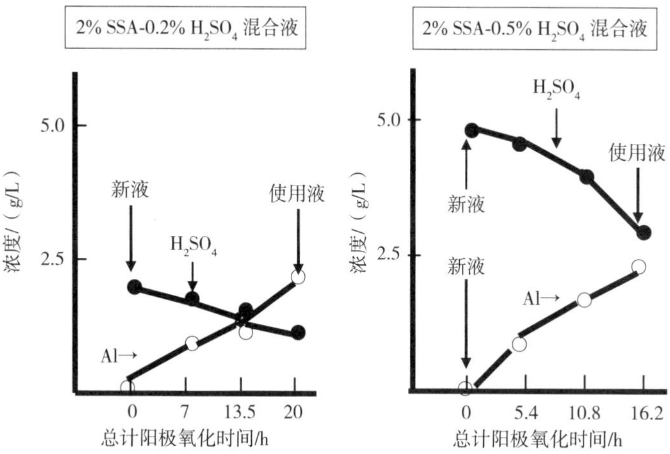

图 1.7.11　电解溶液中的铝离子和硫酸离子

（2）观察用新液和使用液制作的分离膜的 SEM 照片

照片 1.7.4 是用新液制作的彩色分离膜、**照片 1.7.5** 是用使用液制作的分离膜的阻挡层 SEM 照片。从照片 1.7.4 可以看出，用新液制作的分离膜的晶格直径小，形态不明显。与此对应，从照片 1.7.5 可以看出，用使用液制作的分离膜的晶格形态明显，晶格结构是各种大小混在一起。

照片 1.7.6、**照片 1.7.7** 是用硫酸浓度为 0.5% 的电解液制作的分离膜阻挡层的 SEM 照片。硫酸浓度高时，从新液制作的分离膜可以看到非均匀性小的晶格，从使用液制作的分离膜可以看到晶格的形态明显变大，可是晶格的大小不均匀。因此，溶入铝离子的电解液可形成结构明显的晶格。电解液中溶存铝对生成多孔膜的晶格结构起到非常重要的作用。

（3）SSA-硫酸铝电解液

下面探讨用添加硫酸铝后的电解液所制作的分离膜。

照片 1.7.8 所示是用 2% SSA-0.5% $Al_2(SO_4)_3$ 制作的膜阻挡层的 SEM 照片。与其他 SEM 照片相比，它有明显的晶格结构，且大小均匀的晶格相互连接。晶格中央看不到孔隙。SEM 照片的分辨率是 0.07 nm，因为铬酸离子能透过，所以推测孔径在 0.5 nm 左右。晶格直径、孔隙直径因电解条件、离子浓度等有所不同，应用于精密目的时要通过 SEM 观察进行确认。

1.7.1.7　离子交换树脂电解液管理

我国大致在 40 年前引进（译者注：

照片 1.7.4　新液制作的 KM
（晶格直径：40~50 nm）

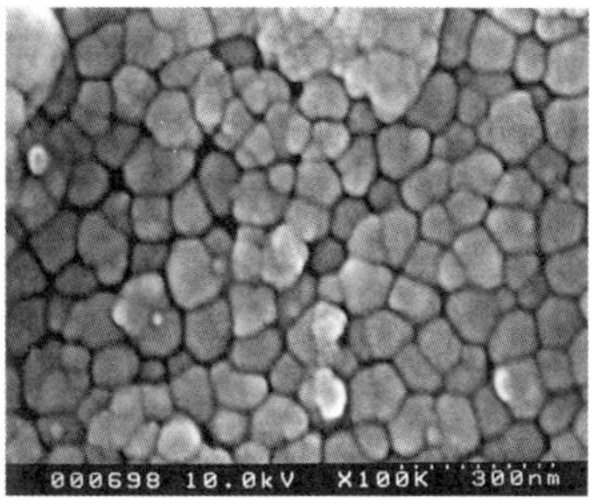

照片 1.7.5　使用液制作的 KM
（晶格直径：50~90 nm）

照片 1.7.6　新液制作的 KM
（晶格直径：20~40 nm）

照片 1.7.7　使用液制作的 KM
（晶格直径：40~100 nm）

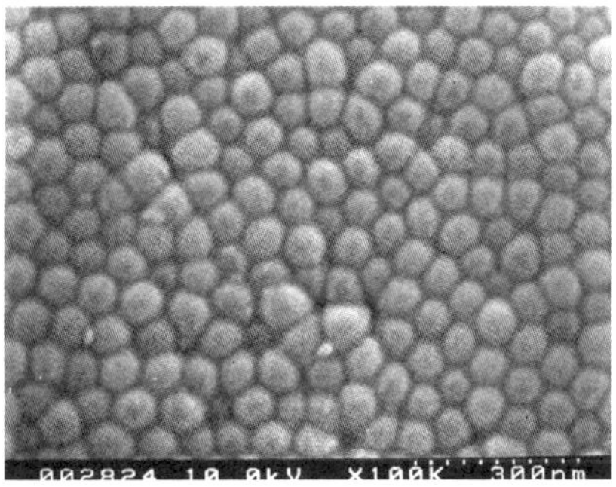

照片 1.7.8　SSA-硫酸铝制作的 KM（晶格直径：60~90 nm）

原著 2008 年出版）着色法，由不二窗框工业从美国引进青铜色建筑用材。电解液中溶解的铝离子被阳离子交换树脂吸附，保持在合适的浓度（铝离子和 SSA、硫酸离子）。**图 1.7.12** 所示是使用 2% SSA-0.5% $Al_2(SO_4)_3$ 电解液，在 60 V 恒电压下阳极氧化 4 h 后的膜（上面）。随着阳极氧化持续进行，溶入电解液中的铝离子不断增加。同时，硫酸离子和 SSA 逐渐减少。总计阳极氧化时间是指空负载电解使铝离子增加，酸根阴离子减少的时间，加上生成阳极氧化膜的 4 h 的全部时间。18 h 中只进行了 4 h 阳极氧化，如图上部的膜试验颜色材料所示只生成了部分膜，露出了铝基材。铝离子与 SSA 和硫酸根离子反应，因此使两种阴离子均减少，且到最后不再生成氧化膜。此时，使用阳离子交换树脂吸附除去铝离子并实现液体再生。其中 SSA 和铝离子恢复到原有浓度，但是硫酸根离子无法完全恢复到原有浓度。

1.7.1.8　烧结分离膜和各种分离膜的孔径

到目前为止介绍的氧化铝分离膜都是非晶体，加热 900 ℃以上时发生结晶化且具有耐酸、耐碱性能。**照片 1.7.9** 所示是烧结前后的 SEM 照片。烧结后的膜孔径变大。孔径最小的孔支配分离膜的分离能力。因此，分离能力不是由表面一侧的孔而是几乎由阻挡层一侧的孔来决定的。

图 1.7.13 所示是各分离膜的截面示意图。阻挡层一侧的孔因电流恢复导致电压下降呈圆锥状，生成微孔。该微孔的作用是分离离子。SM 的孔被电解液硫酸溶解而变大。OM 的孔因草酸溶解力小，所以变细。KM 的孔因电解液中硫酸量微小，所以孔径为 0.5 nm，极其狭窄。AM 的孔径

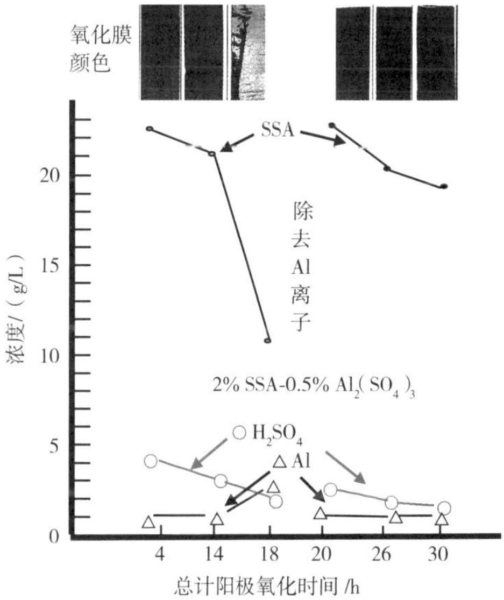

图 1.7.12　由阳极氧化看 SSA、Al、硫酸离子的变化与再生

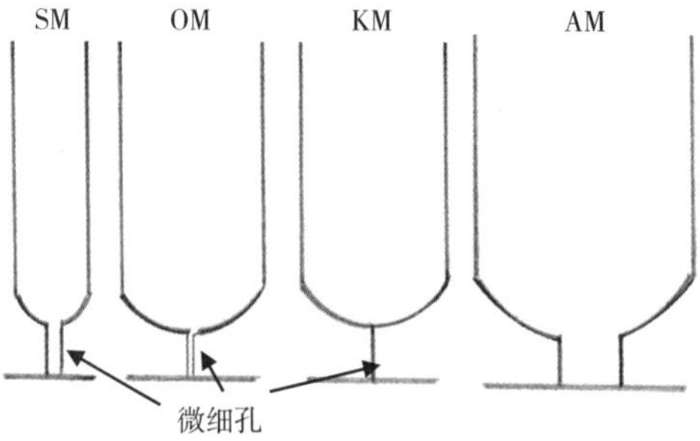

图 1.7.13 各分离膜的截面示意图

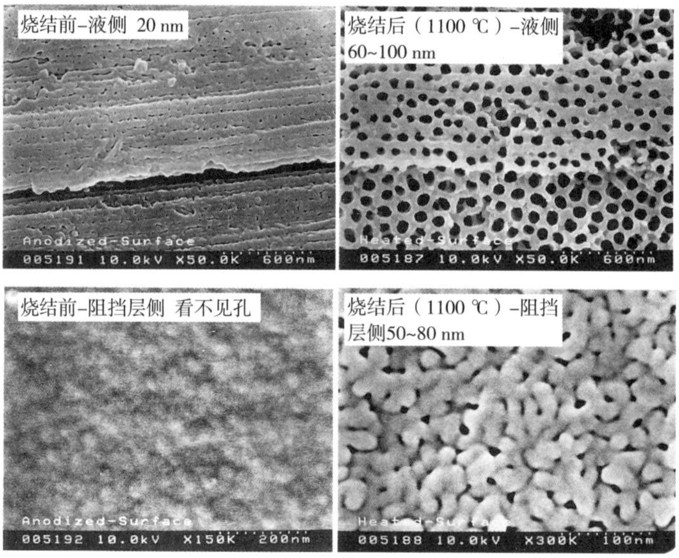

照片 1.7.9 烧结前后表面和阻挡层 SEM 照片

很大，分别是 20 nm 和 100 nm。

由 SEM 观察最小孔径（阻挡层侧）如下：

①彩色分离膜，约 0.5 nm；

②烧结彩色分离膜，20 nm；

③草酸分离膜，1.2 nm；

④硫酸分离膜，18 nm。

参考文献

1）黒田孝一，和田健二，緒松竹：表面処理協会第 111 回講演大会講演要旨集，p223.

2）黒田孝一，和田健二，緒松竹：表面処理協会第 111 回講演大会講演要旨集，p223.

3）黒田孝一：表面技術，40，1377（1989）.

4）黒田孝一：表面技術，40，686（1989）.

5）馬場宣良：金属表面技術，24，34（1974）.

6）黒田孝一：表面技術，46，866（1995）.

7）黒田孝一，和田健二，間宮晶：表面処理協会第 97 回講演大会講演要旨集，p244.

8）黒田孝一：表面処理協会第 93 回講演大会講演要旨集，p261.

9）和田健二，黒田孝一，間宮晶：表面処理協会第 93 回講演大会講演要旨集，p263.

10）黒田孝一，和田健二，緒松竹：表面処理協会第 111 回講演大会講演要旨集，p223.

Chapter 2

第 2 章　转化膜和赋予功能性

2.1　转化膜基础和功能性理论

2.1.1　转化膜

2.1.1.1　概要

转化膜是用化学方法（转化处理）生成的膜，涂膜附着性可长期保持，在不损害外观的前提下可赋予其耐腐蚀性能。有代表性的铝反应型转化膜见**表 2.1.1**，大致可分为铬系转化膜和无铬系转化膜。铬系有转化膜铬酸盐膜和磷酸铬酸盐膜。

铬酸盐可赋予各种各样铝制品优异的耐腐蚀性能。可是，六价铬是对人体及环境非常有害的物质。国际癌症研究机构（IARC）将六价铬列入致癌物清单[1]。而且，除了致癌性以外，六价铬还会导致皮肤溃烂、刺激性皮炎等。

由于六价铬的危害性，汽车厂家和家电厂家都对它敬而远之，因此不含六价铬的磷酸铬酸盐膜、处理液中不含六价铬的三价铬系处理、无铬转化处理的实用化得到快速发展。例如，磷酸锆作为无铬转化处理剂被用于饮料罐罐体处理及底膜涂装，热交换器与铝合金的耐腐蚀底膜使用氧化锆系处理剂。尽管如此，还有些产品必须使用铬酸盐处理，新的转化处理技术的开发尤为紧迫。

2.1.1.2　铬酸盐膜

表 2.1.2 所示是有代表性的铬酸盐处理液的组成。其主要成分是铬酸或重铬酸盐，还含有解离性氟化物或氢氟酸作为刻蚀剂，通过硝酸等调节得到

表 2.1.1　有代表性的转化膜一览

区分	名称	液相组成	处理条件	用途及特点
铬系	铬酸盐膜	CrO_3、氟化物、催化剂等	浸渍/喷雾 室温~70 ℃ 3 s~3 min	无色~金色膜，生成初期为溶胶状膜，脱水干燥后有耐腐蚀性，膜中含六价铬
	磷酸铬酸盐膜	CrO_3、磷酸、氟化物	浸渍/喷雾 30~70 ℃ 3 s~3 min	无色~绿色，膜中不含六价铬，且毒性低。溶液管理性优异
无铬系	磷酸锆膜	氟锆酸盐、磷酸、氟化物、添加剂等	浸渍/喷雾 30~70 ℃ 3 s~3 min	无色透明，膜非常薄，含微量氟，不含铬，无公害
	氧化锆膜	氟锆酸盐、氟化物、添加剂等	浸渍/喷雾 30~70 ℃ 3 s~3 min	无色透明，不含磷酸，所以几乎没有残渣。含氟不含铬，无公害

表 2.1.2 有代表性的铬酸盐处理液的组成

膜种类	组成
非催化型	铬酸、重铬酸、氟化物等刻蚀剂
催化型	铬酸、重铬酸、氟化物等刻蚀剂 钼酸、钨、铁氰化钾等氧化剂

pH=1.5~3.0 的酸性水溶液。此外，作为反应促进剂，有时还含有钼酸、钨、铁氰化钾等氧化剂[2)]。

让铬酸盐处理液与铝进行接触，生成铬酸盐膜。铝与氢氟酸发生反应，铝溶解生成氟化铝，还原反应产生氢气。重铬酸与生成的氢气反应，六价铬被还原成三价，氢氧化铬、碱性氧化铝、碱性铬酸铬等变成膜析出。该铬酸盐膜的生成反应如下。

①铬酸的解离：

$$2CrO_3+H_2O \rightarrow H^++HCr_2O_7^- \rightarrow 2H^++Cr_2O_7^{2-}$$

②铝阳极溶解反应：

$$Al+3F^- \rightarrow AlF_3+3e^-$$

$$Al \rightarrow Al^{3+}+3e^-$$

③ H^+还原反应：

$$3H^++3e^- \rightarrow 3H$$

④六价铬还原反应：

$$HCr_2O_7^-+3H \rightarrow Cr(OH)_2 \cdot HCrO_4+OH^-$$

⑤氢氧化铝析出反应：

$$Al^{3+}+3OH^- \rightarrow Al(OH)_3$$

催化型膜除了含有上述化合物以外，还含有作为催化剂成分的金属盐[3)]。另外，铬酸盐膜有自我修复作用，即便正在受到腐蚀，膜中的六价铬也有修复缺陷及抑制腐蚀的作用，可长期维持高耐腐蚀性[4)]。

2.1.1.3 磷酸铬膜

磷酸铬酸盐液体的主要成分是铬酸或者重铬酸盐、磷酸、作为刻蚀剂的解离性氟化物或氟化物。用硝酸等调整为 pH=1.5~3.0 的酸性水溶液。

铝被氢氟酸刻蚀，在还原反应中产生的氢气将铬从 6 价还原成 3 价的过程与铬酸盐膜相同。可是因磷酸铬酸盐含有磷酸根离子，三价铬化合物生成磷酸铬（Cr^{3+}）作为膜析出。产生的氢气被该反应消耗，无法生成铬酸铬。该磷酸铬酸盐膜的生成反应如下。

①铬酸的解离：

$$2CrO_3+H_2O \rightarrow H^++HCr_2O_7^- \rightarrow 2H^++Cr_2O_7^{2-}$$

②铝阳极溶解反应：

$$Al+3F^- \rightarrow AlF_3+3e^-$$

$$Al \rightarrow Al^{3+}+3e^-$$

③ H^+还原反应：

$$3H^++3e^- \rightarrow 3H$$

④六价铬还原反应：

$$HCr_2O_7^-+6H^+ \rightarrow 2Cr(OH)_2 \cdot HCrO_4+OH^-$$

⑤磷酸铬生成反应：

$$Cr(OH)_3+H_3PO_4 \rightarrow CrPO_4+3H_2O$$

⑥磷酸铝、氢氧化铝的析出反应：

$$Al^{3+}+3OH^- \rightarrow Al(OH)_3$$

$$Al^{3+}+H_3PO_4 \rightarrow AlPO_4+3H^+$$

用氢氟酸浓度可以控制磷酸铬酸盐的反应速度，一般来说不需要催化剂。还有，氢氟酸不仅能溶解铝的自然氧化膜，而且能主导铝自身的溶解，促进磷酸铬还原反应，其附着性也值得期待[5)]。

2.1.1.4 磷酸锆膜

磷酸锆液体的主要成分包括氟锆酸盐、磷酸、氟酸，也含有硼酸、有机物。用硝酸等调整为 pH=1.5~4.0 的酸性水溶液。

磷酸锆膜的生成反应机理如下。一般铝被自然氧化膜覆盖，铝与水接触时自然氧化膜被水合形成氢氧化物。该氢氧化物是多孔型化合物，防腐蚀性和黏结性较弱。主要成分氟锆酸盐和磷酸与氢氧化铝反应，氟锆酸盐被水解，结果是铝表面形成氟的配位磷酸锆[6)]。磷酸锆膜的生成反应如下。

①形成氢氧化铝：

$$Al_2O_3+H_2O \rightarrow 2AlOOH$$

$$AlOOH+H_2O \rightarrow Al(OH)_3$$

②磷酸锆析出反应：

$$Al(OH)_3+H_3PO_4 \rightarrow Al^{3+} \cdot PO_4^{3-}+3H_2O$$

$$Al^{3+} \cdot PO_4^{3-}+(NH_4)_2ZrF_6 \rightarrow ZrFPO_4+AlF_3+2NH_4F$$

$$Al(OH)_3+(NH_4)_2ZrF_6 \rightarrow ZrO(OH)_2+AlF_3+HF+2NH_4F$$

磷酸锆膜模型如**图 2.1.1** 所示。铝基材侧是浓缩的氟膜，主层是磷酸锆、氧化锆，表层形成多磷层。

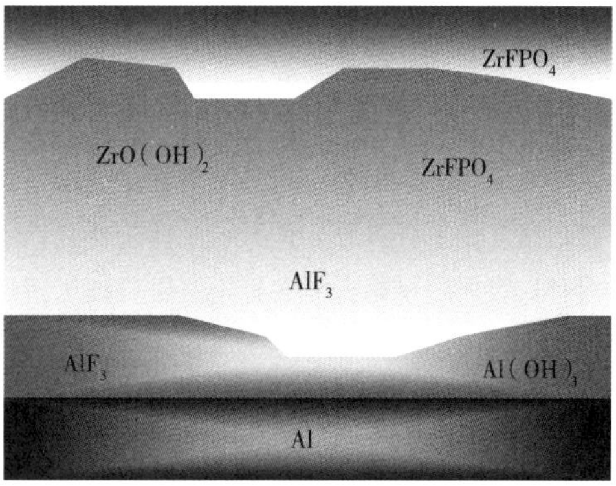

图 2.1.1　磷酸锆膜模型

磷酸锆膜与铬酸盐相比，耐腐蚀性、附着性要差。还有，溶液中的 Al^{3+}浓度或氢氟酸浓度增加时，转化膜中的 Al 量增加，涂膜附着性降低，所以其浓度要控制在合适的范围内。

2.1.1.5　氧化锆膜

氧化锆液的主要成分是氟锆酸盐、氢氟酸，也含有金属盐、有机物、硅烷耦合剂，用硝酸等调整为 pH=1.5~5.0 的酸性水溶液。

氧化锆膜的生成反应如下。铝的溶解和氢氧化膜的形成与磷酸锆相似。随着铝界面的 pH 值上升，如下所示氟锆酸根加水分解，部分氟元素、含铝氧化锆膜析出。

$$2Al^{3+}+ZrF_6^{2-}+3H_2O \rightarrow ZrO(OH)_2+2AlF_3+4H^+$$

$$4/3Al^{3+}+ZrF_6^{2-}+H_2O \rightarrow ZrOF_2+4/3AlF_3+2H^+$$

$$Al(OH)_3+ZrF_6^{2-} \rightarrow (AlO_2OH)_2ZrF_2+2F^-+2HF$$

如**图 2.1.2** 所示是氧化锆的 XPS 深度剖面图。氧化锆液在金属界面形成氟化铝、氧化铝膜，在其上形成含氟的氧化锆膜。另外，在表面附近氟元素浓度变高。

氧化锆膜随界面 pH 值上升，膜析出，所以易受基材表面的影响。氧化锆本身是耐酸、耐碱性强，致密且稳定的氧化物。但是，因为不容易在表面均匀析出，所以比磷酸铬酸盐膜的耐腐蚀性要差。最近的研究发现，添加特殊氧化剂进行酸洗，让铝表面均匀性提高后形成的锆膜的耐腐蚀性有了大幅度的提高 7-8)。

2.1.1.6　其他功能性氧化膜

铬酸盐膜以外不具有高耐腐蚀性的产品很多，对

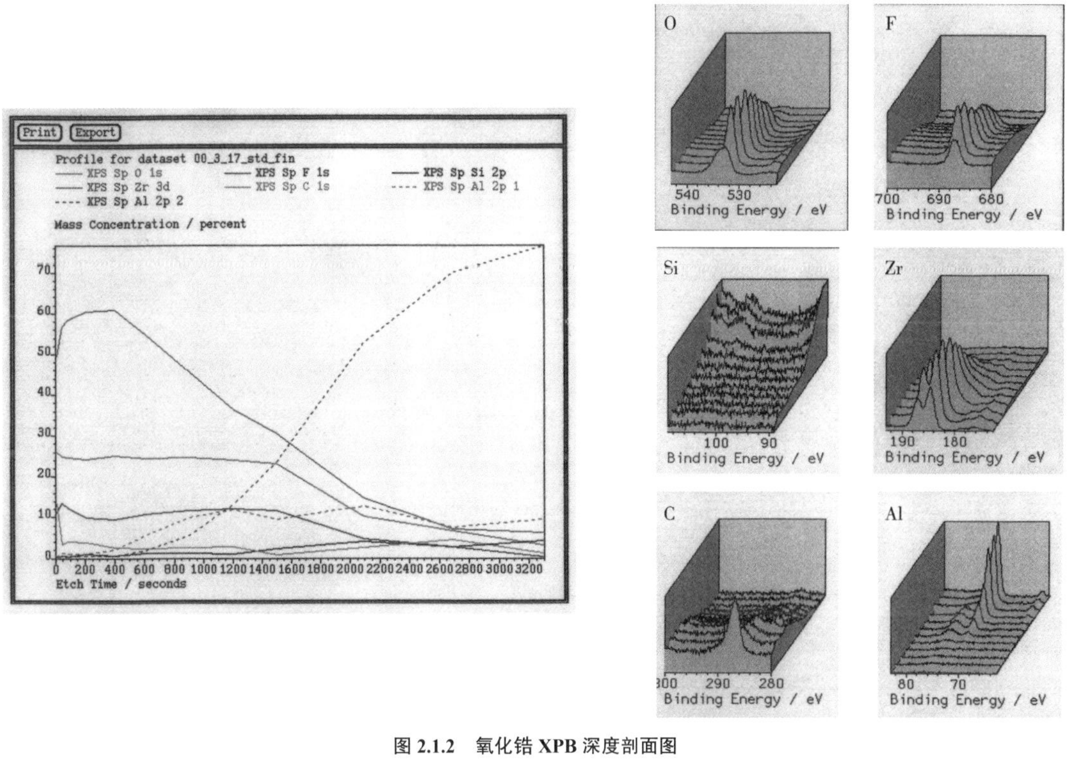

图 2.1.2　氧化锆 XPB 深度剖面图

锆系以外新的转化膜的研究工作也在不断深入当中。

例如，将烷基硅烷水解，使烷基硅烷缩合体析出并吸附在基板上，从而形成具有致密的硅氧烷网络的 Cylane 膜层。此外，也有学者在研究探讨让上述氧化锆与烷基硅烷缩合体共析。该烷基硅烷缩合体的有机官能团可以任意选择，所以可以进行广泛的材料设计。为此，兼具耐腐蚀性和优秀的附着性的薄转化膜值得期待[9]。

此外，被称为 SAM 的具有特定分子结构的有机物吸附在基板上，形成单分子膜的方法已经开发并投入使用。SAM 的代表性分子结构及膜模型见**图 2.1.3**、**图 2.1.4**。该有机物对涂膜的附着性良好，与硅氧烷膜一样是值得期待的转化膜。

图 2.1.3　SAM 的代表性分子结构

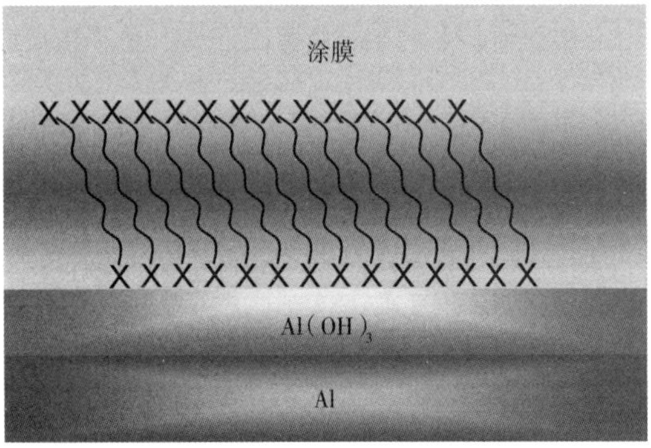

图 2.1.4　SAM 的膜模型

2.1.1.7　溶液管理和不良预防

铝转化膜以铝溶解反应为驱动力，在与处理液组成的金属界面沉淀析出。如果处理负荷增加，铝离子就会积累。积累过多的铝离子不仅会降低反应性，特别是会损伤磷酸锆、锆系氧化膜的致密性，而且会降低膜的耐腐蚀性和附着性。另外，处理液容易产生沉淀并生成污泥。因此，要对溶液中铝离子浓度进行管理，采取自动排水、给水等措施控制铝离子累积。

管理磷酸锆、氧化锆系处理液的关键是控制 pH 值。pH 值会影响氟化物的解离，pH 变化由控制刻蚀、控制氟氧化锆络合体水解时氟酸浓度变化所导致。还有，转化前一般要进行酸洗、碱脱脂等预处理，因此不仅要注意转化反应引起的 pH 值升高，还要注意预处理工艺带入的液体同样也会引起 pH 值的变动。

2.1.1.8　结尾语

金属铝质轻且容易加工，有良好的热传导性，以汽车零部件为主，在各个领域的应用急速增加。因此，加强产品的生产性、提高铝合金强度等的研究开发也快速展开。其中也存在很难生成转化膜的基材。

铬酸盐不仅有优异的耐腐蚀性和黏结性，而且与各种铝合金基材相匹配，如前所述，含有六价铬的化合物受到种种限制。如今社会更加重视环境保护，当前重中之重是研究和开发与铬酸盐有同等优异耐腐蚀性的无铬膜。

不仅要考虑转化处理工艺，还要综合考虑预处理工艺、后处理工艺等，以期用能够满足环境保护、性能、成本、基材适宜性等要求的膜替代铬酸盐膜。

参考文献

1）金子光美編：水質衛生学，技報堂（1996），p.82.
2）安原清忠：軽金属，40，10（1990）.
3）N. J. Newhard，Jr.：Metal Finishing，70，49，66（1972）.
4）須田新：材料と環境，46，2（1997）.
5）佐治孝：アルミニウム研究会誌，No.6，30（1982）.
6）N. J. Newhard，Jr.：Meet. Corros. Control（USA），225（1978）.
7）志田あづさ：第 105 回表面技術協会講演大会要旨集，334（2002）.
8）松川真彦：特開 2001-158983（2001）.
9）W. J. van Ooji and T. F. Child：CHEMTECH，28，26（1998）.

2.1.2　涂膜

2.1.2.1　概要

前面介绍了转化处理有反应型和涂布型转化膜[1]。反应型是指基材与转化处理液发生反应使膜析出，涂布型不一定与基材发生化学反应，比如用辊涂机转印处理液、干燥后形成涂膜，有防腐、附着性功能。涂布型铬酸盐膜与反应型铬酸盐膜相同，处理液中含有六价铬，耐腐蚀性及附着性优异。可是，六价铬是对人体及环境有害的物质，开发无铬型膜是必经之路。涂布型膜与反应型膜不同，涂布量及浓度容易控制。因此，追求高耐腐蚀性时，增加无铬膜的厚度就可以了。还有，涂布型膜没有后续水洗工艺，没有排水问题。可是，与一般反应型膜相比，涂布型膜没有成本优势，所以追求耐腐蚀性能高的薄膜，无铬涂布型膜处理剂是我们的研究方向。（**表 2.1.3**）

2.1.2.2　生产线构成

有代表性的涂布处理例子有**图 2.1.5** 所示的预制板铝涂膜处理工艺、**图 2.1.6** 所示的有代表性的亲水化处理基材的涂布底漆处理工艺。

预制板铝通过脱脂工序除去表面油分，有时还会通过刻蚀工艺将表面氧化膜、表面偏析物刻蚀均匀。其后，经水洗工序，用辊涂机进行涂布处理，然后进行干燥。另外，在图 2.1.6 所示的涂布底漆处理工艺中，铝卷材不需经过脱脂工艺直接涂抹树脂底漆并干燥。但是，干燥温度通常会使树脂硬化，所以要用高温烘烤。随后，同样涂抹亲水处理剂并烘烤，形成亲水膜。还有，国内亲水处理膜的转化膜以反应型磷酸铬酸盐膜为主流，在中国、韩国等东亚的很多地方使用涂布型树脂底漆。

表 2.1.3　涂膜分类 [1]

铬酸盐系	①六价铬系
	②三价铬系
无铬系	①锆-树脂系
	②树脂底漆系
	③耦合系

2.1.2.3　涂布型铬酸盐

（1）六价铬系涂布型铬酸盐

有以铬酸为主要成分的无机型处理剂和与水溶性树脂配合的无机、有机型处理剂。主流是考虑到涂装性的无机、有机型转化处理剂。为了在干燥工序中使膜硬化多采用聚丙烯酸等含有羧基的树脂作为水溶性树脂。另外，为促进铬膜生成，还配合使用磷酸、氢氟酸等溶解铝氧化膜的酸。涂布型铬酸盐处理液是 pH=1~5 的酸性溶液。涂上处理液后，铝氧化膜立即溶解，生成氢氧化铝和六价铬的复合氧化物。另外，与前面介绍过的反应型一样，六价铬酸还原反应生成三价铬的氢氧化铬 [2]。

①铝溶解反应：

$$Al_2O_3+6H^+ \rightarrow 2Al^{3+}+3H_2O$$

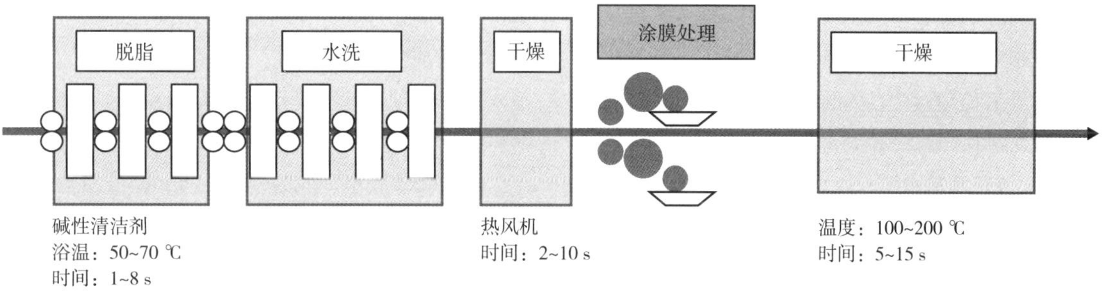

图 2.1.5　有代表性的预制板铝涂膜处理工艺

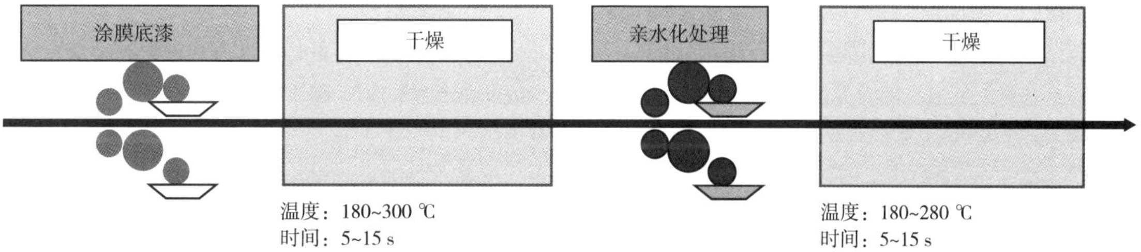

图 2.1.6　有代表性的亲水化处理基材的涂布底漆处理工艺

②三价铬沉淀反应：

$$2^{①}Al^{3+}+OH^{-}+CrO_4^{2-} \rightarrow Al(OH)\cdot CrO_4 \downarrow$$

即涂布型铬酸盐膜是在树脂黏结剂中分散了 $Al(OH)\cdot CrO_4$ 及 $Cr(OH)_3$ 的无机-有机复合膜。但是，在 pH≥4 的弱酸性溶液中，在膜-铝界面有时会残留铝的自然氧化膜。膜较薄，膜重一般在 5~20 mg/m²，不过，由于六价铬有自身修复作用，所以具有非常优异的耐腐蚀性。可是，与反应型膜相比，刻类膜生产性较差，目前逐渐被淘汰。

（2）三价铬系涂布型铬酸盐

三价铬系涂布型铬酸盐处理剂使用硝酸铬等三价铬化合物，有时将六价铬用福尔马林等还原成三价铬再使用。与六价铬系处理剂相同，在干燥工序中为了使膜硬化多采用含有羧基的树脂。有时为促进反应，也使用磷酸、氢氟酸等能与铝基材反应的酸。

三价铬系涂布型铬酸盐膜的生成机理基本与六价铬系类似。三价铬系膜的生成机理用以下反应式来表示。含三价铬离子的酸性处理液与铝接触溶出铝离子，表面近处的 pH 值上升。结果三价铬离子形成氢氧化物生成膜。

①铝溶解反应：

$$Al_2O_3+6H^{+} \rightarrow 2Al^{3+}+3H_2O$$

②三价铬沉淀反应：

$$Cr^{3+}+3OH^{-} \rightarrow Cr(OH)_3 \downarrow$$

在用六价铬系处理液处理的情况下，氢氧化铬沉淀时卷入处理液中的六价铬并共析，不过用三价铬酸盐处理时只生成三价铬膜。

2.1.2.4 无铬酸盐涂膜

（1）锆-树脂系

为了得到铝的无铬酸盐涂膜，一般使用以锆化合物和聚丙烯酸为代表的水溶性树脂黏结系处理剂。在涂布后的干燥工序中聚丙烯酸的羧基和锆盐发生交联反应，生成具有优异耐腐蚀性的无铬有机-无机复合膜。锆盐大多使用氟锆酸盐，因是酸性溶液所以溶解铝基材。其后，随着界面 pH 值上升，氟锆酸盐发生水解，变成锆离子与含有羧基的树脂黏结剂反应，从而生成致密的膜。使其与铝盐配合，可进一步提高耐腐蚀性。这是因为铝离子不仅促进氟锆酸盐的水解，而且促进锆的交联，同时铝离子也与含有羧基的树脂黏结剂交联，形成致密的膜 [3)]。**图 2.1.7** 所示是聚丙烯酸、氟锆酸盐、铝盐膜的模型。在 pH≥4 的弱酸性溶液中，在膜-铝界面有时会残留铝的自然氧化膜。

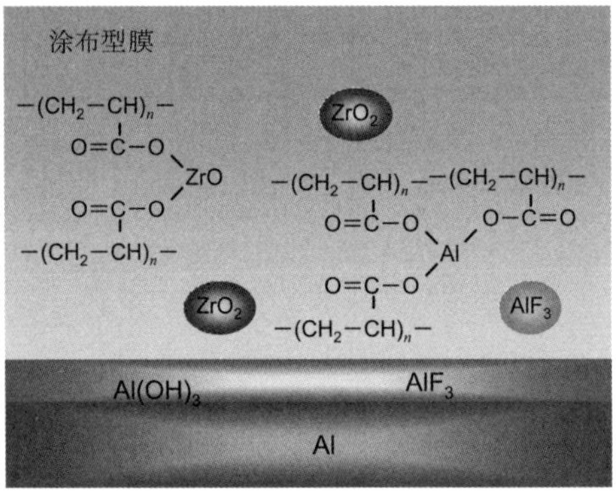

图 2.1.7 聚丙烯酸、氟锆酸盐、铝盐膜的模型

锆化合物和聚丙烯酸系处理剂的应用范围很广。即便 0.1 g/m² 膜重的无铬耐腐蚀性膜也能确保性能，还因含有带羧基的树脂具有优异的涂装附着性。因此，通过选择树脂类型，也应用于叠层涂装底漆和亲水涂装底漆等。

（2）树脂底漆

除锆系涂布型处理剂以外，无铬型涂膜处理剂还有树脂底漆。主要包括成本低廉的丙烯系树脂。追求高耐腐蚀性、耐酸性、耐碱性时，有时使用环氧树脂。**表 2.1.4** 所示为树脂底漆性能要求示例。

树脂底漆膜重一般为 0.5~1.5 g/m²，比铬酸盐膜要厚，所以耐碱性、耐腐蚀性比铬酸盐膜优异。可是，由于是憎水性树脂，所以与上面涂料的黏结性要比铬酸盐膜差。在该情况下，在考虑树脂底漆官能团的基础上进行涂料设计，有可能增大附着性。

（3）耦合剂系

硅烷耦合剂水解重缩合形成致密的硅氧烷网络，生成非常致密的膜。**图 2.1.8** 所示是有代表性的耦合剂系膜模型。铝氧化物和硅氧烷缩合物结合覆盖基材。另外，膜因致密的硅烷结合显示出优异的耐腐蚀性。与硅烷耦合剂的官能团共同缩合，可赋予与涂膜的附着性。

① 译者注：原文错误，此处的 2 应去掉。

表 2.1.4　树脂底漆性能要求示例

耐热性	无变色：250 ℃ ×25 min 后目视评价
耐碱性	无腐蚀：10% NaOH 溶液 ×5 min 后目视评价
耐酸性	无腐蚀：10% HCl 溶液 ×5 min 后目视评价
耐腐蚀性	无腐蚀：SST 240 h 后目视评价
耐湿性	外观无变化：HMD 360 h 后目视评价
附着性	无剥离：包装试验后目视评价

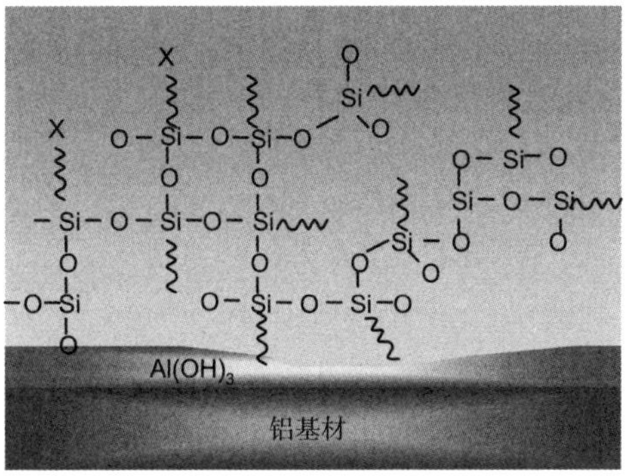

图 2.1.8　硅烷耦合剂系膜模型

2.1.2.5　功能性涂膜表面处理膜

（1）亲水性膜

为了有效地进行热交换，热交换器和蒸发器通常以狭窄间隔配置铝翅片。因要给铝翅片供冷媒，所以配置的铝管构造比较复杂。由于铝翅片表面亲水，在制冷时便于排走冷凝水，防止溅水并提高热效率。此外，人们追求清新舒适的空间，而亲水性树脂膜在保护表面的同时，可以抑制臭气产生。近来随着小型化铝翅片的推进，间隔更加狭窄，大家提出要优化热交换器的生产工艺，研发高亲水性、高耐腐蚀性的亲水性膜[4, 6]。

汽车用空调热交换器采用先组装产品再进行表面处理的后涂装方法。室内空调和室外机的热交换器采用的是直接用滚筒给铝卷材施涂膜处理剂的预涂方法。预涂方法是亲水处理后要经冲压工序，所以对膜有加工性、耐润滑油性等性能要求。这种兼顾亲水性和加工性的表面处理方法，是在亲水处理后，涂膜处理使用聚乙烯醇作为润滑剂，最近为赋予亲水树脂加工性大都采用单涂层流程。还有，为了提高加工性能，在干燥膜工序，将基础树脂和聚乙烯醇系亲水树脂分开干燥，使得润滑涂膜除具有润滑性能外也有亲水性，并已实现实用化[7]。

（2）防污膜、除臭膜

利用光催化剂技术生产的防污膜、除臭膜已进入实用化。光催化剂在光照下表现出氧化分解活性，可以实现各种各样的功能。从活性、稳定性、价格方面考虑，大部分光催化剂都使用氧化钛。**图 2.1.9** 所示是光催化剂的氧化还原机制。

近紫外线照射引起电荷分离，生成电子和空穴。电子和空穴借助氧气氧化分解污物、异味等有机成分。还有，通过氧化分解使膜表面活性化，产生亲水性。为了利用光催化剂分解效果和亲水效果，目前正在研究如何赋予其防污效果的应用技术[8-9]。

（3）憎水膜

与如何生成亲水膜相反的是如何生成憎水膜，生产热交换器考虑的是提高热效率和在极冷环境下如何防止性能下降。有效方法是让表面憎水，降低表面自由能和让表面凹凸不平。如**图 2.1.10** 所示，由 PTFE 粒子、黏结剂、油、钛粒子等构成的憎水膜，在降低表面自由能的同时，具有润滑性，使水等太难以吸附[10, 12]。

参考文献

1）河合宏紀：アルトピア，Vol.31，No.10（2001），一部抜粋.
2）C. Ries：Alminium，57（1981）.
3）印部俊雄：特開 2001-303250.

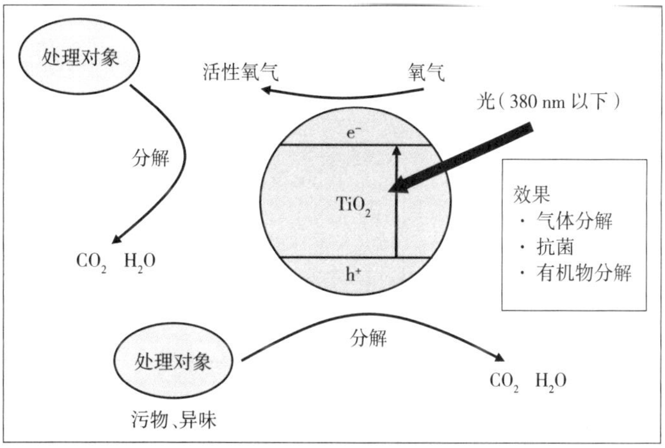

图 2.1.9　光催化剂作用机理

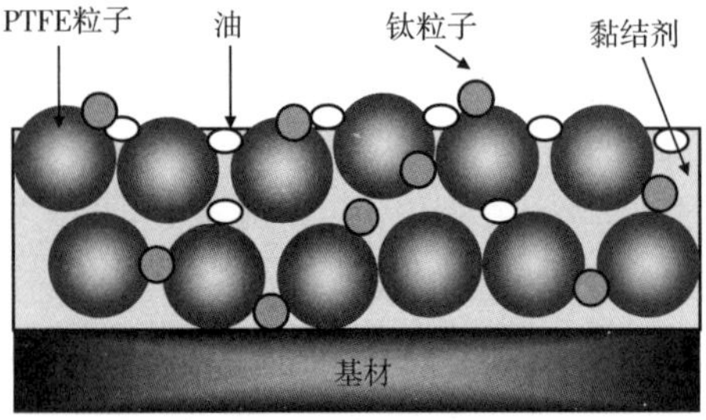

图 2.1.10 有代表性的憎水膜的结构

4）小林健吾：デンソーテクニカルレビュー，7，1（2002）.
5）久富裕二：軽金属，52，6（2002）.
6）佐藤重幸：豊田中央研究所 R&D レビュー，33，4（1998）.
7）山添勝芳：TECHNO-COSMOS，8（1995）.
8）秋山司郎：光催化剤と関連技術，21 世紀起業のキーテクノロジー，日刊工業新聞社（2000）.
9）高濱孝一：特殊機能コーティング技術，6，2（2002）.
10）鹿島出版会：建物の断熱と結露防止の知識.
11）表面情報協会編：超親水・超撥水化技術，5（2000）.
12）高井健一：NTT R&D，47（1998）.

2.2 化学特性

2.2.1 耐腐蚀性

2.2.1.1 概要

由于纯铝存在自然氧化膜，所以一般认为它是耐腐蚀性金属。可是，从标准电极电位[1]来看，铝其实是易被腐蚀的金属。铝制品根据用途不同，有各种铝合金组合。根据添加金属种类、量不同，的合金的耐腐蚀性差异很大。下面就铝合金的特点、耐腐蚀性、腐蚀试验方法、转化膜的耐腐蚀性进行论述。

2.2.1.2 铝合金的特点

一般纯铝的耐腐蚀性比合金铝要好。**图 2.2.1** 所示是纯铝与铝合金的腐蚀模型。纯铝表面被自然氧化均匀膜覆，盖所以很难被腐蚀。铝合金因添加了不同金属的缘故，容易被腐蚀。自然氧化膜被腐蚀很快会波及金属铝。

2000 系铝合金的耐腐蚀性与其他铝合金相比差很多。对铝来说，铜是贵重金属，所以铜近旁的铝容易被腐蚀。因铜产生的腐蚀不限于 2000 系，3000 系、5000 系、6000 系铝合金均含有微量的铜。因此，汽车用 6000 系铝合金，有时要控制不纯物铜的含量[2]。

2.2.1.3 铝耐腐蚀性试验方法

（1）盐雾试验（NSS 试验）

该试验方法是在试验室内模拟再现类似海洋近处的自然腐蚀环境，在加热的同时连续作用于试验材料，在短时间内产生与长时间产生的腐蚀形态相同的形态。JIS Z 2371 所记载的要点见**表 2.2.1**。盐雾试验是评价铝耐腐蚀性最有代表性的试验方法，主要是评价产生的白锈[3]。

（2）铜盐加速醋酸盐雾试验（CASS 试验）

该试验是加速盐雾试验。试验使用装置与盐雾

表 2.2.1 盐雾试验标准

喷雾压力	0.7~1.8 kgf/cm^2
NaCl 浓度	（5 ± 1）%（质量分数）
喷射室温度	保持（35 ± 2）℃
pH 值	6.5~7.2
喷雾量	相对于 80 cm^2 的面积，0.5~3.0 mL/h

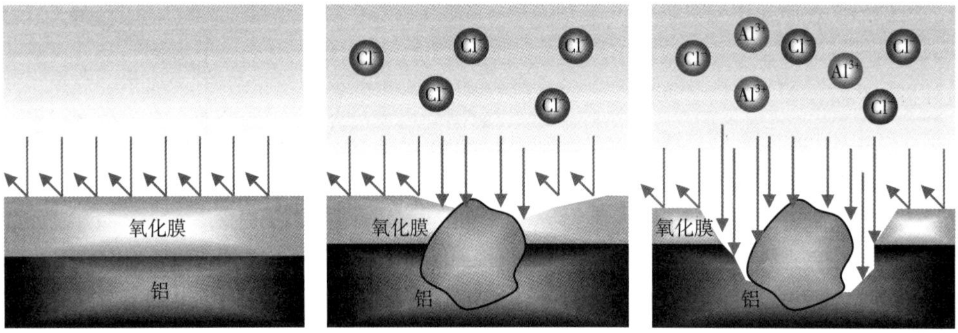

图 2.2.1 纯铝和铝合金的腐蚀模型

试验相同，实验设备的材质最好使用丙烯酸树脂。试验条件如**表 2.2.2** 所示。CASS 试验是极端加快腐蚀，主要评价发生的孔腐蚀，例如评价被放入腐蚀环境中的热交换器、铝合金轮毂等的耐腐蚀性。

表 2.2.2　CASS 试验标准

液相组成	NaCl （5 ± 1）% H_2O　95% CH_3COOH　0.1%~0.3% $CuCl_2$　0.26 g/L
喷雾室温度	保持（35 ± 2）℃
pH 值	3.1~3.3
比重	25 ℃ 1.022 5~1.040 0
喷雾量	相对于 80 cm^2 的面积，1~2 mL/h

（3）循环试验

为了评价耐丝状腐蚀性，经常使用需要反复进行盐雾、湿润、干燥的循环试验。这是一种促进和评价大气腐蚀的方法，可通过调节盐雾、湿润、和干燥的条件循环模式来再现要达到的腐蚀环境。

（4）暴露试验

这是一种将试验材料放置在大气中，根据重量减轻及腐蚀程度来评判耐腐蚀性的试验方法。要得到试验结果需要较长时间，但因为最接近实际腐蚀环境，所以得到的试验数据有很强说服力。可是，由于不同试验地点结果有差异，所以充分考虑产品使用环境选择合适地点很关键。暴露台要面南倾斜 35° 角，避免受到来自地表辐射的影响。还有，暴露面下端距地表高度要有 700 mm。

2.2.1.4　转化膜种类和耐腐蚀性

表 2.2.3 是转化膜种类和盐雾试验中生锈面积的关系。在 1000 系铝中，氧化锆表现出与磷酸铬酸盐同等的耐腐蚀性，磷酸锆经 24 h 也未被腐蚀。在 3000 系铝、压铸铝中，氧化锆、磷酸锆耐腐蚀性均比铬系膜要差很多。

表 2.2.4 是各种转化膜的耐腐蚀性特点。研究表明铬酸盐膜具有优异的耐腐蚀性，因为它对基材有遮挡效果和自我修复能力[4-5]。**表 2.2.5** 所示是铬酸盐膜的特点[6-7]。

表 2.2.4　各种转化膜的耐腐蚀性特点

转化膜种类	致密性	被覆性	自我修复性
铬酸盐膜	○	○	○
磷酸铬酸盐膜	○	○	×
氧化锆膜	○	×	×
磷酸锆膜	△	×	×

铬酸盐是基于三价铬的氢氧化物沉淀膜，所以我们认为在铝表面形成的非晶态膜是致密且缺陷少的膜。化学稳定性方面如表 2.2.5 所示，Cr（Ⅲ）的氢氧化物溶解度极小，从弱酸性至碱性范围内 pH 值显示出难溶性。与还原相关的平衡电位也处于低电位，所以即便与铁、锌等金属共存，Cr（Ⅲ）也不会被还原。如此，铬酸盐膜是致密且稳定的 Cr（Ⅲ）膜，加上 Cr（Ⅵ）具有的自我修复能力，形成了耐腐蚀性非常好的膜。

磷酸铬酸盐膜中不含 Cr（Ⅵ），其主要成分是 Cr（Ⅲ）的氢氧化物、磷酸盐。如上所述，Cr（Ⅲ）的氢氧化物是致密且稳定的膜，其耐腐蚀性良好。但是膜中不含 Cr（Ⅵ），因此没有自我修复能力，与

表 2.2.3　转化膜种类和盐雾试验中生锈面积的关系

转化膜种类	1000 系铝		3000 系铝		压铸铝
	240 h	480 h	240 h	480 h	240 h
铬酸盐膜	0%~5%	0%~15%	0%~10%	5%~20%	10%~30%
磷酸铬酸盐膜	0%~10%	10%~30%	15%~25%	20%~40%	30%~50%
氧化锆膜	0%~10%	10%~30%	100%	100%	100%
磷酸锆膜	0%~10%	30%~50%	100%	100%	100%

表 2.2.5 铬酸盐膜的特点

致密均匀： $Cr(OH)_3 \cdot Cr(OH)CrO_4 \cdot nH_2O$、$Cr(OH)_3 \cdot nH_2O$、$Cr_2O_3 \cdot nH_2O$ 等氢氧化铬（Ⅲ）或水合氧化铬（Ⅲ）的非晶态膜
不溶： $K_{sp}[Cr(OH)_3]=6.3\times10^{-31}$　$K_{sp}[Cr(OH)_2]=2.0\times10^{-20}$ {比较 $K_{sp}[Fe(OH)_3]=3.2\times10^{-38}$　$K_{sp}[Fe(OH)_2]=8\times10^{-16}$} 在碱性环境中稳定： pH 范围（$\lg C\leqslant-6$）$3.5\leqslant Cr(OH)_3$　$8.5\leqslant Cr(OH)_2$ ［比较：$4.2\leqslant Fe(OH)_3$　$9.6\leqslant Fe(OH)_2\leqslant12.3$］ 不能被铁、锌等金属还原： E^0_{pH14}（vs.SHE）$/Cr(OH)_3+e^-=Cr(OH)_2+OH^-$：−1.39 V ［比较：$Fe(OH)_3+e^-=Fe(OH)_2+OH^-$：−0.56 V］
自我修复功能：Cr（Ⅵ）→Cr（Ⅲ）

铬酸盐相比耐腐蚀性一般。

氧化锆膜是致密的，耐酸、耐碱性强，化学稳定性好。在纯铝上形成的氧化锆膜与磷酸铬酸盐膜有同等的耐腐蚀性。可是，如前所述，膜析出机制是氟氧化锆的水解，不同合金溶解性不同，难以形成均匀的膜。基于合金关系，基材表面不能被充分覆盖。此外，它不像铬酸盐那样有自我修复能力，有缺陷的局部一旦开始腐蚀，其腐蚀速度会非常快。现阶段很难做到赋予各种铝制品与铬酸盐膜同等的性能。

磷酸锆膜的致密性要比氧化锆膜差，一次防腐蚀性也差。可是，磷酸有促进反应作用，短时析出性良好。膜中磷酸有助于黏结，涂装后的耐腐蚀性多数情况下比氧化锆膜优异。

2.2.1.5 提高无铬膜耐腐蚀性的应用实例

（1）热交换器用转化膜

热交换器翅片大多使用 3000 系铝。如前所述氧化锆对合金覆盖性不佳，很难连续成膜。因此，作为转化预处理的特殊酸洗可使表面均匀化，从而在合金上形成覆盖性高的氧化锆膜。**图 2.2.2** 所示是一般酸洗和特殊酸性处理后的氧化锆膜的耐腐蚀性。经过特殊酸洗后氧化锆膜耐腐蚀性有飞跃性提高。

照片 2.2.1 是酸洗后锆膜的 SEM 照片，**图 2.2.3** 是酸洗后的 XPS 数据。经特殊酸洗表面均匀化后析出非常致密的锆膜[8, 9]。铝合金表面混合存在硅、镁等偏析物。经特殊酸洗处理后偏析物减少，表面可以形成均匀氢氧化膜。**图 2.2.4** 所示是处理时间和锆膜量的关系，**图 2.2.5** 所示是锆膜量与耐腐蚀性的关系。特殊酸洗后锆膜不仅易于析出，而且均匀致密地析出，所以可以形成缺陷少的连续膜。锆膜的耐腐蚀性也比磷酸铬酸盐膜要好。

（2）铝合金轮毂转化处理

用喷丸处理铝合金轮毂基材后进行转化处理。**图 2.2.6**、**图 2.2.7** 所示是喷丸残渣量和转化处理后的耐腐蚀性的关系。铁残渣量多时，与合金一样不能形成均匀膜，耐腐蚀性变差。在此与热交换器相同，转化前采取特殊酸洗来减少铁残渣量，从而获得稳定的耐腐蚀性能。

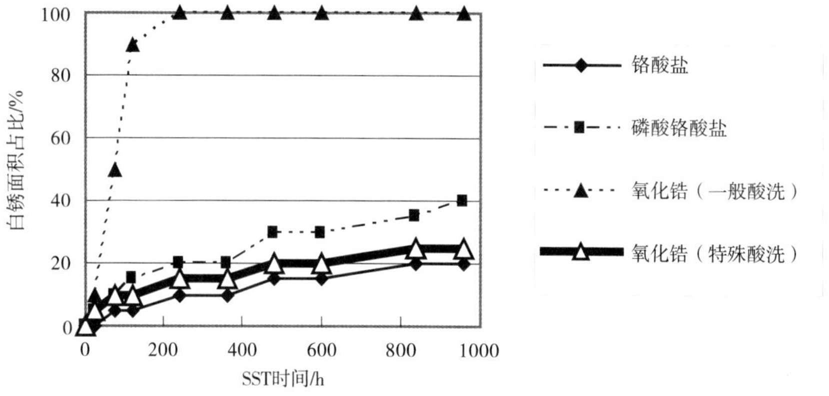

图 2.2.2 特殊酸洗抑制白锈产生的效果（3000 系铝）

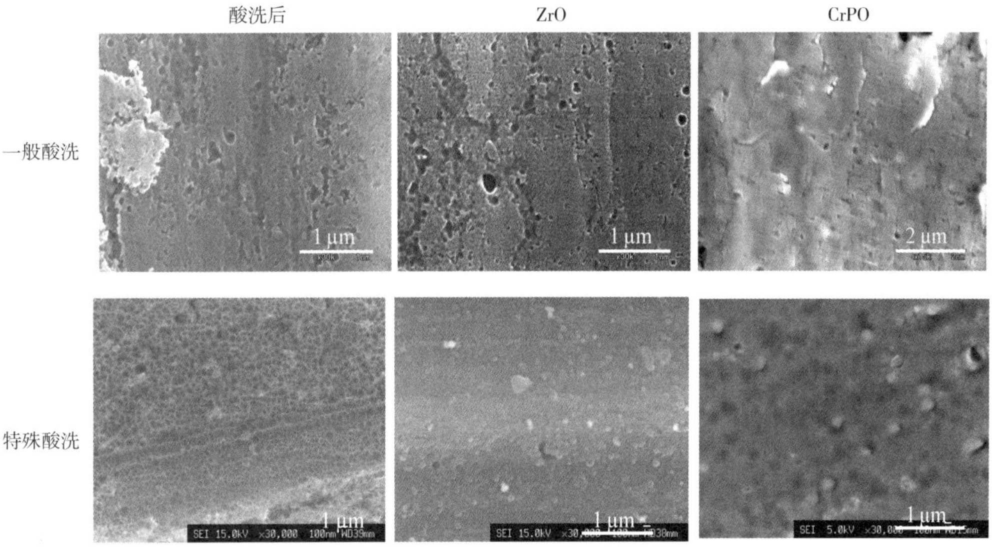

照片 2.2.1　有无特殊酸洗的锆膜 SEM 照片

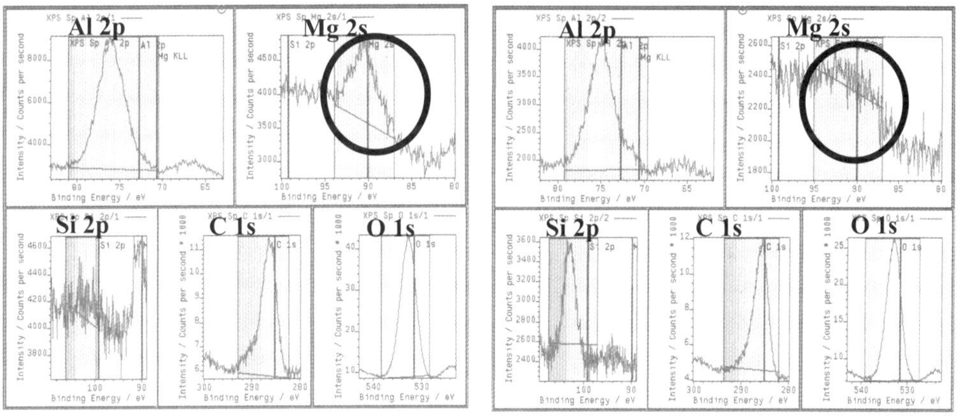

图 2.2.3　有无特殊酸洗的 XPS 数据

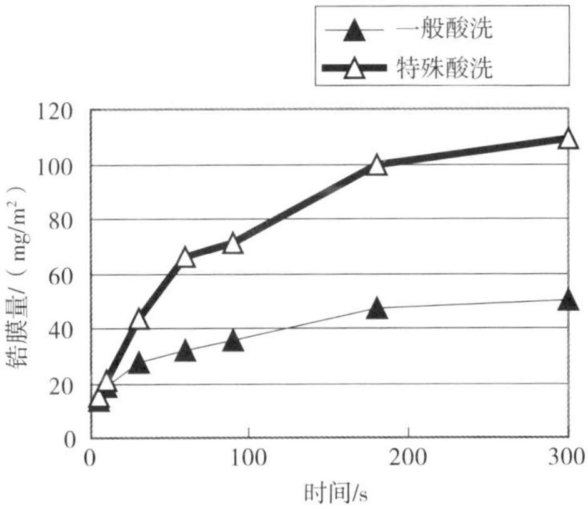

图 2.2.4　处理时间和锆膜量的关系

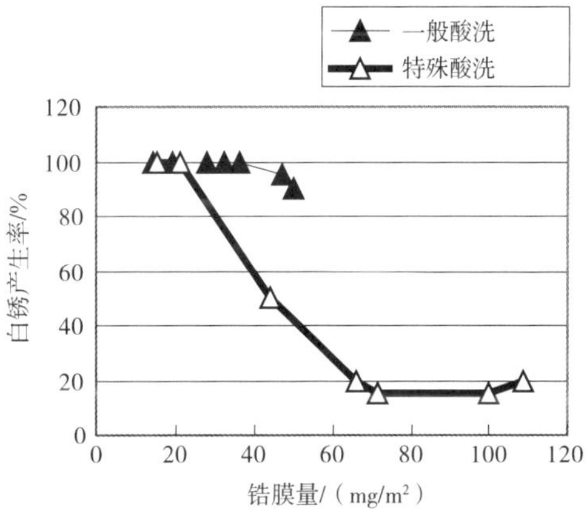

图 2.2.5　锆膜量和耐腐蚀性的关系

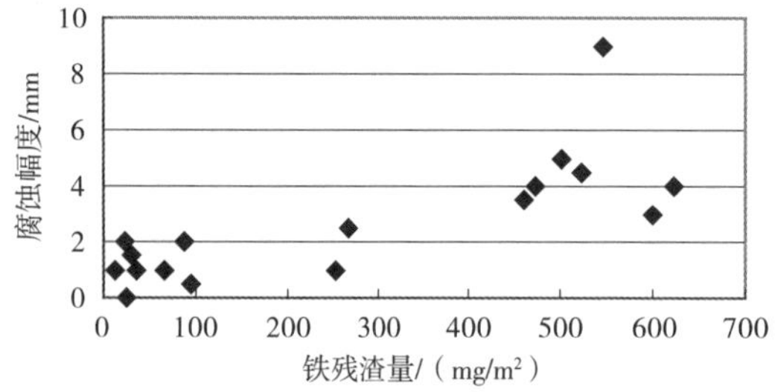

图 2.2.6 喷丸残渣量和耐丝腐蚀性

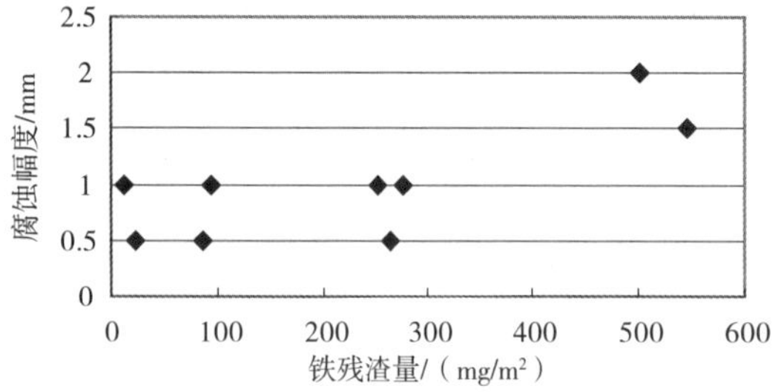

图 2.2.7 喷丸残渣量和 CASS 耐腐蚀性

参考文献

1）小原嗣朗：金属材料概論（増補版），朝倉書店.
2）軽金属協会編：アルミニウムハンドブック 9 版，朝倉書店.
3）加藤正義：金属表面工業全書 13　金属腐食防食技術（改訂新版），槇書店（1983）.
4）青江徹博：各種表面処理材の耐食性評価部会（表面技術協会）第 10 回例会資料，1（1997）.
5）久松敬弘：表面，3（1965）. 奥村美明：TECHNO-COSMOS，13（1998）.
6）日本化学会編：化学便覧改定 3 版基礎編Ⅱ，丸善（1984）.
7）M. Pourbaix：Atlas of Electrochemical Equilibria in Aqueous Solutions 1st English Edition（Pergamon Press），for example（1966）.
8）志田あづさ：第 105 回表面技術協会講演大会要旨集，334（2002）.
9）松川真彦：特開 2001-158983（2001）.

2.3 物理特性

2.3.1 润滑性

让金属表面与溶液接触，用化学方法生成氧化膜、无机盐薄膜的过程称为转化处理，通过转化处理生成的有代表性的转化膜（conversion coating）有磷酸盐膜、氧化膜、铬酸盐膜、草酸盐膜等[1]。为了便于塑性加工根据加工种类、加工成品、工具寿命等的要求，各种转化膜与各种润滑剂进行组合。本节就铝材冷轧锻造中润滑底膜用转化膜进行论述。

2.3.1.1 润滑底膜用转化膜

20 世纪 50 年代，日本国内几乎没有冷轧锻造铝材，铝材转化膜只用作涂装底膜。到 1965 年左右，人们对照相机和摩托车的需求量急速扩大，冷轧锻造开始受到关注[2]。1957 年结合磷酸盐处理和肥皂处理的两级处理成功开发出冷轧锻造必备的润滑工艺[3]。

转化膜被用于冷轧锻造的理由是加工条件极其严格。用金属模具对金属材料进行塑性加工时，为防止金属之间相互接触产生灼伤必须进行润滑，油是最经济、最容易获得的润滑剂。在滚动冷轧加工或加工程度低的锻造、拉拔加工中，使用油润滑成为主流，但加工程度高且生产速度快时，摩擦部位的压力导致温度升高，仅仅使用油已经不能满足润滑要求[4]。因此，像冷轧锻造这样要求严格的加工，采取的方式是在基材表面形成固体润滑底膜，这样即使在高压、高温、表面积扩大的情况下，金属基材与模具之间也不会直接接触。以下总结润滑底膜所要求的性质：

①能牢固地固定在基材表面，随基材伸缩，具有不被破坏的强度。

②润滑性能要持久，摩擦系数要小。

③一般加工之后不再需要润滑剂，所以要容易去除。

2.3.1.2 各种润滑底膜处理

目前，商业化铝材用润滑底膜有三种：氟化铝系膜、钙铝系膜、磷酸锌系膜。日本从 40 年前开始使用的氟化铝系膜应用最广。**照片 2.3.1** 所示是膜结晶 SEM 照片。

各种润滑处理的标准处理工艺如下。

（1）氟化铝系膜

碱脱脂后在室温下用 20% 硝酸溶液进行 3 min 左右的酸洗。随后，浸渍在 95 ℃以上、由硅氟化钠和氟化锌组成的转化处理液中 2 min 左右[5]。生成主要成分是冰晶石（Na_3AlF_6）的膜，基材与膜的界面存在金属锌[6]。

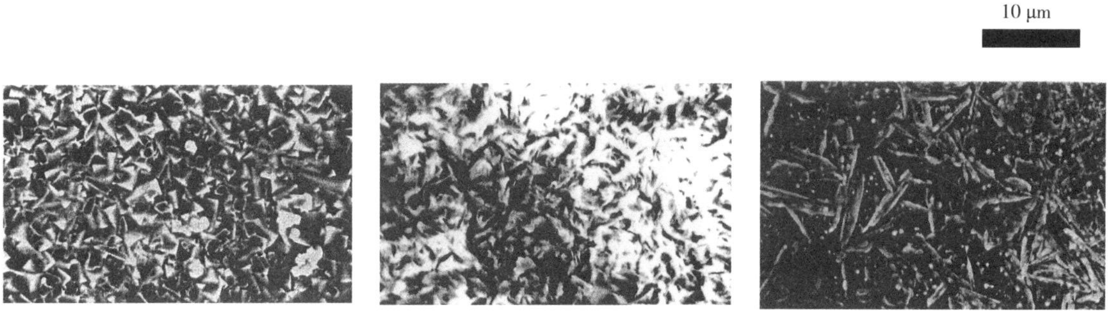

氟化铝系　　　　钙铝系　　　　磷酸锌系

照片 2.3.1　各种润滑底膜的 SEM 照片

处理工艺：脱脂→水洗→酸洗→水洗→转化处理→水洗→润滑处理→干燥

（2）钙铝系膜

碱脱脂后在室温下用盐酸和磷酸混合酸等进行 5 min 左右酸洗。转化处理前，为增加基材表面活性，进行热水洗。随后，将基材浸渍在加热到 60~80 ℃、由氢氧化钙和氯化钙组成的转化液中 10 min 左右。处理液中不含氟元素，但含有不溶解性物质，所以要对处理槽进行搅拌。

处理工艺：脱脂→水洗→酸洗→水洗→热水洗→转化处理→水洗→润滑处理→干燥

（3）磷酸锌系膜

除表面调整外，与钙铝系处理相同。转化处理前的表面调整使用专用药剂。转化处理是将基材浸渍在加热到 50~60 ℃，主成分为磷酸锌、硝酸盐、硼氟化盐的转化液中 5 min 左右。处理液比较新时会形成结晶态磷酸盐膜，处理液断断续续使用时，从基材析出的铝离子生成氟络化物，会发生阻碍膜生成反应的问题 5)。

处理工艺：脱脂→水洗→酸洗→水洗→（表面调整）→转化处理→水洗→润滑处理→干燥

图 2.3.1 所示是有代表性的氟化铝系膜处理剂和钙铝系膜处理剂处理 A1050 基材的时间和膜重量及刻蚀重量的关系。氟化铝系膜处理时间到 1 min 后，急速生成膜，成膜反应几乎结束。随后基材刻蚀重量也变少，膜重量几乎没有增加。另一边，钙铝系膜处理时间到 10 min 时，膜重量增加明显，其后膜重量微增。从这个结果可以看出，氟化铝系膜转化处理时间 2 min 左右已经足够，钙铝系膜转化处理时间需要 10 min 左右。

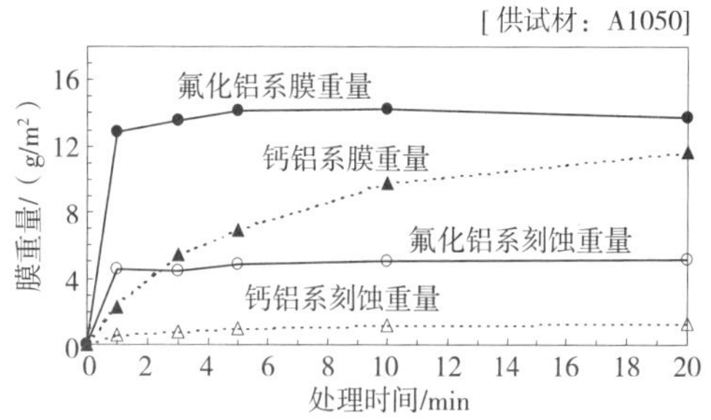

图 2.3.1　氟化铝系处理剂和钙铝系处理剂的处理时间和膜重量及刻蚀重量的关系

对润滑底膜的耐热性有一定要求。**图 2.3.2** 所示是各种润滑底膜的热重曲线。从图中可以得出，磷酸锌系、钙铝系膜在 150 ℃及 300 ℃附近，因脱水造成重量减少、耐热性变差，氟化铝系膜至 700 ℃

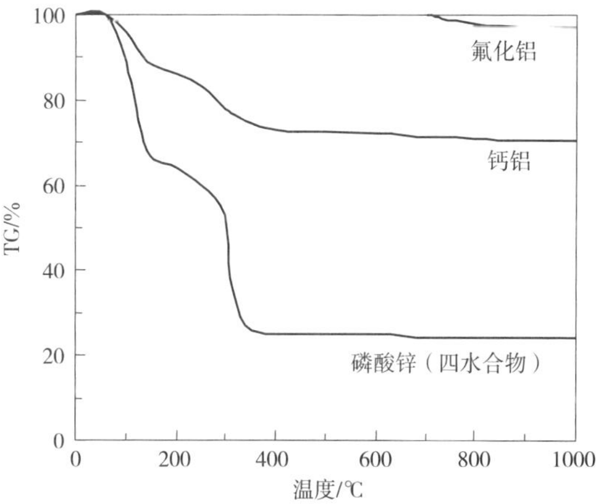

图 2.3.2　各种膜的热重曲线

附近重量几乎没有减少、耐热性高。

冷轧锻造用润滑膜，在转化膜上有润滑成分层。润滑剂使用钠基皂、金属皂、油脂、石墨或二硫化钼等。特别是具有良好工作性能和经济性的钠基皂被广泛使用。使用钠基皂时，钙铝系膜中的钙和磷酸锌系膜中的锌与钠基皂中的钠发生置换反应形成金属皂层，但氟化铝系膜与肥皂几乎不发生反应。（参照**图 2.3.3**）

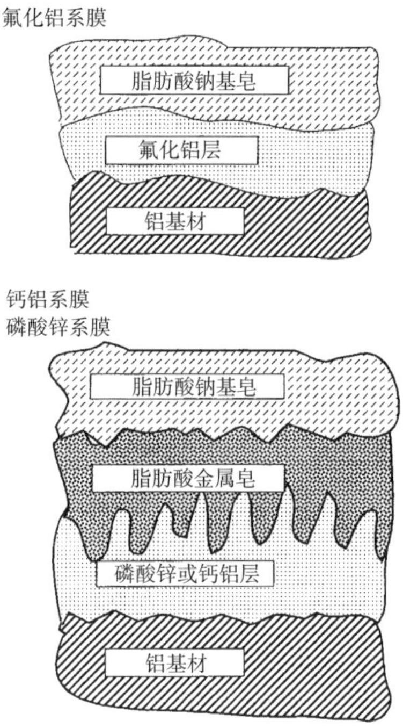

图 2.3.3　润滑膜的结构（概念图）

2.3.1.3　润滑特性

评价冷轧锻造大多使用加工负荷，但实际多发生伤及加工面的情况，所以用实机模拟比较合适，在此我们使用反向钻孔试验[7-8]来评价各种润滑膜。**图 2.3.4** 是模具及反钻孔试验前后的试验片略图。准备 10 个圆柱状试验片（钢坯），高 18~40 mm 不等，几毫米间隔，使用相同的冲头，由高度低的试验片向高的试验片，以相同厚度（10 mm）反面钻孔锻造。试验片越高，加工越难，对润滑性能要求越高。在不出现明显的划痕伤的情况下以钻孔的深度为润滑性评价指标。**表 2.3.1** 所示对各种润滑底膜经钠基皂处理（浓度 70 g/L、处理温度 80 ℃、处理时间

表 2.3.1　反向钻孔试验结果

序号	底膜	基材	底膜重量/（g/m²）		无伤钻孔的深度/mm
			底膜处理	润滑剂	10　20　30　40　50　60
1	氟化铝系	A5056	13.3	2.9	
2	钙铝系	A5056	12.0	9.6	
3	磷酸锌系	A5056	5.3	3.7	

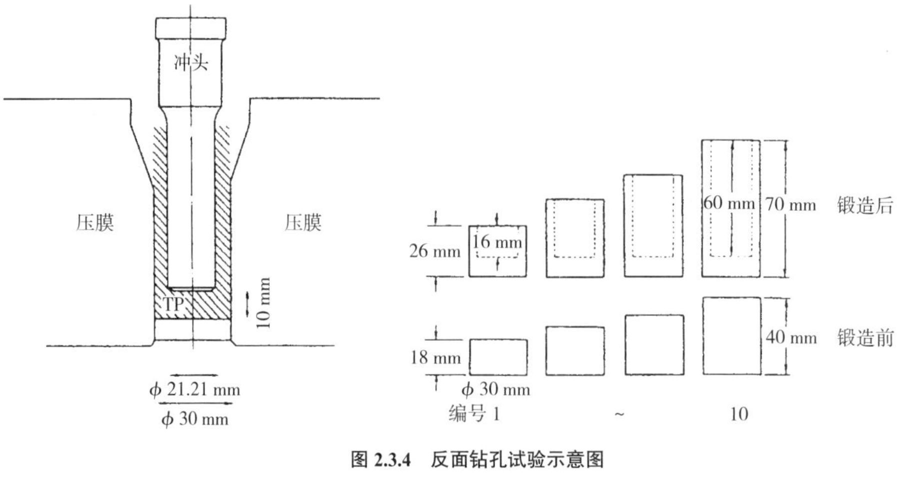

图 2.3.4　反面钻孔试验示意图

3 min）后的试验片进行反面钻孔试验的结果。使用的铝合金是A5056。结果是磷酸锌系膜无伤钻孔最深，润滑性最优。钙铝系膜与其他润滑底膜相比，无伤钻孔深度浅、润滑性稍差。

表2.3.2 对润滑底膜处理剂所形成的膜的主要成分和优缺点进行总结。氟化铝系处理剂处理时间短，不易受到铝材种类的影响，但是处理温度在95 ℃以上。另外，由于处理液含有大量氟，排水处理是个难题。钙铝系处理液没有排水问题但管理复杂，冷轧锻造性稍差。磷酸锌系处理剂处理温度低，冷轧锻造性好，但对所处理铝材种类具有选择性，且管理处理液也很复杂。根据各处理液的优缺点，选择满足加工要求或符合环保要求的处理液使用，日本常使用氟化铝系膜而欧洲常使用钙铝系膜。欧洲不喜欢氟化铝系处理剂是因为含有大量氟要处理排水问题。

2.3.1.4　环境保护

氟化铝系、钙铝系、磷酸锌系等润滑底膜剂处理剂存在这样那样的问题，比如温度高、废水难以处理等。近来为应对环保要求正在开展深入研究，单工序型润滑剂已被成功投入市场实现商业化。单工序型润滑剂技术属于非反应型，不产生副产物污泥，生成润滑膜时能量消耗可控，今后的发展前景很值得期待[9]。

参考文献

1）（社）金属技術協会編：金属表面技術便覧（1987），757.
2）（社）日本鍛造協会・アルミニウム鍛造技術会：アルミニウム鍛造ハンドブック（2004），217-218.
3）特許第235411，公告昭32-3711.
4）（社）日本塑性加工学会鍛造分科会：わかりやすい鍛造加工（2005），95-111.
5）産業調査会編：さびを防ぐ辞典（1871），484.
6）森田良治，金子秀昭，大下賢一郎：軽金属，50（2000），562-566.
7）団野敦，野々山史男，阿部勝司：塑性と加工，24（1983），213.
8）北村憲彦，大森俊英，団野敦，川村益彦：塑性と加工，37（1996），1038.
9）吉田昌之：第91回塑性加工学講座「鍛造加工の基礎と応用」（2003），103.

2.4　电化学特性

电化学特性被用作金属腐蚀理论。铝合金表面及转化膜表面在室内放置一段时间以后会引起性质变化，电化学的特性发生改变[1]，本节就极化特性和扫描振动电极法举例分析。

2.4.1　极化特性

金属腐蚀反应是溶解金属阳极反应和还原氧化剂阴极反应组合进行。

$Al \rightarrow Al^{3+}+3e^-$（阳极反应）

$1/4O_2+1/2H_2O+e^- \rightarrow OH^-$（阴极反应）

阳极反应是金属离子由金属相向水溶液相移动，阴极反应是电子由金属相向水溶液相移动。因此，金属腐蚀是金属离子和电子的能量转移问题。**图2.4.1** 所示是铬膜的极化曲线。

表2.3.2　铝冷轧锻造用润滑底膜种类

润滑底膜剂	膜主要成分	优点	缺点
氟化铝系	Na_3AlF_6（冰晶石）	处理时间短 材料选择性少	处理温度高（95 ℃以上） 有排水处理问题（含F）
钙铝系	$Ca_2Al_2O_4Cl_2 \cdot 10H_2O$ $Ca_2Al(OH)_7 \cdot 3H_2O$	废水处理容易 处理液寿命长	处理液要搅拌 处理液寿命短 处理液管理复杂 肥皂润滑剂容易溶解 润滑性稍差
磷酸锌系	$Zn_3(PO_4)_2 \cdot 10H_2O$（磷锌矿）	处理温度低（50 ℃） 润滑性好	材料有选择性 处理液管理复杂 处理液含F

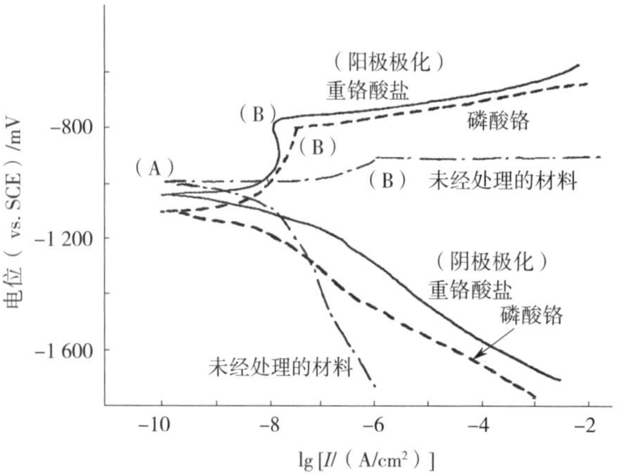

图 2.4.1 极化曲线（A1050、0.01 g/L NaOH 溶液）

①随着电势上升，阳极侧电流密度上升，金属表面发生溶解。

②继续升高电势，显示极化电阻到达（B）点。

与未经处理材料的相比，磷酸铬膜及重铬酸盐膜处理材料的极化电阻程度较大。同时在重铬酸盐膜中观察到电流密度有短暂减小的区域。可以认为在该区域铬酸盐膜产生了自我修复作用。

③到达（B）点时观察到电流密度急速上升。该点金属开始异常溶解，也称孔腐蚀电位。

④在阴极侧生成铝氧化膜，电流密度缓慢上升。

2.4.2 腐蚀电流特性

用扫描振动电极法（scanning vibration electrode technique，SVET）测量的腐蚀电流分布随时间变化的情况如**图 2.4.2** 所示[2]。

将有破损的重铬酸盐膜处理板浸渍在 0.01 g/L NaCl 电解液中，我们观察到初期会有强烈的电流从有破损的地方流过，但随着时间推移，电流逐渐减小，32 h 后电流几乎为零。该现象说明有破损的部分被修复了。

很早以前就已经证实重铬酸盐有自我修复能力，现在用电化学方法得到证实。

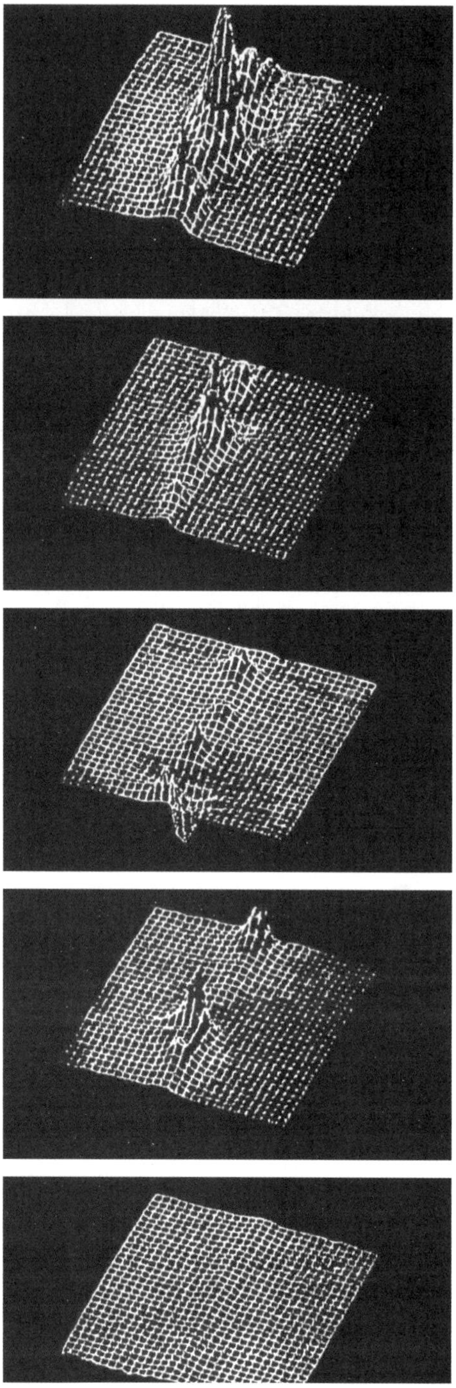

0 h

4 h后

8 h后

24 h后

32 h后

图 2.4.2 重铬酸盐膜的腐蚀电流分布随时间变化的情况

参考文献

1）金子秀昭：アルミニウムの化成処理，カロス出版（2003），p114.

2）同上，p103.

2.5　电特性

膜的电阻因合金材料及表面处理的种类和条件不同而不同，**表 2.5.1** 所示是重铬酸盐膜的电阻值。从表中可以看出电阻值随色调（膜量）发生变化。脱脂、刻蚀及水洗后的清洁面电阻值相近，铬量在 20 mg/m² 以下的膜是无色膜，其电阻值是 0.2~5 mΩ。随着自然氧化膜的成长及性质变化，无处理膜及铬酸盐膜的电阻值上升。

表 2.5.1　膜的接触电阻

色调（膜量）	膜厚/μm	接触电阻/mΩ
无色	<0.1	0.3~1
黄金色	0.1~0.3	1~5
黄金色~茶褐色	0.25~0.5	1~5

参考文献

1）金子秀昭：アルミニウムの化成処理，カロス出版（2003），p114.

Chapter 3

第3章 涂膜和赋予功能性

3.1 阳极氧化膜的涂装

3.1.1 功能性概述

3.1.1.1 阳极氧化膜上的涂装加工

从20世纪50年代后半期开始，人们在阳极氧化膜进行丙烯酸树脂涂料喷涂或浸渍涂装。1964年在阳极氧化膜上进行的水溶性丙烯酸树脂清漆的电泳涂装实现工业化，使大型材料的连续表面处理成为可能。现在室外使用的建筑材料，是在9 μm厚阳极氧化膜上电泳涂装7 μm厚透明清漆形成复合氧化膜。这样做可以兼具两者的长处，克服氧化膜耐化学性（耐碱性、耐酸性）差、易被划伤的弱点，提高氧化膜的耐磨性。复合氧化膜可以免去在建筑现场与混凝土砂浆等碱性物质接触部分的保养，使表面处理的铝窗框成为主流。另外，在要求耐久性的幕墙建材中，一般考虑到可维护性而使用复合氧化膜。

现在正在积极推进环保宜居型社会，节能、再生利用、脱VOC等生产方法颇受重视，高强度涂料和粉末涂料涂装的阳极氧化膜产品也开始上市。

另外，阳极氧化膜的涂膜附着力与铬酸盐膜相差不大，不过阳极氧化膜的氧化处理条件、氧化处理后至涂装的时间等影响涂膜附着力，应引起注意。

3.1.1.2 彩色铝的变迁和涂装的作用

随着生活环境发生巨大变化，民宅建筑用彩色铝材的风格受西方影响，需求由白色系向添加白色颜料的电泳涂料发展，随后审美意识提升，向多色彩化、消光涂膜组合方向迈进。

为最大限度地满足客户需要，彩色铝材成为主流。随后彩色铝材逐渐被具有厚重感的消光黑色透明着色膜产品所替代，更进一步，轻金属质感少、有暖色感的灰色系、绿色系开始受到欢迎。

从高级、有创意性的观点出发，幕墙大都使用金属涂装。

3.1.1.3 长寿命涂装系列产品

氟树脂在20世纪70年代被引入日本，但在80年代中期才转为常温干燥型，开始形成规模。当时的涂装底膜只有铬酸盐膜。

2000年以后，从节约能源和环保的角度出发，考虑到商品的长寿命、资源成本、景色景观等，要求涂料具有高耐候性、高耐久性及低污染性。氟树脂系、丙烯酸硅树脂系、硅基亲水系、光催化剂型超亲水系等无机陶瓷涂料实现商业化。随着保护地球环境、保证人类健康安全成为全球共识，VOC减排也拉开帷幕。

在欧洲，粉末涂装因其良好的涂膜性能、操作便利、有机溶剂零排放（译者注：粉末涂料的有机溶剂排放并不为零）等特点，作为减少废弃物排放的环保技术受到关注，使用量急剧增加。在汽车、家电行业，随着全面禁止使用六价铬，无铬化成为当务之急。从这个动向来看日本的无铬化对策，阳极氧化是必经之路。

3.1.1.4 环保型粉末涂装系和电泳涂装系

随着大气污染防治法律的修订，为减少VOC排放，涂装向不使用有机溶剂的粉末涂装、水系电泳涂装方向发展是大势所趋。从市场动向来看，小批量、多色彩受到欢迎。相关技术课题研究、流通改善正在积极推进。

（1）粉末涂装

粉末涂装有电泳涂装难以做到的功能性（弹性、耐伤性、耐切削性）、创意性（边缘覆盖性、高流动性、特殊花纹、质感、手感）等新的功能，因此铝制品的开发前景广阔。（**表 3.1.1**、**表 3.1.2**）

（2）电泳涂装

泳透力大，小孔等也可用电泳涂装进行处理，凹凸部位均可均匀涂装，华丽表面处理令人瞩目。应用领域广泛，包括装饰品、化妆品盒、灯具、汽车与自行车零部件、光学仪器零部件、电子仪器零部件、建筑材料等。（**表 3.1.3**、**表 3.1.4**）

3.1.1.5　耐久性评价

耐久性评价有加速耐候性试验和耐腐蚀性试验。

表 3.1.1　粉体涂料的适用领域

家电	空调、冰箱、洗衣机、微波炉、洗碗机
电子电器	OA 机器、配电盘、分电器、自动售货机、机器外壳
汽车	车身（喷涂）、轮毂、弹簧、
道路材料	路灯、围挡、电线杆、路牌
建筑景观材料	门、显示屏、幕墙、外装装饰
家具	桌子、椅子、柜子
工业品	管子、接头、LPG（液化石油气）泵、工具
农业	农机具、园艺用器具
医疗	医疗器械、牙科器械

表 3.1.2　性能与用途

性能	用途
视觉/艺术性	街灯、栅栏、钢制家具、柱子、围栏等
触感性（防止冷感）	医疗用床、钢制家具、取暖器
抗菌性	自动售货机、空调、医疗器械、洗漱用具、门把手、厨房杂货
防污性	微波炉
防滑性	冷藏展柜架子
绝缘性	电容器、马达零部件、电子零部件
激光吸收性	激光标记
缓冲材	耐火砖

表 3.1.3　铝制品着色电泳涂装应用领域

用途	着眼点
眼镜框	提高性能，提高操作效率，在外观精美上下功夫
随身用品	降低不良率，使外观精美
自行车零部件	着色带来新颖性、改善作业环境
音像制品	使外形更加美观
光学相机零部件	提高耐腐蚀性，使外观精美
时钟部件	外观精美，提高耐腐蚀性

表 3.1.4　不同涂装用途

涂漆	提高耐腐蚀性和防止变色，节约贵金属，提高耐磨耗性（眼镜框、时钟、家具等）
彩色涂漆	采用新外观的新产品用金色涂漆代替镀金（自行车、建材、弱电零部件、装饰品等）
黑色涂装	黑色铬酸盐、黑色铬铬酸盐的替代品（自行车零部件、办公用品、装饰品、弱电零部件等）
复合涂装	印刷技术、由镀技术组合的复合装饰品技术（化妆品容器、建材、打火机、随身用品）

表面劣化包括光泽变暗、褪色、弯曲、斑点、裂纹、剥离、鼓泡等现象，这些现象很少是由单一原因引起的。劣化是**表 3.1.5** 所示多种因素综合作用的结果。

表 3.1.6 所示是有代表性的耐盐雾腐蚀试验法。最大孔腐蚀深度、腐蚀失重、腐蚀性大小的顺序是 SWAAT>CASS>AASS=相互浸渍>中性 SST。CASS 加速腐蚀性大，短时间内可以评价，常被用于铝加速腐蚀试验，因产生坑状点腐蚀，所以欧洲不使用该方法。1987 年建材试验中心在《建筑材料等耐久性标准化调查报告》中介绍了 FUV（远红外线）试验和乙酸盐雾循环试验的组合试验。结果见**图 3.1.1**、

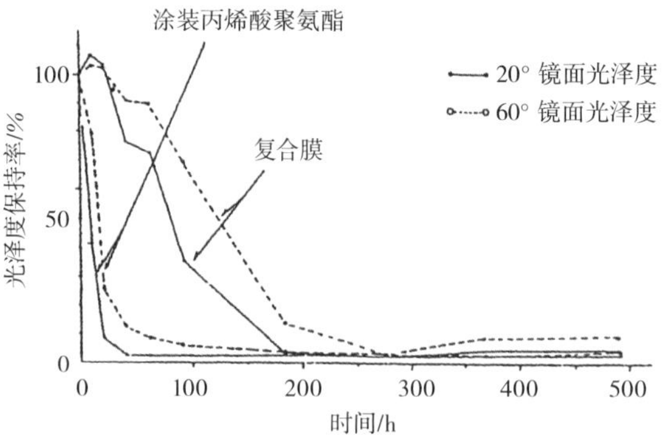

图 3.1.1　Dwt 试验引起的光泽度变化

表 3.1.5　外部劣化因素与现象

主因	变化	现象
光（紫外线）	化学变化	高分子化合物结合能小的部分解离，形成激发态
氧气	化学变化	与被激发的氢结合，使其氧化（主链断裂、连接）
热	热的变化	反复冷热引起疲劳变化，由被涂物的热膨胀系数差引起层间劣化
水	化学变化	向涂膜中渗透，由润湿的涂膜向内部运送氧气至基材面，引起腐蚀
海盐粒子	化学变化	提高涂膜的电动性，促进基材面（金属）的腐蚀
亚硫酸	化学变化	在紫外线的水的作用下变成硫酸，后者与分解树脂的被涂物（Fe）反应生成 Fe_2SO_3（译者注：原文错误，应为 $FeSO_4$）的结晶
硫化氢	化学变化	与亚硫酸产生的现象相同，与颜料的反应使涂膜变黑
固态物质	物理变化	涂膜龟裂
微生物	化学变化	生霉

表 3.1.7、表 3.1.8。

参考文献

1）鈴木清隆：電着塗装・優位性を生かし用途・応用分野は無限に拡がる，アルミプロダクツ，No.99，2001 年新年号.

2）建築材料等の耐久性に関する標準化のための調査報告書，建材試験センター（1987）.

3.1.2　耐腐蚀性

3.1.2.1　阳极氧化膜上的涂装变迁

（1）复合氧化膜成长历程

20 世纪 50 年代，铝窗框表面处理只有阳极氧化。建筑工地采用湿式施工法，窗框难免会与含碱性成分的混凝土砂浆接触，因此对接触部分要用毛刷刷黑清漆或喷涂干燥型丙烯酸清漆等，操作十分烦琐。

20 世纪 60 年代，阳极氧化膜铝窗框开始正式用于建筑行业，由于很难划定与砂浆等接触与非接触的界限，导致与砂浆接触部分集中产生腐蚀，其效果受到质疑。

1964 年公布了一项在阳极氧化膜上实施电泳涂装水溶性丙烯酸树脂清漆的施工方法专利（阳极氧

表 3.1.6　有代表性的喷雾试验方法的试验条件

试验方法（名称）	标准号	试验条件
盐雾试验（SST）	JIS Z 2371 JIS H 8502 ASTM B 117 ISO 9227	试验液：5% NaCl 溶液 试验液 pH：6.5~7.2 喷雾室内温度：（35 ± 2）℃ 喷雾量：1~2 mL/（80 cm^2・h）
酸性盐雾试验（AASS）	JIS H 8502 ASTM G 85-A1 （ASTM B 287） ISO 9227	试验液：5% NaCl 溶液 试验液 pH：3.0 喷雾室内温度：（35 ± 2）℃ 喷雾量：1~2 mL/（80 cm^2・h）
CASS 试验	JIS H 8681 JIS H 8502 ASTM B 368 ISO 9227	试验液：5% NaCl 溶液 +0.26 g/L $CuCl_2 \cdot 2H_2O$ 试验液 pH：3.0 喷雾室内温度：（50 ± 2）℃ 喷雾量：1~2 mL/（80 cm^2・h）
酸性人工盐雾试验（SWEET）	ASTM G 85-A3	喷雾：人工海水（ASTM D 1141） pH 2.8~3.0 温度 49（或 35）℃ 湿润：温度 49（或 35）℃ 相对湿度 98% 以上 1 个循环：2 h 喷雾 ⇄ 湿润 （30 min）（90 min）

表 3.1.7　复合试验 3 的结果

种类		ACC 试验[2)]时间/h \ FUV 试验期间/h	腐蚀程度 RN[①] 120	240	360	480	600
铝合金	阳极氧化膜	72	9.8	9.5	9.8	9.3	9.5
		144	10	9	9.3	9	9.3
		144	9.5	9	9	9	9.3
	复合膜	72	10	9.8	9.8	9	9
		144	9.8	9.8	9.5	8	7
		144	9.8	9.8	9.5	9	7
	铝涂装	72	10	10	10	10	10
		144	10	10	10	10	10
		144	10	10	10	10	10

注：①依据《镀层耐腐蚀性试验方法》（JIS H 8502）的分级难度标准图表；

② AAC 试验，加速大气耐腐蚀试验的简称。

表 3.1.8 FUV 试验结果（白粉化）

种类	试验片编号		试验时间/d：5	10	15	20	25	30	40	50
			白粉化程度							
彩色镀锌板	聚酯树脂系	1	10	10	10	10	8	10	10	2
		2	10	10	10	10	10	10	8	2
		3	10	10	10	10	10	10	10	2
	聚酯硅	1	10	10	10	10	10	10	10	8
		2	10	10	10	10	10	10	10	8
		3	10	10	10	10	10	10	10	8
氯乙烯钢板	溶胶层	1	10	10	10	10	10	8	8	6
		2	10	10	10	10	10	8	8	6
		3	10	10	10	10	10	8	8	6
	层叠	1	10	10	10	10	10	10	10	10
		2	10	10	10	10	10	10	10	10
		3	10	10	10	10	10	10	10	10
铝合金	复合膜	1	10	10	10	10	8	4	4	2
		2	10	10	10	10	10	4	4	2
		3	10	10	10	10	10	4	4	2
	涂装丙烯酸酯	1	10	10	10	10	10	6	6	4
		2	10	10	10	10	10	6	6	4
		3	10	10	10	10	10	6	6	4

注：依据日本涂料检查协会判断白粉化的标准照片。

化加工，1968 年获得专利认可，专利号码 517521 号、517522 号），因阳极氧化膜采用一体化生产与涂装工艺组合使产品质量稳定性大幅度提高（膜厚均匀性优异，涂膜厚度可以控制在微米级，电泳效率高），确立了电泳涂装法的地位，随之该方法成为主流。由于采用了电泳涂装法，可以对产品质量进行集中管理，产品质量稳定，可大量生产。受电泳涂装专利的影响，也出现了 TFS 涂装、水溶性浸渍涂装，但 20 世纪 90 年代从环保及防火安全的角度出发，后两种大型生产线被废止，最终电泳涂装占据绝对优势。（**表 3.1.9**）

（2）长尺寸竖吊表面处理生产线

考虑到铝挤压型材机械加工时的成材率，科研人员开发出对 6 m 以上长尺寸材料进行表面处理的生产技术。该竖吊长尺寸方式不仅有生产自动化、生产管理及品质管理等优势，而且膜厚均匀，对色方便，质量也很稳定。（**表 3.1.10**）

当时的各种铝表面处理工艺见**图 3.1.2**，涂装流程见**图 3.1.3**。

表 3.1.10 产品质量

项目	竖吊加工产品	横吊加工产品
膜厚分布均匀	因处理面积一定，膜厚均匀	①处理过程中水压、搅拌等接触点偏差导致膜厚不均； ②材料处理面积变动频繁，导致膜厚不均
连接触点	表面处理后切断接触部位，所以接触点上没有问题	①不同材料都有接触点留下的痕迹； ②产生接触点烧灼； ③进行色彩处理时留下接触点痕迹
外观均一性	—	彩色处理时：①色调难确认；②对色很难
生产工艺中伤痕	少	处理前进行剪切加工，易产生伤痕

表 3.1.9 铝建材表面处理技术变迁

时间	技术变迁		技术革新
1957—1964 年	铝窗框诞生	硫酸阳极氧化诞生	静电涂装
1965—1969 年	量产体制	引入电泳涂装，普及电解着色（浅田法）	长尺寸材料处理，热水洗处理，TFS 法开发
1970—1974	大型化	电泳涂装、电解着色量产技术	
1975—1979 年	节能	节省能源及节能技术，提高生产性，表面处理标准整顿	异常腐蚀问题，电解着色进入全盛时期，设备合理化，电解波形研究
1980—1984 年	多样化	高等级技术要求	白色涂装，生产线引入计算机，采用消光电泳，高速、厚膜、硬质膜
1985—1989 年	高性能化	涂装底膜，高耐候性	合金生色，导入消光电泳，三次电解，不锈钢
1990—1994 年	环境共生及高科技	环境保护	取消 TFS 涂装，大幅度修订 JIS，标准氟电泳诞生
1995—	环境保护	制定 PRTR 法	兴起新的颜色，复合膜 ISO 化研究

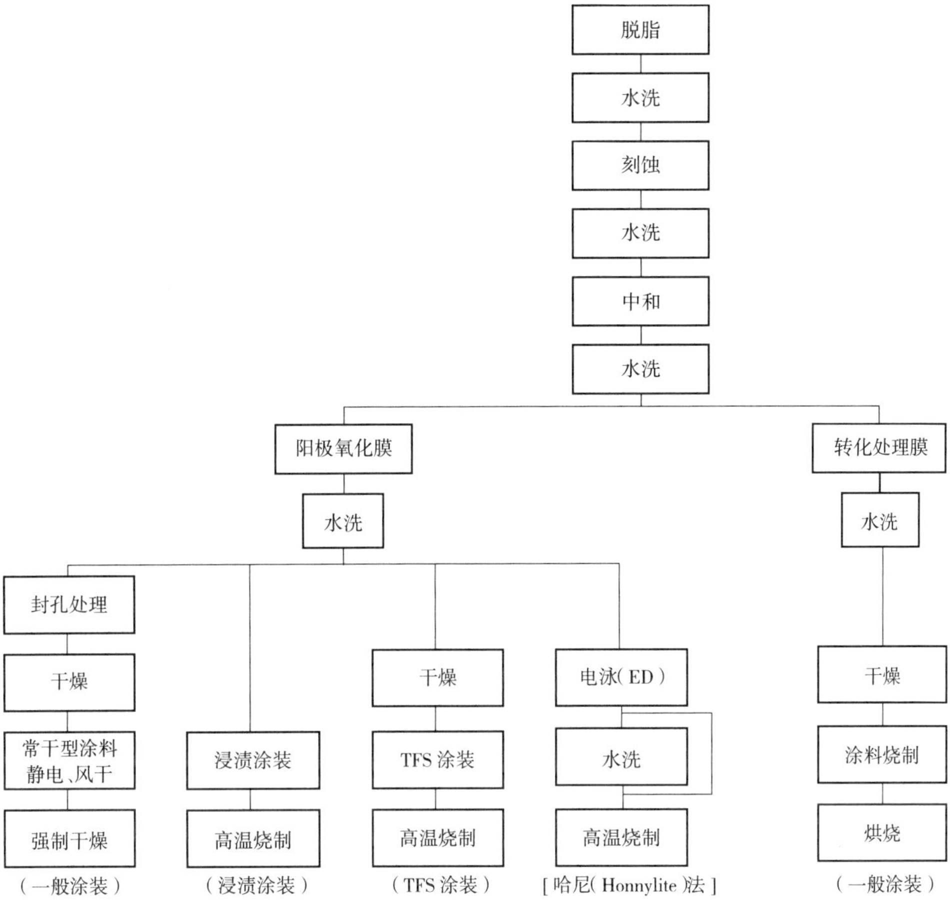

图 3.1.2 铝表面处理工艺

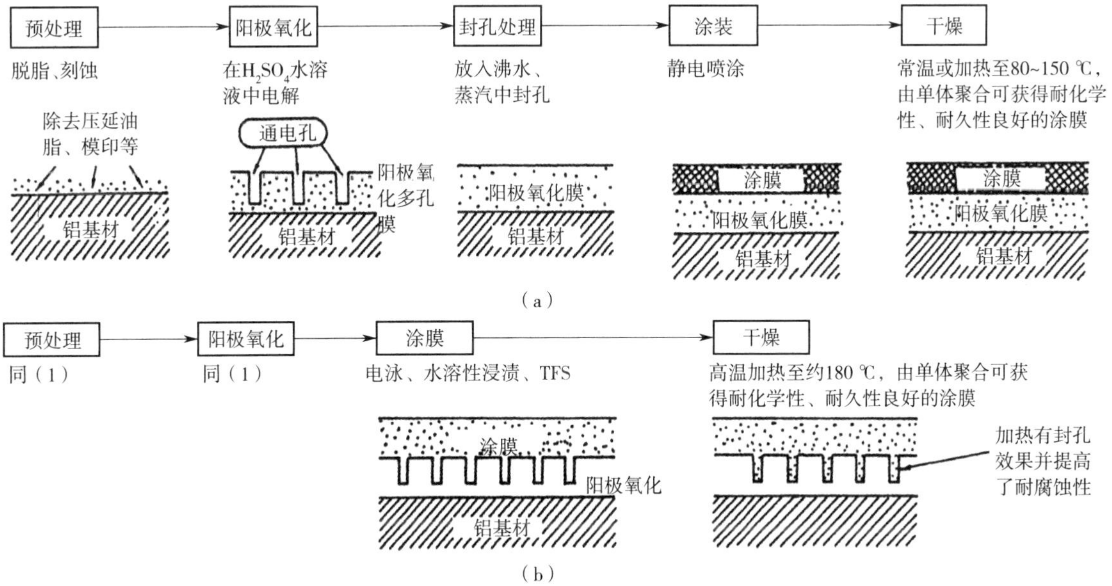

图 3.1.3 低温干燥型和高温加热干燥型涂装工艺

（a）低温干燥型涂装工艺 （b）高温加热干燥型涂装工艺

20 世纪 70 年代，铝窗框的发展进入鼎盛时期。其中复合膜技术和铝表面处理生产技术对生产性、质量稳定、成本方面做出了巨大的贡献。表面技术研究人员不断探索新的技术应用也有力地推动了铝行业的发展。

进入 21 世纪，在日本铝材表面处理领域，电泳涂装复合膜已占整体的 95% 以上。

3.1.2.2　阳极氧化、涂装的表面处理标准

阳极氧化、涂装的 JIS 标准以铝窗框表面处理为主体进行推动，具体标准变迁见**表 3.1.11**。1992 年对铝表面处理 JIS 标准进行了大幅度修订。主要是与 ISO 标准进行整合，从 JIS 制定的持续近 40 年阳极氧化膜的最低厚度管理值，向 ISO 采用的平均值+最低值双重管理方式趋同。

日本铝建材表面处理的主流是复合膜，《铝及铝合金阳极氧化涂装复合膜》（JIS H 8602）中规定的复合膜种类见**表 3.1.12**。作为参考用途，按设想的使用环境进行分类。性能值如**表 3.1.13** 所示做了修订，

表 3.1.12　复合膜的种类

种类	阳极氧化膜厚度/μm	涂膜厚度/μm	涂膜	参考 主要用途举例
A	9.0 以上	12.0 以上	透明膜	建材（室外严酷环境）
B	9.0 以上	7.0 以上	透明膜	建材（室外）、车辆用材等
C	6.0 以上	7.0 以上	透明膜	建材（室外）、家电用材等
P	6.0 以上	15.0 以上	有色膜	建材（室外）、车辆用材等

注：阳极氧化膜厚度及涂膜厚度作为最小膜厚。

表 3.1.11　铝窗框表面处理相关 JIS 标准背景

JIS 标准	年份	背景
JIS A 4703	1960	最近铝窗框的 JIS 表面处理区分： a）脱脂清洗后耐碱透明合成树脂涂 1 次； b）转化处理+耐碱透明合成树脂涂 1 次； c）阳极氧化 A2 或 B1+耐碱透明合成树脂涂 1 次（A2：厚度大于 6 μm 草酸膜。B1：厚度大于 9 μm 硫酸膜）
JIS A 4706	1966	A 4701 钢制窗框与 JIS 统合；表面处理与原有保持不变
JIS A 4706	1970	对表面处理的规定进行大范围修订；加入复合膜，区分涂膜种类、干燥温度；在附件中规定 9L2 或 6K1 以上阳极膜与 7、12 μm 厚透明合成树脂涂膜的组合试验方法
JIS A 4706	1976	表面处理没有大的修订
JIS A 4706	1983	全面引用 JIS H 8602-1981（复合膜）；B 种以上（阳极膜 9L2 或 6K1+7 μm 以上厚度的涂膜）；后加工认知
JIS A 4706	1985	废止 H（L）和 H′（L′）的区别
JIS H 8602	1992	全面修订 JIS H 8602-1992（复合膜）；JIS A 4706 是 B 种以上（阳极膜厚度在 9 μm 以上-涂膜厚度在 7 μm 以上）

注：对膜厚度进行平均值和最低值双重管理；促进耐候性-CASS 耐腐蚀性试验的修订；分别对阳极膜、涂膜进行耐腐蚀性试验。

表 3.1.13　复合膜的性能

种类	阳极氧化膜的性能		涂膜的性能							
	CASS 耐腐蚀性		附着性	铅笔抗拉阻性	CASS 耐腐蚀性		耐碱性		加速耐候性	
	试验时间/h	分级号码（RN）			试验时间/h	分级号码（RN）	试验时间/h	分级号码（RN）	光泽保持率/%	变色
A	8	9 以上	$\frac{100}{100}$	H 以上	48	9.5 以上	24	9.5 以上	85 以上	不认可明显变化
B	8	9 以上	$\frac{100}{100}$	H 以上	24	9.5 以上	16	9.5 以上	85 以上	色差 ΔE^* ab 在 3 以下
C	4	9 以上	$\frac{100}{100}$	H 以上	16	9.5 以上	8	9.5 以上	75 以上	
P	4	9 以上	$\frac{100}{100}$	H 以上	48	9.5 以上	24	9.5 以上	75 以上	

阳极氧化膜性能无法引用 JIS H 8601，所以相关涂装前的膜品质管理使用 CASS 耐腐蚀性试验。

表面处理后，对后加工时铝基材露出部分的耐腐蚀性没有规定，JIS A 4706-1983（铝窗框）对此有所体现，1985 年后要求使用涂料并把干燥或加热温度控制在 150 ℃的内容被废止。

根据轻金属制品协会制定的行业标准，不同使用环境、用途的表面处理基准不同，见**表 3.1.14**、**表 3.1.15**。

现在，铝建材的表面处理标准归属为 JIS“复合氧化膜”。

可是，21 世纪的建筑行界很多企业从 ISO14000 的立场考虑 VOC 减排等，认为从有机溶剂系氟元素树脂涂料向粉末涂料转换已经不可避免，正在积极准备导入在欧洲有业绩的 Qualicoat 标准。该标准 1986 年由法国牵头成立，到 2007 年已经有 35 个国家认证，影响波及 302 家工厂。

表 3.1.14　特殊用途的表面处理基准

用途	表面处理基准
	复合膜
净水厂（杀菌室）建材	A 类或 P 类
厂房（化学药品工厂）	A 类或 P 类
天井	B 类或 P 类
室内泳池建材	B 类或 P 类
温泉浴室建材	B 类或 P 类

3.1.2.3　阳极氧化涂装复合膜的性能（耐腐蚀性）

复合膜种类繁多，有代表性的膜及膜结构模式见**图 3.1.4** 及**图 3.1.5**。复合膜的主要性能如下。

- 膜
  - 透明系复合膜
    - 艳光复合膜……①
    - 消光复合膜……②
    - 灰色系复合膜……③
    - 预计今后会追加新的色系
  - 着色系复合膜
    - 白光系复合膜……④
    - 灰色系复合膜……④
    - 预计今后会追加新的色系

图 3.1.4　复合膜的种类

①膜和涂膜的品质不因外在因素（紫外线、热、温度、海盐粒子、So_x、NO_x 等）导致品质下降（裂纹、龟裂、减耗等），仍具有优异的耐腐蚀性、耐碱性、耐候性。阳极氧化膜和复合氧化膜的性能试验数据见**表 3.1.16**。在严酷环境下复合膜克服了阳极氧化膜的弱点。

表 3.1.15　不同使用环境的表面处理基准

分类	使用环境	环境条件	地区	表面处理使用基准
Ⅰ	临海工业、海岸地带 劣化因素叠加作用的环境或加速变差的环境	接近海岸，受海盐粒子影响，受工厂或交通工具影响的区域或预计会受影响的地区。	京叶、京滨、阪神、北九州、四日、新居滨、冲绳	阳极氧化膜：AA20 或 AA25 复合膜：A 类 有色涂膜：1 类
Ⅱ	工业化都市、海岸地带 劣化因素作用较慢的环境	接近海岸，但受海盐粒子的影响较小，受工厂或交通工具产生的污染物影响的地区	东京、大阪、名古屋、横滨、川崎、福冈、高冈	阳极氧化膜：AA15 复合膜：B 类或 P 类 有色涂膜：2 种
Ⅲ	都市，田园 劣化因素非常缓慢地发挥作用的环境	受海盐粒子以及工厂、交通工具等产生的污染物影响较小的地区	札幌、仙台、新潟、广岛、熊本、金泽、京都	阳极氧化膜：AA15 复合膜：B 类或 P 类 有色涂膜：2 种
Ⅳ	室内环境① 正常室内几乎无劣化环境	一般的室内环境	—	阳极氧化膜：AA6 或 AA10 复合膜：C 类、B 类或 P 类 有色涂膜：3 类

注：①室内环境湿度极高的淋浴室、厨房及厕所等含在分类Ⅲ中。

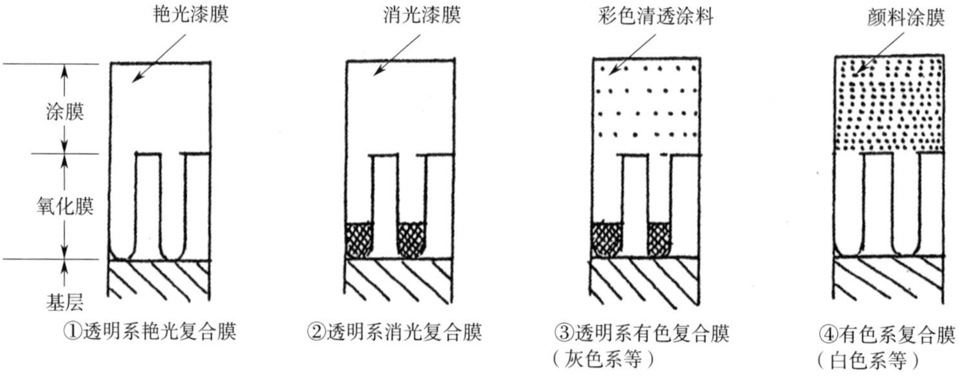

图 3.1.5　各种复合膜的膜截面示意图

表 3.1.16　表面处理性能比较

试验项目 \ 表面处理技术要求			阳极氧化膜+涂膜			阳极氧化膜		备注
			9+7 μm	14+7 μm	9+12 μm	18+0 μm	20+0 μm	
①	耐酸性（5% H_2SO_4 溶液　20 h）		RN 10	RN 10	RN 10	RN 9.5	RN 9.8	
②	耐碱性	0.5% NaOH 溶液　30 h	RN 9.8	RN 10	RN 10	RN 8	RN 7	
		1.0% NaOH 溶液　10 h	RN 10	RN 10	RN 10	RN 7	RN 8	
③	加速耐候性 SUN 250	外观	无异常	无异常	无异常	无异常	无异常	
		光泽保持率	95.3%	96.2%	96.2%	91.1%	90.3%	
		CASS 耐腐蚀性　48 h	RN 9.8	RN 9.8	RN 10	RN 9	RN 9.3	
④	耐沸水性　5 h		无异常	无异常	无异常	无异常	无异常	
⑤	CASS 耐腐蚀性　72 h		RN 9.8	RN 9.8	RN 10	RN 8	RN 9	
⑥	耐磨耗性		1 500 s	2 200 s	2 300 s	2 600 s	2 900 s	
⑦	耐挥发油性　24 h		无异常	无异常	无异常	无异常	无异常	
⑧	加速耐候性 DEW 60	外观	无异常	无异常	无异常	无异常	无异常	
		光泽保持率	91.3%	92.0%	92.0%	88.4%	89.6%	
		CASS 耐腐蚀性　48 h	RN 9.8	RN 9.8	RN 10	RN 8	RN 9	
⑨室外暴露（外壁）			8 年	10 年	15 年以上	6~8 年	8~10 年	建材需要维护

②污染物少，对酸雨有耐酸性，耐溶剂性好，耐腐蚀性强。

③有绝缘性，可防止与异种物质发生接触腐蚀。

④污染物易于洗净。

⑤膜和涂膜层内几乎没有裂纹、细孔等缺陷。

⑥与阳极氧化膜有稳定的附着力，不因外因导致附着力降低、破坏、剥离。

⑦有阳极氧化膜和涂膜两个方面的优点，耐化学能由涂膜承担。（**表 3.1.17**）

从铝建材有 40 余年使用业绩中得到的知识总结如下。

①涂膜厚度支配其化学性能。耐海盐粒子、SO_2、酸雨等耐腐蚀性受复合膜中的涂膜层支配。因此严酷环境下建议使用厚度为 12 μm 的涂膜。

②铝窗框复杂截面（角部、边缘部、旮旯部）的涂膜状态如**图 3.1.6**（译者注：原文错误，应为图 3.1.7）所示，电泳涂装最佳。

③静电涂装和电泳涂装的性能比较见**表 3.1.18**、

表 3.1.17　铝材和复合膜的品质比较评价

品质项目	阳极氧化膜	复合膜
经过多年变化后的外观	○	◎
耐砂浆（耐碱性）①	△	◎
耐碱性药品	△	◎
耐酸性药品	○	◎
耐腐蚀性（耐伤害性）	○	◎
耐磨耗性	◎	涂膜△　氧化膜◎
耐划痕性	◎	涂膜△　氧化膜◎
耐候性（褪色性）	◎	◎
耐污染性	○	◎
耐亚硫酸气体（气体腐蚀性）	○	◎

注：①铝型材被埋入砂浆（水泥：沙子=1：3）中，在 20 ℃、50% RH 条件下放置 7 天后，观察型材外观。

评价基准　◎：优秀

○：普通

△：差

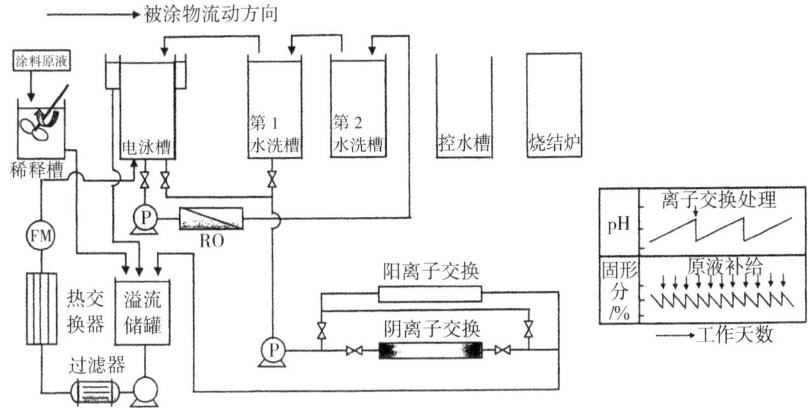

图 3.1.6　电泳涂装闭路图

表 3.1.18　采用电泳涂装法和静电涂装法涂膜的性能评价

（摘自铝建筑物表面处理技术机关杂志）

试验项目	膜厚	静电涂装（120 ℃、5 min）丙烯酸聚氨酯涂料 0 μm	3 μm	6 μm	9 μm	12 μm	电泳涂装（180 ℃、30 min）丙烯酸三聚氰胺涂料 3 μm	6 μm	9 μm	12 μm
粉笔硬度	7 μm	2H	4H	2H	4H	4H	4H	4H	4H	4H
	12 μm	H	4H	H	3H	4H	4H	4H	4H	4H
	20 μm	2H	4H	—	4H	—				
附着性	7 μm	100/100	100/100	100/100	100/100	100/100	100/100	100/100	100/100	100/100
	12 μm	100/100	100/100	100/100	100/100	100/100	100/100	100/100	100/100	100/100
	20 μm	100/100	100/100	—	100/100	—				100/100
CASS 试验（72 h）RN	7 μm	2M	8S	6VS	10	10	10	10	10	10
	12 μm	4S	8S	6VS	10	10	10	10	10	10
	20 μm	6S	8S	—	10					
CASS 试验（72 h）附着性	7 μm	100/100	100/100	100/100	100/100	97/100	100/100	100/100	100/100	100/100
	12 μm	33/100	88/100	100/100	100/100	92/100	100/100	100/100	100/100	100/100
	20 μm	33/100	97/100	—	90/100	—				
耐碱性（1% NaOH 溶液、72 h）	7 μm	7VL	—	8M	8L	8S	10			
	12 μm	6VL	—	4VL	8M	10		8S	8VS	8VS
	20 μm	10	8L	—	8M	—				
耐酸性（5% H_2SO_4 溶液、72 h）	7 μm	4M	6M	10	10	4VL	10			
	12 μm	10	8M	10	10	4L	8L	10	10	10
	20 μm	10	10	—	10	—				

表 3.1.19、**表 3.1.20**。静电涂装时要求厚膜。铝面板等板材常用静电涂装。

④各种使用环境相对应表面处理类别性能评价见**表 3.1.21**、沿海岸区域的金属性能比较见**表 3.1.22**。可以看出铝复合氧化膜有很大优势。

3.1.2.4　电泳涂装现状与其性能

（1）电泳涂装系统及特征

电泳涂装的特征见**表 3.1.23**。电泳涂装优点如下。

①涂装效率高（95% 以上）。不受成品形状影响，涂膜厚度均匀、容易控制。

②涂装底膜阳极氧化处理正确的话可顺利生成电泳涂膜，附着性极优。

③适合全自动、大批量生产。

④如图 3.1.6 所示环保型闭环系统，用溶剂含量 2% 以下的水溶性涂料，无火灾风险，不占空间，涂装作业环境卫生问题少。

电泳涂装平面工艺布置和复合膜剖面示意图、

表 3.1.19　各种涂料及涂装方法的涂膜性能比较

涂料	耐碱性		耐酸性	亚硫酸水浸渍	CASS 试验	耐候性
	1% NaOH 溶液	5% NaOH 溶液	5% H_2SO_4 溶液			太阳光
丙烯酸聚氨酯 A	◎	×	◎	○	◎	△
丙烯酸聚氨酯 B	○	△	○	×	○	—
热硬化丙烯	◎	△	◎	△	◎	—
水溶性丙烯 A（电泳）	◎	○	◎	○	◎	◎
水溶性丙烯 B（电泳）	×	× ×	◎	◎	◎	—
水溶性浸出物 A	◎	△	◎	◎	◎	◎
水溶性浸出物 B	○	×	◎	○	○	—
TFS 浸渍	◎	◎	◎	◎	○	◎

注：◎（优）> ○ > △ >×>× ×（不可）。

表 3.1.20　不同涂装方法的涂膜性能比较

	涂膜厚度管理	涂膜均一性	边缘部位	涂装效率	涂装管理	设备管理
TFS 浸渍涂装	○	○	△	◎	◎	○
电泳涂装	◎	◎	◎	◎	△	△
静电喷涂	△	△	△	△	◎	◎

表 3.1.21　铝建材用表面处理技术在各种环境下的性能评价

表面处理种类	数据评价					推测	
	可接触燃烧气体	沿海岸边工厂	温泉地区	露天维护	暴露室外	城市道路	实施维护
仅阳极氧化 14 μm	×	×	×	×（△）	△（○）	△～×	○
复合膜　9—7	×	△	△	×（△）	○（○）	◎～×	○
复合膜　9—12	△	○	○	△（◎）	◎（◎）	◎～△	◎
氟碳喷涂　40 μm	○	◎	◎	○（◎）	◎（◎）	◎～○	◎
参考	高温腐蚀性气体	海岸线 500 m 工业区	pH=1~2 的温泉蒸汽	室外暴露试验 5 年			

注：[评价基准] ◎表示优；○表示良；△表示可；× 表示差。

表 3.1.22　沿海岸地区金属制材性能比较

材料	表面处理技术要求	大气环境劣化形态 初期→最终	劣化形态概念图	海盐粒子、盐分影响劣化形态	NO_x、SO_x 等酸性物质的影响	大气环境耐久性评价	混凝土、砂浆等碱性物质的影响	异常腐蚀发生倾向	清洁性	提高耐腐蚀性对策
铝（变形合金材）	阳极氧化 14 μm	着色剂 吹粉 白点 斑点 孔腐蚀	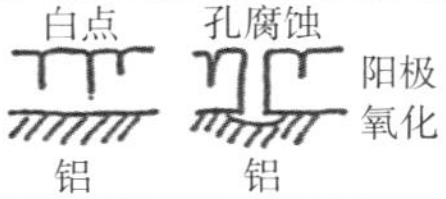	（中）孔腐蚀	△	△	××	含盐分海砂、木材会产生贯通腐蚀（有钢等异种金属介入时其程度变大）	△	·施涂丙烯酸、聚氨酯等涂料
	阳极氧化 9 μm + 涂膜（丙烯酸 ED）7 μm	白化 光泽 劣化 鼓泡 膜裂 剥离 点腐蚀		（中）鼓泡	○	○	◎		○	·定期清洁
	阳极氧化 9 μm + 涂膜（丙烯酸 ED）12 μm			（小）鼓泡	◎	◎	◎		◎	
	铬酸盐+涂膜 热硬化丙烯酸	白化 光泽 劣化 鼓泡 丝状腐蚀	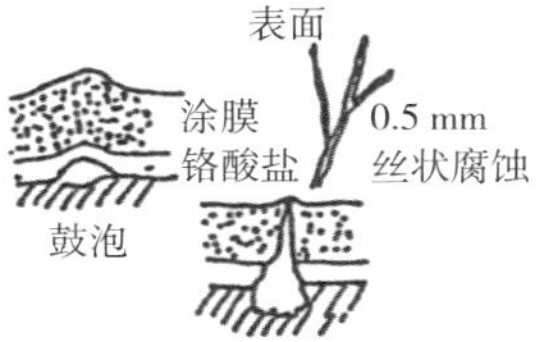	（小）丝状腐蚀	○	△	◎		○	·施涂常干型二氧化硅、丙烯酸、聚氨酯涂料
	铬酸盐+涂膜 氟				◎	◎			◎	·增厚涂膜，30 μm → 50 μm
不锈钢 SUS 304		着色剂 白点 孔腐蚀 斑点		（大）孔腐蚀	⊚	×	◎	存在盐分时 SUS 与铝接触发生孔腐蚀	⊚	· 选择钢种 SUS 316 SUS329 · 施涂油漆
钢铁	热浸镀锌 10 μm+ 涂膜（邻苯二甲酸）	鼓泡 白锈 红锈 剥落		（中）红锈	⊚	△	○ 混凝土中性化时 △	混凝土中性化时，红锈含盐分海砂会产生贯通腐蚀	△ 定期替换涂装	·盐系、氟系等重防腐涂装
备注		（评价法）◎ 优秀 ○ 优 ⊚ 良 △ 可 × 不可 ×× 最差			·汽车尾气 ·含氯清洗剂 ·酸雨性	冲绳使用环境评价	阳极氧化膜不耐碱性		清扫法、频率等作业评价	·为防止接触腐蚀，对接合金属等实施炭黑处理

复合膜组合见**图 3.1.7**。

在电泳槽内用纯水将水溶性电泳涂料用纯水的浓度稀释到 10%~15%，用循环泵一直搅拌。电泳通电结束以后，在第 1、第 2 滤液回收水洗工艺进行洗净。用超滤（UF）和反渗透（RO）装置过滤掉滤液回收槽中电泳涂料中的水。洗净水满后再次溢流回电泳槽内，水洗后的水、涂料不排出构成循环闭环。

阳极氧化膜电泳涂装易受电泳槽内杂离子的影响，可以利用离子交换树脂塔将杂离子去除。

（2）阳极氧化膜电泳涂装管理

阳极氧化膜的电泳涂装至今已有很多技术改进，具体措施如下：

①利用离子交换树脂塔进行涂料液的再生；

②阳极氧化处理后进行热水清洗；

表 3.1.23　电泳涂装的特征

	内容	特征
优点	1. 通过自动化可实现大量生产并节省人工 2. 采用 UF 闭回路水洗系统，涂敷效率高，排水量降低 3. 涂膜均匀吸附 4. 由于附着性好，袋部内侧也可涂装 5. 因是水溶性涂料（低 VOC），无火灾风险，溶剂对环境的污染小 6. 涂装后的涂膜固体成分含量高，缺陷少	节省人工 减少涂料使用量 提高防腐性 环保 操作性好
缺点	1. 需要很多附属设备，投资成本高 2. 只对有导电性涂层适用 3. 为防止沉降需要搅拌 4. 带入杂离子时涂料的电气特性会改变导致不良	初始成本高 仅限涂层 能源成本高 必须管理

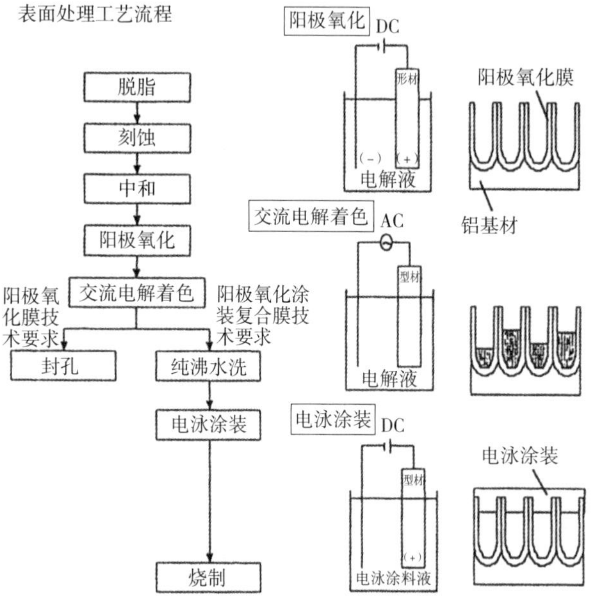

复合膜组合

	工程						JIS H 8602 对应规格	剖面示意图
	阳极氧化	二次电解着色	电泳涂料：亮光透明	电泳涂料：消光透明	电泳涂料：白色	电泳涂料：彩色		
银色亮光	●		●				A、B、C	透明涂膜
银色消光	●			●			A、B、C	
电解着色亮光	●	●	●				A、B、C	透明涂膜 着色化合物
电解着色消光	●	●		●			A、B、C	
白色	●				●		P	加入白色颜料涂膜
彩色透明 I	●					●		加入颜料涂膜
彩色透明 II	●	●				●		加入颜料涂膜 着色化合物

图 3.1.7　电泳涂装平面工艺布置和复合膜组合

③对处理设备设定技术条件；

④进行涂料设计以提高循环性和品质性能；

⑤厚膜化；

⑥使用反渗透（RO）装置、超滤（UF）装置；

⑦消光清漆（丙烯酸树脂和三聚氰胺树脂相分离树脂法，由于光的漫反射在涂膜表面形成均匀的凹凸不平的形貌）、注入有色颜料的清漆；

⑧设计氟碳电泳等提高涂料耐候性。

电泳（ED）涂装的现状分析见**表 3.1.24**，日常管理非常重要，其管理方法见**表 3.1.25**，涂膜缺陷按工序、设备查找原因，见**表 3.1.26**。

（3）新电泳涂料今后的发展方向

可以对形状复杂的物品进行电泳涂装。没有流淌、积聚等现象，尖锐的凹凸部位都可均匀涂装，可以获得表面光滑、没有色差的优质成品。颜料、染料自由混合，可以形成丰富的色调色彩。而且颜

表 3.1.24　ED 涂装现状

项目		现状分析
涂膜质量	性能	满足 JIS A 4706、JIS H 8602 的品质性能要求
	边缘涂膜成型	有 ED 涂装的特性，表面张力、膜厚均匀
	外观精致	考虑了涂料设计、涂装条件，涂膜外观问题少
生产性	品质管理的成品率	生成涂膜稳定，降低了涂膜不良率
经济性	涂装效率	利用反渗透进行涂料回收，提高了涂装效率
	防止损耗	借助两极设备、通电方式实现膜厚均匀化（可由原来的 ±4 μm 变成 ±1.5 μm 以内）
公害性	减少废水排放	非冲洗型、反渗透进行 BOD（生化需氧量）、SS（悬浮固体）的去除处理，排水公害非常少
	气味和废气	几乎不含因大气污染而成为问题的 CO、SO_2 等
稳定性	增膜性	铝建材涂膜的规格有 7 μm 以上、12 μm 以上 2 种，只要膜厚在 7 μm 以上，皆可稳定可进行涂料管理及涂料设计

表 3.1.25　管理项目及原因

管理项目	检查次数	管理手段	管理范围外的缺陷现象	
固体分分析	1 次以上/天	补充原液	固体分含量降低	电阻率增加。涂膜厚度降低。光泽低下，表面粗糙，易产生膜厚不均现象。易受阳极条件影响
			固体分含量极低	涂膜黏结性降低，产生裂纹及膜脱落
pH	1 次以上/天	离子交换处理	pH 管理范围外的降低	涂料非常不稳定，产生粗糙、起泡、针孔、外观、不均匀等不良
			pH 管理范围外的提高	光泽度降低导致局部光泽度异常，产生消光不均
电阻率	1 次以上/天	离子交换处理	电阻率降低	影响外观的电阻率很少会降低到管理范围之外，通常是因为混入很多杂离子。出现粗糙、不均匀、外观异常、阳极破坏等现象
酸值	1 次/周~2 天	补充原液	酸值降低	ED 液稳定性降低
胺值	1 次/周~2 天		胺值降低	树脂溶解性降低，液体浑浊。外观粗糙、起泡、不均匀等
有害离子	1 次/周	离子交换处理	硝酸离子	化学分析
三聚氰胺树脂量	1 次/周~月	补充原液		液相色谱
溶剂量	1 次/周~月			气相色谱

表 3.1.26 涂膜缺陷原因调查表

工程设备	原因	光泽	黯淡	烟雾	起泡	变黄	消光	粗糙	水斑点
中和	除灰不够			○					
电解	膜厚不足、液温上升、溶存铝增加等		○	○			○	○	
水洗	水质恶化、水量不足、水洗不足	○	○	○		○		○	○
热水洗	水质恶化、水量不足、温度低、热水洗不足	○	○	○	○	○		○	○
控水	型材干燥		○	○	○				
ED	溶解不良、酸值低、黏附凝胶物、液浓度及温度低	○	○	○	○	○		○	
控液	型材干燥	○		○			○		
水洗	水质恶化、水量不足、水洗不足		○	○					
烘烤	烘烤过度	○				○			
铝材料	杂质溶出		○						
喷淋水洗	水洗不足						○		
副槽	液面降低				○				
设备	阴极气泡附着、循环系统吸入空气				○				
导电排	酸流痕					○			
离子交换处理	交换树脂性能低下					○			

色鲜艳，没有涂漆感，因此电泳涂装是具有美感效果的表面处理。

随着环保要求及 VOC 排放限制等，对电泳涂装的需求越来越大，有高耐久性功能的电泳涂料引起广泛关注。这里介绍一个例子[4]，即丙烯酸三聚氰胺树脂系负离子型水性乳胶漆电泳涂料，它能抑制光氧化反应引起的树脂分解，同时能保持涂膜的光稳定性，进一步形成憎水性，抑制水解、水分渗透性。其性能比以往的标准产品提高了数倍。试验结果见**图 3.1.8**、**图 3.1.9**、**图 3.1.10**、**表 3.1.27**。（译者注：这是 10 多年前的数据，现在又有大幅度提升）

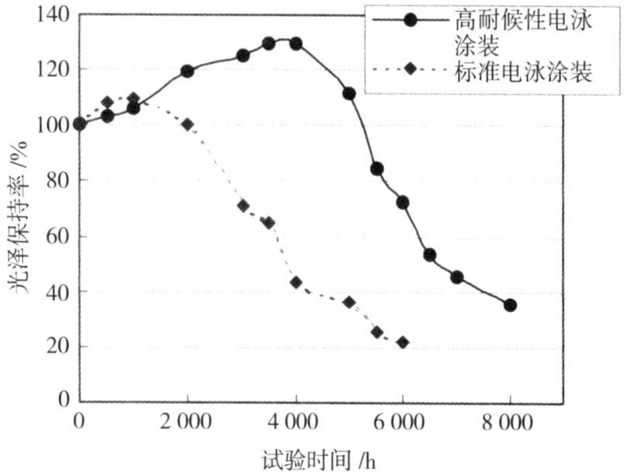

图 3.1.8 加速耐候性试验（阳光探测器）

3.1.2.5 粉末涂装的现状及其性能

（1）粉末涂料的特征和问题

粉末涂料是指涂料中不含有机溶剂、水等挥发性溶剂的，涂膜成分占 100%的微粉末，以粉末形式涂装在被涂物表面形成涂膜。粉末涂料的特点是可以减少 VOC 排放、未被吸附的粉末涂料可回收并再利用等。对溶剂型涂料难以利用的高分子质量合成树脂可实现涂料化，以获得高性能涂膜。聚酯树脂粉末涂料具有与丙烯酸树脂同等或更高的耐候性，高

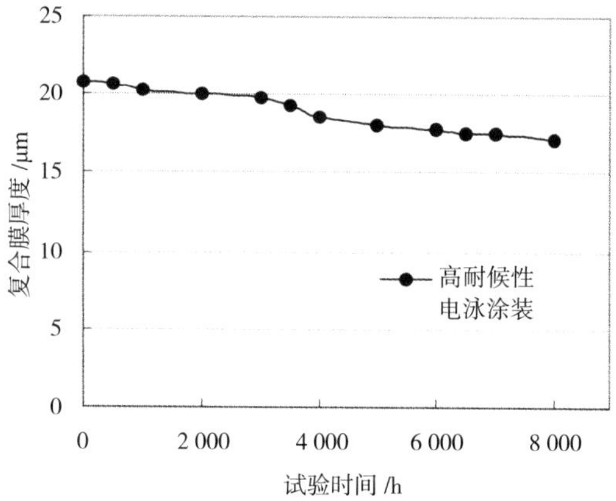

图 3.1.9 加速耐候性试验（阳光探测器）

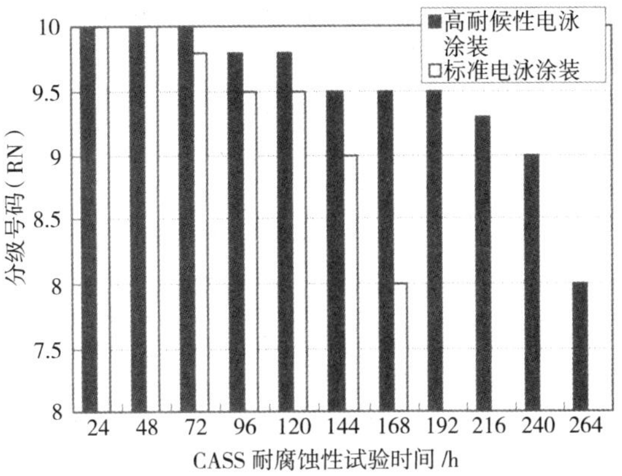

图 3.1.10　复合耐久性试验

表 3.1.27　高耐候性消光清漆电泳涂装品的性能[①]

试验项目	试验结果	试验项目	试验结果
色调	不锈钢色	涂膜 CASS 耐腐蚀性	<240 h> RN 9.8 无异常
外观	无异常		
阳极氧化膜厚度	9.8 μm	耐碱性 5 g/L NaOH 溶液	<240 h> RN 10 无异常
涂膜厚度	8.5 μm		
附着性（划格）	100/100	耐酸性 5% H_2SO_4 溶液	<240 h> RN10 无异常
铅笔硬度	4H		
耐沸水性 <5 h>	无异常 二次附着性 100/100	加速耐候性 <5 000 h>	外观　无异常 光泽保持率 111% ΔE^*_{ab}0.5
耐磨性（落砂）	1 192 s		

注：试验方法符合 JIS H 8602 及 JIS K 5600（耐酸性）。

耐候性聚酯树脂系粉末涂料有 Qualicoat（佛罗里达州 3 年户外暴露，光泽保持率在 50% 以上）、AAMA2604（佛罗里达州 5 年户外暴露，光泽保持率在 50% 以上）。高耐候性氟树脂系粉末涂料 AAMA2605（佛罗里达州 10 年户外暴露）也已实现商业化。

粉末涂料的主要特征及技术情况如下。

①如有回收装置，则有约 95% 的涂料形成涂膜，不易产生下垂、针孔等，可降低涂装不良率。易于自动化，可节省人力。

② 1 次涂装可获得 50~60 μm 厚膜，可即刻烘烤，缩短时间及节省场地。因单涂层即满足膜厚要求，可缩短整个工艺流程。

③粉末涂装外观平滑性稍差。

④涂装生产线更换颜色难且需要时间（喷枪、软管等清扫最快也要 10 min 以上），所以不适用于小批量生产。

⑤对形状复杂的物品的附着性不如电泳涂装，故不适用于形状复杂的物品。

⑥调色精度稍差，对色调或光泽有要求时涂料交货期较长。

表 3.1.28 所示是粉末涂装的课题和最近技术近况。

（2）日本普及铝制品粉末涂装为什么动作迟缓？

溶剂为零的粉末涂料上市已有 40 余年，但实际情况是普及率不高。在德国、意大利、法国等发达国家，粉末涂装占全铝建材市场的 50%。对日本普及粉末涂装缓慢的原因进行了调查，结果见**表 3.1.29**，主要原因如下。

表 3.1.28 粉末涂装的课题和最近技术状况

要求项目	传统课题（不安原因）	解决方法及现状	解决度（评价）
生产线多样性	无法应对小批量、多色化；换色需要时间；调色有偏差，精度差；难以处理少量订单	开发简易调色法；进行标准色库存管理；可应对小订单；对抗菌性、低污染性可进行选择；等等	○～◎
涂膜性能 艺术性、装饰性 功能性	薄膜化困难；烘烤温度高（180 ℃左右）；涂膜表面平滑性差	低温（130 ℃左右）；粉末超细化（平均粒径）	○
		开发清漆类型；改进涂装设备	○～◎
作业性 成本	设备维护工作繁杂；清扫需要人工多	开发和改善喷枪、回收装置、展台涂装装置系统	○～◎

注：铝制品可用性的评估标准：◎表示推荐；○表示可行度大；△表示要改善；◇表示改善可能性大；× 表示其他问题。

表 3.1.29 阻碍粉末涂装发展的原因分析

	日本	欧洲	建筑客户	建材厂家	希望	方向性
a	阳极氧化知名度高	铬酸盐	◎		日本极端嫌弃铬酸盐	涂装底膜用阳极氧化膜
b	VOC 限制比欧洲宽松	VOC 限制				VOC 限制强化；提升性能活用粉末涂装
c	阳极氧化、ED 生产线普及（性能、品质、交换体制稳定）	铬酸盐、粉末涂装中心	○	◎	降低复合型阳极氧化膜成本；规范性能、提升性能	
D	阳极氧化电解着色不同，比较喜爱青铜色、琥珀色、灰色、黑色，不太喜欢油漆的感觉（因为铝感被覆盖）	鲜艳的色彩（原色）	○	○	多色化；金属；涂色时喜欢自由度大及复杂的颜色；有必要保持透明（产生铝感）	赋予阳极氧化复合膜功能性；推动粉末涂装系进展；阳极氧化膜彩色化 光泽：3~5 分 涂膜：20 μm 耐候性优异（目标：氟碳涂膜，硬度>3H）
E	可进行阳极氧化着色（红、蓝、黄、绿等）					
F	偏好金属感、透明感、材料本色	光泽	○ ◎			
g	喜爱 3~5 分光泽					
h	讨厌静电表面、柚子状表面、不均匀的表面（平整性差）	无规定	◎			
i	阳极氧化膜具有物理韧性。铬酸盐、涂层不耐划伤和磨损		○	○		
j	对挤出型材实施粉末涂装，形成 50~100 μm 厚均匀涂膜	评价	○	○		提升对挤出型材的附着性和 20 μm 厚涂膜的隐蔽性，具有 ED 膜级的成品外观
k	建筑设计师对无机表面的耐久性、耐候性放心（对有机涂料不放心）	大陆气候，日照比日本充足	◎		有耐候性	
l	生产线产生臭气，影响环境			○		
m	可使型材犄角旮旯涂装均匀（附着性良好）	仅表面外观	○		即便是型材也可均匀涂装	
n	涂膜品质及管理严格		◎	○	提升性能后能形成评价基准等级	确立粉末涂装用阳极氧化条件，完善评价数据
o	可小批量生产，很灵活		○	○	可应对小批量生产	
p	有必要考虑回收（产品）的影响			○		

①日本人对 VOC 的意识要比欧洲人差，优先考虑的是成本。如果健全法律法规的话，状况会迅速改变。2006 年开始施行修订后的《大气污染防治法》，同时要求企业主体自律，开始向粉末涂装倾斜。

②日本客户对涂膜外观要求极其细致严格。粉末涂装先入为主的“柚子皮状质感”让人不舒服，加上颜色偏少、调色精度问题、交货周期长等造成普及缓慢。

③铝电泳涂装设备比较成熟完善，而粉末涂装要重新投资新的设备。

（3）应对环境问题的铝用粉末涂装系统和课题

根据**表 3.1.30** 所示性能数据，对阳极氧化膜上的粉末涂膜进行复合循环沸水组合试验，发现其二次附着性优异。对铝进行涂装底膜处理，设定粉末涂装专用的阳极氧化条件，可以进一步提高效果。要点见**表 3.1.31**。

表 3.1.31　开发铝建材用涂装系统要点

方向要点	施行策略
铝涂装时需要涂装底膜，从生产安全性来看，阳极氧化最适合	粉末涂装专用阳极氧化条件会影响性能（外观、黏结性、耐腐蚀性） ◎设定膜性质、封孔条件是关键
活用阳极氧化膜所没有的粉末涂装的特征	赋予耐腐蚀性、耐化学性、耐碱性、耐酸性、耐污染性、色调、创意、触感、绝缘性等功能 ◎选择、开发粉末涂料
精加工外观 3~5 分光泽、肌肤感、无色差	◎开发、改善粉末涂料及涂装设备 ◎收集性能数据
摆脱粉末涂装的油漆印象 透明感：膜厚在 20 μm 左右	◎开发、改善粉末涂料及涂装设备

参考文献

1）鈴木清隆：建築用アルミニウム表面技術の動向と展望，

表 3.1.30　粉体涂装分类试验结果统计

基材	基材处理	涂料	外观	初期物性试验			盐雾 1 000 h			复合循环试验 ISO 14993		
				之后	沸水试验后		之后	沸水试验后		之后	沸水试验后	
			外观确认	横切法	色差光泽	附着性	交叉部分剥离宽度	色差光泽	附着性	交叉部分剥离宽度	色差光泽	附着性
复合膜	无	无	10	—	—	—	10	10	10	10	9	10
复合膜	无	平滑	10	10	9	10	6	8	10	10	8	10
复合膜	喷丸处理	平滑	—	10	8	10	8	8	10	10	8	5
铝型材	阳极氧化处理铬	平滑	—	10	8	10	8	8	10	10	8	10
铝型材	酸盐处理	平滑	10	10	8	10	10	8	10	10	8	10
复合膜	无	接缝	10	4	3	10	8	4	10	10	3	7
复合膜	喷丸处理	接缝	—	10	2	0	10	4	5	10	2	0
铝型材	阳极氧化处理铬	接缝	—	10	2	10	8	4	10	10	2	10
铝型材	酸盐处理	接缝	10	10	4	10	10	4	10	10	2	10
复合膜	无	美观	10	—	—	—	—	—	—	—	—	—
复合膜	喷丸处理	美观	—	10	10	10	10	10	3	10	10	10
铝型材	阳极氧化处理铬	美观	—	10	10	10	—	—	—	10	10	10
铝型材	酸盐处理	美观	10	—	—	—	—	—	—	—	—	—
复合膜	无	汉默顿	10	—	—	—	—	—	—	—	—	—
铝型材	铬酸盐处理	汉默顿	10	10	9	10	10	10	10	10	9	10

轻金属，47[1]（1997）.
2）アルミ建材の後加工について，軽金属製品協会（1997）.
3）太田裕，綾康博：日本における複合皮膜の現状，中日首届絽材表面处理研究会文集，2003年10月（中国・湖州）.
4）荒井智治ほか：高耐候性つや消し電着塗装{スターナーコート}，アルトピア，2007年10月.
5）アルミ製網戸等における素地露出部の耐久性に関する調查，軽金属製品協会.
6）鈴木清隆：アルミ建材用表面処理の変遷と現状，塗装技術，2004年11月.
7）鈴木清隆：アルミ建材用電着塗装の現状とその性能，塗装技術，2005年10月.
8）鈴木清隆：電着塗装・優位性を生かす用途・応用分野は無限に拡がる，アルミプロダクツ，No.99，2001年新年号.
9）軽金属製品協会・建材表面処理規格委員会資料，アルミニウム表面処理研究組合（昭和46年度），ハニー化成（株），ハニライト技術資料.

3.1.3　艺术性

3.1.3.1　艺术性的目的

一般不锈钢给人以高级感，而铝给人的感觉是便宜货。为打破人们的这种认识，对五官敏感的重压感和色调自由度、手感、触摸感、弹力感等施以影响，从状态和外观上下功夫。对表面进行艺术性精加工，指用美丽色彩、光泽、特殊花纹等展现外观功能的视觉性、创意性、触感性、光反射性、发光性等。具体来说，有凹凸感、木纹、石头纹、缎面状、金属感和温暖感等艺术精加工。

通常涂料有保护铝基材和赋予美观两种功能。除该基本功能外，还具有**表 3.1.32** 所示[1]的涂膜功能，即具有涂膜特性并发挥涂膜效果。为了实现产品功能，通过涂装技术形成涂膜。

3.1.3.2　艺术涂装

艺术涂装也称工艺涂装、装饰艺术涂装、特殊涂装精加工等，可以将美丽的图案和有变化的涂膜进一步美化。艺术涂料的种类如下。

①利用铝、不锈钢、银、金等金属粉的光反射艺术涂料。

②利用表面涂有氧化钛、氧化铁涂层的云母粉的艺术涂料。

③利用涂膜收缩产生裂纹的艺术涂料。

④利用涂膜表面层和内部层的硬化应变引起收缩的艺术涂料。

⑤由非相溶系组合而成的艺术涂料。

⑥在涂料中加入特殊骨材（珠粒子）形成的艺术涂料。

此类涂装技术的涂装底膜使用阳极氧化膜或复合膜。发挥艺术性的方法除了使用艺术涂料以外，还有印刷、转印、层压等。

3.1.3.3　金属涂装

金属涂装是指在涂膜表面均匀地覆盖铝等金属颜料，可以获得金属光泽的涂装。以铝和其他金属粉为颜料进行基础涂装，再用“湿碰湿”（wet on wet）方式进行清漆涂装、2C1B涂装。**图 3.1.11** 所示[2]是金属涂膜和固体涂膜的光学特性的比较。射入涂膜的光透过清漆涂膜层，在铝薄板表面被正反射映入人的眼帘。在透明层中发生折射，但接近正面反射光，可获得“闪闪发光”的金属光泽感。金属色和固体色的不同是，漫反射光少，而接近正反射光的光到达金属涂膜，在涂膜内部被多重反射，漫反射光成为主体。**表 3.1.33** 所示[2]为金属颜料的特征。

金属涂装技术是片状铝粉平整排列。片状铝粉平整排列可增加正面反射光的量，获得白色闪亮的金属光泽。刚涂装后片状铝粉摆放较乱，但由于涂料黏度低，膜收缩（体积收缩）较大，片状铝粉容易整平整。另外，由于与面漆清漆的透明感相互叠加的效果，外观和涂膜耐久性有飞跃式提升。代表性商品有铝合金轮毂。因汽车也是时尚用品，所以用银色金属涂装来表现类似金属镀层那样的外观。在粉体底漆的黑色基底涂膜上，用铝颜料蒸镀 0.5 μm 厚的银色金属薄膜，使其具有高级化、高艺术性的金属感。

3.1.3.4　热转印系统

热转印系统用热转印技术给粉末膜层附加花纹以提高艺术性。工艺流程是粉末膜层→压接转印膜（在膜上印刷花纹）→加热→剥离转印膜。

在压接和加热过程中，转印膜花纹油墨因加热进入粉末膜层内。不仅平滑面，凹凸不平的产品表面也没有问题，只需更换转印膜即可简单再现花纹和色调。

表 3.1.32　涂膜性能现状表

序号	搜索"涂膜&性能"热门用语	性能区分		序号	搜索"涂膜&性能"热门用语	性能区分	
		大区分	小区分			大区分	小区分
1	防锈、防腐涂料	保护	防腐蚀	37	蓄光涂料	赋予特性	光
2	耐酸、耐碱涂料		耐药品	38	荧光涂料		
3	耐候性		耐候	39	遮光		
4	防水涂料		防水	40	屏蔽		
5	塑料镜头保护		耐划伤	41	光导		
6	表面硬化			42	光再起反射		
7	抗溅涂料			43	防紫外线		
8	珍珠色调	美化	疑似质感	44	防中子涂料		放射性
9	金属感			45	放射性防污涂料		
10	光滑感			46	防辐射涂料		
11	黯淡感			47	制振涂料		振动
12	皮革色调			48	透湿		湿度
13	皮革缎面色调			49	调湿		
14	描绘涂料		特殊艺术	50	防止结露		结露、上冻
15	复合多色			51	防止冻害		
16	渐变			52	防止冰冻		
17	文字		传达信息	53	润滑涂料		摩擦
18	绘画			54	防滑涂料		
19	防静电	赋予特性	电磁器	55	可剥离涂料		黏结
20	电气绝缘			56	防粘贴		
21	导电			57	防虫		生物
22	电磁波			58	防锈		
23	半导体涂料		电子机器	59	抗菌		
24	超导涂料			60	防潮		
25	印刷回路、集成电路（IC）涂料			61	防污染		
26	天线（防止降雨导致的性能下降）			62	水产营养涂料		
27	液晶显示			63	船底防污涂料		
28	吸收太阳能		温热	64	软过滤		触感
29	断热			65	除臭用涂料		嗅觉
30	耐热			66	芳香涂料		
31	耐火			67	吸附福尔马林		
32	耐低温涂料			68	膨胀涂料		其他
33	热线反射			69	高弹性涂料		
34	远红外辐射			70	放出负离子		
35	热反射			71	防破裂		
36	示温						

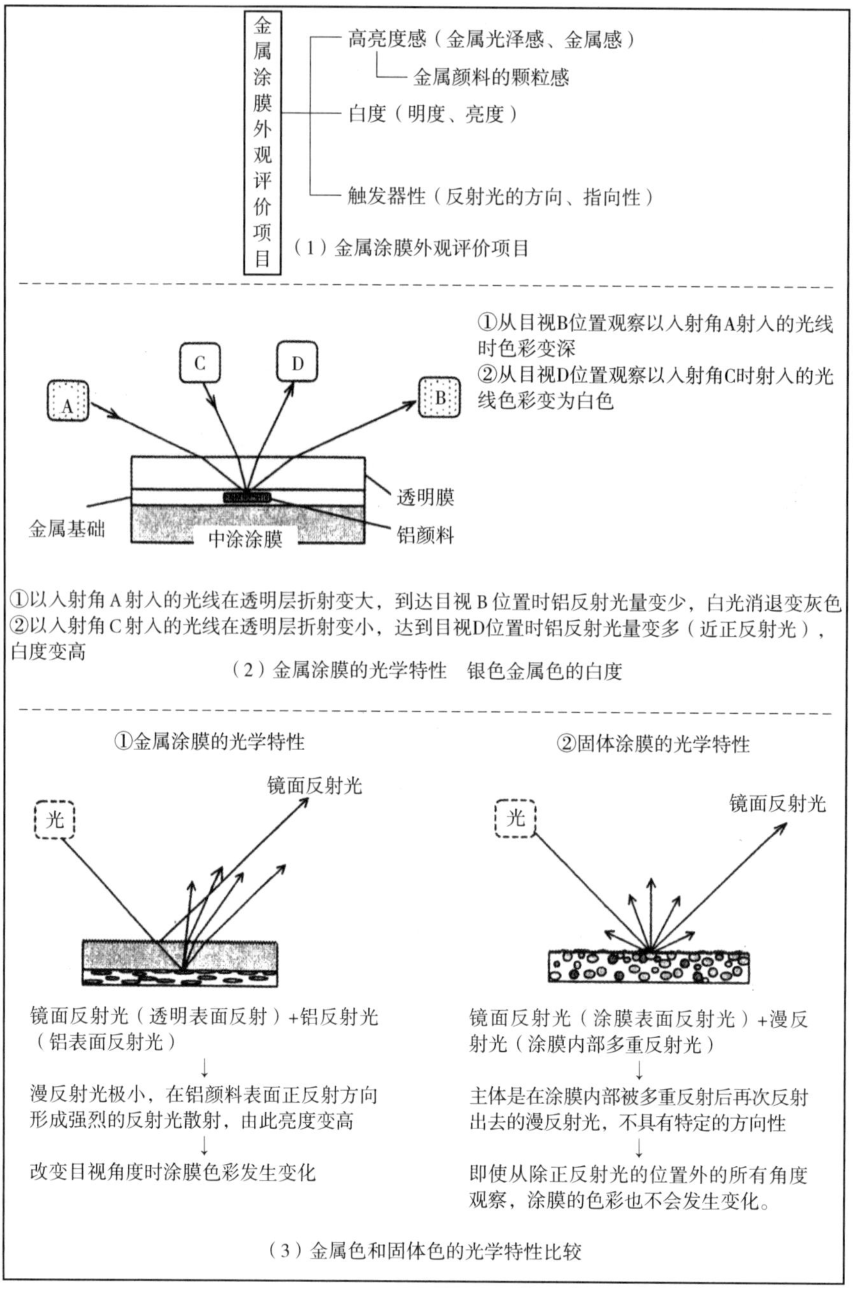

图 3.1.11　金属色涂膜和固体色涂膜的光学特性比较

3.1.3.5　层压膜

为了应对表面艺术性和表面纹理多样化，对铝型材进行层压加工。层压膜主要用于室内门、浴室门、室内装饰、正门、窗框、栅栏等进出处。

层压加工是通过包装机器，在每一根铝型材的有效面印粘艺术膜。使用的黏结剂一般有聚氨酯系，选用黏结剂、压辊配置、干燥条件等都是生产上的技术诀窍。层压加工前的型材事先进行过阳极氧化膜或复合膜处理。为降低环境负荷，有必要去除聚烯烃膜、印刷油墨、黏结剂中的甲苯、二甲苯等有机溶剂。

业界标准有轻金属制品协会制定的《建筑用铝合金合成树脂覆盖膜材》。

表 3.1.33　金属珍珠颜料的特征

颜料名称	材料组成	色调	备注
铝粉	无片状铝微粒	银色	用于汽车金属涂装，色调随粒径（3~20 μm）、加工方法及添加量变化而变化；与展色剂和溶剂混合成浆状；由金属颜料制造商生产
	含片状铝微粒	银色	汽车以外涂装使用。由于鳞片状铝浮于表面，因此作为汽车涂料时铝粉排列不均匀，导致铝反射光也不均匀
珍珠云母粉（鳞片状云母）	氧化钛膜材料	银色系、金色系	鳞片状云母被氧化钛覆盖的材料；透光率高、与彩色底膜的合成色效果高；使用标准的涂装技术要求
	双重材料 氧化钛膜材料+氧化铁膜材料	彩虹色	在氧化钛涂层上覆盖氧化铁涂层的双重材料。也有直接包覆氧化铁的材料。因隐蔽性高、即便没有彩色底膜也可获得珍珠效果
黄铜粉（黄铜片）	铜、锌、铝合金材料	金色	金色系、橙色系等涂装用。可以通过调整铜的含量改变色调：金色（多量）→绿色（少量）
鳞片状氧化铁粉	氧化铁 M.I.O.（云母铁氧化物）	深灰色	鳞片状氧化铁排列在表面，所以防水性好，被用作防腐蚀颜料，也被用于深灰色金属等

参考文献

1）田村吉宣：塗膜機能をコントロールする塗装技術，塗装技術，2002 年 10 月増刊.

2）宮原兼清：高輝度カラーの塗装概論（1），塗装技術，2003 年 4 月号.

3.1.4　耐污染性

3.1.4.1　附着污染

（1）污染类型

雨淋污迹有损对建筑本身的价值及都市景观。附着在涂膜上的污染成分，因所在位置和使用环境不同有很大差异，大致可分为亲水性无机成分和亲油性有机成分（**图 3.1.12**）。构成污染的主体是沙尘中含有的无机质石英与车辆排出尾气中的有机质碳等。土、砂、灰尘等亲水性物质容易被雨水冲洗掉，而城市型污染物的主要成分炭黑、废气中的含碳亲油性物质容易附着且难以去除。城市型污染物大多以油雾为黏合剂，附着灰尘、黑烟粒子等（**图 3.1.13**）。还有汽车、工厂排出的 NO_x、SO_x 等引起的酸雨也会造成涂膜劣化和变色、铝材腐蚀（**表 3.1.34**）。附着的污物被反复淋湿和干燥，在涂膜表面形成牢固的污垢。主要污物附着原理见**表 3.1.35**。

（2）雨淋污迹

空气中排出的废气中的油分裹挟着煤烟、沙尘、灰尘等细小污染粒子附着在墙面上，雨水流过时产生不均匀的流淌痕迹，顺势而下，这就是雨淋污迹。

据统计，65%的城市环境污染（90%的建筑污

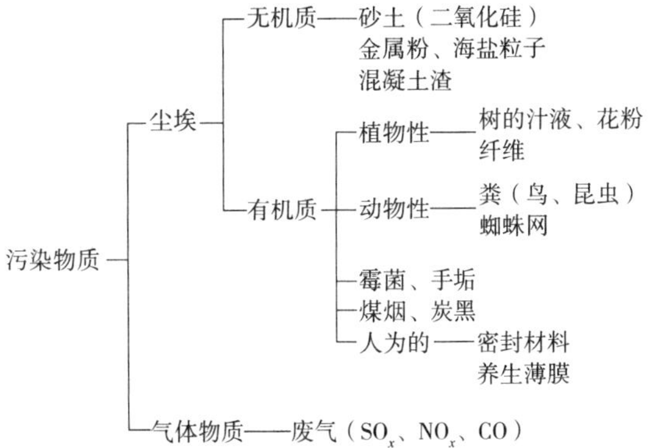

图 3.1.12　外墙壁污染物质

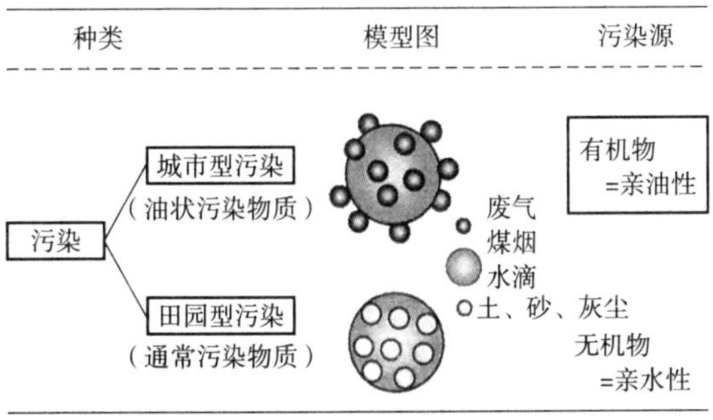

图 3.1.13　污染的类型

染）是雨水污染。如果涂膜不具有亲水性，雨水流经表面形成雨淋污迹。建筑物雨淋污迹的形成原理见图 3.1.14。污染物质堆积在倾斜部位时，遇到雨水流至垂直墙壁反复附着，快速形成雨淋污迹。

（3）污染和腐蚀

在实际环境中铝材使用一定时间以后发生劣化，劣化原因见图 3.1.15、表 3.1.36。污物是指材料表面产生的污染物，给人的视觉造成不愉快的感觉。酸雨也有影响。酸性在开始降雨阶段慢慢积累，逐渐达到一定峰值，空气中粉尘可以中和酸性物质。降雨初期慢慢落入墙面，与灰尘形成雨淋污迹，雨量小时污迹更加明显。与灰尘一起附着的海盐粒子渗透到阳极氧化膜、涂膜中促进腐蚀反应。海盐粒子乘着台风从海岸可以深入内陆十几公里（图 3.1.16）。

腐蚀最严重的是屋檐下，其铝材有时经过半年就产生孔腐蚀。屋檐下几乎沾不到雨水，无法被雨

表 3.1.34　导致污染的物质

发生场所	导致污染的物质	
	总称等	具体的物质举例
建筑物以外	浮游粉尘	土粒、碱性物质、废气中的未燃烧碳等
	降雨	浮游粉尘、盐类、可溶性二氧化硅
	酸雨气体	NO_x、SO_x
	苔藓等的孢子	真菌类、藻类、地衣类
由构成内装渗出	涂料自身渗出物	表面活性剂、体质颜料中的铁分、硅油等
	密封材料渗出的油状物质	硅油、增塑剂、固化剂的未反应物
	混凝土和砂浆渗出的灰汁	碳酸钙、可溶性二氧化硅
	树脂的分解产物	各种水溶性有机物
	金属腐蚀产物	红锈、白锈

表 3.1.35　污物附着原理（污染附着作用和脱落作用）

污物附着作用		污物脱落作用	
主要因素	现象、作用、理由等	主要因素	现象、作用、理由等
自水平或斜面（孔、裂纹等）流下的水	流下含有很多污物的水。雨停以后还有少量流出，因水干燥而析出浮游尘埃	涂膜损耗	污物失去着落后流走
强憎水性	吸附亲油性污物，发生雨淋状污染	直接降雨落水面	开始下雨时各种物质溶入，下到一定程度变干净
吸水性	污物渗透至内部，促进青苔、霉菌生长	日照（紫外线）	氧化分解树脂损耗涂膜，表面亲水化，杀菌
保水性	促进青苔、霉菌生长	日照（红外线）	促进干燥，使青苔、霉菌停止繁殖或杀菌
涂料树脂的分解	微观粗糙化，供给霉菌、青苔等营养		
干燥的强风	涂膜与粉尘带电，后者附着在涂膜上		
包含酸雨和酸性气体的空气污染	中和碱性物质，产生可溶性二氧化硅。小雨、雾气、吸附水滴影响很大		
小雨、雾	含有很多浮游粉尘等		
持续雨天	促进青苔、霉菌繁殖		
树木	生长大量霉菌、青苔等，形成墙面阴影		

水冲洗。松桥俊一研究屋檐下铝腐蚀原理并发表论文，他认为，露水、雨水被吹到屋檐下使得其表面沾上水滴。灰尘含有混凝土微细粒子、硅酸盐粒子等盐基，所以屋檐下附着的灰尘与水滴相遇，被酸性气体中和，产生游离硅酸。因憎水性强，所以该硅酸集中至水滴周围并析出。如此反复，水滴外部析出硅胶越来越多。硅胶的附着性很强，并吸附酸

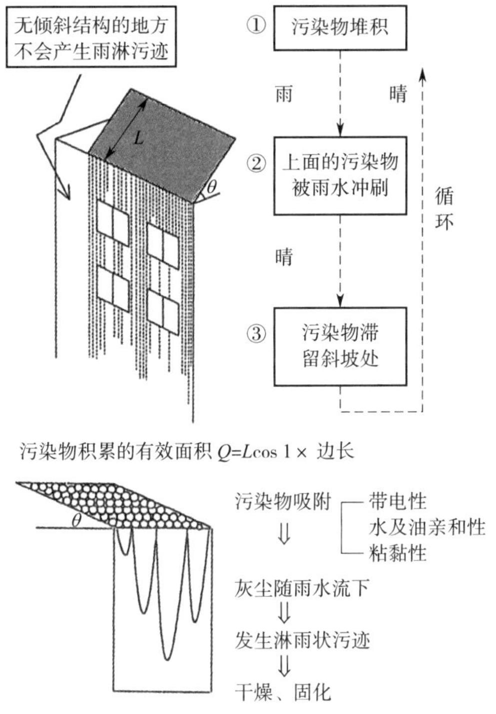

图 3.1.14　雨淋污迹形成原理

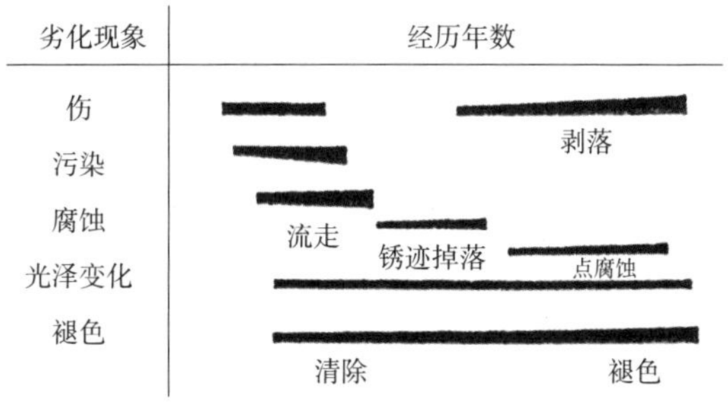

图 3.1.15　劣化状况随时间的变化

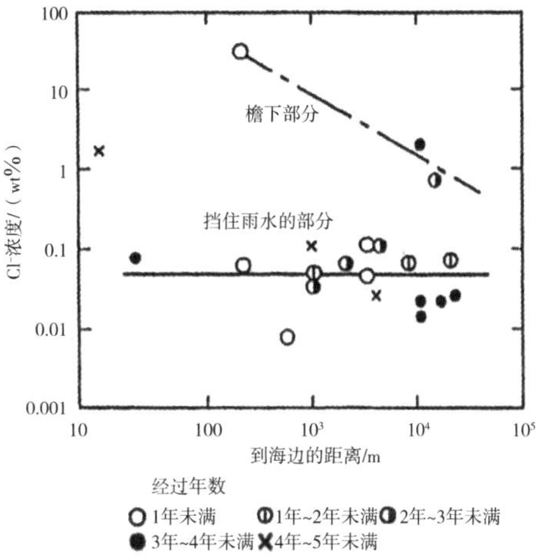

图 3.1.16　房檐堆积物中 Cl⁻浓度与到海边的距离的关系

表 3.1.36　劣化现象和原因

劣化项目	劣化现象（随使用时间）	原因							
		劣化原因							性能特性
		日光	热	操作	环境	水分	盐分	粉尘	
光学劣化	褪色 光泽变化	紫外线	△						褪色性
		紫外线							耐光性
物理损伤	伤口、剥离凹陷			注意冲击、磨耗					耐物理性、耐磨耗性、耐冲击性、黏结性
化学劣化	点腐蚀、锈迹、坑腐蚀		△		大气污染 SO_2	雨水、酸雨	海盐	铁粉、沙尘	耐腐蚀性、耐碱性、耐酸性、耐沸水性、耐盐水性、湿润性
	污染（垃圾、灰尘、霉菌的附着）				大气污染（垃圾、霉菌、灰尘）	结露	海盐	铁粉、沙尘	耐污染性

性气体，逐渐被浓缩变成 pH=1~2 的强酸性。由此发生铝材点腐蚀（**图 3.1.17**）。但是，即便铝发生该现象，也不是点腐蚀扩大的主要因素。

（4）污染感觉

污染感觉因人而异，目视评价和色差 ΔE、明度差 ΔL 之间关联性很强，定量评价污染的方法是测量色差、亮度差（参考**图 3.1.18**）。给人污染很强的感觉水平是 ΔE 在 15 以上、ΔL 在−10 以下。

（5）污染试验

降雨造成雨淋污迹与污染物性质有关，防止雨淋污迹的根本方法是去除污染物。

雨淋污迹评价试验如下。

①加速雨淋污迹暴露（弯曲试验片法：135°）。

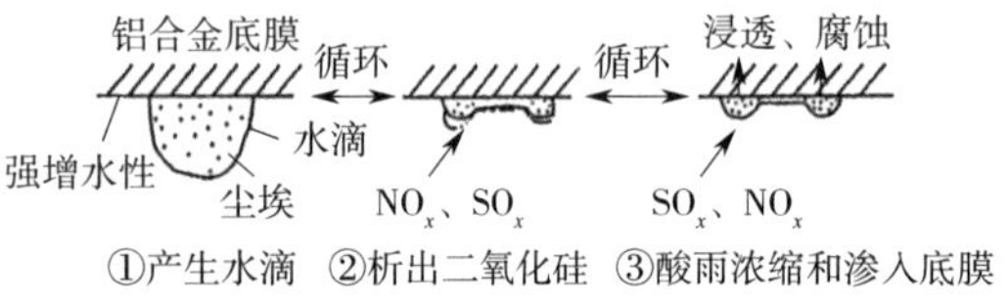

图 3.1.17　点腐蚀模式 [15)]

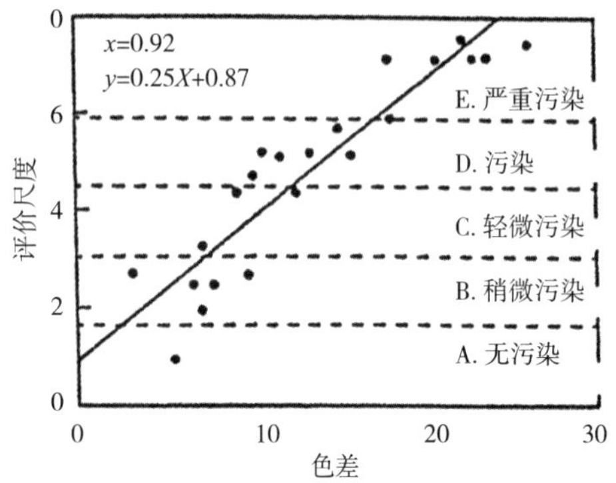

图 3.1.18（1）评价尺度与色差的对应 [16)]

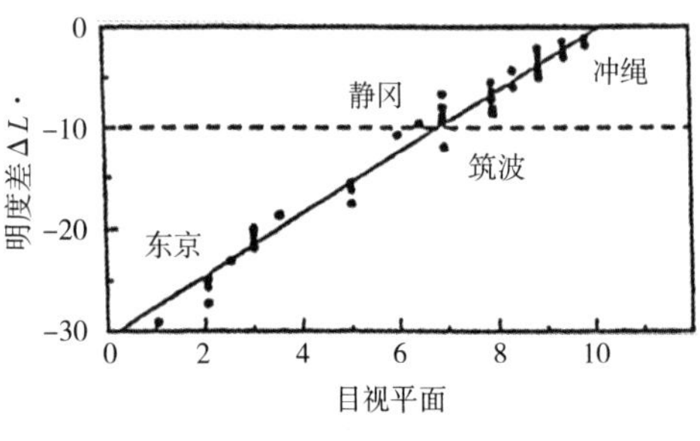

图 3.1.18（2）目视评价与明度差 ΔL*的关系 [16)]

②评价吸水性的碳液吸附法（滴下水和轻油的碳分散液，在 40 ℃恒温饱和蒸汽压力下吸附后，判断超声波清洗碳的脱落情况）。其性能检查项目有：（a）水接触角测定；（b）表面层宏观结构观察（表面产生裂纹、凹凸时污染物渗透性提高，污渍洗净性降低）。

3.1.4.2　防污染型涂料

（1）涂膜耐污染性的定义

建筑物所需要的低污染性是指“很难被污染”，换句话说是指抗污染性。即涂料上的污染物很容易被去除，加上不管在室外如何放置都不被污染物接近，具有污染物难以堆积的性质，该涂料才是终极免维护的涂料。

低污染型涂料的定义是：（a）即使附着污物也容易去除；（b）可被雨水或雨滴洗净；（c）难以被污物附着。涂膜的特点有：（a）控制带电性（降低）；（b）控制黏弹性、交联密度（提高硬度）；（c）控制涂膜表面对水、油的亲水性等。折弯暴露试验片 Q=135°，对倾斜面明度差（ΔL）和垂直面雨淋污迹进行评价。雨淋污迹评价基准见**表 3.1.37**。另外，明度差和雨淋污迹有关联性。

（2）减少涂料污染的对策

一般涂料暴露在紫外线、水、酸雨中，经过几年后，涂膜中的树脂被分解，表面发生劣化。分解后末端生成有极性基团的低分子质量物质，因此显示亲水性，涂膜粉化。粉化后表面即便粘有牢固污染物，也会被一起洗掉，所以该涂膜的污染问题不大。氟树脂涂料有氟树脂特有的表面特性，涂料有一定的憎水性，C—F 键的结合能很大。因此它对紫外线、酸、碱等很稳定，具有坚韧的表面结构及持

表 3.1.37　雨淋污迹评价基准 [3)]

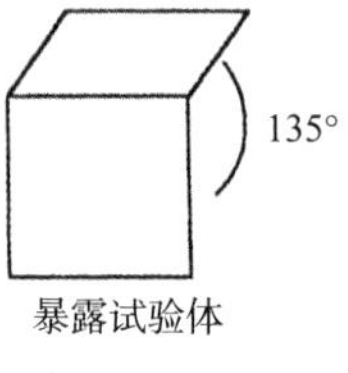

评级	评价基准
0	完全没有污染
1	几乎没有污染
2	局部有很薄的污染物
3	几乎整体能看到薄薄的雨淋污迹
4	整体污染明显
5	整体污染显著

续的憎水性，因此雨淋污迹很明显。

与原有的常识“防污=涂膜憎水性”正相反的是，给予涂膜表面一定的亲水性，可使得涂膜表面附着的城市街道油性污物、废气中的疏水性污染物通过雨水自然冲洗清除，形成防止雨淋污迹的手段。

综上所述，应用涂料降低城市型污染的对策如下。

①提高涂膜硬度。提高玻璃化温度 T_g。增加污染易去除性（**图 3.1.19**）。

②使涂膜表面具有亲水性。这样一来，就不容易被污染（**图 3.1.20**），水进入污物下方，污物浮起与水一起流下来。

③使涂膜表面具有超憎水性。如此污物难以附着，污染易被去除。

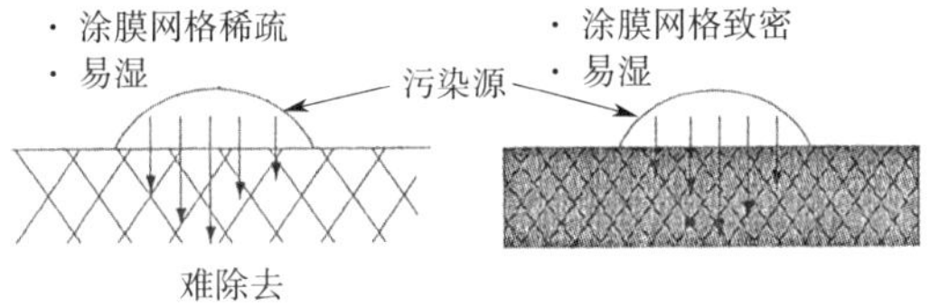

图 3.1.19　高污染去除性

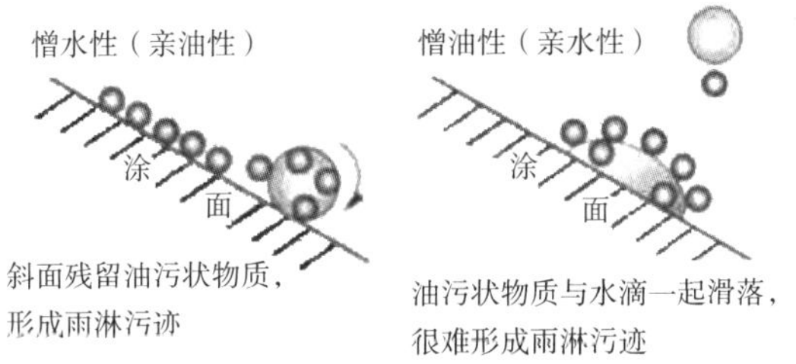

图 3.1.20　耐污染性

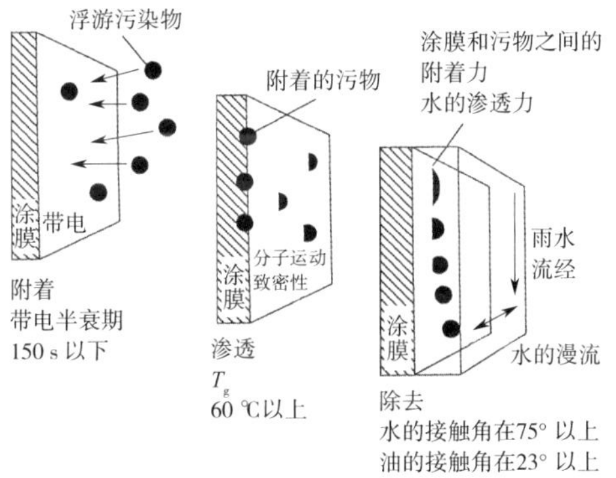

图 3.1.21　涂膜的特性和污染性的关系

上述内容整理结果见**图 3.1.21**。

实际感受到的污染 ΔL 值因个人及色相有差异，基本上 7 是上限，接触角在 65° 以下。另外，雨淋污迹与雨水流过时涂膜表面时的易湿性有关，动态接触角是 90° 以下，表示易带静电，表面电阻值是 10^{11} Ω。

3.1.4.3　高耐久性和耐污染性涂料

（1）水玻璃系

高耐久性功能涂料有氟树脂、丙烯酸树脂，低污染性涂料有硅烷系亲水树脂等。通过硅氧键结合（—Si—O—Si—）形成三维网状结构，添加低缩聚型磷酸盐化合物三聚磷酸钠和阳离子胶体二氧化硅到水玻璃中，组成最佳混合比，具有亲水性、持久性，成膜过程中可抑制裂纹产生的涂料已经上市。

在阳极氧化膜作为底膜的涂膜中，添加阳离子性的改性环氧树脂使附着性得到提高。在涂膜性能方面，铅笔硬度为 6~7H，静态水滴接触角约为 15°，在氙灯加速耐候性试验中经 3 000 h 后还保持亲水性。另外，在交通流量很大的阪神高速公路沿线进行室外暴露试验，经过两年后，涂膜没有劣化，仍然保持亲水性，几乎没有污物[8)]。

（2）光催化剂系

利用氧化钛光催化剂的亲水功能。光催化剂具有吸收波长 380 nm 以下紫外线（**图 3.1.22**）的反应性，所以接收阳光、荧光灯中的紫外线时，显示出很强的氧化分解作用，并释放活性氧，分解油污等有机成分。随后光催化剂表面形成水膜，发挥亲水功能。该光催化剂亲水功能使水易溶入污物，所以简单

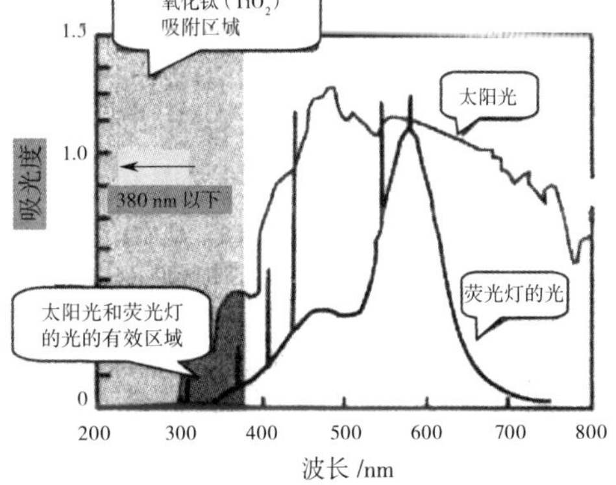

图 3.1.22　光催化剂发挥功能所需光的波长和可见光活性氧化钛光催化剂[17)]

的水洗或雨水就能冲走附着在表面的污物。氧化钛本身没有变化，因此效果持续时间长（**图 3.1.23**）。光催化剂型课题及注意事项如下。

①涂装底膜和光催化剂层之间要有隔离层（保护分解层）。要含有难燃无机成分的树脂。

②涂装偏差：光催化剂涂膜是清漆膜，涂装部位与未涂装部位难以用肉眼区分，所以将染料混入涂料中，利用光催化剂效果使其分解。

③在常温下能使其充分硬化，彻底贯彻现场施工规范是最重要的。

以下介绍有代表性的光催化剂技术。

<松下电工>通过在无机系涂料中混入部分苯基等有机化合物，使其有追随基材伸缩的柔软性，因现场施工，所以用脱醇缩聚反应使其硬化。

<YKK AP>铝建材防污技术是在阳极氧化复合膜上形成光催化剂清漆膜中间层。在建筑物上实际使用 5 年后还能发挥高亲水性，保持高效的防污效果。

②可以大幅削减清扫费用，有助于维持建筑物及周围街景的美观。另外，还可以提高企业知名度，提高楼房租赁的竞争力。

③清洗后没有废水处理问题，成为符合时代潮流的环保型建筑材料。

参考文献

1）シンポジウム「環境対応型塗料の現状と今後」テキスト，軽金属製品協会（1997.5）.

2）鈴木清隆：低汚染型高耐候性塗料の現状と今後，アルミプロダクツ（1997.10）.

3）角井和夫，大沢悟ほか：環境対応型高耐久性低汚染塗料に関する研究，日本建築仕上学会・大会学術講演（2002）.

4）大日本塗料：セラミック系ハイブリット樹脂塗料.

5）峠田博史：光催化剤による機能性塗膜への応用，第 81 回サンスクール講義録，旭サナック.

6）大日本色材工業：雨水で汚れを落とす無機コーティング剤.

7）久保田浩：光催化剤を応用した塗料の汚染性に関する評価，日本建築仕上学会・大会学術講演（2002）.

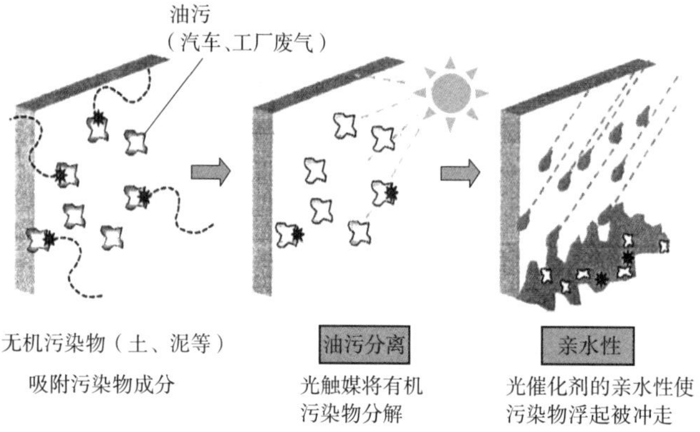

图 3.1.23　光催化剂防污原理概念图[14]

照片 3.1.1　防污效果[6]

3.1.4.4　耐污染性涂料的防污效果和耐候性

被赋予防污功能的涂料，不会发生污物堆积现象。另一方面，原有的氟树脂涂料会越来越脏（**照片 3.1.1**）。另外，加速耐候性试验结果见**图 3.1.24**。由于基本树脂没有什么变化，因此可获得高耐候性。

使用光催化剂的铝外装材料的优点如下。

①主流颜色是茶色、灰色等，即便是不禁脏的颜色也可放心使用，增加了室外装饰材料的颜色种类，设计创意性表现更加自由。

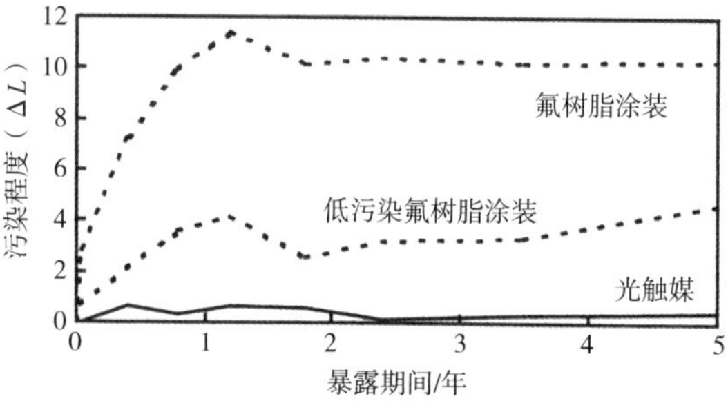

图 3.1.24　由室外污染促进暴露试验看污染随时间的变化[14]

8）吉川英一郎：低汚染性・易洗浄性アルミニウムパネルの塗膜開発，神戸製鋼所技報，50，No.2（2000.9）.
9）岡元宣昭：アルミ外装防汚パネル，建築知識，1999 年 6 月号.
10）井上稔：光催化剂効果の外壁コーティング，建築コスト研究，2002 年夏.
11）鈴木清隆：アルミ建材低汚染型高耐候性塗料の現状とその性能，塗装技術，2005 年 4 月号.
12）鈴木清隆：超親水性光催化剂のアルミ建材用塗装への応用，塗装技術，2006 年 10 月号.
13）鈴木清隆：景観材としてのアルミ塗装材の汚れ対策，塗装技術，2006 年 6 月号.
14）番匠信幸：光催化剂防汚アルミニウム建材，J. JILM，56（2006.7）.
15）塗装工学，Vol.28，No.8（1993）.
16）中家俊和ほか：建築構造物の汚れと低汚染性塗料に関する研究，日本建築仕上学会（1994）.
17）藤嶋，橋本，渡部：光触媒のしくみ，日本実業出版社（2000.10）

3.1.5 抗菌性

3.1.5.1 抗菌处理方法

最近的建筑物中高气密性、高隔热性住宅逐渐普及，空调、气密性等改善了人们的居住环境，同时也减少了空气流动，导致室内湿气滞留，形成非常适合细菌、霉菌繁殖的环境。1993 年发生医院内感染问题，1996 年 O-157 病原性大肠杆菌流行，消费者出于清洁、安全考虑对抗菌商品的需求持续增加。

在这样的市场趋势下，在要求清洁度的铝建材、铝建筑构件、栏杆、金属配件、内饰材料等的阳极氧化膜上，使用含抗菌剂的清漆涂料进行静电涂装或电泳涂装受到广泛欢迎。

（1）抗菌剂的作用

抗菌是指产品表面能抑制细菌生长，与杀灭或除去细菌的杀菌、除菌不同。JIS 规定，细菌增殖率在 1%以下时，可以认为产品有抗菌效果。

给涂料添加抗菌剂时，为有效发挥抗菌效果，抗菌剂的作用成分必须有效地接触细菌类，因此需要满足以下三个条件：（a）出现在表面上；（b）均匀分布；（c）适当地扩散、溶出。

抗菌剂大致分为无机抗菌剂和有机抗菌剂，按发挥抗菌作用的有效成分分类，见**表 3.1.38**[1]、**表 3.1.39**[1]。涂料用抗菌剂，归为有机抗菌剂的有吡啶类、噻唑啉类、邻苯二甲酰亚胺类等，归为无机抗菌剂的有银类。有机抗菌剂是化学药品，无机抗菌剂是离子交换体，利用多孔沸石作为有抗菌性的 Cu、Ag、Zn 等金属离子的载体。

选择符合质量要求的抗菌剂要检查抗菌能力的速效性、持续性、耐变色性、安全性。抗菌剂的选

表 3.1.38 主要无机抗菌剂

系别	载体	抗菌成分	商品名
硅酸盐系	沸石	Ag、Zn	舍奥米克
	沸石	Ag、Zn	铜板（嘉娜宝化成）
	硅胶	Ag 络合物	松下电器（松下电器产业）
	偏硅酸铝镁	Ag、Zn	AIS（催化剂化成工业）
磷酸盐系	磷酸锆	Ag、Zn	诺瓦隆（东亚合成）
	羟基磷灰石	Ag	Apocider-A（栈木）
	磷酸钙复盐	Ag、Zn	抗菌陶瓷（新东 V 陶瓷）
	难溶性磷酸盐	Ag、有机杀菌剂	拉萨普（RASA 工业）
玻璃系	熔融玻璃	Ag、Cu、Zn	纯离子（石冢硝子）
	熔融玻璃	Ag、Cu、Zn	百万杀手（兴亚硝子）
其他	氧化物固熔体	Zn、Cu	SEABIO（朋友系统）
	氨基酸金属皂	Ag、Zn、Cu	Holonkiller（日矿）
	氧化钛（光催化剂）	—	—

注："商品名"栏中括号内为发售当时的公司名称。

表 3.1.39　主要有机抗菌剂

类别	药剂	略称	商品名
异噻唑啉类	2-正辛基-4-异噻唑啉-3-酮	OIT	SKANE M-8
	1，2-苯并异噻唑啉-3-酮	BIT	Proxel
	N-丁基-1，2-苯并异噻唑啉-3-酮	*n*-BBIT	Vanquish
吡啶类	双（2-硫代-1-氧化吡啶）锌	ZPT	Jinta　Omadine
	2-巯基吡啶-1-氧化钠盐	—	吡硫钠
咪唑类	2-（4-噻唑基）苯并咪唑	TBZ	Methazole TK-100
	2-苯并咪唑氨基甲酸甲酯	BCM	Preventol BCM
有机砷类	10，10′-氧代双吩噁砒	OBPA	霉克净
卤素类	2，4，5，6-四氯间苯二甲腈	TPN	Knockside N-95
	3-碘-2-丙炔基丁基氨基甲酸酯	IPBC	TROYSAN P-100
邻苯二酰类	N-（二氯氟甲硫基）邻苯二甲酰亚胺	—	Preventol A3
季铵盐类	烷基二甲基苄基氯化铵	—	苯扎氯铵
天然类	壳聚糖	—	壳聚糖
	丁香醇	—	丁香醇

择条件如下：

①对广谱范围内菌种有抗菌性；

②低浓度下有高效抗菌效果；

③抗菌效果持续时间长；

④不溶于水且效力持续；

⑤在热、紫外线、酸、碱、洗涤剂等条件下不降低效力，化学稳定性好，耐久性强；

⑥对人体安全性高；

⑦不影响涂料、涂膜的物性。

表 3.1.40[2)]所示是有机和无机抗菌剂的特性比较。银类抗菌剂具有优异的耐热性，对高温下烘烤的涂料、粉末涂料效果好。大多数银类抗菌剂含有 1~2 μm 的微

表 3.1.40（1）有机、无机抗菌剂的一般特性

项目	有机系	无机抗菌剂
微生物作用	溶出类型、主动式	接触类型、被动式
抗菌、防霉性	速效性强，对细菌和霉菌均有效，因受水、热影响，效力有所降低	优异的持续性；对细菌有效；抗霉菌效果温和；水、热等不会降低效果
耐性菌	有发生的可能性	难发生
耐变色性	难变色	易变色
安全性	多为低毒性	安全性高

表 3.1.40（2）有机、无机抗菌剂的一般特性

	有机抗菌剂	无机抗菌剂	
	季铵盐（DDAC①、欧司邦）	银沸石	氧化钛薄膜
优点	诱导体容易制作	耐热、安全、易加工、稳定	多功能（防污、防臭）
缺点	不耐热，易分解	氧化或 S、Cl 等发生化学反应引起着色、溶出导致失效	需要光能，与载体等的反应性大
作用机制	对磷脂、蛋白质起作用	Ag^+作用，对磷脂、蛋白质起作用，活性氧作用	活性氧（O_2^-、OH、H_2O_2）作用

粒（例：转化催化剂、原子球为粒径 10~15 nm 的纳米胶体球状、米粒状），所以与液体涂料混合时，最好预先制成浆糊状，边搅拌边添加。由于银类抗菌剂安全性高，耐药性细菌出现的可能性低，因此在医院和食品相关工厂等领域被广泛使用。

（2）抗菌作用的原理

细菌和霉菌繁殖的环境条件是温度 25~40 ℃、湿度 70%~95%，有垃圾、尘埃、皮脂等作为营养源的有机物时繁殖更快。

关于抗菌作用的原理，尚无定论，**图 3.1.25**[2] 是学术界的解释。

①离子学说：金属离子与细菌酶中—SH 基团结合导致细菌蛋白质变性。

②过氧化氢（H_2O_2）学说：臭氧和类似 H_2O_2 的活性氧损伤了菌体表面结构。

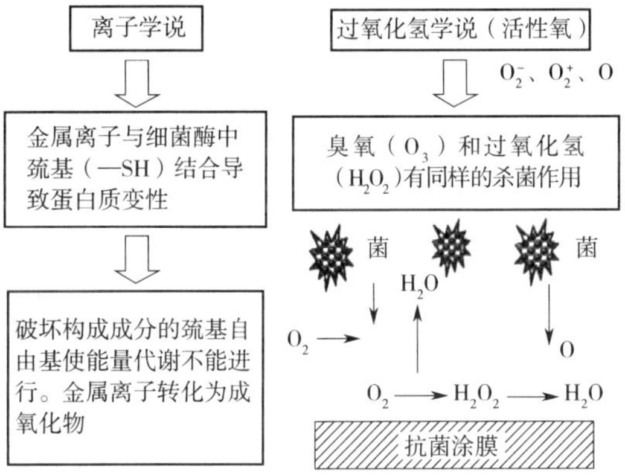

图 3.1.25　抗菌作用原理推测

3.1.5.2　银类抗菌剂的特征

银离子化后变成阳离子，很容易与生活环境中普遍存在的氯化物中的阴离子 Cl^- 进行反应生成氯化银。为了抑制该反应，让银离子与阴离子络合体形成银络合物，作为抗菌成分来利用。有代表性的例子是硫代硫酸银络合物以硅胶为载体，其表面覆盖二氧化硅的结构。其具有以下特点。

①安全性：蒸气压低，有非环境污染性，进行安全试验得到阴性结果。

②耐氯性：抗菌成分银与阴离子络合体形成银络合物，从而产生耐氯性。

③透明性：使用与树脂有相似折射率的硅胶作为载体，进行充分分散、混合，可以得到实用的透明性。

④抗菌性：如**表 3.1.41**[3] 所示，银类抗菌剂对导致医院内感染问题的细菌（MRSA）可发挥抗菌性作用。

⑤耐热性：约 230 ℃。

3.1.5.3　评价抗菌性试验方法

全世界对衣食住行的安全性普遍关注，日本有关抗菌产品性能评价试验于 2007 年 9 月得到国际标准化组织 ISO 承认，于是 JIS Z 2801 变成 ISO 22196。

抗菌试验方法如**表 3.1.42**、**图 3.1.26** 所示。Harrow 试验法适合溶出类型的抗菌性评价，是调查阻止菌类生长范围的定性方法。点滴法、薄膜黏合法是用于不吸水平滑试验材料的评价方法。

3.1.5.4　有防虫效果的抗菌性涂料

有涂料宣传说，即使不喷杀虫剂，蟑螂 10 年内也不会靠近[4]。将防虫成分混入涂料树脂，在镀锌板或不锈钢板上形成 1 μm 厚的薄膜。防虫成分是不挥发性的类固醇类化合物，不直接接触没有效果，蚊子或蟑螂等接触到这种不挥发性物质后立即逃走，除此以外对昆虫、害虫等也有效。防虫成分的毒性与食盐

表 3.1.41　在氯离子环境下银络合物抗菌剂抗 MRSA 性能评价结果

菌数 / 类别	MRSA 初期菌数/（CFU/mL）	24 h 后 MRSA 存活菌数/（CFU/mL）	
		存在 Cl^- 的环境	不存在 Cl^- 的环境
无添加的树脂板	1.0×10^4	4.9×10^3	7.8×10^3
添加抗菌剂的树脂板（3wt%）		<10	<10

译者注：MRSA 指抗药性金黄色葡萄球菌。

表 3.1.42　抗菌性试验方法

试验名称	试验概要
Harrow 试验法	定性评价抗菌性的方法是看试验片在琼脂培养基溶出的抗菌剂能否形成繁殖阻止带
摇瓶法	测定由规定的细菌引起的菌液初发菌数和沸腾后的菌数并求出减菌率
点滴法	在试验片表面滴下菌液，测量经过一定时间后的菌数
薄膜黏合法	在试验片表面滴下菌液并覆盖减菌薄膜，等几个小时后洗去滴下的试验菌液，测量菌数

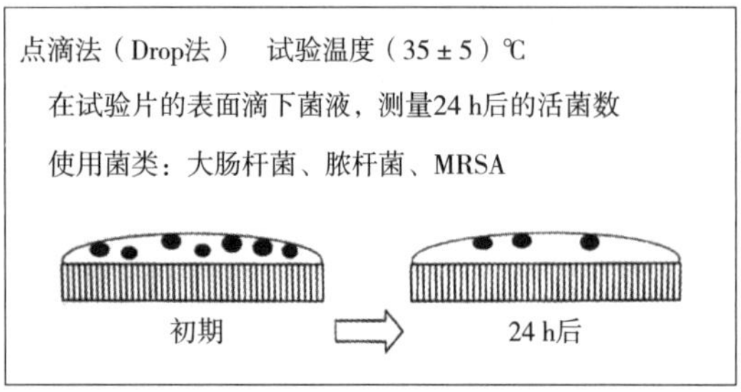

图 3.1.26　抗菌试验方法

差不多，体重 10 kg 的孩子即使摄入 300 mg 也不会损害健康。该防虫成分含有神经毒素，作用于昆虫类神经细胞上的受体并产生去极化。此神经毒素对哺乳动物、鸟类受体的影响很小，因此是安全的。即使该防虫成分扩散、蒸发，也不用担心对空气产生污染。

参考文献

1）谷口明男，内田真志：抗菌塗料，塗装技術，2003 年 10 月増刊.

2）最近の抗菌剤の特徴と軽金属製品への効果的利用法，軽金属製品協会講演会テキスト（1997.12）.

3）冨岡敏一：家電製品および生活関連資材における抗菌処理の現状，表面技術，49，No.5（1998）.

4）神戸製鋼所ホームページ（2007.11）.

3.1.6　隔热性

3.1.6.1　什么是隔热涂料

城市热岛现象等导致气候变暖，成为很大的社会问题。可采取的对策是搞好城市绿化、建造隔热性好的建筑、提高空调效率等，但是对已建成的楼房这个问题很难解决。最近对已建成的建筑物仅采取涂装［太阳能高反射涂料（隔热涂料）］就可达到抑制蓄热的目的，引起人们的广泛关注。

太阳能高反射涂料是指以保护、美化为目的，具有红外线反射功能的涂料，由涂料阻断热的侵入。它主要用于建筑物的房顶材料、外墙材料、铝幕墙，以及车辆、油罐、船舶、电子零部件等众多产品的涂装。不需要投资特殊设备，将原有涂料替换成该隔热涂料，赋予其红外线反射功能即可。

该隔热涂料系统在室外温度比室内温度高的环境下，抑制室外的热传递到室内。特别是对受阳光影响大的屋顶进行涂装后，可以抑制室内温度上升，夏季可减少空调使用，节省能源（**图 3.1.27**[1]）。让太阳光充分反射，从而起到隔热作用。不使用几乎能吸收全部远红外线的炭黑，将微细透明的空心陶瓷球体有规律地排列、均匀分散形成硬质表层（**图 3.1.28**[2]），反射太阳光并散热。由于折射率的差异，在其内层也有反射，因此能更好地散射阳光，有效提高反射特性，抑制温度上升。因是空心球体结构，热导率低，涂膜自身的热导率也变低，叠加后进一步提高了隔热效果。

使用实例是在阳极氧化膜上涂太阳能高反射涂料形成 10~50 μm 厚涂膜，在此基础上再涂低污染清漆涂料形成 5~20 μm 厚涂膜[7]。

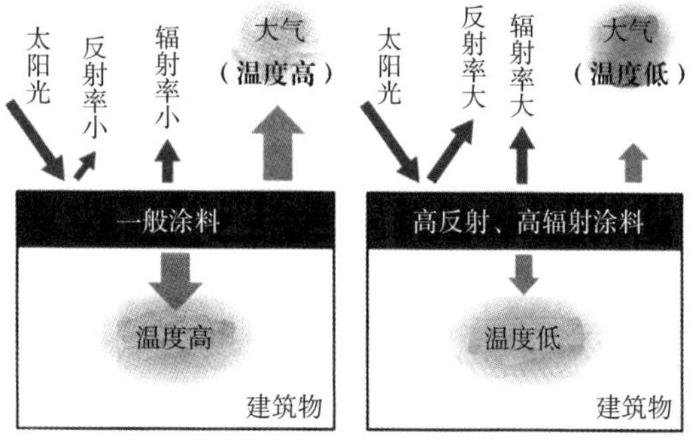

图 3.1.27　一般涂料与高反射高辐射涂料的差异

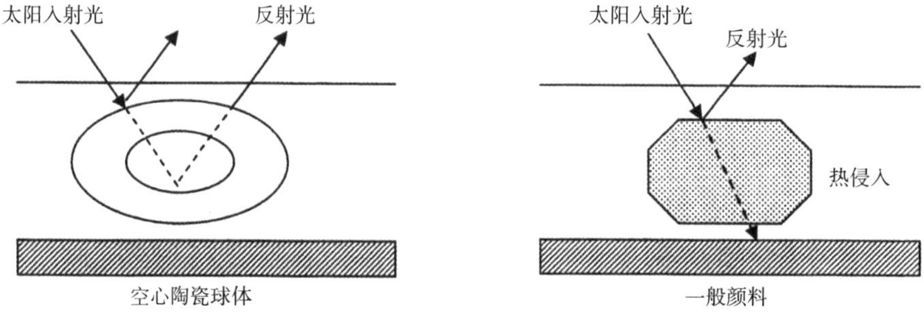

图 3.1.28　陶瓷球体和一般颜料的反射

3.1.6.2　隔热涂料的效果和展望

选择在 JIS R 3106 中定义的光谱反射率最高的颜料，其在 780~2 100 nm 红外线波长区域显示接近白色的光谱反射率。**图 3.1.29**[3] 所示是几种基材的阳光反射率和热反射率的比较。高反射高辐射涂料的阳光反射率是 90%，辐射率是 90%，对太阳能的吸收变少，部分被吸收的太阳能也因高辐射缘故，可以抑制晴天上升的温度。隔热涂料改善了环境，节省了能源，还可消减 CO_2、改善热岛效应等，正在各个领域被广泛使用。

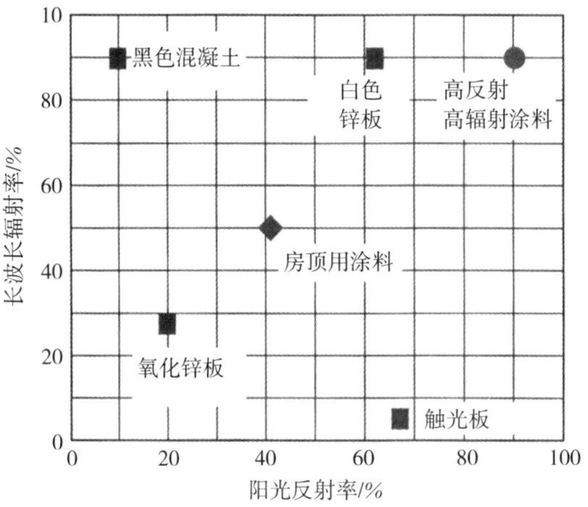

图 3.1.29　阳光反射率和长波长辐射率

对铝制幕墙涂装隔热涂料，还具有防止铝板因热发生伸缩产生噪声的效果。

3.1.6.3　测量涂膜阳光反射率

具有太阳能高反射涂料的特性，通过测算每日光反射率，可以定量求出分光反射特性，得到被涂面降低蓄热量的效果。

制作白底和黑底涂装试验板，用分光测量仪测量其阳光反射率。波长范围定在 300~2 100 nm，测量仪的入射角度不超过 15°。分光测量仪是一般化学分析使用的近紫外线、可见光及近红外线分光光度计，附有受光用积分球，满足 JIS R 3106 规定的性能要求。

参考文献

1）中井一寿：屋根用遮熱塗装システム，塗装技術，2005 年 12 月号.

2）西川裕二：建築用遮熱・断熱塗装システムについて，塗装技術，2005 年 12 月号.

3）二階堂稔：平成 17 年度建築塗装講習会テキスト，（社）日本塗料協会.

4）三木勝夫：高反射塗料の理論と応用展開.

5）大橋，宇野，三木，和田，伊達：日本建築仕上学会 2003 年大会学術講演会.

6）前川晶三，清水亮作：塗膜の日射反射率測定方法の標準化について，塗装技術，2006 年 12 月号. 日塗検ニュース No.118（2006）.

7）特許出願番号　特願 2001-354455.

3.1.7　耐候性

3.1.7.1　高耐候性涂料的出现

能使用 20 年的高耐候性涂料与原有涂料相比价格较高，但与使用周期相比还是便宜的。涂装耐久性设计从 LCC（生命周期成本）的角度来选择涂装技术。比如，比起初期占涂装工程费用 10%~30%的涂料成本来说，考虑使用更长年限很重要。

1965 年美国开发了含有 70% 以上聚氟乙烯树脂粉末的 Kaynar 500 涂料。可是，在日本直至 1984 年对该涂料的使用几乎是空白。1969 年帝国酒店施工时尝试使用该涂料，但竣工后该涂料发生剥离事故，给氟树脂造成了很坏的影响。事故的原因是烘烤涂装时温度管理不善，未能保持涂膜所需的 240 ℃的温度。

如今，除了 20 年的卓越性能外，还广泛使用可进行金属涂装的氟树脂涂装。大理石具有与自然生色同等及以上的等级，同时具有色彩自由度特别高等涂装优点，因此视觉效果得到了认可（**表 3.1.43**）。

3.1.7.2　涂装用氟树脂与其性能

涂装用氟树脂的种类及特征见**表 3.1.44**，加上 Kaynar 型和 Lumiflon 型的比较见**表 3.1.45~表 3.1.47**。涂装用氟树脂的最大特点是具有高耐候性，这是因为氟单体 C—F 键结合能比紫外线能量要大。Lumiflon 型是氟单体与涂料化所必需的其他单体有规律地交替排列形成的树脂，抗紫外线能力弱的乙烯基酯受到抗紫外线能力强的氟单体的保护（**图 3.1.30**）。

3F 系、4F 系氟树脂的氟单体与乙烯基酯的互换性比氟树脂要低，因此乙烯基酯交联部位会因紫外线能量高而发生破坏。2F 系、PVDF 系为涂料化氟树脂而使用抗紫外线能力弱的丙烯酸，但使用了尽可能不破坏耐候性的配比。证实 Lumiflon 型超耐候性的分子结构见**图 3.1.31**。

表 3.1.43　各种铝用涂料性能的比较

合成树脂涂料	合计膜厚/μm	光泽色	硬度	附着性	耐污染性	耐候性	耐化学性*	耐 CASS 性
（铬酸盐底膜）								
热固性丙烯酸	40	3 分~有各色	◎	◎	○	□	◎	○
常干型聚氨酯	40	3 分~有各色	○	◎	○	□	◎	○
烘烤型聚氨酯	40	3 分~有各色	◎	◎	◎	○	◎	○
硅丙烯酸	40	3 分~有限定	○	◎	◎	◎	◎	○
低温氟	40	3 分~有限定	○	◎	◎	◎	◎	◎
高温氟	40	3 分~有限定	○	◎	◎	◎	◎	◎
（阳极氧化底膜）								
丙烯酸清漆 ED	21	2~3 分阳极氧化膜色	◎	◎	○	◎	◎	○
氟清漆 ED	21	2~3 分阳极氧化膜色	○	◎	◎	◎	◎	◎

注：◎表示极优；○表示优秀；□表示良好；△表示可；× 表示不可；*表示耐酸、耐碱。

表 3.1.44　氟树脂的特征

结构式	干燥温度	颜料分散性	修补性	色彩幅度	价格	耐候性	作业性
3F 系 FEVE	常温~高温	◎	◎	◎	○	◎	◎
3F 系 FEVEs	常温~高温	◎	◎	◎	○	○	◎
4F 系 FEVEs	常温~高温	○	○	◎	○	○	○
2F 系 PVDF	高温	○	△	△	◎	◎	仅工厂涂装

表 3.1.45　Kaynar 型和 Lumiflon 型的比较

（1）Kaynar 型和 Lumiflon 型的比较

	PVDF	FEVE（译者注：分子结构不完整）
分子结构	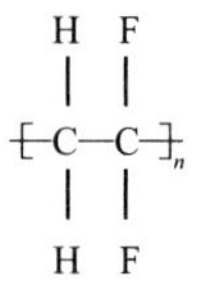	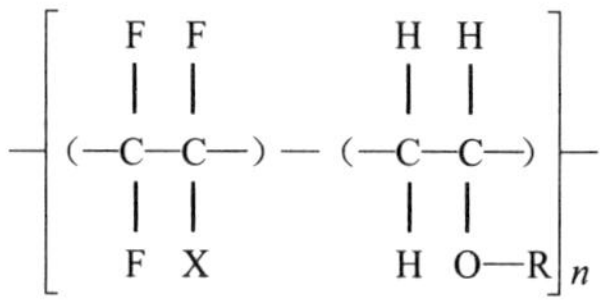 X=—F、—CF_3、—Cl、—R_1—R_4—OH、—COOH
氟原子百分率/%	59.3（42）	27~29
性质	粒状（结晶性聚合物）	液状（非结晶性聚合物，可溶于溶剂）
涂膜形成	热熔融	架桥硬化
硬化条件	230 ℃、10 min	常温（2 种液体）；120~180 ℃、20 min（1 种液体）
硬化剂	—	三聚氰胺或异氰酸酯
代表品牌	KAYNAR-500（PENNWALT 公司）	Lumiflon（旭硝子株式会社）

（2）氟树脂的物理性质比较

种类 / 物理性质	PE $(CH_2CH_2)_n$	PVF $(CH_2CHF)_n$	° PVDF $(CH_2CF_2)_n$	PTrFE $(CHFCF_2)_n$	PTFE $(CF_2CF_2)_n$	° FEVE 聚合物 $(CF_2CFXCH_2CHOR)_n$
单体相对分子质量	28	46	64	82	100	204
氟原子百分率/%	0	41.3	59.3	69.5	76	28
折射率（n_a）	1.51	1.46	1.42	1.36	1.35	1.47
临界表面张力（γ_c）/（dyn/cm）	31	28	25	22	18.5	28~32
（静）摩擦系数（μ）	0.33	0.30	0.1~0.3	0.30	0.04	0.2~0.5
相对介电常数（ε_1）	2.3	9	8	7.5	2.1	3~4
熔点（T_m）/℃	137.5	230	210	210	327	（220）
溶解熵（ΔS_u）/[cal/（deg · mol）]	2.34	3.60	3.31	3.30	1.14	—

（Kaynar）　（Lumiflon）

表 3.1.46　高温烘烤氟树脂涂料和中温烘烤氟树脂涂料的比较

项目	涂料类型	
	Duffon K500 聚四氟乙烯	Duffon K200 聚氟乙烯酯
烘烤条件	230~240℃、10 min。要求有高温烘烤设备和专业涂装技术，因此熟练工厂较少	170~180℃、20 min。可在较低的温度下烘烤，通用性高
造膜机构	由热塑性（熔流）造膜系统形成连续涂膜，与其他涂料相比在修复性、附着性方面表现优异	在与一般烘烤涂料类似的热固化系统中涂料液中的固化剂因烘烤溶解与涂料反应固化
树脂性质	热塑性树脂，结晶性聚合物，树脂自身是消光的	非结晶性聚合物可溶于溶剂，含有反应性高的官能团的特征，树脂有光泽
光泽度调整	树脂本身是消光的，所以光泽度限定在 20~35 范围内	树脂有明亮色、使用消光剂调整明亮色可获得任意光泽度，多量使用消光剂性能会降低
耐久性业绩	①有 20 年以上业绩（铝基材）； ②耐候性、耐热性、非黏结性、耐污染性、室外暴露时长期耐久性优异，其他涂料无法比拟	有 8 年业绩。据推测其性能可与使用的 Kaynar 500 氟树脂涂料互换（铝基材）
氟树脂涂料代表厂家名称	日本涂料（Duffon K500）等	日本涂料（Duffon K200）等

表 3.1.47　高温、中温、低温氟树脂选择基准

	高温氟树脂（240 ℃）	中温氟树脂（170 ℃）	低温氟树脂（120 ℃）
涂装业绩（自然暴露）	◎	○	○
综合涂膜性能	◎	○	○
生产性	○	◎	◎
污染性	◎	◎	○
色域、艳色幅度	○	◎	◎
涂装作业性	◎	◎	◎

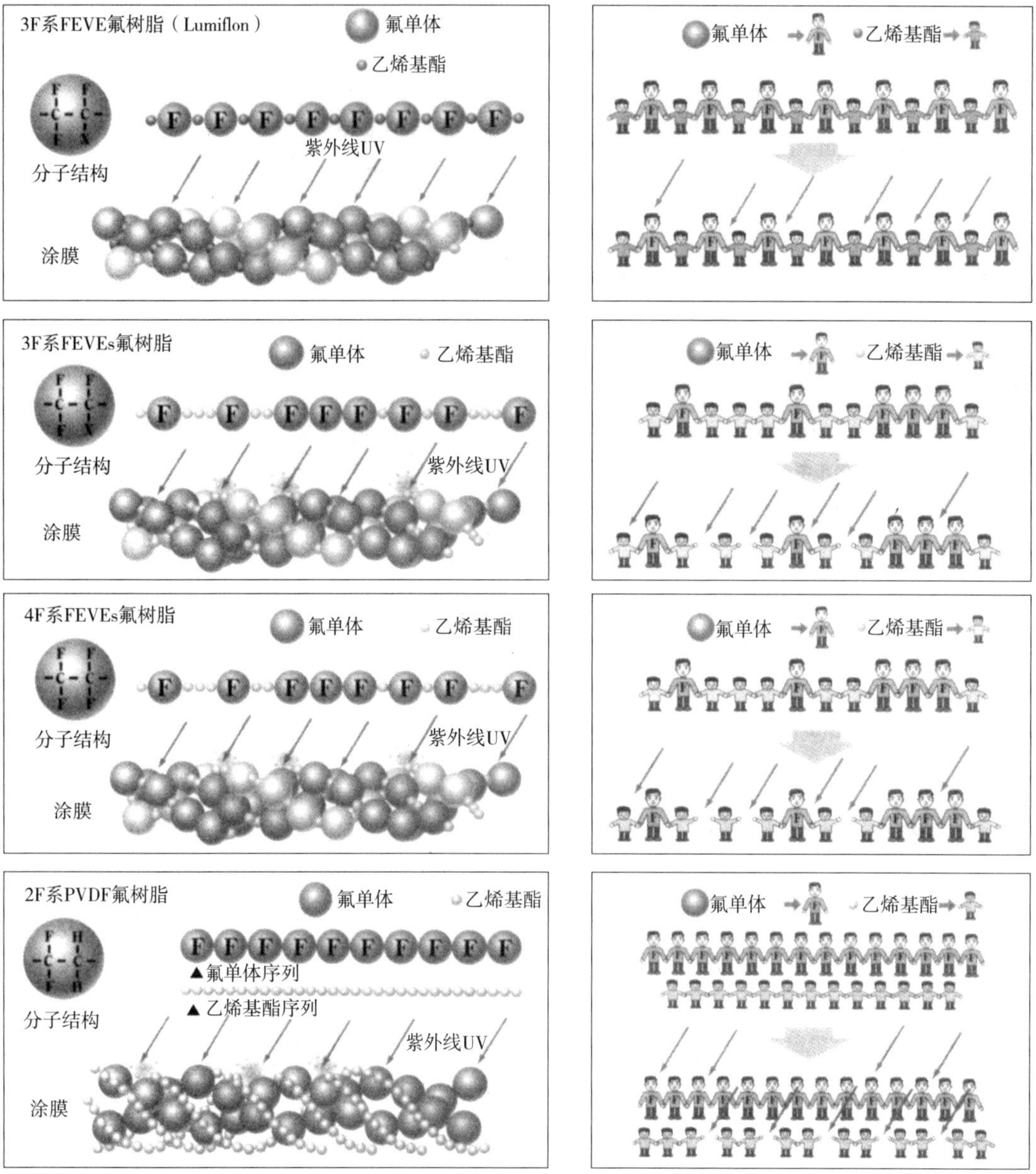

图 3.1.30　耐候性印象图形

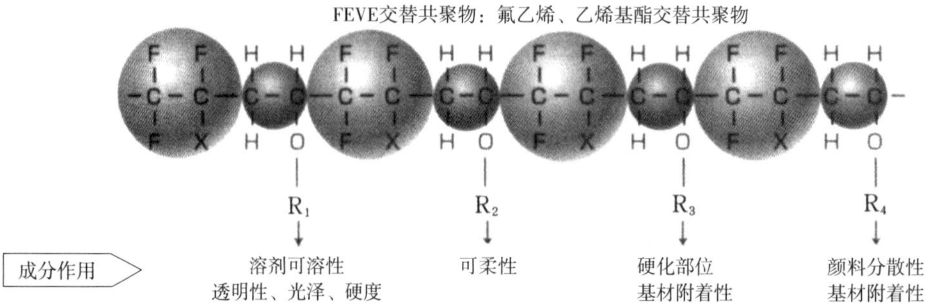

图 3.1.31　涂料用氟树脂（Lumiflon）的分子结构

氟涂装的特征总结如下。

①耐候性、耐腐蚀性优异，不易被划伤且能很好地保护底膜。

②色彩搭配自由度高，能适应色调的微妙要求。

③常温干燥就可获得室外耐久使用性能，便于修补等修饰用。

高温烘烤热塑性氟树脂涂装处理的铝材性能试验结果如**表 3.1.48**[5]所示。涂装底膜是阳极氧化膜的话，厚度在 6~20 μm 最佳。

3.1.7.3　陶瓷涂料及其性能

陶瓷涂料是硅氧烷树脂成分和有机聚合树脂成分组成的复合树脂体系，具有由硅氧烷结合的三维网状玻璃结构组成的强无机成分骨架。如**图 3.1.32** 所示，陶瓷涂料是以硅胶（聚硅氧烷化合物）为基础，由无机成分和有机成分（主要是硅氧烷改性丙烯酸树脂）复合而成，不仅是两者的单纯混合，而是将表面被修饰的无机成分和特殊有机成分组合起来，进而将无机涂料、有机涂料两种特性相结合进行混合化的产物。陶瓷涂料的特点如下。

①具有高耐候性。

②硬度高，加工性优异。

③耐污染性及耐化学性优异。

④与铝材的附着性优异。

⑤易保存，涂料作业性优异。

表 3.1.48　阳极氧化膜+高温烧制可塑性氟树脂涂装品的涂膜性能结果

涂装底膜			阳极氧化膜					铬酸盐膜
			3 μm	6 μm	9 μm	15 μm	20 μm	
涂膜厚度			36 μm	35 μm	33 μm	36 μm	34 μm	45 μm
一次黏结	胶布剥离 （1 mm 间隔）×/100		100/100	100/100	100/100	100/100	100/100	100/100
耐冲击性	杜邦式 1/2″ × 1 kg		35 cm	30 cm	30 cm	25 cm	25 cm	30 cm
耐沸水性	7 h	涂膜状态 后黏结性	○ 100/100	○ 100/100	○ 100/100	○ 100/100	○ 100/100	○ 100/100
耐水性	500 h	涂膜状态 后黏结性	○ 100/100	○ 100/100	○ 100/100	○ 100/100	○ 100/100	○ 100/100
耐湿性	500 h	涂膜状态 后黏结性	○ 100/100	○ 100/100	○ 100/100	○ 100/100	○ 100/100	9F 100/100
耐酸性	72 h	涂膜状态	○	○	○	○	○	○
耐碱性	72 h	涂膜状态	○	○	○	○	○	△ ~ ○
CASS 耐腐蚀性	240 h	剪切部位 膨胀 一般部位	1.5 mm △ ~ ○	1.0 mm ○	1.0 mm ○	1.0 mm ○	1.0 mm ○	1.5 mm ○
	500 h	剪切部位 膨胀 一般部位 后黏结性	1.5 mm △ ~ ○ 100/100	1.0 mm ○ 100/100	1.0 mm ○ 100/100	1.0 mm ○ 100/100	1.0 mm ○ 100/100	1.5 mm △ ~ ○ 100/100
冷热循环	3 ↑循环	涂膜状态 后黏结性	○ 100/100	○ 100/100	○ 100/100	○ 100/100	○ 100/100	9M 100/100
	5 ↑循环	涂膜状态 后黏结性	○ 100/100	○ 100/100	○ 100/100	○ 100/100	○ 100/100	8M 100/100
	7 ↑循环	涂膜状态 后黏结性	○ 100/100	○ 100/100	○ 100/100	○ 100/100	○ 100/100	8M 100/100

表 3.1.49 是陶瓷涂料与无机、有机涂料的比较，**表 3.1.50** 是各种无机涂料和无机有机复合涂料的特性及硬化涂膜结构的差异。另外，陶瓷涂膜构造如**图 3.1.33** 所示。

加速耐候性试验结果见**图 3.1.34**，可以看出，陶瓷涂料的光泽保持率、色差均优于氟树脂涂料、丙烯酸硅涂料，有很高的耐候性。

表 3.1.51 是铝外装材料表面处理技术要求的性能比较，可以看出陶瓷涂料是面向 21 世纪环保型超级耐候性涂料。

3.1.7.4　铝涂装底膜与耐候性涂膜的性能比较

从无铬观点出发，代替铬处理使用阳极氧化处理的方法引起人们的重视。设计专家认为[6]，铝表面有阳极氧化膜后附着性稍有欠缺，但铝表面很稳定。

（1）丙烯酸硅涂料对铝合金涂装技术要求

先对基材进行铬酸盐或阳极氧化处理（氧化膜厚 10 μm），再对各个试验片进行喷雾涂装。试验片涂装条件如**表 3.1.52** 所示。评价涂膜性能使用**表 3.1.53**、**表 3.1.54** 所示试验方法和评价基准。评价结果均用“5”表示。在基材无喷涂的情况下，试验片的耐腐蚀性倾向变差。与铬酸盐相比，阳极氧化处理的试验片的性能偏差不大。

（2）使用氟树脂涂料后铝建材复合膜的耐久性[9]

表 3.1.55 所示是试验体表面处理工艺流程。对试验体实施耐腐蚀性试验（**表 3.1.56**）、耐候性试验（**表 3.1.57**），试验结果如**图 3.1.35~图 3.1.37** 所示。试验考察结果如下。

①看一下加速耐候性试验时光泽保持率的变化，明火碳弧测试仪 5 000 h 后，氟树脂光泽保持率比其他涂膜高 2 倍以上。看一下表面 SEM 照片，丙烯酸电泳涂装、聚氨酯静电涂装的涂膜表面产生裂纹，而氟涂装的涂膜表面没看到裂纹且涂膜劣化较少。

②看一下 5 000 h 加速耐候性试验后的 CASS 耐腐蚀性试验结果（图 3.1.37），氟树脂产生的腐蚀很轻微。即使在沿海地区紫外线和盐分叠加的恶劣环境中，氟树脂涂料也有很好的耐久性。（译者注：电泳的有机涂层厚度一般小于 10 μm，喷涂的涂层厚度最少也是 30 μm。）

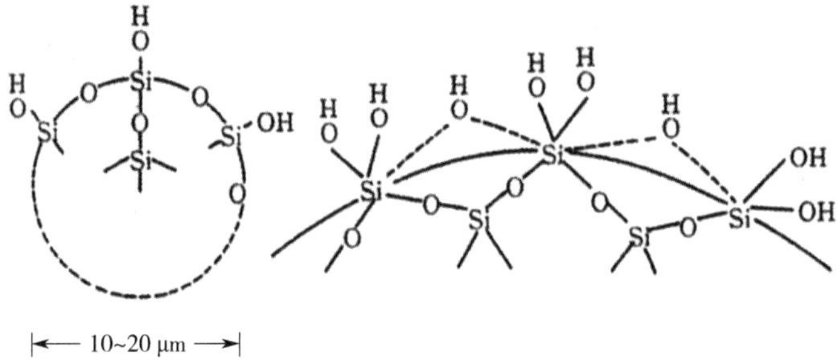

图 3.1.32　硅溶胶的结构

表 3.1.49　陶瓷涂料的特性

	复合无机（无机有机复合）涂料	无机涂料	有机涂料
烘烤温度	常温~300 ℃	250 ℃以上	常温~200 ℃
成膜性	连续成膜	裂纹多	连续成膜
光泽	高光泽~低光泽	低光泽	高光泽~低光泽
硬度	3H~9H	9H	极限 3H
耐候性	几乎无劣化	几乎无劣化	经过一定时间劣化
耐污染性	非常优秀	非常优秀	略有逊色
加工性	良好	不良	良好
涂装作业性	可广泛应用	有很多限制条件	可广泛应用

表 3.1.50 各种无机涂料及无机有机复合涂料的特性

		无机涂料		无机有机复合涂料
类型		丙烯酸硅酸盐系	烷基硅烷系	硅氧烷-丙烯酸合用系
溶剂		水	酒精	一般有机溶剂
硬化机构		丙烯酸硅酸盐的溶胶化反应	烷基硅烷水解缩聚反应	硅氧烷缩聚反应与有机化学反应
交联剂（催化剂）		金属氧化物催化剂	缩聚反应催化剂	缩聚反应催化剂
涂料形态		3~4 种液体	2 种液体	1 种液体
涂料黏度		高触变性	低	可自由设计
硬化涂膜结构		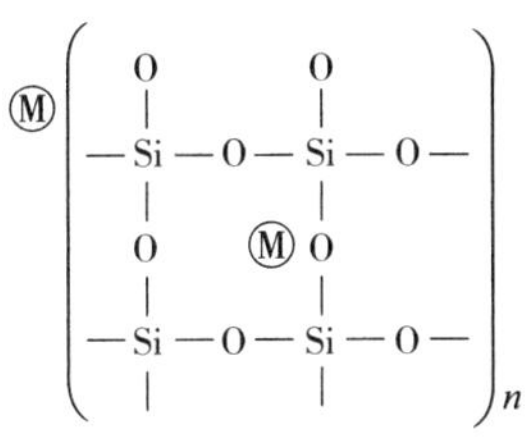 Ⓜ：丙烯酸金属	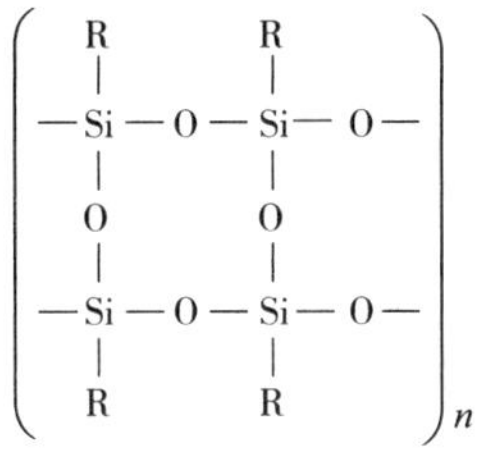 R：烷基	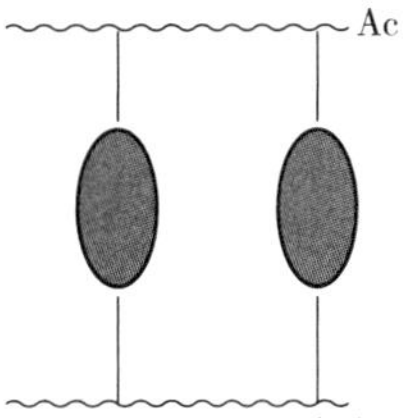 硅溶胶 Ac：丙烯酸锁
合适膜厚		30~40 μm	5~20 μm	20~40 μm
特长性能	外观	不透明，消光，有微细裂纹	透明，高光~消光，无微细裂纹	透明，高光~消光，无微细裂纹
	硬度	9H	2H~8H	2H~8H
	加速耐候性	S-W-M 2 000 h，无异常	S-W-M 4 000 h，无异常	S-W-M 5 000 h，无异常
	耐碱性（5% NaOH 溶液浸渍）	无异常	产生龟裂	无异常

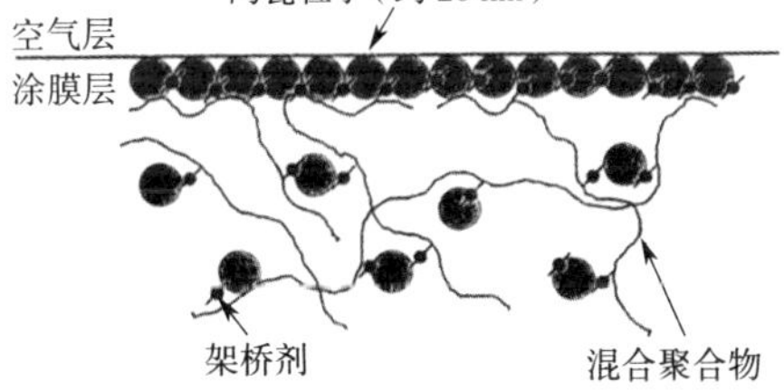

图 3.1.33 陶瓷涂膜构造

3.1.7.5 铝建材用涂装的耐候性标准

日本国内标准只有日本建筑师学会烘烤涂装标准技术书（2005）和轻金属制品协会着色涂膜标准，没有相关质量评价标准。

国际上建筑行业、建筑施工业界使用的标准是 AAMA。AAMA 是指美国建筑制造商协会（American Architectural Manufacturers Association）的英文简称，是有关建筑用铝材、铝板高性能有机涂装的标

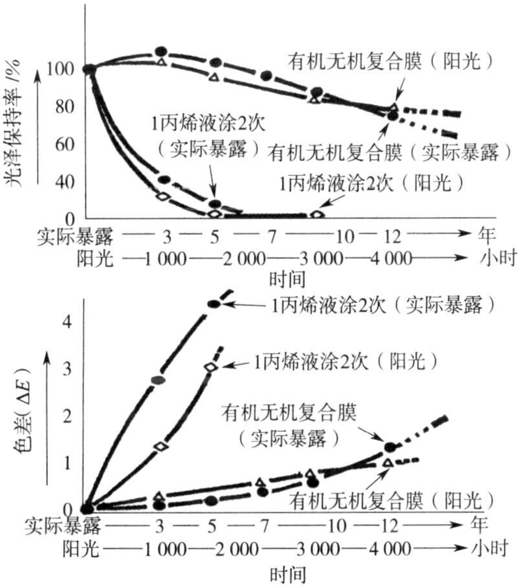

图 3.1.34 有机无机复合材耐候性数据

表 3.1.51　未来面向高层建筑用铝建材表面处理技术要求

技术要求	μm	外观光泽保持率（%）	颜色选择性	耐久性				维护性						表面处理性			密封性	现场补修	成本	总成本	综合评价	课题点
				耐砂浆性	耐酸雨性	耐酸性	耐用年数	耐污染性	维护频率	清扫性	硬度	耐划痕性	弯曲加工性 冲击性	影响铝材因素	处理作业性	均匀性						
阳极氧化	20-0	15~20	限阳极氧化膜	×	△	△	5 年	△	1~2 年	○	6~9H	○	×	焊接部位	◎	◎	◎	△	○	△	△	提升耐腐蚀性和改善封孔法
复合膜	9-12	20~30	限阳极氧化膜	○	□	○	15 年	□	3~4 年	◎	3H	□	×	焊接部位	◎	◎	○	○	◎	□	□	维护系统的装置准备
涂装有色氟树脂	40（Lumiflon 系）	30~50	限定	◎	△	○	10~25 年	○	4~5 年	◎	2H~F	□	○	无	○	△	○	○	△	□	○	开发低成本、低污染性涂料
陶瓷涂料	40	30~80	限定	◎	◎	◎	20 年以上	◎	10 年	◎	4~9H	◎	○	无	○	静电喷涂	○	□	△	○	◎	调查研究涂装作业与大型实用化
备注			自由度	褪色				年/次						形状自由度 Kaiser 型：热致伸缩					表面处理成本	增加的生产费、维持费		

表 3.1.52　试验片涂装条件

铝基材调整	涂装技术要求					
	下层涂			上层涂		
	树脂	固化型	膜厚/μm	树脂	固化型	膜厚/μm
阳极氧化处理	—	—	—	丙烯酸乙酯	异氰酸酯	30
	环氧树脂	胺	20	丙烯酸乙酯	异氰酸酯	30
	—	—	—	FEVE 型氟树脂	三聚氰胺	30
	环氧树脂	三聚氰胺	20	FEVE 型氟树脂	三聚氰胺	30
	—	—	—	PVDF 型氟树脂	—	30
	环氧树脂	三聚氰胺	20	PVDF 型氟树脂	—	30
	—	—	—	丙烯酸乙酯	硅氧烷	30
	环氧树脂	三聚氰胺	20	丙烯酸乙酯	硅氧烷	30

表 3.1.52　试验片涂装条件（续）

铝基材调整	涂装技术要求					
	下层涂			上层涂		
	树脂	固化型	膜厚/μm	树脂	固化型	膜厚/μm
铬酸盐转化膜处理	—	—	—	丙烯酸乙酯	异氰酸酯	30
	环氧树脂	胺	20	丙烯酸乙酯	异氰酸酯	30
	—	—	—	FEVE 型氟树脂	三聚氰胺	30
	环氧树脂	三聚氰胺	20	FEVE 型氟树脂	三聚氰胺	30
	—	—	—	PVDF 型氟树脂	—	30
	环氧树脂	三聚氰胺	20	PVDF 型氟树脂	—	30
	—	—	—	丙烯酸硅	硅氧烷	30
	环氧树脂	三聚氰胺	20	丙烯酸硅	硅氧烷	30

表 3.1.53　试验项目和评价方法

试验项目	试验方法
膜厚	涡流式膜厚测量（JIS H 8680）
一次附着力	划格法试验（JIS H 8602 4.7）1 mm 间隔
铅笔硬度	铅笔试验（JIS H 8602 4.8）
耐碱性	碱液接触试验（JIS H 8602 4.9）1%、20 h
弯曲试验	6 mm
耐冲击性	杜邦式 1/2″ 1 000 g × 50 cm
耐沸水性	沸水浸渍试验（JIS H 8602 4.13）
循环实验	沸水浸渍试验（95 ℃以上）× 4 h +室温放置（常温）× 4 h +耐湿试验（50 ℃）× 16 h
CASS 试验	CASS 试验（JIS H 8681）
复合腐蚀试验	盐雾 × 4 h 后+干燥（50 ℃）× 2 h+ 耐湿 8 h+−10 ℃ × 2 h
室外暴露试验	冲绳南面 30° 5 年

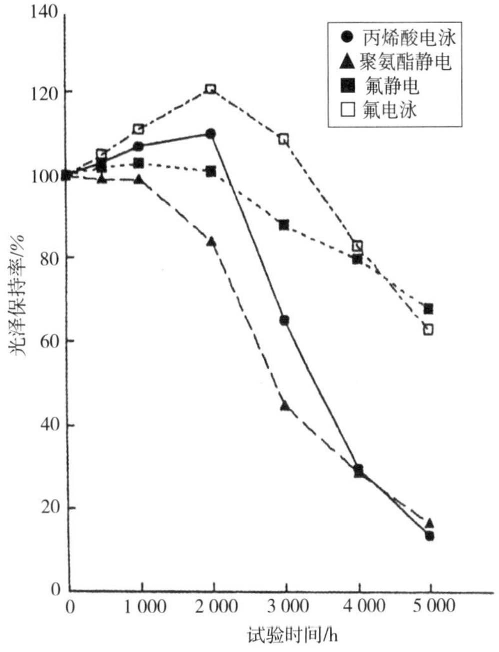

图 3.1.35　从加速耐候性试验看保持光泽率的变化

表 3.1.54　评价基准

项目		涂膜外观	黏结性	加工性	耐腐蚀性
评价方法		各试验后，水洗并放置在室温下干燥 1 h，用分级号码评价	各试验后，放置在室温下干燥 1 h 后进行评价	各试验后，评价涂膜状态（剥离、裂纹）	各试验后，室温水洗放置 1 h，从边缘、画线评价腐蚀幅度
评价点	1	未满 RN 9.3	2 以下	涂膜剥离	7 mm 以上
	2	RN 9.3	4	涂膜裂纹大	5~6 mm
	3	RN 9.5	6	涂膜裂纹中	3~4 mm
	4	RN 9.8	8	涂膜裂纹小	1~2 mm
	5	RN 10	10	涂膜裂纹极小	无鼓泡

表 3.1.55　表面处理工艺

种类	丙烯酸电泳涂装	聚氨酯静电涂装	氟静电喷涂	氟系电泳涂装
工艺	阳极氧化处理（9 μm 以上） ↓ 二次电解（Ni） ↓ 热水洗（纯水、75 ℃、10 min） ↓ 沥干 ↓ 电泳涂装（7 μm 以上） ↓ 干燥（180℃、30 min）	阳极氧化处理（9 μm 以上） ↓ 二次电解（Ni） ↓ 沸水处理（表面活性剂 2.5mL/L，添加纯水，96 ℃、20 min） ↓ 沥干、干燥 ↓ 静电喷涂（7 μm 以上） ↓ 干燥［100 ℃（译者注：原文错误，应为 180℃）、30 min］		阳极氧化处理（9 μm 以上） ↓ 二次电解（Ni） ↓ 热水洗（纯水、75℃、10 min） ↓ 沥干 ↓ 电泳涂装（7 μm 以上） ↓ 干燥（180℃、30 min）
涂装法	竖吊式生产线	横吊式生产线→静电喷涂生产线		试验室

表 3.1.56　耐腐蚀性试验

项目	试验条件
CASS 试验	①据 JIS H 8681 进行 1 000 h 试验
	②加速耐腐蚀性试验 5000 h 后，据 JIS H 8681 进行 120 h 试验

准。涂膜性能要求见**表 3.1.58**。根据 AAMA 的等级要求，在耐候性试验期间，不同暴露时间的光泽保持率是不同的。

表 3.1.57 耐候性试验

项目	试验条件
加速耐候性试验	明火碳弧测试仪 5 000 h 试验

①测量 500、1 000、2 000、3 000、4 000、5 000 h 后光泽保持率及色差（*Lab 系）。

②用以下公式求出 5 000 h 试验后涂膜残存率。测量膜厚使用涡流式膜厚测量仪。

涂膜残存率=试验后涂膜厚度/初期涂膜厚度 ×100%

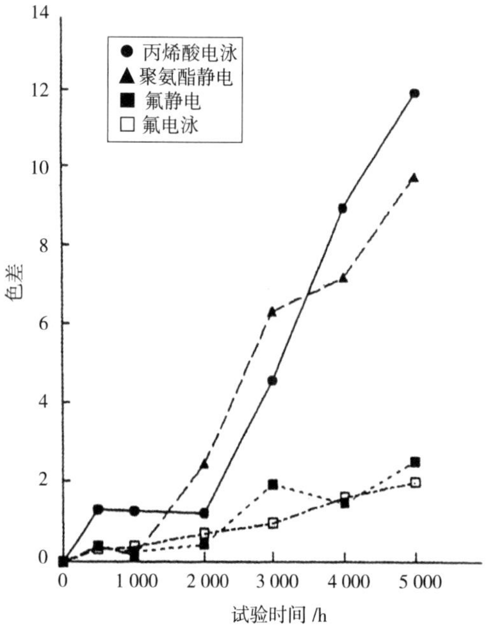

图 3.1.36　从加速耐候性试验看色差的变化

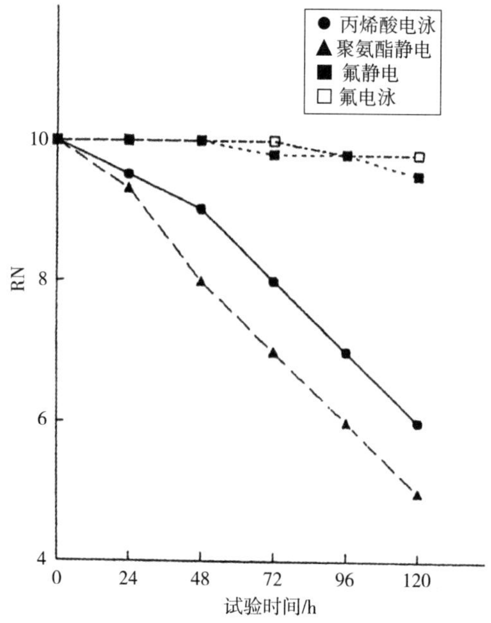

图 3.1.37　加速耐候性试验 5 000 h 后 CASS 耐腐蚀性试验结果

表 3.1.58 AAMA 要求的涂膜性能

试验项目		试验方法	性能标准		
			AAMA2603（着色涂膜）	AAMA2604（5 年耐久高性能涂膜）	AAMA2606（10 年 耐久高性能涂膜）
膜厚		涡流法	20 μm 以上。80 %以上的测量点是 20 μm 以上。不得小于 17 μm 或总膜厚的 85%	30 μm 以上。80% 以上的测量点是 30 μm 以上。不得小于 25 μm 或总膜厚的 85%	30 μm 以上。80%以上的测量点是 30 μm 以上。不得小于 25 μm 或总膜厚的 85%。
涂膜硬度		铅笔试验	H 以上	F 以上	F 以上
附着性	干燥状态	1 mm 横切法切后，剥离胶带	无剥离，用方格占比计算无剥离面积	无剥离，用方格的百分比计算无剥离面积	无剥离，用方格占比计算无剥离面积
	湿润状态	1 mm 横切法切后，浸泡在 38 ℃纯水中，剥离胶带	用方格占比来评估剥离和无泡沫剥离面积	用方格占比来评估剥离和无泡沫剥离面积	用方格占比来评估剥离和无泡沫剥离面积
	沸水浸泡后	1 mm 横切法切后，浸泡在沸腾的纯水中 20 min，剥离胶带	—	用方格占比来评估剥离和无泡沫剥离面积	用方格占比来评估剥离和无泡沫剥离面积
耐冲击性		Gardner 冲击试验，直径 16 mm、18 N-m，产生（3 ± 0.3）mm 变形后用 20 mm 宽度胶带剥离	无剥离	无剥离	无剥离
耐磨性		落砂磨耗，2 L/22 自然投下，V/T=使用沙量/膜厚	—	$V/T \geqslant 20$	$V/T \geqslant 20$
耐盐酸性		10% v/v HCl（37%）溶液滴下 10 滴，放置 15 min	无起泡 外观无变化	无起泡 外观无变化	无起泡 外观无变化
耐砂浆性		38 ℃、100% RH 下与砂浆块（面积 1 300 mm²、高度 12 mm）接触 24 h	黏结性未降低 外观无变化	黏结性未降低 外观无变化	黏结性未降低 外观无变化
耐酸污染性		70% HNO_3 溶液蒸发、接触 30 min 洗净，放置 1 h 后上色	—	$\Delta E \leqslant 5$	$\Delta E \leqslant 5$
耐洗涤剂性		在 38 ℃ 3% 洗涤剂溶液中浸泡 72 h，剥离 20 mm 宽胶带	黏结性无降低 无起泡，外观无显著变化	黏结性无降低 无起泡，外观无显著变化	黏结性无降低 无起泡，外观无显著变化
耐玻璃洗净剂性		滴下 10 滴玻璃洗净剂，放置 24 h，剥离胶带	—	无起泡，外观无明显变化，尢剥离	无起泡，外观无明显变化，尢剥离
耐湿性		38 ℃、100% RH	1500 h，ASTMD714 FigNo.4，超尺寸 No.8 无起泡	3 000 h，ASTMD714 FigNo.4，超尺寸 No.8 无起泡	4 000 h，ASTMD714 FigNo.4，超尺寸 No.8 无起泡
盐雾		5% NaCl 溶液（pH=7、35 ℃），剥离 20 mm 宽度胶带	1 500 h，起泡从交叉切割部位或切断部位至 2.0 mm 处，非剪切部位面积的 2%~3%	3 000 h，起泡从交叉切割部位或切断部位至 2.0 mm 处，非剪切部位面积的 2%~3%	4 000 h，起泡从交叉切割部位或切断部位至 2.0 mm 处，非剪切部位面积的 2%~3%
耐候性（室外暴露）		佛罗里达暴露，北纬 27°，南面 45 ℃	1 年，无细微龟裂，黏结性未降低，仅微微变色	5 年，ASTMD4214 评价，有色涂膜 No.8 至白色 No.6，$\Delta E \leqslant 5$，60° 光泽保持率在 30% 以上，膜厚减小率在不到 10%	10 年，ASTMD4214 评价，有色涂膜 No.8 至白色 No.6，$\Delta E \leqslant 5$，60° 光泽保持率在 30% 以上，膜厚减小率不到 10%

另外，1986年，以法国为中心，成立了欧洲通用标准Qualicoat标准认证（铝建筑用涂装品质标签）机构，至2007年已有以粉末涂装为主的35个国家加入。

参考文献

1）超耐候性塗料用フッ素樹脂ルミフロン，旭硝子カタログ.

2）鈴木清隆：アルミ建材塗装の使用状況と品質管理，塗装技術，2004年12月号.

3）大日本塗料：セラミック系ハイブリット樹脂塗料「Vハード」.

4）鈴木清隆：アルミニウム景観材用セラミック塗料について，塗装技術，2006年7月号.

5）倉智亮吉：アルミニウム建材への塗装下地としての陽極酸化皮膜の活用，塗装技術，2006年7月号.

6）横田暉生：常温乾燥フッ素樹脂塗料は建築外装に使える初めての塗料，月刊建築仕上技術（1992.1）.

7）馬場宏：表面仕上げの変遷とフッ素樹脂塗料の機能性の選択，建築の技術・施工（1991.10）.

8）近藤照夫，加藤明宏，時枝正人，坂下嘉宏，加藤康：アルミニウム合金に対するアクリルシリコン塗料の塗装仕様，日本仕上学会1992年大会学術講演会.

9）坂下満雄，吉岡茂喜，松原静治，宇野清文：フッ素樹脂塗料を用いたアルミ建材複合皮膜の耐久性，日本建築仕上学会1995年大会学術講演会.

10）小泉宗栄，高木進二，梅原誠一郎：アルミニウムの塗装における下地処理と塗膜密着性，金属表面技術，37，No. 6（1986）.

11）鈴木清隆：アルミニウムの表面処理と塗装性能（連載第4回），塗装技術，2005年1月号.

3.2　转化膜上的涂装

铝制品为了抑制腐蚀、提高艺术性而进行涂装。为充分发挥产品的涂膜性能，保证涂膜的质量和长期有效性，要对金属表面进行处理。

作为涂装底膜表面处理，前面介绍的阳极氧化膜处理和本节所介绍的转化膜处理有很大区别。

对涂装底膜最基本的性能要求是涂膜的附着性。附着性是产品在使用时能充分保持功能的必备条件。

金属制品要在各种环境下使用，各个企业内部都有各自的涂装性能评价标准，很少有数据被公开。（Ⅰ）及（Ⅱ）是笔者参考轻金属协会（现在的轻金属学会）和日本粉末协同组织的报告书，（Ⅲ）以文献为基础总结的附着性。

（Ⅰ）溶剂涂装：铝压延材料表面处理和涂装性能。

（Ⅱ）粉末涂装：各种金属表面处理和涂装性能。

（Ⅲ）阳离子电泳涂装：铝外板表面处理和涂装性能（汽车用）。

3.2.1　溶剂涂装：彩色铝

很多铝制品使用溶剂涂装。涂装性能按基材、表面处理、涂装等综合性能进行评价，在此以彩色铝为重点，关于铬酸盐及无铬转化膜上的溶剂涂装性能，轻金属协会从1995年始5年间设置了“铝预涂漆用涂装底膜处理及其性能”的研究小组，以2000年11月的研究小组报告[1)]为基础，对其中一部分进行补充和介绍。

3.2.1.1　试验方法

对2种转化型铬酸盐膜和2种无铬膜、2种涂膜型铬酸盐膜和3种无铬膜实施聚氨酯改性环氧树脂及聚酯涂装，并进行性能评价。

（1）基材

A1100P-H24、1.0 mm厚。

（2）表面处理方法和膜量

制作试验板的表面处理方法和膜量见**图3.2.1**。膜量使用测量的金属量。转化型重铬酸盐的膜量是67 mg/m^2（淡黄色），是一般涂装底膜的标准膜量。磷酸铬使用清漆涂装，要求得到无色的膜。该带有淡绿色的无色膜的最大量是24 mg/m^2。转化型无铬膜同时满足涂装黏结性和耐腐蚀性要求时，其膜量（Zr、Ti）上限为20~25 mg/m^2，下限约为5 mg/m^2 [2)]。涂膜的为膜量与转化型，膜相近，树脂膜根据种类确定适当的膜量，在此定为500 mg/m^2。

（3）涂装

设想涂装为常用的彩色铝板。

・下层涂：聚氨酯变性环氧树脂，5 μm厚。

・上层涂：聚酯，15 μm厚。

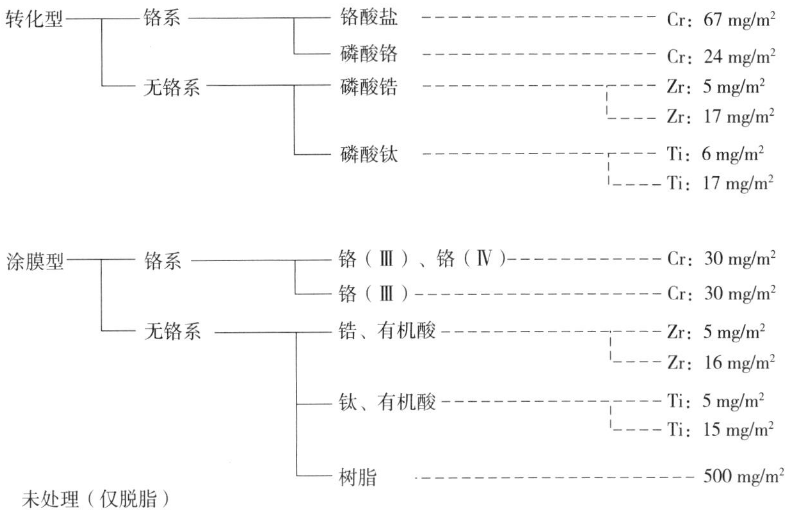

图 3.2.1　表面处理体系

（4）评价方法

涂膜性能评价项目如下。

①划格试验：基准 JIS H 4001，2 mm 角、100 个，剥离胶带。

②屈服试验：基准 JIS H 4001，3T-180 度，剥离胶带。

③冲击试验：基准 JIS H 4001，杜邦式、ϕ6.35 mm、500 g、50 cm。

④盐雾试验：基准 JIS Z 2371，1 000 h 后立即进行各试验评价。

⑤湿润试验：基准 JIS H 4001，1 000 h 后立即进行各试验评价。

⑥丝状腐蚀试验：基准 ASTM D 2803。

⑦杯突试验：将杯子漆面朝外观察外观、交叉画线后的脱漆状态、湿润试验 1 008 h 后的脱漆状况。

（5）评价基准

◎：无变化（良好）

—：未实施

1）轻微

2）第 5 周发生

3）第 4 周发生

4）16 个中剥离 6 个

（6）评价结果

试验结果见**表 3.2.1**。

3.2.1.2　结果总结

（1）综合评价

①转化型及涂膜型膜中铬系六价及三价膜的所有性能评价项目的结果都是良好。在实施的有限的试验项目范围内，三价膜与六价膜的性能几乎相同，对于重要部件表面处理来说，三价膜不逊于六价膜。（六价膜正确的说法是含三价和六价铬的膜，膜中六价铬含全铬量的 15%~50%[3)]。另外，三价铬在自然界中以化合物形式大量稳定存在，安全性很高）

②转化型无铬磷酸锆膜膜量大时，加工负载导致涂膜性能变差，有观点认为以磷酸锆膜为代表的无铬酸盐处理，其工艺管理及品质管理幅度窄，并认为是膜粗糙及脆性导致，含有机酸的涂膜型膜对此起到辅助作用。转化型钛系膜与膜量为 17 mg/m^2 的锆系膜相比结果良好，但是实际业绩很少，要进一步验证。

③此处没有树脂膜的详细资料，主要集中在涂膜型膜的效果上，树脂和有防腐蚀性的无机化合物复合后，可开发满足所需品质的产品。

表 3.2.1 各种涂装底膜的涂装性能（彩色铝）

试验项目 / 底膜		膜量	横切	弯曲		冲击		盐雾试验后				湿润试验后				线绣/h		挤压加工		
		mg/m²	初期	初期	SST 后	初期	SST 后	外观	横切	弯曲	冲击	外观	横切	弯曲	冲击	1 000	2 000	成型时	切断	湿润后
转化型																				
铬系	铬酸盐	Cr 67	◎	◎	◎	◎	◎	◎	◎	◎	◎	◎	◎	◎	◎	◎	◎	◎	◎	◎
	磷酸铬	Cr 24	◎	◎	◎	◎	◎	◎	◎	◎	◎	◎	◎	◎	◎	◎	◎	◎	◎	◎
无铬系	磷酸锆	Zr 5	◎	◎	◎	◎	◎	—	—	—	—	—	—	—	—	—	—	◎	◎	剥离
		Zr 17	◎	剥离	剥离	剥离	膨胀	◎	◎	剥离	剥离	◎	◎	◎	剥离	◎	◎	剥离	—	—
	磷酸钛	Ti 6	◎	◎	裂纹	◎	◎	—	—	—	—	—	—	—	—	—	—	◎	◎	◎
		Ti 17	◎	◎	◎	◎	◎	◎	◎	◎	◎	◎	◎	◎	◎	◎	发生	◎	◎	◎
涂膜型																				
铬系	铬（Ⅲ）、铬（Ⅳ）	Cr 30	◎	◎	◎	◎	◎	◎	◎	◎	◎	◎	◎	◎	◎	◎	◎	◎	◎	◎
	铬（Ⅲ）	Cr 30	◎	◎	◎	◎	◎	◎	◎	◎	◎	◎	◎	◎	◎	◎	◎	◎	◎	◎
无铬系	锆、有机酸	Zr 5	◎	◎	◎	◎	◎	◎	◎	◎	◎	◎	◎	◎	◎	◎	◎	◎	◎	◎
		Zr 16	◎	◎	裂纹	◎	◎	—	—	—	—	—	—	—	—	—	—	◎	剥离	剥离
	钛、有机酸	Ti 5	◎	◎	◎	◎	◎	◎	◎	◎	◎	◎	◎	◎	◎	◎	◎	◎	◎	◎
		Ti 15	◎	◎	膨胀	◎	◎	—	—	—	—	—	—	—	—	—	—	剥离	◎	剥离
	树脂	500	◎	◎	◎	◎	◎	◎	◎	◎	◎	◎	◎	◎	◎	◎	发生	◎	◎	剥离
未处理	仅脱脂	0	◎	◎	剥离	◎	丝腐	膨胀	◎	◎	剥离	◎	◎	◎	剥离	发生	发生	◎	◎	剥离

评价基准 ◎：无变化（良好） —：未实施 1）轻微 2）第 5 周发生 3）第 4 周发生 4）16 个中 6 个剥离

试验材料：A1100 P-H24，厚 1 mm。

涂装：溶剂。下涂层：聚氨酯变性环氧树脂，5 μm 厚。

上涂层：聚酯，15 μm 厚。

（2）各试验项目和评价

1）划格试验

一次（初期）涂装黏结性包含脱脂（未处理）材，各种膜均良好。

2）屈服试验

一次附着性各膜结果良好，含 Zr 多的膜常发生涂膜剥离。二次附着性盐雾试验后含 Zr 多的膜附着性降低。Ti 膜的趋势从数据上未能探明。另外，未处理膜发生剥离。

3）冲击试验

冲击试验与屈服试验趋势相同，比屈服试验加工变形缓慢，二次附着性降低量变小。

4）盐雾试验后的涂装附着性

在加工严格的屈服及冲击试验中，含 Zr 多的膜附着性降低。未处理材料在冲击试验中发生剥离。

5）湿润试验后的涂装附着性

与盐雾试验后的结果几乎相同。

6）丝状腐蚀试验

Zr 膜量大的膜发生微量丝状腐蚀，未处理材发生很多丝状腐蚀。

7）拉压加工后的剪切试验及其后的湿润试验

Zr 膜量大的膜发生剥离，剪切时发生断裂，湿润试验无法实施。

3.2.1.3　总结

以溶剂涂装性能为例，对铬酸盐膜和无铬膜进行比较。铬酸盐膜在各种试验条件下显示良好的涂膜性能，无铬膜很难满足所有品质项目要求，但从产品在使用环境下必须优先的品质项目来看，可充分满足使用。还有，在此使用的试验材料是接近纯铝的合金材料，其他的变形材料及铸造合金等要进一步确认，无铬膜的适用性很高。

3.2.1.4　补充（清漆溶剂涂装：饮料罐）

重视铝合金表面艺术性的涂装底膜要求是无色薄膜。清漆涂装用途最大的产品是饮料罐，一直是磷酸铬（三价铬）处理，1976 年开发成功磷酸锆膜，至 2000 年国内所有饮料罐生产线均切换完成。其他清漆涂装产品有铝合金轮毂等，使用磷酸锆膜或改良膜。如**图 3.2.2**[4] 及**图 3.2.3**[2] 所示，能同时满足耐腐蚀性和涂装附着性的锆系膜的膜厚范围，极其狭窄、品质很难管理。因此，对多样、多品种、少量加工品进行表面处理难以保持预期的质量，务必留意。

参考文献

1）"アルミニウムプレコート材用塗装下地処理とその性能"研究部会報告，No.39，軽金属学会（2000.11）.

2）福岡貴之：塗装技術，第 7 号（1994），p72.

3）金子秀昭：アルミニウムの化成処理，カロス出版（2003），p60.

4）清水秋雄，青木智幸：日本パーカライジング技報，N0.6（1993），p40.

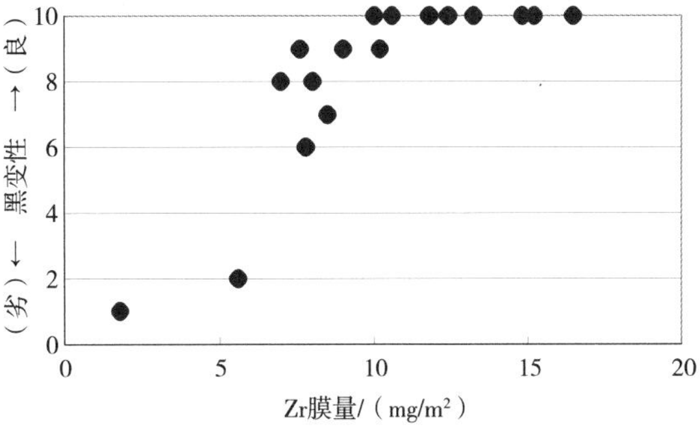

图 3.2.2　膜量和耐变黑性

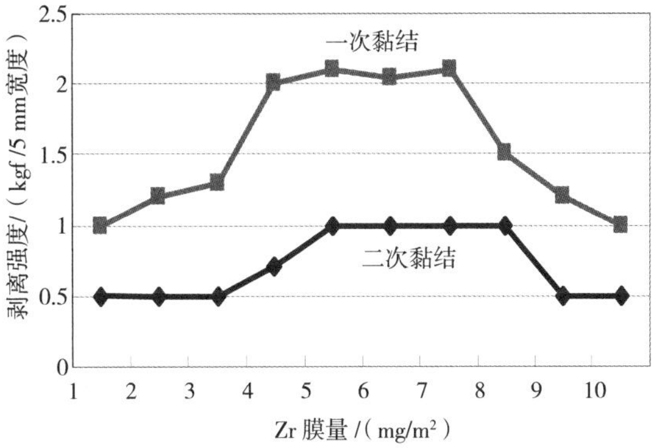

图 3.2.3　Zr 膜量和黏结性

3.2.2　粉末涂装

3.2.2.1　概要

笔者作为业界委员，参加日本粉末涂装协同组织实施的"铝基材粉末涂装产品加速耐候性试验及评价基准制定的调查研究"，2001 年 7 月完成报告书。该报告书为标题所示的目的进行总结，A4 版共计 51 页[1]，从"转化膜上的涂装"的观点出发，对铝压延材料（A5052）及铝压铸合金（ADC12 和 ADC6），对比材料镀锌钢板（电镀锌、热浸镀锌）及冷轧钢板 6 种基材，进行铬酸盐处理和无铬膜处理（**图 3.2.4**），热硬化型聚酯粉末涂装性能结果见**表 3.2.2**。另外，有代表性的试验结果，如盐雾试验 1 000 h 后外观见**照片 3.2.1**、室外暴露 1 年后外观见**照片 3.2.2**。

3.2.2.2　试验方法

（1）试验材料

试验材料如下。

1）铝压延材料（A5052：Al-Mg 合金）

这是加工性、焊接性、表面光泽性及耐腐蚀性、特别是耐海水性优秀的合金，广泛用于车辆、建材等。板厚 0.8 mm。

2）铝压铸材 ADC12

常用铸造合金其铸造性优异，因含 Si 成分多基材表面处理很难。

3）铝压铸材 ADC6

含 Si 的成分少，基材表面处理与变形材相同。

4）热浸镀锌钢板

SGCC F06 MO、0.8 mm 厚。

5）电镀锌钢板

SECC 20/20 MO、0.6 mm 厚。

6）冷轧钢板

SPCC、0.8 mm 厚。

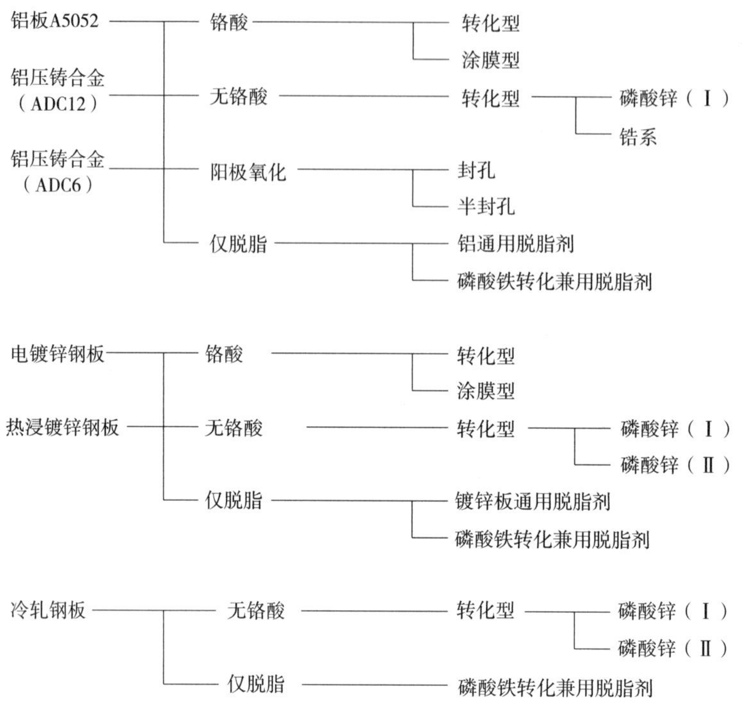

图 3.2.4　试验基材和表面处理体系

表 3.2.2　各种基材的表面处理和粉体涂装性能结果

基材、表面处理及膜量	室外暴露		复合循环			盐雾			固体涂层	蒸镀	热压
	铫子	宫古岛	建设	ISO	JASO	240 h	500 h	1 000 h		评价基准：良 ○△×差	
铝板 A5052											
铬酸（转化型）Cr：228 mg/m²	◎	◎	◎	◎	◎	◎	◎	◎	◎	○	○
铬酸（涂膜型）　Cr：47 mg/m²	◎	◎	◎	◎	◎	◎	◎	◎	◎	○	○
磷酸锌　0.8 g/m²	◎	◎	◎	◎	◎	◎	◎	◎	△	○	○
锆盐　7.1 μm	◎	◎	◎	◎	◎	◎	◎	◎	○	○	○
阳极氧化（封孔）　7.1 μm	◎	◎	◎	◎	◎	◎	◎	◎	△	△	×
阳极氧化（半封孔）	◎	◎	◎	◎	◎	◎	◎	◎	△	○	△
仅脱脂（碱系）	◎	◎	◎	◎	◎	○	○	△	×	○	○
仅脱脂（转化兼用）	◎	◎	◎	◎	◎	○	△	△	×	○	○
铝压铸合金（ADC12）											
铬酸（转化型）Cr：218 mg/m²	◎	◎	○	◎	◎	◎	◎	◎	△	○	○
铬酸（涂膜型）　Cr：49 mg/m²	◎	○	○	◎	◎	○	○	△	△	○	○
磷酸锌　0.5 g/m²	○	○	*	○	○	○	△	△	△	○	○
锆盐　Zr：24 mg/m²	△	△	*	△	△	△	△	△	×	○	○
阳极氧化（封孔）　21 μm	○	○	△	◎	◎	◎	○	○	△	○	×

表 3.2.2　各种基材的表面处理和粉体涂装性能结果（续）

基材、表面处理及膜量	室外暴露		复合循环			盐雾			固体涂层	蒸镀	热压
	铫子	宫古岛	建设	ISO	JASO	240 h	500 h	1 000 h		评价基准：良 ○△ × 差	
阳极氧化（半封孔）　21 μm	○	◎	△	◎	◎	◎	○	○	△	○	○
仅脱脂（碱系）	*	*	*	*	×	×	×	×	×	○	○
仅脱脂（转化兼用）	*	*	*	*	×	△	△	△	×	○	×
铝压铸合金（ADC6）											
铬酸（转化型）Cr：218 mg/m²	◎	◎	◎	◎	◎	◎	◎	◎	○	○	○
铬酸（涂膜型）Cr：49 mg/m²	◎	◎	◎	◎	◎	◎	◎	○	○	×	○
磷酸锌　0.5 g/m²	◎	◎	○	◎	◎	◎	○	○	○	○	○
锆盐　Zr：24 mg/m²	◎	○	○	△	◎	◎	◎	◎	△	×	○
阳极氧化（封孔）　5.7 μm	◎	◎	◎	◎	◎	◎	◎	◎	○	○	△
阳极氧化（半封孔）　5.7 μm	◎	◎	◎	◎	◎	◎	◎	◎	○	○	×
仅脱脂（碱系）	◎	△	○	△	○	○	△	△	△	×	△
仅脱脂（转化兼用）	○	△	○	△	◎	×	×	△	△	×	×
电镀锌钢板											
铬酸（转化型）Cr：45 mg/m²	◎	◎	×	△	○	○	△	×	△	○	○
铬酸（涂膜型）Cr：47 mg/m²	◎	◎	△	○	○	○	△	△	△	○	○
磷酸锌（Ⅰ）　2.8 g/m²	◎	◎	×	○	◎	◎	○	△	△	○	○
磷酸锌（Ⅱ）　2.5 g/m²	◎	◎	×	○	◎	○	○	△	△	○	○
锆盐　Zr：48 mg/m²	◎	◎	△	△	○	○	○	×	△	○	○
仅脱脂（转化兼用）	◎	◎	×	○	◎	○	△	×	△	○	△
热浸镀锌钢板											
铬酸（转化型）Cr：40 mg/m²	◎	◎	△	◎	◎	◎	◎	◎	○	×	○
铬酸（涂膜型）Cr：53 mg/m²	◎	◎	△	◎	◎	◎	◎	◎	○	○	○
磷酸锌（Ⅰ）　3.5 g/m²	◎	◎	○	○	◎	◎	◎	◎	○	○	○
磷酸锌（Ⅱ）　2.5 g/m²	◎	◎	△	◎	○	◎	○	○	○	○	△
锆盐　Zr：48 mg/m²	◎	◎	△	◎	◎	◎	◎	◎	○	○	○
仅脱脂（转化兼用）	◎	◎	△	○	○	◎	○	△	○	○	○
冷轧钢板											
磷酸锌（Ⅰ）　2.3 g/m²	◎	◎	△	○	○	◎	◎	◎	○	○	○
磷酸锌（Ⅱ）　1.6 g/m²	○	△	△	○	○	○	○	△	△	○	○
仅脱脂（转化兼用）　0.4 g/m²	×	*	*	△	△	○	△	×	×	○	○

注：[评价基准] ◎表示优；○表示良；△表示可；× 表示差；*表示不可（5 阶段）。
但是，蒸镀、热压是○、△、×（3 阶段）。

	CR1：反应型铬酸	CR2：涂膜型铬	NR1：磷酸锌（Ⅰ）	NR2：锆系	AL1：阳极氧化封孔	AL2：阳极氧化半封孔	PZ：磷酸锌（Ⅱ）	DE1：碱性脱脂	DE2：磷酸铁转化兼用脱脂
AP：铝板									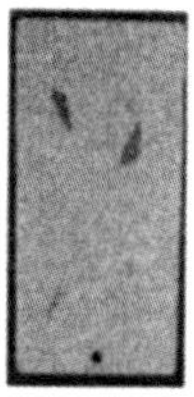
AD12：铝压铸合金ADC12		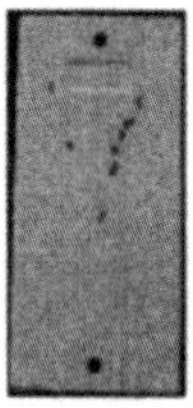	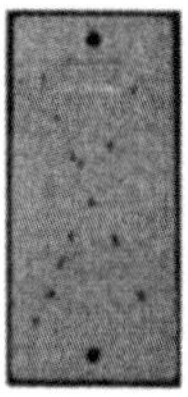	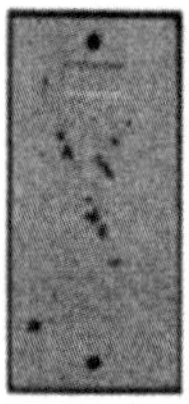					
AD6：铝压铸合金ADC6								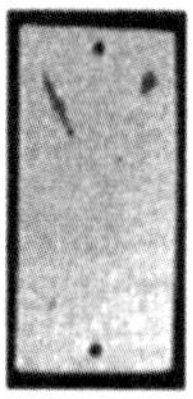	
F：冷轧钢板							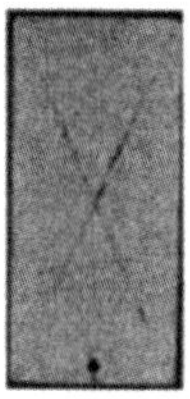		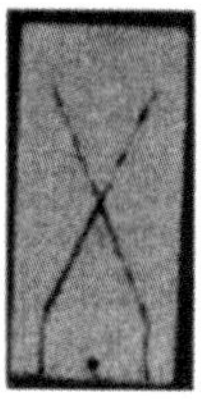
ZE：电镀锌钢板	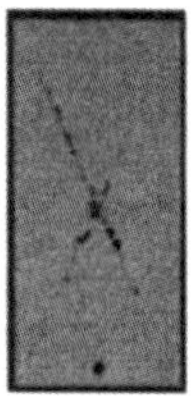	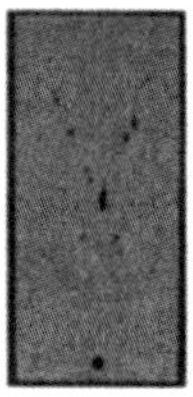		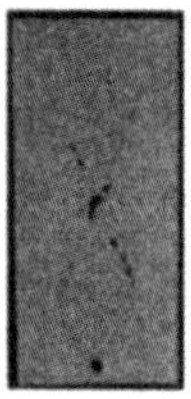			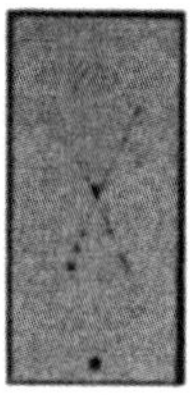	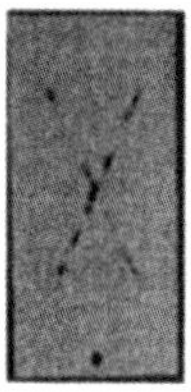	
ZG：热浸镀锌钢板									

照片 3.2.1　盐雾试验（1 000 h）

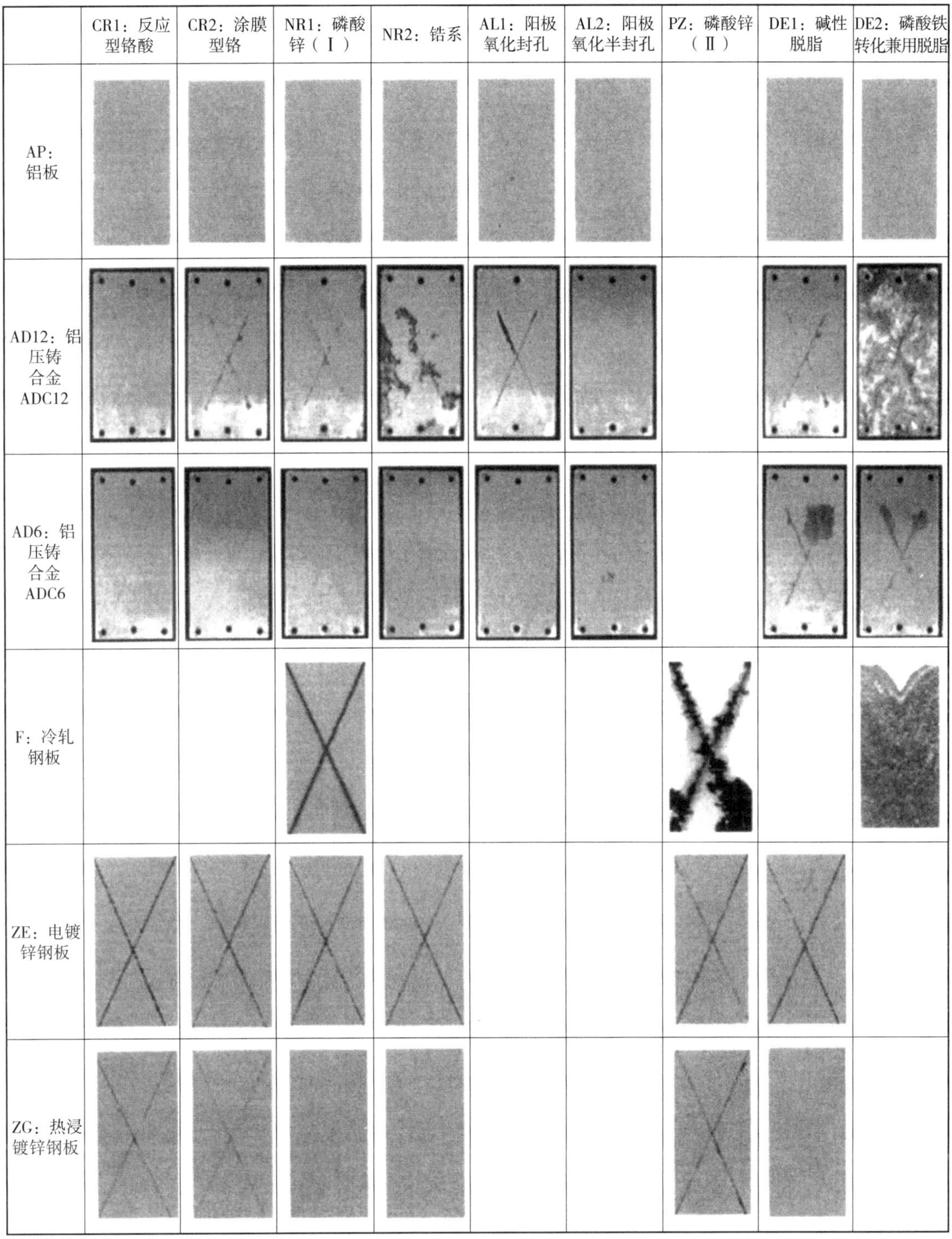

照片 3.2.2　室外暴露试验（宫古岛）

（2）表面处理膜

1）铬酸盐转化膜

是铝合金材料有代表性的处理剂。有含铁氰络化物催化型处理剂和不含此类的非催化型处理剂，前者与后者相比耐腐蚀性能等更优异，一般选没有铁氰废水的后者。另外，铬附着量通常在 80~130 mg/m²。

2）涂膜铬酸盐

含有 Cr（Ⅵ）/Cr（Ⅲ）、SiO_2、PO_4^{3-}膜。

3）磷酸锌（Ⅰ）转化膜

铝/钢板等同时处理用。也用于复合材料表面处理。

4）磷酸锌（Ⅱ）转化膜

通用。

5）锆系

选择在铝饮料罐体上有实际成果的磷酸锆处理剂作为无铬处理剂。

6）阳极氧化膜

按 JIS 有关阳极氧化复合膜的规定，阳极氧化膜不进行封孔处理而进行电泳涂装有良好的结果和业绩，经过封孔处理后的阳极氧化膜的涂装附着性变差。另外，在未进行封孔处理的氧化膜中，也使用了放置在室内，在保管中发生封孔，假定处于半封孔状态的试验材料和经过封孔处理的试验材料。

7）未处理材料

未处理材料只进行了脱脂、洗净，使用的脱脂剂是对基材刻蚀少的碱性脱脂剂及磷酸铁转化兼用脱脂剂（磷酸铁转化兼用脱脂剂用于钢铁的表面处理工艺，形成薄的磷酸铁膜）。

（3）涂装条件

热固化型聚酯粉末涂装，平均粒径为 35~40 μm，在 180 ℃下烘烤 20 min，涂膜厚 70~80 μm。

（4）确认涂膜性能试验

1）暴露室外试验

在铫子和宫古岛将交叉画线的涂料板放置在室外暴露 1 年，测量从画线部位开始的腐蚀幅度。

2）评价加速耐蚀性的复合循环试验

Ⅰ. 建设部门土木研究所的试验法

SST（JIS Z 2371，2 h）→干燥（50 ℃、50% RH、2 h）→湿润（50 ℃、95% RH、15 h）→干燥（50 ℃、50% RH、15 h）作为 1 个循环，进行 100 个循环。以及实施盐雾试验。评价方法是交叉画线，试验后测量从交叉部位开始的腐蚀幅度。

Ⅱ. ISO 14993 试验法

汽车技术会等研究使用。SST（2 h）→干燥（60 ℃、15%~20% RH、4 h）→ 湿润（50 ℃、95% RH、2 h）作为 1 个循环，进行 50 个循环。评价方法与Ⅰ. 相同。

Ⅲ. JASO 模式 D

汽车技术会等研究使用的比较温和的试验。SST（1 h）→干燥（60 ℃、15%~20% RH、6 h）→湿润（50 ℃、95% RH、1 h）作为 1 个循环，进行 60 个循环。评价方法与Ⅰ. 相同。

3）涂膏耐蚀试验

《镀层耐腐蚀性试验方法》（JIS H 8502）中，在强腐蚀环境下采用的试验方法称为涂膏耐蚀试验。试验时间 240 h，评价方法与 2）的Ⅰ. 相同。

4）压力锅试验

使用市场销售的压力锅，试验时间 3 h。评价方法：划格 mm 角，剥离胶带。

5）高压蒸汽试验

105 ℃、3 h。评价方法同 4）。

3.2.2.3　涂膜性能总结

（1）铝压延材

浸渍转化型及涂膜型无铬膜，封孔和半封孔阳极氧化膜进行的各种复合循环试验及盐雾试验，显示出与铬酸盐膜几乎同等的性能，只有在严酷涂膏耐蚀试验中表现得比铬酸盐膜差。未实施氧化膜处理的未处理板材从各种交叉画线部位开始发生腐蚀，产生不良。

（2）铝压铸合金（ADC12）

铸造材料中表面处理最难的 ADC12 合金（Al-9.6%~12.0% Si-1.5%~3.5% Cu），铬酸盐转化膜与压延材料有同等的性能，其他处理膜比压延材料差。综合来看，优劣顺序是（优）转化型铬酸盐>涂膜型铬酸盐=阳极氧化（封孔、半封孔）>磷酸锌>锆系（良）>无处理（差）的顺序，无铬膜显示出相当稳定的性能。但是，在压力锅及高压蒸气试验中，未能观测到涂膜下的阳极氧化膜面腐蚀，只看到交叉画线部位的剥离，对涂膜附着性要注意。仅脱脂的未处理材料的粉末涂装性能很差。

（3）铝压铸合金（ADC6）

与铝压延材 A5000 系有几乎相同的合金组成的 ADC6（Al、2.5%~4.0% Mg）合金，与压延材有相似的良好的耐腐蚀性。但仅进行洗净处理的未处理材在各评价试验中都发生腐蚀。

（4）镀锌钢板的涂装性能

除铬酸盐外，无铬系磷酸锌系转化膜也被广泛用于镀锌钢板表面处理，稳定性也很高。钢板厂家的板材、卷材大多使用铬酸盐处理，磷酸锌转化处理被用于成型加工后处理。替代磷酸锌膜的比较新的锆盐膜也显示出良好的性能。

热浸镀锌钢板与电镀锌钢板相比表现良好，特别是在涂膏耐蚀试验中性能稳定。电镀锌钢板的性能与冷轧钢板相似。只脱脂的未处理材料也显示出良好的性能。

（5）冷轧钢板的涂装性能

冷轧钢板广泛使用磷酸锌转化膜，其可靠性高。如果在此处显示同等以上性能的话，可以认为其在实际应用中也没有问题。脱脂兼用磷酸铁系处理膜形成薄磷酸铁转化膜（0.4 mg/m^2），其性能不是特别稳定，所以很难在室外使用。

3.2.2.4　结束语

通过对各种金属表面处理和粉末涂装的性能进行探讨，我们认为替代铬酸处理的无铬膜的性能水平较高。通过基材、表面处理及涂装的技术开发，将进一步提高质量并发展为环保技术。

参考文献

1）アルミ素材の粉体塗装製品耐候性促進試験及び評価基準作成のための調査研究，日本パウダーコーティング協同組合発行（平成 13 年 2 月）.

3.2.3　电泳涂装

铝合金电泳涂装主要用于汽车车身和零部件，要求有高度耐腐蚀性。汽车零部件可以按照不同材料分别进行处理，车身是钢板、镀锌钢板及铝合金复合体，要求对复合材料同时进行处理。

本节将就“铝合金压延材料各种表面处理和阳离子电泳涂装+中间涂层+上层涂装”的涂膜性能进行论述。

3.2.3.1　试验材料评价和表面处理

所评估的试验材料和表面处理见**图 3.2.5**。以车身轻量化为目的，采用铝合金材料，由于其成型性有局限，主要用作车身罩、天窗、挡板及后盖等，但使用比例在不断增加。汽车车身大多使用 A5000 系及 6000 系铝合金。

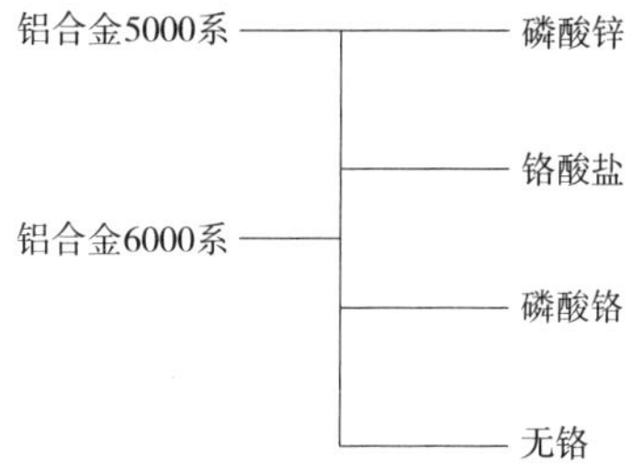

图 3.2.5　铝合金种类和表面处理体系

初期利用铝合金时，单个零部件经铬酸盐表面处理后被安装至车身。可是，汽车车身要经过切断→冲压成型→焊接→组装→表面处理（脱脂→调整表面→转化）→电泳涂装→中层涂漆→最后加工涂装的工艺流程，因此需要对组装后的各种材料统一进行表面处理，力求采用钢板及镀锌钢板在汽车车身预处理生产线中使用的磷酸锌转化处理。

铝转化时为对铝进行刻蚀，氟离子不可或缺，伴随转化处理，槽中铝离子增多。另一方面，对钢板进行磷酸锌转化时，铝离子是杂质离子。从这一点出发，对磷酸锌转化处理进行改良，确立了添加氟离子以除去混入铝离子的方法，使得铝、钢板可以同时进行处理。对铝合金材料的涂装品质要求高于重铬酸盐预处理。

3.2.3.2　涂装性能

表 3.2.3 及**图 3.2.6** 所示是各表面处理时的“阳离子电泳涂装+中间涂层+上层涂装”的涂膜性能示例[1]。

从表 3.2.3 可以看出，5000 系合金铬酸盐处理性能良好，磷酸锌膜除不耐丝状腐蚀性外其他性能表现良好。如图 3.2.6 所示，要达到耐丝状腐蚀的目标，磷酸锌膜量要在 1 g/m^2 以上，才能达到与重铬酸盐膜同等的性能。但是，增加膜量有可能损害附

表 3.2.3　转化膜法的涂膜性能

铝基材	5000 系合金				6000 系合金				试验评价内容
转化处理	磷酸锌	磷酸铬	铬酸盐	无铬酸	磷酸锌	磷酸铬	铬酸盐	无铬酸	
涂膜	厚膜阳离子电泳涂装+中间涂层+上层涂装								
①耐水性	◎	◎	◎	◎	◎	◎	◎	◎	横切法画线部位胶带剥离时涂膜残留状况
②耐湿性	◎	◎	◎	◎	◎	◎	◎	◎	
③耐温盐水性	○	○	○	×	○	○	◎	×	画线部位的腐蚀扩大
④耐丝状腐蚀性能	×	○	◎	○	×	×	×	×	
⑤盐雾试验	◎	◎	◎	◎	×	×	○	×	
⑥复合腐蚀试验	◎	○	◎	○	○	×	○	×	

注：◎表示优；○表示良；× 表示不良。

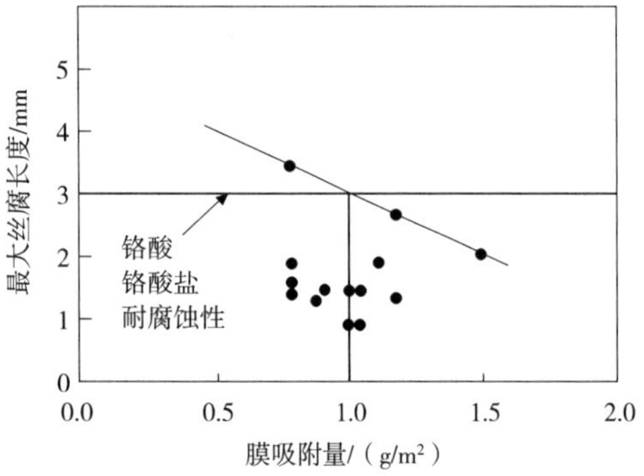

图 3.2.6　磷酸锌膜量和丝腐长度

着性，所以保持合适的膜量非常重要。对铝合金材料的单独处理表明锆系无铬膜的应用可能性。6000系合金与 5000 系合金相比整体性能要差，对此要做进一步研究。目前，正在对铝合金基材、表面处理系统（脱脂、表面调整、转化处理等）、电泳涂装的一体化生产线的各项技术进行改进中。

参考文献

1）原博文，山口賢之，落合洋志，小野行人：軽金属学会“第 62 回シンポジウム”（2000.12.13），p34.

3.3　赋予功能性

3.3.1　概要

为了保持舒适的居住空间，兼备冷热功能的空调在我们的生活中不可或缺。汽车空调由制冷系统的蒸发器、冷凝器、压缩机和制热系统的加热器，送风系统鼓风机、风管、阻尼器及控制系统构成。**图 3.3.1** 所示为冷气循环。冷凝器出口的液化制冷剂实际上不完全是液体，而是气液混合体。因此，将该混合体储存在容器（接收器）中，并从容器的底部（完全液体）输送到蒸发器。随后，通过膨胀阀挤压制冷剂流动，使其喷入蒸发器中被汽化。此时，周围热被夺走，空气被冷却。

汽车行业中，根据车外环境变化，为保持车内舒适温度，对空调能力的要求是室内的 10 倍以上，随着能耗费用增加要求更加小型、更加轻量化。蒸发器当初是铝翅片和铜配管机械焊接而成的板翅片型，随着钎焊法焊接技术逐步成熟，现在主流是轻量小型化全铝制螺旋管式（**图 3.3.2**）。

蒸发器位于车内，工作时伴随热交换，在蒸发器表面产生冷凝水，停止工作时慢慢干燥形成干湿循环。此外，外部空气引入腐蚀因子，使蒸发器暴露在腐蚀环境中。加上搭乘人员的汗水、香水，空气中的浮游细菌、霉菌、微粒等与水分一起凝结，使得蒸发器产生异味。

因此，蒸发器表面有必要处理成膜，使其同时具有耐腐蚀性、亲水性和抑制异味产生的性能。现在主流的膜构成包括有耐腐蚀性的第一保护层和有亲水性及抑制产生异味性能的第二保护层。**图 3.3.3** 所示是表面处理的变迁。

3.3.2~3.3.4 节以车用空调为例，对耐腐蚀性、亲水性、抑制异味等功能的赋予进行说明。

3.3.2　耐腐蚀性

蒸发器表面承受干湿循环应力。冷凝管从外部发生孔腐蚀并穿透时，制冷剂会泄漏而导致空调不制冷。因此，由于翅片材质的电位要比管材质稍低，进行牺牲防腐[1-2]。所以翅片部位有腐蚀增大的趋势。在安装空调初期，冷风出风口会喷出以铝的腐蚀生成物（β-拜耳体，即 β-$Al_2O_3 \cdot 3H_2O$）为主要成分的白粉，随后防腐蚀性被不断强化。

蒸发器防腐蚀是指抑制在管子上的孔腐蚀和在翅片上的白锈。蒸发器的形状很复杂，所示一直使用容易形成均匀膜且能够自我修复[3)]的铬酸盐转化处理方法。可是，欧洲因六价铬的环保问题出台废止令，2007 年 7 月相关新车停止上牌，因此必须确定新的对策。新的替代处理方法考虑使用锆系膜、钛系等非铬系，但与铬酸盐系膜相比耐腐蚀性太差。为此开发出在转化膜上进行涂膜，以添加抑制剂赋予自我修复功能[4)]的方法，并成功实现商业化。

图 3.3.4 所示是盐雾试验（SST）后产生白锈率和 240 h 后的外观照片。没有添加抑制剂时，SST 进行 72 h 后已经产生约 5% 白锈、240 h 后达到 10%；而添加抑制剂后，与原有铬酸盐膜相比有同等耐白锈性。进一步对实施表面处理的样品设置 0.8 mm 宽的人工缺陷部分，浸入 10 ppm NaCl 溶液中，用传感器测量样品表面随时间变化产生的腐蚀电流，其结果如**图 3.3.5** 所示。没有添加抑制剂的样品，试验开始 8 h 后还能测到腐蚀电流，而添加抑制剂的样品，试验开始时有腐蚀电流但 8 h 后没有了，可以证实其有自我修复性。

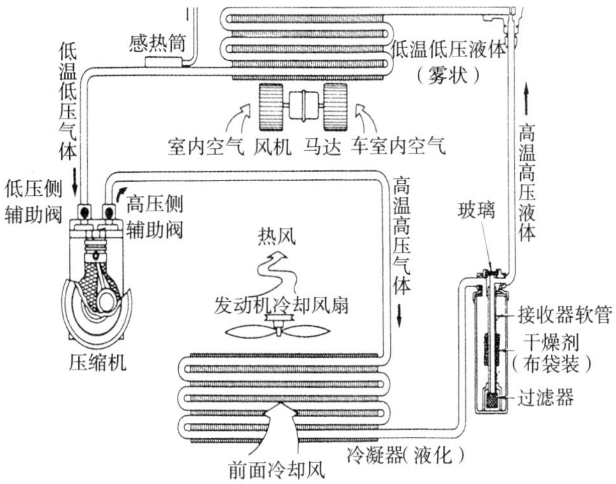

图 3.3.1　空调制冷循环

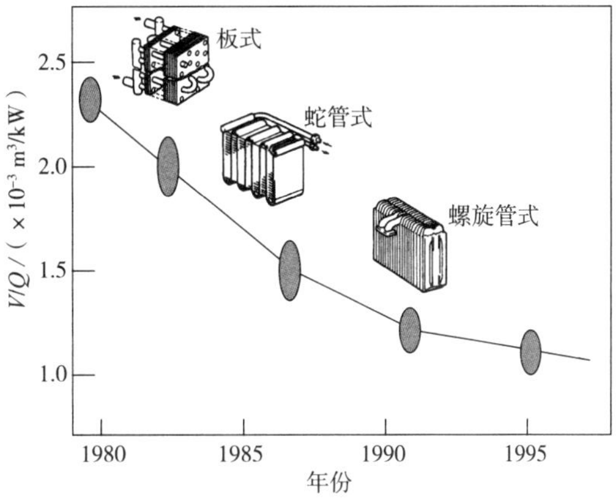

图 3.3.2　蒸发器小型化进程

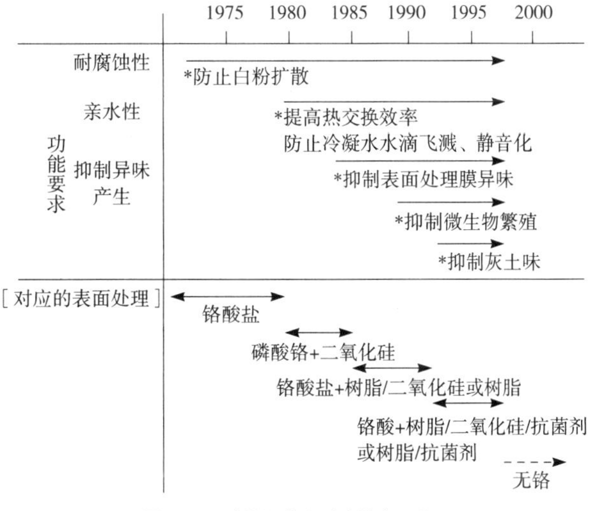

图 3.3.3　功能要求和对应的表面处理

3.3.3　亲水性

1979 年以第二次能源危机为契机，掀起节约能源、节省资源的运动，小型轻量化得到很大发展。基于此，翅片及管子间隙变窄，冷凝水滞留在翅片间隙，导致通风阻力增大。因此，不仅热效率降低，而且送风声音变大，水滴飞溅也会发生。对此采取的对策是赋予翅片表面亲水性，使凝聚水变成平坦水膜。

另一方面则完全相反，赋予其憎水性，使冷凝水跌落，考虑的是使其易于脱落的排出方法[5]，目前还处于研究阶段。

表 3.3.1 所示是各种表面处理膜刚形成后和在容器内放置 7 天后的水滴接触角。铝转化处理膜刚形成后的水滴接触角近似 0°，在室内放置一段时间后接触角逐渐增大。铬酸盐膜经过 5 周时间接触角变为 50°~60°，如**图 3.3.6** 所示，使用空调时通风阻力随着风量的增加急速增加。所以，有必要在转化膜上赋予新的亲水性功能。吸附水分子强的水玻璃、硅胶等膜[6]，其接触角在 5° 左右，作为亲水性膜非常有效。

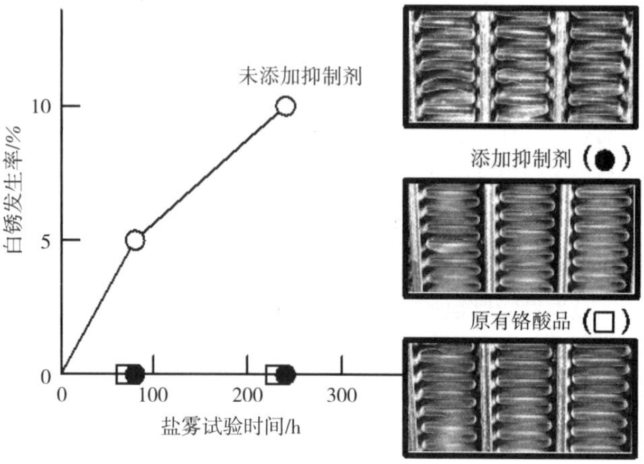

图 3.3.4　盐雾试验结果

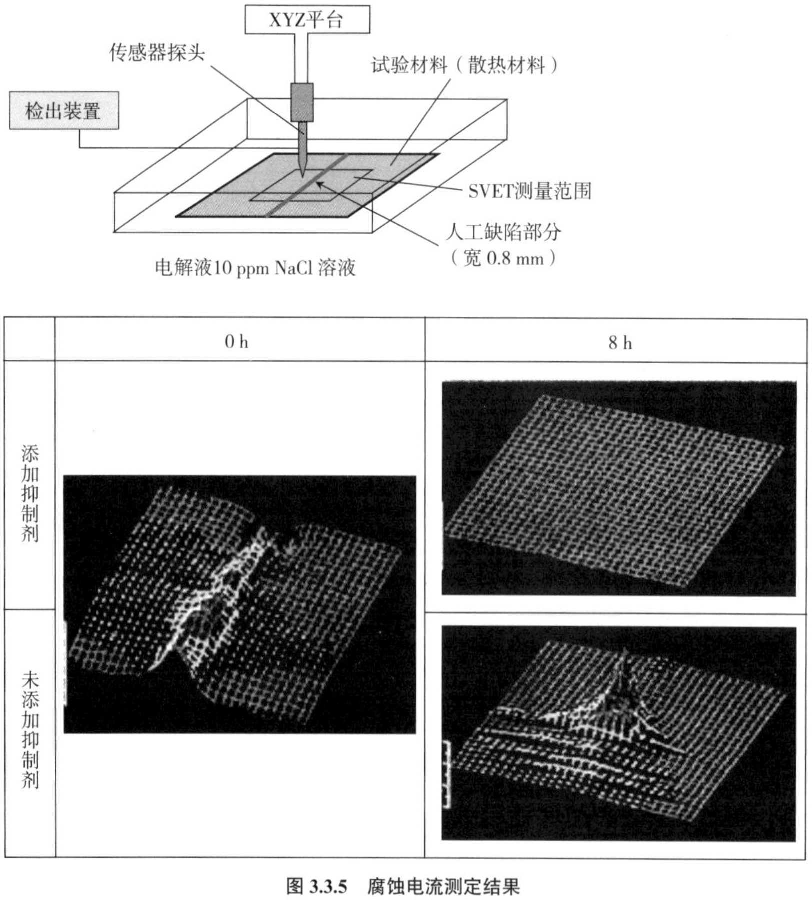

图 3.3.5　腐蚀电流测定结果

表 3.3.1　各种表面处理膜的接触角

膜种类		水滴接触角/（°）	
		膜刚形成后	放置 7 天后
转化膜	a）铬酸盐	0	50
	b）磷酸铬	0	50
	c）氟化铝	0	50
树脂膜	d）丙烯酸树脂	80~90	80~90
	e）聚氨酯树脂	70~80	70~80
	f）酰胺树脂	70~80	70~80
	g）聚乙烯醇	40~60	40~60
无机膜	h）水玻璃	0	5
	i）硅胶	0	5

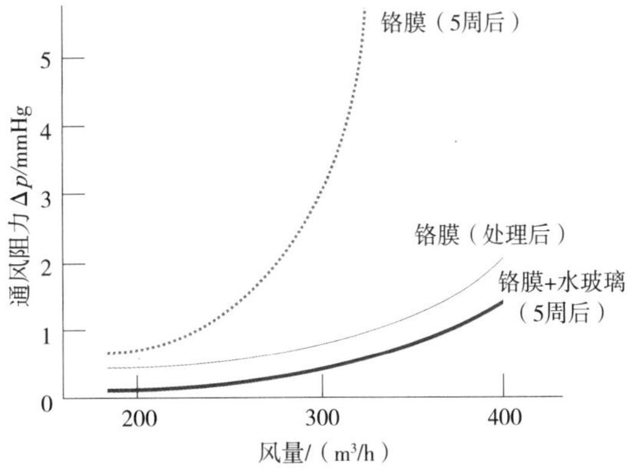

图 3.3.6　表面处理和通风阻力

还有，高分子树脂膜的接触角较大，可溶水性 PVA 膜的水滴接触角也在 40°~60°，比硅胶差（表 3.3.1）。可是，高分子树脂自身也在改良，仅树脂成分的接触角在 20° 左右，就可获得有实用性的亲水性膜[7]。另外，在可以使复杂形状物品生成均匀膜的转化法中，生成以树脂为主要成分、接触角为 30° 左右的膜的方法也已经实用化。

3.3.4　抑制异味产生

从 20 世纪 80 年代开始，人们很重视车内合成树脂、黏结剂等引起的所谓新车异味问题，随后新车异味问题逐步得到解决，与此同时空调产生的异味日益明显，需要加以抑制。蒸发器产生的异味大致分为：（a）由表面处理膜自身产生的异味[8]；（b）细菌、酵母等微生物繁殖产生的异味[9]；（c）铝基材腐蚀引起的异味。因此，在膜设计时要重点考虑这些因素。

3.3.4.1　抑制表面处理膜异味

由铝表面处理膜产生的异味见**表 3.3.2**。铝合金表面及无机膜表面的异味强度较高。蒸发器铝金属表面的异味是由真空钎焊时附着的镁和吸附在活性表面上的臭气成分引起的，但在除去它们后的清洁表面还能感觉到有异味。纯无机膜的亲水性优异，但表面处理会产生异味。无机膜容易产生异味的原因是处理药品的残留、挥发，膜的飞散。另外，树脂膜的亲水性稍差，但表面处理几乎不产生异味，所以充分利用这个优点的硅胶和树脂复合膜被实用化。

由专家小组利用感官进行异味评价。

表 3.3.2　膜种类和异味

膜种类		异味强度（无）0 1 2 3 4 5（强）	厌恶感（愉快）0 −1 −2 −3 −4（不愉快）	异味种类
基材	未洗净	3~4	−3~−4	鱼腥
	洗净	1~2	−1~−3	鱼腥
转化膜	a）铬酸盐	1~3	−1~−2	铬酸
	b）磷酸铬	1~2	−1~−2	铬酸
	c）镀锌	2~3	−1.5~−2.5	灰尘
	d）氟化铝	2.5~3.5	−2~−3	灰尘
树脂膜	A）丙烯树脂	0~1	0~−1	—
	B）聚氨酯树脂	0~1	0~−1	—
	C）酰胺树脂	0~1	0~−1	—
	D）聚乙烯醇	0~1	0~−1	—
无机膜	E）水玻璃	1~2	−2~−3	灰尘
	F）硅胶	1~2	−2~−3	灰尘
	G）氧化铝	1~2	−2~−3	灰尘

【异味强度】

0：无味

1：隐约有味

2：淡淡的异味

3：明显有异味

4：有很强的异味

5：非常强的异味

【厌恶感】

+1：愉快

0：不愉快也不难受

−1：稍微不愉快

−2：不愉快

−3：非常不愉快

3.3.4.2　抑制微生物繁殖引起的腐臭

关于空调内微生物繁殖情况的调查结果见**图 3.3.7**，以蒸发器部分居多。蒸发器产生冷凝水，位于送风路径的上游侧，容易附着营养源（灰土等），造就了微生物容易繁殖的环境。

在蒸发器中繁殖的微生物种类如**表 3.3.3** 所示，有 64 种霉菌、8 种酵母及 12 种细菌，没有特殊的微生物，都是空气中普遍存在的种类。

为了掌握这些微生物量与异味的关系，用**表 3.3.4** 所示的培养条件增加微生物量，调查异味产生情况，细菌和酵母的活菌数超过 10^5 个/cm^2 时，开始有令人不愉快的异味感觉（**图 3.3.8**）。

因此，对蒸发器采取对策很重要。现在采取的是在亲水性膜中添加抗菌剂、抗霉菌剂的方法[7, 9, 11]。抗菌剂、抗霉菌剂安全性高，药品异味小，膜干燥时耐热。容易溶于水的抗菌剂、抗霉菌剂应用于产生冷凝水的蒸发器时效果消失快，以致不能持续发挥作用。所以，开发出对水溶解度低的抗菌剂、抗霉菌剂，稳定地相溶或分散在亲水性膜剂中的技术

表 3.3.3　空调中的微生物

微生物	举例	总数
霉菌	交链孢菌 短梗霉属 镰刀菌 青霉属 乌拉尔菌属	64 种
酵母	酵母菌	12 种
细菌	芽孢杆菌 假单胞菌 链球菌 革兰氏阴性杆菌 革兰阴性球菌	8 种

表 3.3.4　培养条件

培养液	KH_2PO_4 $MgSO_4 \cdot 7H_2O$ NaCl $CaCl_2 \cdot 2H_2O$ 土豆抽出液 凝胶组合 寒天	1.0 g/L 0.5 g/L 0.1 g/L 0.1 g/L 0.4 g/L 1.0 g/L 1.0 g/L
植菌	霉菌：链孢菌 出芽短梗霉属等 （10^4~10^5 个/cm^2） 酵母：酵母菌等 （10^4~10^5 个/cm^2） 细菌：芽孢杆菌 假单胞菌等 （10^4~10^5 个/cm^2）	
培养温度	28~30 ℃	

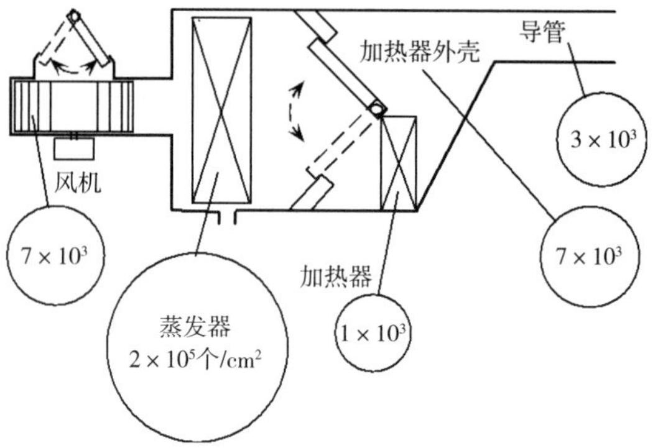

图 3.3.7　空调内部微生物量分布

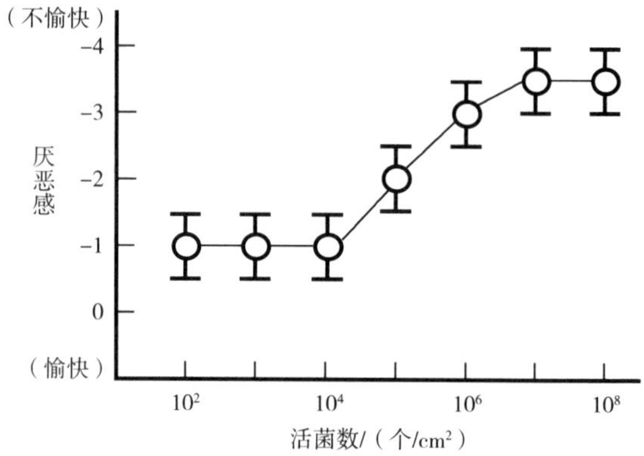

图 3.3.8　微生物量和厌恶感

尤为重要。但是，过量添加可能阻碍亲水性，所以把控好最佳添加量非常关键。

3.3.4.3　抑制铝基材腐蚀带来的灰土味

蒸发器表面处理膜经过一定时间后发生劣化，铝基材一旦裸露并开始腐蚀，就会产生刺鼻的灰土味。该臭味强度随着铝基材裸露程度增加而增大（**图 3.3.9**）。

使用药品的感官评价试验（**图 3.3.10**）、对蒸发器飞散成分的分析（**图 3.3.11**）以及生物反应显示，灰土味是由铝基材腐蚀引起的。所以，即使在干湿循环环境中，铝基材也必须长期保持覆盖。

为抑制灰土味，不能让铝基材裸露，即让亲水性膜保持充分耐水性。亲水性和耐水性有相反的特性，为了提高原有的亲水性膜的耐水性，在交联中使用亲水性官能团来降低亲水性。在此，相关参与反应的官能团和交联剂形成的三维网状结构中，开发出含有与交联剂难以反应的强亲水性磺酸基聚合物，形成互穿聚合物网状结构（interpenetrating polymer network，IPN）的方法[7]并实用化（**图 3.3.12**）。使用本方法生成的膜经实际车载 5 年空调开关循环

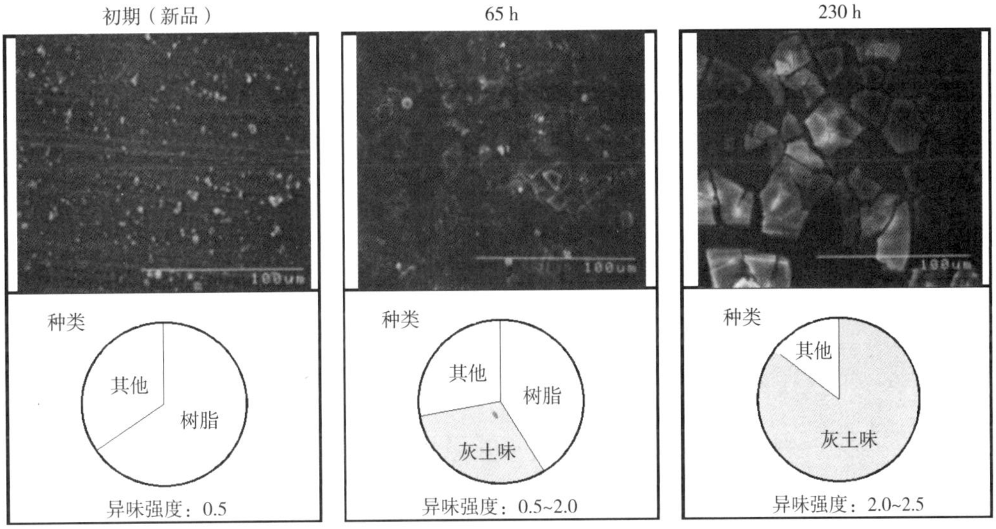

图 3.3.9　耐久试验后的表面状况和异味

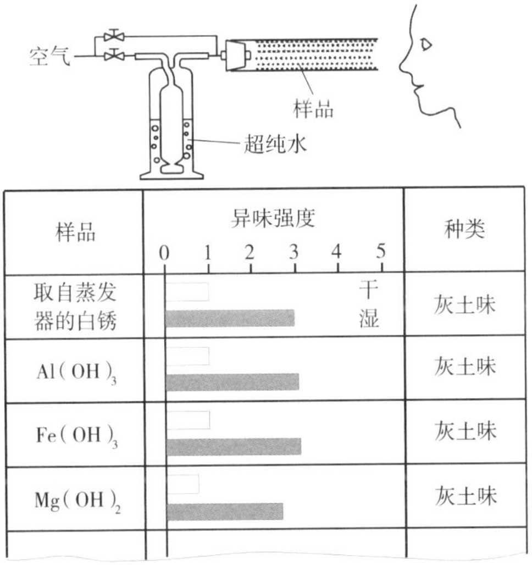

图 3.3.10　使用药品的感官评价试验

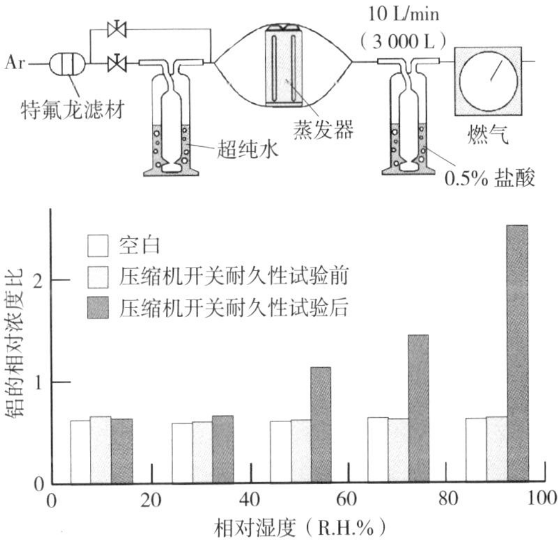

图 3.3.11　铝飞散的确认

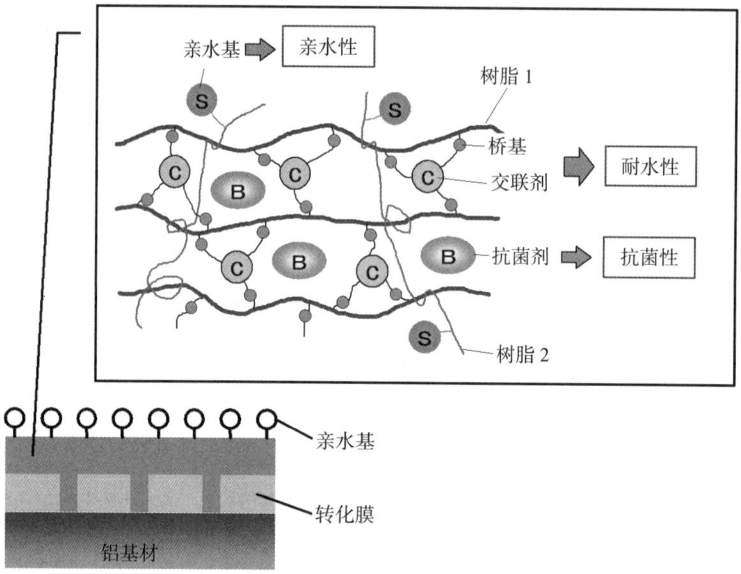

图 3.3.12　亲水性和耐水性的对立（示例）

试验后，仍显示有 20° 左右亲水性，约有 80% 膜残存（**图 3.3.13**）。

为保持舒适的空间环境，车载空调必须轻量小型且制冷力要强。为提高热效率、静音性，要对翅片表面进行亲水化处理。同时，也必须兼顾耐腐蚀性及抑制异味产生。现今人们的环境保护意识高涨，技术开发难度越来越大。今后随着人们生活水平的进一步提高，研究开发更加环保及经济的功能表面处理是重要的课题。

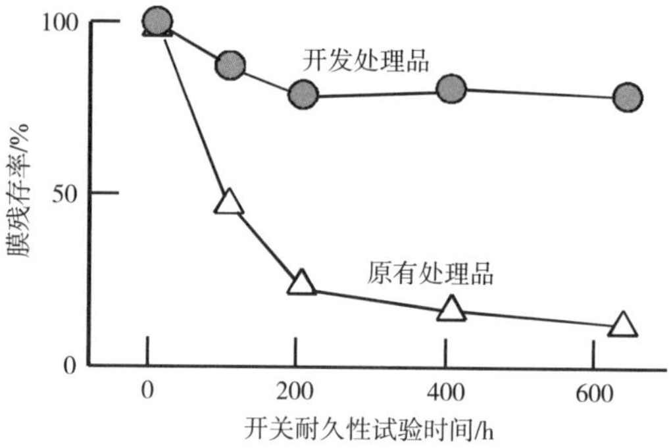

图 3.3.13　耐久性试验后的膜残存率

参考文献

1）池田洋：金属，66，166（1996）.

2）池田洋，正路美房：住友軽金属技報，35（1，2），43（1994）.

3）須田新，浅利満瀬：材料と環境，46，95（1997）.

4）K. Kobayashi，H. Sugawara，M. Nonogaki，T. Osako，H . Kojima，M. Motozawa：SAE Tech Paper Series，010947（2002）.

5）泉美納男，笹隈伸二：防錆管理，6，21（1981）.

6）Nelson J. Newhard：US Pat.3989550（1976）.

7）H. Mizuno，K. Uchiyama，S. Sato，K. Sakakibara，R. Sako：SAE Tech Paper Series，980284（Soc. Automot Eng）（1998）.

8）金子秀昭，竹中修，水野博好：表面技術，48，733（1997）.

9）水野博好，竹中修，内山一寿，金子秀昭：表面技術，49，391（1998）.

10）例えば，金子秀昭，荻野睦雄：特開昭 54-142650（1979）.

11）Y. Koga，Y. Takesige：SAE Tech Paper Series，900596（Soc. Automot Eng）（1998）.

3.3.5　润滑性

3.3.5.1　赋予润滑性的目的

由于预先在铝板上成膜的预涂层铝板以通过冲压成型形成产品形状为前提，因此膜的润滑性是极其重要的特性之一。润滑性对成型工艺效果的影响有：（a）可省去压力成型后的工艺，提高生产效率；（b）可提高冲压成型性，获得难度高的形状。润滑性对冲压成型以外的效果影响是：（c）成型后的产品功能要求具有润滑性。关于这些再详细说明一下。

（1）省去压力成型后的工艺

由铝板制造成型品的工艺示意图见**图 3.3.14**。

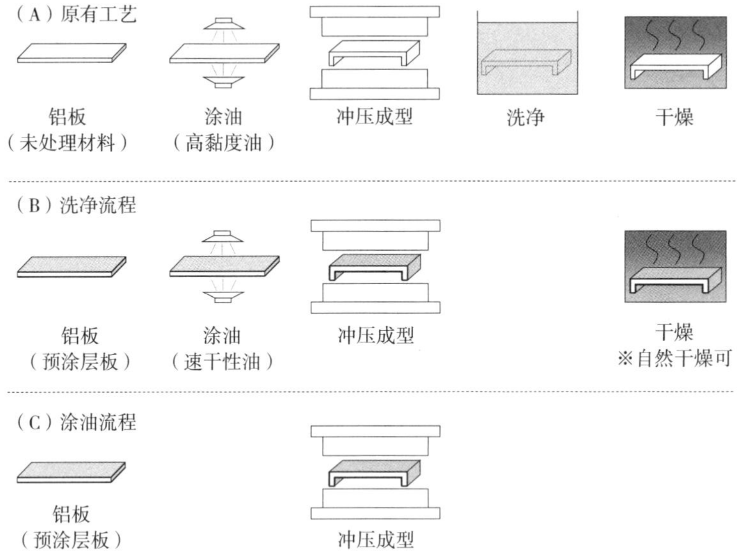

图 3.3.14 铝板成型品制造工艺

（A）是原有的传统工艺。在冲压成型之前涂抹润滑性良好的高黏度油作为冲压油。成型后要将高黏度油清除。（B）是事先赋予铝板表面润滑性，用完全挥发的速干性油冲压成型的工艺。该工艺可省去洗净压力油的工序。冲压成型后，速干性油可自然干燥，也可加热干燥，该工艺有进一步合理化的空间。空调用热交换器翅片成型多采用（B）工艺。（C）是完全不进行涂油而进行冲压成型的工艺。因不使用油类所以不涉及洗净与干燥，是最合理的工艺。为实现该工艺，铝板表面事先不仅需要赋予润滑性，还需要有高精度压力机、模具、基材设计等，是技术水平要求很高的工艺。饮料罐的盖是用（C）工艺生产的。

（2）提高成型性

冲压成型时润滑性还有一个重要作用，就是提高成型性。铝板润滑性高时，其进入模具时很顺利，抑制了材料局部裂纹的产生，可提高成型极限。另外，即便施加高成型负荷材料也会顺利进入，不会产生皱褶。近年来限制碳排放的环保要求日趋严厉，车身用铝材量在不断增加，汽车向轻量化发展。为提高铝板成型极限并提高车身多样化设计，欧洲等地已开始广泛采用固体润滑预涂层铝板技术。

（3）作为润滑性产品功能

产品在功能上要求润滑性时，根据产品的使用方法要求性能有差异，因此详细说清楚也有一定难度。常见的情况是对某个对象材料进行反复摩擦时，不仅只要求润滑性，而且要求具有防止反复摩擦时表面产生划痕、磨损的性能。

3.3.5.2 赋予技术

市场上有很多被称为润滑处理、润滑涂料的产品，但并非所有这些产品都适用于冲压成型。这里限定于以金属板的冲压成型为前提的润滑处理。

赋予板材表面润滑性的基本思路是这样的，用在成型性优异的树脂中添加被称为内蜡的润滑剂形成的涂料来涂抹金属板，加热形成涂装膜。涂料中使用的典型润滑剂见**表 3.3.5**[1]。熔点与其他特性有差异，所以要根据相应目的选择润滑剂。

润滑剂在涂料中必须均匀分布，但在金属板上形成的膜要分布到最表面上。膜的主要成分树脂和润滑剂的溶解度参数差异较大时，在膜干燥过程中最表面的润滑剂浓度易变大[2]。

连续进行成型时，金属板与模具的接触面因摩擦生热温度上升。有研究报告指出[3-5]，连续成型时钢板的表面温度上升至 50~100 ℃，同时受到形状、成型速度、成型时环境温度等的影响，到达温度不一定是相同温度。为确保在各种成型条件下具有优异的润滑性，希望使用熔点不同的复合润滑剂。另外，有的润滑剂润滑效果好而有的耐划痕效果好，单独使用不如复合使用效果佳[6-7]。有报告指出复合润滑剂在涂料烘烤时受热熔融混合，润滑特性发生变化，但大多数文献推荐将润滑剂进行复合使用[8]。

综上所述，润滑性主要取决于润滑剂，膜的主要成分树脂也对润滑性有一定的影响。有报告说，基础树脂膜的玻璃化温度和冲压成型时的板温度一致时，最大冲压高度变大，原因是在玻璃化温度附近树脂膜具有高破裂强度和高延伸率[9]。

3.3.5.3 测量方法

很多文献[2, 6-8]评价润滑性的方法是用布登・利文（Bouden Leven）试验机让钢球在试验片表面滑

表 3.3.5　预涂层涂料用润滑剂 [1]

1. 按成分分类

类别	内容
脂肪烃	流动石蜡、微晶蜡、天然或合成石蜡等
高级脂肪醇和高级脂肪酸	天然蜡中含有
脂肪酸多元醇酯	高级脂肪酸的甘醇酯、二甘醇酯
金属皂	硬脂酸的金属盐
脂肪酸酯	天然蜡的主要成分、合成酯
有机硅	注意对滑爽性、消泡性、弹跳性等的不良影响

2. 代表性润滑剂

	名称	特征
天然蜡	玛瑙蜡	熔点（80~86 ℃）低，但比较坚固，光泽、柔性良好
	木蜡	主成分是脂肪酸甘油酯，光泽、黏结性良好
	羊毛脂	主成分是由绵羊分泌的羊毛润滑脂
	蒙旦蜡	主成分是酯，可替代羧酸
	石蜡	由原油蒸馏物制造，主成分是石蜡，熔点 45~74 ℃
	微晶蜡	由原油蒸馏物制造，分子质量更高，熔点 66~93 ℃
合成蜡	费托（Fischer-Tropsch）蜡	性质接近微晶的合成蜡
	聚乙烯蜡	低分子聚乙烯，熔点 100~130 ℃，比石蜡熔点高
	聚丙烯蜡	比聚乙烯蜡熔点更高，防划痕效果更好
	聚四氟乙烯蜡	熔点高（370 ℃），防滑性、耐磨耗性等良好，与其他蜡合用

动，以此来测量动摩擦系数（**图 3.3.15**）。可以对同一部位施以连续摩擦，能精确测量非常小的动摩擦系数 [2]。影响润滑性的特性之一是表面的耐划痕性，对此进行评价一般也常使用 Bouden Leven 法 [10]。

其他测量摩擦系数的方法有滑动试验，如**图 3.3.16** 所示。用 Bouden Leven 法对试验片负载时

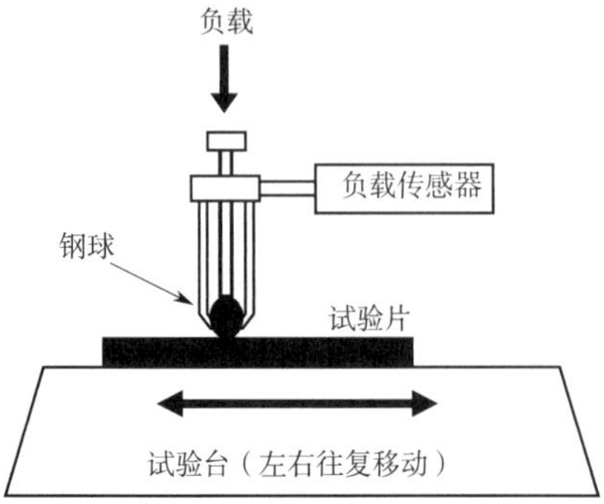

图 3.3.15　Bouden Leven 试验机示意图

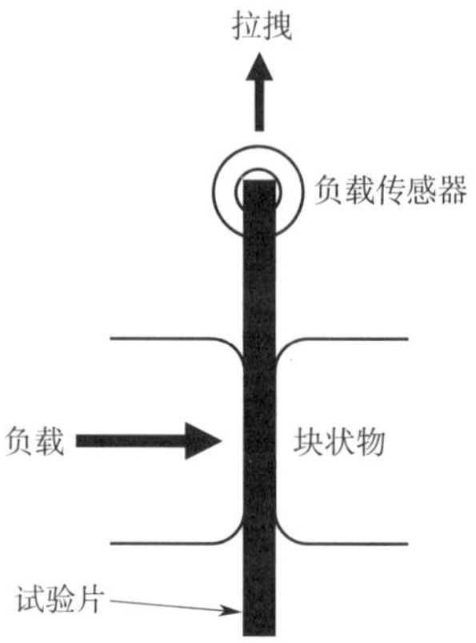

图 3.3.16　滑动试验示意图

与钢球有点接触，但在实际冲压成型时，金属板是被模具面夹着以面接触方式施加负载。滑动试验是试验片以面接触负载并进行测量的，所以被认为是近似冲压成型。

影响润滑性的特性还有成型性。冲压成型性评价通过对圆筒等实际进行冲压成型来评价（**图 3.3.17**）。具体有以一定拉延比（成型前的坯料直径除以凹槽直径）和成型负载进行拉延成型，以试验片破裂为止的最大拉延高度的大小进行评价的方法，以及以不同直径的压板进行拉延成型，得出在接近破裂状况时的最大成型拉延比（极限拉挤压比、LDR）等。**照片 3.3.1** 所示是润滑预涂层铝板和未处理材料的最大冲压高度进行的比较[11]。

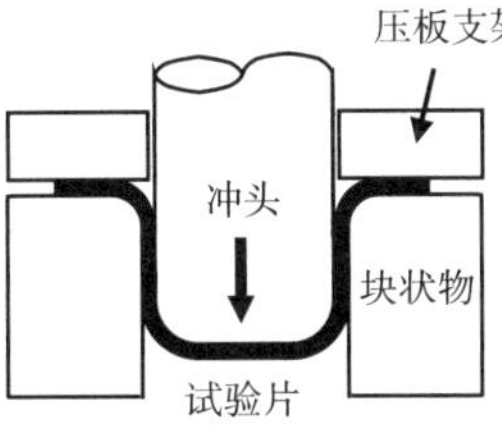

图 3.3.17　冲压成型试验示意图

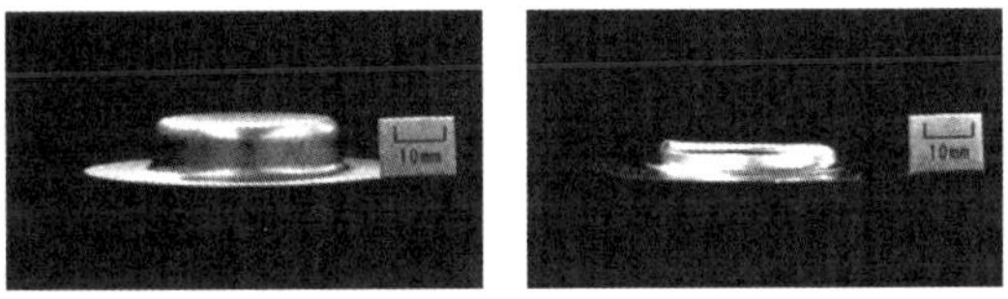

照片 3.3.1　最大冲压高度比较测量示例

（左：润滑预涂层板=10.1 mm　右：未处理=5.6 mm）

参考文献

1）田中丈之，鳥羽山満，桐山春雄：塗料・インキ用添加剤，シーエムシー，p159.
2）野村侃滋：TECHNO-COSMOS，7（1995），p34.
3）薄鋼板成形技術研究会：表面処理鋼板のすべり性に関する共同研究報告書（1991），p4.
4）木村好治，岡部平八郎：トライボロジー概論，養賢堂（1952），p41.
5）勝見俊之，斎藤勝士：材料とプロセス，5（1992），p1713.
6）服部伸郎，前園俊一郎，福井正信：軽金属学会第 91 回秋期大会講演概要（1996），p295.
7）竹田委千央，細見和弘：住友軽金属技報，46，No.1（2005），p49.
8）長谷川真一，渡辺睦子，加藤治：Furukawa-Sky Review，No.2（2006），p23.
9）鈴木幸子，尾形浩行，奥埜計造，成瀬義弘，大和康二：表面技術，44，No.8（1993），p667.
10）道木隆徳，細見和弘：表面技術，57，No.2（2006），p133.
11）神谷憲一，福井正信，服部伸郎：R&D 神戸製鋼技報，51，No.1（2001），p56.

3.3.6　导电性

3.3.6.1　赋予导电性的目的

含预涂层的功能性彩色铝板被应用于电机、运输机器、建材等各领域，近几年在电机行业的需求急速增加[1]。背景是随着笔记本电脑与液晶电视等电器产品的轻、薄、小化不断发展，对比钢铁和不锈钢更轻的铝材的需求不断增加。

现在电机产品外壳等采用预涂层铝板，与未处理材料相比润滑性、耐指纹性、耐划痕性、耐腐蚀性更加优异。这些特征都归因于预涂膜。可是，预涂膜原本以绝缘性树脂为主要成分，所以要应用于电机产品需要下一定功夫，主要是赋予表面导电性。

电机产品外壳要求具有电磁波屏蔽性与防止带电性。电磁波屏蔽性是防止外壳内回路产生的电磁波噪声外泄以及防止外部电磁波噪声对外壳内回路产生误动作[2]，防止带电性是防止带有导致半导体电子部件类破坏的静电[3]。一般来说，铝制外壳的电磁波屏蔽性比塑料外壳等要高，外壳形状与回路设计等多种原因导致屏蔽性降低，这些是后续研究课题。

使用预涂层铝板制作的电机产品上、下盖示意图见**图 3.3.18**。将上、下盖咬合部位进行放大，可以看到膜之间有直接接触，铝之间没有直接接触。因此，如果膜没有导电性的话，上、下盖之间无法导通，咬合部位的电磁波噪声很容易泄漏，导致盖子屏蔽性降低。因此，为确保咬合部位导通，表面需具备导电性。

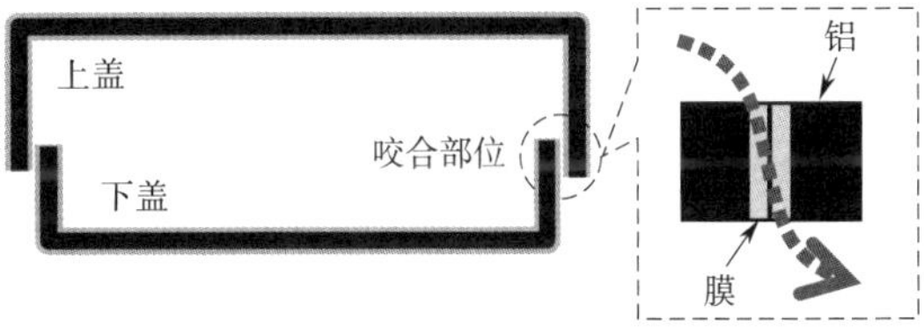

图 3.3.18　电机产品盒示意图

3.3.6.2　赋予技术

赋予膜导电性的代表性方法是用添加导电性填充物的导电性涂料生成膜的方法，导电性预涂层铝板也采用该技术。**表 3.3.6** 所示是按照导电涂料的使用用途、目的，分别整理导电涂料的性能、必要导电性、导电性填料和黏合剂的种类[4]。根据所需导电性、相应成本来选择导电性填料种类。预涂层铝板几乎都是选择镍填料。银填料的导电性非常优异，但是价格非常高。铜填料的导电性仅次于银填料，但其缺点是容易氧化。一般预涂层铝板烘烤温度在200~250 ℃时会使涂膜硬化，易氧化的导电性填料不宜采用。碳导电性填料价格低廉，但从表 3.3.6 中可以看出其不适合需要高导电性的应用。镍填充物与铜填充物有相同水平的性能，但没有类似铜填充物易氧化的担心，在各种环境下比较稳定，在高频率区域屏蔽效果好[5]，涂装后外观也良好，是最佳导电性预涂层板用填充物。

膜的导电性也受导电性填充物的形状、添加量、膜厚等的影响。对球状、钉状、锁状、鳞片状四种形状镍填充物的导电性进行了调查，结果发现球状导电性最高，鳞片状导电性最低。这是因为球状从膜表面容易露出填充物，平坦的鳞片状容易被埋没到涂膜中[6]。另一方面，成型性正好相反，鳞片状最佳而球状最差。综合来看，最优选择是添加形状相异的复合镍填充物。

有关膜厚影响导电性的相关数据如**图 3.3.19** 所示。表示膜厚的涂布量越少，膜的电阻值越低，而导电性越高[7]。**图 3.3.20** 所示是图 3.3.19 中涂布量为 A 和涂布量为 B 的膜的导电性以及镍填料的影响。在涂布量为 B 的厚膜中，随着镍填料添加量的增加，

表 3.3.6　导电涂料的性能类别与其采用的材料[4]

性能		必要导电性	导电涂料的种类	
			采用的导电性填料	采用的黏合剂
电磁波反射	EMI 屏蔽	10^{-3} Ω · cm 以下	Ni、Cu、Ag、Ag/Cu、Ag/Ni	AC、PU、EP、AE
	卫星传输用偏移天线	10^{-3} Ω · cm 以下	Ni、Cu、Ag、Ag/Cu、Ag/Ni	AC、PU、EP、AE
	雷达波反射	10^{-3} Ω · cm 程度	Cu、Ag、Ag/Cu、Ag/Ni	AC、PU、EP、AE
防止带电（ESD）	导电涂床	10^4~10^6 Ω/m²	C、Al	EP、PU
	电子元件托盘	10^3~10^{14} Ω/m²	In、Zn、Ni、C、SAA	AC
	钢制机器	10^6~10^8 Ω/m²	Sn、Zn、C	EP、BE
	油箱内表面	10^5~10^7 Ω/m²	C	EP、BE
	包装薄膜	10^5~10^{14} Ω/m²	Sn、Ti、SAA	AC、PE、AE
	透明隔断材料	10^5~10^{14} Ω/m²	Sn、Ti、SAA	AC、PE
电极、电缆线端部的电场缓和		10^4~10^6 Ω/m²	SiC、C	AC、PE、PU、EP、PI
发热		10^2 Ω · cm 以下	C、Ni	EP、PU、硅树脂
电子照片记录		10^4~10^6 Ω/m²	Sn、Ti、SAA	AC、PU
底膜制备	化学镀	—	Ni、Cu	AC、EP
	电镀	10^2 Ω · cm 以下	Ni、Cu、C	EP、AC
电泳涂装底膜		10^9 Ω · cm 以下	C	AC、EP
钢结构、钢筋电气防腐		10^{-1} Ω · cm 以下	C	EP、PU、水泥
船底防污		10^2 Ω · cm 以下	C	EP、氟树脂

注：Ni=镍；Cu=铜；Ag/Cu=镀银铜；Ag/Ni=镀银镍；In=氧化铟；Zn=氧化锌；SAA=表面活性剂；Ti=氧化铟涂层氧化钛；SiC=碳化硅；AC=丙烯酸树脂；PU=聚氨酯树脂；EP=环氧树脂；AE=丙烯酸乳胶树脂；BE=热熔型三聚氰胺/丙烯酸树脂；PI=聚酰亚胺；ESD=静电放电；EMI=电磁波干扰。

电阻值降低，而导电性上升，但在涂布量为 A 的薄膜中，电阻值与镍填料添加量无关，几乎没有变化。特别是涂布量为 A 的膜即便没有添加镍填料，也显示低电阻值，由此可知涂布量为 A 和涂布量为 B 的膜的导电性原理不同[7]。涂布量为 A 的膜没有添加导电性填料也能获得导电性，我们定义其为非填料型导电性预涂层，与填料型进行区别。同时，非填料型导电性预涂层能够获得导电性，与铝基板具有的表面粗糙度和膜涂布量之间保持良好平衡、部分铝板凹凸部分从膜表面露出有关[8]。**图 3.3.21** 所示是非填料型导电性预涂层板的截面示意。

对填料型导电性预涂层板和非填料型导电性预涂层板进行比较，可以看出非填料型导电性预涂层板较好。这是因为从表面对其施加电流时，非填料型导电性预涂层板可以将电流直接传导至铝板，而填料型则需要中途必须通过导电性填料，所以必须考虑导电性填料和铝板之间的接触电阻。另外，相较于非填充型，填充型可以生成更厚的膜，其润滑性和耐划痕性能优异（**图 3.3.22**）。

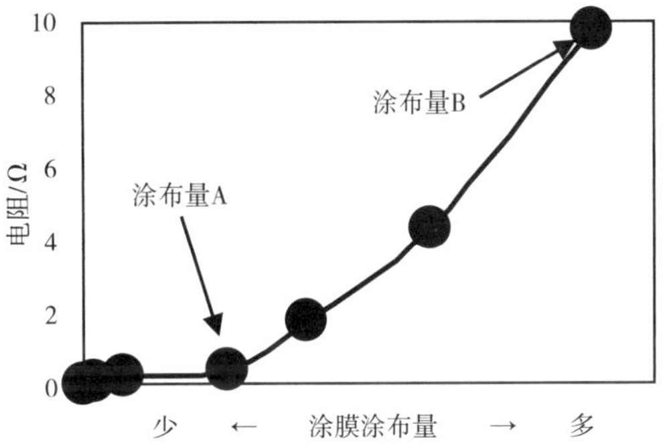

图 3.3.19　膜厚对导向性的影响

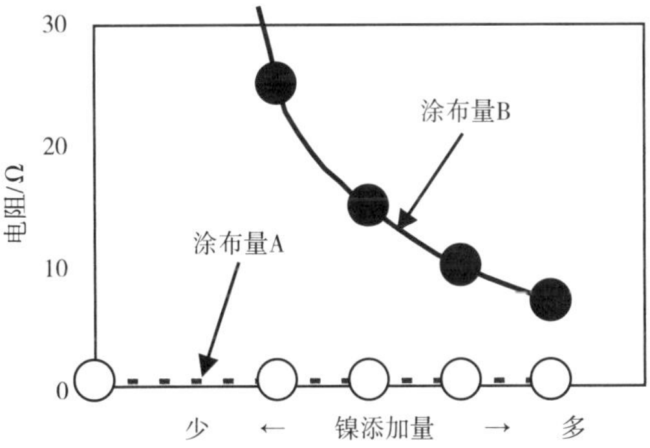

图 3.3.20　镍添加量对导电性的影响

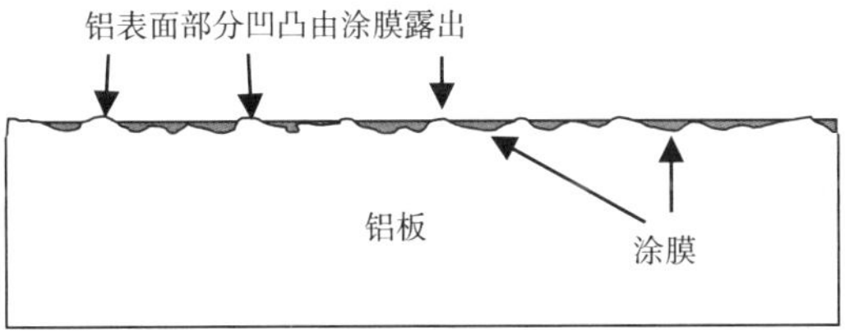

图 3.3.21　非填料型导电性预涂层板的截面示意图

3.3.6.3　测量方法

测量导电性的方法一般是用测量仪通过电极来测量的传统方法。具体方法如**图 3.3.23** 所示[7]，在顶端有球状圆棒点接触试验片表面。主要特征是电极的顶端与试验片之间进行点接触。填料型导电填充物与非填料型的铝，与从膜中露出部分进行接触时测量值变低，与膜被覆盖住的部分接触时测量值变高，所以测量值偏差较大，要进行多次测量，不同试验片的导电性优劣很容易显现出来，所以判断优劣很容易。电极顶端的形状与接触负载也会对测

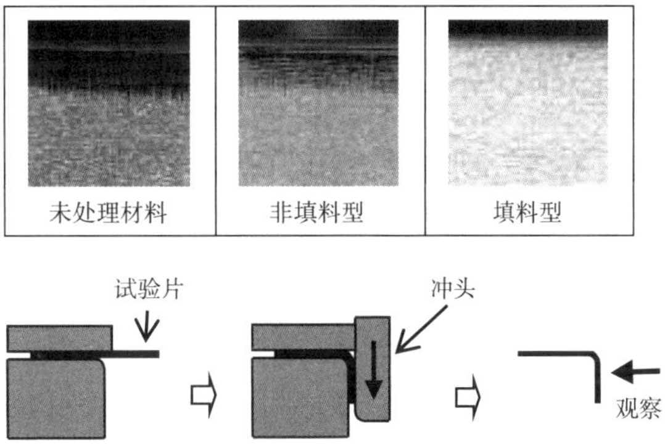

图 3.3.22　弯曲加工部的耐划痕性比较试验示例
（上：试验结果；下：试验方法）

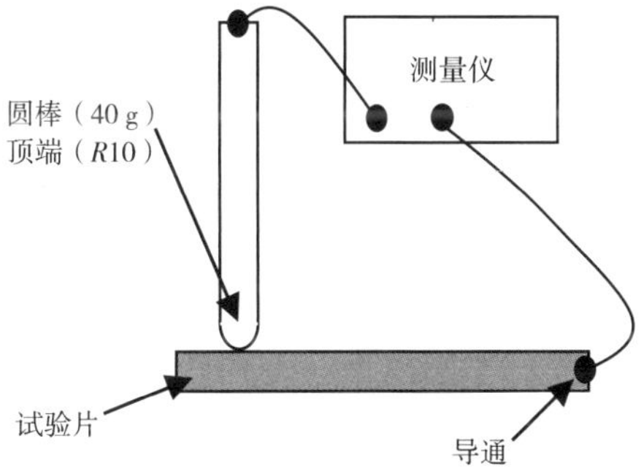

图 3.3.23　导电性评价方法

量值产生影响，所以要确定条件。另外，测量数据的判断基准有平均值、最大值等方法。测量条件及判断基准由材料厂家和用户协商确定。

其他测量方法有 2 枚铜板作为电极的二点接触法[9]、使用 4 根电极进行测量的四探针法等[10]。市场销售的四探针法测量装置的测量值与上述一点接触法相比偏差不大。

参考文献

1）Furukawa-Sky Review，No.2（2006），p70.

2）トランジスタ技術編集部：電子回路部品活用ハンドブック，別冊トランジスタ技術（1985），p248.

3）NEC：静電気放電（ESD）破壊対策ガイド（1996），p9. http://www.necel.com/nesdis/image/C11892JJ2V1IF00.pdf.

4）技術情報協会：導電性フィラーの【新しい】混錬・分散技術とその不良対策（2004），p347.

5）トランジスタ技術編集部：電子回路部品活用ハンドブック，別冊トランジスタ技術（1985），p272.

6）小澤武廣，加藤治，斎藤正次，太田優：Furukawa-Sky Review，No.3（2007），p7.

7）服部伸郎，塚越智，福井正信：軽金属学会第 103 回秋季大会講演概要（2002），p189.

8）公開特許公報　特開 2003-64484.

9）加藤治，太田優，難波江元広，斎藤正次：軽金属学会第 103 回秋季大会講演概要（2002），p191.

10）ダイアインスツルメンツ：抵抗率計シリーズ，p5. http://www.dins.co.jp/dins_j/6data/pdf/catalog/Lineup_catalog_J0408-LP.3000US.pdf.

3.3.7　散热性

3.3.7.1　赋予散热性的目的

笔记本电脑及关联产品追求轻量化，外壳及结构零部件可以使用比钢或不锈钢轻的铝材。随着电子产品性能的提升，机器内部半导体等的散热量有上升趋势，为防止故障、误操作等，要提升散热性能。散热技术方法很多，下面就相关外壳所使用铝材的散热技术进行探讨。

众所周知，铝具有优异的热传导性，所以广泛应用于热交换器与散热器。各种材料的热导率见**表 3.3.7**[1]。在实际应用中铝的热传导性仅次于铜。

热传导以外的传热形态有热辐射和对流。**表 3.3.8** 所示是各种金属的辐射率[2]。辐射率是指实物热辐射与黑体辐射进行比较时的比例系数，辐射率越高，散热能力越强，从表 3.3.8 可以看出铝的辐射率低[3]。热辐射因是在物质表面发生的现象[3]，所以提高预涂层板的辐射率是可能的。市场已有在售预涂层板，其辐射率是未处理铝的约 20 倍。

表 3.3.7　铝与其他工业材料的热导率比较[1]

材料	热导率（20 ℃）/[W/（m · ℃）]
胶合板	0.3
聚乙烯	0.46~0.54
聚氯乙烯	0.1~0.5
木材（硬质）	0.2
镁	80（锻造件）、70（铸造件）
铜	390
黄铜（35%/Zn）	120
铁	50（铸件）、70（板件）
钢	50（铸件）、60（热轧材料）
不锈钢	20
工业用纯钛	17
铝（1200-H18）	220
铝（7075-T6）	130

表 3.3.8　各种金属辐射率的比较[2]

材料	辐射率（垂直辐射率）
铝（布轮抛光）	0.03
不锈钢（布轮抛光）	0.11
不锈钢（喷砂）	0.38
铜（布轮抛光）	0.03
铜膜（基材）	0.02
铜膜（喷砂）	0.04
铜膜（哑光）	0.04

空调用热交换器为控制制冷时冷凝水的附着形态，要对翅片进行亲水处理。为降低热交换器通风阻力，可考虑使用控制对流的预涂层板，亲水性在前面已有详细说明，在此略过。

3.3.7.2　赋予技术

有关提高预涂层板辐射率的研究报告列举如下。

使用树脂膜，对影响辐射率的膜种类进行调查发现，三聚氰胺交联型高分子聚酯树脂的辐射率高，环氧树脂辐射率低。另外，有研究报告指出[4)]氟树脂含有率降低时辐射率会降低。膜越厚辐射率越高。

在研究给膜中添加微粒的例子中，给前面提到的三聚氰胺交联型高分子聚酯树脂膜添加石墨时辐射率提高了[5)]。对添加的石墨粒径的影响开展调查发现，在添加量相同时，平均粒径较小的石墨，其辐射率较高。

添加石墨和炭黑时，膜变成黑色，无法着色成任意颜色。膜中添加氮化硼微粒时，既可提高辐射率又可着色。特别是类似六方晶系石墨结构的氮化硼最理想[6)]。

有公开技术资料提出给膜添加复合微粒（炭黑和钛）的复合添加技术添加复合。其理由是炭黑在 6 μm 以下波长时显示出几乎近似黑体的热辐射性，在 12 μm 以上波长时稍差。另一边，钛在 6 μm 以下波长时与黑体相比辐射性低，在 12 μm 以上波长时显示出几乎与黑体相近的热辐射性。因此，将两者进行完美组合后，可以在大范围波长区域得到近似于黑体的热辐射性[7)]。

3.3.7.3　测量方法

物体的辐射率是物体的热辐射与黑体辐射进行比较的比例系数。因此，测量辐射率的原理是对物体的热辐射进行测量，并与黑体进行比较。

来自黑体的特定波长光辐射强度 $E_{b\lambda}$ 用普朗克（Plank）公式[式（1）]表示。式（1）是波长与绝对温度的函数，跨全波长区域积分后被定义为绝对温度时黑体辐射 E_b。黑体辐射是式（2）的绝对温度的 4 次方。这里 σ 是斯特藩-玻尔兹曼常数。

$$E_{b\lambda}=2hc/[\lambda^5(e^{hc/\lambda kT}-1)] \tag{1}$$

$$E_b=\sigma T^4 \tag{2}$$

例如 293 K 和 373 K 时黑体辐射的辐射强度光谱如**图 3.3.24** 所示。实物热辐射 E 和黑体辐射 E_b 进行比较，与黑体辐射的定义相同，实物热辐射也是跨全波长区域进行积分，如图 3.3.24 所示在实际温度环境下黑体辐射强度集中在 2~25 μm 波长区域，所以求实际辐射率的试验大多情况下也是在相近波

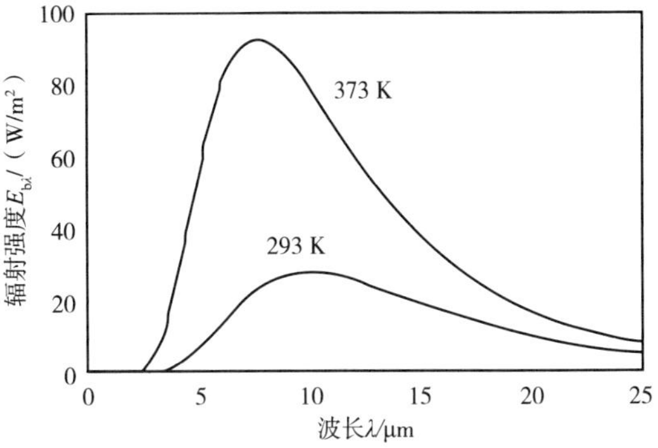

图 3.3.24　黑体辐射的辐射强度光谱

长区域进行比较。测量的实物热辐射 E 与黑体 E_b 的关系如式（3）所示，式中 ε 是物体在温度 TF 下的辐射率。

$$E=\varepsilon E_b=\varepsilon\sigma T^4 \tag{3}$$

测量预涂层板膜辐射率的方法是在指定温度下用光谱仪测量光谱反射率，在特定波长区域的积分与相同温度下黑体热辐射光谱的积分进行比较，该计算公式已经公开[7)]。

同样，也有使用傅里叶变换红外分光光度计测量红外发光的方法[8)]。在文献里不是与理论计算的黑体辐射进行比较，基准是金属板涂装 20 μm 厚的黑体涂料。

除此类方法以外，市场上也有简易辐射率仪，在平坦的直径大于 60 mm 的样品的表面，仅用感应器接触就可显示精度在 ±0.02 的辐射率数字[9)]。

测量辐射率以外有验证散热性的方法，制作模拟实际电子机器外壳的箱体，对箱体内温度进行比较试验。比如，在用隔热材料成型的箱体中设置热源和感应器，给箱体开个窗户并安装与散热性钢板进行比较用的耐指纹性钢板，监视箱体内的温度。通过隔热材料流失的热量可以忽视，内部的热量只能通过安装钢板的窗口散出。基于此可以对散热钢板与箱体内比较用材料的冷却能力进行考察[10)]。

参考文献

1）日本アルミニウム協会：アルミニウムハンドブック第 6 版（2001），p28. ※ オリジナルの表から一部抜粋.
2）日本熱物性学会：熱物性ハンドブック（1990），p325. ※ オリジナルの表から一部抜粋.
3）甲藤好郎：伝熱概論，養賢堂（1981），p337.

4）頓宮真柱，前園利樹，斎藤正次：軽金属学会第 110 回春季大会講演概要（2006），p257.
5）前園利樹，頓宮真柱，斎藤正次：軽金属学会第 112 回春季大会講演概要（2007），p153.
6）公開特許公報　特開 2005-139535.
7）公開特許公報　特開 2002-226783.
8）公開特許公報　特開 2004-27064.
9）山東睦夫，野口哲男：太陽エネルギー，10，No.1（1984），p25.
10）平野康雄，渡瀬岳文，満田正彦：表面技術，54，No.5（2003），p334.

Chapter 4

第 4 章　赋予铝基材功能性

4.1　铝基材表面性能状况

给铝基材赋予功能性时，要对铝基材各种表面性能有所了解。所谓铝基材表面性能是指表面粗糙程度和光泽度等，在材料制作过程中受加工形式的影响较大。比如，在锻件、铸件、压延板材、挤压材等中，不可避免会分别产生锻痕、铸痕、辊印、模具痕等表面缺陷。

以铝板为例，因轧辊沿着轧制方向有压痕，在加工精度低的板材上目视有辊印，在抛光薄板等上辊印也依稀可见，进行阳极氧化与刻蚀处理后经深拉伸加工时，内部组织有明显纹路，不适用于要求平滑表面的场合。为防止此类缺陷，必须从压延时就采取措施，包括选择材质、压延时留出板坯表面切削量，以便除去板坯表面的氧化物和偏析等缺陷，同时也要提高轧辊的精度等。

此外，铝挤压材的挤压模具即便提高精度，用模具挤压成型熔融铝时，沿挤压方向也会产生模具痕。即便在挤压材精加工工序中施以阳极氧化，模具痕也不会消失，后面将介绍希望得到非常平滑的表面时，有必要进行的各种预处理。

经机械切削后基材的表面性能受切削条件的影响很大，即受切削方式、切削工具材质、刀刃形状、切削条件、润滑剂等众多要素的影响，获得表面平滑度的范围广，有明显压痕的，也有可能通过精加工获得类似镜面的表面。

制作此类材料时常不可避免地将基材附带产生的各种性状原封不动地带入产品，很多时候此类性状并不符合产品要求。因此，为改善基材表面性能，首先要进行各种预处理。下面就此进行论述。

4.2　表面粗糙度

如前所述，铝表面性质各种各样，有关表面粗糙度的问题居多，所以本节就表面粗糙度进行分析。

金属材料的表面粗糙度根据材料种类、加工方法、精加工程度等有多个阶段。粗糙程度从铸件多凹凸面到类似镜面光泽的薄板都有，用肉眼可以明显判断出差异很大。不过这些表面粗糙度并不是用感觉来评价而由物理测量来确定，可以用数值对表面性状进行比较。相关表面性状在日本工业标准《表面粗糙度的定义和表示》（JIS B 0601）中（旧标准）有规定，可用各种数值进行表示。**图 4.2.1** 所示为其中一个例子，在与对象面呈直角的平面上切割时，切口处出现的截面轮廓扩大的状态称为截面曲线。

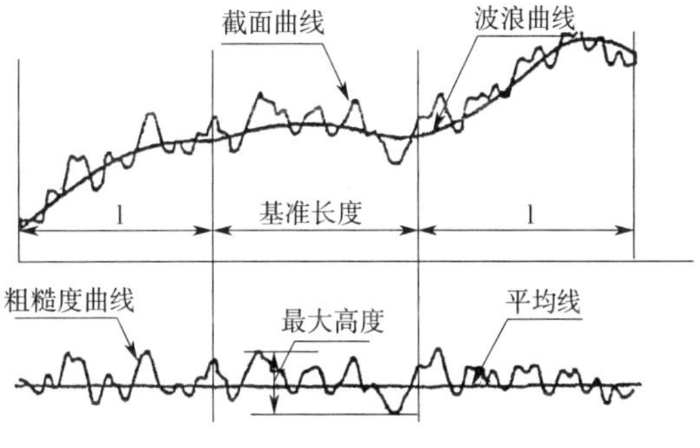

图 4.2.1　表面粗糙度曲线

相对于粗糙度曲线的平均线来说，在某基准长度中顶部最高处与谷底部最低处的间隔称为最大高度，用微米（μm）来表示。各种加工方法获得的铝表面粗糙度的范围用最大高度表示，见**表 4.2.1**。

4.3　铝基材加工的必要性

对铝板和挤压材等基材施加功能性与装饰性表面处理时，根据其用途和使用目的通常进行各种预处理。

覆盖铝基材的表面处理方法有镀层、涂装、真空蒸镀、印刷、珐琅（又称搪瓷）、金属熔射等，预处理是脱脂、去污、调整基材等简单工艺。

此外，阳极氧化膜和转化膜涂装底膜处理也可以说是广义范围内的预处理。可是，为完全达到所要求的功能需实施真正的预处理加工，各行业有各自的方法，大致分为机械预处理方法和化学预处理方法。此类预处理从少量试生产到产业用大规模量产的自动生产线等水平各异，目前主要使用的预处理方法的种类见**表 4.3.1**。

另外，从铝基材预处理到精加工为止的表面处理工艺示例见**图 4.3.1**。

4.4　机械预处理方法

该方法对基材表面性能进行机械的、物理的改变，没有改变基材本身。因此，在实际应用中不能单独使用，机械预处理多作为阳极氧化处理和清漆涂装等各种表面处理的前处理。

进行机械预处理时，铝基材除了立体零部件等需要为全面研磨外，几乎都是为局部处理为主，基材和成品的背面往往没有进行任何处理加工就投入使用了。这一点与化学预处理有非常大的区别。

还有，伴随机械预处理会产生加工屑与附着处理用研磨材料的残留物等，经喷砂抛光等手段去除不需要物质，但需要用化学预处理方法对表面进行调整。机械预处理方法的各项内容如下。

表 4.2.1　各种加工方法获得的精加工粗糙度范围

加工方法的种类 \ 最大最高度/μm	0.05以下	0.1以下	0.2以下	0.4以下	0.8以下	1.6以下	3.2以下	6.3以下	12.5以下	25以下	50以下
锻造、铸造									—	—	—
压铸									—	—	
热轧									—	—	—
冷轧				—	—	—	—	—			
喷砂									—	—	—
研磨布								—	—	—	
液体珩磨						—	—	—	—		
机械切削						—	—	—			
机械磨削				—	—	—	—	—			
钻石切割			—	—	—	—	—	—			
包装		—	—	—	—						
超精密精加工	—	—	—								
布轮抛光				—	—	—	—				
化学抛光				—	—	—	—				
电解抛光			—	—	—						
加工记号	▽▽▽▽					▽▽▽			▽▽		▽

表 4.3.1　铝预处理方法

	预处理种类	效果	方法	主要设备	备注
机械预处理方法	布轮抛光	去毛刺、去划痕、抛光	研磨材料、研磨布旋转	布轮抛光机	粗、中、精加工研磨
	喷砂研磨	消光、半光泽、表面调整	钢粒、金刚砂、玻璃珠等喷射	喷砂机、液体珩磨机	珩磨软处理
	毛刷研磨	发纹线、消光	钢丝毛刷压着旋转	发纹机	交叉线
	带式研磨	划痕精加工	砂带压着	砂带机	显眼花纹、去毛刺
	砂轮研磨	旋转精加工	树脂砂轮、单轴、多轴	旋转抛光机	滑动、旋转完成
	滚筒研磨	去毛边、抛光	研磨材料混入	滚筒研磨机	去污渍、呈现光泽
	机械切削	光泽精加工、钻石切割	钻石刀具旋转切削	钻石切割机	不劣化的镜面
	机械磨削	镜面精加工、	精密镜面处理	保鲜膜研磨机	超精密光学用
	剪切加工	剪切	分割、截短	剪切机	需要去毛刺
	冲孔加工	冲孔加工	内外冲压加工	冲压机	薄板拉延
	成型加工（压花）	压花装饰	薄板拉延加工/拉延模具	冲压机	薄板立体成型
	成型加工（压花）	压印加工	厚板成型加工/锻造模具	锻造冲压机	厚板立体成型
	激光加工	切割、雕刻、剥离	激光束加工	激光加工机	基材剥离加工（后处理）
	雕刻	文字、花纹雕刻	雕刻用模具	雕刻机	浮雕、加工
化学预处理方法	脱脂	去除异物、脱脂	酸或碱、表面活性剂	脱脂槽	阳极氧化槽可逆电解
	化学抛光	光泽精加工	酸或碱浴	化学抛光槽	必须选择铝合金材料
	电解抛光	光泽精加工	酸或碱浴	电解抛光槽	要振动
	化学溶解	消光、粗糙加工	酸或碱浴	溶解槽	处理后去除残渣
	刻蚀	平面立体化精加工	酸或碱浴	刻蚀装置	浮雕两次刻蚀

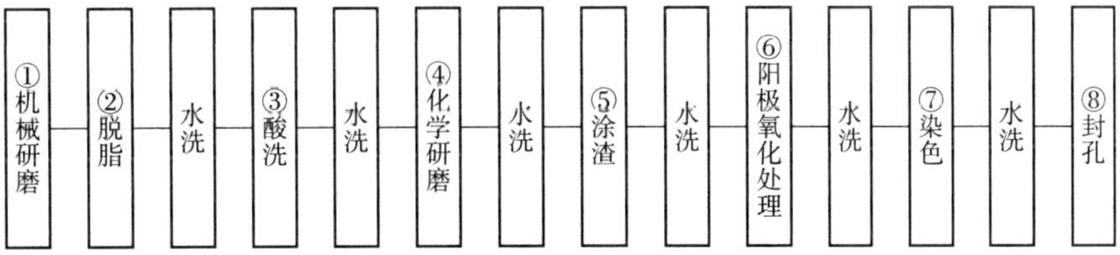

图 4.3.1　铝表面处理工艺示例

4.4.1　布轮抛光（去划痕、抛光）

布轮抛光是指用棉布、麻、毛织物等纤维缝合成圆形（称为布轮），并将其安装到旋转轴上，在布轮旋转面喷涂研磨材料，压住铝基材研磨其表面，用于去毛刺、去伤痕、抛光等。

根据布轮纤维的种类和缝合方法、研磨材料的种类，其研磨加工后的效果是不同的，按不同目的区分使用。

4.4.2　喷砂研磨（消光、半光泽精加工）

用压缩空气将研磨材料喷撒到铝基材上进行去

表面划痕、抛光等处理，研磨材料使用砂，称为喷砂法。还有研磨材料用金刚砂的喷丸法、用5个大气压左右高压水喷洒玻璃珠和防腐剂的混合材料的液体珩磨法等。

使用方法和研磨材料的种类、粒度不同，所获得的表面状态是不同的，所以要依据不同目的选择相应的方法。比如，喷洒玻璃珠的液体珩磨法可以获得光滑半光泽柔和的成品，即使进行阳极氧化处理也不容易变成灰色。铝薄板在仅做单面喷砂处理时板材会发生翘起，所以如果需要平滑板，有必要对反面也进行同样处理。另外，不同粒度的研磨材交替使用时，要注意避免不同粒度之间互混。

加工机械有传送带方式、转盘方式、密封箱方式等，可根据加工物的形状、大小及量产要求进行选择。

4.4.3 毛刷研磨（发纹线、消光）

铝表面用砂纸刮擦出磨砂面与纹路，量产时采用机械方式，将基材用传送带往前传送，用带有铜丝、不锈钢丝等的毛刷顶住基材，借助润滑剂边喷水边加工。依据毛刷种类、线的粗细、间隔及植入方法等可以获得各种发纹线花纹。也可用油代替水，用细线毛刷加工时可获得被称为油发纹线的微细线花纹。沿直线移动铝板时形成发纹线，沿斜线移动平板时获得交叉花纹。

该处理与前项相同，对薄板进行单面处理时板子会翘曲，需要很平的板子时有必要对背面也进行适当处理。

4.4.4 带式研磨（划痕精加工）

将用树脂固定着粗糙研磨材料的砂带来回旋转，将基材压在砂带上对表面进行划痕加工的方法即带式研磨，被加工成划痕后的面显现出装饰效果出色的凹凸光泽。

4.4.5 砂轮研磨（旋转精加工）

将用合成树脂固定细粒的研磨材料形成的棒状砂轮安装在旋转轴上，使其旋转并压在铝板上，可以获得同心圆状的旋转精加工。除了单轴以外，还有量产用的多轴。平行移动铝板可以完成滑动旋转精加工，前后移动铝板可以获得波形花纹。另外，将铝板固定，用磨刀石不规则地研磨其上表面，可以获得不均匀的划痕花纹。对此进行各种组合可获得相应的装饰效果。

4.4.6 滚筒研磨（去毛刺、抛光）

将铸件和小零件等与研磨材料一起放入滚筒中进行旋转来，可以去除基材的毛刺等，同时赋予其光泽。

研磨材料的种类不同，所获得的研磨效果也不同，需要加强光泽时可用硅藻土等。

4.4.7 机械切削（光泽精加工、钻石切割精加工等）

利用车削用机床对基材进行切削，可获得目标形状。根据机械切削方式，基材或者切削工具高速旋转，切削条痕因切削工具的种类和刀刃的形状及送入量而有差异，精加工面的光泽也不相同。

将工业用钻石作为工具，对压花加工的凸面与部件的端面进行高速轻切削，可以形成与材料质地显著不同的凸状美丽条痕和光泽面，该精加工方法被称为钻石切割。在高速旋转的工具上安装铝板并进行复杂的移动，还可以在表面刻上各种几何学的切割花纹。

为长期保持钻石切割面的光泽，通常会在表面方施涂清漆膜层或实施轻微阳极氧化处理。钻石切割面组织致密，比普通光泽更难以被氧化，即便未进行处理，其光泽也可保持很长时间，所以也有不经处理直接使用的情况。

4.4.8 机械磨削（包装加工、超精密镜面精加工）

由切削机对基材需要切削的表面进行精密切削（包装加工），对表面进行超精密精加工。切削面采用镜面加工，按所要求的功能性用途加工成高精度的精密部件。工具使用天然钻石等，切削机械根据表面精度的要求来选择，如表4.2.1所示，超精密精加工可以达到0.1 μm以下的最高精度水平。

4.4.9　剪切加工

有材料需要切断，一般使用剪切机。铝材料厂家生产的材料有各种各样的尺寸，批量生产的材料要进行切割加工后才能销售。

此类加工主要以板材为主，用剪切机进行剪切加工，大尺寸根据需求可分几次切成小尺寸，某些大的尺寸切断后还需要进行冲孔等加工。

挤压材生产厂家的成品材料尺寸较长（4 m 以上），通常用锯切机等切割成后续工艺预处理所需求的尺寸。此类切断加工在锯切时会产生毛刺，还要进行去毛刺作业。由于此类材料是叠加后进行运输的，表面之间有可能产生划痕，所以去毛刺作业不可省去。

4.4.10　冲压加工（冲孔、压花、压印等）

4.4.10.1　冲孔加工（冲孔）

冲孔加工是冲压薄铝板确定外形，同时去掉内侧不需要的部分。主要有开孔、切断、切入、去边等加工，或者用冲压机制作冲模。

冲压机有很多种类，从脚踏式的简易冲压机到利用电动液压、加工能力达到数百吨的大型冲压机，根据用途种类很多，为了量产而导入计算机的自动化机器人化、也在不断发展。

冲压模具（模具、冲床）所用润滑油的成分、黏度、添加物种类对冲压加工的成败有很大影响，所以是重要的讨论课题。

4.4.10.2　成型加工（压花）

使用压花模具用冲压机对薄铝板进行挤压加工，可以进行立体成型。可以打出商品名称、商标，也可以形成立体的装饰花纹。商标等往往进一步实施前述的钻石切削加工（参照 4.4.7 节），可以获得美丽的光泽提高装饰效果。

铝是一种深拉加工性良好的材料，JIS 1000 系普通铝最常用，根据产品形状、强度、耐腐蚀性、表面处理性等要求，选择相应的铝合金。

4.4.10.3　成型加工（压印）

使用锻造机对厚铝板进行立体成型的方式称为压印加工。部件成型面去边的同时，也形成凸部，是一种效率较高的加工方法。选择冲击用模具及材质，可由卷状坯材锻压成薄壁长圆筒状，所以多用于生产铝罐等。

加工时使用热处理材料，加工度要求高的情况下可对基材再加热退火后，反复进行冲压。

4.4.11　激光加工（切断、雕刻等）

可利用激光进行切割铝基材，雕刻文字、图像等的加工。可与计算机组合进行高精度、高速处理，也可在曲面和立体的对象物上进行精密打印。

家电外包装等阳极氧化产品由绝缘膜覆盖，为避免静电干扰，有必要剥离一小块该膜，露出坯料，使其导电。该处理利用激光束可有效剥离成品隐蔽部位的膜，因此虽然是后处理，但在该领域地使用了各种自动化设备。

4.4.12　其他加工

4.4.12.1　雕刻

使用雕刻机以母模为导向，对基材进行文字和数字等雕刻，可以正确转印所希望的图像。有单件小规模制作的，也有使用量产专用机器同时进行多件雕刻的，但无论哪一种都很难对指定的标记、文字等进行快速加工、雕刻。

4.4.12.2　锤击加工

对基材表面进行锤击，形成以装饰性为目的的锤击痕迹，主要用于家用器物等的表面加工。分为单个锤击和机械锤击。

4.4.12.3　炭磨

在不能依靠机器的情况下，想去掉基材划痕消除光泽精加工时局部的不均匀，古时有被称为炭磨的方法。这是纯手工行为，用木炭摩擦打磨鹿皮等。

4.5　化学预处理方法

铝是与酸、碱都发生反应的两性金属，利用该性质使用酸性或碱性化学药品进行处理，可以进行各种预处理。

药品会使基材表面或多或少地发生溶解，由于溶解方法与铝合金种类不同，基材表面光泽有增光也有消光，甚至变成凹凸严重的粗糙面，所以必须根据用途来选择药品和处理条件。一些处理方法可能需要用电。

化学预处理方法大多是对基材喷洒药液或将基材放入药液中进行浸渍处理，在这种情况下，要像机械预处理方法那样注意处理面和溶液的接触及流动不均匀，使整体得到均匀处理。

4.5.1　脱脂

脱脂通常是在处理前或在机械预处理后的必要程序，下面就简单预处理进行说明。

铝基材表面伴随加工进行，很多时候会吸附各种异物和残留物。未进行处理时就加工，会导致颜色不匀，表面处理不完美，所以在加工之前，要用脱脂剂等对此类污物进行清洗。

基材表面需要去除的污物有灰尘、压延时的润滑油、喷砂、拉丝时的研磨材料、金属氧化物、防氧化剂、防腐油脂类等。

有机溶剂常被用作脱脂剂，但有机溶剂会产生有害的挥发物，所以要采取环保对策。将部件浸渍在溶剂中，利用超声波振动脱脂，可提高脱脂效率。

脱脂处理中常使用碱脱脂，例如 5%~20%的氢氧化钠溶液加热至 50~80 ℃，浸渍 30~60 s。有时也会在碳酸钠、磷酸钠等加入表面活性剂进行脱脂。阳极氧化时经常将基材当作阴极进行逆电解。

4.5.2　化学抛光（光泽精加工）

将铝基材在酸或碱液中进行化学溶解，根据溶解产生的抛光效果可以获得光泽。

如前所述，铝是两性金属，被酸或碱溶解后表面变得光滑，根据化学药品、添加剂种类、溶液浓度、温度、反应时间等处理条件不同，会产生从光泽面消光、细小凹凸到刻蚀状态等各阶段。

例如，旧 JIS H 9500-1992《铝及铝合金阳极氧化处理操作标准》（**表 4.5.1**）中有用化学抛光方法使基材表面获得高光泽的例子。

图 4.5.1 所示是放大的表面粗糙度，可用来解释化学抛光是如何使铝表面变得平滑的。如果铝表面均匀连续地溶解，表面不会变平滑，溶解剧烈时表面反而变粗糙。之所以发生平滑化的情况是因为：一方面，被磷酸溶解产生的铝离子由于磷酸液黏稠，难以扩散到溶液中，因此滞留在凹部妨碍了该部分的溶解；另一方面，在凸部比凹部扩散得快，促进了该部分的溶解，该状态持续进行，表面就被全面平滑化了。

最近市场上有销售化学抛光用药品，使得化学

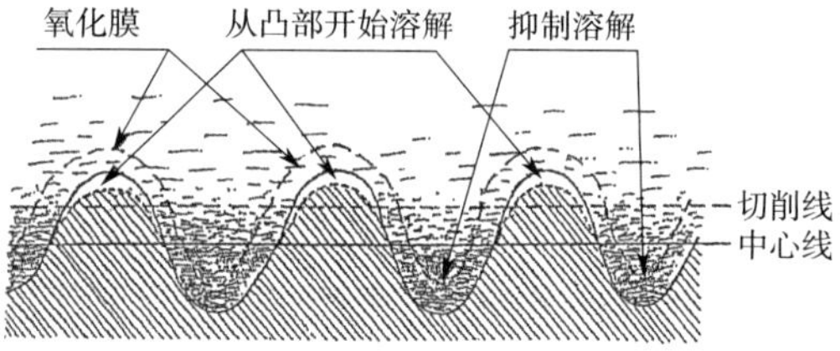

图 4.5.1　化学抛光原理图（放大）

表 4.5.1　化学抛光方法示例（旧 JIS H 9500-1992）

<table>
<tr><th rowspan="2">种类</th><th rowspan="2">处理液组成</th><th colspan="2">处理条件</th><th rowspan="2">备注</th></tr>
<tr><th>温度/℃</th><th>时间/s</th></tr>
<tr><td>磷酸-硝酸法</td><td>40%~80% 磷酸（密度 1.697 g/cm³）
2%~10% 硝酸（密度 1.42 g/cm³）</td><td>80~100</td><td>30~240</td><td rowspan="3">加入少量尿素可抑制氧化氮气体产生</td></tr>
<tr><td>磷酸-硝酸-醋酸法</td><td>60% 磷酸（密度 1.697 g/cm³）
20% 硝酸（密度 1.42 g/cm³）
20% 醋酸（密度 1.06 g/cm³）</td><td>100 以上</td><td>合适</td></tr>
<tr><td>磷酸-醋酸-铜盐法</td><td>70%~80% 磷酸（密度 1.697 g/cm³）
3%~5% 硝酸（密度 1.42 g/cm³）
5%~15% 醋酸（密度 1.06 g/cm³）
0.5~10 g/L 氯化亚铜</td><td>90 以上</td><td>60~300</td></tr>
</table>

编辑注：本表中百分数均为体积分数。

抛光处理变得相对容易了，选择好铝材质后（参照 4.5.4 节）即便不实施下述电解抛光也可获得实用的光泽效果。

4.5.3　电解抛光（光泽精加工）

电解抛光是指将铝基材当作阳极，在酸或碱液中激烈振动基材，用电化学方法以其表面进行溶解使其获得光泽的方法。

有关电解抛光使得铝表面平滑化的原理，用放大表面的**图 4.5.2** 进行说明。阳极的铝被高温、高浓度的电解液激烈溶解，表面生成电阻较高、黏稠的溶解产物薄膜。由于摇动基材与表面相接的溶液层是流动的，所以凸部的生成物变薄，电阻变小，产物在凹部停留，该部分电阻变高。结果就是凸部电流流动多，促进凸部的溶解，通过该作用促进表面向平滑发展。

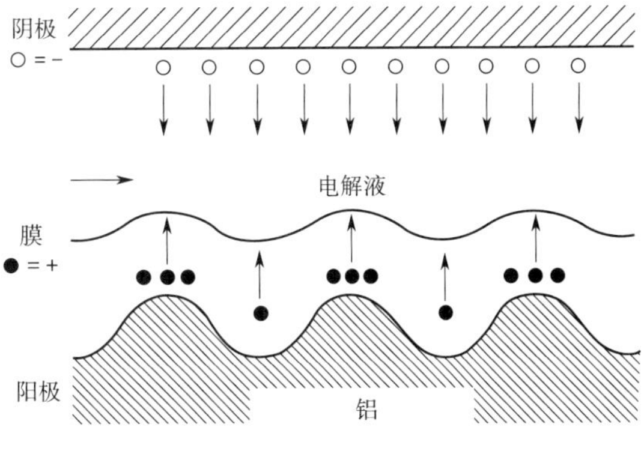

图 4.5.2　电解抛光原理图（放大）

有关电解抛光用处理液与处理条件，参见旧 JIS H 9500—1992《铝及铝合金阳极氧化处理操作标准》（**表 4.5.2**）示例，但由于碱法中用于光泽化的碱性溶液设定范围窄，抛光溶液变动激烈很难操作，所以目前主要用酸性溶液进行处理。

但是，电解抛光处理设备体积大，耗电量也大，排放气体难以符合环保要求，所以一般不使用该方法。

4.5.4　铝的光泽处理

本节就铝的光泽处理进行讨论。

铝本身是有金属光泽的材料，在自然界中放置时容易被氧化，表面被极薄的氧化铝膜覆盖，随着时间变化失去光泽变成灰白色。

与此相对，在铝的用途中要求有功能性、装饰性光泽处理的情况不少。所以，如前所述要进行各种预处理，主要表面处理方法中机械抛光、化学抛光、电解抛光的优劣比较见**表 4.5.3**。

经过此类预处理后的基材，其表面较软且易划伤，耐腐蚀性不好，光泽也如前所述会逐渐劣化，所以从实用性角度还要对表面进行阳极氧化处理。

经阳极氧化处理后的基材的表面耐腐蚀性、硬度显著提高且增加了实用性，但该处理方法使得表面光泽降低。阳极氧化膜越厚，降低程度越明显，但铝基材纯度高时光泽降低程度低，所以根据用途，想保持高光泽，选择材质是非常重要的。

铝纯度对光泽变化的影响用反射率表示，见**图 4.5.3**，纯度 99.8% 以上的材质的反射率降低趋势小，光泽保持性非常好。另外，铝纯度的差异、阳极氧化膜膜厚引起的反射率变化见**图 4.5.4**，可以肯定高

表 4.5.2　电解抛光方法示例（旧 JIS H 9500-1992）

种类	处理液组成	处理条件				备注
		电流密度/（A/m²）	溶液电压/V	温度/℃	时间/min	
磷酸法	85%~100% 磷酸（密度 1.697 g/cm³）	2 000~8 000	20~30	50~80	4~20	用振动法成镜面，要除去氧化物
磷酸-硫酸法	50%~60% 磷酸（密度 1.697 g/cm³） 20%~40% 硫酸（密度 1.840 g/cm³）	500~5 000	10~30	60~80	1~20	同上
碱法	150 g/L 无水碳酸钠 50 g/L 磷酸钠	300~2 000	5~15	70~90	2~10	去污迹

编辑注：本表中百分数均为体积分数。

表 4.5.3　研磨预处理方法

项目＼研磨种类		机械抛光	化学抛光	电解抛光
光泽		△	○	◎
光泽持续性		△	○	◎
耐腐蚀性		△	○	◎
生产成本		◎	○	△
作业性		◎	○	△
被处理品	小物体	△	○	○
	大物体	◎	○	△
	大平面	◎	○	△
	复杂	×	○	△
	软质	×	○	○

注：◎表示优；○表示良；△表示可；× 表示不可。

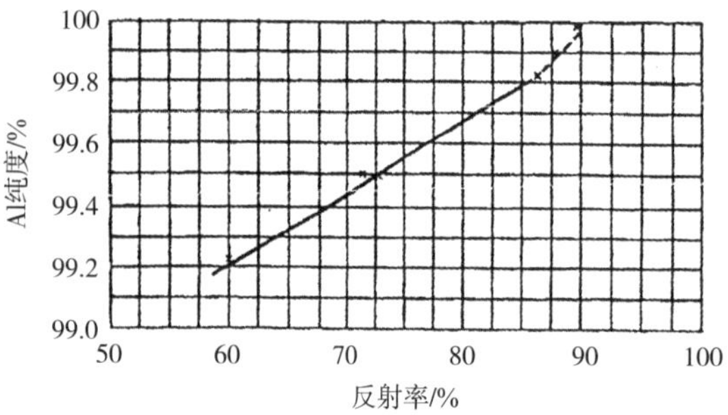

图 4.5.3　铝纯度对整体反射率的影响

（以化学抛光后，阳极氧化膜厚度 6 μm 为例）

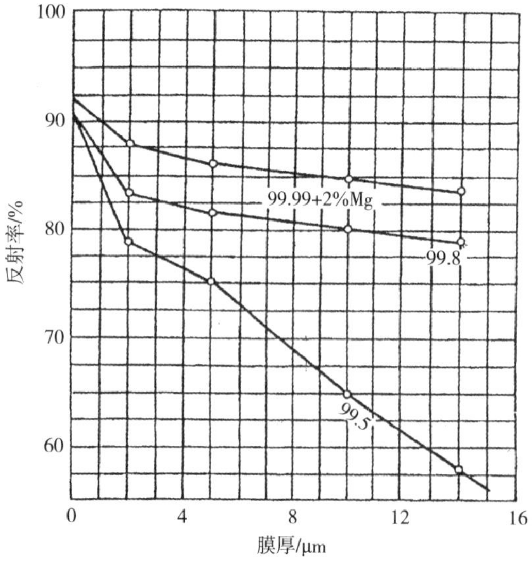

图 4.5.4　阳极氧化膜对整体反射率的影响

（化学抛光后）

纯度的材质，即便膜较厚，其反射率降低也少。

可是，高纯度铝价格高且强度低，因此产业用途上有局限性，所以通常使用的是 99.8% Al（JIS 1080）添加 Mg 形成的合金板。合金成分 Mg 降低光泽比例的同时提高了强度，所以 99.85% Al 添加 Mg 形成的铝合金被称为发光铝合金（JIS 5N01），因此压延厂家经高精度轧辊加工后，作为发光板进行销售。

铝板用途大多集中在 99.5% Al（JIS 1050），但在该纯度区域铝阳极氧化膜变厚时光泽明显变差（图 4.5.4）。可是，发光合金板材通常根据用途，需要的阳极氧化膜厚度在 10~15 μm 之间，光泽不会明显变差，还可省去预处理工序。中间纯度 99.7% Al（JIS 1070）材料可以保持一定程度的光泽，其价格也不是太高，可以说经济实惠。

合金成分铜对化学抛光也是有效的，刻蚀时处理面有致密效果。钛、铁会损害光泽，硅元素会使阳极氧化膜的透明性变差。

4.5.5　化学溶解（消光、微细糙面精加工）

溶解基材表面，使其呈现均匀的消光或微细糙面。原则上是将基材浸渍在酸或碱的水溶液中，使其表面均匀溶解获得，参考旧 JIS H 9500-1992《铝及铝合金阳极氧化处理操作标准》中“表 5　刻蚀方法示例”所举的例子。本节所述“刻蚀”与表 5 中的“刻蚀”含义有差异：本节所述“刻蚀”用单词“masking”表示，指更有深度的刻蚀处理；JIS 中所述“刻蚀”仅仅是全面溶解的意思。

表面溶解的效果根据铝基材的合金成分、溶解液的种类和处理条件不同，可以变成平滑的消光状，也可以变成微细的凹凸状糙面。在该处理之后，要去除溶解后残留表面的氧化物等。

4.6　铝的立体处理

立体处理是赋予铝功能性、装饰性的重要处理方法之一，本节就该处理方法进行论述。

在后面将要讨论的印刷法中，也有增加油墨量，印刷有阴影的图案，让人有视觉立体感的手法，不过对基材自身进行立体加工的处理方法，适用于要求有耐久性的用途。

对此类处理法的总结见**表 4.6.1**，在机械预处理的冲压加工与化学预处理的刻蚀加工后，必须进行本节的加工处理，所以表中也对加工方法进行了列举。

其中，目前最常用的立体处理组合是刻蚀和阳极氧化处理（含染色加工），其实际应用例子参照第Ⅱ篇第 4 章。

4.6.1　刻蚀

刻蚀是用化学药品等对铝基材表面局部进行深度溶解的处理。特别是通过局部刻蚀留下花纹与图像作为浮雕的处理，可以进一步发挥装饰效果。使凹凸部位分别改变光泽或实施分色着色，可以增强色差对比，增加立体感。实施此类处理的产品，即便在长期使用中着色部分有所褪色，浮雕部分也会残留，所以立体效果不会全部消失，因此是耐久性很好的提高商品价值的加工方法。

如前（4.5.5 节）所述，化学预处理方法中消光和微细凹凸处理，从表面溶解角度来看，可以说是广义上的刻蚀，为达到该目的，对表面溶解厚度在几个微米以下即可，但装饰性刻蚀要厚得多，在 20~30 μm（0.02~0.03 mm），想强调立体效果时要在 50~100 μm（0.05~0.1 mm）以上。

4.6.1.1　刻蚀的原理

刻蚀的原理相当复杂，刻蚀液种类、浓度、温度、反应时间等来决定刻蚀条件，反应产物、反应热、是否给刻蚀面补充新鲜刻蚀液等也会影响刻蚀。因刻蚀是溶液中变动要素较多的化学反应，所以一直以固定条件进行刻蚀是相当困难的，局部刻蚀作用变动也容易产生刻蚀面的偏差。

对立体面进行刻蚀时，刻蚀处理中各个立体面要进行相同的刻蚀反应，否则易造成前后、左右、上下刻蚀深度不匀，会很难看。

刻蚀反应是散热反应，溶液中的热如不及时扩散，会导致局部温度上升，加速刻蚀进行。刻蚀进行到某种程度，要给局部补充新的刻蚀液，否则刻蚀液中的铝将结晶析出，溶液处于饱和状态，会抑制刻蚀反应。在立体面刻蚀中要给周围各个部分补充新的刻蚀液，所以比平面刻蚀更容易产生偏差。因此，立体面刻蚀要充分考虑基材的旋转、振动，液体的循环、搅拌等，所以要下功夫研究刻蚀液的设定，优化刻蚀装置、基材的安装夹具等。

所使用的刻蚀液因基材材质、形状、刻蚀所需深度等多少有些差异，碱溶液使用反应抑制剂如硝酸钠、葡萄糖酸钠、反应稳定剂和消光剂如硫酸钠，为保持金属光泽使用磷酸钠等进行调节，使用时添加少量表面活性剂。

即便确认刻蚀液与刻蚀条件等的试验是合格的，但是产业用品需要进行量产，还必须考虑生产方式上的差异，所以无论如何要确定容易操作的刻蚀条件，采用容易量产化的刻蚀方式。

表 4.6.1

种类	处理/精加工处理	着色材料	特征	立体效果
刻蚀（染色）	局部刻蚀、双倍刻蚀，阳极氧化膜染色	有机/无机染料	具有耐久性，可精密画像	普通
刻蚀（着色）	局部刻蚀、双倍刻蚀，电解着色、电泳涂装	金属盐、电泳涂料	可大面积实施	
刻蚀（入色）	局部刻蚀，烘烤、电泳涂装	珐琅、涂料、电泳涂料	从长远来看会有剥离，染色很麻烦	
压花	薄板压力机、辊压模具，阳极氧化膜染色、印刷	染料或油墨	材料成本低，预阳极氧化后开裂	中
压印	锻造、冲压阳极氧化膜染色、入色	染料或涂料	材料成本高、细部难出，不可大面积实施，模具费用高	大
雕刻	激光雕刻，入色、阳极氧化膜染色	涂料或染料	适用于少量、小面积的情况	稍大

4.6.1.2 侧面刻蚀

刻蚀处理必须重点考虑一项内容即侧面刻蚀。

刻蚀初期如**图 4.6.1**（a）所示母材被刻蚀，随着刻蚀的进行不仅刻蚀深度方向，而且刻蚀图 4.6.1（b）所示的两个侧面。像这样的侧面进行刻蚀被称为侧面刻蚀，如此好不容易由抗蚀剂膜遮蔽的图像从侧面被刻蚀掉，所希望的文字和花纹变细、变乱，精度降低，这是要极力避免的。可是侧面刻蚀或多或少会发生，所以除了要尽量减少侧面刻蚀量外，还需要事先采取将侧面刻蚀量的份额估算在内，制作稍微增大的图像修正版等对策。侧面刻蚀随刻蚀深度增加而变得严重，特别是在曲面刻蚀中，因弧度不同刻蚀很容易变得不均匀，要充分注意。

另外，过度考虑侧面刻蚀会造成刻蚀变浅，刻蚀不充分，会以图 4.6.1（a）所示的状态产品化，要注意这会导致图像不清晰，影响产品立体效果。

以往平面刻蚀中用于装饰板、铭牌板等的刻蚀深度因上述原因只能控制在 0.02~0.05 mm 之间，随着技术水平的提高，现在实际应用的刻蚀深度在 0.2~0.5 mm 之间。而且此时的刻蚀系数（用于表示侧面刻蚀程度的量，用 F 表示，F 值越大侧面刻蚀占比越小，图像崩塌越少）相对于普通的 1.5~2.0 来说变成了 2.5~3.5。

4.6.1.3 刻蚀工艺

铝材进行局部刻蚀有好几种方式，下面介绍 2 个有代表性的例子。

（1）光刻蚀法

在基材表面均匀喷涂感光性耐酸或耐碱乳剂并干燥，在其上面粘贴所需图像的黑白底片并用紫外线照射，粘贴透明胶片部分的感光膜因发生光学反应而硬化，紫外线照射不到的部分因显影溶解导致露出基材（底片）。如果对不溶解的感光膜部分进行加热干燥会形成强力耐酸或耐碱的耐腐蚀膜，对该基材喷涂刻蚀液或浸渍在刻蚀液中时，只有露出基材部分被溶解，被耐腐蚀膜覆盖部分受到保护，相当于图像部分即原基材部分被原封不动保留下来，如此获得有凹凸台阶的局部刻蚀材料。该方法被称为光刻蚀，感光乳剂被称为光刻胶。

用于刻蚀的铝基材除未处理或预处理以外，还可以进行阳极氧化处理并染色。但是，凹部因基材被刻蚀，导致露出部位成消光状态，因此如果希望由光反射差获得对比度，可实施预处理措施提高凸部光泽。

由光刻蚀进行的图像再现，经过照片烘烤，可获得非常优异的精度。随着刻蚀加深，侧面刻蚀导致图像周边崩塌增大，所以精度与深度成反比，据此可选择合适的刻蚀液与处理条件。

光刻蚀需要对每一张照片进行烘烤处理，所以适合精美平面的小规模生产，难以用于曲面刻蚀处理。**图 4.6.2** 所示为光刻蚀工艺。

（2）印刷刻蚀法

胶版印刷、丝网印刷等印刷方法在基材表面印

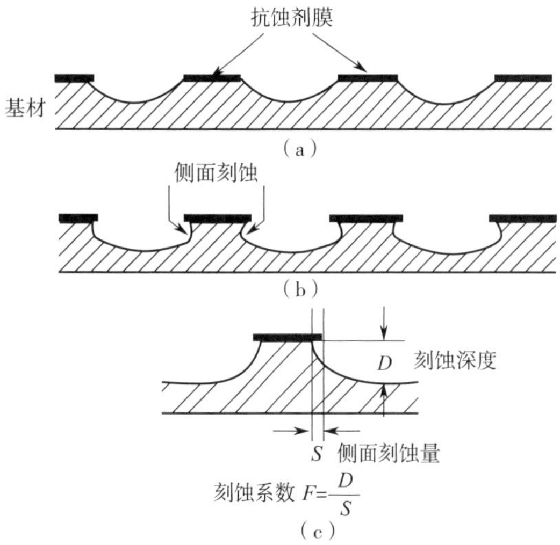

图 4.6.1 侧面刻蚀截面

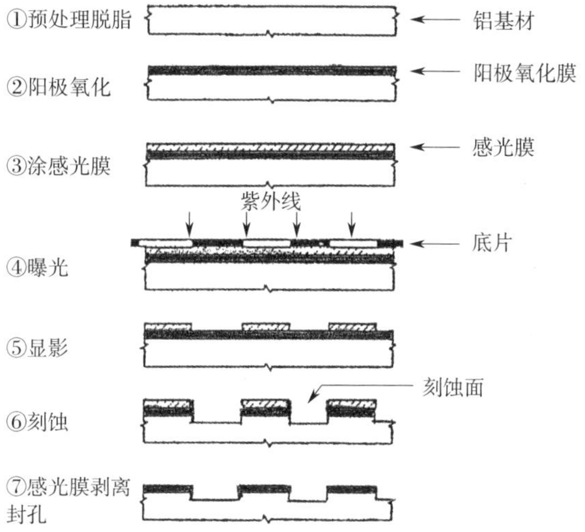

图 4.6.2 光刻蚀工艺

刷烘烤耐腐蚀性油墨，该刻蚀方法也称为遮蔽印刷。

刻蚀所用光刻油墨除耐腐蚀性优异以外，还必须不侵蚀母材，印刷特性良好，与母材黏结性强，且刻蚀后容易剥离，与普通油墨有明显不同。

胶版印刷时转印至被印刷面的油墨量少，所以担心没有印上时要进行叠印。图像精度虽然赶不上光刻蚀，但也相当不错，将烘烤干燥工艺、刻蚀工艺形成生产线可进行量产。

丝网印刷时印刷机上油墨量较多，不仅平面，曲面与立体面也可选择印刷机、夹具进行应对，丝网印刷也适用于大面积印刷。但缺点是丝网的网目会影响直线性，所以对精度有要求时要加密网目。最近，丝网、印刷机、油墨等的改良使其在实际应用中已不成问题。

印刷刻蚀工序与光刻蚀工序有所不同，光刻蚀工艺如图 4.6.2 所示，进行印刷时会形成耐腐蚀遮蔽膜，**图 4.6.3** 所示是至阳极氧化染色时的印刷刻蚀工艺。

通过重复以上工序，改变各自的刻蚀深度，还可对刻蚀面做进一步的叠加刻蚀加工。用该方法可在第一次刻蚀产生的作为背景部分的凹部刻画和表现花纹，进一步提高了装饰效果。另外，作为类似于立体加工的高级刻蚀利用方法，贯通薄板板厚、

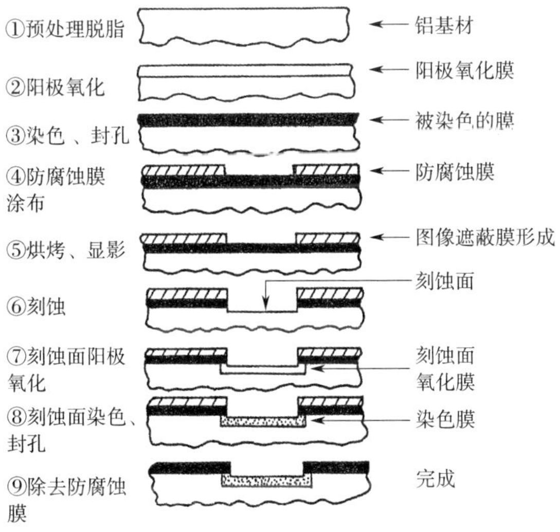

图 4.6.3　印刷刻蚀工艺
（阳极氧化染色刻蚀）

正确地留下文字等贯通刻蚀技术已经实用化。

4.6.1.4　立体的处理和与涂料的组合

如前所述，在通过机械处理法、刻蚀技术进行立体处理的基材精加工工序，与阳极氧化染色精加工相结合，可提高功能性、装饰性，本节就涂料用于最后处理的方式进行介绍。

在通过机械加工与刻蚀处理获得的凹部填充珐琅、天然漆等着色的方法自古有之。为防止涂料剥落，有必要增加刻蚀深度。另外，如果部件周边都上漆的话，涂膜有可能从侧面剥离，因此要对周边进行镶边处理。所以设计上的限制是不可避免的。

用喷涂、刷涂、注射器灌注等方法将涂料填充至凹部后，多余的涂料要进行擦去再进行烘烤处理。因属颜料类，所以如果想要金属效果，必须使用透明涂料或使用透明树脂清漆进行整体涂覆。

通过这些方法可获得有立体感的厚板，但由于使用环境不同，存在涂料剥落等缺点，着色工序等需要人力和技能，不适合量化生产。

除以上涂装方式外，出现了新的与电泳涂装的组合，其效果良好。对阳极氧化染色后基材进行刻蚀处理，将色素分散至水溶性涂料中进行电泳涂装，阳极氧化膜的凸部是不导电的，所以不附着导电性涂料，刻蚀后阳极氧化膜凹部的铝基材面是导电的，所以仅仅刻蚀面被均匀厚度的涂料覆盖。涂料通过喷涂或填充流入凹部时，涂料因有流动性而产生涂料沉积物和液滴，但在电泳涂装中，涂料沿着刻蚀面正确形成涂膜，即便前述实施两次刻蚀处理的凹凸面，经过凹凸刻蚀后也可形成凸起的涂膜。如此，金属凸部和消光状态的刻蚀部分之间完美组合，可呈现出对比鲜明、非常漂亮的装饰效果（**图 4.6.4**）。

电泳涂料属颜料，与有透明感的阳极氧化染色不同，可进行不透明色处理，也可着色染料无法获得的白色。这种方法也称部分电泳涂装法。

4.6.2　机械预处理的立体化

前面介绍的利用刻蚀进行铝材的立体化处理属于化学预处理方法，利用机械预处理方法进行的立体化处理前面也有介绍，在此省略。

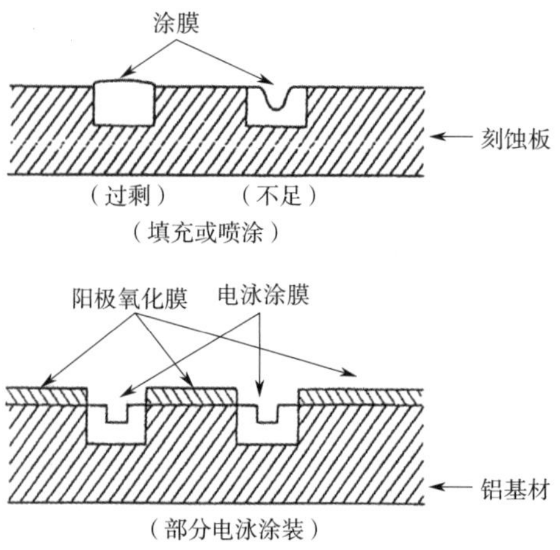

图 4.6.4　涂装的不同截面

4.7　印刷

在铝基材上印刷图像、文字、花纹等，用于各种功能性、装饰性用途。铝基材有重量轻、耐久性、加工性、可回收性、环境适应性等诸多优良特性，加上还有高附加值，因此被引入汽车、家电、精密仪器、住宅、建材等很多行业，其使用量今后会越来越大。

过去从耐久性等方面考虑，用有机染料等给阳极氧化膜染色，进行了很多所谓的阳极氧化印刷，不仅费事、难量产、成本高等，而且很难获得颜料类的不透明色。最近从成本及量产出发，逐渐开始使用印刷油墨来表现图像等产品。

印刷油墨产品，其表面硬度或多或少有难度，在油墨剥离等方面，也比阳极氧化要差，但最近油墨的附着性得到了改善，硬质涂层技术也已取得突破，实际应用上的问题正在逐渐克服。

铝印刷有好几种方法，使用最多的是胶版印刷和丝网印刷，还有移印等。后文将介绍此类方法。

4.7.1　胶版印刷

4.7.1.1　工艺

铝板上的胶版印刷引入了早已产业化的马口铁印刷方式，针对铭牌行业进行了改良，为给人以高级感，充分利用铝的特点，事先实施预处理，采用透明油墨、清漆着色、叠印增加墨层厚度等方法。

金属板的印刷与纸质不同，油墨不是附着在印刷物上，而是直接印刷在铝板上，所以附着不是很充分。因此，在印刷之前，要整体涂抹透明清漆并烘烤干燥，形成底膜涂层（或夹层涂层），让铝板整体覆盖薄膜，并在上面用油墨印刷文字、图像等。

印刷方式属于平版印刷，版面由画线部分（亲油性）和非画线部分（亲水性）在同一平面构成。让转移到画线部分的油墨在印刷面进行转印。

印刷方式有平压式、辊压式、转轮式等，大量生产时使用转轮式，铭牌等多种类、少量印刷的场合适合使用辊压式校正印刷机。辊压式工艺见**图 4.7.1**。

胶版印刷时油墨借助辊子进行转印，所以油墨转移量相对较少，金属板印刷时要进行反复几次的转印，并根据需要进行烘烤干燥。

进行多色印刷时，对每种颜色都要更换板子，将油墨洗净按指定顺序更换色板，重复上述工序，所以少量生产会非常麻烦。

印刷油墨经过烘烤干燥后，其耐磨性、硬度等不足，耐久性也不够，所以要在上面涂上有强度的清漆，称为表面涂层（或外涂层）。因此，金属胶印板要在铝板上黏结一层树脂膜，树脂膜类似于三明治那样夹在底膜涂层和表面涂层之间，其截面见**图 4.7.2**。

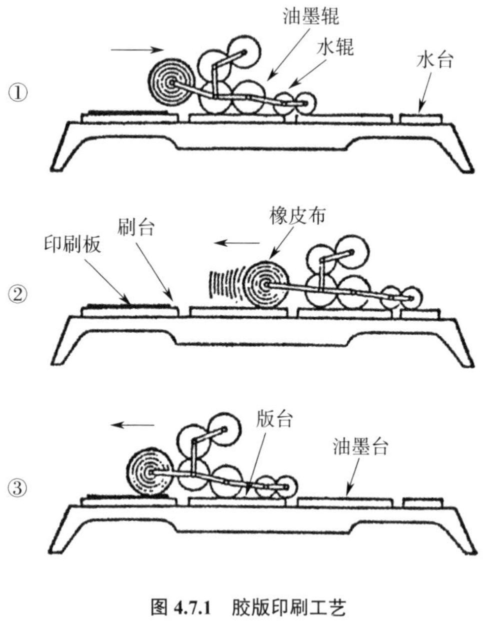

图 4.7.1　胶版印刷工艺

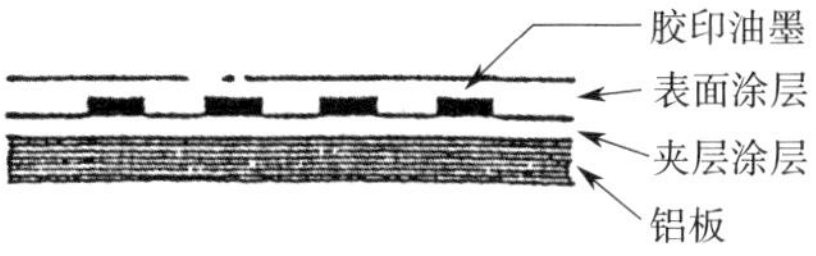

图 4.7.2 胶版印刷板的结构

4.7.1.2 墨水和清漆

胶印用金属印刷油墨除应具备，一般平板用油墨的特点以外，还要具备反复烘烤干燥不变色、不劣化等耐热性，可承受印刷后的弯曲、拉伸等加工的涂膜强度以及可透光性，特别是在室外使用的场合，还要有耐光性，不褪色。

基材清漆有乙烯基树脂、热固型环氧树脂等，与铝的黏结性良好，要求烘烤干燥时不变色及长时间不变色。

表面涂层用清漆必须对基材清漆具有亲和性，必须具有可喷涂性、耐磨性、耐化学性，必须达到所需的表面硬度。在此基础上添加白色颜料的称为白色涂层。此外，整体着色成各种颜色的彩色铝板已上市销售，在上面印刷图像、制作成铭牌等也已实用化。

4.7.1.3 胶版印刷的特征

在铝上的胶版印刷具有与阳极氧化染色板不同的各种特征，列举如下。

①油墨层较薄，所以缺乏立体感，但线条清晰。

②油墨的色素是颜料，容易产生色彩度低的不透明色和中间色。

③多色印刷比阳极氧化染色要容易，调色也很轻松，即使增加颜色数量，不良率也不会不高。此外，通过分色进行天然彩色印刷也很方便。

④表面坚固度日常使用没有问题，但在需要有表面硬度的地方、经常触碰等要求有耐磨耗性的地方、有可能被溶剂及油等污损的地方，有必要选择阳极氧化等其他处理方法。

⑤即便在弯曲、拉伸加工时，涂膜也不易破裂，因此不存在像阳极氧化膜那样因裂纹造成的外观上的缺陷。

⑥批量生产时比阳极氧化染色板便宜，但少量生产时，换版等工序较多，价格较高。

⑦胶版印刷用板保存性好，其耐印刷力也很大，较相对廉价。

4.7.2 丝网印刷

4.7.2.1 工艺

丝网印刷是通过网目在印刷面挤出油墨进行油印。因油墨转移量大，可得到有厚重感的图像，但与阳极氧化印刷、胶版印刷相比，图像的精度较差，并且网目影响直线性。但是，现在丝网网目制作得很精细，与之配套的油墨开发、制版、印刷技术都大幅度提高，实际应用当中没有问题。

丝网印刷最大的优点就是可以对粗糙表面和曲面进行印刷，对于圆筒等的立体面也可以印刷机和夹具等进行简捷的印刷。丝网印刷工艺见**图 4.7.3**。

4.7.2.2 油墨

印刷油墨是混合了固化剂的合成树脂油墨，即便自然干燥也不影响使用，但一般都是强制干燥。

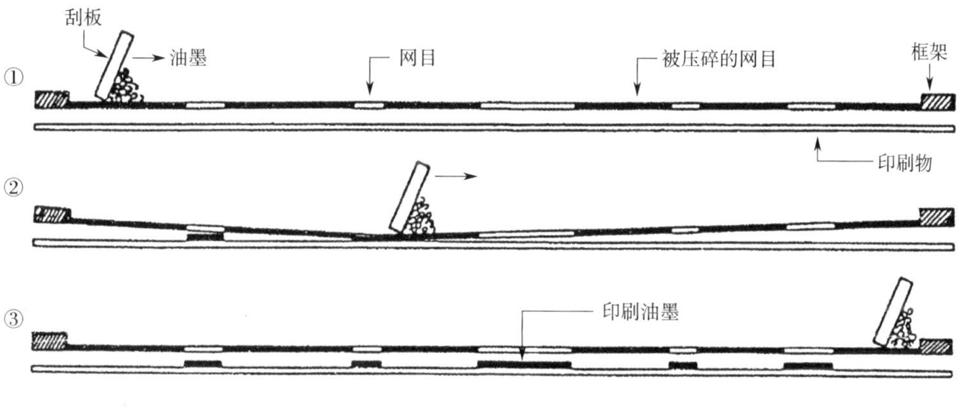

图 4.7.3 丝网印刷工艺

固化后油墨表面牢度与胶版印刷不同，非常强固，对基材黏结度也高，所以不需要表面涂层。

因此，丝网印刷大多采用在阳极氧化处理后的铝板上或在胶版印刷后的板上进行组合印刷。

利用该方式的特点，将含阳极氧化染料的油墨直接印刷在未封孔阳极氧化膜上，或使用耐酸、耐碱性油墨进行深度刻蚀印刷等，扩大了应用面。

在各种油墨中，紫外线固化型（UV型）已经被实用化，实现了烘烤工序的快速化、节能化。

4.7.2.3 丝网印刷的特点

下面列举丝网印刷的主要特点。

①油墨层厚实，可用于强调立体感的厚重印刷。

②固化后的印刷面强度大，不需要进行涂层后处理。

③印刷方式简单，印刷后的后处理也简单，适合量产，印刷成本、设备费用较低。

④印刷时不受印刷面的状态影响，可进行曲面印刷，应用范围广。

⑤粗的丝网图像精度差，直线性受损。

⑥丝网用印刷版不适宜保存，耐印刷力差，少量生产时版费负担重。

4.7.3 移印

移印是一种凹版转印，在表面呈镜面的板材上形成方字等凹部，在凹部加入油墨，将上下移动的合成树脂等成型的弹性胶头压下来蘸取油墨，在板材的位置放上被印刷物，再次按下胶头实现油墨转印。也有将被印刷物放置在夹具上，将转移油墨的胶头向前移动并向下按压的印刷方式，见**图4.7.4**。可以对凹面、曲面、有凸起物的面等进行印刷，缺点是无法应对大面积印刷，效率也不高。但是，油墨可加厚，不会像丝网印刷那样出现图像模糊的情况，可以进行小字及精度高的印刷，多用于有手表文字盘、数码相机外壳等的印刷。

4.7.4 转印

使用含有热升华性染料的油墨将所期望的花纹等印刷在转印纸上，使之紧贴在铝阳极氧化的未封孔膜上并加热，让油墨中的染色剂升华附着在膜上进行印刷的方法即转印，多用于在器物与化妆品容器上印制花纹。

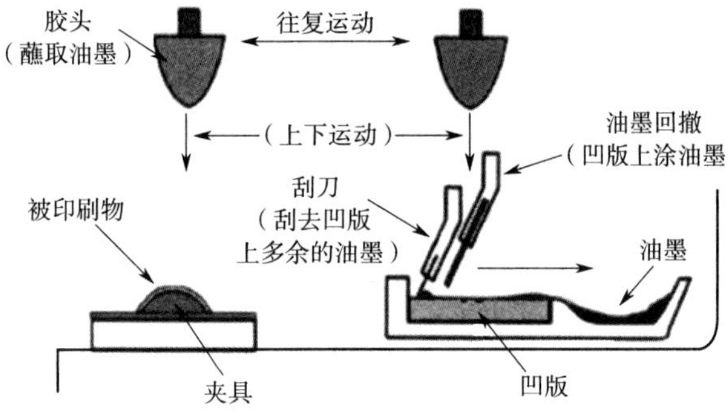

图4.7.4 转印

第Ⅱ篇　功能化技术应用产品

Chapter 1

第1章　铝建材——变迁和未来

1.1　铝建材的变迁

门窗大发展始于1956年，随着重要产业部门设备现代化步伐快速迈进，掀起投资热潮，作为钢制门窗标准规格化商品，三机工业、6S门窗开始面世，业界各公司增加设备投入，由此钢制门窗进入发展的黄金时代。

日本首次使用铝制门窗的是1952年日本桥的日本相互银行日本银行总部，当时采用的是挤压成型铝制门窗进行施工。1957年4月那须铝业（现日本轻金属）与美国门窗厂家通用青铜公司（General Bronze）合作开发铝金属块。1958年3月不二制作所（现不二门窗）看中铝制门窗的市场前景，与美国门窗厂家芬顿公司（Fenton）进行技术合作，共同推动铝制门窗的一体化生产，拉开了铝制门窗时代的序幕。

铝制门窗备受瞩目，正是因为其作为建材具有优异特性。建筑物隔热、隔音、防尘、防水性能在很大程度上取决于门窗的气密性和隔音效果，是保持室内舒适生活环境不可或缺的重要因素。

当时美国已经普及铝制门窗、窗帘，住宅门窗也已普遍使用，铝建材的优点被广泛认可。1961年日本住宅公团进行公共住房建设，出现了预制装配式住宅，铝制门窗作为住宅建筑部件得到认可并开始广泛使用。1965—1966年木制结构住宅使用的铝门窗受到广泛好评，1963—1969年平均使用达到62%的惊人水平，1969年年产量超过了钢制门窗。当时住宅门窗生产厂家达到28家。

在旺盛的建设需求的环境背景下，从楼房外装至住宅门窗都成为改变城市和住宅区景观的因素。到20世纪80年代初铝制门窗占比达到98%。

2007年经过行业整合，大型厂家变成6家，从争夺市场份额的“量”的时代迈向了商品力、服务力竞争的“质”的时代。

1.2　铝建材的特征

铝挤压型材能满足门窗设计所需的强度，是加工性优异的高精度型材。铝门窗开关动作轻快，气密性和隔音效果优异。经阳极氧化膜等表面处理后几乎不用担心腐蚀问题，评价颇高。加之铝有良好的散热效果，经处理后具有防火性能。

铝制门窗就不用说了，包括门、纱窗、防雨窗、天窗、隔扇、室内门等内部装饰材料以及阳台、围栏、灯柱等外部装饰材料、建筑处装材料等相关商品在内，日本铝建材的年产量在50万~60万t。（**图1.1**）

适合高层、超高层大楼施工性能的幕墙施工法于1965年开始正式应用于金属制（特别是铝制）幕墙。

金属制幕墙的优点有：(a) 设计、色彩的自由度飞跃性变大；(b) 重量轻且壁厚变薄，建筑物的有效面积增大；(c) 对横向摇晃可采用柔性结构，解决高层建筑的难题；(d) 基材自身的水密性优异，日本是多雨的国家，解决了遮雨设计难题；(e) 不需要脚手架就可在室内进行施工，缩短了工期；(f) 没有瓷砖、

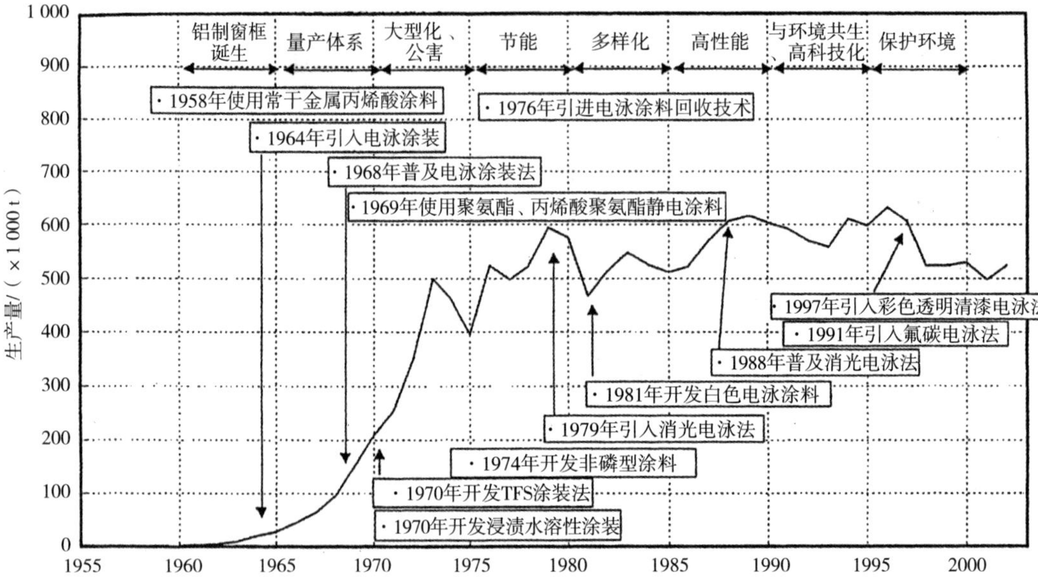

图 1.1　铝建筑用品产量和复合膜技术的发展历程

注：1957 年正式生产铝窗框，1958 年开发大厦用窗框，1960 年制定 JIS A 4703，1961 年开发住宅用铝窗框，1964 年开始表面处理工艺，1969 年普及电解着色法，1977 年制定 JIS H 8602，1981 年修订 JIS H 8602，1990 年修订 JIS H 8602，1992 年修订 JIS H 8602。

砂浆脱落事故的担忧；(g) 面板使用一定年限后可更换。

幕墙施工法的装饰材料除铝以外还有钢板、搪瓷铁板、不锈钢板、预制混凝土件、铝铸件等，结构件、分割不同的大小和重量、安装方法简单等，使得铝材应用很广泛。（参照**表 1.1**）

早期使用铝外装的有代表性的建筑物有东京赤坂的新大谷酒店（17 层、72 m、1964 年）、东京霞关的霞关大厦（36 层、147 m，1968 年）。近年来，世界性的超高层相继建成，有迪拜塔（阿联酋、536 m，2007 年）、台北 101 大厦（508 m，2004 年，中国台北）、上海森茂大厦（492 m，中国上海，2008 年）等。

1.3　铝表面处理技术的种类和变迁

1.3.1　复合膜的发展历程

在铝建材的发展过程中，技术方面最重要、最

表 1.1　各种外装材料的物性特点

外装材料		艺术性		物理性质			维护性		工法	经济性
种类	材料	设计自由度	色彩质感	重量	强度	耐火性	耐久性	维护性	作业性	
金属	铝板	◎形状自由	○	◎轻	△摩氏硬度低	△熔点 600 ℃	○	○	◎容易	○
	搪瓷铁板	○	○自由度大	○	○	○	◎大	◎容易	○	○
	不锈钢	○	△冷感	○	○	◎	◎	○	○	× 价格高
	铝铸件	◎	○厚重感	○	△	△	○	○	○	× 价格高
混凝土	GRC	○	○	○	◎强度高、	◎	○	△	○	○
	PC 面板	△	△	× 太重	耐震性大	◎	○	○	△	○
	发泡混凝土	△	△	△	○ △	○	△	△	○	◎表面除外
石板	不燃性装饰板	△	○	◎	○	○	◎	○	○	○

不能忘记的是阳极氧化膜处理技术的开发和变迁。（**表 1.2**）

20 世纪 60 年代，日本开始正式将阳极氧化膜用于铝制门窗等建筑用途。1964 年在复合氧化膜（即阳极氧化膜上电泳涂覆水溶性丙烯酸树脂清漆）实现工业化，使大型材料的连续处理成为可能。1965 年以后，伴随铝建筑材料的快速普及，表面处理主流变成了“阳极氧化膜+清漆”复合膜。这主要得益于电泳涂漆的优势，即：(a) 膜厚均匀性优异；(b) 膜厚可控制在微米级，涂漆效果佳；(c) 排出溶剂、废液少。20 世纪 70 年代，铝制门窗的发展进入鼎盛时期。现在日本铝建材的表面处理中，采用电泳涂装的复合膜占比达 95% 以上。

20 世纪 50 年代，日本铝制门窗的表面处理只有阳极氧化膜。在施工现场铝制门窗接触混凝土砂浆里的碱性成分的机会的，由于阳极氧化膜耐碱性差，工养护时，喷涂常温干燥型丙烯酸清漆或用毛刷刷沥青黑漆时难免接触砂浆，施工作业烦琐。由于与碱性建材接触和不接触的边界线难以界定，以及接触部分很可能被集中腐蚀，阳极氧化膜的效果受到了质疑。

1964 年公布阳极氧化膜电泳涂装施工方法专利，采用一体化涂装工艺极大地提高了铝材质量和稳定性，电泳涂装的优异性得到认可，随即变成了主流。特别是日本有四面环海、人口密集、交通拥挤、大气污染等问题，因此具有优异防腐蚀性的保护膜广受好评。

随后复合膜 40 多年的使用实践证明了复合膜是最适合日本海洋性多湿环境的表面处理。这种阳极氧化膜即便在严酷环境中也能保持优异的物理性能和耐化学性能。

在阳极氧化膜和电泳涂装一体化的生产方式中，可进行长尺寸纵吊表面处理（6 m 左右的长尺型铝挤

表 1.2　铝建材表面处理技术历史变迁

年份	技术	设备	实施技术				背景
			阳极氧化	着色	清漆	有色涂装	
1960	业界共同开发建材用氧化铝技术	手动吊车	○				铝耐腐蚀性良好
1965	开发 ED 涂装、交流电解着色（浅田法）工业化	门吊起重机	○	○	○		与砂浆接触的部分要涂装
1970	TFS 涂装 水性浸涂	竖吊线	○	○	○	△	采用 ED 涂装连续生产、彩色化成本降低
1975	高温封孔、复合膜 JIS 标准化、电脑控制电解	大型化 1 000 t/月	○	○	○	○	引入环保量产设备、生产性竞争
1980	花纹化、不锈钢色、消光 ED 涂装	自动控制	○	◎	○	○	色彩多样化
1985	3 次电解着色、开发常温固化型氟系涂料	表面处理生产线、静电涂装自动化、颜色自动控制	○	○	○	○	色差管理严格、设计上特殊色要求多
1990	灰色着色、开发氟系 ED	废除 TFS 涂装	○	○	◎	○	高性能要求
1995	出现陶瓷涂料	调查铝用粉末涂装	○	○	○	○	环境应对、耐污染
2000	掀起新色彩热潮、利用光催化剂		○	○	○	◎	超耐久性、低污染、性能规范

注：○表示第 1 期的变革；◎表示进入第 2 期的成熟期。

压型材可进行表面处理），极大地提高了生产管理、品质管理等技术水平。据轻金属制品协会、建材表面处理技术要求委员会调查报告证实，在表面处理以后进行切断、开孔、切口等机械加工的材料经过30余年，加工部位的坯料露出部分也仅有一点污染、变色，该部分腐蚀也是极其轻微，在美观及性能方面没有任何问题。

1.3.2　铝建材的颜色变迁

1957年经阳极氧化处理过的材料焊接部位呈现不同的颜色，引起科研人员注意，他们着手开始合金生色开发研究。这是一种膜本身显色的方法，通过改变合金组成进行阳极氧化处理，可以生成灰色、青铜色、棕色、黑色等。1962年引入使用磺基水杨酸等有机酸作为添加剂进行电解着色的技术。（**表1.3**）

表1.3　表面处理技术开发

年份	表面处理技术
1957	Al-Si系合金生色成灰色（硫酸处理）、纯Al系金黄色（草酸处理）板材上市
1958	黑色Al-Si、43系合金上市
1959	金黄色Al-Mg-Si系合金（6063）（草酸处理）上市
1961	Al-Mg-Zn合金生色（褐色）、非Si系合金生色、二次电解法（浅田法）
1962	通过电解发色引入浅色系
1963	静电涂装自动化
1964	引入电解着色、Duranodick 300；丙烯酸静电涂装法
1965	交流电解着色法（浅田法）工业化，电泳电解复合膜工业化

1965年伴随铝建材的急速发展，具有轻金属质感的青铜色系列商品进入全盛时期。1980年采用电解着色法的青铜系列商品产量占70%，彩色化率非常高。生产线还引入了不锈钢色、灰色、浅青铜色、青铜色、黑色等。

伴随经济高速发展，生活环境也发生了巨大变化，住宅建造也西洋化，青铜系透明电泳着色膜商品被指出与西洋风格不符，与西洋风格相匹配的白色系需求增加。在电泳涂料添加白色颜料的隐藏型涂料开始问世，1985年市场占有率达到10%，但随后急速减少。

进入1989年后对高级感的要求增加，多色化成为战略上的必要条件，并开始与消光有色电泳涂膜等进行组合。

1.3.3　外装建材铝幕墙表面处理的种类和变迁

如图1.2所示是铝外装材料表面处理的变迁。20世纪60年代主流是阳极氧化膜。膜厚在14 μm以

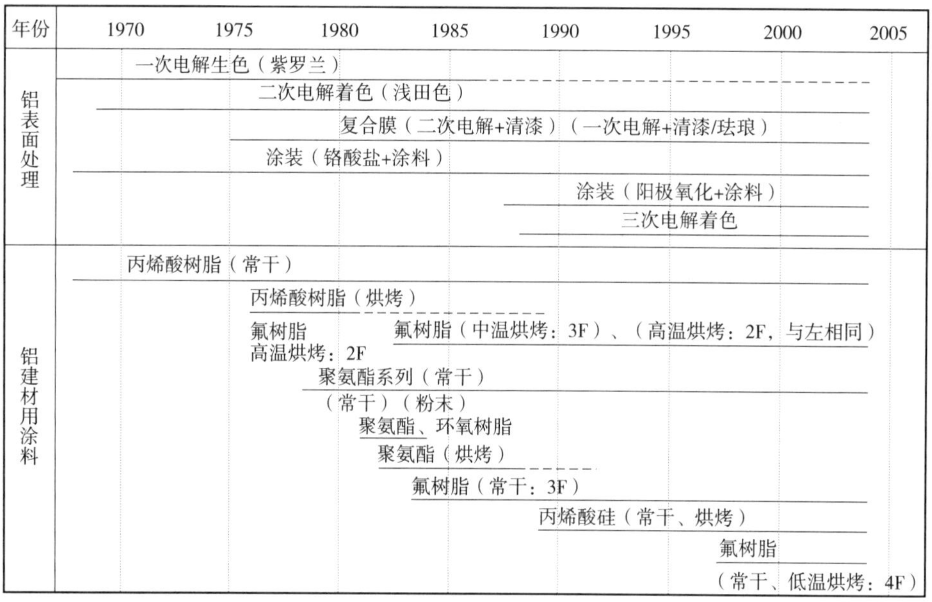

图1.2　外装材料及构造方法的变迁和铝表面处理及涂装技术要求的变迁

上、20 μm 级别。20 世纪 70 年代开始是丙烯酸树脂涂装材料，1975—1985 年聚氨酯树脂涂装材料，1985 年以后电解着色复合膜材料、氟树脂烤漆涂膜。2005 年以后，对应环保要求，不含溶剂的聚酯类粉末涂膜等作为大楼外装材料登场。

1.4　未来展望和课题

铝建材适应环境保护要求，在节约能源、节省资源方面贡献巨大。为此，需要研究如何提高耐久性能，可回收性，与保护环境相适应的高性能、安全安心、节省人力等课题。这类课题总结如下。

（1）开发消减 CO_2、VOC 的隔热产品和制造技术

①具有隔热、防止结露、防蚂蚁等功能的铝复合建材商品化。

②确立高耐久、长寿命的表面技术和维护体系。

（a）无污染、具有超强耐候性的陶瓷涂膜。

（b）无溶剂粉末涂装涂膜。（译者注：日本至今在建材上不采用粉末喷涂，除了粉末喷涂后外观不佳这个原因以外，日本人还认为对建筑材料进行前处理时有些问题无法解决。）

（c）补修系统和技术。

（2）加强铝建材产品附加值的技术开发

①抗菌、除臭、芳香、发光等特殊功能技术。

②与需求相适应的厚重感、高质感、清洁感等表面技术。

（a）木材和大理石等具有天然材质感的成品材料。

（b）从耐候性和耐磨耗性角度出发，建筑专业人士也认可阳极氧化膜自然生色的稀有价值。

（c）热、光感应等防止犯罪的功能。

（3）熟练工人不足带来的施工技术和相关产品开发

①外墙和装备预制装配组件一体化。

②采用高精度挤压技术连接、补强设计结构部件。

参考文献

1）中日首届絽材表面处理研究会文集（中国·湖州）（2023.10）.

2）（社）日本サッシ協会：サッシ産業のあゆみ（日本サッシ協会設立 40 周年記念誌）（1994.10）.

3）鈴木清隆：アルミ建材用表面処理の変遷と現状，塗装技術，2004 年 10 月号.

4）軽金属製品協会：アルミ建材の後加工について（1977）.

5）軽金属製品協会：アルミ製網戸等における素地露出部の耐久性に関する調査.

6）中山孝太郎：アルミニウム 2000・建築とアルミ，アルトピア，カロス出版（1990.10）.

7）軽金属製品協会：いつまでも美しく保つために（1975.3）.

Chapter 2 第 2 章　铝制土木产品——变迁和未来

2.1　铝制土木产品的变迁

二战结束以后，铝的需求由军用飞机向民用产品转换。其中之一便是在土木建筑中的应用，尽管经过 60 余年的发展与主流使用的钢材相比，铝的利用量还是极低，用途也很有限。当时利用比较多的铝制品是路灯杆。

2.1.1　桥梁

铝制桥梁与钢制、混凝土制桥梁相比明显偏少。

1946 年美国建设铁道桥（Messena Terminal Railway over Grass River）致使钢材价格高涨，20 世纪 60 年代欧美开始建造铝合金桥梁[1)]。在欧洲，它被广泛用于吊桥、悬索桥等轻量化结构的较大桥梁。

日本唯一的铝制公路桥是 1961 年施工建造的金庆桥（兵库县），35 年后对该桥的调查结果显示[2)]，有雨水和结露等点腐蚀，但是在板厚方向侵蚀轻微，充分证明了铝比钢材有更优异的耐腐蚀性。

2.1.2　水闸

1964 年日本开始建造最早的铝制水闸，随后逐渐大型化，但在扩大用途方面进展不快。铝是对海水有优异耐腐性的金属，广泛用于高速快艇等船舶和航标等，有望用于海边防潮水用水闸[3)]。

2.1.3　栏杆、路灯杆及旗杆

20 世纪 60 年代中期，基于美国的使用业绩，开始与对方相互合作，开发新的铝用途并开始普及。

铝在桥梁栏杆和路灯杆上的装饰性引起关注。路灯杆和旗杆在东京奥运会、大阪世博会、札幌冬奥会、冲绳海洋博览会等重大活动中，以其银白色锥形杆的崭新设计性获得好评。但非常遗憾的是，在我国，铝制路灯杆的使用与欧美相比差距较大，只占钢制路灯杆的 1/10，其中高速路和国道等主要道路的使用更是少之又少，港口、公园、住宅区等与市区相比，非常少。

2.1.4　其他道路设施

在欧美国家，高速路上使用铝制设施的历史很长。除路灯杆外，还有标识板和门形标识柱，但在我国几乎没有使用。最近，铝制品被用于高速路的隔音护板，这是极其罕见的例子。

2.1.5　景观产品

20 世纪 80 年代后期，我国开始致力于城市景观美化工作，不仅要考虑构造物的机械物性、耐腐蚀性和耐久性，还要考虑景观的装饰协调性。彩色铝铸件路灯杆、原色系彩色粉末喷涂路灯杆、色彩缤纷的防护罩等安装在各个城市的景观景点。这类铝制品对美化景观也起到很大作用，由过去只注重耐久性向美化景观方向发展。

2.2　铝制土木产品的表面处理

主要铝制土木产品所采用的表面处理情况见**表 2.1**。

表 2.1　主要铝制土木产品的材质和典型表面处理

土木产品	实施案例或种类	位置	主要材质	表面处理	经过年数	备注
桥梁	金庆桥 2)	主梁	A5083	混凝土接触部分：沥青涂料	39	唯一实例，有轻微点蚀
				甲基丙烯酸树脂涂料		
水闸	生实川水闸 3)	门	A5083	涂装（初期防腐）	—	对海水耐腐蚀性优异
		螺旋	A5083			
			A5052			
		栏杆	A6063			
			A6061			
桥梁用栏杆	堀切桥引桥 4)	道路栏杆	AC7A+6063	硫酸阳极氧化（推定）	36	与路灯杆技术相同
	名古屋港金城桥 5)	道路栏杆	6061　6063		33	路灯杆采用清漆涂装
	观音崎大桥	道路栏杆	6061　6063		28	路灯杆采用阳极氧化
	宫崎一叶汽车道 6)	道路栏杆	6061　6063		27~29	路灯杆采用清漆涂装
	大黑大桥 7)	道路栏杆	6063+6061	复合膜（9 μm+12 μm）	26	路灯杆采用清漆涂装
	新潟市千岁大桥 8)	道路栏杆	6061　6063	复合膜	18	路灯杆采用清漆涂装
路灯杆　日本	清漆涂装	轴底座	6063（轴） 5052、5083	丙烯酸+清漆两种涂层，20 μm	42	日本主流
	阳极氧化			硫酸阳极氧化	35	1970 年左右限定生产
	彩色涂装			亚克力、聚氨酯彩色涂料	—	景观目的为主流
	彩色涂装		铝铸件（如 AC7A）	亚克力、聚氨酯彩色涂料	—	景观目的为主流
路灯杆　美国	美国高速公路路灯杆 9)	轴底座	6063　6005（轴） 356（铸件锚基）	各种	—	《路灯杆五金标准化指南》（Guide to Standardized Highway Lighting Pole Hardware）
	无处理	轴底座	6063　6005（轴） 356（铸件锚基）	粗面加工、化学清洁等	最长 50	大多无处理
	粉末涂装			聚酯、聚氨酯系棕色、白色、绿色等		美国常用表面处理
	阳极氧化			自然生色膜；透明色、暗青铜色、黑色		耐候性、耐磨性优秀
	彩色涂装			聚氨酯系青铜、黑色、灰色、白色，40 μm		—
旗杆	清漆涂装	轴	6063	丙烯酸+清漆涂装 2 层，20 μm	最长 40	旗杆主流
	复合膜		6000 系合金	复合膜		

2.2.1　桥梁

日本唯一的铝制桥梁金庆桥初期采用防腐蚀手段的是喷涂甲基丙烯酸树脂涂料。经过 39 年涂膜已经消失，发生了点腐蚀，但程度属于轻微[2)]。

2.2.2　水闸

日本铝制水闸主要用于应对海水腐蚀，所以使用抗海水强的 A5083 合金材料，建设初期使用喷漆处理[3)]。

2.2.3　桥梁用栏杆

较早安装的 AC7A 铸件合金和 A6063 挤压管组合耐腐蚀性好且表面处理优异[4)]，A6061、A6063 挤压型材中使用较厚的硫酸膜[5-6)]，最近在 A6061、A6063 挤压型材中多采用复合膜[7-8)]（硫酸阳极氧化膜+电泳涂层）。

2.2.4　路灯杆、旗杆

20 世纪 50 年代，美国开始使用铝制路灯杆，对高速路用铝制路灯杆制定规格标准[9)]，主杆、横臂使用 6063 与 6005，基座用铝铸合金 356。大多使用未处理品[10)]，表面处理以粉末涂装和阳极氧化为主。阳极氧化除清漆外，有青铜色、黑色等自然生色法产品，不仅耐候性强，装饰效果也极佳，不仅路灯杆，纪念碑用旗杆也多有使用。随后伴随铝制杆市场份额的扩大，生产效率更高，设计更丰富，环保型粉末涂装一直沿用至今。日本比美国晚了约 10 年一边学习美国的合金设计和市场起步，一边最终确立了自己的设计。

起初东京奥运会（1964 年）的万国旗、札幌冬奥会（1972 年）的万国旗和照明灯[11)]、大阪世博会（1974 年）的万国旗和广场照明灯[12)]、冲绳海洋博览会（1975 年）的照明灯[13)]等所采用的 A6063 合金，经丙烯酸清漆涂装处理后不仅起到支柱作用，而且设计新颖烘托出了重大活动的气氛。这些铝制银白色的崭新灯杆在活动结束以后继续担任各个纪念体育场和纪念公园的万国旗灯杆和公园照明灯杆的角色，在经过了 30~40 年的今天仍然保持着足够的美观。随后银白色灯杆广受好评并进入公园绿地，如大阪府立公园里铝制路灯杆被当成样板工程[12)]。铝制旗杆还被当成公司旗杆推广应用。

银白色透明涂装型铝制杆在市场上的普及促进了街头城镇的美观，新色调彩色铝制杆逐渐增多，与钢制杆在外观上没有差别。利用铝制杆寿命长且易于维护的特点[14)]取得效果的实例有堺市[15)]、广岛市[16)]、盐灶市和大阪府立公园等。

美国与日本在铝制路灯杆表面处理存在以下差异。

1）免维护型杆（清漆系）

美国：阳极氧化、无处理

日本：透明电泳

2）维护型杆（彩色系）

美国：粉末涂装

日本：溶剂型涂装

2.3　与其他材料的比较

在土木行业如桥梁使用铝制产品的优点是：

①与混凝土相比可减轻 80%重量，由此可增加桥梁宽度，提高装载容量；

②耐腐蚀性优异，不需要喷涂保护漆，易于管理，与钢材和混凝土相比更适合使用防冻液；

③混凝土需要成型和凝固时间，工期长，铝制产品工期短且从长期来看有成本效益等优点令人期待[17)]。

但初期成本高成为普及的障碍。

2.3.1　铝在大气中所具有的优异耐腐蚀性

表 2.2 所示是各种环境下铝、钢和锌的腐蚀速度试验数据[18)]，从中可以看出，即使在腐蚀性大的海岸和工业区铝的腐蚀速度都比钢和锌（镀锌钢）要缓慢。如**图 2.1** 所示[19)]，经过初期钝化后点腐蚀发展极其缓慢。

2.3.2　免维护型路灯杆腐蚀劣化度的实际状况调查结果[14)]

欧美国家普遍使用无处理铝制免维护型路灯杆，

表 2.2 世界各地铝、锌、软钢在大气中的腐蚀速度（μm/a）

暴露试验场所	铝	锌	软钢
加拿大金斯顿（Ru）	0.15	0.12	17.5
日本大阪八尾（Ru+Re）	0.33	1.6	21.3
加拿大比莱角（Cape Beale）（M）	0.025	2	34.3
美国库尔海滩（M）	0.18	1.1	26.9
加拿大 Chebucto Head（M）	0.28	1.8	20.3
英格兰布里克瑟姆（M）	0.43	1.4	24.1
尼日利亚拉各斯海滩（M）	0.86	4.4	50.3
大西洋黑貂岛（M）	1.52	2.7	*
加拿大蒙特利尔（I）	0.89	5.1	23.4
日本新居滨（M+I）	0.15	12.8	*
南非德班（M+I）	0.94	4.7	*
加拿大哈利法克斯（M+I）	1.27	6.2	41.6

注：① Ru—田园地带；Re—住宅地带；M—海岸地带；I—工业地带。
② *表示试验中崩毁。
③腐蚀速度用 mil/a 换算。
④由 5 年试验结果算出（根据减少重量换算）。
资料来源：ASTM 特别技术出版物 No.175（1956）。

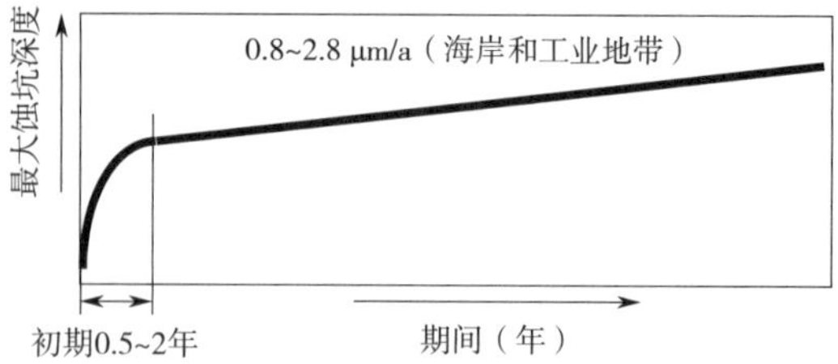

图 2.1 铝在大气中典型的点蚀发展过程

日本主流是铝制透明电泳产品，日欧美都使用镀锌钢制杆。各自对基材主要考虑以下因素：是否耐腐蚀性强、寿命长，维修是否便利，老化程度快慢和对剩余寿命评价、管理是否容易等。

2002—2004 年对北海道至冲绳主要沿海地区建设的透明电泳铝制杆与镀锌钢制杆的老化情况进行了对比调查，对各自的老化速度进行了试验。

图 2.2 所示是调查以海岸线为中心，全国各地建设的镀锌（锌附着量为 550 g/m²）钢制杆离海岸线距离和镀锌防腐层消失的关系[14]，假定镀锌防腐层在从 A4 至 A5 阶段已经消耗殆尽，测算此时电杆的寿命，内陆地区是 20~30 年，在海岸线平均环境下是 10~20 年，近海岸线的地方不到 10 年，设计使用寿命时可参考其与海盐粒子的关系。

该结果与测试片暴露试验的结果一致，见**表 2.3**[20]。

图 2.3 所示是全国各地的透明电泳铝制路灯杆离海岸线的距离和腐蚀状况（大致点腐蚀深度）的关系[14]，近海岸线地方较早出现清漆涂膜剥落现象，点腐蚀深度 0.3 mm，随后如图 2.2 所示，点腐蚀开始缓慢发展，即便经过 30 年点腐蚀也未到 0.5 mm，由此得出优异的免维护型材料在海边环境下的设计寿命是 50 年。

另外，在气候环境稳定的内陆地区的透明电泳铝制路灯杆，即使经过 30 年以上，其透明涂层也很完整，几乎没有发生点腐蚀，虽经过长年累月还能保持完好，对公园等景观贡献巨大[14]。

表 2.3 热镀锌钢板的大气暴露试验寿命估计示例（日本热镀锌协会试验）

环境区分		年腐蚀减少量/[g/（m²·a）]		预计寿命*/a
大气环境	地区示例	范围	预计	550 g/m²
Ⅰ. 人为污染少的地方（日本大部分地区）	田园地区、内陆地区	4~16	10	50
Ⅱ. 人为污染多的地方（人口密集地区）	城镇地区	3~18	15	33
	工业地带	8~19	15	33
Ⅲ. 海盐粒子高浓度地区（距离海岸线 2 km 内）	海岸地带	1~21	20	25
Ⅳ. 海盐粒子高浓度地区		15~37	30	16
Ⅴ. 直接接触海水的场所	海浪地区	34~104	70	7

*使用年数计算公式：预计使用年数=Zn 吸附量 ×0.9/年腐蚀减少量。

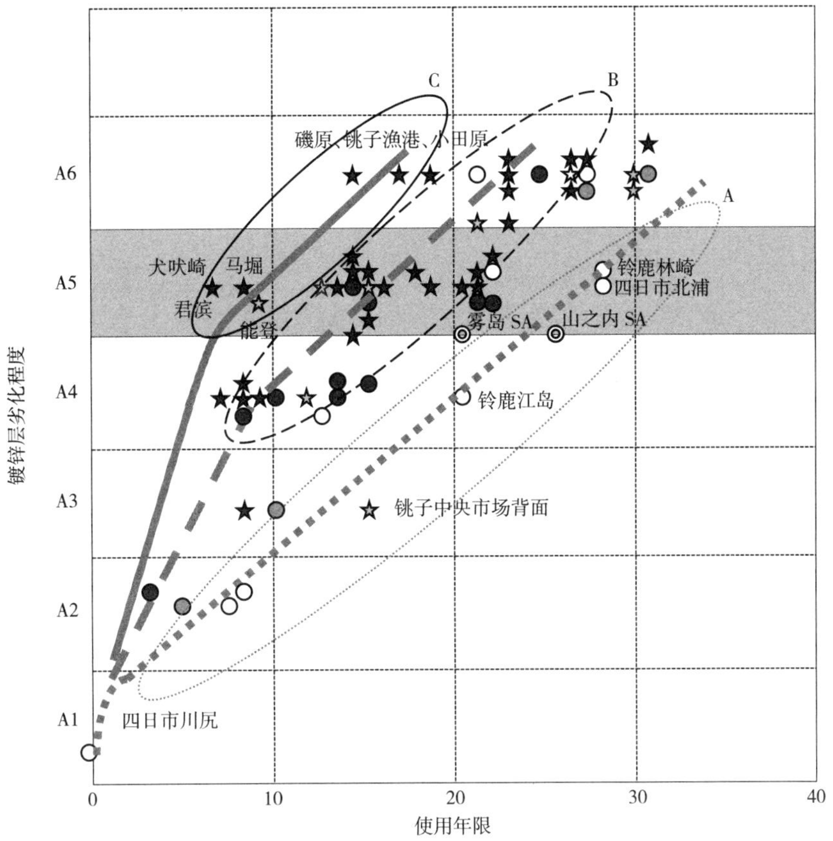

〈港湾内海岸线〉●—海岸线 0.1 km 未满；●—0.1~0.5 km；○—0.5 km 以上
（伊势湾、东京湾、鹿儿岛湾、濑户内海、津轻海峡、根室湾等）

〈外海岸线〉★—距离海岸线不到 0.1 km；★—0.1~0.5 km；☆—0.5 km 以上
（太平洋沿岸、日本海岸、东海岸等）

〈内陆〉◎—距离海岸线 10 km 以上（宫崎车道、山之内 SA、雾岛 SA）

【劣化程度外观判断】A1—Zn 金属光泽面；A2—Zn 光泽劣化，结晶花纹鲜明；A3—结晶花纹变淡变灰色；
A4—被白锈覆盖，结晶花纹消失；A5—白锈上浮现淡褐色铁锈；A6—褐色氧化铁侵蚀加剧

图 2.2　镀锌钢制杆的使用年限和腐蚀劣化程度（A）的关系

2.3.3　排除影响免维护设计、寿命设计的因素[21)]

干扰免维护设计、寿命设计的主要因素除维修涂装、再涂装等以外，还有异常的局部腐蚀，特别是接地腐蚀。调查如下。

（1）喷漆钢制杆

接地时杆内部潮湿引起局部集中腐蚀（**照片 2.1**），是杆倒下毁坏的原因。该现象在检修时很难认定寿命时限，是管理的难点。

（2）镀锌钢制杆

对海水特别敏感，埋入海沙中（**照片 2.2**）或在受海浪冲击的沿岸道路上容易被腐蚀，进行寿命设计时要充分考虑。

（3）透明涂层铝制杆

几乎没有见到接地腐蚀，接地部分在设计和施工时有以下注意事项。

①埋入混凝土地基和土壤时要进行处理（接地处理）。为防止混凝土凝结时的强碱腐蚀，以及与酸性或碱性土壤等接触，使用焦油环氧树脂或绝缘胶布等进行防护。

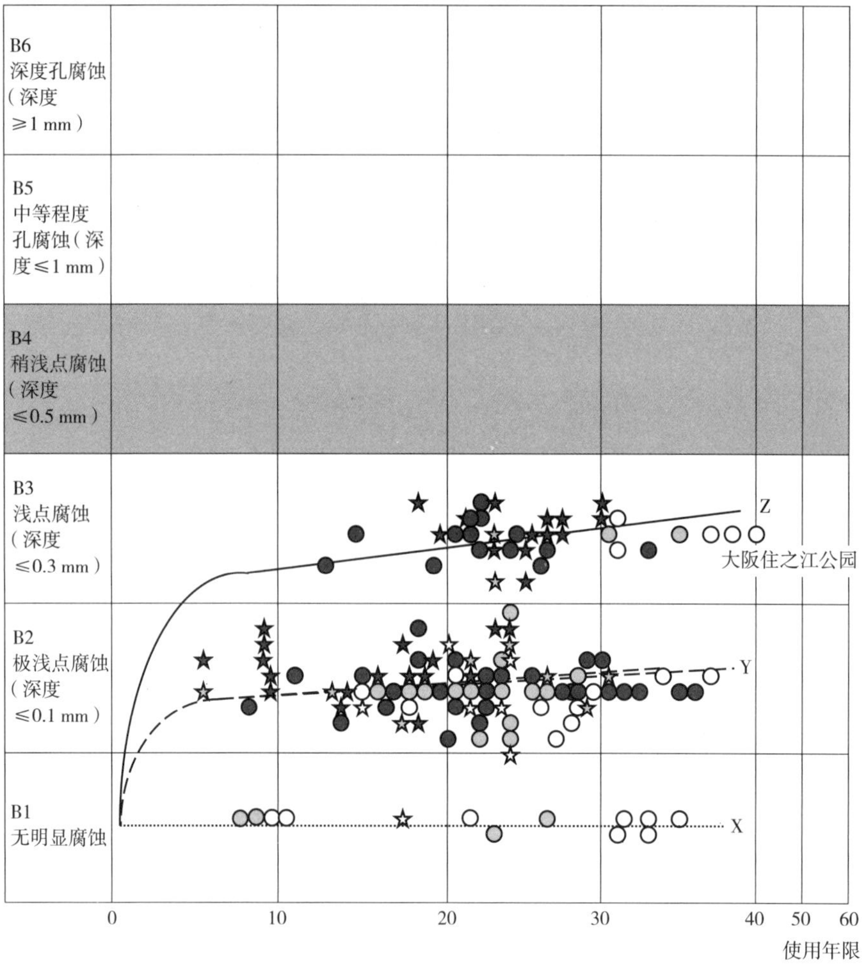

<港湾内海岸线>●—距离海岸线不到 0.1 km；●—0.1~0.5 km；○—0.5 km 以上

（伊势湾、东京湾、鹿儿岛湾、濑户内海、津轻海峡、根室湾、陆奥湾等）

<外海岸线>★—距离海岸线不到 0.1 km；★—0.1~0.5 km；☆—0.5 km 以上

（太平洋沿岸、日本海岸、东海岸等）

图 2.3　铝制路灯杆使用年限和腐蚀状态的关系

照片 2.1　海岸线附近居民区的彩色钢制路灯杆历经 13 年左右接地腐蚀案例

因内部积水导致腐蚀形成通孔（海岸线 0.5 km 以内）

照片 2.2　被埋入海沙中的镀锌钢制路灯杆的接地腐蚀

埋入地里的镀锌层消失，钢材腐蚀加剧

②防止电化学腐蚀。防止与电位高的金属（铜、钢等）的电气接触。

2.4　未来展望和课题

到目前为止，我国经过 30~40 年发展，投入社会资金建设了很多基础设施，尽管铝材具有重量轻、耐腐蚀性高等特点，但没有得到广泛推广。原因是多方面的，其中最重要的原因是初期投入成本高。

可是最近，各地基础设施管理部门发现，随着高速成长期大量建设的设施老化问题难以处理，要求重新思考维护管理的呼声渐高。对今后基础设施建设由“建设优先”向“建设且维护管理再生循环”发展转换已经不可避免。

为适应这个巨大变化，不仅要考虑初期成本，还要对运输建设成本、维护管理成本、拆除成本、残存价值、寿命长短等要进行综合评价，推进总体成本核算势在必行。还有，从环境因素来看，可回收性、腐蚀劣化等对环境的污染影响也是设计时的考虑因素[22)]。

这样，有业绩的透明电泳、阳极氧化、无处理等免维护型铝制路灯杆等产品及各种材料，不仅能降低维护管理成本和延长使用寿命，还能在环境应对方面发挥很大的作用，人们对其的期待越来越高。

我们是海岸线长（33 889 km，占世界海岸线总长度的近 10%）的国家，最大限度地发挥海岸线的作用和降低海岸线带来的灾害是我们必须努力的方向[6)]。

比如，在严酷海岸环境下可以使用预期 50 年寿命的透明涂层铝制路灯杆，在内陆地区可使用预期 30 年寿命、初期成本低的镀锌钢制电杆，充分研究如何利用各自的效果发挥最大作用。

过去很少收集相关基础设施数据，今后要加以重视。高速公路上铝制品数据非常少，主要港口铝制品（路灯杆、栏杆）的数据相对丰富。

数据资料齐全的有钏路港、苫小牧港、八户港、酒田港、相马港、盐龙港、横滨港、名古屋港、广岛港、博多港、新长崎港、那霸港等[21)]。

参考文献

1）A. A. Trinidad，Jr：Aluminum Bridges—A Historical Perspective，Alumitec '94（1994）

2）島津清修，成願茂利：シンポジウム「建築・土木・橋梁分野におけるアルミ構造と接合」(1996).

3）池尻清治，池上博志，永田隆：シンポジウム「建築・土木・橋梁分野におけるアルミ構造と接合」(1996).

4）内山智晴：アルトピア，“海岸線をゆく”〔19〕(1) 道路橋，No.4（2004）.

5）内山智晴：アルトピア，“海岸線をゆく”〔2〕名古屋港，No.2（2002）.

6）内山智晴：アルトピア，“海岸線をゆく”〔1〕九州，No.1（2003）.

7）(財) 高速道路調査会:「高速道路におけるアルミニウム材の適応性に関する調査研究」報告書（2000）.

8）内山智晴：アルトピア，“海岸線をゆく”〔10〕北陸，No.10（2002）.

9）AASHTO-AGC-ARTBA JOINT COOPERATIVE COMMITTEE：“A GUIDE TO STANDARDIZED HIGHWAY LIGHTING POLE HARDWARE”（April，1980）.

10）軽金属協会：米国土木施設調査団報告書（1989.9）.

11）内山智晴：アルトピア，“海岸線をゆく”〔14〕北海道，No.10（2003）.

12）内山智晴：アルトピア，“海岸線をゆく”〔2〕大阪府と公園，No.2（2003）.

13）内山智晴：アルトピア，“海岸線をゆく”〔7〕沖縄，No.8（2002）.

14）内山智晴：アルトピア，“海岸線をゆく”〔21〕照明ポールの寿命，No.12（2004）.

15）内山智晴：アルトピア，“海岸線をゆく”〔4〕大阪湾岸と堺市，No.4（2002）.

16）内山智晴：アルトピア，“海岸線をゆく”〔9〕瀬戸内海，No.11（2002）

17）The Aluminum Association，Inc.：Bridge Superstructures and Decks.

18）ASTM Special Publication No.17（1956）.

19）Hugh P. Godard，Jepson，M. R. Bothwel and Robert L. Kane：Corrosion of Light Metals，p93.

20）後藤春雄：鉛と亜鉛，No.155（1990），p23.

21）内山智晴：アルトピア，“海岸線をゆく”〔17〕地際に強いAl 合金製ポール（犬の尿と酸性雨），No.1（2004）.

22）内山智晴：照明ポールの防食と環境対応，環境対応型表面処理技術，テクノシステム発行（2005），p752.

Chapter 3

第3章　铝制饮料罐——变迁和未来

3.1　铝制饮料罐的技术变迁

图 3.1 所示是日本金属罐的市场动向，最近 10 年呈减少的趋势，2005 年全年产量约 330 亿罐，保持较大的市场规模。其中铝制饮料罐逐年增加，约占金属罐市场的 45%。

铝制饮料罐在世界范围内得到广泛应用，最早的铝制饮料罐是由美国开发的 DWI 罐（drawn & wall ironed can，即深冲拉拔罐），日本在 1971 年开始生产铝制饮料罐。DWI 罐的成型过程如**图 3.2** 所示。冲孔成圆形后经 1 至 2 次深冲成型成低的杯状，杯侧面经 2 至 3 次深冲向更高方向延伸成型。深冲成型罐的特点是罐底部板厚几乎是原板厚，罐体部分深冲变薄成原板厚的 30%~40%，在减轻容器重量的同时可节约资源。

开发初期使用的是预涂层材料，即事先在金属表面涂有机膜并进行深冲成型。当时，没有耐深冲成型的有机膜材料，罐内侧涂膜易被破坏、剥离，金属基材裸露腐蚀，造成罐内物品无法长期保存。因此，在未涂覆有机树脂的铝基材上涂抹润滑剂，不得不采取边喷洒大量水系冷却剂边进行深冲成型，罐成型以后脱脂、洗净、表面处理、干燥后逐罐喷涂（后涂层）、烘烤的制造方法，见**图 3.3** 左侧。因此，为了提高该制造方法的质量和生产效率，满足节约资源和降低环境负荷的要求，长期对润滑剂、脱脂/洗净剂和洗净系统、表面处理剂和处理系统、涂料和涂料系统进行着改良。

另一方面对预涂层材料的成型开发一直没有间断，在引入深冲成型 30 年后的 2001 年，世界上首次由东洋制罐将聚酯薄膜层压在铝卷材上，成功开发出[1]不需冷却就可深冲成型（干法成型）aTULC®（aluminum Toyo ultimate can）的制造工艺，与原来制造铝罐的工艺（图 3.3 右侧）完全不同。该

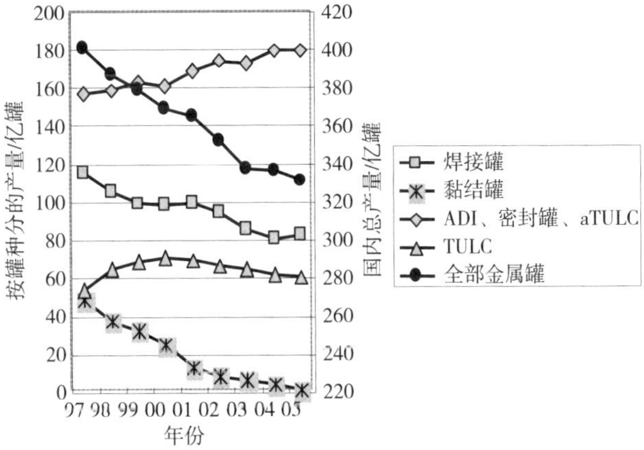

图 3.1　金属罐按种类分的产量变化（日本）
（东洋制罐、日本制罐协会调查）

图 3.2　铝 DWI 罐的成型过程

新型制罐工艺有很多的优点。

同时铝制饮料罐的适用内装物范围也发生了变化。起初内装物仅限于碳酸饮料、啤酒等使罐内处于正压状态的内装物。原因是深冲成型加工罐造成罐体壁薄，高温装入的果汁饮料与杀菌茶类等会形成罐内负压状态而无法适用。1980年开发出液氮填充法，即便高温填充也可保持罐内正压，几乎适用于所有饮料。

对金属罐的基本性能的要求是能够承受125 ℃左右的袋装杀菌，即使在常温下长期储存也不会使内容物发生变化。即罐内填充内装物后，罐内与外部完全隔绝，保持长期处于杀菌密封状态。因此如何抑制铝材腐蚀、有机膜成分溶入内装物中、内装物成分吸附容器导致口味变化等非常重要。

3.2 铝DWI罐表面技术的种类和变迁

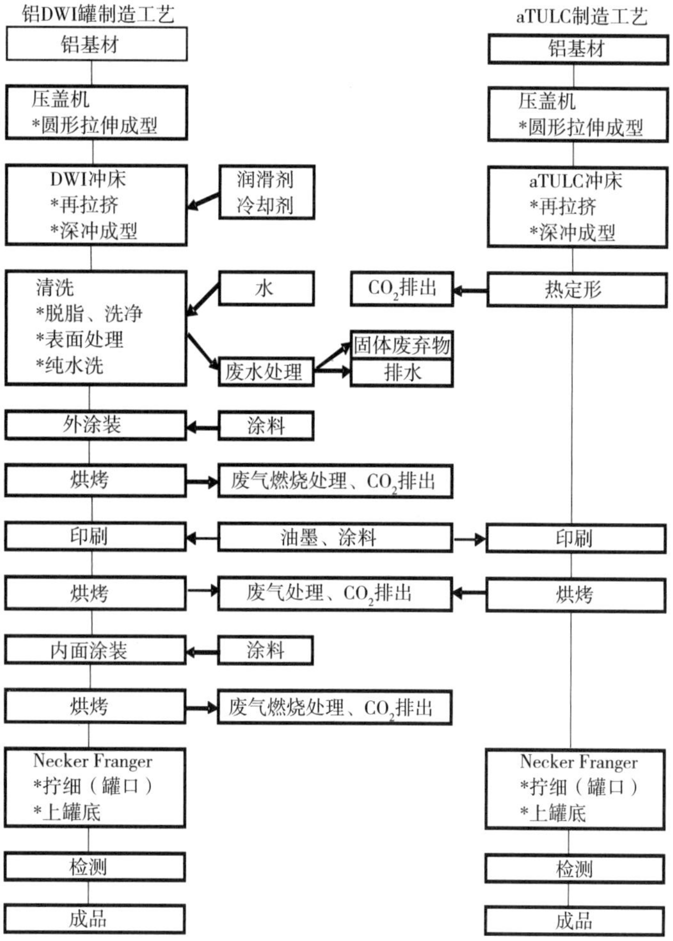

图3.3 铝DWI罐和aTULC制造工艺

3.2.1 金属基材

如**图3.4**所示，铝DWI罐成型为圆杯状后，让杯侧壁通过间隙设置得比圆杯侧壁厚稍小的冲头和拉挤凹模之间来使壁厚变薄，向罐高方向拉伸加工[2-3)]。

使用的铝基材是A3004、A3104等铝锰合金。该合金在深冲成型时的加工硬化小，不仅能防止成型时罐体破裂，而且能保持铝罐表面形状良好。使用其他铝合金材料时，挤压凹模表面产生铝积蓄偏析（coring），导致灼伤或罐体表面产生线状划痕。深冲成型中板材厚度减小，从材料角度看加工时总是表现为新的表面与深冲凹模接触，使用润滑剂和对原铝板进行表面处理都无法解决偏析问题。使用铝锰合金时，在热处理过程中生成硬的α相[α-Al_{12}（Mn、Fe）$_3$Si]，并在轧制时向材料中轻微分散，这就解决了深冲成型中的偏析问题[4)]。

3.2.2 脱脂、洗净和表面处理

深冲成型时由于加工强度大会产生大量热量，所以需要使用润滑剂和大量的水进行冷却。使用润滑剂加工时会产生微细铝粉末等，待制罐后进行脱脂、洗净并进行表面处理。表面处理的目的是让罐内外壁具有与涂膜的黏结性、耐腐蚀性，罐底外部具有耐锈性和耐变色性。

如**图3.5**所示是铝DWI罐脱脂、洗净、表面处理工艺[5)]。深冲成型并修剪后的罐被倒立在输送带上整齐排列，按照预清洗、预脱脂、脱脂、第一次水洗、表面处理、第二次水洗、纯水洗、干燥的顺序进行处理。各个流程药液、水洗水从罐的上、下方向进行喷雾，防止各个工艺之间药剂互混而采用排出与吹干方式。

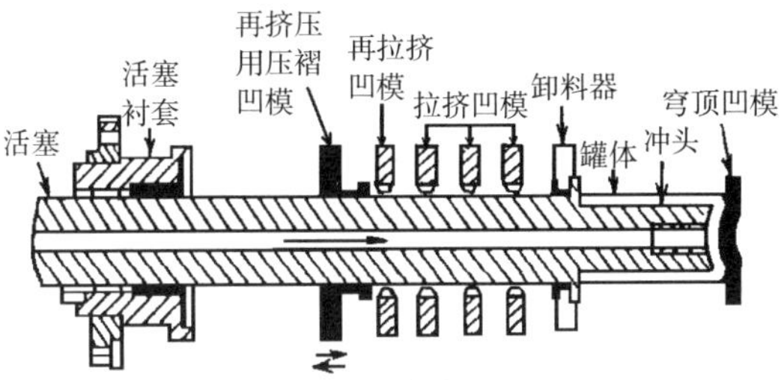

(a)

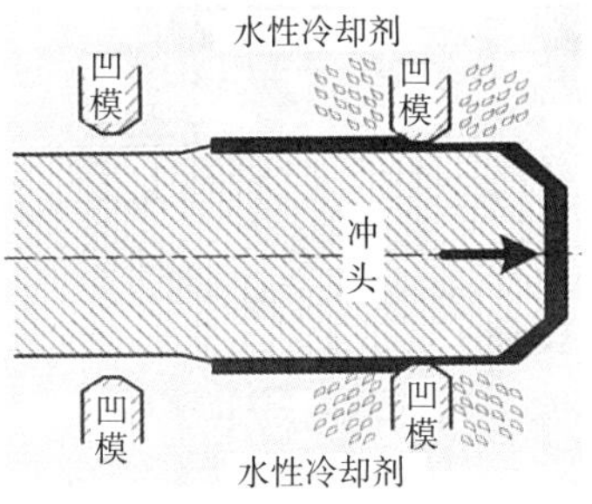

(b)

图 3.4　再拉挤成型机和成型示意图

(a) 再拉挤成型机　(b) 成型示意图

脱脂洗净剂使用酸性物质，这是因为药液易于管理，罐体质量也能保证。早期使用的是硫酸-铬酸类、硫酸-氢氟酸类，但是，为了降低环境负荷，需要铬酸及氢氟酸使用量，开发了硫酸-磷酸-有机酸类、硫酸-铁（Ⅲ）类[6]。酸性脱脂剂会对生产线使用的不锈钢钢制设备产生腐蚀作用，所以会增加维修成本。另外，在不使用氢氟酸的情况下对铝表面进行脱脂，要达到 70~80 ℃的高温才可，因此能耗高。

为解决这些课题，开始研究碱性脱脂剂。碱性脱脂剂因以下问题一直未被用于铝材料深冲成型罐的脱脂。包括药液管理复杂、生产线停止后罐表面变色、后续工艺要进行酸中和、均匀刻蚀困难、拉伸易产生裂纹、铝表面残留 Mg 无法除去、污泥多等。这些问题[7]可通过在制碱时添加有机螯合剂、加入合金成分离子等得以解决，2003 年开始推广应用碱性脱脂剂。

铝制 DWI 罐表面处理早期使用磷酸-铬酸盐系转化处理，随后由于环保问题开发非铬系的磷酸锆进行处理，如**图 3.6** 所示[8]。

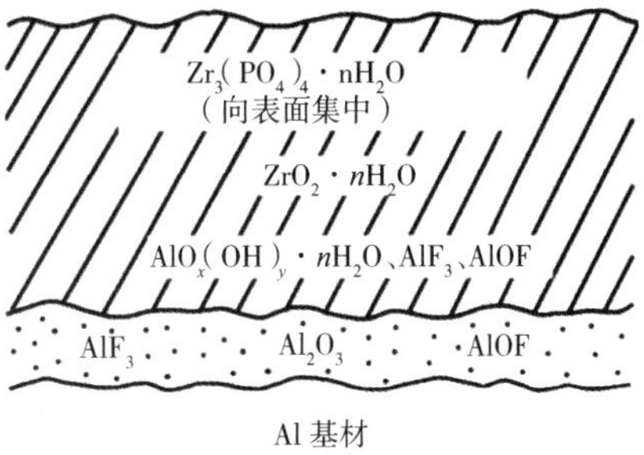

图 3.6　磷酸锆膜结构模型

罐内侧涂料也因 VOC 排放规定，同时为减少 CO_2 排放，由水性涂料代替了溶剂型涂料。水性涂料是将丙烯酸树脂等水溶性树脂溶解在水性介质中的水溶解型涂料将环氧树脂等分散在水性介质中的水分散型涂料，后者未固化成分溶出较少且耐热水性能优异，所以被用于罐装。20 世纪 80 年代后期开发了具有抗溶性的环氧丙烯酸类水性涂料[9]，溶剂型涂料被逐渐替换。随着涂膜性能提高，其附着性、膜层下耐腐蚀性也提高了，预处理也逐渐被淘汰。

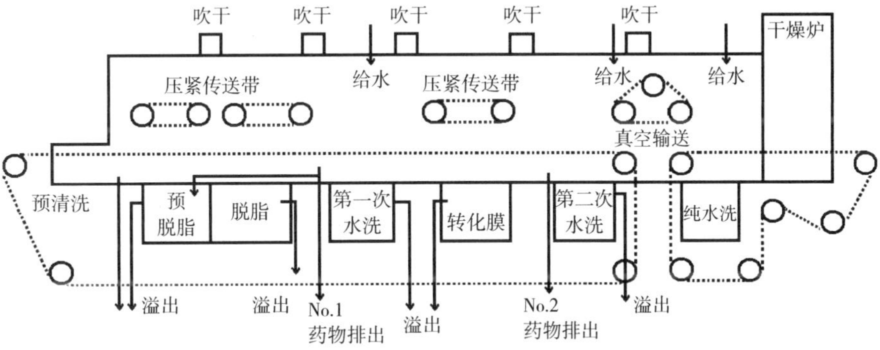

图 3.5　脱脂、洗净、表面处理工艺图

3.3　aTULC 出现后的技术变化

3.3.1　再次挑战前处理

aTULC 是在 1991 年被商品化的 TULC（Toyo ultimate can，即东洋终极罐）技术的基础上新开发的。TULC、aTULC 均使用聚酯树脂两面预涂层材料，在严格的薄罐化成型加工过程中，树脂覆盖层不产生破裂、剥离，薄膜制膜法、层压法、制罐法等应运而生。如**图 3.7** 所示 [3] 是在 TULC 生产中使用的薄膜层压法和在 aTULC 生产中使用的双面共挤涂层法（dual co-extrusion coating，DEC）示意图。TULC 是在无锡钢上热层压双轴共同延伸共聚聚酯薄膜时，通过熔融金属面侧的定向结晶使其处于非晶态，由此确保附着性和成型性 [10]。另一方面，aTULC 是在铝上直接熔融挤压共聚聚酯树脂，内外面的整个层压层变成非结晶状态，从而确保附着性和成型性。

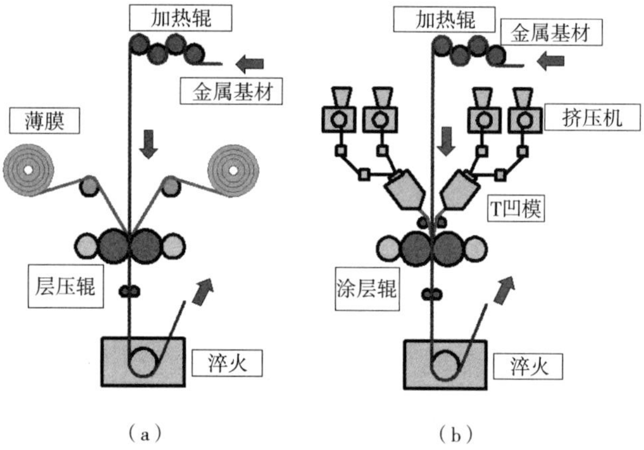

图 3.7　薄膜层压系统和挤压涂层系统（DEC）的层压部示意图

（a）薄膜层压系统　（b）挤压涂层系统

3.3.2　聚酯涂层材料的特征

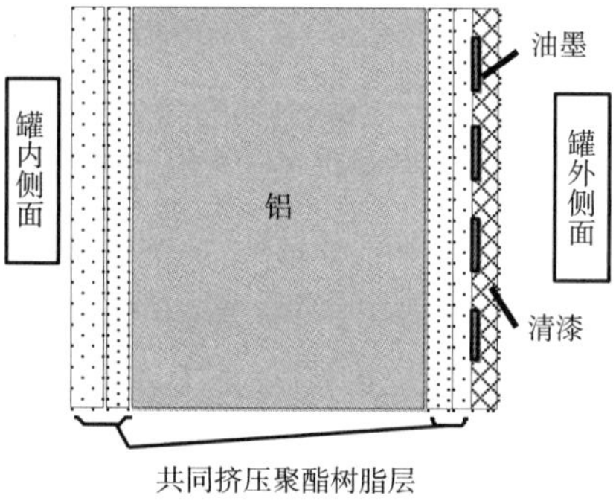

图 3.8　aTULC 罐体的构成

图 3.8 所示是 aTULC 罐体的材料构成。内外表面都是同时挤压出的多层聚酯树脂，基材内侧考虑附着性、表面侧考虑耐内装物性（内面）及适应印刷性（外表）。**图 3.9** 所示是各种罐用涂料对柑橘类饮料的香味成分中含量较高的萜烯类碳氢化合物柠檬烯的吸收比例，其中聚酯树脂的吸收比其他涂料少，表示其保持内装物香味性能优异 [11]。

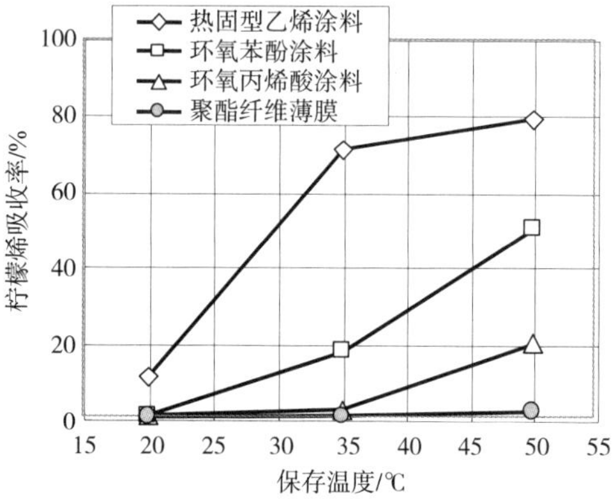

图 3.9　内面覆盖材料的柠檬烯吸收率的差异

罐的耐冲击性也提高了。聚酯树脂结构在挤出涂层后是非晶状态，但深冲成型的罐体向罐高方向延伸生成定向结晶。**图 3.10** 所示是罐体结晶（105）面的定向 X 线衍射图 [12]。（105）面与定向结晶的 C 轴间夹角约为 8°，在罐高方向和罐底方向形成 2 个峰值，如**图 3.11** 定向结晶的（100）结晶面与罐体表面平行，C 轴与罐高方向平行，即。因此，聚酯树脂在罐高方向的强度增大，罐体的耐冲击性提高了。对罐高方向聚酯树脂的分子没有定向分配的话，得不到这个效果。通过坠落试验法进行的罐体耐冲击性试验结果表明，aTULC 比铝 DWI 罐要优异，实际市场上流通的罐体裂纹穿孔的索赔率也减少约 40% [13]。

3.3.3　制罐使用聚酯涂层材料的优势

将聚酯树脂作为预涂层材料使用，在制罐工艺

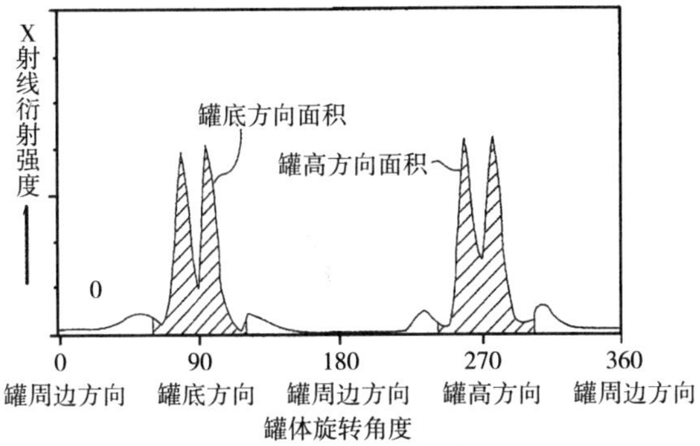

图 3.10　由 X 射线衍射调查的罐体聚酯树脂的（105）面朝向的方向

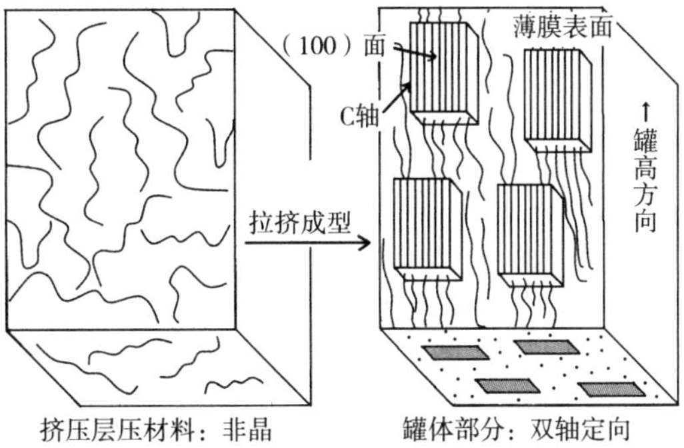

图 3.11　层压材料和拉挤成型后（罐体部分）聚酯树脂的结构变化

中有很大优势。聚酯树脂具有优异的润滑性能，因此不需要像 DWI 罐成型那样的润滑及冷却。如图 3.3 所示，可以省去在脱脂、洗净、表面处理时使用喷水工序和废水处理设备。同时，也可省去内外层的涂装工序和烘烤工序及与之相关的其废气燃烧设备，可以减少二氧化碳的排放，如**图 3.12** 所示，可大幅降低环境负荷[14)]。

深冲成型借助聚酯树脂可使铝基材不与金属模具直接接触，可大幅提升工具使用寿命，原本铝 DWI 罐因为偏析问题使用 A3000 系以外的材料有难度，现在使用其他合金也变得可能，为更进一步研究开发新的功能扫清障碍。

3.4　今后的展望和课题

本书就铝饮料罐的质量以及与制造有关的铝基材、涂层材料的表面功能及变迁进行了介绍。铝饮料罐在日本国内的制造已经有约 35 年的历史，从 2001 年开始使用的预涂层材料 aTULC，跟原来用的是完全不同的材料结构和制造工艺，在节省资源、节约能源、大气污染和废水处理、食品卫生等方面都经得住考验。在层压材料容器的应用方面，日本处在世界领先地位，技术研究成果丰富。今后环保要求、卫生要求会进一步趋严，继续加强技术研究引领世界发展是重要课题。

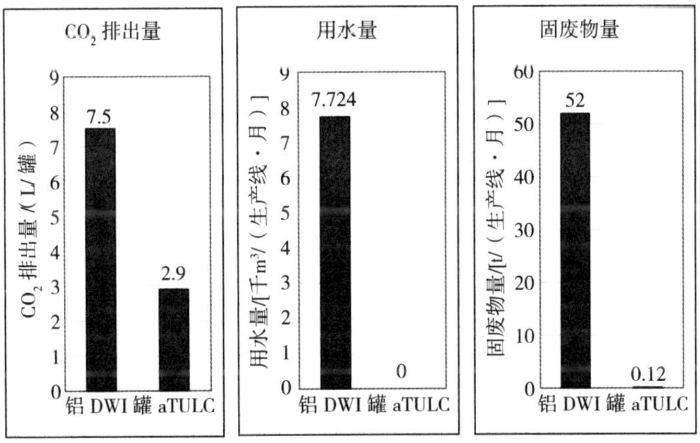

图 3.12　铝 DW1 罐和 aTULC 生产时的环境负荷比较

参考文献

1）Y. Funagi，K. Satoh：5th. Int. Conf. EcoBalance, Nov. 7（2002）.
2）今津勝宏，宮坂寿雄：日本機械学会誌 84（1981），256.
3）只木康文：Packpia，June30（2004）.
4）渡辺英雄，大堀紘一，竹内庸：軽金属 33（1983），149.
5）三野保武：軽金属学会ｼﾝﾎﾟｼﾞｳﾑ，67（2002），45.
6）岡祥治：日本材料学会腐食防食部門委員会 40（2000），52.
7）日野和哉，飯野恭朗，増田和久，市之瀬省三：特開 2005-97726.
8）M.Yoshida：The 3rd Asian Coating Forum（1990），142.
9）山本敦弘，星埜由典：ﾎﾟﾘﾏｰﾀﾞｲｼﾞｪｽﾄ，No.9（1994），17.
10）松林宏：材料と環境，51（2002），299.
11）佐藤一弘，今津勝宏：高分子学会第 4 回ﾎﾟﾘﾏｰ材料ﾌｫｰﾗﾑ（1995），364.
12）鶴丸迪子，松林宏，増田和久，渋江正恒：特許公報 2707965.
13）政木敦夫，中津宏隆：包装技術，41（2003），44.
14）小林亮，山田幸司，今津勝宏：塑料と加工，44，575（2003）.

Chapter 4

第 4 章 铝材在装饰领域的应用——变迁和未来

4.1 铝装饰材料使用的历史

金属铝是具有现代美感的材料，可以说即使起初没有打算将其当作装饰品来使用，其产品也或多或少具有装饰性功能。更何况，在以装饰效果为目的进行设计时，通过应用各种表面处理，制造出许多装饰性优良的产品，审美水准更高的产品甚至属于高水准美术工艺品的领域。

日本表面处理方法中具有划时代意义的阳极氧化法，是 1924 年由理化学研究所开发成功的。最初的目的是获得铝锈或电绝缘膜，由草酸处理的膜可产生浅金色，在 1931 年注册商品名称为“阳极氧化膜”，并应用于家庭日常用品，取代了当时暗色调居多的厨房用品等，装饰性丰富的新产品给人以现代美感而得到广泛认和普及。1935 年相关具有装饰性的特定产品开始量产，见**照片 4.1~照片 4.3**。

随后 1940 年到 1945 年装饰性民需产品进入低谷期，1947 年以后市场上基材逐渐增多，但材质较差，加上阳极氧化用的草酸供应紧张，处理液由价格更加便宜的硫酸代替。由于硫酸阳极氧化的处理成本低，膜透明且染色效果良好，现在阳极氧化法几乎都是采用硫酸进行阳极氧化处理。

1950 年左右，西德在精密仪器领域领先于世界，日本从西德进口了照相机摄影时使用的曝光计。当时日本刚开始制造相机，摄影时的快门及调光都采用手动设置的方式。由西德进口的曝光计使用了阳极氧化铝制品，日本对此进行了深入研究且成功实现商品化（**照片 4.4**）。

进入 1955 年，铝材能够稳定供给，与价格波动较大的铜合金相比，铝的价格更稳定，所以需求急剧增加，装饰品生产厂家争先恐后引进阳极氧化设备。

当时染色技术也突飞猛进，可供应鲜艳的金色染料，各种预处理也开始实用化，进行电解抛光处理后光泽艳丽，装饰性铝制产品大流行，有表带、首饰、发卡、烟盒、钢笔、自动铅笔、餐桌等，在各个领域得逐渐普及，阳极氧化加工产业开始兴旺发达。

1965 年以后，铝材价格低且稳定，产品质量也不断提高，开始出现高纯铝，供应以装饰为主要目的领域，如显示器、展示卡、广告牌类和建材产品需求旺盛，随着需求扩大高纯铝进入高速发展时期。（**照片 4.5**）

铭牌行业在 1965 年的高速成长急速扩大，加工行业的需求也急剧增加，但当时最大的用户是大量生产便携式收音机、电视机、白色家电等家电、弱电行业。当时最常见的制造染色铭牌的生产方式是阳极氧化膜印刷方式，这种生产方式产量小，跟不上市场需求。

为解决这个问题，引进了比阳极氧化膜板硬度和耐久性稍差但可低成本大量生产的胶版印刷方式，需求进一步扩大。起初胶版印刷业务都是委托给马口铁印刷从业者，印刷生产处理方式都采用罐装用马口铁印刷，导致胶版印刷产品的精度不够或伤痕众多，因此加工业者开始自行引进铝板专用胶版印刷设备，至此包括新加入的从业者在内，将胶版印刷与马口铁印刷按不同业种分开进行。

1975年以来，随着大厦和住宅建材产品的需求急剧增加，无着色银色、青铜色等电解着色产品开始出现，同时建筑外部区域对着色产品的需求也在增加，根据用途不同，装饰性强的彩色产品逐渐增多。

为了增强装饰性，有人对铝表面进行刻蚀处理来增加立体感，该方法过去因受成本制约发展缓慢，现在在各个领域快速普及。建材开始使用大面积的面板，餐馆、酒店、美术馆等建筑设置大墙面面板的例子越来越多。它比原先使用的瓷砖壁画现代感更强，而且重量轻，即便是超高层大厦也可放心使用，因此用户不断增长，仅东京都周边用户就达到30家以上。

随着汽车市场的快速发展，汽车内外装饰面板等对重量轻且可再生利用的优质铝材的需求也急速增加，装饰性要求高的仪表盘面板、门把手等开始广泛使用铝材。

1985年以后，在汽车减重需求下开始使用铝合金轮毂，轮毂的装饰性和设计性增强，轮毂盖、车标、发动机盖板等对铝材的使用不断扩大。

从工艺方面来看，跳出原有铭牌制作领域，开发出彩色着色阳极氧化板代替纸质版画，可体现出有耐久性的金属美感。

4.2 使用铝装饰材料的理由

产业用铝材大致分为功能用部件和装饰用部件。

功能性部件大多用在眼睛看不到的地方，比如家电产品中的电容器、散热器、托板等，高科技领域有集成电路板、印刷基板等。这类产品主要通过压铸、挤压、切削加工等工艺制成，几乎与装饰性无关。

装饰性部件除前面提到过的汽车用部件外，家电用的有盒式录音机、数码相机、手机外壳、AV机器、遥控器面板等。装饰性部件种类多样，各自的预处理、加工方法和着色方法也不尽相同。

各种汽车内外装饰材料、家电、产业用品使用铝材理由的列举如下。

1）易于发挥出装饰效果

可进行各种预处理和着色，在保持金属感不变的情况下进行各种装饰性处理。

2）加工性良好

具有基材多样性（挤压、压延、锻造、铸造材料）和良好的机械加工性（切削、冲压、拉伸成型等）等特点，便于推广应用。

3）物理性能好

耐候性、耐腐蚀性、耐热性、耐磨损性、耐冲击性等优秀。

4）重量轻

可减轻汽车重量，节省能源。

5）可回收性

与其他材质比较，可回收性优异，回收成本低廉。

作为建材上述理由也同样适用，但是建材板厚范围在0.5~3 mm，特别是外装材料使用2~3 mm厚的大板，所以得到光滑表面有一定困难。加之，着色产品有耐光性要求，外装材料有耐候性要求，选择基材时对表面处理方法要进行充分研究。

使用铝装饰材料多从艺术层面出发。用阳极氧化膜方式制作家电等使用的金属板，部分设计要求颜色多样化，但每种颜色需要一版底片，工序也需要按颜色数重要印刷，伴随着阳极氧化膜染色性灵敏度降低，所以工艺色数极限是3色。

伴随着制版材料的更新和印刷处理技术的提高，有关绘画用阳极氧化染色板制作技术向新的领域拓展。将打算复制的原画作品3种颜色（蓝色、红色、黄色）按颜色分类分别制作成原色版，加上黑色版共计4版，用接近于各自原色的染料进行4次印刷处理。由此，在未封孔阳极氧化膜板上施加与精密印刷相同高精度的印刷染色，该结果使得与绘画印刷相同的彩板复制在铝阳极氧化板上变得可能了。

铝阳极氧化板与纸相比，其产品可大幅度提高耐火性、耐湿性和耐久性，使用纸时所使用的保护玻璃也省去了，产品总重减轻的同时破损也少了很多。油画、版画、水彩画和彩色照片等均可复制，与胶印、丝网印刷等印刷产品相比耐磨耗性能优异，长期来看无剥落等质量问题，可长久使用。

此类铝制艺术品现在被各地美术馆用作复制品、纪念品和民间艺术品等，还将进一步拓展到大型壁画和面板等应用上（**照片 4.14~4.18**）。

4.3　铝装饰材料的使用场合

4.3.1　家电用

家电用铝装饰品的主要应用场合列举如下。

1）冰箱、洗衣机、空调等白色家电

公司铭牌、操作面板、旋钮把手、装饰板等。

2）音响、录像机

公司铭牌、前面板、操作面板、遥控器面板、旋钮等。

3）数码相机、手机等（**照片 4.6、照片 4.7**）

公司铭牌、按钮、旋钮、镜头框架等。

4.3.2　汽车用

汽车用铝装饰品主要的应用场合列举如下。

1）车内用（**照片 4.8**）

仪表板铭牌、仪表板表盘、指示牌、车门踏板、地板垫、控制台板、门把手等。

2）车外用（**照片 4.9**）

车轮盖、装饰品、照明反射板、翻盖垫圈等。

3）发动机舱内用

发动机盖板、指示板、生产铭牌等。

4.3.3　建材用

最近建筑材料用装饰品在不断增加，用于新建大楼的内外装饰或使用 20~30 年的老楼的内外重装修和各种指示牌。主要内容列举如下。

1）内装（**照片 4.10**）

墙板、立柱、支架、天花板、地板、货架、门、家具的装饰板、指示牌、内装面板、壁画等。

2）外装（**照片 4.11~照片 4.13**）

幕墙、外装面板、招牌、立柱等。

4.3.4　与艺术的关系

①酒店大堂壁画（**照片 4.14**）。

②公司会议室用面板（**照片 4.15**）。

③油画复制（**照片 4.16**）。

④版画复制（**照片 4.17**）。

⑤水彩画复制（**照片 4.18**）。

4.4　铝装饰材料领域的未来

如前所述，铝材在装饰品领域的应用不断扩大，可满足各行业、各领域不同用途和目的的设计和装饰要求。上述种种使用场景，可单独采用或各种组合并用，但设计师总是愿意打破常规，标新立异，拓展新的设计方式。

下面针对需求较大的行业预测今后装饰领域的发展方向。

4.4.1　家电

数码相机外壳是铝制品化进展最快的领域，在国内普及率很高且置换需要也在不断提高，据说每年出口海外达到 8 000 万台，日本数码相机厂家在海外展开了激烈的市场竞争。

各数码相机厂家的机器性能在飞速提升，性能差异越来越小产品，所以大家都在外观和设计上下功夫。以往的喷砂、消光、拉丝、钻石切割等预处理带来的表现上的差异，以及与阳极氧化染色相结合所带来的变化是不够的，今后逐渐考虑采用刻蚀、多色彩化、与电泳涂装组合变化等不同的表现方法，有部分厂家已经取得进展。

手机等其他小型化家电产品机身及表面部件铝制化也在推动当中，此类表面处理部件的装饰方式也会出现同样的趋势，最近被更新换代的手机采用已成为热点话题。

超薄电视机外框主要由合成树脂制成，但是最近也开始使用铝型材外框。从成本角度出发，50 英寸以上的大型电视使用铝材是有优势的，装饰性强是主因，从磨砂线的前处理到阳极氧化铝染色程度的简单完成，高级产品则采用刻蚀，也出现了采用

照片 4.1　盘子（草酸染色）

照片 4.2　邮政信箱（草酸染色）

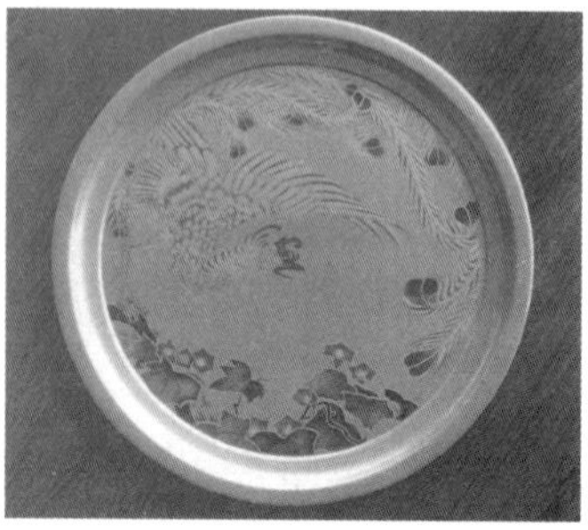

照片 4.3　工艺盘子（草酸染色、刻蚀）

照片 4.4　初期相机调光圈（阳极氧化膜）

照片 4.5　各种装饰品

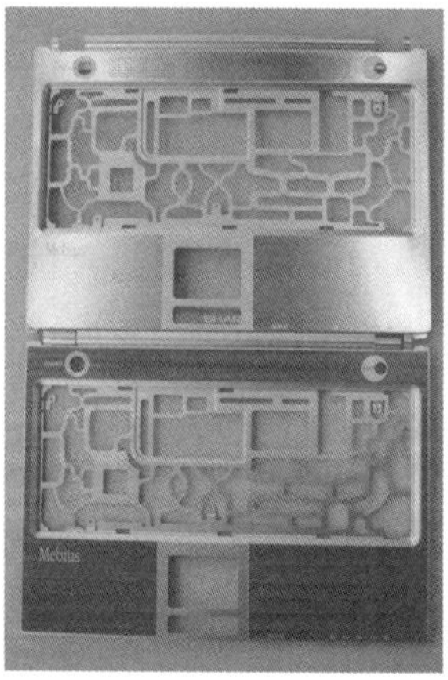

照片 4.6　家电用装饰品（1）——电脑基板

图 4.7　家电用装饰品（2）——数码相机

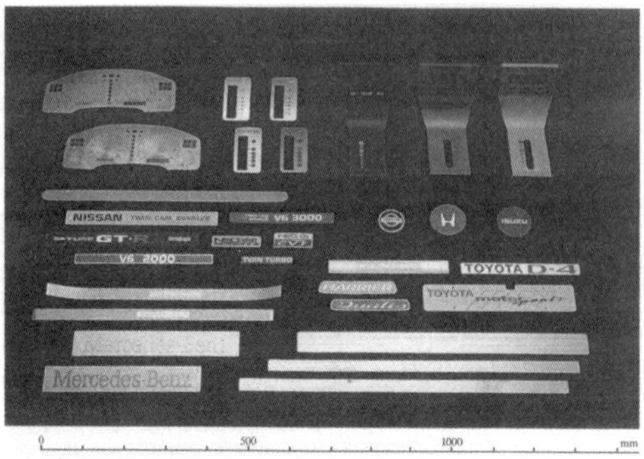

照片 4.8　汽车用装饰品（1）

照片 4.9　汽车用装饰品（2）

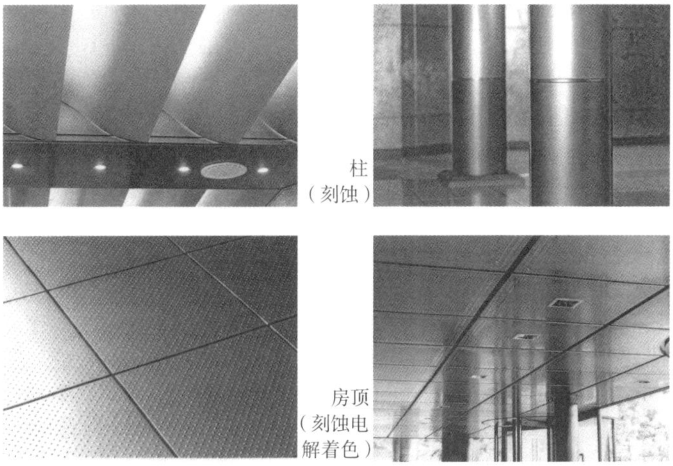

照片 4.10　装饰建材（1）

照片 4.12　装饰建材（3）（有机染色板）

照片 4.11　装饰建材（2）（电解着色）

照片 4.13　装饰建材（4）（有机染色板）

照片 4.14　壁画（刻蚀染色）

照片 4.15　壁画（刻蚀染色）

照片 4.16　油画复制

照片 4.17　版画复制

照片 4.18　水彩画复制

带有立体花纹的豪华框架的动向。

4.4.2　汽车

汽车特别是高级车的内装普遍采用铝材进行装饰，可进行多样化设计是采用铝材的主要目的。铝材除了用于仪表板和正面面板外，在门把手等内部装饰中的使用也在增加。除了乘用车，跑车等运动车型的门把手等对铝材的使用也在增加当中。相关此类复杂产品的表面处理采用预处理后进行丝网印刷、透明电泳等组合。

仪表面板组件中仪表盘（速度仪、转速仪、计量仪等）原本从透明合成树脂板下面读取刻度、数字等非印刷部分，树脂板无法赋予表面装饰效果，设计也无从谈起。另外，金属板会反射阳光，影响驾驶人员的视线，带来安全隐患，所以未被采用。国内某大型汽车厂家提出仪表盘使用高光泽铝板，并采取新技术来抑制反射，在世界上首次采用铝制仪表盘。（**照片 4.19、照片 4.20**）

铝制仪表盘首先进行轮磨加工预处理，实施阳极氧化染色后的高光泽铝以雕刻方式进行刻蚀，非常明显地提高了装饰性。今后这种最先进的表面处理加工品的装饰性会越来越丰富，应用会不断扩大。

4.4.3　建材

建材装饰处理从银色、电解着色、彩色逐渐扩大，电解着色时青铜、黄褐色等暗色系着色较多。在德国等欧洲国家，幼儿园、公共建筑等以有机染色彩色外装为主，日本由于担心褪色，不太使用有机染色，导致装饰性规模有限。选择耐光性良好的染料；用阳极氧化处理保证膜厚，加之充分实施封孔处理生产出使用年限长的产品完全可能，今后定会形成规模。

转速仪

速度仪

混合式转速计

照片 4.19　使用铝薄板由雕刻技术成型汽车仪表盘

照片 4.20　仪表盘组件

除此以外，刻蚀处理进一步增强立体感，通过表面处理提高建材附加值，体现建筑物美观度，预计今后越来越多被采用。

4.5　总结

综上所述，目前日本铝装饰应用领域可以说处于世界前列，今后定会带动各行业新技术开发和应用步伐。笔者认为，在印刷手法与立体的表面处理方面技术会不断创新。

铝装饰领域今后的发展方向，根据各个行业的特殊性在细节上当然会有所差异，但从整体趋势来看，装饰行业内设计师及专家将与制造业者携手合作开发出适应市场需求的产品。

更进一步，铝行业未来不能局限于表面处理领域，还将与其他材料领域和各方面的处理行业的知识相融合，共同开发复合材料和扩大装饰品用途。可以想象，装饰品的未来将不可限量。

Chapter 5

第 5 章　铝制化妆品容器——变迁和未来

化妆品用铝制品容器，主要由平板进行拉伸制造，如口红、睫毛膏包装，发胶、气溶胶罐，护发素、软膏等的管状包装由铝卷材用冲压法制作而成。所制作的容器主要采用阳极氧化与喷涂涂处理。

另外，冲压加工与由此实施的制品表面处理，一般印象都是比较薄，下面就冲压加工产品的表面处理进行介绍。

5.1　什么是冲压加工（Impact Extrusion）

该方法起源于 1875 年的美国，是一种使用锡、铅、铝等材料制形成圆筒形或方形形状的方法。一般使用 A1070 纯铝。冲压加工产品的强度会增大。气溶胶罐有承压及强度要求，适合使用该方法，有柔性要求的冲压管需要经过热处理后使用。加工方法是用冲头和凹模冲压材料，从冲头和凹模之间的缝隙压出材料，材料向冲头行进方向的反方向延伸。另外，挤压管向前方挤出材料并形成头部。（图 5.1）

5.2　铝冲压管表面处理

5.2.1　铝管

1911 年从美国进口金属管，1922 年日本国内开始自己制造金属管。开始使用的材料是锡，其后被称为镀锡，是一种以铅为芯，外表镀一层锡制作而成的材料。1965 年以后由铝替代。

铝管制造工艺要在 350 ℃以上高温进行热处理让管子变软，此时表面处理非常关键。

表面处理方法与以前没有大的区别。但由于管内内装物质的腐蚀性有所变化，特别是管内侧表面处理涂料有变化，管内侧与外侧的表面处理方法有所不同，所以下面将分开进行介绍。

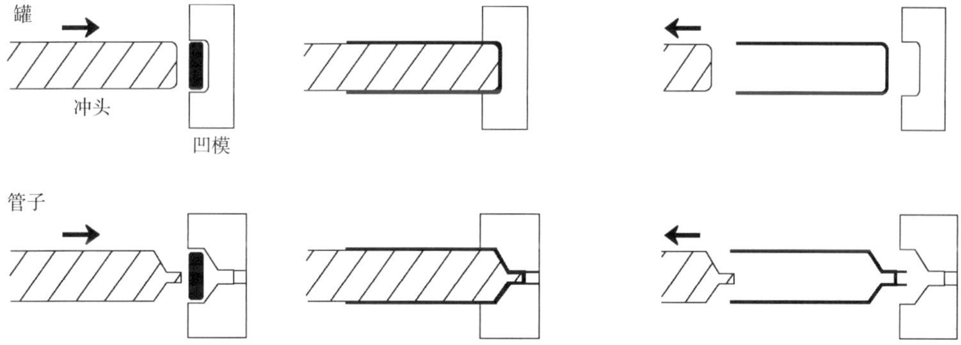

图 5.1

5.2.2　铝冲压管表面处理方法

5.2.2.1　内侧（内表面）

内侧表面处理几乎都使用喷枪喷涂。涂装在管子成型（(a）用冲压机成型管状;（b）加工口部螺纹;（c）切成规定长度）后，经热处理后进行。喷枪采用 空气喷雾方式，用2~3 支喷枪对管内侧的口部、肩部、管身分别进行喷涂。喷涂的膜厚是有差异的，一般为 3~10 μm。涂装以后要在固化炉进行固化。固化炉的热源是燃气、电等。此外，为了得到更强的耐内装物性，有时在通常涂装的基础上增加以下工序；

①进行 2 次涂装；

②在通常涂装的基础上进行粉体涂装；

③在通常涂装的基础上涂蜡；

④在通常涂装的产品内侧插入树脂内袋，强化内侧涂膜。

涂料根据填装内装物及保质期不同而有所不同。见**表 5.1**。

5.2.2.2　外侧（外表面）

外侧表面处理最初使用的是凸版干胶印法。管子初期曾用过纸卷，但由于纸卷表面强度较低，不能满足印刷所需条件，目前几乎弃用。凸版干胶印在管内侧表面处理完成后进行，该方法是在树脂制的凸版施加油墨，随后将该凸版压在被称为毛毡的橡胶板上，转印油墨，再将该被转印的油墨转印至铝管的方法。（**图 5.2**）

从海外进口该印刷机后开始了软管印刷，现在国产机也开始上市。

在该印刷方式的前道工序中按规定的 1 种颜色进行底涂。工艺是用辊涂进行着色（膜厚 5~10 μm）热干燥。然后，使用 4~6 色、以 80~200 根/min 的速度用印刷机进行印刷。需选择与内侧涂料相同且在严酷的折弯下也不剥离的印刷油墨。底涂涂料及印刷油墨的主要涂料树脂成分和特征见**表 5.2**。

1965 年还在印刷的基础实施了罩光涂装，但随着底涂涂料不断改良，可以应对表面的摩擦、划痕等，现在已经不再使用罩光涂装了。

5.3　气溶胶罐的表面

5.3.1　气溶胶罐

气溶胶罐是为了使内装物以雾状或气泡状喷射至空气中，同时封入内装物与液化气体或压缩气体的容器。1950 年左右日本用 3 小块铁皮制作而成。其后开发出用 2 块小铁皮或 1 块铁皮制成的容器。

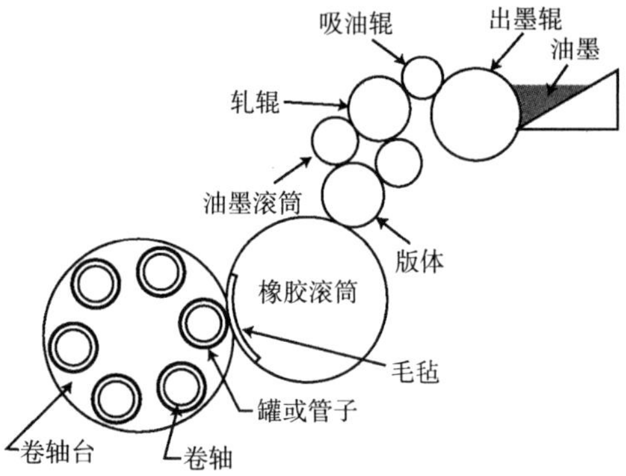

图 5.2

表 5.1

用途	主要成分	主要涂料树脂成分	特征
护发素	液体石蜡、表面活性剂	环氧苯酚树脂	耐腐蚀性 耐浸透性
皮肤护理剂	乙醇、甘油		
染发剂	染发 1 剂：氨	环氧苯酚树脂	耐碱性 耐浸透剥离性
		环氧苯酚树脂+颜料	
	染发 2 剂：过氧化氢	环氧苯酚树脂+聚乙烯内袋	耐酸性 耐腐蚀性
	染发料：颜料	环氧苯酚树脂+颜料	耐腐蚀性

表 5.2 底膜涂料及印刷油墨成分构成

	主要涂料树脂成分	特征
底膜涂料	聚酯树脂、氨基树脂、颜料	加工性、黏结性
印刷油墨	醇酸树脂（白：氧化钛；黑：炭黑）矿物油、二氧化硅、铜及其化合物	耐候性、黏结性

大概 1955 年开始用 1 块铝材制成罐，主要用于日用品、化妆品等。

5.3.2 气溶胶罐的表面功能

铝制气溶胶罐的表面（内侧、外侧）所要求的功能与铝挤压管一样，即保护内装物并赋予明确告知内装物的视觉效果。

制造上与冲压管的不同点是，先表面处理（内面涂装、印刷），后进行严酷的拉伸加工。当然关键是该加工后内侧（内表面）不能影响到内装物。内装物对铝的影响是指内装物侵蚀涂膜，内装物变质或内装物成分透过底涂到达铝表面，引起铝腐蚀。

综上所述，要充分重视外表面、内表面涂料的选择和涂料条件。

5.3.3 气溶胶罐表面处理方法

5.3.3.1 内侧（内表面）

内侧处理与铝冲压管一样都进行喷涂。在要求更加耐内装物腐蚀的情况下，与冲压管相同，在喷涂后可能需要追加下述处理：

①再进行一次相同的喷涂；

②在内侧插入树脂袋，强化内面涂膜。

根据内装物等，通常使用的涂料如**表 5.3** 所示。

5.3.3.2 外侧（外表面）

外侧处理方法与铝冲压管一样使用凸版印刷方式。底涂涂装也相同。

气溶胶罐是印刷后进行拉伸加工，为强化涂膜实施罩光涂装。底膜涂料及印刷油墨成分见**表 5.4**。

5.3.3.3 其他外表面处理

此类气溶胶罐外径大多在 30~60 mm，并且经常在店面多有展示。外观肯定要吸引人注意才可以。所以，对于外表面处理，除进行一般的外部处理外，有时还要进行下述处理。

（1）发纹加工

在制罐完成后、清洗罐之前进行。用尼龙刷、钢丝刷等旋转接触罐表面形成细线。旋转一次或二次。

（2）热转印（丝网印刷）

①方法是与热转印树脂涂装背面附着黏结剂的铝箔、按照全息图热版（金属、树脂）至罐进行转印。

②首先在罐上用丝网印刷方式印刷黏结剂，然后将铝箔或全息箔压上加热，只留下印刷处的铝箔基体。后者由于黏结剂的厚度，箔具有隆起效果。

另外，丝网印刷时，代替黏结剂使用丝网油墨

表 5.3

用途	主要内容成分	喷射剂	主要涂料树脂成分	特征
发胶	水、表界面活性剂	LPG	环氧苯酚树脂	耐腐蚀性
生发剂	水、醇类、有效成分	DME	聚酰胺酰亚胺树脂	耐浸透剥离性
脱毛剂	硫醇酸	LPG	环氧苯酚树脂+聚乙烯内袋	耐碱性、耐腐蚀性

表 5.4 底膜涂料及印刷油墨成分构成

	主要涂料树脂成分	特征
底涂涂料	聚酯树脂、氯基胺树脂、颜料	加工性、黏结性
印刷油墨	醇酸树脂（白：氧化钛；黑：炭黑）矿物油、二氧化硅、铜及其化合物	耐候性、黏结性
精加工清漆	聚酯树脂、氨基树脂	加工性、耐划痕性、耐化学性

进行印刷，可赋予丝网印刷的效果。当然丝网印刷也在制罐后进行。

（3）底涂涂装

有关加入珠光颜料的底涂涂装，只加入一次珠光颜料的涂装，珠光颜料完全进行涂料中，效果不好。上涂层使用珠光颜料时，印刷文字会被珠光颜料覆盖，导致有少许模糊。为避免此类缺陷，首先进行一次底涂，用未加入珠光颜料的涂料进行一次涂装，随后用加入珠光颜料的透明涂料进行涂装。如此进行的表面处理，颜料效果也有了，文字、设计画线也非常清晰。

5.4　油墨以及涂料

5.4.1　油墨

金属用油墨在 20 世纪 60—70 年度取得飞速发展，导入合成树脂技术做成了油性醇酸油墨，提高了印刷适应及加工性，印刷品变得很精美，油性醇酸树脂主体目前也没有大的变化。但是随着人们环保意识的提高，改良醇酸树脂的研究步伐一刻也没有停止。

5.4.2　涂料

5.4.2.1　内侧（内表面）

主要使用环氧苯酚树脂、苯甲酰树脂、聚酰胺酰亚胺树脂等，近年来，由于环境保护的要求，有降低双酚 A、脱氯的趋势。另外，为应对削减 VOC 的课题，正在推进水性化和 UV 硬化型等的尝试。

5.4.2.2　外侧（外表面）

以聚酯树脂为主体，为应对加工性、耐磨耗性、耐化学性要求的提高，正在推动按设定分子质量来添加树脂和固化剂等的组合的尝试。根据相应目的也在研究添加石蜡。

5.5　表面处理的未来

化妆品本身内装物对于铝制容器来说并不安全，因此反限于对铝制容器安全的内装物。现在对化妆品的应用范围在不断扩大，这应该得益于涂料、油墨和涂膜处理技术的进步。

可是，现在还未能做到对所有化妆品的无限制保护状态。今后对铝基材表面的化学处理和高分子涂料的研究，或对涂装技术改进空间还很大。希望继续加大对表面处理技术的投入，同时随着环保意识逐年提高，对涂料成分的改进和再生等问题必须予以解决。

Chapter 6

第 6 章　舷外机上铝材应用

6.1　概要

本章从娱乐休闲、体育领域中的海上休闲着手，就海上休闲不可或缺的游艇动力舷外机进行论述。

舷外机是安装在船体外的推进动力，使用的是汽油发动机。目前全世界每年舷外机需求量推测在 86 万台左右。

原本大型船舶的动力都在船舱内部，近年随着高速化、省燃料、安装及维护方便，同时确保船内有足够大的空间，船外挂机的做法变得越来越普遍。从小型艇到大型艇都广泛采用该做法，发动机动力从 2 马力至 300 马力都有。20 世纪 90 年代几乎都是 2 冲程，最近排气标准提高，4 冲程占比大幅度增加，其生产比例已接近 1 : 1[1-2]。

对舷外机的要求是轻量、小型化、高动力，因此重量轻的铝材的使用量急速增加。下面就舷外机使用环境与使用的铝合金及其表面处理进行论述。

6.2　舷外机使用环境

图 6.1 所示是舷外机的外观。上部搭载的是发动机，借助传动轴来旋转螺旋桨。舷外机下半部浸入水中使用。与汽车和摩托车发动机不同，舷外机冷却是直接将运行水域的水引入发动机冷却系统进行工作。还有，排气是由螺旋桨中央部位排至水中。

也就是说舷外机内部和外部均是在与水接触的状态下运行的，所以容易发生电位腐蚀。电位腐蚀是指有 2 种或以上的金属在电解液存在的情况下，在导电状态时形成微电池，低电位的金属发生溶解的现象。由于舷外机所使用水域的水质不同，电位腐蚀程度会有很大的差异。另外，随着水温升高和流速增加，电位腐蚀速度也会加快[3]。所以，发动机排气系统附近的冷却水通道和排气通道处于严酷的腐蚀环境中。

6.3　舷外机用铝合金和表面处理

图 6.2 是有代表性的舷外机的下壳体部件，其所用的铝合金是由高压压铸而成。**表 6.1** 所示是化学成分。

外装部件一般使用 ADC12 及 AC4C 材。ADC12

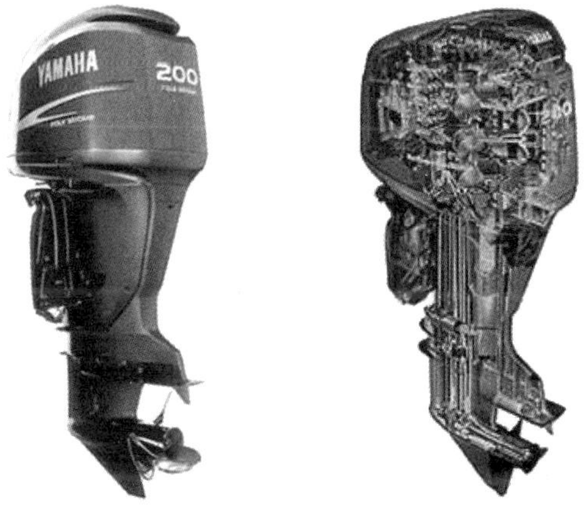

（a）　　（b）

图 6.1　舷外机的外观

（a）外观　（b）透视图

表 6.1　舷外机外装部件的化学成分　　单位：%（质量分数）

	Si	Fe	Cu	Mn	Mg	Zn	Ni	Ti	Pb	Sn	Cr	Al
ADC12	9.6~12	1.3	1.5~3.5	0.5	0.3	1.0	0.5	—	—	0.3	—	余量.
AC4 C	6.5~7.5	0.55	0.25	0.35	0.2~0.45	0.35	0.10	0.20	0.10	0.05	0.10	余量.

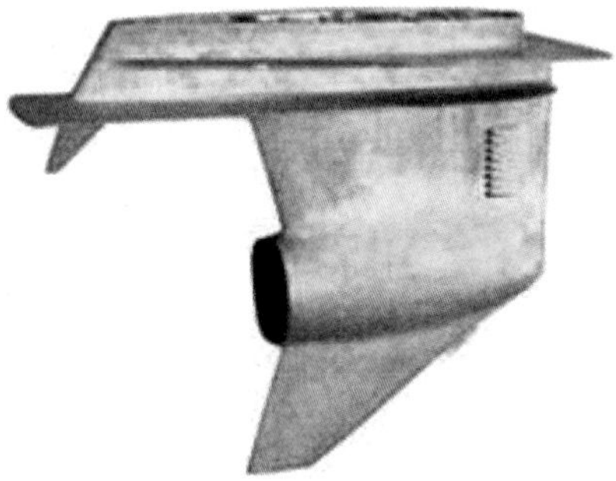

图 6.2　舷外机外装部件下壳体

是由 Si 确保铸造性，通过 Cu 的固熔强化来确保强度的合金。但是，因含有 Cu，所以耐腐蚀性要低。基于此，AC4C 合金是取代 Cu 而添加了 Mg 的合金，在维持优异的铸造性的同时，通过热处理确保强度。因不含 Cu，所以耐腐蚀性良好。

此类部件经压铸后，进行机械加工及涂装进行使用。为确保耐腐蚀性，涂装前要进行底涂处理。以下是有代表性的底涂处理方法。

6.3.1　转化处理

转化膜是与铝处理液进行化学反应后生成的膜，膜厚最大为 2 μm 左右，最大特点是，即便是形状复杂的产品，也能生成低成本且均匀的膜。主要使用铬酸盐系（铬酸盐膜或磷酸-铬酸盐膜）。铬酸盐系涂装底膜有优异的附着性，可在低温、短时间内处理完成，处理液管理简单且作业效率高，所以被广泛使用。近年，为了提高铬酸盐系转化处理的涂装附着性及耐腐蚀性，有时与化学抛光[4]（译者注：可能原文的意思是化学砂面，因为抛光不可能提高附着力）组合使用。

6.3.2　阳极氧化

阳极氧化膜的表面有均匀分散的细孔，非常适合用作涂装底膜。一般处理条件是：使用的电解液为 150 g/L 硫酸溶液，电解液温度为 20 ℃，溶存铝浓度为 10 g/L。涂膜的附着性良好，且具有良好的耐腐蚀性。相比于铬酸盐系转化处理，现在使用无铬处理底膜的越来越多。

与上述表面处理不同，舷外机为防止电位腐蚀往往安装牺牲阳极。牺牲阳极的材料通常为锌。锌在舷外机部件里形成的局部电池中电位最低，这样做的目的是防止本体被腐蚀。牺牲阳极安装在本体的外部及冷却水通道内。

6.4　总结

随着游艇需求高涨，今后舷外机将进一步追求高功能化，其中关键是轻量化、小型化，因此今后铝合金的使用会进一步扩大。未来为适应铝合金防腐及保护环境的要求，研究开发无铬化膜等的课题越来越紧迫。

参考文献

1）大来良三：船と海のサイエンス，4（2003），52.
2）松下行男：Yamaha Motor Technical Review，40（2005），47.
3）杉本隆：海洋水産エンジニアリング，9（2006），34.
4）村上春彦他：Suzuki Technical Review，30（2004），104.

Chapter 7

第7章　电解电容器上铝材应用

7.1　概要

铝电解电容器具有容量大、体积小、价廉的特点，广泛应用于开关电源、逆变电路等。目前每年铝电解电容器用铝箔产量超过4万t，年增长率约为7%[1]。

铝电解电容器的结构如**图7.1**所示。它由覆盖一定厚度的耐压阳极氧化膜（转化膜）的阳极箔、阴极箔及电解液组成，各电极箔的静电容量用$C=\varepsilon S/d$（C为静电容量；ε为介电常数；S为表面积；d为介电体氧化膜厚）表示。阳极箔根据形成介电体膜的阳极氧化电压分为高压用（200 V以上）和低压用（150 V以下）。根据高压用箔即便是用高电压形成的厚的介电体膜也不会填满孔（pit），因此在直流中形成了一侧尺寸超过1 μm的方形隧道孔（tunnel pit）。低压用箔由交流刻蚀形成边长尺寸为0.5 μm左右的微小立方体孔，以此来扩大表面积[2]。阳极箔一般采用三层电解法或偏析法提纯，纯度达到99.98%以上[3]。用（100）面高（95%以上）的软质箔（70~120 μm），进行直流刻蚀，使隧道孔在垂直于箔表面的方向成长。交流刻蚀因对调质影响较小，所以既可以使用软质箔也可以使用硬质箔（60~110 μm）。另一方面，阴极箔使用厚度为15~70 μm、纯度在99.8%以上的铝箔或含Cu量为0.1%~0.3%的铝合金箔，对铝箔施以交流刻蚀，对铝合金箔施以化学刻蚀[2, 4]。

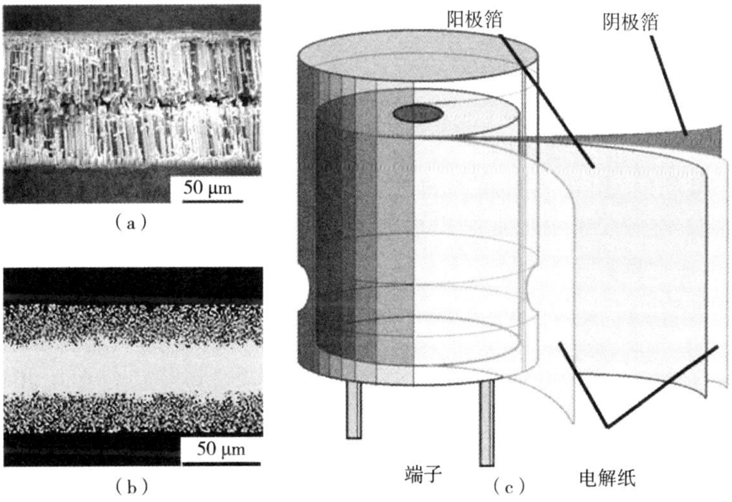

图7.1　铝电解电容器的结构

（a）隧道孔蚀（直流）（b）海绵状孔蚀（交流）（c）电容器结构

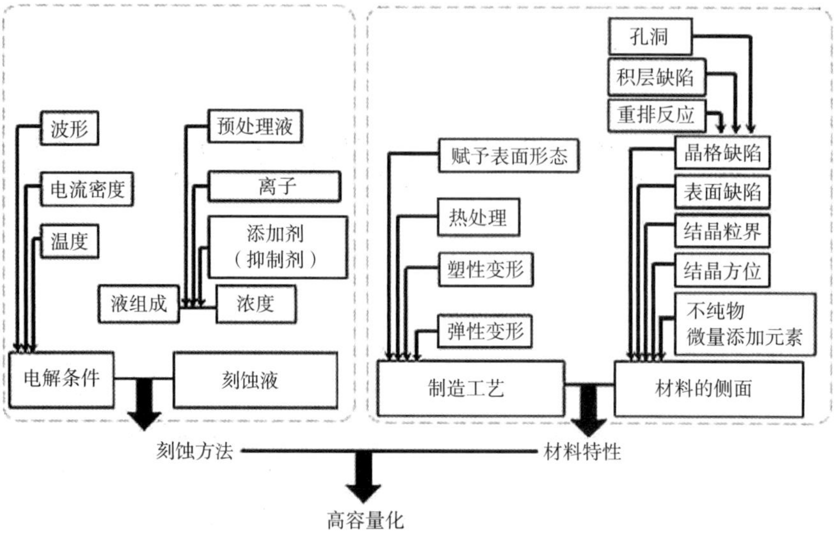

图 7.2　影响电解电容器高容量的诸因素

如图 7.2 所示，为提高静电容量，须采取刻蚀技术和材料设计的组合扩大表面积（S），用阳极氧化处理技术提高介电常数（ε），及减少相应的膜厚（d）提高耐电压，通过此类技术改良来实现铝电解电容器的小型化[5-6]。

7.2　直流刻蚀

7.2.1　直流刻蚀的机理

高压用电极箔的刻蚀形态是使用（100）面集成度高的铝箔进行直流刻蚀，在<100>方向形成隧道孔。提高静电容量意味着隧道孔高密度化，必须弄清楚电解刻蚀的电化学原理。

举例说明直流刻蚀初期的孔成长机理[7-8]。在 70 ℃、1.5 mol/dm^3 的盐酸中，用 200 mA/cm^2 的直流电进行刻蚀，用树脂复制法对产生的孔蚀进行 SEM 观察，可以看到孔形成过程如**照片 7.1** 所示。刻蚀 2~5 ms 后成长成半球状孔[（a）~（d）。7 ms 后半球状孔内部形成新的半球状孔，进一步变大成圆形孔[（e）、（f）]。10 ms 后变成半立方体状孔[（g）]，前端部俯视的孔[（h）]因方位性溶解成长成隧道状[（i）]。此外，形成蚀核时如**照片 7.2**（a）、（b）所示，可以观察到由类似半球状孔（100）面的部分形成新的另一个半球状孔的蚀溶解形态，也可观察到（100）面被优先溶解而留下非（100）面的场景。用碘-甲醇法溶解刻蚀样品的铝基材，用 TEM 观察剩余氧化膜时，如照片 7.2（c）所示，在半立方体状孔侧壁和前端部分观察到了氧化膜。可以看出侧壁是非动态化的状态，前端因溶解导致孔成长成隧道状。

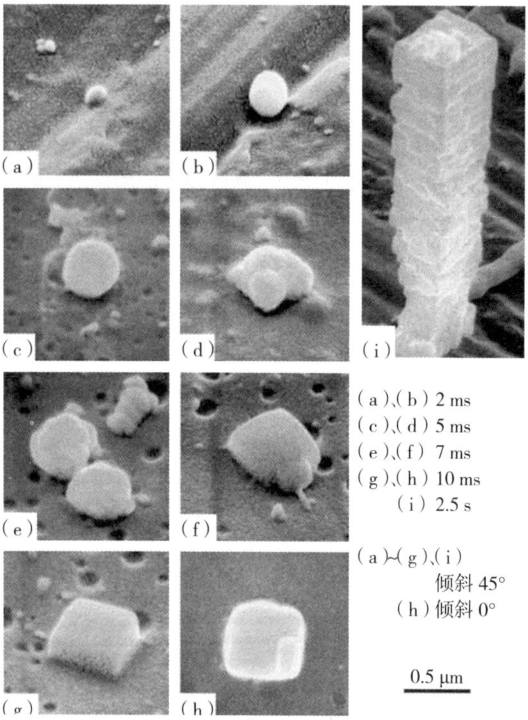

照片 7.1　直流刻蚀时孔核形成过程

直流刻蚀初期的电位如**图 7.3** 所示，由高电位区域①和恒电压期②组成。高电位区域的半球状孔成长速度如式（1）所示，用铝离子的扩散速率来表示，溶解反应不依赖结晶方位。

$$dr/dt=(i_L M)/z\rho F=DC_s M/\rho r \qquad (1)$$

孔的成长因从半立方体开始，$r=w/2$ 时式（2）成立。

$$w/2=\sqrt{2DC_s Mt/\rho} \qquad (2)$$

式中：C_s 为氯化铝饱和浓度（mol/cm^3）；D 为电解液中铝离子的扩散系数（cm^2/s）；i_L 为局部电流密度（A/cm^2）；r 为孔的半径（cm）；z 为铝的化学当量；M 为相对原子质量；ρ 为密度（g/cm^3）；t 为时间（s）；F 为法拉第常数。

恒电压期隧道孔成长时，电流密度 i 与隧道孔长度 l 的关系用式（3）来表示。

$$dl/dt=(M/z\rho F)\,i \qquad (3)$$

孔的成长速度：电解温度一定时，孔蚀产生数量一定；刻蚀初期产生孔蚀数对孔的成长速度没有影响，它仅改变孔蚀尺寸。温度越高隧道成长速度越快，由阿伦尼乌斯（Arrhenius）公式求得的活化能约为 15 kcal/mol，在孔蚀处发生恒电位溶解反应[9)]。

隧道孔内部的溶解反应是氯化铝的生成和水解，隧道成长在氯化物离子集中的低 pH 值的状态下进行。隧道达极限长度后停止成长，温度越高或孔径越小，隧道长度越短[9-10)]。一般认为其前端的氯化铝浓度达到饱和状态时隧道停止成长[11)]。另外，随着在盐酸中添加的硫酸浓度增加，隧道孔直径变小，极限长度变短[12)]。隧道形状可用在盐酸中添加硫酸电解液时的锥形公式（4）来表示[13)]。

$$w(x)=w_0\exp(-x/2L) \qquad (4)$$

式中：w 为处于深度位置 x 时的隧道尺寸；w_0 为隧道孔径尺寸；L 为由实验值得到的参数。

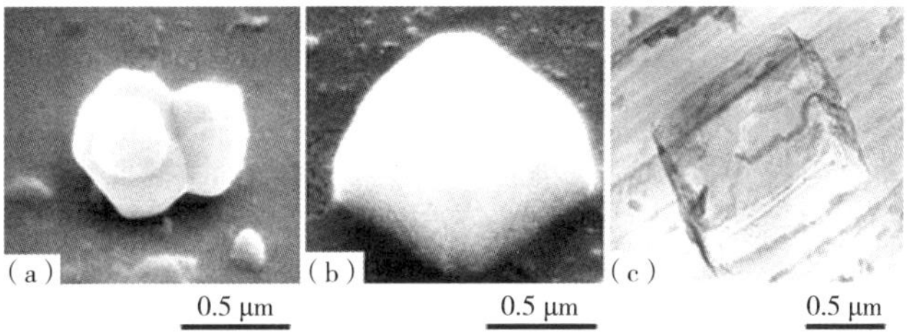

照片 7.2　优先溶解（100）面产生的半球状孔的集合体和溶解剩余面及半立方体状孔蚀的非动态膜

（a）集合体　（b）溶解剩余面　（c）半立方体状孔蚀的非动态膜

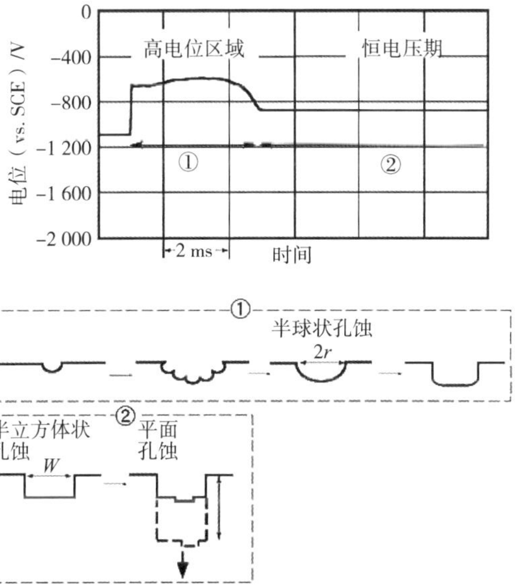

图 7.3　直流刻蚀初期电位变化和蚀核形成及隧道成长示意图

7.2.2 材料特性对直流刻蚀行为的影响

7.2.2.1 氧化膜缺陷

在如**照片 7.3** 所示的 TEM 像中，在铝箔氧化膜中 0.3 μm 以下的结晶性氧化物粒子（γ-Al_2O_3 及 $MgAl_2O_4$）在压延突起部位附近大量存在，刻蚀时在此类粒子周边形成孔蚀。在热处理温度为 575 ℃的情况下，当铝箔中的 Mg 含量为 1 ppm 时氧化膜中形成 γ-Al_2O_3；当 Mg 含量超过 1 ppm 时存在 $MgAl_2O_4$；当 Mg 含量在 123 ppm 时氧化膜中存在的 $MgAl_2O_4$ 向 445 ℃低温侧移动[14]。在 515 ℃进行 30 min 热处理后，在由电解抛光产生的突起部位近旁的无定形氧化膜上容易产生氧分子扩散的裂纹，该部分氧分子与铝基材直接发生反应并形成 γ-Al_2O_3[15]。产生裂纹的原因是，氧化膜与铝的膨胀系数差导致压缩应力，同样的原因造成沿着压延方向分布有很多结晶氧化物粒子。

7.2.2.2 微量元素

直流刻蚀一旦形成孔就会继续向隧道形状发展，因此微量元素的表面偏析状态起了重要作用，我们调查了 Pb、Bi、In、Sn 等众多表面聚集元素对静电容量和刻蚀性的关系[17]。

7.2.2.3 结晶方位

对铝的立方体方位和直流刻蚀特性，我们从工业制造工艺角度进行了探讨[18]。高纯铝箔立方体方位，为提高（100）面占有率，形成立方体方位粒核，必须在 90% 以上冷轧和热处理（300 ℃以上、1 h）之间进行中间热处理（250 ℃、5 h~300 ℃、3 min），这是为给予其畸变能必需的附加轧制（20%~30%）。

根据测量结果，铝结晶方位和孔蚀电位的关系在（100）面为最差，按（110）面、（111）面顺序变好，过去一般认为（111）面最差、（100）面最好[19]。在盐酸中用比孔蚀电位高的电位（−500 mV/SCE）进行电解时，初期如**照片 7.4** 所示，呈现不依存结晶面的半球状溶解形态[照片 7.4（a）]，随后向方位性溶解形态变化[照片 7.4（b）]。

7.2.2.4 组织位错

热处理后的高压用软质箔经 1.5% 的延伸后进行直流刻蚀（70 ℃、1.5 mol/dm^3 盐酸、电流密度 0.4 A/cm^2、100 ms）所获得的位错（也称差排）和初期孔蚀 TEM 像如**照片 7.5** 所示[20]。初期孔蚀沿着位错及压延方向产生很多高密度位错带[21]。可是，由压延导

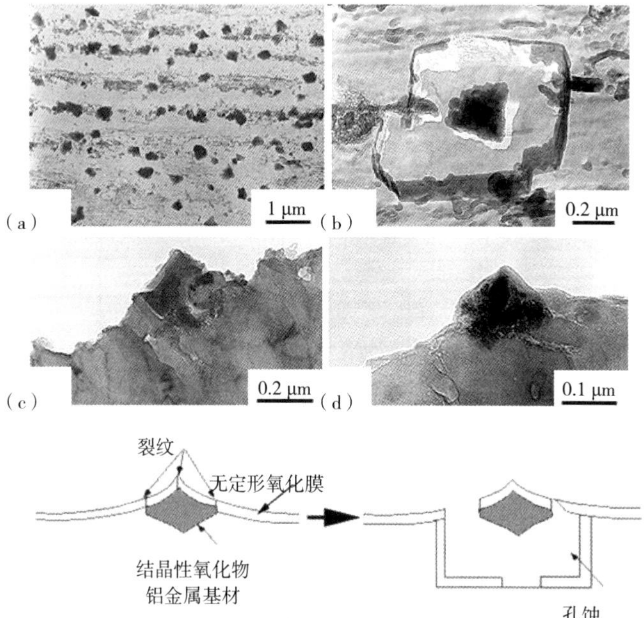

（e）

照片 7.3 结晶性氧化物粒子及粒子周边形成的初期孔蚀（50 ms）及其示意图

（a）~（c）$MgAl_2O_4$ （d）γ-Al_2O_3

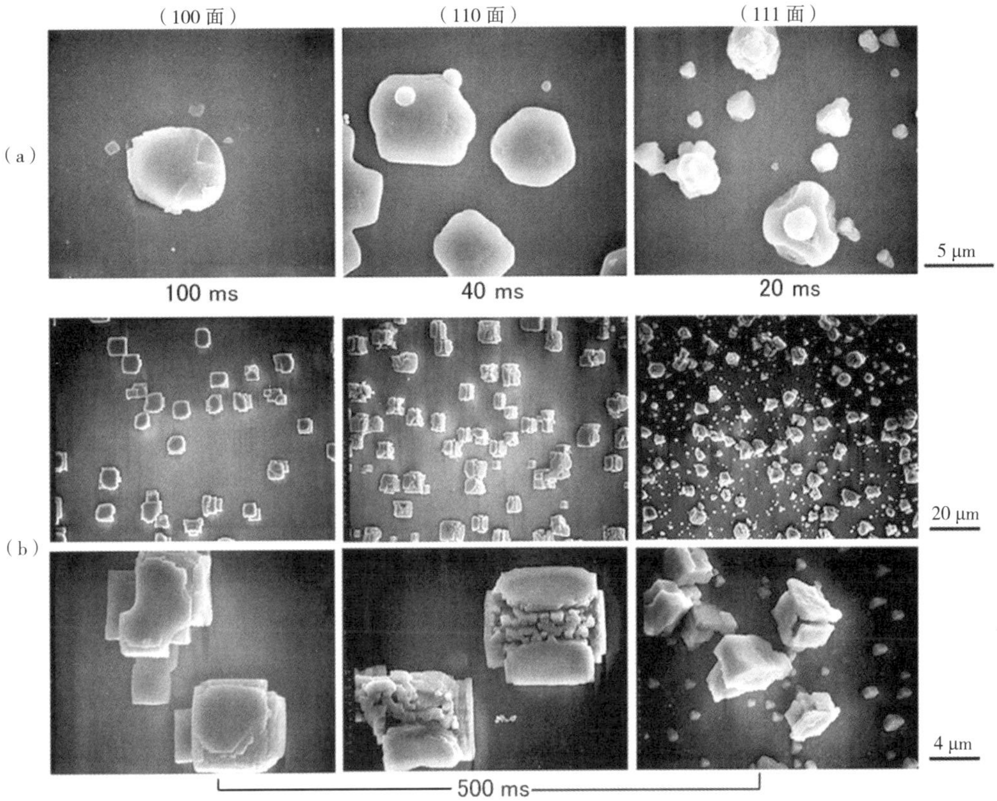

照片 7.4 在 1.5 mol/dm³ 盐酸中恒定电位电解各结晶面时产生的孔蚀（SEM 照片）

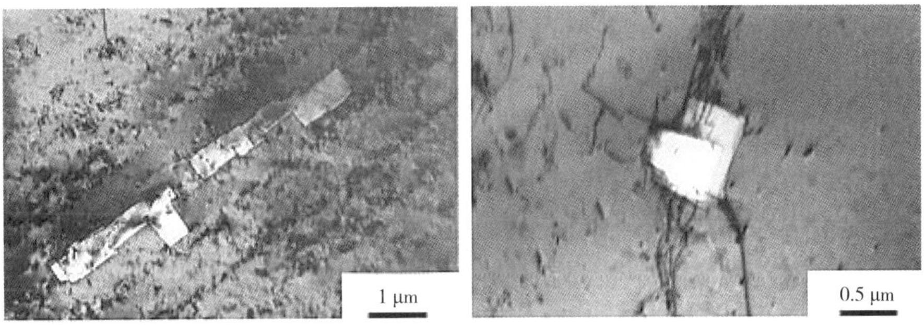

照片 7.5 位错和初期产生孔蚀状态

致的突起部位周边分布了很多结晶性氧化物和不纯物元素，必须充分考虑其对产生孔蚀的影响。

7.3 交流刻蚀

7.3.1 交流刻蚀的机理

交流刻蚀是用阴极反应中断阳极溶解的方法，波形各种各样，有正弦波、三角波、矩形波、特殊波形等。在 30 ℃、1 mol/dm³ 盐酸液中，用电流密度 0.4 A/cm²、5 Hz 恒定矩形波电流进行交流刻蚀，所测量的电位变化和孔蚀形态变化（氧化膜 TEM 像）分别见**图 7.4（a）、（b）**[22]。相关交流刻蚀原理见图 **7.4（c）**[23]。交流刻蚀时在正半波铝被溶解，在负半波因产生氢气，孔内部 pH 值上升。因此，在孔的内部，Al^{3+}和 OH^- 结合生成氢氧化铝刻蚀膜。随后在下一个正半波，在负半波生成的刻蚀膜因存在薄弱点，导致产生新的孔蚀，如此反复导致孔蚀扩散。

此外，从阳极电流开始流动至溶解开始时存在感应期[24]。孔蚀内部因交流刻蚀生成氧化物，如图7.4（d）所示，在阴极析出刻蚀膜即 $Al(OH)_3$ 之外，由含水量少的氧化铝组成阳极膜，存在于铝基材侧的内部，显示出了双层结构[25]。

7.3.2　材料特性对交流刻蚀行为的影响

7.3.2.1　产生孔蚀对亚晶界的影响

如**照片 7.6** 所示是使用低压用硬质材（Si7、Fe 8、Cu 33 ppm），仅进行 1 个周期矩形波交流刻蚀（30 ℃、1 mol/dm³ 盐酸、电流密度 0.4 A/cm²、5 Hz）获得的初期孔蚀 TEM 像[26]。亚晶界在孔蚀开始点起作用，并影响孔的扩散。

照片 7.6　亚晶界产生初期孔蚀

7.3.2.2　成分对孔扩散性的影响

以 Ti 为例来说明材料中微量成分对孔扩散性的

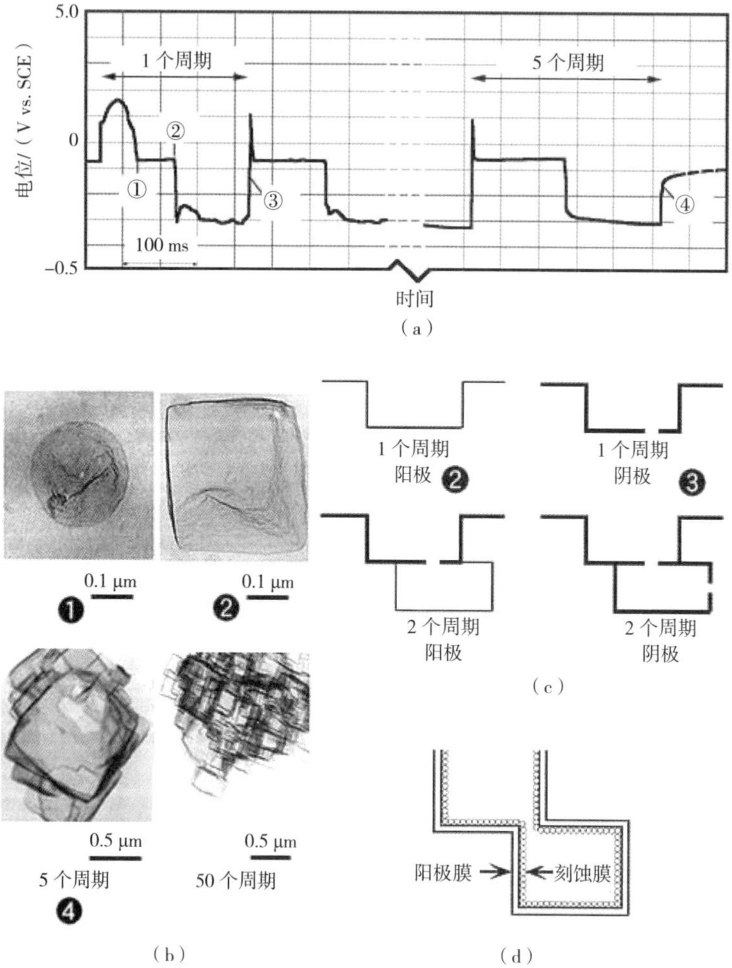

图 7.4　交流刻蚀时电位变化和孔蚀成长行为

（a）刻蚀时电位变化（b）孔蚀成长示意图（c）孔蚀形态变化（d）阳极膜示意图

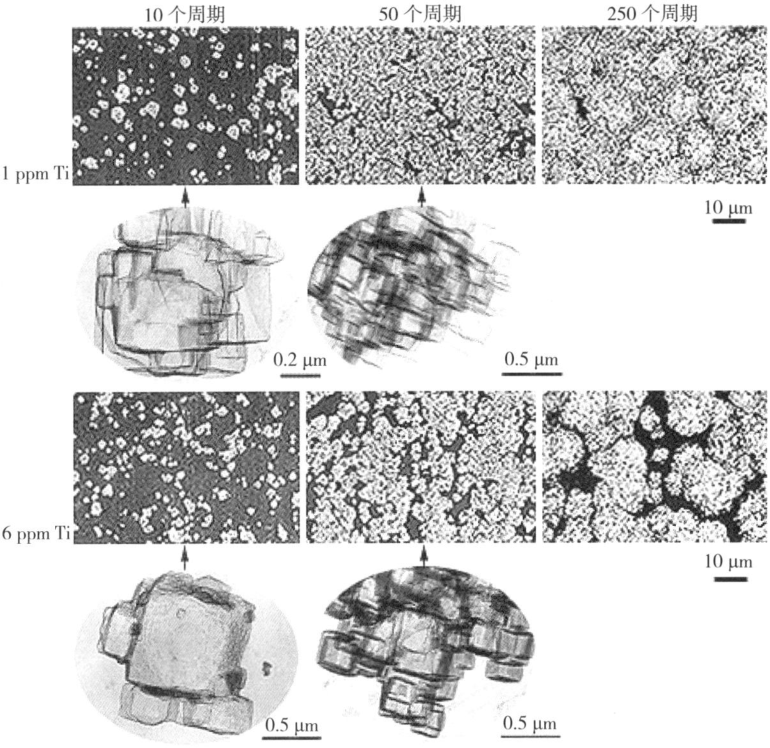

照片 7.7　Ti 含量对孔蚀扩散的变化

（上部为复型 SEM 照片，下部为膜 TEM 照片）

影响[26]。如**照片 7.7** 所示，对 Ti 含量分别为 1 ppm 和 6 ppm 的高纯铝箔进行交流刻蚀（30 ℃、1 mol/dm^3 盐酸、电流密度 0.4 A/cm^2、5 Hz），Ti 含量为 6 ppm 的材料可以试验 10 个周期，其孔壁整体被 0.03 μm 左右的粒状刻蚀膜覆盖，只在边缘处产生不相连的单独孔蚀。继续进行至 50 个周期时，立方体状孔呈串状扩散，孔内壁被刻蚀膜整体覆盖。进行至 250 个周期时，Ti 含量为 1 ppm 的样品整个表面产生孔蚀，而 Ti 含量为 6 ppm 的样品形成很多 10 μm 大小串状孔蚀集合体，其中有部分没有产生孔蚀。

Ti 含量增加，促进刻蚀膜生成，其原因是阴极产生氢气反应速度变大。而生成的刻蚀膜在阳极时难以发生孔蚀，因此新的孔蚀被抑制，所以孔的扩散性降低。如此，对于在负半波产生刻蚀膜的控制，对提高孔的扩散性和稳定静电容量非常关键。

参考文献

1）名取敏雄："アルミニウム電解コンデンサ用電極箔の技術動向"，表面技術協会第 19 回 ARS コンファレンス予稿集（2002），1.

2）工藤忠人：表面技術便覧，表面技術協会編，日刊工業新聞社（1998），p.614.

3）三久保滋：アルミニウム，4（1997），438.

4）神崎信義：アルミニウム，2（1995），130.

5）T. Sato，T. Namikata and S. Hiyama：FUJITSU Scientific & Technical Journal，6（1970），91.

6）永田伊佐也：電解液陰極アルミニウム電解コンデンサ，日本蓄電器工業（1997）.

7）N. Osawa and K.Fukuoka：Corros. Sci.，42（2000），585.

8）大沢伸夫，福岡潔，田部善一：表面技術，42（1991），437.

9）R. S. Alwitt，H. Uchi，T. R. Beck and R. C. Alkire：J. Electrochem. Soc.，131（1984），13.

10）牧野英司，矢島宇生，菅沼榮一：精密工学会誌，55（1989），1633.

11）K. Hebert and R. Alkire：J. Electrochem. Soc.，135（1988），2146.

12）日比野淳，玉置充宏，渡辺吉章，沖猛雄：軽金属，42（1992），440.

13）D. Goad：J.Electrochem.Soc.，144（1997），1965.

14）大澤伸夫，福岡潔：表面技術，50（1999），643.

15）K. Shimizu，R. C. Furneaux，G. E. Thompson，G. C. Wood，

A. Gotoh and K. Kobayashi：Oxid. Met.，35（1991），427.
16）K. Arai，T. Suzuki and Atsumi：J. Electrochem. Soc.，132（1985），1667.
17）大澤伸夫，日比野淳：住友軽金属技報，44（2003），12.
18）牧野英司，竹田浩治，矢島宇生，佐藤敏一，菅沼栄一：金属表面技術，39（1988），446.
19）福岡潔，大澤伸夫：住友軽金属技報，35（1994），90.
20）大澤伸夫："電解コンデンサ用アルミニウム箔の材料およびエッチング挙動"，表面技術協会第19回ARSコンファレンス予稿集（2002），75.
21）川井正彦："電解コンデンサ中高圧用高純度アルミニウム箔表面層の結晶欠陥組織"，表面技術協会第18回ARSコンファレンス予稿集（2001），13
22）大澤伸夫，福岡潔：表面技術，50（1999），819.
23）C. K. Dyer and R. S. Alwitt：J. Electrochem. Soc.，128（1981），300.
24）K.Vu Quang，F. Brindel，G. Laslaz and R. Buttoudin：J. Electrochem. Soc.，130（1983），1248.
25）菅沼栄一，丹野裕司，伊藤 武，船越明，松木健三：表面技術，41（1990），1049.
26）大澤伸夫，福岡潔：表面技術，50（1999），819.
27）大澤伸夫，福岡潔：電解蓄電器評論，52（2001），7.

Chapter 8

第 8 章　铝制磁盘基板——变迁和未来

硬盘（HDD）在 2006 年迎来诞生 50 周年。现在仍以个人电脑为代表电脑用产品中心，近年在 HDD/DVD 机、汽车导航、监控摄像头、游戏机、摄像机等信息设备中加速普及，目前年产量达到 5 亿台，年增长率为 5%~10%。

磁盘基板是实施薄膜存储的介质，按平均每台 HDD 搭载 1.6 张计算，年需求量是 8 亿张板。其中 75% 是铝基板（Al/NiP 镀层），其余是玻璃基板。铝基板几乎都是 3.5 in（直径），换算成质量不足 1 万 t，却成为原材料价值几十倍的高附加值产品。从制造技术来说也是高科技产品。

8.1　HDD 的历史和铝基板

HDD 的历史是高密度存储和小型化的历史。具体参考**照片 8.1**，其中 1956 年有 RAMAC350（IBM、24 in、0.002 Mbpi^2、5 MB、控制型），2006 年有东芝硬盘（0.85 in、133 Gbpi^2、4 000 MB、盒型）。如何小型化且增大记忆容量是关键。

存储密度几乎是原来的 1 亿倍。这与 IC 向 LSI、VLSI、ULSI、GSI 方向发展有关。随着记录密度的提高和小型化，在性能提高的同时成本也在下降，

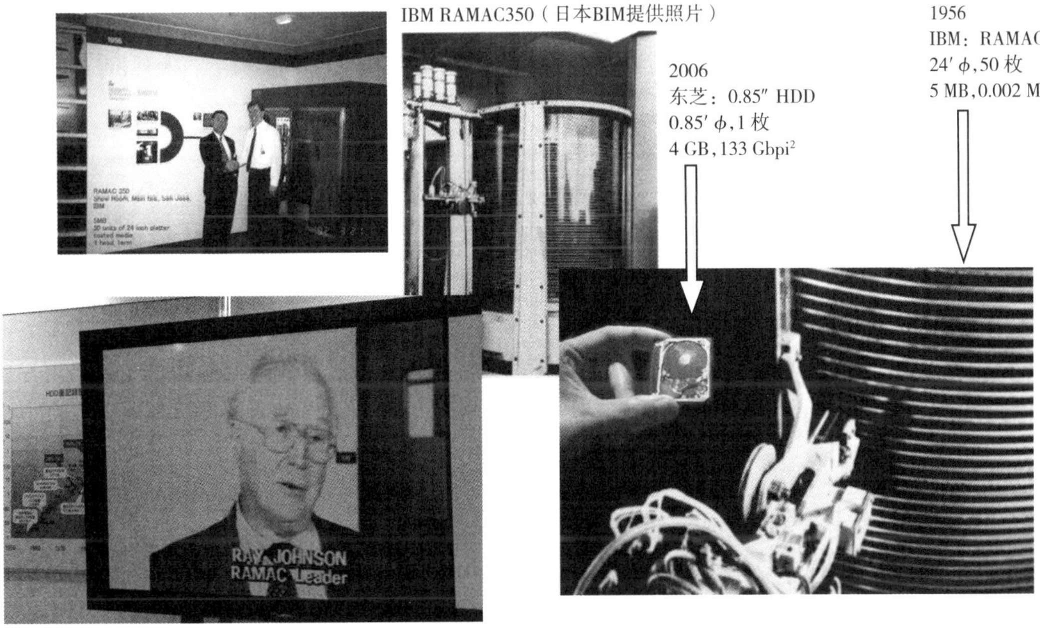

照片 8.1　HDD 诞生机型（RAMAC350）和现在机型

其进步是惊人的。

基板的尺寸变迁见**照片 8.2**。

铝基板的表面技术有以下五大变革（参照**图 8.1**）。

（1）由铁氧体磁头过渡至薄膜磁头

1978 年 IBM 销售搭载薄膜磁头的 HDD，很快得到普及。由此诞生了电泳透磁合金超精密镀层。

（2）从喷涂型存储介质过渡至薄膜型

喷涂型是直接在铝基板喷涂介质，薄膜型是先对铝实施化学镀 NiP，再在抛光后的基板上电镀 Co 合金薄膜。20 世纪 80 年代初开始量产，但小规模生产早在 1967 年（日本）就有了[1]。化学镀 NiP 具有无与伦比的除均匀析出性，再加上自动电镀装置的进步，目前还在一直使用。

（3）薄膜介质从电镀法过渡至溅射法

1985 年开始快速发展，几年后完成过渡。当时一直被潮湿环境下镀 Co 的腐蚀问题所困扰，采用溅射法可以产生 CoNiCr 三元合金，不仅彻底解决了腐蚀问题，而且具有面向未来高密度存储的高抗磁力（*Hc*）前景。这也是后来膜结构的原型，如**图 8.2** 所示。

（4）前端读取元件由介电型过渡至磁阻型

1991 年由 IBM 推出。这是一种不受磁盘周速影响就能获得高输出功率的方式，可是说是“魔法杖”

照片 8.2　基板的尺寸变迁（IDEMA 主办的 Diskcon 2007 上的展示面板）

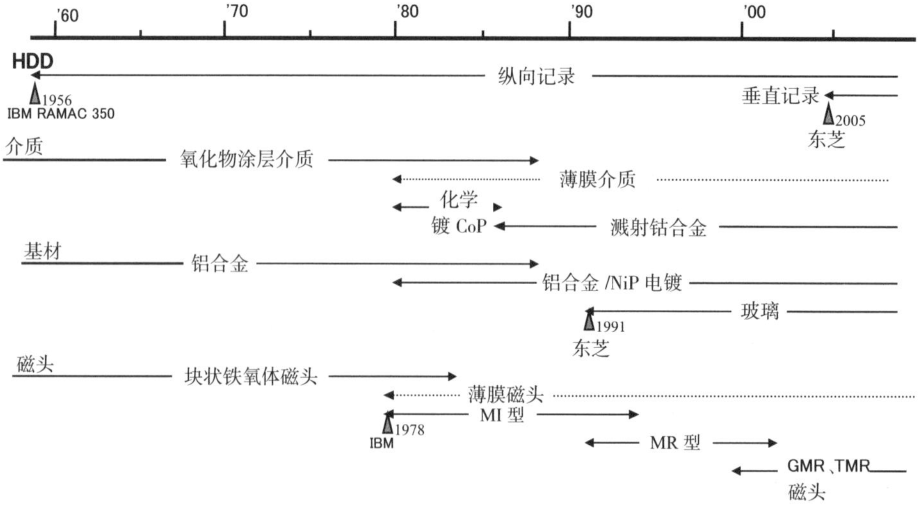

图 8.1　磁盘基板的历史

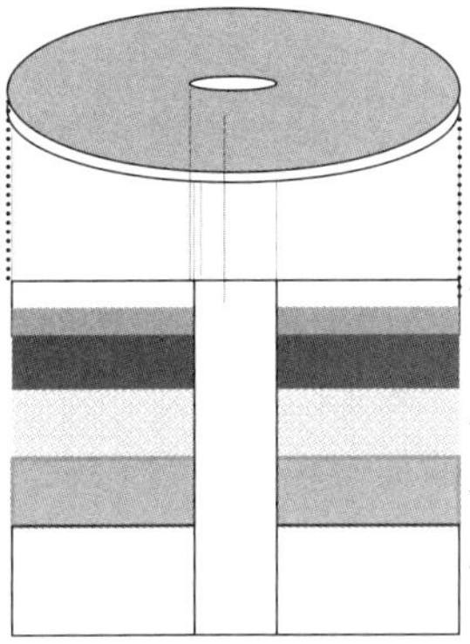

	材料	形成法	厚度
润滑膜：	PFPE	涂布	<3 nm
保护膜：	C	溅射	
磁性层：	CoPt合金	溅射	10~20 nm
软磁性层：	CoNiFe合金	溅射	~150 nm
硬化层：	无电解NiP	镀层	10~13 μm
基板：	铝合金		

图 8.2　垂直磁盘截面（膜构成）

一般的存在。比较大的问题是因基板微小突起引起热容性问题，涉及铝基材、化学镀 NiP、抛光和整个工艺。业界投入科研力量在改进基板品质（镜面性、无缺陷性、热稳定性）方面终于取得重大突破。随后，因该优势取得与玻璃基板同等水平的品质。

（5）小尺寸硬盘采用玻璃基板，仅限于移动领域

1991 年东芝 2.5 in HDD 首次采用玻璃基板。玻璃基板的耐冲击性优势得到广泛认可，直至现在移动领域 HDD 还在使用玻璃。虽然与基板没有直接关系，但最近 HDD 有大的变革，薄膜介质开始由横向存储介质向垂直存储介质过渡。2005 年东芝在全球率先推出 1.8 in HDD。最初采用的是 1.8 in 及 2.5 in 小直径磁盘，最近开发并采用 3.5 in HDD，全面替代也只是时间问题。存储密度达到 300 $Gbpi^2$，对基板的质量要求越来越高。

8.2　存储密度发展和对铝基板要求条件的变化

图 8.3 所示是存储密度的变迁，**图 8.4** 所示是比特单元格尺寸微型化的情况。

进入 20 世纪 90 年代以来，存储密度每年的增长速度高达 60%，后因发生介质热波动问题降至每年 20%。最近垂直磁头存储方式开始实用化，发展势头猛 [2]。目前量产 HDD 存储密度是 178 $Gbpi^2$（东芝），样品 HDD 达到 227 $Gbpi^2$（东芝）。预计 2012 年将达到 1 000 $Gbpi^2$。未来达到（6 000 $Gbpi^2$）[3] 也只是时间问题。

对基板来说，首先是微缺陷问题。从图 8.4 比特格的形状来看，20% 以上面积的缺陷成为问题，其

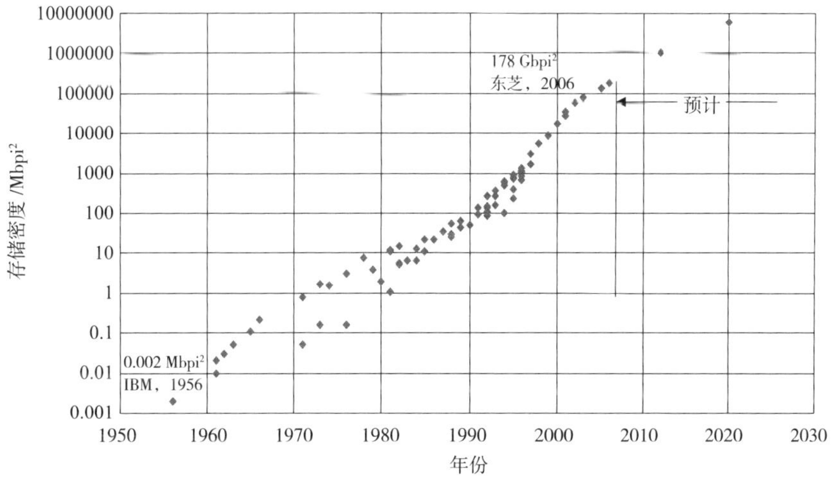

图 8.3　存储密度的变迁

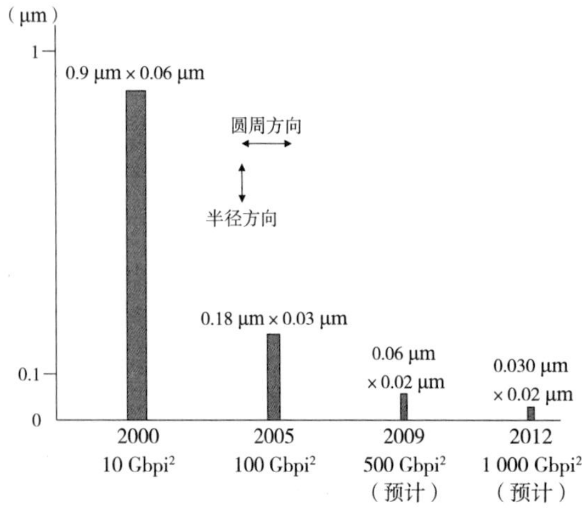

图 8.4 比特格的形状、尺寸

微小程度令人吃惊。在即将到来的 1 000 Gbpi² 时代，0.005 μm 长度的缺陷将成问题。铝基板的制造工艺概要如**图 8.5** 所示，从合金基材切削、镀 NiP、研磨、加工洗净到包装，都要有相应的材料及环境技术配套。其次是表面粗糙度、纹波（waviness）[4)]。此类要求条件见**表 8.1**。

磁头上浮高度在 10 nm 以下，其狭小程度仅为金属晶格常数的几十倍。由此，磁头整体降低是危险的，但可根据实际需要，用热控制让磁头最后端部（pole tip）几处突起，为了实现这个想法，引入动态飞行高度控制（dynamic flying height control，DFH）。总之，要尽量平滑，严控异常突起（数纳米水平）。

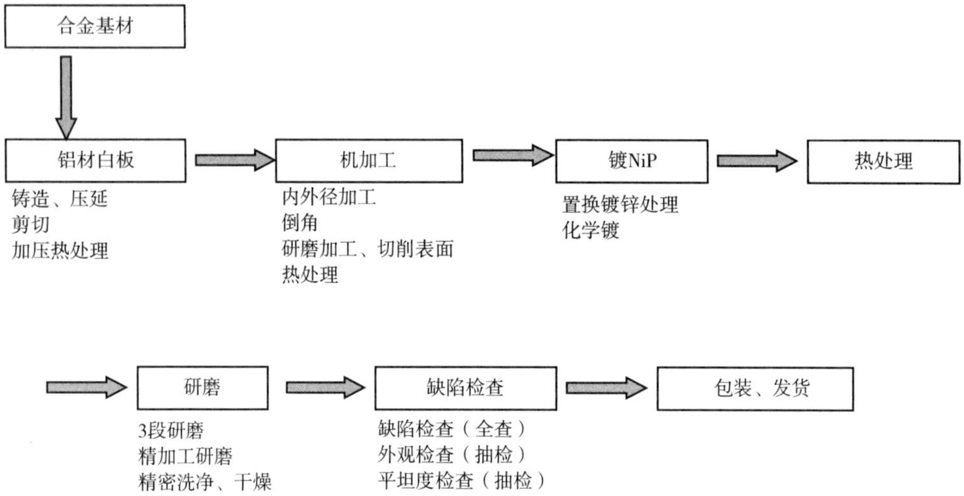

图 8.5 铝合金基板制造工艺

表 8.1 对基板的要求路线图

要求		过去	现在	将来
HDD	面密度/Gbpi²	10~50	50~200	200~500
	飞行高度/nm	10~15	8~12	5~10
	转速/（r/min）	4 200、5 400、7 200、10 000、12 000、15 000		
基材	缺陷尺寸/（μm ϕ max.）	0.2	0.03	0.01
	表面缺陷数量	—	—	—
	AFM 粗糙度 *Ra*/Å	<3	1~1.4	<1
	径向划痕 *W*/*D*/（μm max.）	0.01/0.005	0.005/0.002	约为 0
	突起/（μm max.）	—	—	—
	微波度/（Å/λ_{max}）	<5	<3	<2

8.3　展望铝与玻璃的关系

现在 3.5 in HDD 使用铝基板，移动通信用 2.5 in 以下小直径 HDD 使用玻璃基板。此外 2.5 in 服务器用高速旋转 HDD 也使用铝基板。

今后随着存储高密度化，3.5 in HDD 的存储容量将无谓地超出社会的要求，当 2.5 in HDD 已经足够时，一定会发生 2.5 in 的范式转移（paradigm shift）。不仅仅是移动通信设备，台式电脑以及其他静置型设备也可以使用 2.5 in HDD。未来 HDD 体积会越来越小，而容量会越来越大。

HDD 越小型化，其稳定性越佳，加上为适应节约能源的要求，我们认为会加速这个进程。2.5 in 以下小直径 HDD 是否继续沿用玻璃基板是一个令人很感兴趣的问题。

铝的优势是成本低和供给稳定性好。未来如何发展让我们拭目以待。

8.4　铝基板和阳极氧化介质

与阳极氧化、化学镀 NiP 相同，在 20 世纪 80 年代也有其他介质作为基材进行使用的产品。溅射氧化铁并在大气中加热处理（350 ℃），附有 γ 化后的 γ-Fe_2O_3 介质基材被当作铬酸阳极氧化膜使用。因硬质阳极氧化膜硬度高，在 350 ℃高温时会产生裂纹，所以反而有不使用的理由。日本轻金属制作介质，安装在富士通负责的当时日本代表性的大型 HDD PATTY（NTT）上。虽 γ-Fe_2O_3 介质是信噪比、耐环保性优异的介质，但是上市不久就被优势更大的金属薄膜介质完全取代。

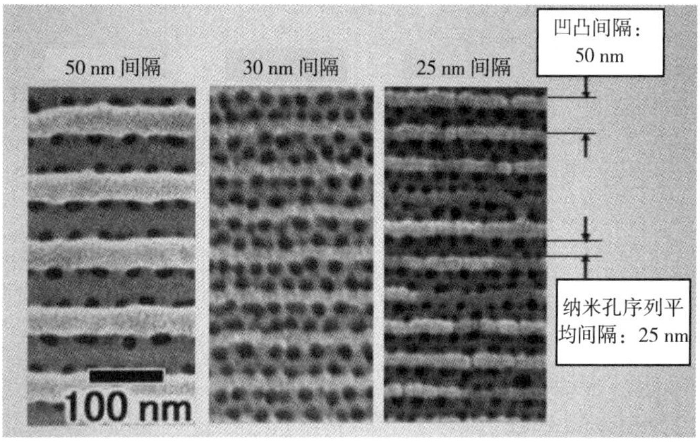

照片 8.3　纳米孔电子显微镜照片

目前最尖端的技术开发课题是阳极氧化膜介质。将多孔性氧化铝的每个孔作为磁性记录的比特单元，以实现兆位容量介质（1Tbpi²）。其设想[5]来源于阳极氧化着色法中的金属析出，使用金属 Ni、Fe、Co 等强磁性体作为存储介质。垂直磁头特性优秀，作为基板的特性也很优秀，但在介质信噪比、膜的均匀性方面存在困难，所以未能实现商业化。

如上所述，太兆位的比特格是 20~60 nm 的微经细结构，其与阳极氧化膜孔相当。在高密度存储中，让比特格分离独立是一种有效的手段，即形成垂直介质，阳极氧化膜定会派上用场。富士通、富山通研、神奈川科学技术正在研究，并发表了[6] 25 nm 间隔的图案试验结果。纳米孔序列见**照片 8.3**。我们对未来发展充满期待。

参考文献

1）池上，織田，岡村，雨宮：高密度記録用磁気ディスク，昭和 42 年電氣四学会連合大会（発表番号 2072）.
2）ストレージ用語辞典，日経 BP 社（2000）.
3）中村：日本応用磁気学会誌，14-4，593（1990）.
4）富永：IDEMA Q. Seminar テキスト（2007.1），65~75.
5）S. Kawai，I. Ishiguro，J. of the Electrochemical Society，123（No.7）（1976），1047.
6）富士通他：プレスリリース（2007.1.10）.

Chapter 9

第 9 章　铝制预涂层散热材料

铝制预涂层翅片是材料生产厂家事先对表面进行处理后赋予其亲水性、耐腐蚀性、冲压成型性等功能和特性的铝材。空调生产厂家将成型后的翅片、铜管（传热管）组合，形成室内空调等空调用热交换器[1]。预涂层方式不受翅片间隔与形状的影响，可获得薄且均匀的表面处理膜层，实现热交换器高性能、小型化，对空调生产厂家来说可以省去表面处理设备和处理工序，所以目前表面处理散热材料占据主流。

9.1　散热材料要求的功能和特性

预涂层散热材要求的主要功能和特性是热交换器必备的耐腐蚀性、亲水性及热交换器制造工艺所要求的可成型性。

9.1.1　热交换器用翅片必备的功能和特性

9.1.1.1　耐腐蚀性

室内空调机铝翅片（无处理）被腐蚀后，腐蚀生成物会变成白色粉末飞散，1973 年左右冷暖兼用空调开始普及后，白粉飞散问题[2]开始显现并逐渐困扰消费者。为防止该白色粉末扩散，必须赋予翅片表面耐腐蚀性，通过铬酸盐处理与树脂涂装进行防腐处理的翅片开始商业化。这就是预涂层散热材料的起源。另外，沿海地区盐分对翅片腐蚀严重，加上因大气污染产生的酸雨对翅片造成腐蚀，室外热交换器散热材料也要求具有高耐腐蚀性。

9.1.1.2　亲水性

空调机在制冷时，室内热交换器翅片表面会附着冷凝水。制热时，室外热交换器翅片的表面因外部环境会附着霜或除霜融水。翅片表面冷凝水、霜及除霜融水会增加通风阻力，导致风量降低、水分飞散、热阻增加、制热时间减少、除霜时间增加等，这些都是热交换器性能降低的原因[3]。

以《节约能源法》（1979 年制定）为契机，加速了热交换器实现高性能、小型化的步伐，促进了翅片间隔缩小、形状复杂化，冷凝水、霜及除霜融水问题被提上议事日程。JIS《室内空调》修订版（1989 年）追加规定了低温制热性能，强烈要求改善室外热交换器的结霜、除霜情况。

除去附着的冷凝水和除霜融水的方法有两种：一种赋予翅片表面亲水性（水湿性），使其顺薄膜流下；另一种是赋予其憎水性，防止水附着。

翅片表面性状对通风阻力比的变化见**图 9.1**[4]。关于防水处理在水的接触角为 110° 左右（氟树脂涂膜）时通风阻力比降低效果很差，接触角超过 150°

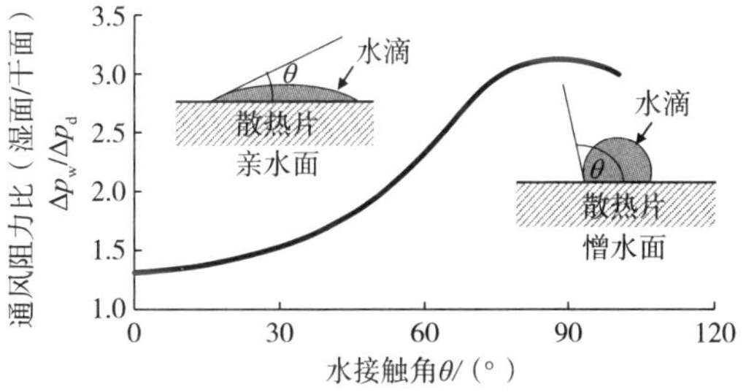

图 9.1　表面性状对通风阻力的影响

的超防水处理[5)]的研究结果尚未商业化。另一方面，亲水处理具有接触角越小（亲水性越高）通风阻力比下降越明显的效果，被全面应用到室内热交换器表面处理中。另外，如**图 9.2** 所示[6)]，制热时室外热交换器亲水性越高，除霜后残留的水分（保水量）越少，制热运转时间越长，因此冷暖兼用的室内空调的室外机热交换器大多数采用亲水性处理翅片。

经亲水处理的室内空调内机溅水的问题在 20 世纪 90 年代中期显现出来。原因是空气中污染物质（挥发性有机物）附着导致翅片表面憎水化，所以翅片表面聚集的冷凝水过多。从溅水的室内热交换器中检测出脂肪酸、石蜡、脂肪酸酯等多种污染物[7)]。由此开发出即便在严酷的污染环境下，也不易降低亲水性、具有高耐染性的亲水性处理，并应用于室内热交换器。最近，用制冷和除霜中的冷凝水，洗去附着在翅片上污染物的表面处理技术正在开发当中。

9.1.1.3 其他功能和特性

室内热交换器中使用的预涂层材料近年随着人们追求健康和舒适生活的意识不断提高，要求具有防霉性和抗菌性，同时除去空气中臭气成分的功能也在探索中。

9.1.2 热交换器制造工艺必备特性

如**图 9.3** 所示，从热交换器的制造工艺来看，预涂层材料要有很多特性。其中冲压成型性是最重要的。

在环保方面，由于用三氯乙烯等有机溶剂难以洗净，因此在 20 世纪 80 年代后期出现了挥发性冲压油，替代了过去的不挥发性油。该挥发性冲压油黏度低，与过去的不挥发性油相比润滑性下降，特别是拉伸成型的翅片成型时发生异常情况的概率变高。经过对处理膜成型性的改良，成功开发了可用于高成型性散热材料的挥发性冲压油[8)]。

涂膜延展性和附着性也影响成型性，表面摩擦特性影响较大。如**图 9.4** 所示[9)]表面摩擦系数低的预涂层材料可获得高成型率。还有，涂膜含有硅等硬质无机物的预涂层材料，其表面摩擦系数越低，模具的磨耗量就越小（**图 9.5**[10)]）。此外，不仅外观会引起热交换器性能下降，如**图 9.6**[10)] 所示扩管时也会发生翅片间距紊乱现象，随着表面摩擦系数变低，

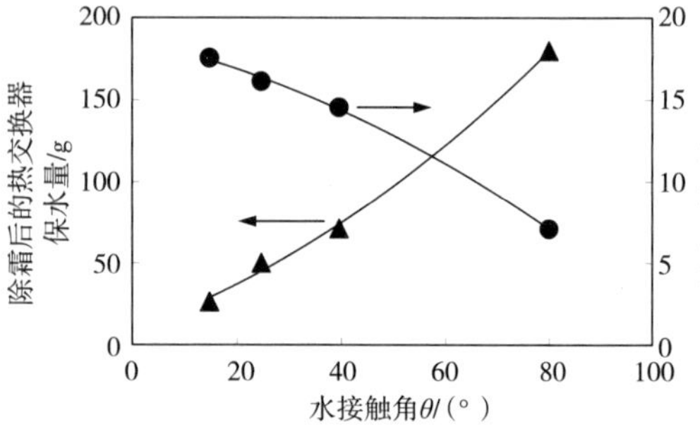

图 9.2 表面性状对结霜、除霜的影响

	制造工艺	：主要功能和特性
①	预涂层散热材料	
②	涂布冲压油（不挥发性油、挥发性油）	：冲压油相容性
③	冲压成型	：成型性、模具磨耗性
④	翅片与铜管组合	：铜管插入性
⑤	扩管	：扩管性（紊乱）
⑥	溶剂洗净（不挥发性油）	：脱脂性、耐溶剂性
	热风干燥（挥发性油）	：耐挥发性油污染性
⑦	铜针焊	：热黄变性
⑧	气密实验	：气密水白浊（淹没试验）
⑨	热交换器	：耐腐蚀性、亲水性、耐污染性 气味、防霉性、抗菌性

图 9.3 热交换器制造工艺和预涂层散热材料要求的功能、特性

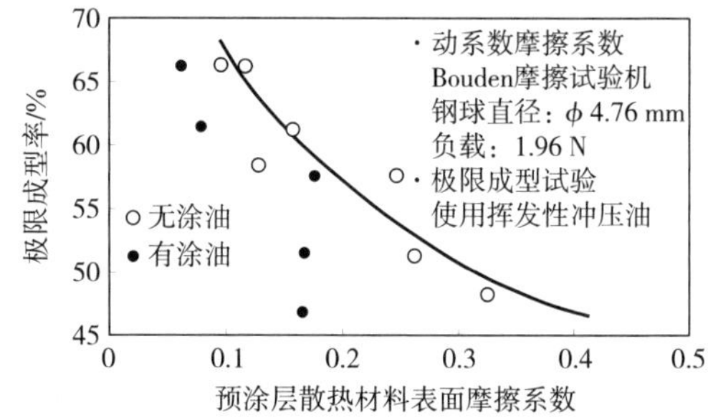

图 9.4 摩擦系数和薄板成型性的关系

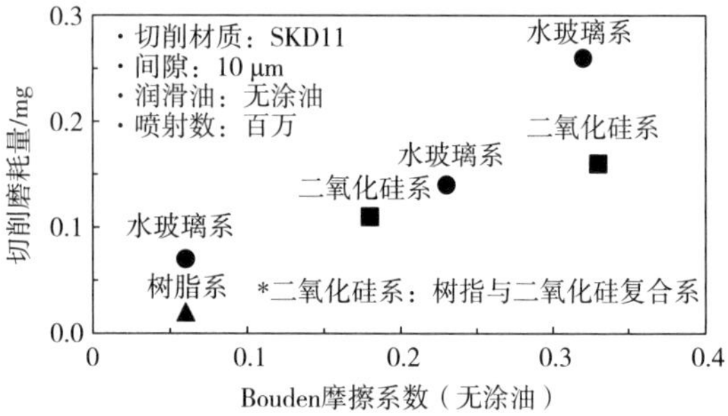

图 9.5 摩擦系数和模具磨耗的关系

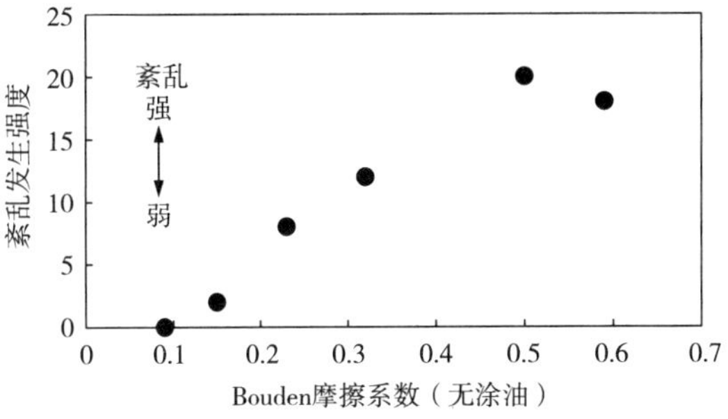

图 9.6　摩擦系数和翅片间距紊乱现象的关系

发生翅片间距紊乱现象的概率也降低。因此，要持续加大推动表面摩擦系数降低（提高润滑性）的技术开发[10]。

9.2　预涂层散热材料表面处理方法

正常来说，表面处理膜亲水性越优异，耐腐蚀性能越差。因此，预涂层散热材料的表面处理基本上是在耐腐蚀性处理膜（底膜）上形成亲水性处理膜的双层结构，以改善功能和特性为目的，也有增加中间层或上层涂层的多层结构。

9.2.1　耐腐蚀性处理

适用于预涂层散热材料的耐腐蚀性处理见**表 9.1**。绝大多数是磷酸铬处理，其次是涂布型铬酸盐处理。防止白粉的重铬酸盐处理在 20 世纪 70 年代后期被使用，但因膜中含有六价铬，目前已经不再使用。有机树脂涂装不仅被当作亲水性涂膜底膜处理，而且被用于防腐处理，有很多防腐底膜处理的应用实例。从环保角度出发，无铬处理越来越受到重视，如今处于积极开发研究当中。

表 9.1　预涂层散热材料的耐腐蚀处理

分类		处理方法
反应型	铬	磷酸铬处理
		重铬酸盐处理
	无铬	锆系处理、钛系处理
涂布型	铬	铬酸盐处理
	无铬	锆系处理、钛系处理
		有机树脂涂装

9.2.2　亲水性处理

亲水性预涂层散热材料的种类和特征见**表 9.2**。大致分为无机系（水玻璃系、勃姆石系）、有机树脂系及有机无机复合系。

水玻璃系形成由主要成分碱性硅酸盐和作为黏合剂的水性树脂有机层构成的涂膜，通常在底膜上进行耐腐蚀性处理。该系列的初期亲水性及持久性最佳，但耐污染性差[11]。从拉伸成型性及模具磨耗性角度来看，必须使用超硬合金及粉末高速钢制成的工具。现在，为改善冲压成型性、抑制模具磨耗及防止发生翅片间距紊乱现象，上层设置润滑层[10]的处理成为主流。水玻璃一般容易吸附空气中甲醛等有极性的气味分子。被吸附的气味分子在制冷初期从翅片表面挥发出来[12]，让人感觉到异味。因为该异味，从 20 世纪 90 年代后期开始，室内热交换器停止使用水玻璃[13]。

勃姆石系是形成勃姆石处理膜后进行碱性硅酸盐处理[14]。该膜的亲水性不比水玻璃处理的差。从拉伸成型性及模具磨耗性角度来看，最好使用超硬合金及粉末高速钢制工具。该处理多用于室外热交换器。

有机树脂系形成以具有—OH、—COOH、—NH_2、—SO_3H 等亲水官能团的亲水性树脂为主要成分的涂膜，通常在底膜进行耐腐蚀性处理。亲水性树脂有纤维素系[15]、聚乙烯醇系、碱树脂系等。有时使用

表 9.2　亲水性预涂层散热材料的种类和特征

性能＼种类		无机系：水玻璃系	无机系：勃姆石系	有机树脂系	有机无机复合系
亲水性	初期	◎	◎	○～◎	○～◎
	持续性	◎	◎	○～◎	○～◎
	耐污染性	×～△	—	△～◎	△～◎
耐腐蚀性		○	○	○～◎	○～◎
冲压性（挥发性油）	拉伸成型	○	○	○～◎	○～◎
	薄板成型	△～○	△	○～◎	○～◎
模具磨耗		△～○	△～○	◎	△～○
钎焊时膜变色		◎	◎	△～○	△～○
制冷初期臭味		×～△	×～△	◎	◎

表面活性剂作为亲水辅助剂，或为改善摩擦特性添加润滑成分。有时设置中间层，以提高耐腐蚀性，或添加蜡来达到降低表面摩擦系数的目的。近年，研究开发了耐污染性强的处理技术并实现商业化。该涂膜完全没有模具磨耗问题。因没有吸附、释放气味分子，所以没有制冷运行时产生异味的烦恼。因为是有机树脂系涂膜，所以钎焊时产生的热会导致涂膜变黄。如果亲水性树脂含有—COOH，其离子交换性对涂膜的亲水性有影响[16)]。该涂膜主要用于室内热交换器，所以一直在研究开发具有抗菌、防腐功能的预涂层。

有机无机复合系是亲水性树脂和硅胶体形成的涂膜，通常在底膜上进行耐腐蚀性处理。涂膜的亲水性取决于二氧化硅的亲水性和保水性。为提高亲水性，多与少量表面活性剂合并使用。其耐污染性优异，所以有很多应用。拉伸成型性良好的挥发性冲压油也可使用[8)]。该涂膜含有二氧化硅，所以有模具磨耗性，需要使用超硬合金制工具及粉末高速钢制工具。为减轻模具磨耗，正在开发在上层设置润滑层的处理技术。因为涂膜的主要成分是有机树脂，所以钎焊时生热不可避免导致变黄。另外，由于不吸附、释放异味，所以在制冷运转初期完全没有异味，多被用于室内热交换器。

9.3　表面处理设备以及评价方法

9.3.1　表面处理设备

预涂层散热材料的表面处理设备（涂膜的情况下）概要见**图 9.7**。在脱脂工序中除去表面的轧制油及污物，在转化处理工序中形成具有耐腐蚀性和黏结性的涂膜。在涂装工序中，为形成目标涂膜，涂料由辊式喷涂机进行涂装，用热处理炉进行热处理。在脱脂及转化处理工序中，要管理好处理液的组成和温度及处理时间；在涂装工序中，要管理好涂料的组成、涂膜的厚度、烘干温度及时间。涂膜厚度与涂辊间距、运转速度及涂料的浓度、黏度等有关，要用在线测厚仪进行管理。

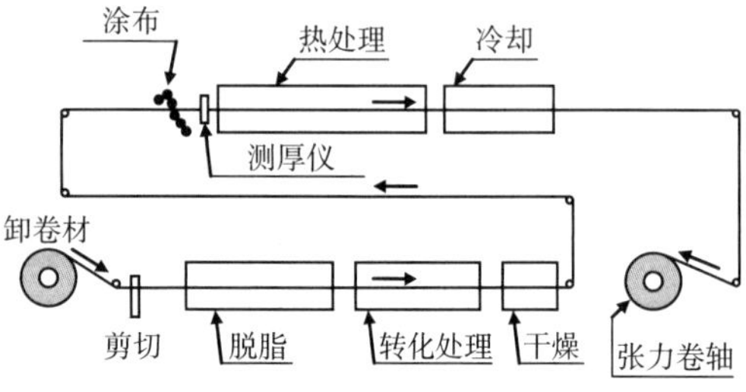

图 9.7　预涂层材料表面处理装置（示例）

9.3.2　预涂层散热材料的评价方法

预涂层散热材料的评价方法见**表 9.3**。主要评价项目有亲水性、耐腐蚀性及成型性，评价是在模拟空调生产厂家的散热器加工工艺及空调的使用状况的基础上进行的。

表 9.3　预涂层散热材料的评价方法

评价项目	评价方法
亲水性	水接触角测定、热交换器通风阻力测定
耐污染性	污染物吸附试验（水接触角、淋湿状态）
耐腐蚀性	盐雾试验、湿润试验、乙酸盐雾试验
成型性	实机冲压成型试验、Bouden 摩擦试验
臭气性	官能检查、极性气体吸附测定

参考文献

1）大塚，大山：空調用ヒートポンプ，日刊工業新聞社（1987），69.
2）鈴木：住友軽金属技報，17（1976），88.
3）鳥越，他 3 名：冷凍，63-734（1988），1369.
4）山崎，他 3 名：冷凍，56-648（1981），823.
5）津田，岩本：National Technical Report，38（1992），108.
6）清谷，他 3 名：住友軽金属技報，32（1991），255.
7）磯村，春日：軽金属学会第 101 回秋期大会講演概要（2001），269.
8）清谷，他 3 名：住友軽金属技報，35（1994），1.
9）畑中，他 2 名：神戸製鋼技報，41-1（1991），119.
10）清谷，他 5 名：住友軽金属技報，42（2001），143.
11）畑中，他 4 名：神戸製鋼技報，50-2（2000），19.
12）長谷川，他 2 名：住友軽金属技報，28（1987），62.
13）佐藤，他 2 名：住友軽金属技報，44（2003），80.
14）岩間，他 3 名：軽金属学会第 64 回春期大会講演概要（1983），111.
15）広前，他 3 名：表面技術，41（1990），1187.
16）清谷，他 2 名：住友軽金属技報，30（1989），31.

Chapter 10

第 10 章　铝制散热器——变迁和未来

10.1　概要

铝合金材料在热交换器及散热器等领域一直很活跃。其具有加工性好、重量轻、热传导性好等优异特点。

尤其是近年来以计算机为主的电子产品发展迅猛，急速向高速大容量化和硬件高性能化发展。可是其所消耗的电一定会有部分转化为热，不进行处理将导致温度上升，最终会导致机器故障。一般来说，“温度每上升 2 ℃，机械故障率将增大 10%”[1)]。因此需要用散热器来发挥散热效果。

散热器英文是 heat sink，是冷却用基础元件。它搭载发热体元件，由用于积蓄热的底板和向空气中的散热的翅片构成组成。

一般来说，散热器性能由积热基材体积和翅片表面积决定。体积决定积蓄热能的大小，表面积决定散热效果。因此，设计并使用各种各样的散热器，如**照片 10.1** 所示。本章就性能及设计概述了自由度更高的焊接型散热器的制作方法，以及用有限要素法进行热迁移分析。

照片 10.1　各种散热器

10.2　各种散热器

一般大家对散热器的印象是由型材截成的片状，在各行业均有使用。常用于家电产品电路板和产业机械控制基板等的冷却。受欢迎的主要原因是用价格相对便宜的模具，就可获得创意性丰富的长尺寸截面材。

如**图 10.1** 所示，挤压用被称为挤压比的截面系数来表示，5 级以上超出制作极限范围。如今随着模具设计的技术提高，已经开始制造和使用极限值提高到 15 级以上的散热器，并已实用化。该类型散热器也被用于冷却发热量高的电脑用 CPU。

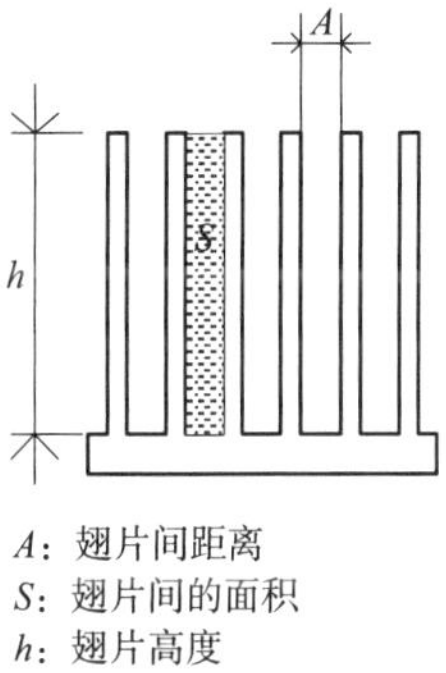

A：翅片间距离
S：翅片间的面积
h：翅片高度
挤压比：$h/A=Ah/A^2=S/A^2$

图 10.1　挤压型材截面系数

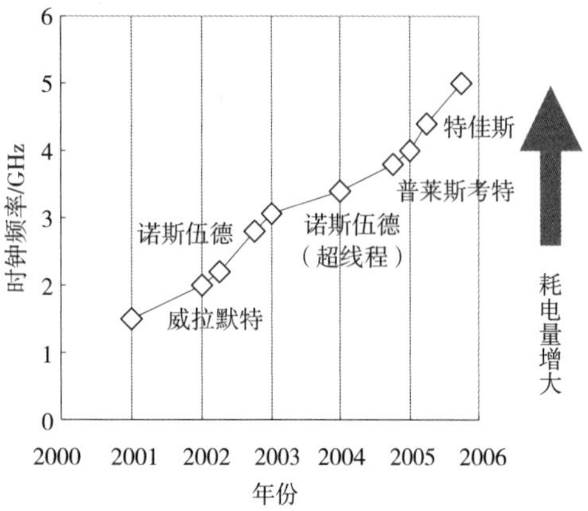

图 10.2　Intel Desktop CPU 路线图

图 10.2 所示是 Intel CPU 高性能化战略的变迁。随着数值计算能力优异机种的逐年普及与散热量的增大，强制空冷散热器设计技术越来越重要。散热器性能指数有热阻和压力损失。热阻是热投入时的基材面和周围空气之间的温差除以投入热量得到的值，单位用℃ /W 来表示，热阻值越低性能越高。压力损失是通过散热器翅片之间的空气阻力，压力损失值越低性能越高。

但翅片存在效率问题。翅片厚度一定时，增加翅片高度会降低散热效率。因为从翅片根部越往前端散热量在减少。在一定空间内为增加翅片密度，翅片厚度会变薄，这也会降低散热效率。为发挥散热器最大性能，要找出最佳的翅片厚度、高度及排列等条件[2)]。

相关数据过去都是通过风洞试验进行确认，但是最近都是用电脑根据数值流体力学热传导及流体的流动模拟进行。这是将对象物 3 次元模式化，用有限要素法对交织结构进行分割，导出各要素方程式，用分散化方法求出其解。用该分析法可快速且正确地找到最佳散热器设计方案。

图 10.3 所示是 Icepak 模拟[3)]散热器模式，由模拟得到分析结果。将翅片间距设为 2.5 mm、3.0 mm、3.5 mm、4.0 mm 时发现 3.5 mm 时风速和温度分布最佳，获得热阻也最低。**照片 10.2** 是 Intel Celeron CPU 冷却用散热器、**照片 10.3** 所示是嵌入台式电脑的散热器的状态。

10.3　焊接铝挤压型材散热器

输出超过 500 W 时的冷却，仅靠单一翅片来完成，密度太高，有局限性，散热器必须用某种焊接手段连接挤压型材来完成。此时，重要的是散热器焊接部分平面度和热传导度不能因焊接而降低效率。

10.3.1　超声波焊接

并排摆放由底板和小片挤压型材组成的散热材料，分别浸渍在焊料液中，用超声波空化效应破坏所属焊接部位的铝氧化膜，形成焊料镀层[4-9)]。随后将相同零部件摆放在一起进行加热，确认在焊料自溶状态形成填充物，完成焊接。目前 JIS 所记载铝用焊料见**表 10.1**。考虑到耐腐蚀性和焊接部位强度，大多情况下使用 Zn-Al 系列焊料。

技术应用如**图 10.4**、**图 10.5** 所示，组装基材块和翅片成为一体化挤压型材单元，使组件间毛细管浸渍焊料，通过超声波作用进行焊接。该方法制作的散热器从底板到翅片热迁移损失最小，被当作超级计算机超高密度多芯片模块 MCM（Multi Chip Module）的冷却元件使用（**照片 10.4**）。

10.3.2　搅拌摩擦焊[10)]（Friction Stir Welding，FSW）

最近，在车辆与纤维机械逆变器的冷却中不使用冷媒回路，而是用固态方式统一处理数个 IGBT 元件散热问题的需求高涨，如**照片 10.5** 所示开发出大型散热器。**照片 10.6** 所示高挤压比 A6063-T1 挤压型材按翅片方向配置，型材相互焊接部位均用 FSW 直线焊接。由此可以制造低变形、对振动等机械耐久性优异的大型散热器。由于体积增加，可获得如**图 10.6** 所示的优异散热性能。

10.3.3　真空钎焊

真空钎焊是底材和翅片配置双层钎焊板作为中间材料，在真空炉中（气氛温度：580~600 ℃）进行加热焊接的方法[11)]。钎焊板的焊层被添加 1%左右（质量分数）蒸气压低的 Mg，作为焊剂，已除去了

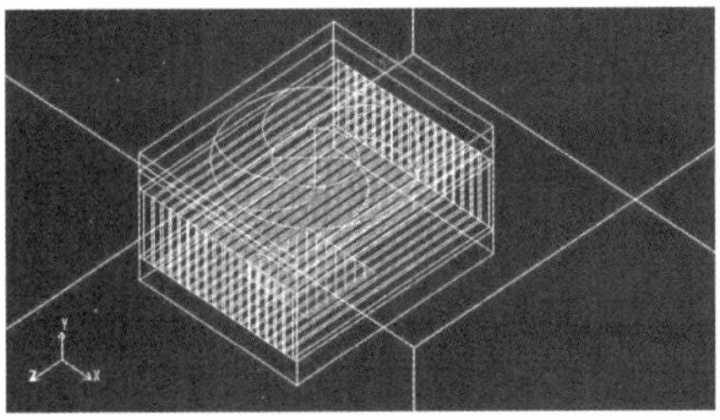

散热器模式

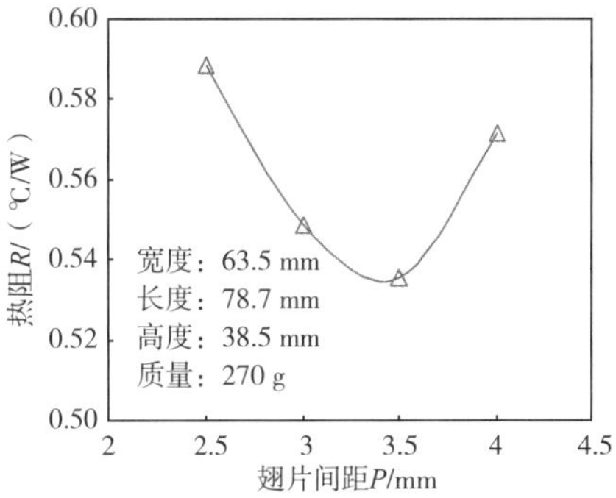

翅片间距和热阻的关系

翅片间距	散热器中部截面温度分布	散热器中部截面风速分布
2.5 mm	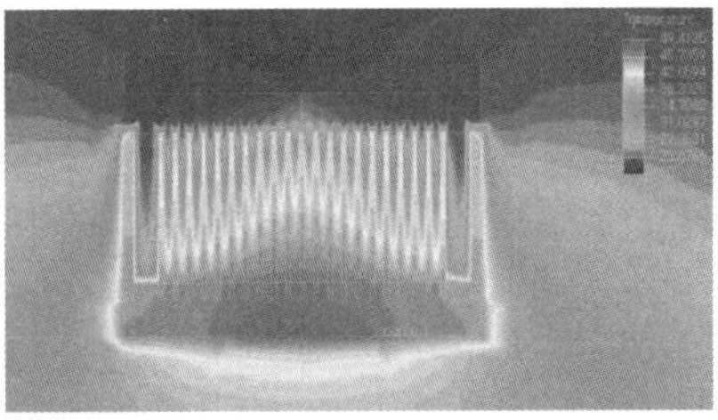	
3.5 mm	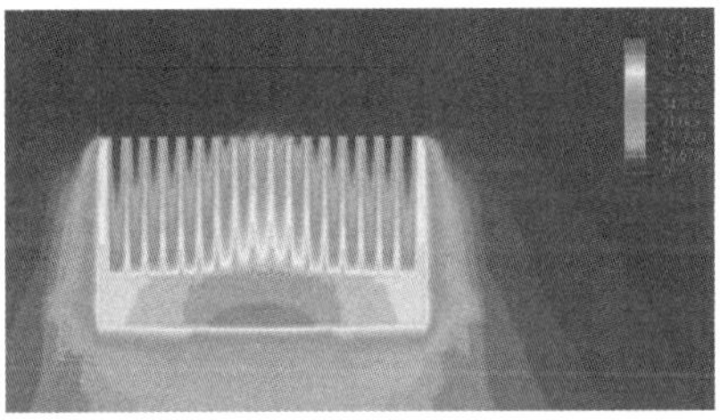	
4.0 mm	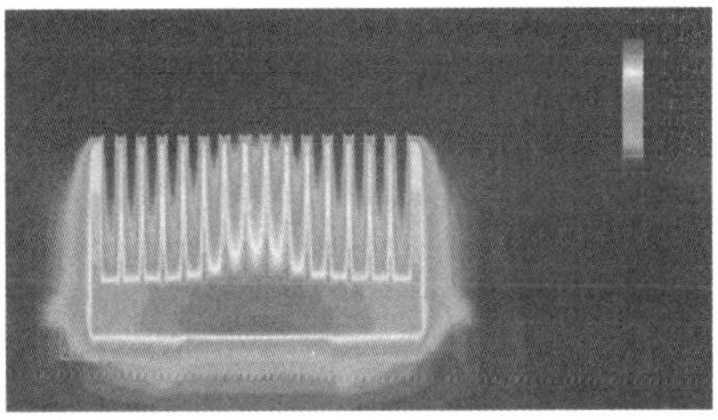	

图 10.3　散热器仿真分析

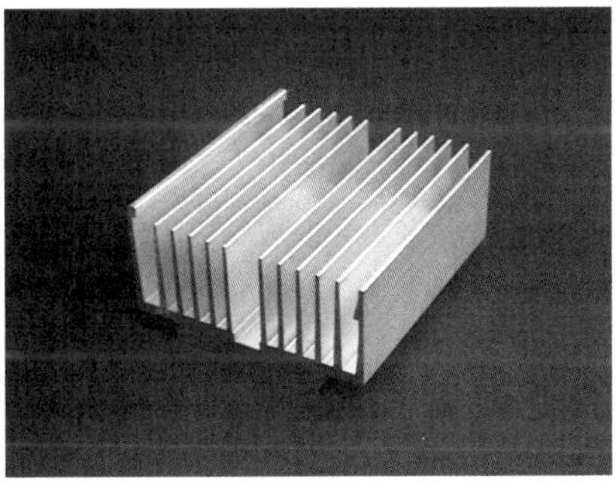

照片 10.2　Intel Celeron CPU 冷却用散热器

照片 10.3　将散热器组装到台式电脑的状态

表 10.1 铝用焊料

合金系	化学成分含量%					固相线温度/℃	液相线温度/℃
	Sn	Zn	Cd	Al	其他元素合计		
Zn-Al 系	—	94~96	—	4~6	0.3 以下	约 382	约 382
Sn-Zn 系	90~92	8~10	—	—	0.3 以下	约 198	约 198
	84~86	14~16	—	—	0.3 以下		约 250
	79~81	19~21	—	—	0.3 以下		约 280
Cd-Zn 系	—	29~31	69~71	—	0.3 以下	约 266	约 292
	—	49~51	49~51	—	0.3 以下		约 326
Zn-Cd 系	—	69~71	29~31	—	0.3 以下	约 206	约 350
	—	89~91	9~11	—	0.3 以下		约 395

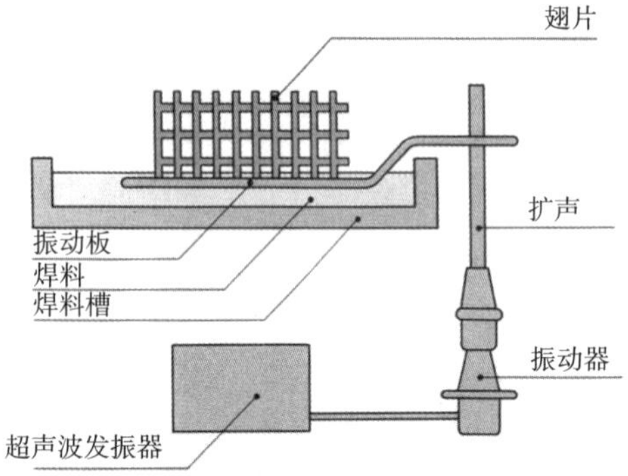

图 10.4 超声波焊接装置原理

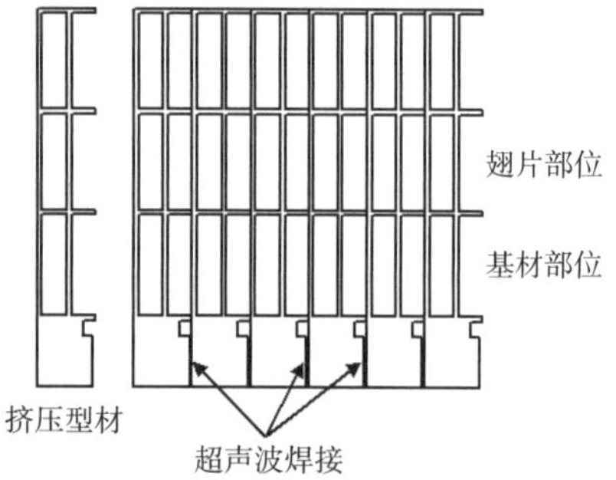

图 10.5 超声波焊接工艺

照片 10.4 Multi Chip Module 冷却用散热器

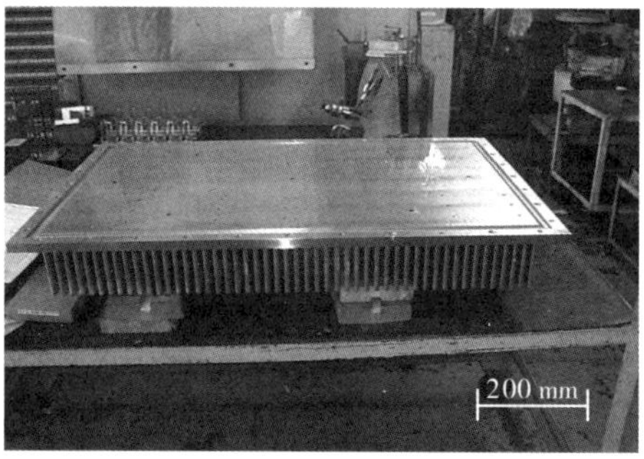

照片 10.5 大型散热器外观

照片 10.6 高挤压比 FSW 散热器挤压翅片组件截面图

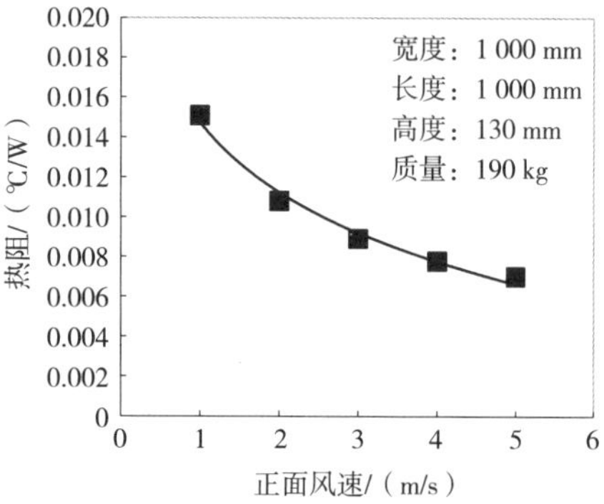

图 10.6 大型散热器的热性能

氧化物质以防止铝母材再氧化。**照片 10.7** 至**照片 10.9** 所示是观察真空钎焊散热器外观及截面组织结果。底材上直立翅片焊接处形成了良好的填充物。与焊料焊接不同，焊材成分自身也是铝合金，所以可以进行全面阳极氧化处理。

10.4 铝制散热器的未来

10.4.1 积层钢板散热器

改善散热器性能的有效手段是提高翅片热导率，提高底板热导率是个大课题。因此，研究探索将导热管埋入底板中的散热器。但从成本及使用方便来看，建议在原有散热器底部层叠使用高热传导材。

我们对热导率约是铝 2 倍的无氧铜板散热器进行评价。焊接方法如前所述，铜侧及铝侧焊接面均匀实施超声波焊接电镀，在熔融状态时施以高压进行冲压，冷却后卸下负荷。界面的气泡及不纯氧化物等在冲压时与剩余焊料一起被排出。**照片 10.10**、**照片 10.11** 所示是积层铜板散热器的外观及焊接截面。借助焊料层，铝和铜焊接良好。与相同形状的全铝散热器相比，可以降低约 10% 的热阻（**图 10.7**）。

10.4.2 铝制散热器表面功能化

散热器的散热有传导、对流及辐射三种方式，用其中两种或三种进行组合。以自然冷却方式使用散热器时，不能忽视热辐射的影响。

使用不同表面处理的三种散热器（未处理、黑色阳极氧化膜、黑色陶瓷涂装），测量自然冷却时的热阻。**表 10.2** 所示是各种散热器的辐射率和热阻值。实施表面处理，辐射率变高，比未处理散热器性能提高 15%~19%，辐射率越高热阻值越大。这是因为自然冷却时的对流传热比强制空冷时要小，辐射影

照片 10.7 真空钎焊散热器外观

照片 10.8 焊接部位截面宏观组织

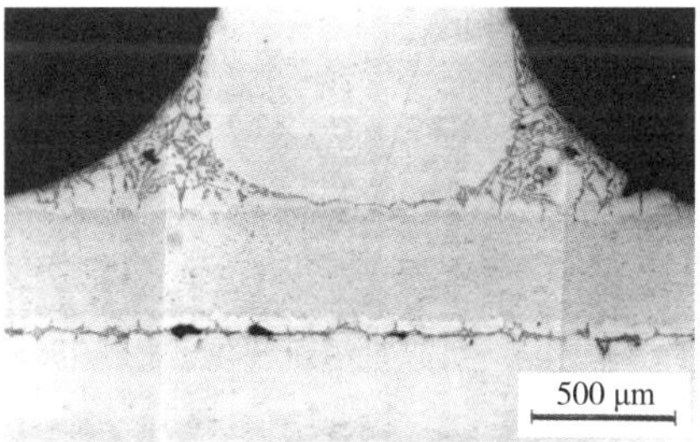

照片 10.9 焊接部位截面微视组织

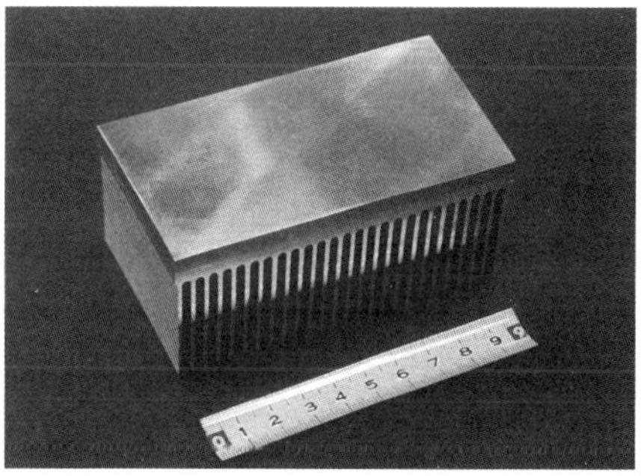

照片 10.10 积层铜板散热器外观

照片 10.11 积层铜板散热器焊接界面微观形貌

表 10.2　不同表面处理散热器自然冷却时热阻测量结果

表面处理	膜厚/μm	表面粗糙度/μm	60° 镜面光泽度	辐射率	热阻/（℃/W）
未处理	0	4.8	34.2	0.182	7.71
黑色阳极氧化膜	12.6	5.7	28.7	0.869	1.45
黑色陶瓷涂装	29.6	3.7	56.6	0.926	1.39

散热器宽度	110 mm
散热器长度	110 mm
散热器高度	68 mm
翅片间距	13.8 mm
基板厚度	8 mm
翅片高度	2 mm

	积层铜板	一体化铝
散热器长度	120 mm	120 mm
散热器宽度	120 mm	120 mm
散热器高度	44 mm	44 mm
基板厚度	4+4 mm	8 mm
质量	1 020 g	719 g

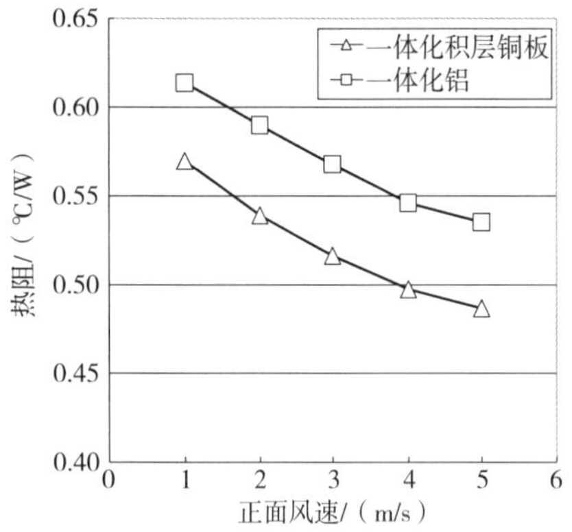

图 10.7　积层铜板散热器和一体化铝散热器的热阻比较

响更大。另外，本次试验中，投入热量越大，越阻值越高（**图 10.8**）。

强制空冷时，来自风扇的风量一定时，即便改变热量投入，热阻值也不变。可是，自然冷却时，投入热量越大，翅片之间的空气温度越高，对流的风量增加，其结果是热阻值降低。

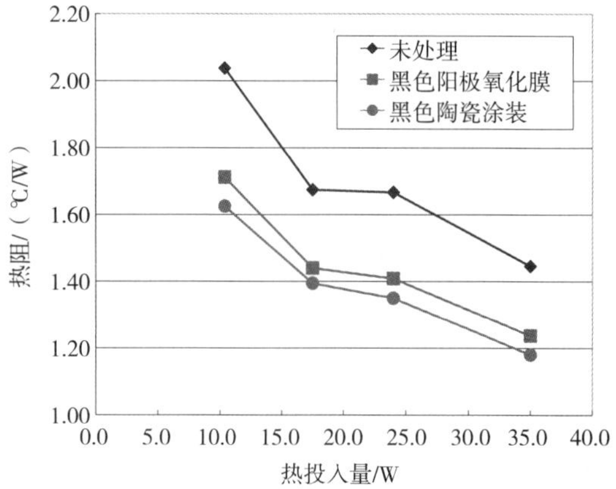

图 10.8　不同表面处理的散热器投入热量和热性能结果

10.5　总结

改善翅片传热可提高散热器性能。翅片之间间隔最优化的设计增加了翅片有效散热面积，使得降低翅片间的空气阻力变得可能。推动力来自电脑的快速普及与有限要素法热模拟器的发展。但是，即便由模拟获得最优方案，真正变成产品还有塑性加工、焊接等很多技术难题要攻克。本章仅仅介绍了其中一小部分。今后，需要科研人员进一步解决的难题是如何提高热性能模拟和改进金属加工技术。

参考文献

1）A. Bar-Cohen, et al: Thermal Frontiers in the Design and Packaging of Microelectronic Equipment Mechanical Engi-

neering，150-6（1983），53.
2）小木曽建：電子回路の熱設計，工業調査会（1989），75.
3）三邉孝志，前田剣太郎：熱設計を支援する Icepak の特徴と解析事例，電子技術（2000），44.
4）井神浩，加藤周一郎：軽金属学会第 81 回秋期大会講演概要（1991），99.
5）井神浩，加藤周一郎：軽金属学会第 82 回春期大会講演概要（1992），131.
6）井神浩，加藤周一郎：軽金属学会第 84 回春期大会講演概要（1993），199.
7）井神浩，加藤周一郎：超音波はんだ付技術を用いたアルミニウムと異種金属の接合，アルトピア，23（1993），9.
8）井神浩，加藤周一郎：チタンを超音波で確実にはんだ付する，応用機械工学（1994），68.
9）井神浩：超音波はんだ付によるアルミニウム合金と異種金属との接合，軽金属溶接，Vol.36（1998），469.
10）熊谷正樹，田中直：摩擦攪拌溶接のアルミニウム合金溶接構造物への適応，軽金属溶接，Vol.39（2001），22.
11）武元正：アルミニウムのろう付（1），軽金属溶接，Vol.37（1999），373.

Chapter 11

第 11 章　功能性预涂层——铝材的应用

11.1　功能性预涂层铝材的变迁

1990 年发表了润滑性能优异的预涂层铝材研究报告[1-2]。该涂层的主要特点是提高了成型性，降低了环保负荷（无润滑油即可成型，工艺上去掉对环保负荷重的特氟龙洗净剂的洗净工序）。

该润滑性预涂层铝材被用于软盘等存储介质的活动窗板，其耐划痕性[3]与 UV 印刷性更佳[4]。该铝材除耐划痕性外，耐指纹性也优异，应用范围扩大至笔记本电脑用光驱、平板显示器等电子产品。在电机产品上采用时要求膜兼具导电性能。

这样，在吸收各种功能的同时，功能性预涂层铝材产品应用逐渐多样化。现在，具有各种特点的预涂层铝材正全面走向销售市场。

本章介绍预涂层铝材在市场上普及的契机，对有关存储介质用活动窗板和光驱进行分析，以及对今后的发展进行论述。

11.2　耐划痕性：存储介质活动窗板

软盘和活动窗板见**照片 11.1**。活动窗板采用本色，很多用 UV 在表面印刷和刻印以展示厂家的商标。在采用铝之前使用的是不锈钢冲压成型产品与塑料注塑成型产品，但它们具有与印刷用油墨不相容的缺点。另外，不锈钢活动窗板存在价格昂贵、笨重的问题，而塑料活动窗板带静电易附着灰尘。活动窗板更换成铝材后，需要改善的是没有经过表面处理的铝表面，与不锈钢相比较更柔软且更易被划伤。

综上所述，用于活动窗板的铝制品除了成型需要的润滑性外，还要求有耐划痕性和 UV 印刷性，需要进行预涂层。

有公开资料[3]说提高耐划痕性的手段有在预涂层膜中分散硬的无机微粒子的技术。无机微粒子与滑石粉、高岭土、云母等在预涂层膜中进行配合，在提高了膜的硬度的同时，提高了耐划痕性。特别推荐添加滑石粉，粒子直径和添加量最佳时可以确保硬度达到 6H 的铅笔硬度。此外，只有活动窗板的外侧要求此类耐划痕性，并且无机微粒子脱落可能损坏磁盘的磁性膜，所以只推荐在活动窗板的外面实施上述处理。

有公开资料[4]说提高 UV 印刷性的手段，有在预涂层膜的基础树脂中加入当 UV 照射时产生自由基的丙烯酸酯的技术。由此 UV 油墨中所含的丙烯酸酯与预涂层中所含丙烯酸酯因 UV 照射而产生反应，油墨的黏结性被强化了。

照片 11.1　软盘（右）和活动窗板（左）

照片 11.2　超薄光驱外壳

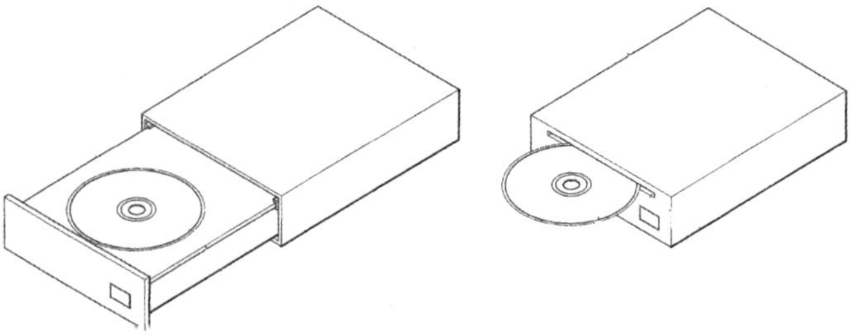

图 11.1　托盘式（左）和插入式（右）

铝基板因重视强度、平坦度、弯曲加工性，所以采用强度和成型性兼备的 5000 系 Al-Mg 合金。

11.3　赋予导电性：光驱盒

照片 11.2 所示是安装在笔记本电脑上的超薄光驱外壳（即光驱盒）。原本台式机用半高型驱动器是钢制外壳，所以薄型光盘也使用钢制外壳，后来为减轻重量更换成铝制外壳（台式机现在还使用钢制外壳）。

与钢板相比，柔软的铝板在用模具加工成型时，因滑动易产生加工损伤。此外，使用冲压成型的外壳与光盘进行组装时，也有可能导致伤痕与附着指纹。此类伤痕和指纹降低了产品的外观质量，所以表面要求有耐划痕性和耐指纹性。

同时，为了防止静电和电磁波噪声导致的驱动器误动作，驱动器与电脑之间要进行接地处理，所以外壳表面预涂层膜要求有导电性。

市场销售的预涂层材料[6-7]已经赋予预涂层膜导电性，有膜中含有镍填料的填料型[5]和从预涂层膜表面露出部分铝基材的非填料型。填料型和非填料型相比，非填料型的导电性良好，填料型的耐划伤性较为优异，到底使用哪种要由用户自行判断。

以前的光驱大多是将光盘放入托盘的托盘式，最近市场销售的大多是在驱动器前面开口直接插入光盘的插入式。插入式光驱外壳内侧涂装了在光盘进出时不伤及其表面的膜，该膜是研究开发的铝材预涂层膜[8]。（**图 11.1**）

11.4　今后的展望：功能多样化

功能性预涂层铝板以电机行业为中心的需求急速扩大。充分利用与钢板有差异的铝材的轻量、热传导性等基材特征，促进其在移动电子产品和车载用品等市场的发展。

伴随电子设备的高性能化，半导体等产生的热量有增大的趋势，设备的冷却变得尤为重要。散热性预涂层铝材灵活运用铝的高热导率，利用其表面辐射红外线而提高了散热效果[9]。降低电子设备内部温度的试验也被证实有效。

已成功开发高反射性预涂层铝材，旨在有效反射光源的光，提高液晶背照灯和照明器具的亮度[10]。

参考文献

1）栗原正明，佐藤隆宏，難波江元広，西山直樹，馬渕昌樹，橋口耕一：古河電工時報，94（1994），p82.

2）伊藤秀男，竹島義雄：住友軽金属技報，35（1994），p50.

3）特許公報第 3499733 号.

4）特許公報第 3476364 号.

5）小澤武廣，加藤治，斎藤正次，太田優：Furukawa-Sky Review，No.3（2007），p7.

6）服部伸郎，塚越智，福井正信：軽金属学会第 103 回秋期大会講演概要（2002），p189.

7）公開特許公報 特開 2003-64484.

8）特許公報第 3846807 号.

9）公開特許公報　特開 2004-160979.

10）公開特許公報　特開 2007-62165.

Chapter 12

第 12 章　摩托车上铝材的应用

12.1　概要

驾驶摩托车要用自身体重进行控制，所以更加追求轻便。摩托车领域是最早推进铝制化的。20 世纪 80 年代能够使用铝的地方已经铝制化，现在以进一步提高运动性能进行开发。本章就摩托车所用铝制零部件的概况，以及此类零部件的表面性能进行介绍。

12.2　摩托车使用材料的比例

如**图 12.1** 所示是运动型摩托车使用的轻金属材料的比例 [1]。其中铝合金使用量约占 36%。也有用钛精密铸件与镁压铸零部件的，但比例很小。制造方法上铸造的占比要高，压铸和其他铸造占比达 31%。运动型车型和过去的车型相比，铝的使用比例没有变化，近几年铸造产品的使用比例变得非常高。

另一方面，轻便摩托车等使用铝合金的比例约为 25%，比运动型摩托车要低。几乎都是铸件。

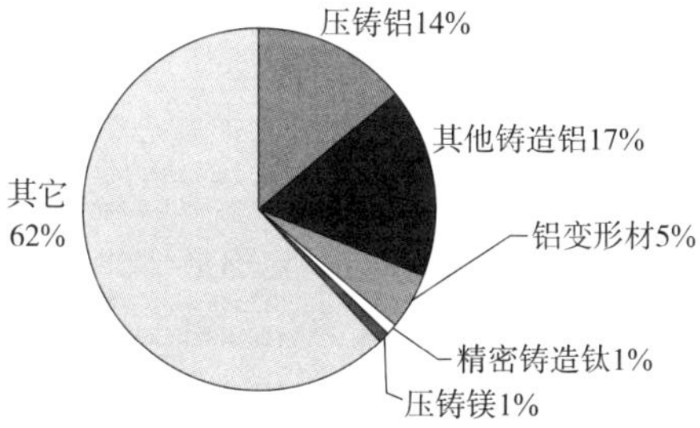

图 12.1　运动型所使用的轻金属材料的比例（2004 年车型）

12.3　摩托车使用铝合金材料示例

12.3.1　框架

构成摩托车车体的零部件中，框架是左右运动性能的基本框架。过去车体使用标准的钢管框架 [2]，但由于轻量化的要求和铝变形材料 [3] 的不断发展，最近也开始使用大型铸件 [4-5]。

照片 12.1 所示是有代表性的运动型摩托车框架。照片 12.1（A）是变形铝合金材与铝合金铸件的焊接组合。图中油箱导轨部分由板材压成 U 形。照片 12.1（B）是压铸框架结构。主框架由左右两个部件构成，两个部件夹着前端的头管用螺栓连接固定。

表 12.1 所示是框架用铝基材的成分及种类。A7N01 和 A5083 是变形材焊接结构用合金。AC7 A 和 AC4CH 是铸造合金。A365[6] 是压铸合金，经热处理后确保了强度和耐腐蚀性。

12.3.2　发动机

照片 12.2 所示是摩托车发动机截面。在众多零部件中，从发动机轻量化及提高冷却性能的角度出发，气缸盖、气缸体、活塞及曲柄箱逐渐铝制化。以下就相关零部件进行论述。

气缸盖是燃烧室的组成部分，是吸气和排气端口、润滑油和冷却水通道，所以形状极其复杂。因此，多用复杂的中空模具铸造或壳型铸造。材质多用 AC4B。

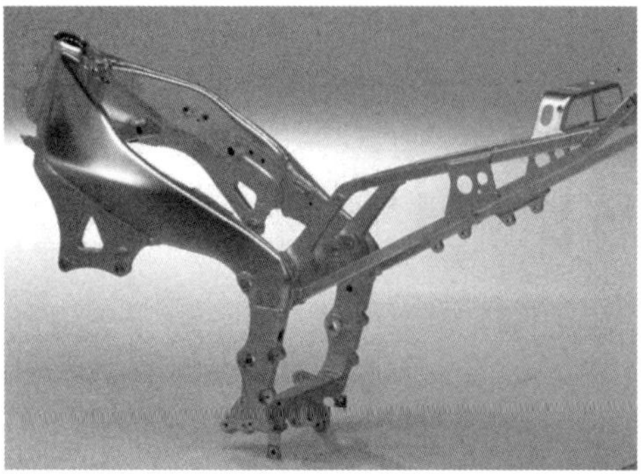
（a）

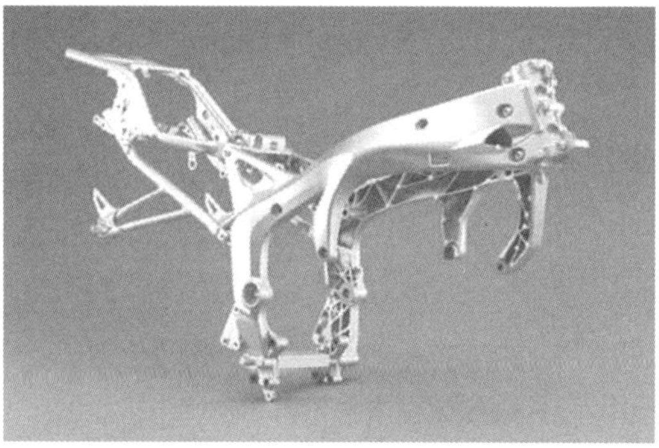
（b）

照片 12.1　运动型所使用的框架
（a）变形材和铸件的焊接结构框架　（b）压铸结构框架

表 12.1　框架用铝基材成分及种类　单位：%（质量分数）

	Si	Mg	Mn	Fe	Cu	Zn	Cr	Al	种类
A7N01	—	1.2	0.4	—	—	4.5	—	余量	挤压型材、锻造材料
A5083	—	4.5	0.7	—	—	—	0.13	余量	压延板材
AC7A	0.2	4.5	0.6	—	0.1	0.15	—	余量	铸造材料
AC4CH	7	0.35	0.35	—	—	0.35	—	余量	铸造材料
A356	10	0.3	0.6	0.1	0.1	0.1	—	余量	铸造材料

照片 12.2　摩托车发动机截面

气缸体、气缸盖及活塞构成燃烧室，承受燃烧压力，同时在燃烧时起散热作用及在活塞往返运动时起引导活塞外筒的作用。原本长期使用铸铁制品，但是随着轻量化和小型化要求而铝制品化。气缸本体由 AC4B 或 ADC12 铸造而成。相对于活塞及活塞环滑动的部分即气缸盖要确保采用有耐磨耗性的材料。

活塞与气缸及气缸盖一起形成燃烧室的同时，还要承受燃烧压力并在气缸内高速运转，承担产生动力的作用。因此，活塞要求重量轻、强度高、热传导性良好，由此开始利用铝合金。**表 12.2** 所示是有代表性的活塞用铝合金成分。四冲程活塞使用的是 AC8A、二冲程活塞使用的是 AC9B 模具铸造合金。添加 1% 左右（质量分数）的铜及镁来强化铝基材或添加镍来提高高温强度。近年强度高、稳定性好的锻造活塞逐渐增加。使用高温疲劳强度优异的含 Cu 合金基材，来控制锻造[7]成型。

表 12.2　活塞用铝合金成分　单位：%（质量分数）

	Si	Cu	Mg	Ni	Al
AC8B	12	1.0	1.0	1.0	余量
AC9B	19	1.0	1.0	1.0	余量
锻造活塞用合金	12	4.0	0.5	—	余量

曲柄箱是支持曲柄轴的箱状部件，内藏变速器等。几乎都是薄壁高精度压铸件。曲柄箱及盖子以镀铬装饰，对此类压铸品表面底膜的要求是不能有缺陷。

12.4　铝零部件表面功能化

前面介绍摩托车铝零部件中框架、气缸体、活塞等，下面介绍其表面功能化。

12.4.1　框架

框架是车体的基本骨架，同时也是外观部件，为了吸引客户追求轻量化和高的运动性能，外观漂亮是必需的。阳极氧化有良好的反光性并赋予部件以视觉上轻松明透感，外观上给客户以强烈美感。下面就阳极氧化框架进行论述。

根据外观品质要求，对框架进行阳极氧化是非常恰当的处理方法。处理工艺大致分为预处理、阳极氧化、后处理。在预处理工序去除铝合金表面的污物，并调整表面粗糙度。阳极氧化工序是在铝合金表面生成所需厚度的膜。在后处理工序根据需要进行着色等处理。

采取什么预处理工序要看框架要求何种质感。产品需要高光泽时，预处理采取光亮加工处理。光亮加工处理有化学抛光和电解抛光[8]。化学抛光液由黏度高的磷酸和氧化作用强的硝酸组合而成，主要选择溶解铝合金表面上微观凹凸形貌的凸部，可获得平滑且反射率大的表面。

对框架实施阳极氧化处理的目的是生成装饰用阳极氧化膜，使用 300 g/L 左右的硫酸液，大多在 293 K 附近进行处理。膜厚在 10~20 μm，如果后处理工序要进行着色时膜厚设定在 20 μm 左右。框架的头管部位成为接合处，其尺寸精度非常高，事先要实施掩蔽刻蚀。

后处理工序由染色、电解着色等着色处理和封孔处理组成。关于着色，摩托车大多使用染色方法。框架是材质相异的铝合金焊接组件，所以整体进行电解着色得到均一的色调非常困难，几乎不使用。

12.4.2　气缸体

如前所述，气缸体是相对于活塞及活塞环滑动的部分，气缸内膛要求有耐磨性。因此气缸体要做如下处理：(a) 使用铸铁或粉末铝合金制的套筒[9-10]铸件；(b) 给气缸内膛镀镍；(c) 给气缸内膛进行铁系熔射等。

气缸所用镀镍是将碳化硅（SiC）与氮化硼（BN）分散镍与磷固溶的基体上形成的镀层[12]。**照片 12.3** 所示是经镀镍处理后的四冲程气缸。**图 12.2** 所示是处理工艺。脱脂处理后，进行碱刻蚀、混酸（氢氟酸和硝酸混合液）刻蚀及锌置换，然后进行电镀处理。也有置换锌后用磷酸进行阳极氧化[13]的方法。镀层厚度通常是 100 μm 左右。电镀后的表面非常粗糙，所以要在下一个工序对表面粗糙度进行修整，使用珩磨法加工至厚度为 50 μm 左右。由于磷在镍基体中固熔，所以镀层具有时效硬化性，如**图 12.3** 所示，镀层的硬度随着温度上升而提高。

近几年使用 Al-20% Si 合金的压铸制全铝气缸体已实用化[14]。增加硅量的特殊合金和 T6 处理的组合及气缸内膛使用珩磨法加工浮出硅粒子[15]（**图 12.4**）以提高耐磨性[16]，铝合金基材直接滑动也变得可能。

12.4.3　活塞

发动机运转时活塞顶部形成燃烧室。这里产生的热量约 70% 通过活塞环形槽散热[17]。因此，活塞环形槽附近成为高温区，活塞环形槽容易黏附铝合金和发生磨损等。进行硬质阳极氧化处理是一种能

照片 12.3　实施镀镍处理的四冲程气缸

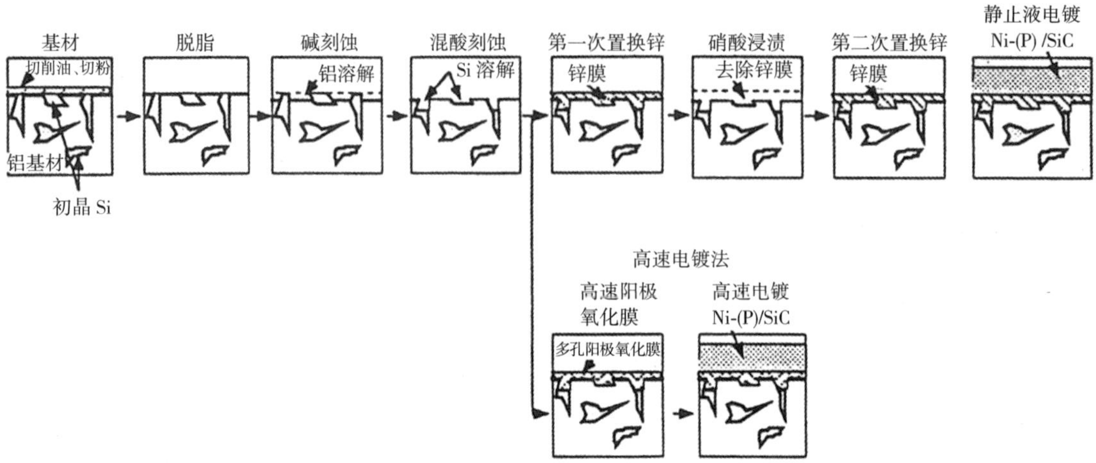

图 12.2　镀镍处理工艺

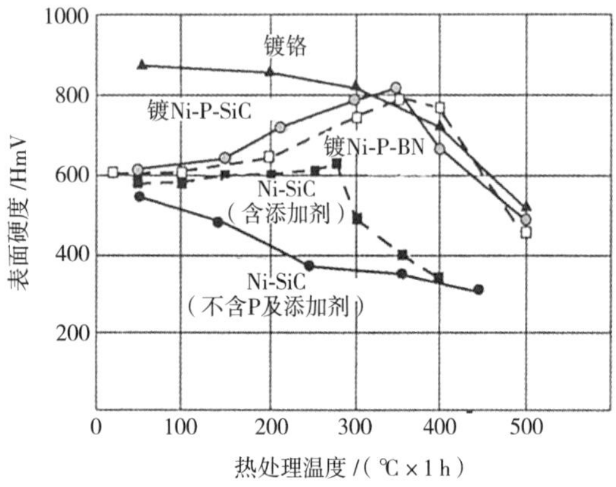

图 12.3　热处理对镍镀层硬度的影响

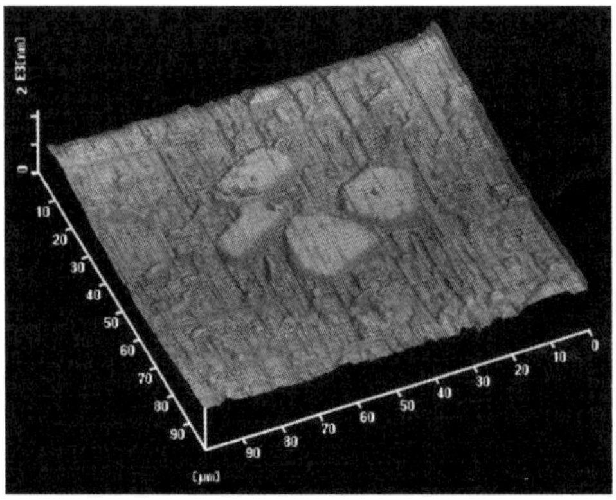

图 12.4　由珩磨法加工浮出硅粒子的表面

有效解决环形槽磨损的方法，该方法被汽油发动机用活塞广泛使用。

照片 12.4　经过阳极氧化处理的活塞

照片 12.4 所示是实施阳极氧化处理后的活塞。一般处理工艺由预处理、阳极氧化、后处理三个工序组成。通常，阳极氧化处理在活塞制造工序的最后工序进行，所以除需要涂膜的部分以外，都要实施掩蔽刻蚀后浸入溶液中进行处理。另外，有时阳极氧化也采用使用夹具控制只让处理部位与电解液接触的方法[18]。

对 AC8A 合金制（模具铸造）活塞进行阳极氧化处理是使用 250~300 g/L 硫酸液在低温进行处理[19]，膜的硬度在 HV300~400。用于锻造高强度活塞的含 Cu 铝合金，在硫酸液中进行处理时硬度在 HV200 左右，不能获得足够的硬度。这是因为合金中含 Cu 造成的，膜硬度随着 Cu 量增加而降低[20]。确保膜硬度且让高 Cu 铝合金生成膜的方法是，使用硫酸及草酸混合液进行 PR 交直流电解，由此混合液进行的阳极氧化已经实用化[21]。对电解液组成进行调整可获

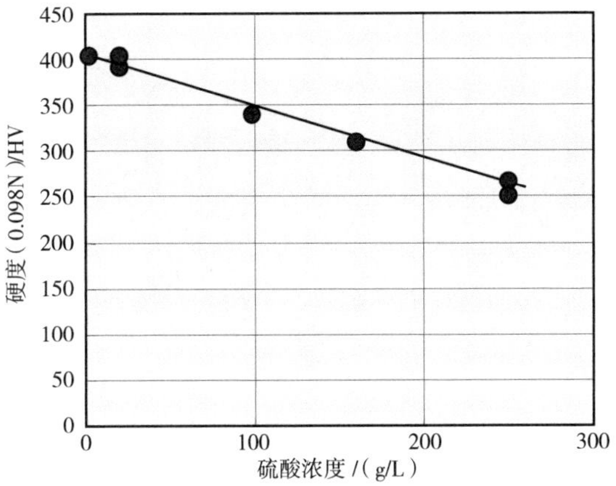

图 12.5　硫酸浓度对膜硬度的影响
（草酸浓度：40 g/L）

得硬度 HV400 左右的膜（参照**图 12.5**）。

后处理进行水洗、热水洗及干燥。通常，封孔处理会降低膜硬度，所以不进行封孔处理。对润滑性有要求时，有时要在硫代钼酸氨中进行二次电解，让膜细孔中电析出[22)] MoS_2。

12.5　总结

以上介绍了框架及主要发动机零部件的铝合金使用情况和表面功能化的例子。摩托车追求高运动性能和华丽外观。为了提高商品的魅力，今后会更加追求轻量化和高功率，铝合金是达到该目的的最优基材。今后对材料特性及功能化的研究定能再创新高度。

参考文献

1）山縣裕：軽金属，55（2005），286.

2）芥川知孝，山縣裕：金属，52（1985），7.

3）山縣裕：塑性と加工，40（1999），920.

4）三輪邦彦，瀧本宏，島本誠，小池美和，村松恒生：Yamaha Motor Technical Review，25（1998），27.

5）T. Kitsunai，H. Yamagata and T. Koike：SAE Paper，2003-01-2869.

6）橘内透，山縣裕，小池俊勝：軽金属，56（2006），233.

7）小池俊勝，山縣裕：粉末および粉末冶金，46（1999），519.

8）山中利之：自動車用アルミ表面処理研究会誌（1994），3.

9）G. Kubelstein，P. Stocker，F. Ruckert：VDI-Bercher，1612（2001），63.

10）H. Hayashi，H. Ushio，M. Ebisawa：SAE Paper，890557（1989）.

11）G. Barbezat and R. Herber：SULZER TECHNICAL REVIEW，2（2001），8.

12）鮒谷清司：金属，65，4（1995），295.

13）磯部正章，池ヶ谷裕彦：自動車技術，48，11（1994），89.

14）H. Kurita，H. Yamagata，H. Arai and T. Nakamura：SAE Paper，2004-01-1028.

15）H. Yamagata and H. Kurita：SAE Paper，2005-32-0056.

16）栗田洋敬，山縣裕，荒井大樹，中村保：日本金属学会誌，68，1（2004）1.

17）自動車用ピストン編集委員会編：自動車用ピストン，山海堂（1997），41.

18）特開平 4-224685.

19）A. W. Brace：Hard Anodizing of Aluminum，Technicopy Limited，England（1993），3.

20）前嶋正受，石禾和夫，猿渡光一，平田昌範，高谷松文，岡田健三，松尾守：表面技術，46，8（1995），724.

21）H. Kurita，H. Yamagata，T. Koike and I. Mita：SAE Paper，2001-01-0821.

22）前嶋正受：自動車アルミ表面処理研究会誌，3（1996），24.

Chapter 13

第13章　推广汽车用铝材课题——从表面处理入手

13.1　概要

1997年12月，在京都召开的联合国气候变化框架公约缔约方第三次大会上（COP3、京都会议），确定发达国家及发展中国家温室气体减排目标的《京都议定书》得以通过，可以说对人类就如何共同面对地球变暖具有划时代意义。（译者注：美国没有加入。）

在这样的背景下，汽车行业的低燃耗要求成为绕不过去的紧急课题。媒体也在大力宣传研究开发混合动力技术和燃料电池，作为动力源来降低燃料费，但是人们却忘记了车体轻量化既可以降低燃料费用，也可以提高动力性能。如要大幅度实现轻量化，有效的手段是车体材料由钢材切换成铝材。

在此，简述以汽车表面处理相关生产技术的见解为中心的知识课题及今后的发展方向。

13.2　铝材适用范围的选择

1990年8月开始上市的NSX是采用全铝车体实现车体轻量化，起初考虑的是提高、加速、操控性能并改善燃效，追求高品质，结果铝材成本压力巨大。

可是，轻量化是当务之急，不能再拖延了。在此，我们提出从减轻重量和降低成本同时入手，走钢制车体和铝制零部件进行组合的混合路线。

在这个过程中，遇到涂膜丝状腐蚀和不同金属之间接触部位电位腐蚀等难以逾越的技术难题。经过刻苦攻关终于解决了各种表面处理技术和生产技术难题，可以推进从全铝车体到混合动力车体的实用化。

以下将介绍各量产化研究的见解。

13.3　预处理方案的选择

13.3.1　对表面处理防腐的思考

铝制车体的防腐思路与钢制车体没有差异：防止破坏商品性的表面腐蚀和破坏安全性能的功能腐蚀，保证汽车长使用寿命。

可是，开发全铝车体存在以下问题。

（1）表面腐蚀

①预处理不充分导致涂膜附着不良。

②涂膜划痕及涂膜边缘部位的丝状腐蚀扩大。

③与外装部件之间的电位腐蚀导致涂膜鼓泡。

（2）功能腐蚀

①不同金属接触部位周围的电位差腐蚀。

②与板结合部位的孔蚀。

我们只要解决了此类问题，就可以实现全铝车体实用化。

13.3.2　最适合全铝车体的预处理方法

通常铝预处理采用阳极氧化法和转化膜法，考虑到铝车体的门合页等使用钢制零部件，阳极氧化法并不适用，因此选择转化膜法。

选择原本用于钢制车体的转化膜法用于铝材最为适合，处理方法有磷酸锌法、磷酸铬法、重铬酸盐法以及无铬法。对零部件所使用的 5000 系和 6000 系铝合金进行了比较。其结果见**表 13.1**。

由此可见，对全铝车体来说重铬酸盐法是最适合的方法[1-2]。

13.3.3　最适合混合动力车体的预处理方法

前面已经介绍，与全铝车体相比，为抑制量产成本上升，在可控范围内尽可能使用铝部件来达到轻量化的目的，优先研究方向是找出最适合的混合动力车体。

有关铝车体表面处理，如前所述，使用重铬酸盐法是最有效的，但考虑到与钢铁同时进行处理，由于存在电阻差，铝材的电泳膜厚降低从生产线的通用性来看，可以说用磷酸锌处理是最优选择。但这是适用于钢铁的处理方法，从铝耐腐蚀性来说，磷酸锌处理不如重铬酸盐处理。

因此，要研究如何提高磷酸锌处理的耐腐蚀性，以便能同时处理铝和钢铁。

13.3.3.1　混合磷酸锌处理

我们使用 6000 系铝合金研究磷酸锌膜附着量和丝状腐蚀的长度关系，见**图 13.1**。

从图中可以看出，膜附着量在 1.0 g/m² 以上时与重铬酸盐膜有同等性能。所以比析出反应更有效的方法是使用氟离子促进对铝表面的刻蚀。

此时刻蚀产生的铝离子积累在槽内会降低表面处理效果，必须予以除去。可以采用氟形成沉淀后除去。

可是，此时沉渣粒径较小（与钢铁相比比重几乎相同而粒径约后者是一半），因此悬浮于在槽内并附着在车体上影响外观。因此，需采用全量过滤系统。

13.3.3.2　附着性和防腐性

如前所述，通过添加氟离子和采用全量过滤系

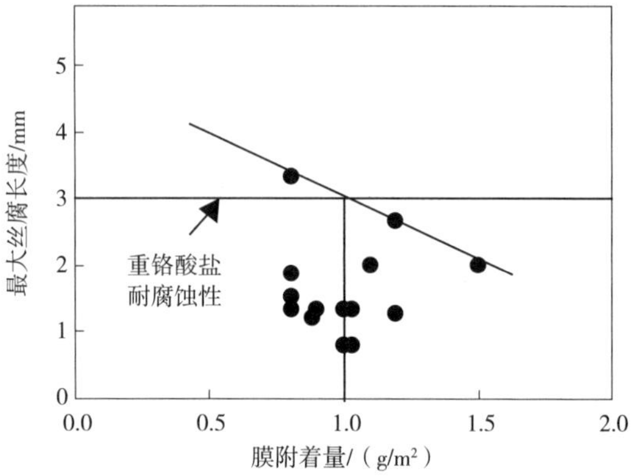

图 13.1　磷酸锌膜附着量和丝腐长度

表 13.1　转化膜法的涂膜性能

铝基材	5000 系铝合金				6000 系铝合金				试验评价内容
转化处理	磷酸锌	磷酸铬	重铬酸盐	无铬酸	磷酸锌	磷酸铬	重铬酸盐	无铬酸	
涂膜	厚膜阳离子电泳+中涂+上涂								
耐水性	◎	◎	◎	◎	◎	◎	◎	◎	横切法剪切部位胶带剥离时涂膜残留状况
耐湿性	◎	◎	◎	◎	◎	◎	◎	◎	
耐温盐水性	○	○	○	×	○	○	◎	×	从剪切部位开始腐蚀扩大
耐丝锈性	×	○	◎	○	×	×	×	×	
盐雾试验	◎	◎	◎	◎	×	×	○	×	
复合腐蚀试验	◎	○	◎	○	○	×	○	×	

译者注：◎表示优；○表示良；× 表示不良。

主要元素	Cu	Mg	Si	Fe	Mn
5000 系合金	0.15 以下	4.0~5.0	0.2 以下	0.35 以下	0.2~0.5
6000 系合金	0.27	0.45	1.70	0.17	0.17

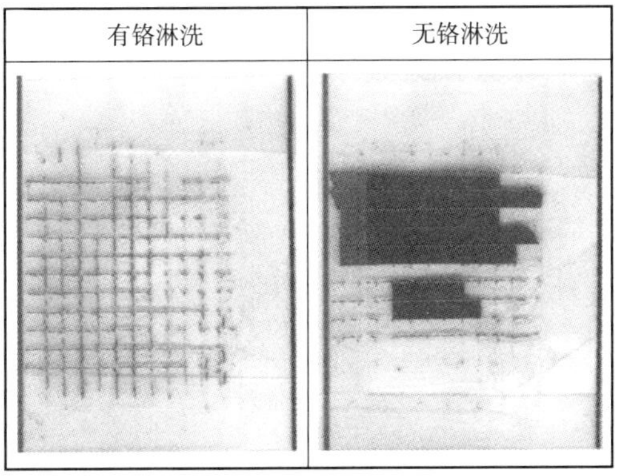

图 13.2　有无铬淋洗时耐水二次附着结果

统进行表面防腐处理。众所周知，如果氟离子浓度过高，涂膜附着性将会降低。这是因为附着在铝材表面的氟化物干扰了涂膜附着性。为提高附着性，需要在磷酸锌处理的后续工序实施铬淋洗来去除氟化物。**图 13.2** 所示是有无铬淋洗时湿附着性试验结果。可以得出实施铬淋洗处理后，其湿附着性得到改善。

当初使用铬来维持性能达到设想工艺目标，但也带来环保问题，《报废车辆指令》（End of Life Vehicle，ELV）规定，将来铬会被禁止使用，去铬成了新的课题。

13.3.3.3　确立无铬预处理技术

为了确保铝材涂装后的耐腐蚀性，在不使用铬淋洗后处理或在电泳涂料中使用非铬系防腐蚀颜料的情况下，需要提高磷酸锌处理液的反应性，以生成致密且均匀的磷酸锌膜，从而达到提高覆盖性的目的（指基材表面所覆盖磷酸锌膜的覆盖比例）。一般情况下，作为酸性溶液中铝刻蚀催化剂，铁离子（Fe^{3+}）具有使钢板表面生成致密且均匀磷酸锌膜的效果 [3-4]。

可是，铁离子会以磷酸铁形式沉淀而失去效果。在此，用络合法提高反应性得到如下结果。

因提高了铝材磷酸锌膜的覆盖性，在原来难以析出磷酸锌膜的切削处也可析出磷酸锌膜。由此可以抑制给涂膜附着性带来恶劣影响的 Al-F 化合物的析出，即便不实施铬淋洗后处理也可确保耐水二次附着性。与原有处理相比，其耐丝状腐蚀性也提高了。

这样为下个阶段开发无铬表面处理体系打下了基础 [5]。

13.4　铝、钢接触部位处理不良对策

由 13.3 节可知，铝、钢都可获得有效表面处理，根据**图 13.3** 所示原理，彼此接触时使其通电可同时进行处理，在铝侧抑制析出磷酸锌所需的氢离子（H^{+}）的产生，几乎不生成膜，但在钢侧因产生氢而析出磷酸锌，因活性面很难露出，析出的磷酸锌作为污泥沉降，所以无法获得充分的膜。

为解决这些现象，必须发现和消除铝和钢的接触部位，即对该接触部位进行绝缘处理。

生产量不大或者中等产量时也许没有大的问题，但是大量生产时一定会成为难题。

如今表面处理技术课题研究水平已达到一定高度，S2000 与传奇（**图 13.4**）的混合动力车体量产已变得可能。

随着对表面处理材料的深入研究，膜生成能力有了极大提高，取消绝缘措施的日子应该不远了。

13.5　铝基材外观涂装

车体涂装大多使用静电涂装（对涂料施加电压用静电进行涂装的方法）。另外，涂装条件的细微差异也会对外观有很大影响。特别是基材为铝和钢的混合动力车体，在测量温度下，铝的电阻约为钢的 1/4，基材的差异引起电阻值的差异，导致静电涂装状态的差异，有可能影响外观品质及色差。

在此，我们实际进行了静电涂装试验，确认颜色是否有差异，试验结果见**表 13.2**。从结果来看，基本上量产生产线的偏差在范围内，可以确定起初担心的因基材差异导致静电涂装状态差异，并影响颜色的情况是不存在的。

传奇混合动力车体显示极高精度的成型性，如**图 13.5** 所示从涂膜构成来看实现了从未有过的高级外观。

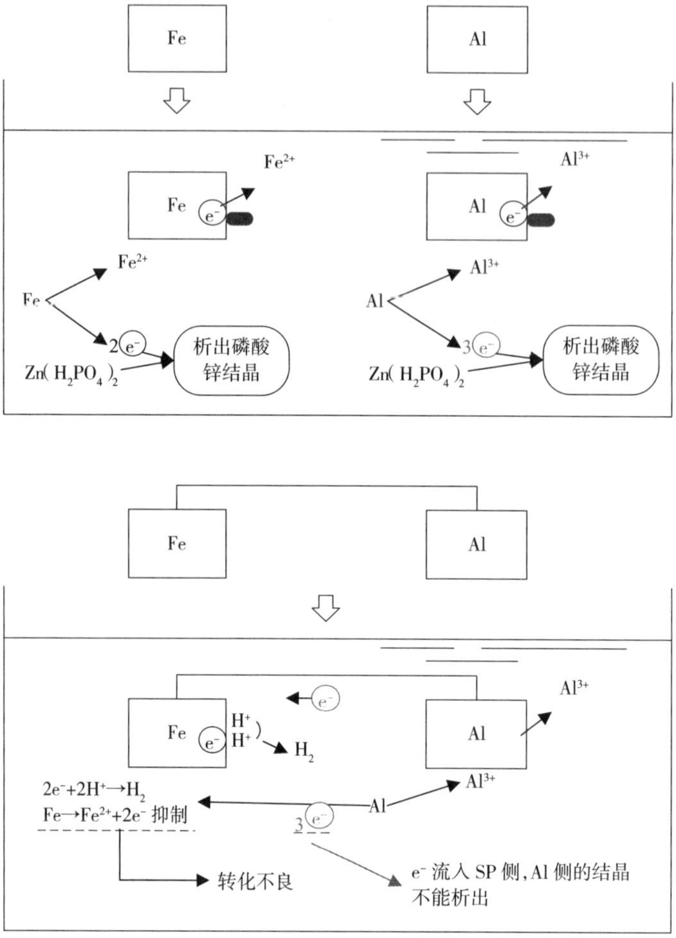

图 13.3　表面处理不良发生原理

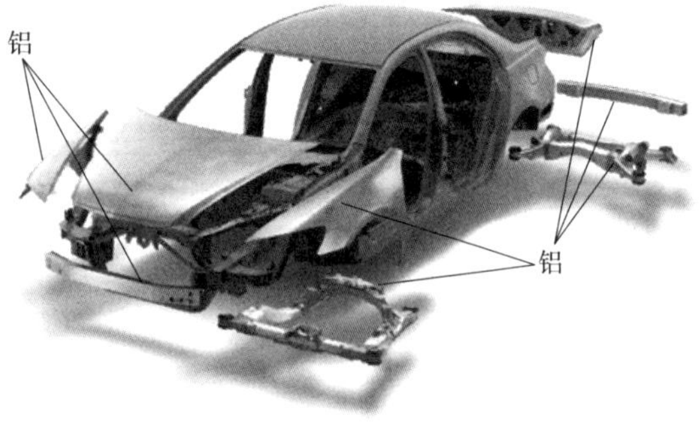

图 13.4　混合动力车身-传奇

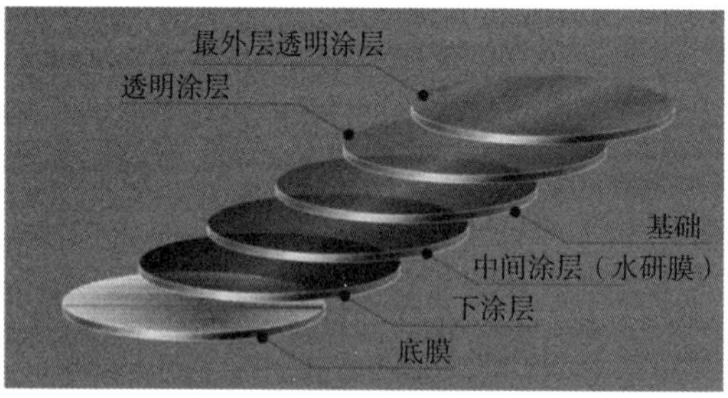

图 13.5　传奇的超高外观涂装

表 13.2　铝与铁的生色差异

	ΔE	ΔL	Δa	Δb
15°	◎	◎	◎	◎
45°	○	○	○	◎
110°	○	○	◎	○

13.6　总结

关于铝表面处理，基于上述探索我们由高品质全铝车体转向混合动力车体。从成本面看，混合动力车型逐渐成为主流，但全铝车体生产技术创造出了世界上罕见的低燃耗汽车。

如 13.1 节所述，追求汽车轻量化是必然选择，如果一味追求轻量化，成本必然上升，无形中给用户增加负担。因此，作为汽车制造业者，经常摸索的课题是如何在不增加成本的前提下实现轻量化。

如今技术开发环境不是有了附加值就可提升产品价格，而是价格不变或用更加便宜的价格实现更高的附加价值。希望继续在不增加生产技术成本的情况下，研发出更多轻量化材料。

表面处理领域已经有部分材料实现了量产，希望基材防腐处理技术有更大的发展。随着技术的进一步发展，基材和表面处理材料的性能和价格更具竞争力的时代一定会到来。

参考文献

1）小松泰典，鈴木英治，宮崎勝男，西野俊哉：NSX 用オールアルミニウムボディの表面処理・塗装技術，Honda R&D Technical Review，Vol.3（1991）.

2）小松泰典，鈴木英治，宮崎勝男，西野俊哉：NSX 用オールアルミニウムボディの表面処理・防錆技術，自動車技術会，Vol.45，No.6（1991）.

3）山添勝芳，池田哲，安原清忠：特開昭 61-106783（1986）.

4）小浦延幸，関口攻：AC インピーダンス法を用いた酸性浴中の Al の化学エッチング機構の解析，表面技術，43，No.3（1992），p.205~210.

5）西野俊哉，和泉浩一郎：アルミニウムボデーのためのクロムフリー表面処理システムの開発，Honda R&D Technical Review，Vol.13（2001）.

Chapter 14

第 14 章　铝材在铁道车辆上的应用

铁道车辆对撞击与火灾等的安全性、经济性、高速化及轻量化有要求，因此铝合金的应用正在逐步扩大。从车辆来看，铝合金的优点有比强度高，挤压成型及焊接容易，用挤压型材易于设计，加上耐腐蚀性强、再生利用率高等。近几年旅客用车辆中铝合金制车辆占比 20%~30%。

20 世纪 30 年代海外试制的第一辆车的车体和结构和部分转向架采用铝合金，而日本国内在 1945 年制造了第一辆电车和客车。可是由于当时物资匮乏，将飞机用过的铝合金进行再生利用，所以腐蚀非常严重。真正开始用铝合金制造车体的是 1962 年作为通勤用的山阳电铁 2000 系列 [1]。

铝合金制车体结构变迁见**表 14.1**[2]。第 1 代在材料方面进行了新的改进，结构用 MIG 焊接 5052、5083 合金和 6063、6061 合金组成，结构组装使用螺栓和螺母。前面提到的山阳电铁 2000 系列即属于此类。第 2 代以后，开发出适用于铁道车辆结构的 7N01、7003、6N01 合金等材料。

7N01 合金是第 2 代采用的合金，于 20 世纪 60 年代中期开发用于焊接结构。过去，含 2% 左右铜的 ESD（超级铝合金）7000 系合金在航空领域得到了实际应用，但由于焊接裂纹和淬火敏感性高，不适用于车辆等焊接结构。相比之下，7N01 合金的铜含量在 0.20%（质量分数）以下的问题。不含铜的 Al-Zn-Mg 系合金强度较低，但其挤压成型性优异，可以作为型材来使用 [3]。此外，氩弧焊因美国可以生产高纯度氩气而变得可能，所以被实用化 [4]。与此同时，欧美开发出 Al-Zn-Mg 系焊接结构用合金 [5]。

1965 年日本开发出不添加铬而添加锆的新 Al-Zn-

表 14.1　铝合金制车体结构变迁

代数	年度	特征	主要材料
第 1 代	1962—1963 年	外板与骨架焊接。框架用型材焊接组装、结构总组装时采用螺栓和螺母	外板：5083 板材；框架：6061、5083 型材；骨架：5083 型材
第 2 代	1964—1980 年	20 世纪 60 年中期成功开发 7N01 合金，外板使用 5000 系合金；引进点焊，可进行全结构焊接	外板：5083 板材；框架：7N01 型材；骨架：5083 型材
第 2.5 代	1969—1992 年	开发出改良挤压型材 7003，可实现大宽度挤压型材；高速、高气密、高刚性、大型车体新干线采用。7000 系合金应用范围扩大	外板：5083 板材，7003、7N01 型材；框架：7N01 型材；骨架：5083 型材
第 3 代	1981 年至今	开发出焊接性好的结构用 6N01 合金；大宽幅、中空薄壁挤压型材有望实现；下一代结构全部由挤压型材构成	外板：6N01 型材；骨架：6N01 型材；框架：6N01、7N01 型材
下一代	1992 年至今	进行新干线、在来线新一代车辆试制；双层膜型结构成主流；地铁车辆实现 6N01 合金化；开发高强度 6082 合金并商业化	全大型中空型材 6N01 型材（7N01 型材→6N01 型材）

Mg 系合金。为提高耐腐蚀性，给 7000 系合金添加某些微量元素，通过晶粒细化提高耐应力腐蚀开裂性，过去一直是添加锰和铬。如**图 14.1** 所示，锆与铬相比淬火敏感性变小，同时如**图 14.2** 所示抑制焊接裂纹的效果变好[5-6]。铬与母相形成非整合性析出物，而锆与母相形成整合性析出物，更容易形成亚晶晶粒[7]。

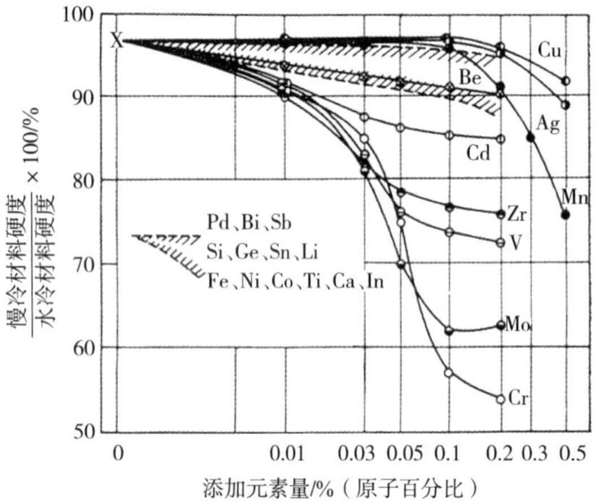

图 14.1　添加元素对 Al-6% Zn-1.8%Mg（质量分数）合金淬火性的影响[6]

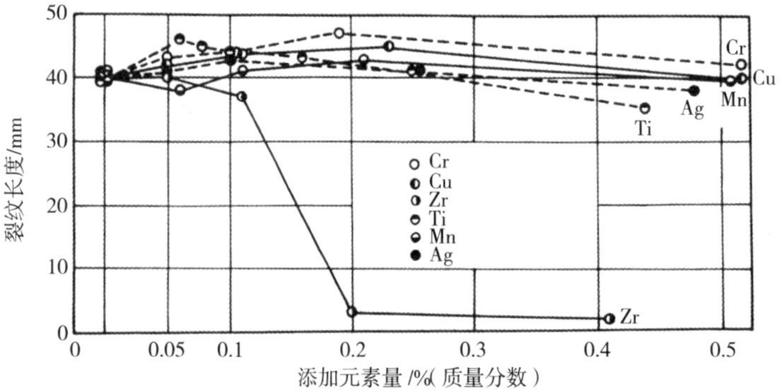

图 14.2　添加各种元素对 Al-5% Zn-2%Mg（质量分数）系合金焊接裂纹的影响[5]

日本最早开发出添加锆的合金，其后在欧美也开始添加锆[8-9]。该合金在风冷淬火时可以获得高强度，并且冷却引起的变形小，生产效率高，所以在 1970 年制定了 7N01 合金 JIS 标准。化学成分见**表 14.2**。添加微量元素对 Al-Zn-Mg 系合金应力腐蚀开裂性的影响见**图 14.3**，添加 0.1%~0.2%（质量分数）的微量铜可以提高耐应力腐蚀开裂性[10]。所以，7N01 合金添加微量铜元素的上限是 0.20%（质量分数）。7N01 合金被用于框架等需要强度的部件，主要是型材，也有部分板材。

1967 年国内成功开发了 7003 合金，减少了 7N01 合金的锰含量，增加了锌含量，提高了挤压成型性，1975 年申请加入[8-11]铝业协会（The Aluminum Association，AA）。7003 合金的挤压速度是 7N01 合金铝业协会 1.5~2 倍，该合金具备了制造宽尺寸型材的可能。同时，1969 年压延业界、冶炼业界共同出资在三重县四日市成立轻金属挤压开发公司（KOK），配置了国内最大的 9 500 t 挤压机。由此可以挤出最大宽度为 520 mm 的型材，宽幅 7003 合金型材被第 2.5 代新干线 200 系车厢横梁采用[12]，随后还被大量应用于车厢底板等。新干线 200 系箱体首次使用铝合金材料，除车厢横梁使用 7003 合金以外，侧外板和车厢顶等大量使用 5083 合金宽幅板材，侧柱、侧梁、横梁、辅助侧板等还使用 7N01 合金。

第 3 代商业化车辆用合金是 6N01 合金，比 7N01 合金和 7003 合金的挤压性、焊接性、耐腐蚀性更加出色。欧洲开发出 Al-Mg-Si 系 6005A 合金用于车辆，但是由于锰+铬含量在 0.12%~0.50%，挤压时易

表 14.2　代表性铁道车辆用铝合金化学成分　　单位：%（质量分数）

合金	Si	Fe	Cu	Mn	Mg	Cr	Zn	Ti	Zr		Al
7N01	≤0.30	≤0.35	≤0.20	0.20~0.7	1.0~2.0	≤0.30	4.0~5.0	≤0.20	≤0.25	V≤0.10	残部
7003	≤0.30	≤0.35	≤0.20	≤0.30	0.50~1.0	≤0.20	5.0~6.5	≤0.20	0.05~0.25	—	残部
6N01	0.40~0.9	≤0.35	≤0.35	≤0.50	0.40~0.8	≤0.30	≤0.25	≤0.10	—	Mn+Cr ≤0.50	残部

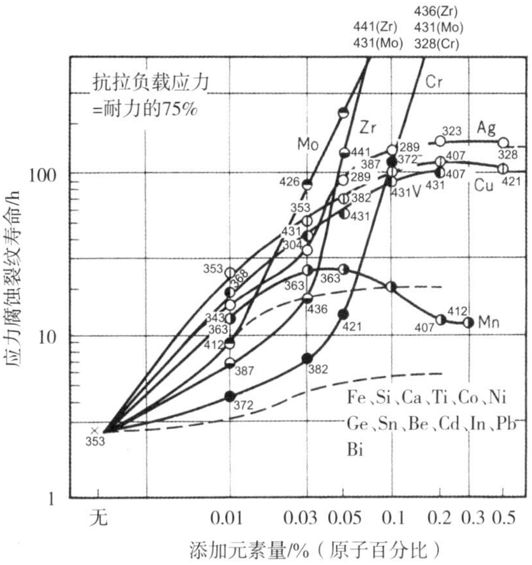

图 14.3　添加微量元素对 Al-6% Zn-1.8% Mg（质量分数）合金应力腐蚀裂纹的影响（图中数字表示各合金 0.2% 耐力值）

发生晶粒粗大。另外，硅元素过剩会导致韧性降低，焊接也易产生微细裂纹等[13]。1980 年集中各个公司意见制定了 6N01 合金 JIS 标准[14]。该合金可以制造

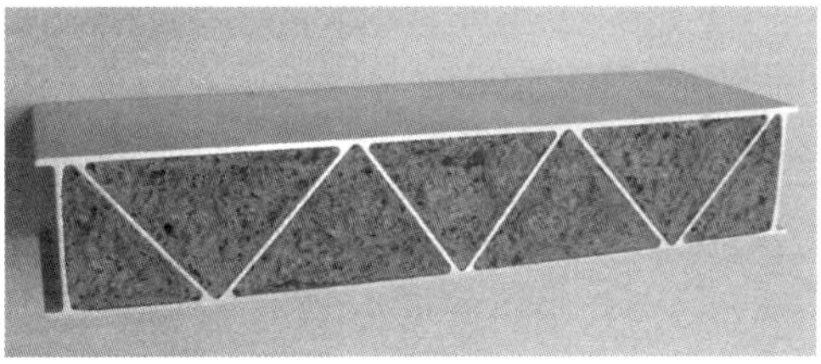

照片 14.1　减震型材示例

薄壁空心挤压型材，充分利用第 3 代合金的特点，整个结构体都由挤压型材构成[2, 15-16]。从第 3 代起 6N01 合金被大量使用，在新干线 300 系车辆上，与钢制新干线 0 系车辆相比，每节车厢减轻约 16.2 t（约减轻 27%）。

随着材料应用技术的进步，300 系车辆由于使用减震材料，车内静音效果提高了。减震型材料示例见**照片 14.1**。图中装入的是不可燃性减震发泡材料，在减震的同时也可有效防止火灾。

钎焊铝蜂窝板技术也被开发并应用，新干线 500 系车辆上侧面板和地板都有采用。500 系车辆及蜂窝面板示意图见**图 14.4**。蜂窝面板是由六角形芯和表面板焊接成一体的结构，特点是重量轻且有很高的刚性。黏结蜂窝面板不能使用焊接手段，但钎焊蜂窝板可以进行焊接，所以 500 系车辆采用了焊接。与 300 系相比 500 系车辆减重约 17%。

新干线 700 系车辆整体结构几乎都使用 6N01 合金型材，7N01 合金使用部位仅限底架的横梁。还有，前述蜂窝面板并未使用，如**照片 14.2** 所示 N700 系被用于车前部。

另外，焊接技术过去沿用 MIG 焊接，但 20 世纪 90 年代 1990 年后期开始搅拌摩擦焊（friction stir welding，FSW）实用化，如**照片 14.3** 所示，新干线 700 系车辆地板部分使用。该地板材料是 6N01 合金用 FSW 将 4 张板同时焊接而成，形成宽 1 300 mm、长 5 000 mm 的地板材料，这是仅靠挤压无法获得的宽幅型材。FSW 示意图见**图 14.5**，边旋转用工具钢制成的搅拌头，边水平移动进行焊接。焊接是

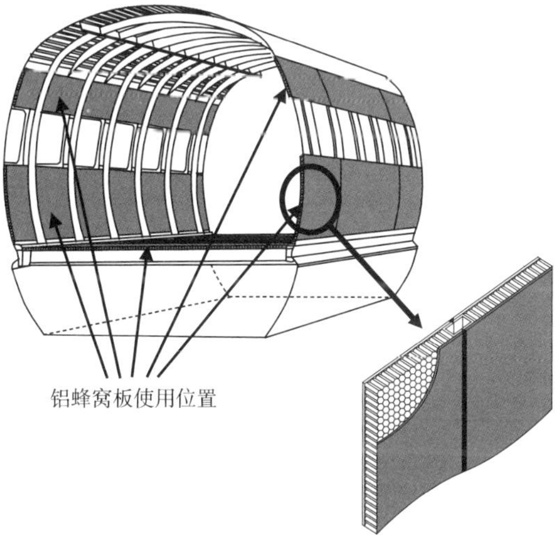

图 14.4　新干线 500 系车辆钎焊铝蜂窝板使用位置及面板示意图[2]

照片 14.2　N700 系车辆前部放大图

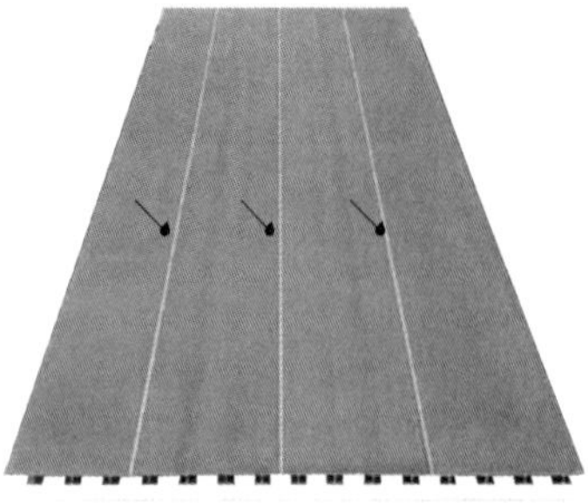

照片 14.3　FSW 接合的新干线 700 系车辆地板焊接处（箭头位置）

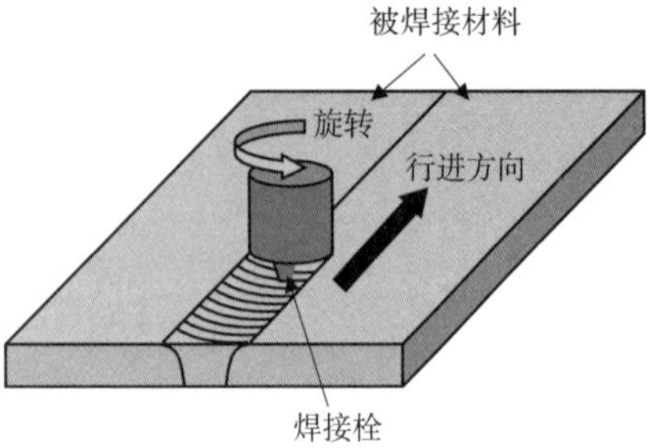

图 14.5　搅拌摩擦焊（FSW）示意图

利用搅拌头摩擦旋转发热的固相焊接，因温度上升到 500 ℃后左右，所以与 MIG 等的熔融焊接相比，其焊接强度变高，扭曲变小。近些年使用 FSW 成功开发出 FSW 点焊（friction stir spot welding）技术。该技术与传统点焊相比耗能变小，对改善环境贡献很大，用于汽车的铝合金门等的焊接。

随着铝合金技术的研究开发和挤压制造技术的升级、焊接技术突飞猛进，铁道车辆铝合金应用持续扩大。与钢制车辆相比，铝合金制车辆初始成本较高，但是运营成本得到降低，所以长期来看是有利的。目前铁道车辆正式采用铝合金已经有 30~40 年，废旧车辆也已产生。1994 年对废旧车辆进行解体，再生利用课题及措施已经摆上议事日程[17]。考虑到再生利用，防止螺丝等铁制部件混入、合金单一化等是需要研究的课题。为了完成这类研究课题，方向是合金方面研究使用 6082 合金等高强度 6000 系合金，挤压方面开发高强度合金挤压技术，加工方面扩大 FSW 和 FSW 点焊适用范围等。

参考文献

1）石塚寿彦：アルミニウムの製品と製造技術，軽金属学会（2001），203-219.

2）原純：アルミニウム，55-11（2004），23.

3）竹内勝治：アルミニウム合金展伸材—その誕生から半世紀，軽金属溶接構造協会，（1986）. 技術の歩み（非売品），住友軽金属工業株式会社（1995）.

4）小林藤次郎：住友軽金属技報，1（1960），129.

5）寺井士郎，馬場義雄：同上，10（1969），42.

6）馬場義雄：同上，9（1968），24.

7）吉田英雄，馬場義雄：同上，22（1981），42.

8）馬場義雄：同上，41（2000），91.

9）馬場義雄：アルミニウム，35-7（2000），80.

10）Y. Baba：Trans. Japan. Inst. Metals.，11（1970），404.

11）馬場義雄，福井利安，高島章：軽金属，24（1974），25，住友軽金属技報，15（1974），117.

12）馬場義雄，吉田英雄：住友軽金属技報，18（1977），68.

13）軽金属協会：軽金属車両委員会報告書，昭和 45 年昭和 46 年（1971），昭和 47 年昭和 48 年（1973）.

14）同上，昭和 53 年-昭和 58 年（1984）.

15）福井利安，竹島義雄，馬場義雄：住友軽金属技報，23（1982），157.

16）佐藤武男：同上，25（1984），204.

17）軽金属車両委員会リサイクル分科会：アルミニウム合金製車両営团 5453 号車解体調査報告書，軽金属協会（1994）.

Chapter 15

第 15 章　汽车发动机使用的铝合金压铸件

15.1　概要

压铸是将铝合金、锌合金、镁合金、铜合金等熔融合金压入精密模具中，以高精度高循环大量生产优异铸件的铸造方式，优点有尺寸精度高、铸件表面美观平滑、生产效率高、切削加工量少、可再生循环利用等。由于具有这些优点，压铸件产量不断增加。特别是铝合金压铸件由于壁薄、重量轻且强度高，在汽车零部件中主要用于发动机缸体、变速器壳体、油泵壳体等动力总成相关产品。

如今铝合金压铸件占压铸件总产量的约 95%。伴随新的压铸技术的开发和实用化，应用范围逐渐扩大到汽车的高性能发动机缸体、底盘零部件、车体部件等要求耐压性强度、韧性的重要零部件。

以下主要以汽车发动机缸体为例，介绍有关铝合金压铸的变迁。

15.2　压铸的变迁

压铸据说始于 1838 年美国 D. Bruce 发明的手摇活字铸造机，有约 170 年的历史[1)]。其后 1877 年 H. B. Dusenbury 将活字铸造机应用于铸件，发明了压铸机[2)]。1905 年美国 H. H. Doehler 应用活字铸造机的原理开发出如**图 15.1** 所示的压铸机，并在世界上首次进行压铸商业化生产[3)]。该压铸机将射出套筒和柱塞浸渍在热熔体中，手动操作长手柄由柱塞射出热熔体。

射出部件（气缸和柱塞）浸渍入热熔体中的压铸机也称热室压铸机。后面将会介绍射出部件在空气中的方式被称为冷室压铸机。当时压铸使用 Sn-Pb 合金、锌合金等低熔点合金。

铝是 1807 年由英国人 H. Davy 发现的较新的金属。19 世纪末至 20 世纪初，使用重量轻，不易腐蚀且易加工的铝进行了压铸试验。可是，铝合金热熔体与铁与钢的熔合力很大，易侵蚀，因此在使用柱塞热室压铸方式进行压铸时，易发生柱塞与气缸熔损、机器动作不畅等问题，导致铝合金压铸未能实现商业化。

因此，设计了不用柱塞而将热熔体注入、填充模具腔体的方法。该铸造机被称为鹅颈式压铸机，如**图 15.2** 所示，在鹅颈压式铸机内的热熔表面直接

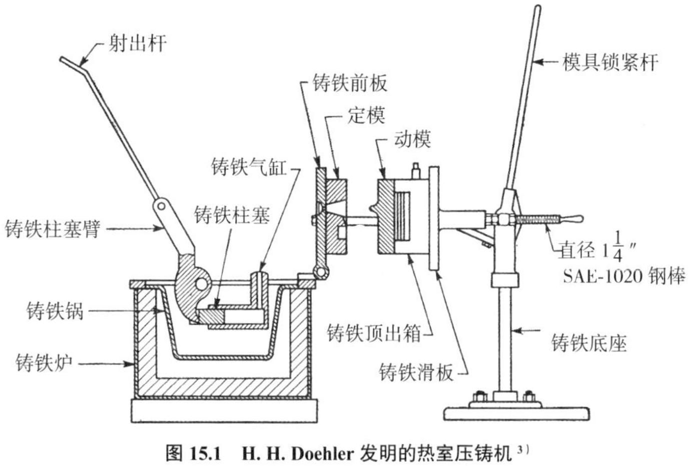

图 15.1　H. H. Doehler 发明的热室压铸机[3)]

用压缩空气射出热熔体[4]。1915 年 H. H. Doehler 使用该压铸机生产出世界上第一个铝合金压铸件。可是，由于铸造压力低至 4 MPa，射出时很容易带入空气，所以无法获得良好的产品质量。

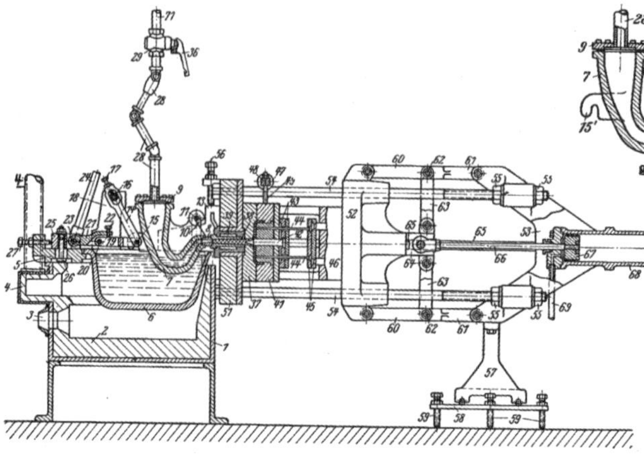

图 15.2　H. H. Doehler 发明的鹅颈式压铸机[4]

随后又开发了 Polak 和 Eckert 等，铸造压力可以达到 20~70 MPa，显著提高了铝合金压铸品质[1]。随后 H. H. Doehler 开发了如**图 15.3** 所示的卧式压铸机，奠定了今日压铸的基础[4]。

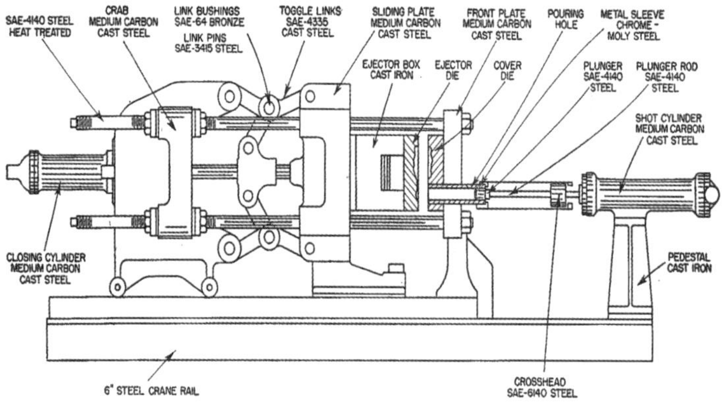

图 15.3　H. H. Doehler 发明的卧式冷室压铸机[4]

日本在 1917 年成立了压铸合资公司，从美国 Soss Mfg 公司引进手动卧式柱塞式热室压铸机，开始了低熔点合金的压铸生产[5]。压铸合资公司在 1928 年从德国进口如**照片 15.1** 所示压模力 40 t 的 Eckert 立式冷室压铸机，在日本首次开始铝合金压铸生产。压膜时利用水压，射出时利用空压[5]。1929 年古河电工（株）进口水压式 Polak 卧式冷室压铸机，开始生产铝合金压铸件。当时的铸件主要是小型铸件，如照相机、收音机、电风扇等[5]。

伴随日本推动压铸工业化，从 1930 年开始铝合金压铸引起人们的广泛关注，并开始生产汽车零部件、飞机零部件、光学机器零部件等。1935 年随着航空工业的建立，铝锭国产化，铝合金压铸产业迎来鼎盛时期。

二战后，压铸产业陷入低迷状态，从 1950 年开始电机零部件与汽车零部件逐渐恢复生产。1955 年以后，汽车生产台数逐渐增加，曲轴箱、变速箱、气缸盖等汽车相关零部件也随之增加。

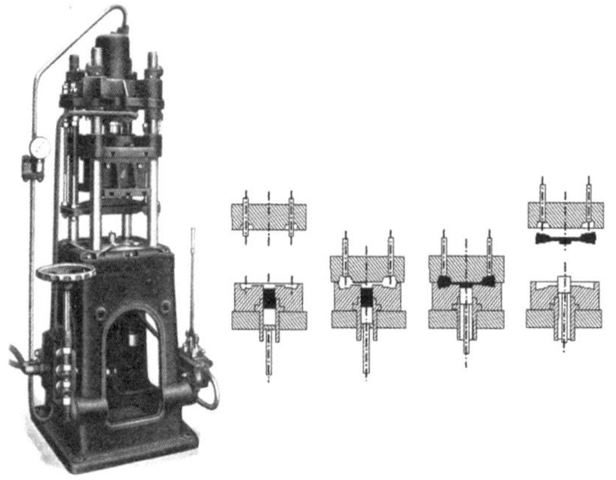

照片 15.1　Eckert 压铸机[5]

铝合金压铸最初用于发动机缸体的例子是 1955 年由 Doehler-Javis 生产，如**照片 15.2** 所示湿式 L6 缸体[6]。后来经过改良，1959 年成功开发出如**照片 15.3** 所示的干式 L6 缸体，被 American Motors Rambler 搭载。后来在很多发动机上使用铝合金压铸件。

1967 年日本国内做过统计，有 2 家公司的 5 款车型使用铝合金压铸发动机缸体[7]。目前很多汽车发动机使用铝合金压铸缸体，为确保耐磨耗性能，缸内侧如**照片 15.4** 所示使用铸铁内衬。

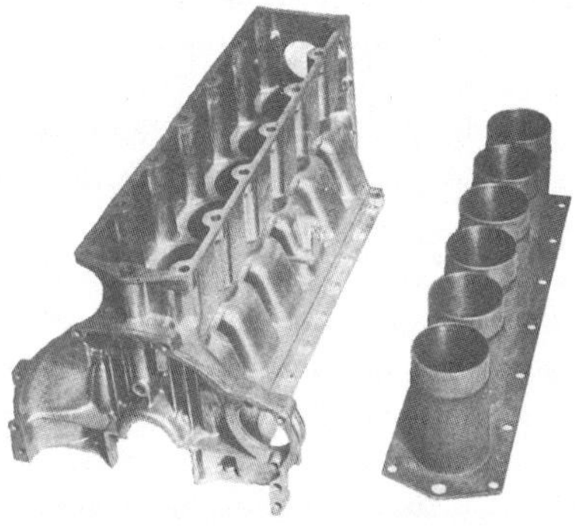

照片 15.2　1955 年开发的湿式缸套发动机缸体

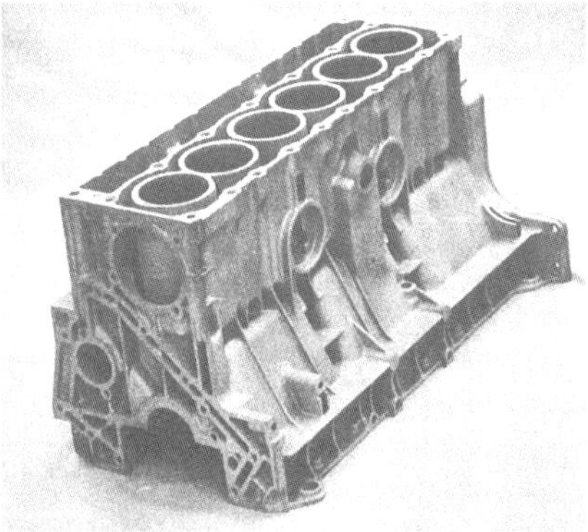

照片 15.3　1959 年开发的干式缸套发动机缸体

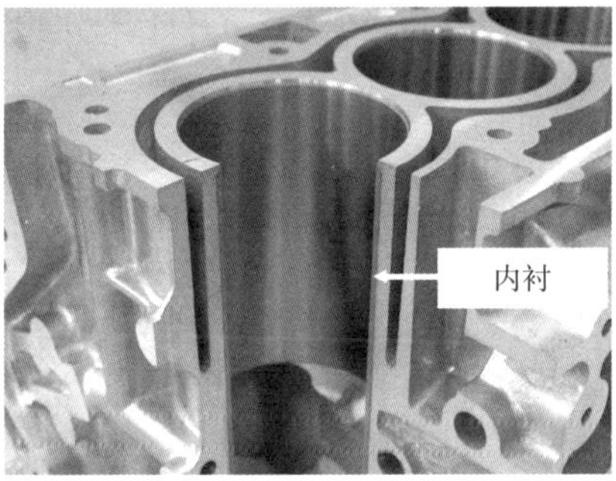

照片 15.4　铝合金压铸发动机缸体（日产汽车提供）

15.3　铝合金压铸技术革新

压铸以高速向模具腔体内注射、填充热熔物并使其在短时间凝固，因此会产生气孔与凹穴等各种铸造缺陷。20 世纪 60 年代以后，为控制此类铸造缺陷，开发出生产高质量压铸件的技术。为使此类新开发的技术与原有技术有所区别，可称之为特殊压铸法。

特殊压铸法分为低速填充法和高速填充法。通过使用这些技术，不仅压铸耐压性得到提高，产品中气孔数也大幅度降低，原有技术水平难以处理的 T6 热处理、焊接问题也得以解决。具体介绍如下。

15.3.1　低速填充压铸技术的开发

低速注射、填充压铸方法始于 1959 年美国通用（General Motors，GM）公司成功开发的 ACURAD 法[8]。ACURAD 是由 Accurate、Rapid、Dense 三个单词的部分字母组成的新词。**图 15.4** 所示是 ACURAD 法原理图。做法是用厚浇口和低注射速度实现层流填充，以减少空气卷入，由模具精准控制温度，实现指向性凝固，通过内柱塞加压减少缩孔，获得致密、可焊接的压铸件。GM 公司利用该技术生产了如**照片 15.5** 所示的 Vega 发动机缸体。它使用共晶 Al-Si 合金 A390，是无衬垫发动机缸体[9]。

1967 年东洋工业（现为马自达）开发了一种层流填充压铸法。该压铸法通过扩大浇口横截面，将填充浇口的速度提高到 1 m/s，并可进行热处理[10]。如**照片 15.6** 所示是生产的发动机转子用外壳。外壳需要高温高强度，所以进行了 T6 热处理[11]。

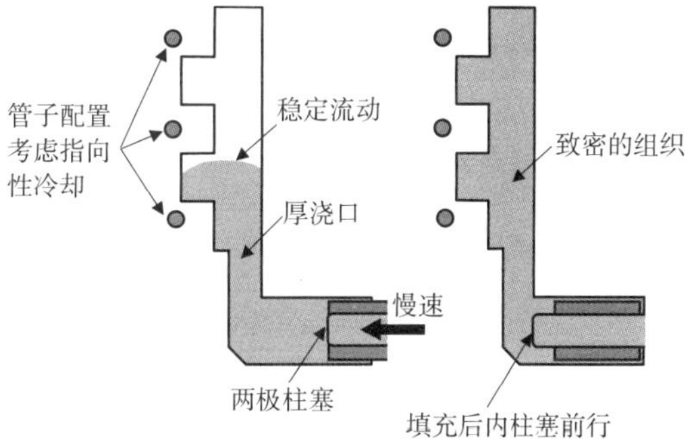

图 15.4　ACURAD 法原理图

照片 15.5　ACURAD 法生产的 Vega 发动机缸体[8]

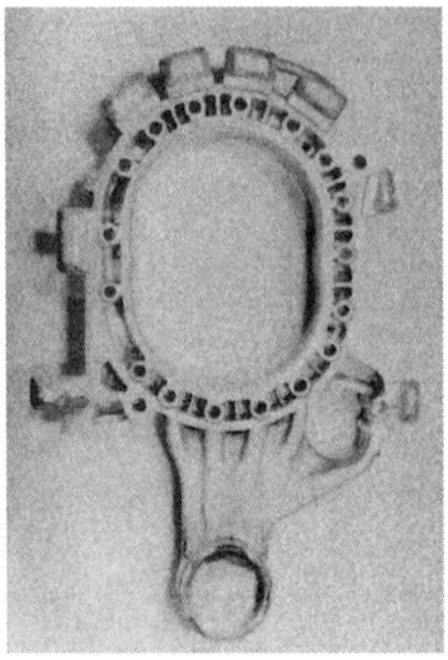

照片 15.6　层流填充压铸法生产的转子外壳[10)]

20 世纪 70 年代，盛行研究热熔锻造法，宇部兴产公司开发出间接热熔锻造法，如图 15.5 所示，1976 年用挤压压铸法生产出汽车用轮毂[12)]。

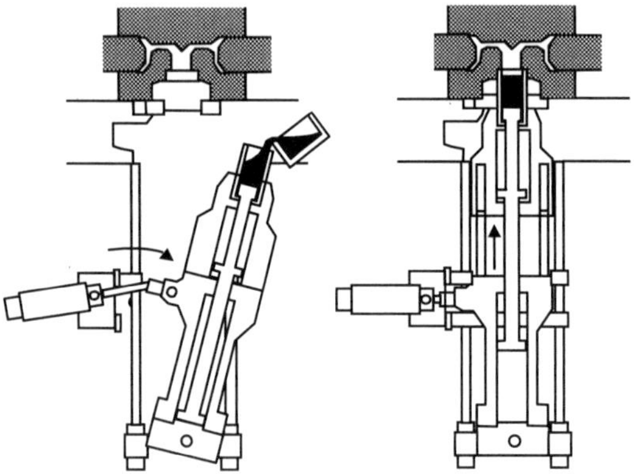

（a）　（b）

图 15.5　挤压压铸法原理图[11)]

（a）热熔　（b）射出

1986 年和 1987 年，东京轻合金制作所与本田工程相继成功开发出将铸造压力降至 20~30 MPa 的中压压铸法[13)]和新型压铸（New Die Casting，NDC）法[14)]。东京轻合金制作所用低压铸造生产的封闭式发动机缸体如**照片 15.7** 所示。其中（b）是形成冷却水通路的砂芯，（c）是缸体截面图。本田工程用 NDC 法将砂芯形成闭路板化，成功开发出将 ADC12 加压熔浸在由 Al_2O_3 纤维和碳纤维组成的筒状预制构件中的缸体[15)]。**照片 15.8** 所示是缸体和（a）预制内衬、（b）内衬 SEM 照片、（c）复合部分的微观组织。

2001 年 Ryobi 公司使用低速填充压铸法开发出如**照片 15.9** 所示的柴油发动机用 V6 封闭式缸体[16)]。低速填充和高压大幅度减少了铸造气穴缺陷，为防止热熔体侵入砂芯，成功开发出具有耐高压特殊涂层的砂芯。

15.3.2　半固态压铸技术的开发

半固态压铸法是一种通过使初晶粒状化，在固液共存状态下容易铸造的方法[17-18)]。该方法包括将合金从液体状态边搅拌边冷却，使之在析出规定固相率的粒状晶的浆料状态下成型的流变铸造法，和让浆料凝固后制作成板坯，铸造时再加热的半固态状成型触变铸造法。该方法具有凝固收缩量小难以形成气穴，黏性流动所以很少带入空气，潜热量少，模具寿命长等特点。

铝合金半固态压铸法最初实用化是用触变铸造法，1989 年美国 Alumax 开发了半固态锻造（Semi Solid　Forging，SSF）技术[19)]、瑞士 Buhler 开发了半

（a）　（b）　（c）

照片 15.7　中压压铸法生产的封闭式发动机缸体

（a）外观　（b）砂芯　（c）缸体剖面图

照片 15.8　NDC 法生产的封闭路式 FRM 发动机缸体的外观与相关图片

（a）预制内衬　（b）内衬 SEM 照片　（c）复合部分的微观组织

照片 15.9　采用低速填充压铸法生产的封闭式 V6 发动机缸体

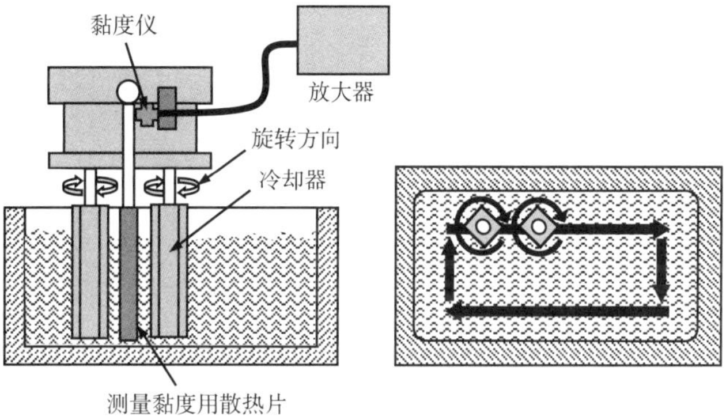

图 15.6　半凝固浆料生产装置[23]

固态金属压铸（Semi Solid Metal Casting，SSM）技术[20]。日本在 20 世纪 90 年代引进触变铸造法并开始开发。1994 年 Speed Star 公司引进 SSF 技术生产轮毂，1995 年东京理化工业所引进 SSM 技术，生产有耐压性要求的液压部件与有强度、韧性要求的零部件[21]。

可是，触变铸造法要对组织调整后的特殊板坯进行再加热，并在固液共存的状态下升温，所以成本很高。因此，20 世纪 90 年代后期开始投入主要科研力量攻克流变铸造法。1996 年日立金属在挤压压铸机的注射套管外围安装电磁搅拌装置，搅拌套管内的热熔体生成粒状初晶，开发出注射填充半固态压铸法[22]，生产汽车用轮轴零部件。还有，宇部兴产在 1998 年开发出将低温热熔体注入浆料制造器慢慢冷却，析出粒状初晶，并进行的注射、填充的方法[23]。

如**图 15.6** 所示，本田工程在 2003 年开发出通过黏性测定管理固相率的流变铸造装置，开始生产**照片 15.10** 所示的柴油发动机用封闭式发动机缸体[24]。该缸体通过 T5 处理提高了强度，同时使用砂芯达成了闭路化。

照片 15.10　采用半凝固压铸法式生产的封闭式 L4 发动机缸体

15.3.3 开发高真空压铸技术

很早以前就有真空压铸技术，其目的是降低气体含量和提高热熔体流动性，由于真空度较低，所以产品内的气体量在 5~20 mL/100 g Al，很难进行 T6 热处理与焊接等。对此，1985 年以后开发了模具腔体真空度在 10 kPa 以下的高真空压铸法。最初引起注意的是**图 15.7** 所示的 VACURAL 法[25]，射出套管和保持炉之间用吸管连接，模具腔体及套管内处于真空状态，并在套管内将热熔体吸上来，所以可长时间进行真空吸入，获得 5 kPa 以下的真空度。产品内气体量在 1~3 mL/100 g Al，可进行焊接与 T6 处理。日产汽车[26]及日立金属[27]等引进了该技术，生产汽车与除雪车等的重要安全零部件。

雅马哈发动机独创高真空压铸法 CF（Control Filling）法，使用过共晶 Al-20% Si 合金，开发出如**照片 15.11** 所示可进行 T6 处理的无内衬全铝合金压铸制摩托车发动机用缸体[28]。因进行了 T6 处理，所以缸体强度及缸体内表面的硬度提高了。

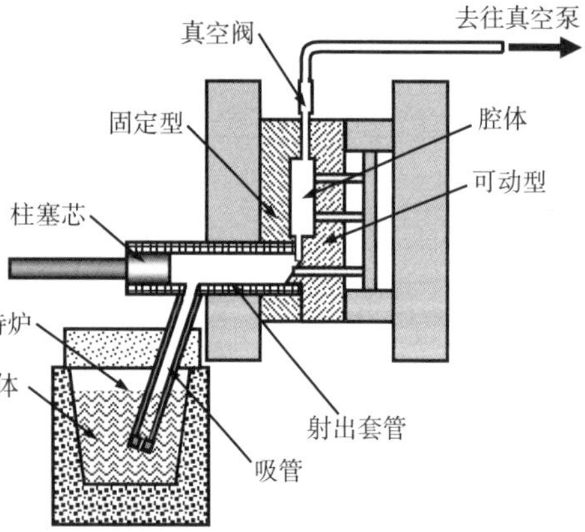

图 15.7 VACURAL 法原理图

照片 15.11 采用高真空压铸法生产的摩托车用发动机缸体

15.4 压铸今后的展望

近来，压铸生产量稳定增长的背景是地球气候变暖和煤炭资源逐渐枯竭等社会问题越来越紧迫，今后以汽车产业为中心，对更加轻量化、可再生利用等的要求也会提高。为了从经济角度来看满足这些要求，压铸的作用越来越大。

可是，从目前所掌握的压铸技术来看，还很难做到完全满足用户要求。在此，有必要将这类技术复合化，赋予压铸以新的特性、新的功能。特殊压铸法之间的组合及特殊压铸法和材料技术的组合、与其他加工方法的组合等都是未来研究的方向。

比如，半固态压铸法目前因低速填充而难以生产薄壁产品，通过与高真空压铸法进行组合可进行高速填充，使得气孔缺陷少的薄壁铝合金压铸变得可能。在相关材料技术方面，将 7000 系和 6000 系等变形合金用半固态压铸法进行铸造，可以克服铸造裂纹等问题。

不同材料组合的例子有 2004 年宝马（BMW）搭载如**照片 15.12** 所示直列六缸发动机缸体[29]。该产品将气缸盖、冷却水循环通道、气缸盖支架等部分，使用过共晶 Al-Si 合金进行低压一体铸造，并作为插入件用镁合金压铸而成，所以与原有铝合金制缸体相比重量减轻 24%。研究与其他材料的组合今后值得我们期待。另外，部分已经实用化，即在发动机缸体中不使用内衬，通过在缸体内侧进行电镀或喷涂，形成耐热、耐磨耗膜，实现无内衬化等方法也将得到发展。

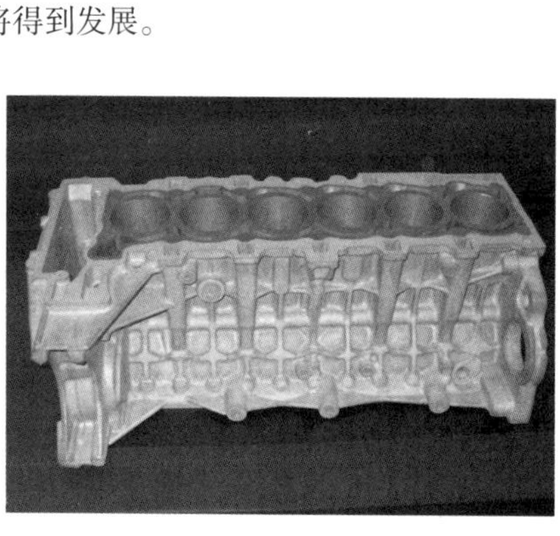

照片 15.12 铝合金内嵌入式镁合金（组合材料）L6 发动机缸体

照片 15.13 所示是焊接高真空压铸品和热轧凸模成品框架，今后有望实现将压铸部件和变形部件等压铸以外方法成型部件进行焊接、黏合的复合加工技术。

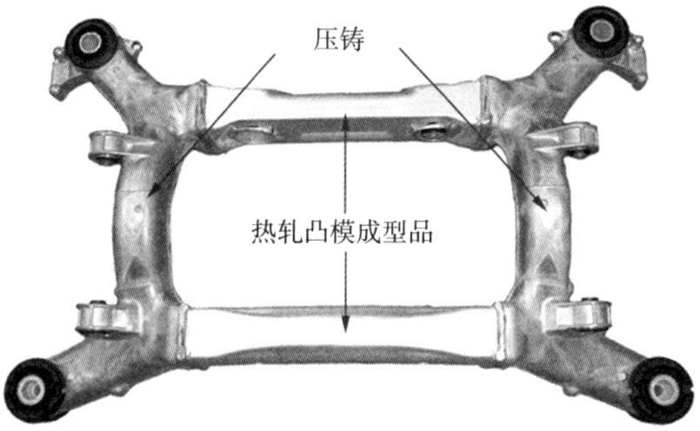

照片 15.13　焊接高真空压铸和热轧凸模成型品框架

15.5　总结

作为活字大量生产方法诞生的压铸法至今已有 170 多年的历史。如今它在对铝合金铸造中所起的作用越来越大。经过长期不懈的努力，其研究成果对众多产业成长贡献颇大。特别是在汽车领域，不仅可以生产汽车的“心脏”——动机构成零部件，还可以生产底盘和车身零部件。今后随着新的压铸技术、压铸材料的研究开发，压铸的用途一定会进一步扩大。

参考文献

1）平賀力：ダイカスト一般論，硯学書房（1952）.

2）C. O. Herb：DIE-CASTING，The Industrial Press（1936）.

3）H. H. Doehler：“Die casting”，McGraw-Hill Book Company，INC.（1955）.

4）L. Frommer：Handbuch der Spritgustechnik（1932）.

5）日本ダイカスト協会編：日本ダイカスト史，日刊工業新聞社（1986）.

6）A. F. Bauer：SDCE Trans. 1st（1961），paper No.9C.

7）「ダイカスト・アキュラッド鋳造実験報告書」（第 1 報），日本ダイカスト協会（1968），2.

8）A. L. Bryant：SDCE Trans. 4th（1966），paper No.504.

9）A. L. Bryant：SDCE Trans. 6th（1970），paper No.65.

10）広田匡讃，吉田実：会報ダイカスト 32（1967）1.

11）吉田実：第 26 回シンポジウムテキスト「高品質アルミニウム合金ダイカスト」，軽金属学会（1985），41.

12）川口東白，上野豊明，内田正志：1981 年日本ダイカスト会議論文集（2），K81-7（1981），37.

13）臼井弘武，寺内博，竹俣信雄，深井茂樹：1986 年日本ダイカスト会議論文集，JD86-19（1986），175.

14）桜井久之：軽合金鋳物及びダイカストの複合材料（素形材センター）（1985），59.

15）M. Ebisawa，T. Hara，T. Hayashi and H. Ushio：SAE Paper 910835.

16）会報ダイカスト No.118，日本ダイカスト協会（2002），27.

17）D. B. Spencer，R. Mehrabianet and M. C. Flemings：Metall. Trans. 3（1972），1925.

18）M. C. Flemings，R. G. Riek and P. K. Young：Mater. Sci. Eng. 25（1976），103.

19）Semi-Solid Forging at Alumax：Light Metal Age，Oct.（1994），32.

20）K. P. Young：Proceedings of 3rd int. cnf. on semi-solid alloys and composites（1994），155.

21）松野慎也，斉藤正央，菊池政男：1996 年日本ダイカスト会議論文集 JD96-31（1996），209.

22）金内良夫，柴田良一，今村具哉：鋳造工学 74（2002），9，595.

23）安達充，佐藤智，前田琢磨：型技術 18，4（2003），31.

24）M. Yamazaki，A. Takai，O. Murakami，M. Kawabata，H. Tanikawa，O. Ito and K. Kuroki：2004 SAE World Congress（2004）.

25）H. Woithe，W. Schwab：Alumium，60（1984），790.

26）田代政巳，神戸洋史，浅井宏一，工藤勝弘：2002 日本ダイカスト会議論文集 JD02-37（2002），235.

27）金内良夫：型技術 19，4（2004），43.

28）栗田洋敬，山縣裕：2004 日本ダイカスト会議論文集 JD04-47（2004.2），283.

29）J. Wolf and W. Wagner：Proceedings of the 62nd Annual World Magnesium Conference in Berlin（2005），Intl. Magnesium Assoc.，Wauconda，IL USA，59.

30）近藤和利：素形材，46，2（2005），6.

Chapter 16

第 16 章　航空航天和铝

16.1　概要

受 2001 年美国“9・11”恐怖袭击事件的影响，前往海外旅游人数急剧减少，但随着经济恢复以及亚洲经济持续高速增长，旅游人数逐渐恢复。

基于此，对民用飞机的需求急剧增长。两大飞机制造厂商美国波音公司和欧洲空客公司的订单数量远远超过了恐怖袭击前的峰值。目前航空运输中的喷气式飞机半数以上会在未来 20 年以内被淘汰，所以仅飞机更新就数量惊人。不仅仅是大型飞机，中小型飞机的需求也在增长，航空产业正在高速发展中。

飞机反复进行起飞、长时间空中飞行、降落，且常在恶劣的环境中飞行，所以需应用各种技术确保其维持安全性和稳定性。其中机体、发动机以及构成零部件的表面处理技术是核心技术，是不可或缺的技术。

从飞机的技术性、经济性来说，减轻重量尤为关键，因此飞机的重要位置（机体和主翼、外板、起落架部件）都采用比强度极高的材料。组成材料中占比最大的是铝合金，轻且强度高的铝在飞机上应用最多。因在严酷的飞行环境中有可能产生疲劳破坏、脆性破坏及腐蚀等，所以飞机零部件使用的铝合金要进行阳极氧化、化学转化、涂装等处理。

16.2　飞机使用的铝

16.2.1　铝材

铝在目前民用飞机最常见的关键构成材料（**图 16.1**）。机体、主翼等外板约 80% 是铝合金（主要是 2024、7075 等）。比如，波音公司的 B747 铝合金约占 81%，B777 铝合金约占 70%。具体来说，除机体/机翼外板等机体结构材料外，横梁、轮毂、门窗、门铰链、各种精密零部件、热交换器、通风扇、空压机、厨房设备等也使用铝合金（**照片 16.1**[1]）。

飞机零部件使用强度非常出色的 2000 系合金与 7000 系合金等高强度铝合金。特别是机体结构材料需要高疲劳强度和高韧性。机体在飞行中为了使客舱内气压接近地面气压而加压，因此要反复承受客舱内外气压差所产生的负荷，以及起降和转弯等产生的弯曲和所产生的负荷。因此，要求耐疲劳强度的部位选择 2000 系合金。A2024 的屈服强度和抗疲劳特性非常优异，所以在主翼下面的外板和机体外板处使用，A7075 强度非常高但疲劳强度稍弱，所以在主翼上面的外板处使用和用作加固材料。

此类铝合金中含铜、锌、镁会增加强度，但会降低耐腐蚀性。因此在外板表面覆盖有耐腐蚀性强的纯铝热轧材料进行使用。同时，为了防止应力腐蚀开裂（SCC）与腐蚀剥落，使用 SCC 敏感性低的 T73、T76、T77 等超时效材料。

图 16.2 所示是波音公司董事长 Condit 先生演讲

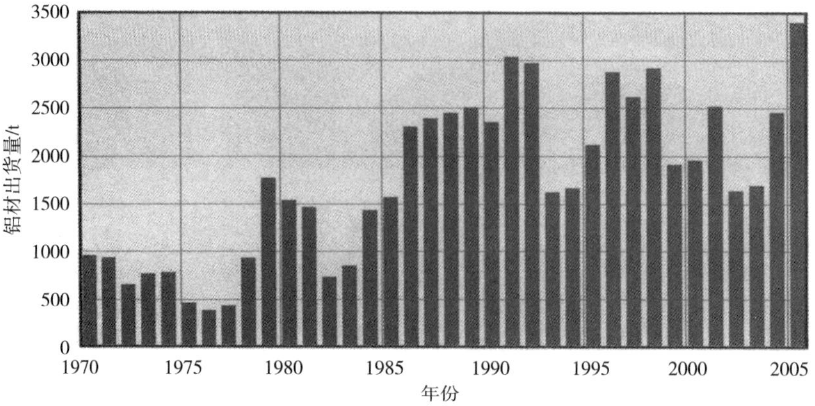

图 16.1　日本国内飞机用铝材出货量的变化

（资料来源：日本铝协会）

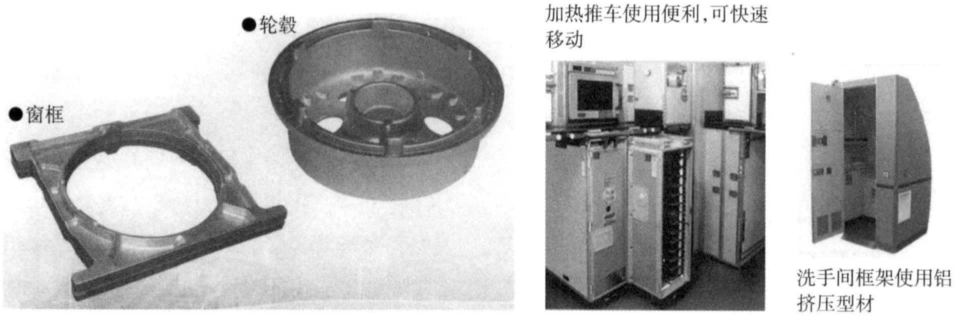

照片 16.1　飞机上使用的铝制部件

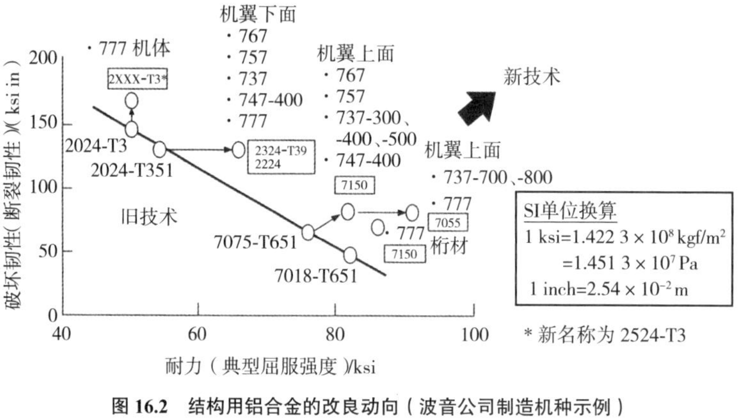

图 16.2　结构用铝合金的改良动向（波音公司制造机种示例）

时使用的资料。该资料展示了波音公司机体所使用的铝材料的强度特点和改良动向[4]。非结构部件使用耐腐蚀性和成型性良好的 3000 系、5000 系、6000 系等铝合金。

16.2.2　飞机表面技术[5]

硬化型铝合金耐腐蚀性差，因此要进行防腐、预处理、涂装底膜等阳极氧化处理（**表 16.1**[6]）。飞机用结构材料为避免硫酸阳极氧化导致基材疲劳强度降低，过去采用铬酸阳极氧化铝（MIL-A-8625 Type Ⅰ）。铬酸阳极氧化处理膜柔软且不易裂，不会降低基材疲劳强度，六价铬离子对铝有抑制腐蚀作用，所以形状复杂的零部件中万一未彻底洗净导致电解液残留，也不用担心产生腐蚀。

表 16.1　铝阳极氧化处理

处理名称	电解液种类	封孔、着色区别	封孔、着色处理药品	膜厚/mm	用途
铬酸阳极氧化处理（MIL-A-8625 TY.1）	铬酸酐	封孔、非染色	重铬酸钠、铬酸酐、纯水	0.000 5~0.017	涂装预处理、耐腐蚀处理
		染色	染料及醋酸镍、醋酸钴等		装饰、识别
		无封孔	—		黏结预处理、涂装预处理
硫酸阳极氧化处理（MIL-A-8625 TY.2）	硫酸	封孔、非染色	重铬酸钠	0.001 7~0.025	耐腐蚀处理
		染色	染料及醋酸镍、醋酸钴等		装饰、识别
硫酸阳极氧化处理（MIL-A-8625 TY.3）		封孔、非染色	重铬酸钠	0.012 7~0.114	耐腐蚀、耐磨耗处理
		无封孔	—		耐磨耗处理
磷酸阳极氧化处理（BAC 5555）	磷酸	无封孔	—	0.000 5	喷涂前处理
硼酸-硫酸阳极氧化处理（MIL-A-8625 TY. ⅠC）	硼酸、硫酸	封孔、非染色	铬酸酐	0.000 5~0.017	涂装预处理、腐蚀处理、替代铬酸阳极氧化处理

但是目前对六价铬排放有严格限制，所以波音公司研究开发出使用硼酸-硫酸阳极氧化处理（MIL-A-8625 Type ⅠC，BAC 5632）来替代[7]，包含大的主翼在内的机体零部件都在使用。

16.2.2.1　硫酸阳极氧化处理

与铬酸阳极氧化处理相比。膜更厚，疲劳强度降低，但耐腐蚀性良好。处理后施加冲击、变形时膜易产生裂纹。主要用在识别用配管接头的螺栓、套管等处，一般进行染色处理。

16.2.2.2　硬质阳极氧化膜

与硬质镀铬有同等的耐磨耗性，所以在机翼的前边沿、活塞、凸轮等负载轴承面及导轨等处使用。通常膜厚超过 50 μm 时表面变粗，要进行研磨精加工。

16.2.2.3　磷酸阳极氧化处理

伴随预处理技术进步，飞机多使用焊接结构。原本预处理使用重铬酸和硫酸混合液进行刻蚀（FPL：Forest Products Laboratories），因会从端头开始产生腐蚀并容易剥离而放弃，波音公司从 1970 年确定改用磷酸阳极氧化技术，使得焊接预处理即便在高温高湿环境下也能保持耐久性。该技术称为波音公司 BAC 5555 规范和 ASTM D3933。其条件如**表 16.2**[9] 所示。溶液组成里磷酸浓度是 1 mol/L NaOH 溶液滴定至 pH=4 测定的。电解后 2 min 以内移至水洗槽，充分水洗并用风机或 70 ℃以下热风进行干燥。

16.2.2.4　硼酸-硫酸阳极氧化处理[10]

在美国，六价铬等有害化学物质导致环境污染与操作环境恶化变成社会问题，替代铬酸阳极氧化技术的是硼酸-硫酸阳极氧化技术。1993 年美国军标 MIL-A-8625 Rev. F Type ⅠC 使之标准化。其处理条件见**表 16.3**。

表 16.2　磷酸阳极氧化液组成与作业条件

项目	管理范围
磷酸（H_3PO_4）	（10 ± 1）%
温度	（25 ± 2.8）℃
电压	（15 ± 1）V
电解时间	20~25 min

表 16.3　硼硫酸阳极氧化液组成与作业条件

项目	管理范围
硫酸（H_2SO_4）	30.5~52.0 g/L
硼酸（H_3BO_3）	5.2~10.7 g/L
温度	（26.7 ± 2.2）℃
电压	（15 ± 1）V
电解时间	18~22 min

16.2.2.5　机体外部涂装用体系 [12]

机体外部涂装用体系分为欧洲体系和美国体系（**表 16.4、表 16.5**）。涂装周期大致为 4~6 年。1994 年因 VOC 排放限制而采用高固体分涂料。聚氨酯树脂涂料是主流。其涂装流程见**图 16.3**。

表 16.4　世界涂装体系

	欧洲体系	美国体系
预处理	水洗或涂装底漆	转化处理
底涂	中涂或涂装底漆	涂装底漆
面涂	涂装面漆	涂装面漆

表 16.5　现涂装体系

预处理	采用转化处理（Alodine 1200S）替代水洗、底漆膜
底涂	采用无铬系*来替代铬系底漆
面涂	采用高固体分涂料替代低固体分涂料

*不含铬系化合物的中层底漆（非铬系化合物型）

飞机会涂装各种各样的特色图案。日本航空公司引起机身印有高人气动漫角色的飞机（**表 16.6**[14]）。

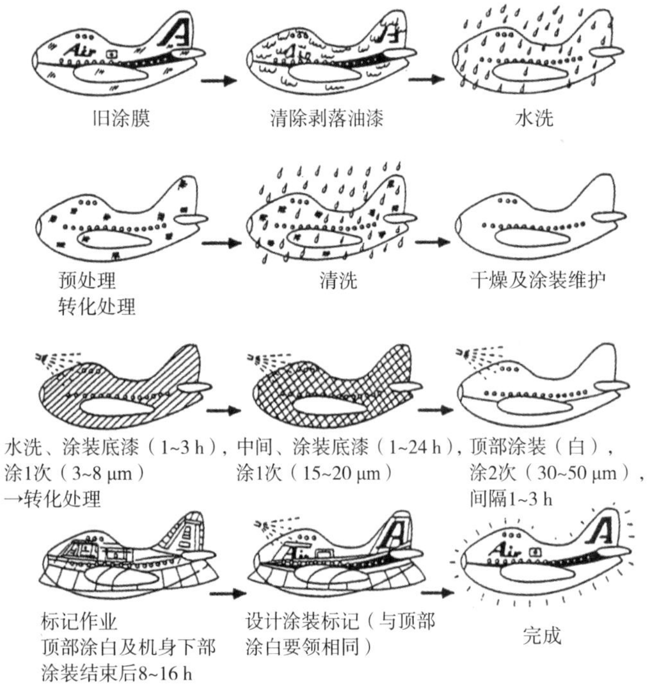

图 16.3　正常机身涂装流程

巨大的机身采用适应各种温度变化的涂料，并使用喷涂涂装手段。

还有给机身贴印刷彩画的方法。飞机升入空中后表面温度降到零下 50 ℃以下。因此印刷彩画必须耐振动。机身表面以约 8 mm 间隔开有针般的小孔。这样在低气压上空不会因机身与印刷彩画之间残留的空气膨胀造成剥离。张贴时要仔细，不要贴歪或产生皱褶。

16.3　航天器使用的铝

16.3.1　铝材

与在严酷环境下要求使用 20 年以上的飞机不同，火箭、人造卫星、宇宙飞船、太空空间站等一旦升入太空，完全暴露在没有氧气、水存在的真空环境当中，所以没有类似飞机所要求的耐腐蚀性或防腐蚀问题。但是在低轨道（500 km 左右），由于存在被紫外线分解的原子态氧，所以表面会受到损伤。通常保存在 60% RH 以下湿度中或氮气等不活泼气体中，操作也在真空中进行。与受大气保护的地面上相比，低轨道有相当强的辐射和紫外线照射。

因此，火箭本体大多采用高强度铝合金 2219-T851 作为结构材料。2219 耐热性、焊接性及强韧性优异，但含有 5.8%~6.8%的铜。因此，金属组织中的 Al 和 Cu 之间形成无数腐蚀电池，促进电化学腐蚀，所以其耐腐蚀性极差。火箭燃料罐也使用高强度铝合金，为了减轻重量使用壁很薄的材料，基于增强强度的目的与碳素纤维复合材料进行黏结。

16.3.2　航天器表面技术 [5]

2219 材料预处理是转化处理（Alodine 1500）。含铜量过多的合金用 Alodine 1200 进行处理时多发生点蚀，降低涂装附着性，对耐腐蚀性不利，所以使用薄的无色 Alodine 1500。优点是电阻值较低。

目前波音公司开发的磷酸阳极氧化处理被广泛使用，经磷酸阳极氧化处理得到的膜的附着力性能偏差非常小，且应力负载稳定性极高。

16.4 今后的课题

飞机零部件为确保系统性安全，在铝材与表面处理制定了非常详细的要求作为国际标准。对每个部件都要进行安全相容性评价。基本评价项目有耐腐蚀性、抗应力腐蚀开裂性、流体相容性等。人造卫星搭载的设备除了在地面具有耐腐蚀性外，还要考虑电气要求以及红外辐射率和太阳光吸收率等热光学特性。

航空宇宙材料标准（AMS）、美国联邦标准（FS）以及日本产的飞机由国土交通省航空局定期进行检查，审查其适航性是否得到保证，包含对表面处理进行严格管理，充分保证安全性。

近年以来随着人们环保意识的提高，一直致力于无铅、无铬、削减 VOC 等，但在航空航天领域，为确保安全性和稳定性，多采用环境负荷较大的制造工艺。过去飞机大多使用含有机溶剂的涂料，今后为从保护地球环境、改善作业环境、确保防火安全等角度出发，有必要推进减轻环境负荷的表面处理技术。

表 16.6 主要特殊涂装机（公司名称为当时）

1982 年	哈洛克船长（东亚国内航空）
1993 年	海洋巨无霸（全日空=ANA）
1994 年	南国的花与超级的鸟、超级度假快车（日本航空=JAL）
	米老鼠等迪士尼卡通人物（JAL）
1995 年	彼得潘（日本航空系统=JAS）
1996 年	羽田-札幌航线史努比（ANA）
	黑泽明导演描绘的彩虹七机（JAS）
1997 年	彩虹七号（JAS）
	宝矿力水特的广告（JAS）
1998 年	神奇宝贝喷气机 1998（ANA）
	DirecTV 的广告（天马航空）
	Papas 的广告（日本 JTA）
1999 年	神奇宝贝喷气机 1999（ANA）
	星际联盟（ANA）
	Lock group GLAY Jumbo（JAL）
2000 年	日本！悉尼奥运会加油！（JAL）
	海豚岛（ANA）
2001 年	梦想快车 21 创立 50 周年纪念（JAL）
	USL 的木派克（ANA）
	友好豹（JAS）
	没关系，冲绳（JTA）
	北海道的风景照片（air Do）
2002 年	Re 冲绳（JAL）
	日韩共同举办世界杯（JAL）
2003 年	招揽外国游客“日本欢迎您”（ANA 和 JAL）
	纽约-洋基队松井选手（ANA 和 JAS）
2004 年	神奇宝贝皮卡丘（ANA）
	冲绳线开航 50 周年纪念（JAL）
2005 年	神奇宝贝之花（ANA）
	虫蛀（JAL）
	悟空喷气机（JAL）
	黄金喷气机（ANA）
	谢谢日本的羽翼 YS11（日本通勤航空）
2006 年	世界杯足球赛武士蓝（JAL）

参考文献

1）航空機とアルミニウム，アルミエージ，No.164，日本アルミニウム協会，2006 年 7 月.
2）徳永俊二：航空機の表面技術と環境問題について，METEC'02 ガイド（2002）.
3）宮崎洋輔：航空機製造における陽極酸化処理，表面技術，Vol 49，No.2（1998）.
4）P. M. Condit：日本航空宇宙工業，517（1），32（1997）.
5）高田幸路，表面技術，Vol.49，No.2（1998）.
6）鈴木敏夫：表面技術総覧，広信社，（1983），p431.
7）高田幸路：アルトピア，1992 年 10 月.
8）岡慎司：産業分野別（航空・宇宙）に見た防錆技術，防錆管理，2007 年 6 月.
9）R. Koop & Y. Moji：SAE Technical Paper，920944（1992）.
10）高田幸路：アルミニウムの陽極酸化技術講演会，愛知県工業技術センター配布資料（1993）.
11）高田幸路，宇宙機器の表面技術，表面技術，Vo.l52，No. 1（2001）.
12）徳永俊二：航空機の表面処理技術について第 1 回・機体外装用塗装システム，機材協会誌.
13）鈴木峰男ほか：宇宙トライボロジーの現状と課題，表面技術，Vol.57，No.9（2006）.
14）特別塗装機・空彩り四半世紀，朝日新聞，2006 年 2 月 8 日号.

Chapter 17

第 17 章　半导体制造在电子领域的应用

17.1　概要

世界电视机市场日趋成熟。电视机已经从电子显像管电视机向液晶电视机发展，嵌入式、壁挂式（浴室用电视机、防盗监视器、广告面板）等液晶电视机的消费量持续高速增长。预计到 2010 年上半年，液晶电视的市场规模将逐渐成熟。

世界手机市场近 10 亿部，正在急速成长。日本国内市场普及率超过 85%，已经成熟化。

2000 年左右，以铝合金为主要基板材料的硬盘主要用于台式电脑，而 2006 年后则主要用于便携式音响、手机、数码相机、数码电器等，在非电脑领域的应用持续扩大，预计到 2010 年将达到近半数。如此来看硬盘市场前景广阔。

综上所述，以数码产品引领的液晶电视机等、以手机为主的无线通信、PC 内存大容量化、汽车仪表自动化等，对半导体产业供求关系变化带来了新的挑战。

17.2　液晶制造设备和铝材 [2)]

液晶电视成为消费主流，小型产品不用说了，大型产品也在急速增长。随着数码信号的渗透，高清面板液晶会进一步发展，今后会出现更大尺寸。

真空装置处理室的材料一直是铝或者不锈钢。尺寸变大时需要使用不锈钢。理由是尺寸变大时为确保强度，必须增加铝板厚度，那样难以保证电焊品质。还有，铝的耐热性、膨胀系数也不良。但是，考虑到铁、铬、镍等金属的污染风险，还是要优先考虑使用轻且容易加工的铝材。

铝材是溅射涂装装置的靶材，要使用高纯度材料。为提高装置性能，使用含钕等元素的铝合金。

外部结构充分利用铝的轻量性、热导率高的特点。真空容器使用排气排放少且排放时间短的 5052 材料。由于内部使用部件也大型化，使用铝能有效降低部件重量。

17.3　半导体制造装置和铝材 [3)]

半导体制造装置轻量化、削减半导体工厂不可或缺的无尘车间建设成本是重要课题，金属污染对电子零部件性能和制造成品率有很大的影响。为形成半导体设备回路的干式刻蚀，要在等离子 CVD 工艺中使用含腐蚀性的氯气、氟气，对其化进等离子化行刻蚀和成膜，所以容器与构件必须具有耐腐蚀性。

阳极氧化膜如产生裂纹，氯、氟等腐蚀成分就会侵入，使得铝合金容易发生腐蚀，从而扩大损伤部分。此外，膜缺陷、等离子集中处膜损耗将导致腐蚀。因此为抑制装置构件表面阳极氧化膜产生裂纹，降低膜的磨耗速度，可使用草酸阳极氧化膜 [4)]。

初始用低电压形成孔径小的膜以后，再用可以形成厚阻挡层的高电压进行电解。最后在表层和下层之间插入中间层以达到稳定化（**图 17.1**）。有该复合结构的阳极氧化膜有耐腐蚀性、耐久性，在高温

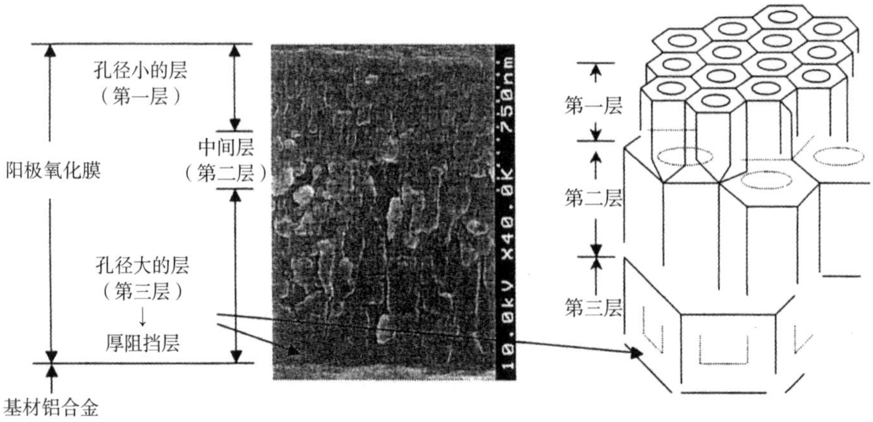

图 17.1　使结构在膜内发生改变的阳极氧化膜（破断截面的 FE-SEM 观察和示意图）

环境下可以抑制裂纹蔓延。

17.4　未来展望

液晶电视今后会占据主导地位，但进一步大型化、尺寸多样化、高性能及成本降低是扩大市场规模的关键。半导体的发展方向是高性能化、高度集约化。为对应相关制造工艺，装置部件同样也要跟随高性能化步伐。为满足此类需求，对铝材纯度、加工精度、表面技术的研究开发要继续深入。另外，在小容量领域与快闪存储器将会形成竞争，所以要时刻注意快闪存储器的动向。

参考文献

1）水谷昭夫：エレクトロニクス業界の市場動向，アルミニウム，Vol.14，No.67（2007）.
2）堀口青史：FPD 製造装置のアルミ利用と今後の動向，アルミニウム，Vol.14，No.67（2007）.
3）坂本高雄：液晶製造装置，アルミニウム，Vol.14，No.67（2007）.
4）佐藤広士，久本淳：アルミニウムの表面高機能化と電子分野への応用，金属，Vol.75，No.11（2005）.
5）久本淳：R&D 神戸製鋼技報，50，No.2（2000）.
6）久本淳：特許　第 2900822.

Chapter 18

第 18 章　OA 设备（感光硒鼓等）使用的铝材

18.1　概要

作为视觉信息的传达手段，过去有活字印刷、银盐照片、重氮湿式复印机等，近年以互联网为代表的信息全球化、个人使用手机常态化等，伴随着社会、环境及技术的变迁，对信息处理设备的需求也发生变化，传送、记录也变得高速、高清化。

所谓的 OA 设备在办公室内非常常见，有电脑、复印机、打印机、传真机、扫描仪等，都是适应高速发展的社会需要而诞生的。随着信息技术的进步通过数字化实现多功能化复合化来满足节省空间的要求。

尽管提出了无纸化办公理念，但是用纸打印出来浏览的文化习惯依然很强，用纸打印的设备有喷墨打印机方式和电子照片激光打印方式。

关于电子照片打印方式，对形成图像起重要作用的感光硒鼓（蒸镀或喷涂感光体的圆筒形部件）基材大量使用铝合金。铝合金比强度大，导热性、导电性良好，比重小，变形性优异且具有量产性，所以一直作为感光硒鼓用基材使用，由于是消耗品，其需求很大。

下面以公开的专利信息为中心，介绍感光硒鼓用铝基材的表面性能。

18.2　电子照片工艺

电子照片是一种利用光传导和静电产生的带电现象的图像形成系统，感光体在黑暗中呈绝缘性，但被光照射时可显示导电性，这是感光的主要原理。

图 18.1 所示是实际设备的结构、**图 18.2** 所示是电子照片工艺，感光硒鼓周围集合有充电器、显像器、转印充电器、清洁器等，工艺流程按照下述从①至⑥反复进行。其间感光体表面电位变化如**图 18.3** 所示。

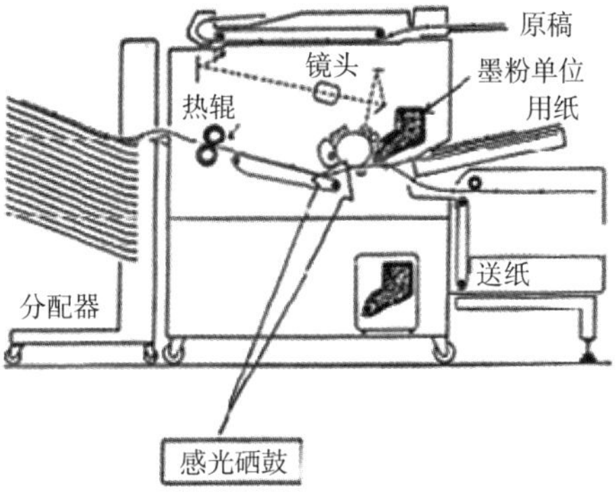

图 18.1　PPC 实机结构

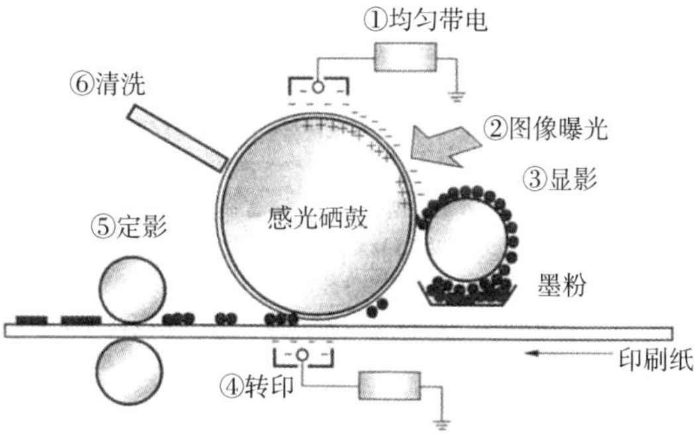

图 18.2　电子照片工艺

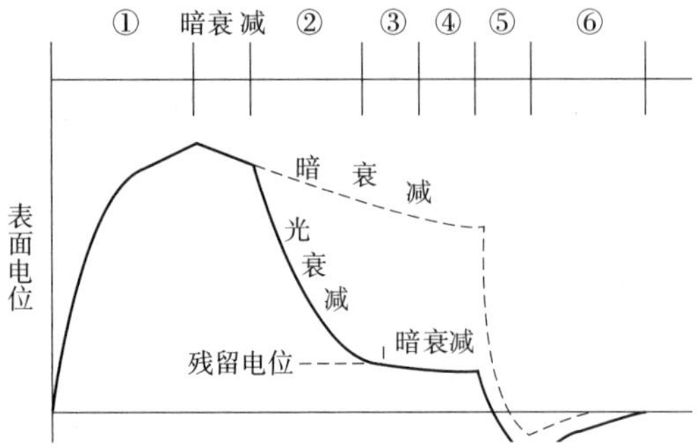

图 18.3 感光体表面电位的变化

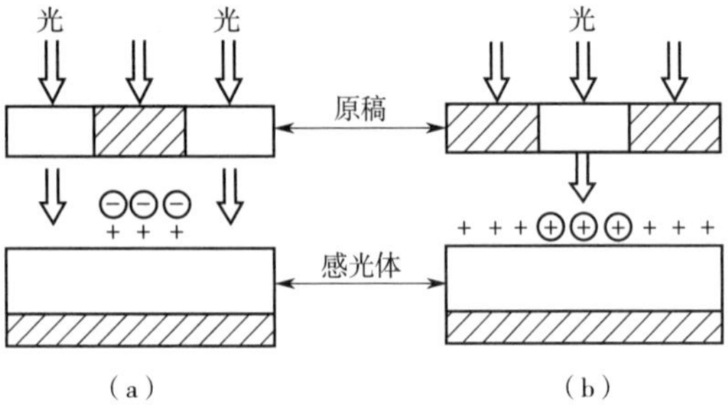

图 18.4 形成潜像的两种形式

（a）正向显影 （b）反向显影

【电子照片工艺】

①均匀带电：预先对在导电性基材上形成薄半导体层的感光体充电。

②图像曝光：由激光等写入图像信息时，碰到光部分的感光体变成导电性，电荷被消去，感光体表面形成静电潜像。

③显影：感光体表面供给事先所定的电极性的墨粉（着色粉末），附着选择的静电潜像进行可视像化。

④转印：在纸上用墨粉转印。

⑤定影：用热熔化墨粉烧制在纸上。

⑥清洗：清洗残留墨粉，除去残留电荷。

模拟复印机是通过镜子投射原稿反射光至感光体形成静电潜像，由显影进行可视化，在纸上获得转印、成像定影。（正向显影）

LBP 是从电脑的数码信号变成激光的动态投射至感光体，与制作潜像的复印机一样经显影、转印、定影得到图像。（反向显影）

数码复印机是用 CCD 读取来自原稿图像的反射光转换成数字信号，变换成激光送至打印部件获得图像。

形成潜像的两种形式（正向显像和反向显影）见**图 18.4**。

18.3 感光硒鼓要求的特性

作为电子照片核心的感光体，其光导材料从过去的硒、砷-硒合金、硫化镉、氧化锌等无机类光导体发展到最近的无公害、成膜容易且容易制造的有机类光导材料。有机类感光体的开发重点是电荷发生层及电荷输送层，即所谓层积型感光体（**图 18.5**）。

电子照片重要的是高速、稳定、持续地显示高清晰图像的性能，具有带电速度、带电性、暗衰减、感光度、残留电位等电气特性，以及具有图像浓度、分辨性、谐调性、再现性等图像特性，如何抑制图像模糊、灰雾、黑色凸点、脱白、重影（残像）等微小缺陷是关键点。

图像上的问题几乎都是如**图 18.6** 所示因形成不良静电潜像引起的，当然在研究感光体时要对微小缺陷进行攻克，对铝基材的技术研究也不能放松。

【图像缺陷种类】

①黑色凸点：反向显影时，从基材注入不必要的电荷，没有曝光部分的表面电位产生变化，产生黑点状不良图像。

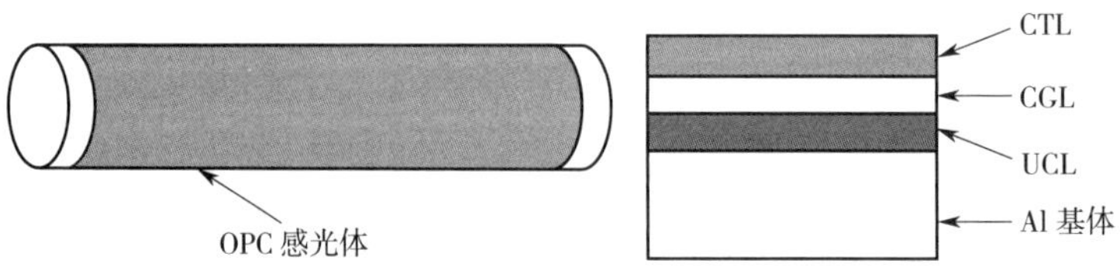

图 18.5 层积型感光体层的结构

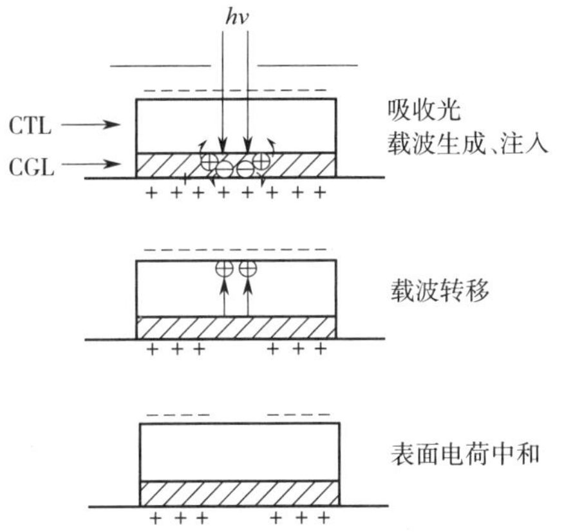

图 18.6　层积型感光体形成静电潜像

②脱白：正向显影时，从基材注入不必要的电荷，没有曝光部分的表面电位产生变化，黑底部产生白斑点不良图像。

③重影：图像成型的时候已曝光，潜像被残留至下次，出现下次形成图像时重复上次图像的现象。

④干涉条纹：照射感光体进行成像时，未被吸收的部分光到达基材表面，因反射、干涉显现出条纹状（图 18.7）。

⑤泄漏：充电感光体到达高电位时局部放电导致产生图像缺陷。

18.4　感光硒鼓用基材

电子照片感光体所用的导电性基材，可由可导电的任何材料制成。具有导电性的支持体材料的具体例子，如铝、铝合金等金属材料，添加导向性粉末赋予导电性的树脂，表面蒸镀或喷涂铝等导电性材料的树脂、玻璃、纸等。此外，如有可能可在金属材料形成导电性支持体的表面，适当使用喷涂有电阻值的导电性材料。但是，目前从性能、材料采购、成本出发，使用铝材是最优选择。

18.5　铝表面的功能化

对感光硒鼓用基材进行调整，以使在其表面成膜的感光体的特性达到最优，并能够形成良好图像。由此，根据感光体与图像输出装置的兼容性，所要求的表面状态有差异，在专利中有最优修正指南。

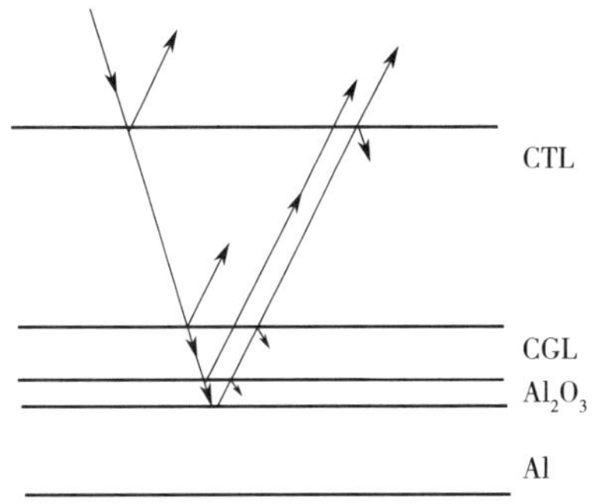

图 18.7　感光体层间界面多重光反射示例

18.5.1　表面平滑化

铝表面是感光体成膜基材，所以不能有有害的缺陷。比如，如有突起，则感光体无法成膜，或感光体局部变薄发生泄漏问题。相反，如有凹陷，会导致感光体表面残留墨粉，滞留在感光体凹部，产生图像缺陷（黑色点）。基于此，表面必须平滑化。

使用切削铝管时，应当用金刚石制刀具对镜面进行切削，将无切削铝管作为感光硒鼓基材使用时，破坏充电感光层会导致基体表面突起，可用无尘布、纸、海绵、研磨带等对表面进行擦拭，除去突起缺陷，或由电解抛光实现表面平滑化。

18.5.2　表面粗化

与前项正好相反，表面粗糙度（R_a）过小会产生干涉条纹，凹凸平均间隔（S_m）过小的话，凹凸失衡产生涂膜偏差，该偏差会导致图像缺陷，所以进行切削加工时，需严格按规定条件操作，以确保获得合适的表面。

抛光有布轮抛光，单面喷漆，化学刻蚀，在磁场中存在磁性体和沙粒，让铝管在其中前后移动抛光外围面等。

关于表面粗化研究盛行的是液体珩磨。水等液体加入粉末状沙粒使其浑浊，高速吹向基材表面使其粗糙化，是去除挤压纹的加工方法。可是，对基材表面进行沙粒冲击时，有时会出现黑点和脱白等缺陷，所以要研究选择合适的沙粒与加工条件。

沙粒浓度低了效率不高，高了则难以保证流动性。出气压力低了效率不高，高了则表面粗糙度过大。喷嘴距离过近易产生加工偏差，过远时加工效率差。洗净工序要考虑除去附着沙粒、珩磨液、垃圾、污物等。

18.5.3 表面清洁化

为形成均匀表面，需要对基材表面进行清洁处理，洗净方法很重要。必须将表面活性剂等助剂与水一起使用，也可使用超声波振动的空穴效应进行清洗，还可使用喷嘴等高压喷射进行清洗、使用碱性水进行清洗、使用毛刷与软质材料进行摩擦清洗等手段。

18.5.4 表面功能化

18.5.4.1 阳极氧化

感光硒鼓基材表面有效的处理方法多种多样，特别是改善感光体附着性、拦截性（阻止不必要的电荷注入）、环境特性（高温高湿时画质稳定）效果显著，为改善电特性与画质，从各种切入点进行研究，各个公司都在采用。除了电解条件与封孔条件，在膜的结构和特性、生产管理条件及夹具等方面也有很多专利申请。

封孔处理使用醋酸镍、氟化镍等进行低温封孔，用导纳法严格管理封孔度，避免在封孔处理1个月后封孔度变差（自然封孔比例）。同时，因铝与阳极氧化膜的热膨胀率存在差异，要防止在感光体涂膜后的干燥工序中产生阳极氧化膜裂纹。

阳极氧化膜厚度控制在5~7 μm，膜厚过小无法确保阻挡层效果，膜厚过大容易产生裂纹。

降低黑色阳极氧化膜对基材的反射率，使用不同电解液进行电解着色以及改变膜密度等，可以避免产生干涉条纹。

18.5.4.2 其他

还有使用无机高分子化合物的溶胶-凝胶法，喷涂锆化合物和硅烷化合物的混合物薄膜层，以及含铬、无铬的各种转化膜。

18.6 感光硒鼓的未来

近年伴随彩色化飞速发展，对高清画质图像的需求高涨，研究出了很多成果，下面进行简单介绍。

18.6.1 激光波长短波化

电子照片设备上使用的激光主流是在700~800 nm波长附近的半导体激光，短波化使激光点直径变细，可由高分辨率形成潜像动向。

在400~500 nm附近使用短波长光时，为确保在该波长区域感光硒鼓基材表面不发生干涉条纹，基材表面的R_a、S_m、R_z、R_{max}在一定范围内可抑制干涉条纹的图像缺陷。

18.6.2 CTL（电荷输送层）薄膜化

CTL是在感光体表面层产生磨耗，所以厚膜对寿命有利。可是，膜变厚时静电潜像再现性降低，因此画质和寿命难以兼顾。为获得高清画质，膜必须薄，研究开发不发生黑凸点、脱白的基材技术尤为关键。

另外，CTL越薄，感光体所需的介电强度越大，越易引起绝缘破坏，使用粗面化基材时，在凸部也易发生绝缘破坏，所以务必保持基材平滑化。

为提高薄膜CTL的耐磨耗性，有时根据需要设置树脂膜和保护膜。

感光硒鼓基材还会继续使用铝管，所以要密切关注激光打印今后的动向，对铝基材使用的各种可能性今后要持续研究探索下去。

Chapter 19

第 19 章　铝 PS 版——变迁和未来

主要使用铝材的行业有汽车零部件、建材窗框、电子材料冷凝器、食品饮料罐、存储硬盘、铝 PS 版（presensitized plate）。本章介绍了通过组合各种铝表面处理方法获得的印刷材料 PS 版的变迁和未来。

19.1　印刷版的功能 [1)]

印刷技术实现了以低价格、高质量大量生产原物（原料）的复印物（复印件）。印刷多在平面纸张上实施，利用纸张表面有无油墨（复印机用墨粉）或者颜色材料深浅形成信息（文字、照片）。

这里，将想要通过印刷传达的文字、照片定义图像信息。为了复印图像，首先将与原物图像相同的图像形成在辊子、板等中间体上，然后将其转印至纸等其他物体上。在这个中间体上形成图像的媒介称为印刷原版。在该印刷原版上的图像附着油墨转印至纸上。（**图 19.1**）

在印刷原版表面制作立体图像，给立体图像的顶部直接供给油墨的方法有印刷报纸所使用的铅凸版和树脂凸版。该凸版方式虽然能够高速大量印刷复印物，但存在难以在复印物再现精细图像的缺点。与此相对，有一种方法是在整个原版平面上提供用水乳化后的油墨，让油墨集中至图像部分。此时，图像部分可选择与油墨亲和性强的树脂。此类树脂包含感光物和黏合剂、着色剂。我们购入时版面已经喷涂过，称为预涂层感光印刷版（presensitized offset plate），也称 PS 版。

19.2　PS 版支撑体材料 [1, 3)]

支持 PS 版的材料过去采用三重金属（TRI-METAL）（**图 19.2**）。采用对油墨亲和性强的铜作为图像部分，与水亲和性强的铬、镍、铝组合构成非图像部分的印刷原版。一般来说，对油墨的亲和性被称为亲油性，对水的亲和性被称为亲水性。印刷原版使用此类重金属时有环境问题等，现在已全部更换成铝材。铝材轻、柔软且容易加工，结合化学处理和电化学处理，容易获得不同的立体形状和化学性质。

起初 PS 版使用强度高的 A3000 系铝材。可是，因对 PS 版表面加工需采用粗化和辊涂工艺，所以转换成添加金属和不纯物较少的纯铝 A1000 系。A1000 系强度稍差，向铝生产厂家提出变更压延工艺、时效条件后其强度有了很大改善。另外，维持 A3000 系强度，改变添加合金成分，对 A3000 系直

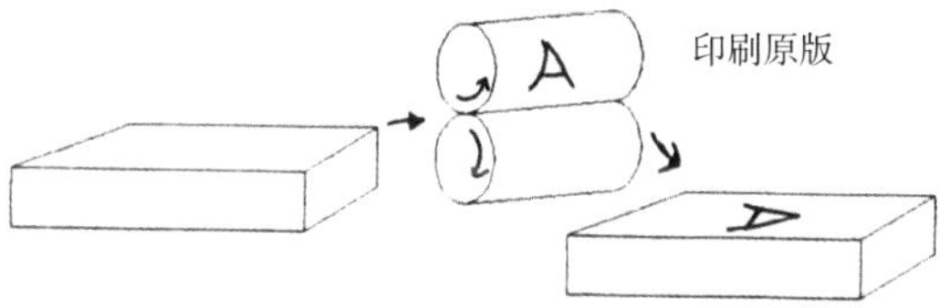

图 19.1　印刷功能

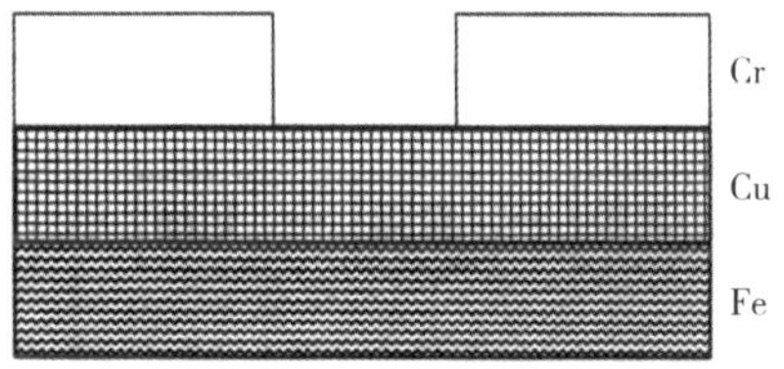

图 19.2　典型的 TRI-METAL 结构

接实施电解粗化工艺研究。特别是在美国，没有像日本那样对印刷工人进行操作培训和对印刷设备进行有效保养，导致铝板在印刷当中容易断裂，所以铝板强度最重要的关注事项。（**图 19.3、表 19.1**）

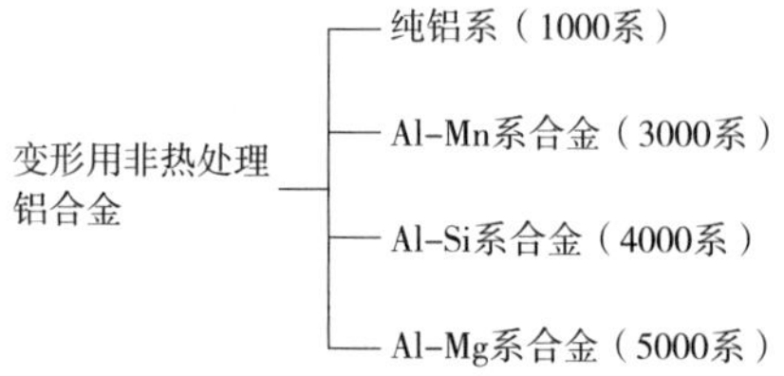

图 19.3　铝合金

表 19.1　铝板的化学成分

合金名称	Si	Fe	Cu	Mn	Zn	合计
1050	0.25	0.40	0.05	0.05	0.05	100.00
3003	0.6	0.7	0.05/0.20	1.0/1.5	0.3	100.00

19.3　感光印刷版的历史[1–2]

印刷是贡献最大的信息产业之一。最早报社的铅版和高级印刷品的三重金属印刷版，由于公害问题和省人力的原因从 20 世纪 60—80 年代后半期几乎都被平版印刷版（PS 版）替代。20 世纪 60 年代，日本富士胶卷当时的富士照相胶卷从美国引进技术后日本真正进入 PS 版时代[5]。

PS 版的历史进程，与其说是感光物不如说是表面处理的历史。20 世纪 50 年代，美国 3M 公司对铝板的表面处理工艺只有碱脱脂、亲水化处理（硅酸钠），60 年代初开始，使用辊涂和机械预处理的 PS 版登场。60 年代末，英国霍桑公司推出了覆有阳极氧化膜的产品，70 年代中期，德国卡莱公司开始销售电解粗化产品。如今世界上构成 PS 版生产工艺流程的基本上是粗化、阳极氧化和亲水处理三个工艺的组合[1]。

我们也曾尝试摆脱薄铝板，使用稍重但更加便宜的铁、不锈钢等金属材料当作印刷版支撑体，虽然进行了很多研究，但是达不到 PS 版要求的机械或电化学的凹凸形貌，也无法形成排除油墨的强亲水性化学物质，也就无法形成印刷版的物理结构和化学性质，至 2008 年还未能实现突破。在平版印刷（PS 版）的历史中，机械研磨、电解研磨、阳极氧化、化学吸附是 30 年以前开发成功的，新的表面处理技术还未出现。在铝 PS 版的进化过程中，现在的表面处理技术可以说是还处在寒冬期。印刷版研究的重点是简化制版工艺、节省人力，利用激光直接刻写的 CTP 版在发达国家的生产量已达到 80%~90%。

2008 年，在日本国内平版印刷版制造公司有以富士胶卷（株式会社）、柯达保丽光印艺集团（株式会社）为首的众多公司，在海外拥有大型 PS 版生产设备的公司有柯达、Agfa 及其他很多公司。现在随着 PS 版生产的日趋成熟，各家公司面临的已经不是印刷物品质的竞争，而是进入了如何降低制版成本的时代。主要集中在世界最大的照片胶卷生产厂家有富士胶卷、柯达、Agfa 等。

19.4　PS 版的制造方法

以下介绍有代表性的 PS 版表面处理工艺流程（**图 19.4**）。

19.4.1　脱脂工艺[8–9]

该工艺是将压延时被当作冷却剂和润滑油使用的压延油从铝表面除去的工艺。使用碱、酸、有机溶剂等。压延油是由表面活性剂和石油系溶剂构成，其实

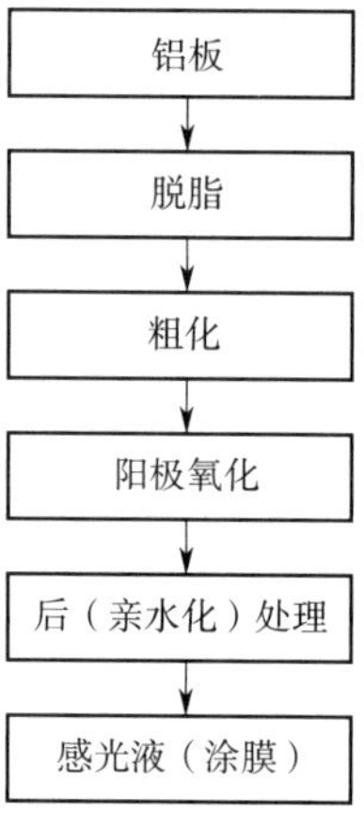

图 19.4　PS 版典型制造工艺

不含所谓的油（脂肪）成分。商业上采用溶解大量铝离子的碱性溶液。酸不会发生中和，会原封不动保留基材的凹凸形貌，但溶解速度慢。含氯有机溶剂不损伤铝基材，但是有致癌性且生产成本高，不能溶解去除氧化膜等无机成分，现已不再使用。（**图 19.5**）

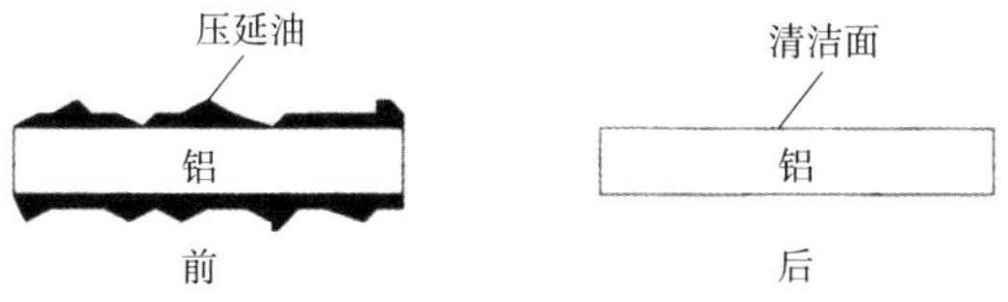

图 19.5　脱脂工艺

19.4.2　去灰[6)]

在碱液中处理铝板时，铝中所含铜、铁、铬等重金属原子变成氢氧化物或部分氧化物。该氢氧化物、氧化物在水洗后仍残留在铝表面，被称为残灰。在进行电解、阳极氧化、亲水处理前要彻底除去。纯酸液难以溶解铜的氢氧化物和氧化物，所以起初使用有氧化作用的重铬酸，但是因为环保问题开始使用过氧化物[7)]。在进行阳极氧化前，必须去除碱洗工艺残留的氧化物[8)]。

19.4.3　粗化工艺

在铝表面上形成图像部分的树脂，要求与油墨结合时有强亲和性（亲油性）。在印刷时形成图像的树脂受到辊压，有从铝支撑体上剥离、磨损的趋势。如果形成图像的树脂在印刷时发生剥离、磨耗，会降低对油墨的接受能力，复印物也会与原物图像产生偏差，从而导致图像品质降低，超过极限则无法继续进行印刷。该极限称为耐印刷力。为提高该耐印刷力，要在铝支撑体表面采用凹凸工艺。这个也称粗化工艺，有化学法、机械法和电化学法（**图 19.6**）。

19.4.3.1　化学粗化法

化学粗化法对铝板应用腐蚀性溶液。将铝板浸在含有氯离子、氟离子等的溶液中，可以获得微凹凸面。为得到适当的溶解量需要很长时间，所以目前生产线不单独使用该工艺（图 19.4）。

19.4.3.2　机械粗化法

机械粗化法是使用铁丝、塑料毛刷擦拭铝表面的方法，或用沙子进行高速击打的方法。使用该方法铝表面可以获得锐角凹凸面结构。

19.4.3.3　电化学粗化法[2-3)]

铝表面的缺陷、结晶结构不同导致表面电位差异，所以在溶液中施加电压时，电流会集中至铝表面特定的点，开始选择性溶解铝。该溶解点称为活性点。溶解后被粗化的结构是反半圆状，其保水性

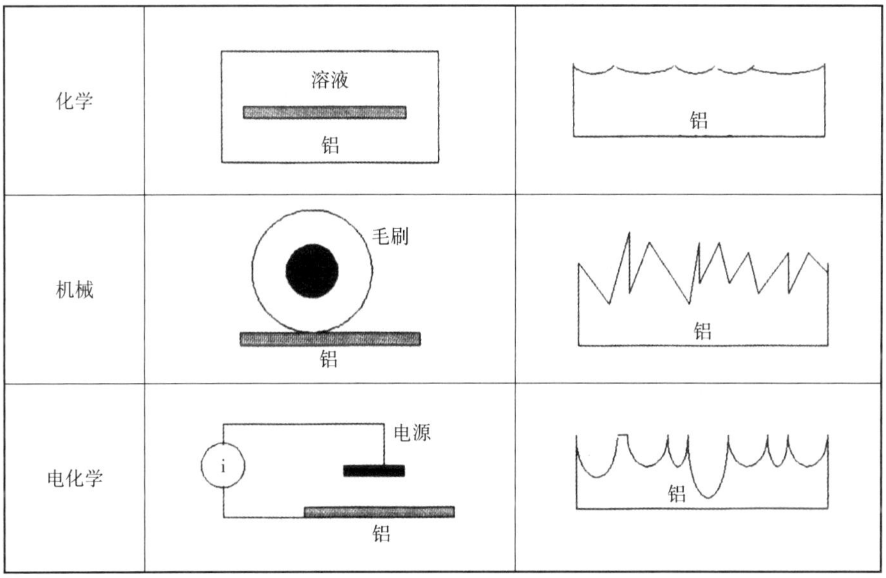

图 19.6　粗化工艺和表面结构

良好。改变该粗化结构时要变更电解质种类、添加剂、温度等条件。由盐酸处理的铝表面凹凸更粗，而硝酸更细小。因受到向河流排放氮的法规限制，硝酸的使用在减少。

19.4.4 阳极氧化工艺

粗化后的铝表面凹凸部分较柔软，所以印刷时从辊子上下方向受压而变得平滑。因此，粗化后为使表面硬化要进行阳极氧化处理（**图 19.7**）。在不同电解液中得到膜结构（**表 19.2**）在孔径和晶格尺寸上存在差异，因为磷酸对铝的溶解度高，所以在量产线工艺中氧化膜控制到 1.5 g/m² 以上很困难。草酸生成膜速度缓慢，所以生产效率低，还有铬酸的孔不是垂直的，所以油墨容易附着且容易污染印刷物，因此未被采用作为印刷版支撑体。

20 世纪 70 年代，柯达公司生产了以肉桂酸乙烯为感光剂、具有磷酸氧化膜的印刷版。使用肉桂酸乙烯作为感光剂与硫酸氧化膜，即便涂抹也没有附着力。在此，假设磷酸氧化膜中磷酸成分有很高的附着力，于是将磷酸根 PO_4^{3-} 导入硫酸氧化膜中进行着手研究。此时的着眼点是磷酸根的化学性质。使

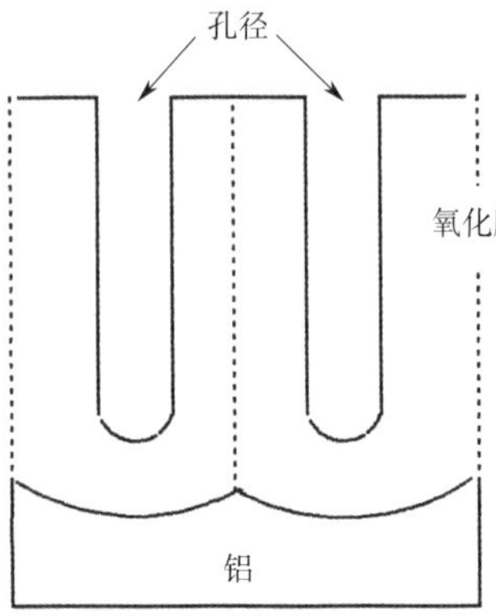

图 19.7 氧化膜截面结构

表 19.2 电解质和孔径

电解质	孔径/Å
磷酸	330
草酸	170
铬酸	240
硫酸	120

用各种方法导入磷酸根，但没有产生附着力。用磷酸溶解硫酸氧化膜时就有附着力了。用电子显微镜观察看到孔扩大了。此外，用碱溶解硫酸氧化膜也会产生附着力，同样孔也扩大了。该附着力与氧化膜的孔径这一物理结构相关。一直以来我们确信树脂和金属之间的附着力有赖于其化学性质，这是首次证实与物理性质相关[10]。

19.4.5 亲水化处理

形成图像的树脂易于附着在阳极氧化膜上，所以无法用显影液去除不需要（非图像）的部分。为促进其亲水化，为阳极氧化膜和树脂之间设置中间层，以便于显影。这也称为后处理。同时，也特别期待印刷时能有强力附着被乳化后油墨水分的性质，也被称为亲水化处理。有代表性的是 3M 公司开发的硅酸钠液浸渍法[5]，和 Polychrome 公司开发的氟锆酸钾[5]浸渍处理，因环保问题硅酸盐处理被广泛使用。其他由热封孔氧化膜得到的勃姆石膜也很值得期待，但需要用添加剂来抑制氢氧化铝挂灰[11]。在亲水化处理方面，我们研究讨论了有亲水基的高分子或含有弱碱基的金属盐。

19.4.6 感光物的种类[5, 11]

PS 版的感光物有两种。有遇到光时感光物分解、溶解于显像液树脂的阳型，还有遇到光时感光物硬化、不溶于显像液的阴型。以前在日本 PS 版是阳型和阴型各半，在美国阳型是主流，在欧洲阳型最多。CTP 版几乎都是阳型，报纸印刷和无水印刷版领域是阴型。

在透明胶片上制作图像后与印刷版直接接触，使用光源制作印刷原版。为了替代透明胶片制作工艺，出现了由激光直接成型图像的被称为 CTP（computer to plate）的印刷版[12]。2008 年时欧美日生产的印刷版中近 80% 都是 CTP。热敏激光使用波长为 800~830 nm 的光线，方向性强，比原有 PS 版表面粗糙，氧化膜量、喷涂量也低，CTP 的研磨工艺从机械研磨变为电解研磨。与 PS 版的历史比较见**表 19.3**。

实施类似表面处理后最终完成 PS 版。有代表性的 PS 版截面结构见**图 19.8**。

表 19.3　PS 版的特性比较

PS 版	年份	表面粗糙度/μm	氧化膜量/（g/m²）	喷涂量/（g/m²）
初期（平面）	1950—1970	0.2~0.3	无	1.0~2.0
原有型（有研磨）	1970—2000	0.6~0.8	2.5~4.0	2.0~3.5
CTP	2000—	0.3~0.4	1.0~2.0	1.0~2.0

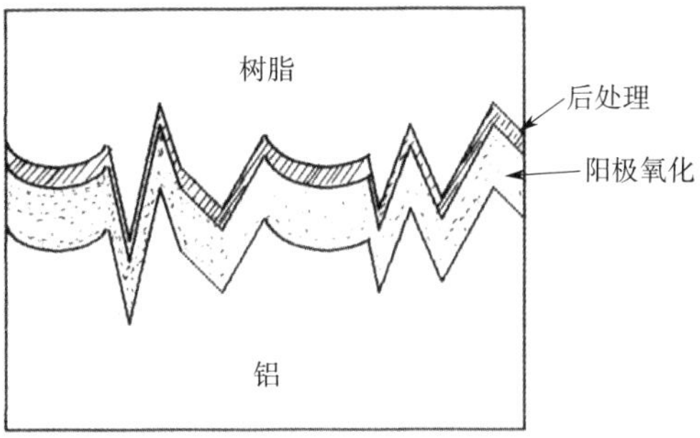

图 19.8　PS 版截面结构

19.5　PS 版生产方法的历史和进步[1]

PS 版的生产设备，如锌板球磨卧式设备、三重金属直立式设备，采用一张一张生产的分批方式。为提高生产效率，将从脱脂、研磨至涂膜、干燥各个工序并行处理，将剪切好的铝板按张码放（sheet to sheet），以便能不间断生产，日本、中国、韩国、印度等均采用该方法[4]。

20 世纪 50 年代开始正式用铝卷材生产，其中阳极氧化供电机构从直接供电改为设置供电槽的间接供电，供电用电极也因环保问题由铅改为钛材。伴随高速电解电耗增大，由整体电解改为分批电解[13]。欧洲开发的盐酸交流电解粗化成为主流。电解粗化用电源初期使用直流电，由于设备费用较高，因此改为采用交流电。

19.6　最新动向

印刷版支撑体金属除铝以外，我们期待能出现铁、树脂等成本低廉、生产性能优异的新的支撑体材料。这是因为 PS 版的销售价格中铝约占成本的 2/3。为降低综合成本，正在研究探索高速溶解处理液、冶炼、压延方法、热处理工艺等[3]。

印刷版铝板通过再次研磨可变成可多次印刷版，作为再生版进行使用[4]。此外，从全球变暖的角度来看，铝土矿电解冶炼生产铝是二氧化碳的发生源。现在，将生产印刷版时产生的废铝作为印刷版用铝资源的再生利用计划也在积极推进当中[14]。

参考文献

1）森輝雄：アルトピア Vol.24，No.2（1994），9-14.
2）江崎祐：アルトピア Vol.24，No.2（1994），15-20.
3）星野晃三：アルトピア Vol.24，No.2（1994），21-27.
4）小野寺修三：アルトピア Vol.24，No.2（1994），29-32.
5）米沢輝彦：PS 版概論，印刷学会出版部.
6）特開昭 51-15739，特開昭 54-10234.
7）特開昭 51-16683.
8）特開昭 50-130642.
9）特開昭 51-15739.
10）特開昭 50-138903.
11）喜多信行：光機能性有機・高分子材料，シーエムシー出版（2007），p211-222.
12）喜多信行他：Fuji research & development，p54-58（2000）.
13）森輝雄：連続表面処理技術，総合技術センター（1987）.
14）日刊工業新聞，2007（平成 19）年 10 月 3 日付.

Chapter 20

第 20 章　氢社会和铝材

20.1　对氢社会的期待

氢气是一种适合储藏存能量的气体。氢是由水电解可制造的二次能源，所以与光能、风能等再生能源组合使用，可节约能源及为环保做贡献，也是理想且少有的清洁能源系统，可描绘出由水制氢的氢气再生能源蓝图。这就是氢气被称为终极清洁能源的原因。还有，氢气与电能相比，氢在大量储存方面具有优势，由此氢气作为化学能源具有独特性。

氢社会是再生利用氢气能源的清洁社会。现在，我们热切期盼 2050 年氢社会的到来。其理由是：（a）通过分布式发电保障能源安全；（b）向防止地球变暖、保护环境的清洁能源转换。

氢气是可燃性气体，在空气中的体积分数超过 4% 时有可能导致火灾和爆炸，一般爆炸的危险性更大。氢气轻，其密度是空气的 1/14，在封闭场所会滞留在上方，扩散速度非常快且黏性非常小，所以在开放空间易散发，不让其产生聚集就不会爆炸，在常压状态下着火的可能性小，所以危险性并不是那么大。

2005 年 NEDO 进行燃料电池基础设施建设及实际技术验证，2010 年车用燃料电池开始实际应用，并计划到 2020 年普及。2010 年燃料电池汽车有 5 万台，2020 年目标预计到达 500 万台。

为了实现氢社会，氢气基础设施建设及利用氢气技术发展二者缺一不可。

20.1.1　氢利用技术

氢利用技术包括在汽车和船舶动力系统中使用氢能，以及普及燃料电池分布式发电系统。

清洁汽车的终极目标是燃料电池汽车。为使燃料电池汽车商业化，需要搭载氢气供给系统。目前正在开发装载 35 MPa 氢气瓶的汽车，行驶里程 500 km 需要 170 L 高压罐。目前正在开发 70 MPa 高压罐，要做到安全运行无泄漏是很困难的。另外，利用水蒸气转化汽油、甲烷、甲醇制氢的工艺得到推进，但是开发供给乘用车 30~70 m^3/h 的氢气量所需的小型、轻量装置罐是很困难的。最近开发搭载使用的油电混合氢气供给装置，有可能实现商业化。可是，在催化剂寿命、纯氢分离技术等实用化方面难题众多。

EU 要在 2012 年强化对汽车排放 CO_2 进行限制。要对每公里 CO_2 排放量达不到 130 g 以下的企业进行处罚。对于现状 2 L 级别 210 g/km 以上的燃油车来说是非常严厉的限制。目前可利用的技术有丰田普锐斯的油电混汽车、马自达的转子发动机氢燃料汽车、汽车轻量化、空调高效化等，以及生物乙醇的利用。最近弗莱恩能源公司宣布，与双叶产业等进行技术合作，利用有机氢化物制氢气，与燃油组合成混合动能并搭载到日产的 March 汽车上。据说在燃油中添加百分之几的氢燃料后可降低 30%~50% 的燃油费。

家用 1~3 kW 级小型燃料电池已经开发成功，已经在燃气公司及石油公司进行监控试验并逐步进入实用阶段。

20.1.2　氢储存和供应技术

如果没有完善的氢气基础设施，无论是燃料电池还是氢燃料汽车都无法普及。为此，氢气储存和现场氢气供应设备必不可少。储存氢气需要研究的课题有储存合金、高压罐、液态氢等，这些课题都远没有着落。最近引起人们注意的有甲基环己烷（MCH）等有机氢化物（**图 20.1**、**图 20.2**）。

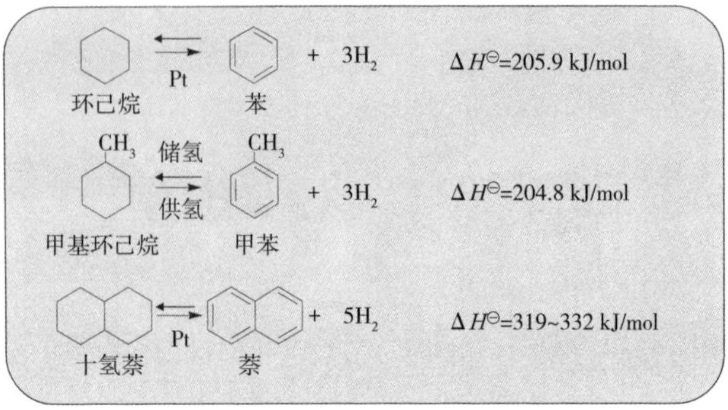

图 20.1　甲基环己烷的氢化和脱氢反应 [1)]

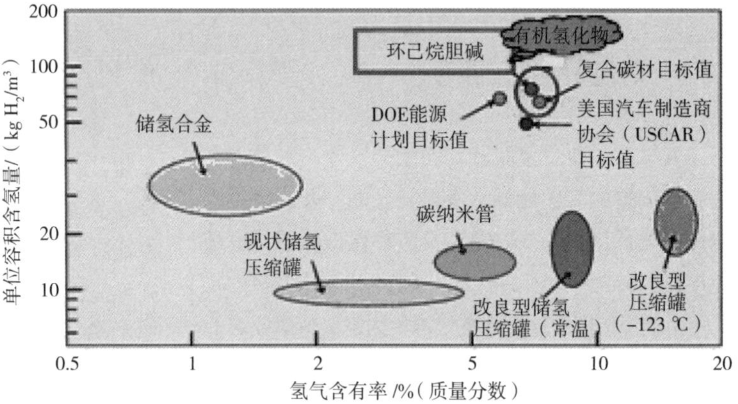

图 20.2　储氢和供氢媒介的能力和性能比较 [1)]

该有机氢化物在重量比、容量比上，氢气储藏量都要大，已开发出容易通过加氢进行储存和通过脱氢供给氢气且效率高的技术。使用甲烷和煤油等利用水蒸气制氢的装置也已实用化。今后的研究课题是小型化、长寿命、价格低廉。特别是汽车搭载的供氢装置必须小型化、轻量化。

东北大学石田清仁教授正在开发在室温下仅仅浸渍在水中就可产生氢气的铝合金。据说 1 g 铝合金可产生 1 L 氢气，随后变成氢氧化铝。

20.2　氢社会中铝材的利用

20.2.1　汽车轻量化

为降低汽车使用燃油的成本，首先必须减轻汽车重量。铝比铁轻 1/3，对塑料也有可再生利用的优势。虽然轻量性比镁要差，但是铝加工性及价格有优势。对于燃料电池汽车来说，从驱动马达到车的概念都会有很大变化。车的功能、结构如何都是今后开发研究的目标。

20.2.2　热交换器

对供氢、储存来说热交换器是必不可少的。铝可用于 200℃以下的热交换器，超过该温度时会影响强度。甲醇制氢是 230 ℃，脱氢反应是 320 ℃，在 200~400 ℃范围内使用耐热铝合金或铝合金与耐热金属的复合材料，其用途将会扩大。

20.2.3　高压储氢容器

铝几乎没有氢脆，铝材适合制作储氢容器。目前已经开发出 350 个大气压的高压氢气容器，700 个大气压的容器正在开发研究中。

20.2.4　催化反应器

甲醇制氢与甲基环己烷脱氢反应是吸热反应，此类反应器利用铝的热传导性，有利于制作一体化催化剂热交换器。现在我们已经成功开发出小型高效率反应器，做法是铝板阳极氧化后热处理，在单侧进行催化脱氢，另一侧是被当作燃烧催化剂的阳极氧化铝整体式催化剂（也称阳极氧化催化剂）。

20.2.5　氢分离膜

燃料电池需要 99.99% 纯氢。特别是，由于通过重整得到的氢气中含有 CO，从而使燃料电池堆栈劣化，因此需要对氢气进行分离。通过从重整反应场分离氢，可大幅度降低反应温度，提高转化效率。目前的分离膜主要是支撑体上粘贴 20 μm 左右厚的钯箔。为加快分离速度并降低成本，正在研究在铝的多孔氧化膜上用化学镀镀上几微米厚钯的分离膜。同时，将该铝氧化膜当作阳极氧化分离膜来利用的研究也在推进中。另外，不使用高价钯，而使用 CVD 和溶胶-凝胶法，让多孔氧化铝的孔形成硅分离膜的研究也在进行中。（**图 20.3**）

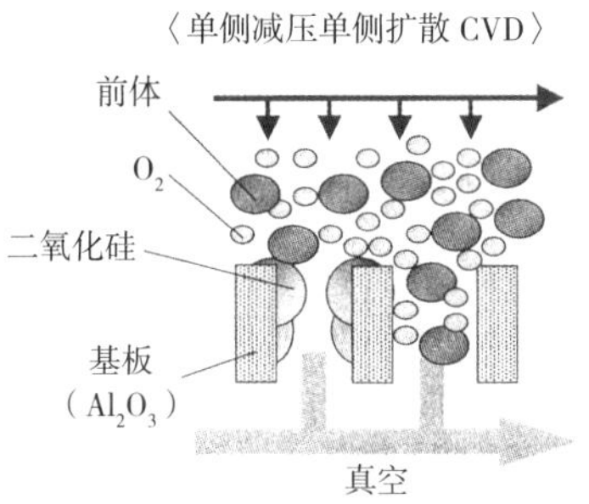

图 20.3　CVD 法生成氢分离膜示意图

20.2.6　利用阳极氧化工厂产生的氢气

阳极氧化工厂电解工艺流程中从阴极产生氢气。我们研究探讨是否可以将该氢气作为燃料电池原料，具体如下。

1）案例

①建材阳极氧化生产线产生氢气量：1 500 t/月

②电流量：~10 万 A

③产生氢气量：84 m³/h

2）收集回收产生的氢气

给阴极包上盖子，使用排风机通过气除雾装置进行回收。氢气回收装置保持氢气浓度超过氢气爆炸上限。

3）利用方法

直接作为燃料电池用燃料使用。因回收的是高浓度氢气，所以精制后可直接作为燃料电池的燃料进行发电并在工厂内使用。

4）直接发电时预计发电量

①回收氢气量：

$$84\ m^3/h \times 8\ 000 h/a = 674\ 000\ m^3/a$$

②每年发电量：

$$674\ 000\ m^3/(0.7\ m^3/kWh) = 962\ kWh/a$$

③每年产生热量：

$$286\ kJ/mol \times 35\% x \div 22.4L \times 1\ 000 \times 674\ 000\ m^3 = 3\ 012 \times 10^6\ kJ/mol$$

20.3　技术开发的课题

因为铝无氢脆性，适用于氢接触的零件，需要注意的是会受到加工方法和湿度的影响。

20.3.1　提高耐热强度

甲醇制氢在 230 ℃进行，MCH 脱氢反应在 320 ℃进行。铝的弱点是在 200 ℃以上温度区域几乎没有使用记录。特别是在 300 ℃以上热处理状态，其强度大幅度降低。目前几乎没有 300 ℃以上的抗拉强度、耐力、蠕变等数据。从经验上来说，类似 VOC 催化反应器，在铝表面覆盖阳极氧化膜，如果不加压的话是可以抗 500 ℃左右的，但是在 300 ℃以上时可作为内压的反应器和热交换器使用。我们期待能开发出高温高强度的合金和 SUS 等高等级材料。

20.3.2　焊接技术

制作热交换器和热交换型反应器时，焊接与钎焊是必不可少的。特别是焊接形状复杂的波纹翅片，小型、轻量化的热交换器与热交换型反应器等要求高效加工的技术。

20.3.3　密封技术

氢气是很容易泄漏的气体。常温时比较好处理，温度在几百摄氏度时必须防止反应器周边接头处因热应力而导致的泄漏。要特别注意热膨胀系数不同的铝和不锈钢组合连接部位及金属和陶瓷的组合连接部位的泄漏问题。

20.3.4　铝阳极氧化膜的纳米技术研究

最近很多学者在研究作为催化剂载体使用的阳极氧化膜，但氧化铝的物理性质尚未得到充分阐明。需要探索的课题很多，包括各种电解液和催化剂组合、后处理方法、合适的膜厚等。近来，令人期待的作为氢气分离膜的阳极氧化分离膜也已开始进入研究阶段。

参考文献

1）市川勝，水素エネルギーがわかる本-水素社会と水素ビジネス，オーム社.
2）野口幸司・重田幸生，水素社会に向けたビジネスシナリオ，知的動産創造，2004 年 7 月号.
3）NEDO：技術戦略マップ 2007.
4）燃料電池プロジェクトチーム報告書，2001 年 5 月 27 日.
5）田中潔：材料は厳しく壊し、学生は大事にケア，アルミ情報，2006 夏号.